ITプロ/ITエンジニアのための
徹底攻略

試験番号
640-802J
640-816J

Cisco CCNA
[640-802J][640-816J]対応
ICND2編

教科書

株式会社ソキウス・ジャパン 編著

JN236956

インプレスジャパン

本書は、CCNA（Cisco Certified Network Associate）およびICND2（Interconnecting Cisco Networking Devices Part 2）の受験用教材です。著者、株式会社インプレスジャパンは、本書の使用による「CCNA」および「INCD2」試験への合格を一切保証しません。

本書の内容については正確な記述に努めましたが、著者、株式会社インプレスジャパンは本書の内容に基づくいかなる試験の結果にも一切責任を負いません。

CCNA、Cisco、Cisco IOS、Catalystは、米国Cisco Systems, Inc.の米国およびその他の国における登録商標です。
その他、本文中の製品名およびサービス名は、一般に各開発メーカーおよびサービス提供元の商標または登録商標です。なお、本文中にはTMおよび®は明記していません。

インプレスジャパン資格関連書のホームページ

「徹底攻略」シリーズの新刊や正誤表など最新情報を随時更新しております。

http://shikaku.impress.co.jp/

Copyright © 2009 Socius Japan, Inc. All rights reserved.
本書の内容はすべて、著作権法によって保護されています。著者および発行者の許可を得ず、転載、複写、複製等の利用はできません。

はじめに

　Cisco CCNAは、インターネット分野のリーディングカンパニーであるシスコシステムズの認定資格です。
　これまでCCNAは、「シスコのルータやスイッチング機器を使用した比較的単純なネットワークの設定やトラブルシューティングが実践できる」ことを認定する、ネットワーク技術者のための登竜門的な資格でした。しかし技術の進展に伴い、アソシエイトレベルであるCCNAに要求される知識範囲は大幅に拡大しています。2007年にはエントリーレベルの資格であるCCENTが登場し、ICND1試験とICND2試験の2つの試験に合格することでCCNAを取得することも可能になりました。
　本書はCCNAおよびICND2受験のための学習書です。ネットワークの初心者の方でも無理なく学習に取り組んでいただけるように、ネットワークの基礎知識も丁寧に解説しました。日々シスコ製品に接していても、試験のために機器を自由に操作・検証しながら学習できる方は多くはないでしょう。そこで本書では、ネットワークの構成図や出力を豊富に掲載しました。図を確認し、出力を追っていくことによって、だんだんに実際の設定の感覚が身に付くはずです。また、章末の演習問題では、その章で学習した内容が理解できているか確認していただけると同時に、試験の雰囲気をつかんでいただくためにも有効です。
　本書をご活用いただき、より多くの方がシスコのネットワークに親しみ、目指す資格を取得されることを願ってやみません。

2009年2月
著者

シスコ技術者認定の概要

　シスコ技術者認定（Cisco Career Certification）は、インターネットワーキングや同社ルータ製品に関する技術の証明および、エンジニアの育成を目的とした認定資格です。認定基準は米国シスコシステムズにより厳格に定められ、最新のIPネットワークに対応した技術者資格として世界的に認知されています。
　シスコ技術者認定資格は、技術分野別に7つのカテゴリに分類されています。それぞれのカテゴリに、エントリ、アソシエイト、プロフェッショナル、エキスパートの4つの認定レベルがあります。

【シスコ技術者認定資格一覧】

認定分野	エントリー	アソシエイト	プロフェッショナル	エキスパート（CCIE）
ルーティング＆スイッチング	CCENT	CCNA	CCNP	CCIE Routing & Switching
デザイン	CCENT	CCNA、CCDA	CCDP	CCDE
ネットワークセキュリティ	CCENT	CCNA Security	CCSP	CCIE Security
サービスプロバイダー	CCENT	CCNA	CCIP	CCIE Service Provider
ストレージネットワーキング	CCENT	CCNA	CCNP	CCIE Storage Networking
ボイス	CCENT	CCNA Voice	CCVP	CCIE Voice
ワイヤレス	CCENT	CCNA Wireless	CCVP	CCIE Wireless

CCENTおよびCCNAの取得方法

　CCNAは、次の2つの方法で取得することができます。

- 1科目で取得
  - CCNA（試験番号640-802J）
    試験時間：90分、出題数：50～60問、受験料：31,500円

- 以下の2科目に合格することで取得
  - ICND1（試験番号640-822J）
    試験時間：90分、出題数：50～60問、受験料：15,750円
  - ICND2（試験番号640-816J）
    試験時間：90分、出題数：50～60問、受験料：15,750円

※試験時間と問題数は、変更になる可能性があります。

受験申し込み方法

　シスコ技術者認定試験を受験するには、ピアソンVUEもしくはピアソンVUEのテストセンターに受験を申し込みます。

● ID番号の取得
　　ピアソンVUEで初めて受験する場合は、ピアソンVUE IDを取得する必要があります。以下のURLの指示に従って、登録します。
　　http://www.vue.com/japan/Registration/index.html

①ピアソンVUEのWebサイトで申し込み
　　以下のURLにログイン後、試験名、会場、日時を指定します。
　　URL：http://www.vue.com/japan/index.html

②ピアソンVUEのコールセンターで申し込み
　　以下の受付番号に電話をし、申し込みます。
　　Tel：0120-355-173 または0120-355-583
　　Fax：0120-355-163
　　E-mail：pvjpreg@pearson.com
　　営業時間：土日祝日を除く平日、午前9時～午後6時

③テストセンター
　　以下のサイトで受験を希望するテストセンターを選択し、電話で申し込みます。テストセンターによっては、受験当日の申し込みを受け付けているところもあります。
　　http://www.vue.com/japan/TestcentersList/

試験日程

　ピアソンVUEの各試験会場で随時、受験することができます。

CCNAの問い合わせ先

　試験の概要、受験後の認定証の取得に関する詳細および問い合わせについては、シスコのWebサイトを参照してください。

・シスコシステムズ
　URL　http://www.cisco.com/jp/index.shtml

本書の活用方法

本書は解説ページと演習問題の2部構成になっています。

解説

● 用語

ネットワーク技術の習得に、用語の理解は不可欠です。すぐに参照したい用語には米印（※）を付け、脚注で解説しました。また、アスタリスク（*）を付けた用語は巻末の用語集で説明しています。

● 構文

ルータやスイッチの設定・管理操作に必要な構文を多数掲載しています。構文は次のルールで記述しています。

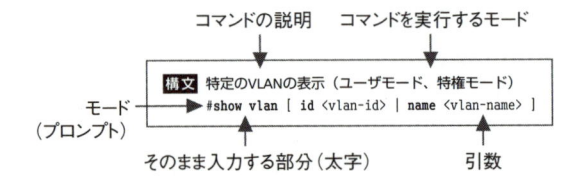

```
構文 特定のVLANの表示（ユーザモード、特権モード）
#show vlan [ id <vlan-id> | name <vlan-name> ]
```

（モード（プロンプト）／コマンドの説明／コマンドを実行するモード／そのまま入力する部分（太字）／引数）

- **太字** ……… 表記されたとおり入力する。省略形で入力できるコマンドもある
- < > ……… 引数。該当する文字や値を入力する
  - 例）<username> → ユーザ名を入力する
- [ ] ……… オプション。必要に応じて設定する要素
- { | } ……… 選択。{ }で括られたものから、いずれか1つを選択して入力する
  - 例）{ a | b } → 「a」か「b」のいずれかを入力する

ユーザモード、特権モードのいずれも可能な場合のプロンプトは「#」で示しました。また、モードは以下のとおり省略しています。

- ユーザEXECモード　　　→　ユーザモード
- 特権EXECモード　　　　→　特権モード
- コンフィギュレーションモード　→　コンフィグモード

巻末に構文索引を掲載しましたので活用してください。

● 出力

実際の設定作業を理解しやすくするために、本書ではコマンドの出力結果を数多く掲載しています。出力の中、ユーザが入力する部分は太字で示しました。また、必要な事項を的確に参照できるように、重要なポイントには適宜下線や説明を付加してあります。

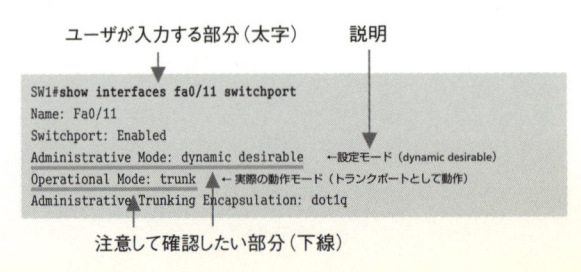

```
SW1#show interfaces fa0/11 switchport
Name: Fa0/11
Switchport: Enabled
Administrative Mode: dynamic desirable   ←設定モード (dynamic desirable)
Operational Mode: trunk   ← 実際の動作モード（トランクポートとして動作）
Administrative Trunking Encapsulation: dot1q
```

（ユーザが入力する部分（太字）／説明／注意して確認したい部分（下線））

● 本書で使用したマーク

解説の中で重要な事項や補足情報は次のマークで示しています。

Point	重要な技術情報や試験対策のうえで必ず理解しておかなければならない重要事項
Memo	試験対策としては必須ではないが、解説の内容を理解したり、知識を深めたりするために役立つ情報

演習問題

各章の最後には5問の演習問題が用意されています。演習問題を解くことによって、理解度を確認できるだけでなく、試験の出題傾向を把握することができます。

●【問題】

シスコ技術者認定試験には、さまざまな出題形式があります。出題形式の詳細は付録で説明していますので、参照してください。各章の演習問題には選択形式の問題を、付録ではシミュレーション形式の問題を、それぞれ実際の試験と同じイメージで掲載しました。

多肢選択式

問題文を読んで、選択肢の中から正しいもの、あるいは誤りのあるものを選びます。必要に応じて、ネットワーク図や出力を参照します。

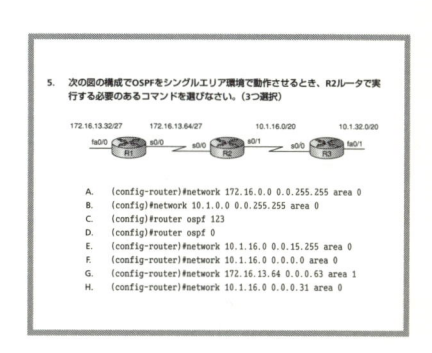

●【解答】

演習問題の解答と解説を読んで、理解できているかどうかを確認します。

解答と解説

解答のポイントを説明しています。必要に応じて、本文の参照箇所を示しています。また、正解の選択肢は太字で表記しています。

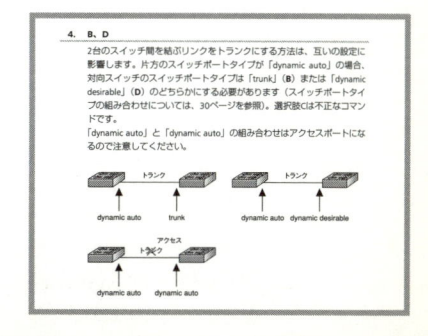

※ 本書に掲載したURLは2009年2月現在のものです。URLとWebサイトの内容は変更になる可能性があります。

目次

はじめに …………………………………………………… 3
シスコ技術者認定の概要 ………………………………… 4
本書の活用方法 …………………………………………… 6

第1章　VLANとVTP

- 1-1　VLANの概要 …………………………………… 14
- 1-2　VLANの動作 …………………………………… 18
- 1-3　アクセスポートとトランクポート …………… 21
- 1-4　VLANの設定 …………………………………… 29
- 1-5　VLANの検証 …………………………………… 36
- 1-6　VTP ……………………………………………… 45
- 1-7　VTPの設定 ……………………………………… 53
- 1-8　VTPの検証 ……………………………………… 56
- 1-9　音声VLAN ……………………………………… 64
- 1-10　演習問題 ………………………………………… 67
- 1-11　解答 ……………………………………………… 69

第2章　VLAN間ルーティング

- 2-1　VLAN間ルーティングの概要 ………………… 74
- 2-2　VLAN間ルーティングの設定 ………………… 76
- 2-3　演習問題 ………………………………………… 83
- 2-4　解答 ……………………………………………… 86

第3章　スパニングツリープロトコル

- 3-1　スパニングツリープロトコルの概要 ………… 90
- 3-2　スパニングツリープロトコルの動作 ………… 96
- 3-3　スパニングツリープロトコルのポート状態 … 103
- 3-4　スパニングツリートポロジの設計 …………… 106
- 3-5　PVST+ …………………………………………… 109
- 3-6　スパニングツリープロトコルの設定 ………… 114
- 3-7　スパニングツリープロトコルの検証 ………… 118
- 3-8　スパニングツリープロトコルのFast機能 …… 123
- 3-9　高速スパニングツリープロトコル …………… 130
- 3-10　EtherChannel …………………………………… 141
- 3-11　演習問題 ………………………………………… 144
- 3-12　解答 ……………………………………………… 147

第4章　リンクステートルーティング

- 4-1　ルーティングの概要 …………………………………………154
- 4-2　リンクステートルーティング ………………………………169
- 4-3　OSPFの概要 …………………………………………………171
- 4-4　OSPFの階層設計 ……………………………………………178
- 4-5　ルータID ………………………………………………………183
- 4-6　隣接関係とLSDBの管理 ……………………………………185
- 4-7　OSPFネットワークタイプ …………………………………195
- 4-8　OSPFの基本設定 ……………………………………………197
- 4-9　OSPFの検証 …………………………………………………202
- 4-10　OSPFのオプション設定 ……………………………………221
- 4-11　OSPFの認証 …………………………………………………230
- 4-12　演習問題 ………………………………………………………237
- 4-13　解答 ……………………………………………………………239

第5章　ハイブリッドルーティング

- 5-1　EIGRPの概要 …………………………………………………244
- 5-2　EIGRPの動作とDUALアルゴリズム ………………………246
- 5-3　EIGRPのメトリック …………………………………………257
- 5-4　EIGRPの基本設定 ……………………………………………260
- 5-5　EIGRPの検証 …………………………………………………264
- 5-6　EIGRPのオプション設定 ……………………………………274
- 5-7　EIGRPの認証 …………………………………………………281
- 5-8　演習問題 ………………………………………………………287
- 5-9　解答 ……………………………………………………………290

第6章　VLSMと経路集約

- 6-1　VLSM …………………………………………………………294
- 6-2　経路集約 ………………………………………………………302
- 6-3　演習問題 ………………………………………………………308
- 6-4　解答 ……………………………………………………………310

第7章　アクセスコントロールリスト

- 7-1　アクセスコントロールリスト …………………………………314
- 7-2　ワイルドカードマスク …………………………………325
- 7-3　番号付き標準アクセスコントロールリスト …………328
- 7-4　番号付き拡張アクセスコントロールリスト …………333
- 7-5　名前付きIPアクセスコントロールリスト ………………338
- 7-6　アクセスコントロールリストの検証 ……………………343
- 7-7　シーケンス番号によるアクセスコントロールリストの編集 ……346
- 7-8　VTYアクセスの制御 ………………………………………351
- 7-9　アクセスコントロールリストのトラブルシューティング ……355
- 7-10　アクセスコントロールリストの応用 ……………………361
- 7-11　演習問題 ………………………………………………………368
- 7-12　解答 ……………………………………………………………370

第8章　NATとPAT

- 8-1　NATおよびPATの概要 …………………………………374
- 8-2　NATの設定 ………………………………………………384
- 8-3　PATの設定 ………………………………………………388
- 8-4　NATおよびPATの検証 …………………………………392
- 8-5　NATおよびPATのトラブルシューティング …………400
- 8-6　演習問題 ………………………………………………………406
- 8-7　解答 ……………………………………………………………408

第9章　IPv6

- 9-1　IPv6の概要 ………………………………………………412
- 9-2　IPv6アドレスの表記 ……………………………………416
- 9-3　IPv6アドレスのタイプ …………………………………420
- 9-4　IPv6アドレスの割り当て ………………………………428
- 9-5　IPv6の設定と検証 ………………………………………431
- 9-6　IPv6ルーティングプロトコル …………………………437
- 9-7　IPv4からIPv6への移行 …………………………………445
- 9-8　演習問題 ………………………………………………………451
- 9-9　解答 ……………………………………………………………453

第10章　フレームリレー

- 10-1　フレームリレーの概要 …………………………………………………456
- 10-2　フレームリレーの基本設定 ……………………………………………469
- 10-3　NBMA問題とフレームリレーサブインターフェイスの設定 ………473
- 10-4　フレームリレーの検証 …………………………………………………483
- 10-5　演習問題 …………………………………………………………………489
- 10-6　解答 ………………………………………………………………………491

第11章　VPN

- 11-1　VPNの概要 ………………………………………………………………494
- 11-2　IPsecの概要 ……………………………………………………………500
- 11-3　IPsecのセキュリティサービス …………………………………………505
- 11-4　暗号化アルゴリズムと鍵交換 …………………………………………512
- 11-5　演習問題 …………………………………………………………………515
- 11-6　解答 ………………………………………………………………………517

用語集

- 用語集 …………………………………………………………………………520

付　録　シミュレーション問題

- シミュレーション問題 ………………………………………………………566

- 索引 ……………………………………………………………………………596
- Cisco IOSコマンド構文索引 …………………………………………………605

第1章

VLANとVTP

1-1 VLANの概要
1-2 VLANの動作
1-3 アクセスポートとトランクポート
1-4 VLANの設定
1-5 VLANの検証
1-6 VTP
1-7 VTPの設定
1-8 VTPの検証
1-9 音声VLAN
1-10 演習問題
1-11 解答

1-1 VLANの概要

仮想LAN（VLAN）は、物理的な接続とは関係なくノードをグループ化し、仮想的なLANセグメントを形成する技術です。規模が拡大し、より複雑になる現在のキャンパスネットワークにおいて、欠くことのできない技術です。

■ VLANの概要

VLANはVirtual LAN（仮想LAN）の略であり、ここでいうLANとは**ブロードキャストドメイン**[※1]を指しています。VLANを使用すると、本来はルータ（L3デバイス）でしかできなかったブロードキャストドメインの分割を、レイヤ2レベルで分割することができ、1台のスイッチを、あたかも複数のスイッチを使ってユーザをグループ分けしているかのように扱うことができます。

【VLANのイメージ】

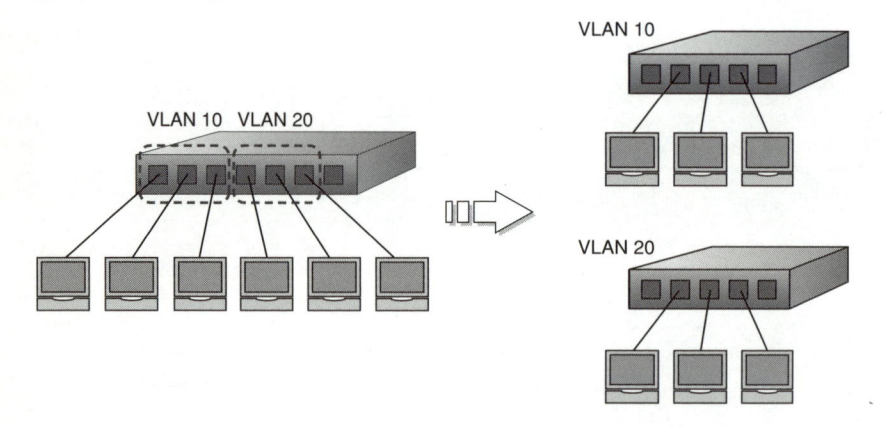

VLANは、ルータによって分割されたネットワークと同様に機能します。したがって、各VLANはそれぞれ1つのサブネットに対応するため、次のように定義されます。

VLAN ＝ ブロードキャストドメイン ＝ サブネット（論理ネットワーク）

※1 【ブロードキャストドメイン】broadcast domain：宛先がすべてのノードであるブロードキャストトラフィックが流れていく範囲のこと。ルータのインターフェイスで分割されるため、ホストがルータを介さない（ルーティングしない）で直接通信することができるネットワークを指す

【ブロードキャストドメインの分割】

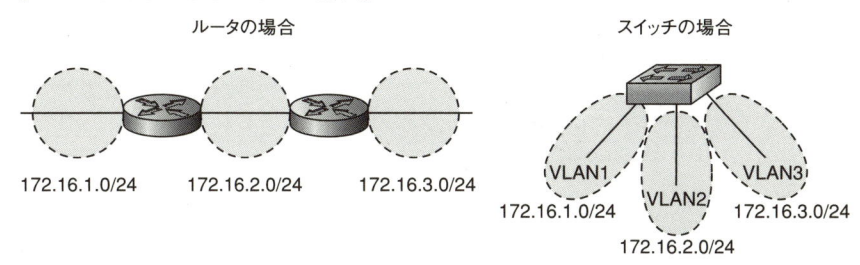

ルータの場合　　　　　　　　　　　スイッチの場合

172.16.1.0/24　172.16.2.0/24　172.16.3.0/24

VLAN1　VLAN2　VLAN3
172.16.1.0/24　172.16.2.0/24　172.16.3.0/24

■ VLANのメリット

　VLANを使用すると、ブロードキャストドメインを論理グループで分割することができます。これによって、物理的な配置を意識せずに、LANをより柔軟に設計できるようになります。
　VLANを導入することによって、次のようなメリットがあります。

● ブロードキャストトラフィックの局所化
　　1つのブロードキャストドメインを複数に分割することでブロードキャストトラフィックの影響を局所化することができます。

【1つのブロードキャストドメインによる影響】

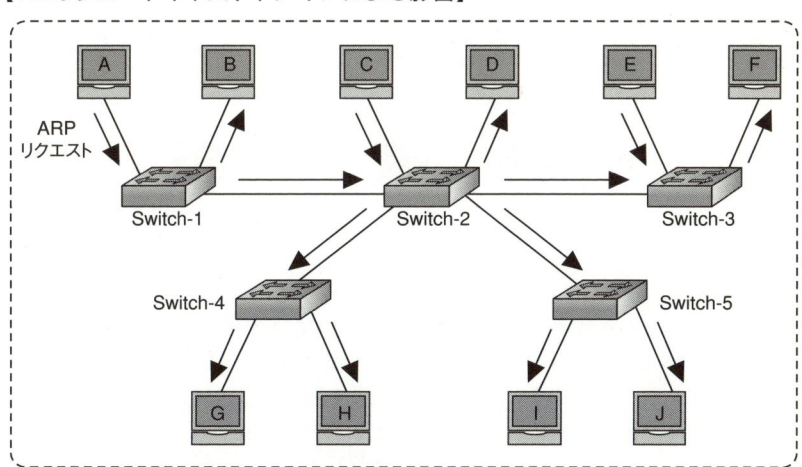

　上の図のような、複数のスイッチで構成される1つのブロードキャストドメインがあるとしましょう。ホストAはホストBにデータを送る前に、ARP[※2]リクエスト

※2　【ARP】(アープ) Address Resolution Protocol：IPアドレスを基にしてMACアドレスを得るためのTCP/IPのネットワーク層プロトコル

（ブロードキャスト）を送信したとします。このとき各スイッチは、受信したブロードキャストフレームをフラッディング[※3]します。そのため、ブロードキャストドメインに所属するすべてのコンピュータにARPリクエストが転送されます。

　ネットワークの規模が拡大し多くのコンピュータが接続されると、当然のことながらブロードキャストトラフィックが増加します。これでは、ネットワーク全体のパフォーマンスが低下するだけでなく、コンピュータのCPUにも負荷がかかってしまいます。

　VLANを設定すると、次の図のようにVLAN単位でブロードキャストドメインを分割することができます。そのため、ホストAが送信したブロードキャストフレームは、同じVLAN2に所属するホストBとホストCにのみ転送されるため、増加するブロードキャストトラフィックの悪影響を最小限に抑えることができます。

【VLANによるブロードキャストドメイン分割の例】

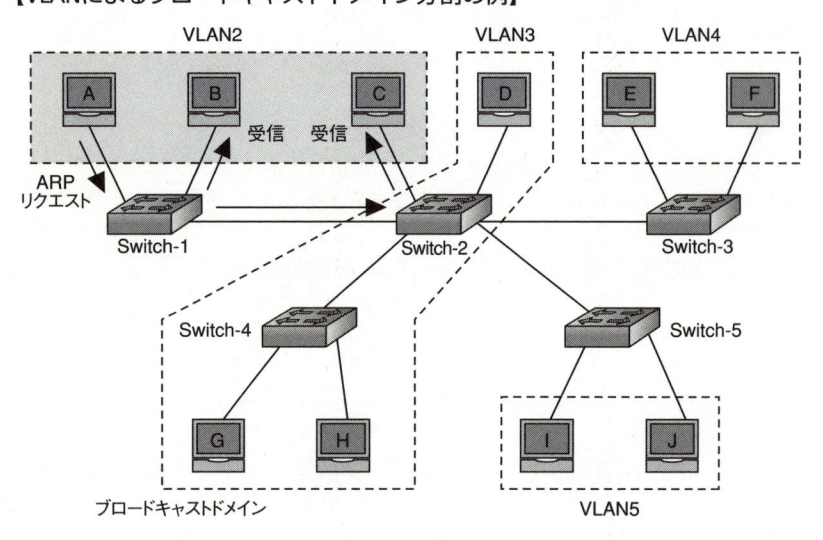

● 柔軟なネットワークのセグメント化

　VLANを実装すると、コンピュータが接続されたスイッチポートにVLAN ID（VLANの識別番号）を割り当てるだけでブロードキャストドメインが分割されます。そのため、組織変更や部署の配置変更があった場合でも、ネットワークの物理的な配線はそのまま変更することなく、管理者はスイッチポートに割り当てたVLAN IDを変更するだけで柔軟に論理ネットワークをセグメント化（グループ化）することができます。

※3　**【フラッディング】** flooding：受信したポートを除くすべてのポートにフレームを転送するトラフィックの送出方法のこと。ネットワーク上のすべての端末に対してデータを洪水（flooding）のように流すことからこう呼ばれている

なお、VLANは1つのスイッチ上に設定することも、複数のスイッチにまたがって構成することもできます。

【柔軟なネットワークセグメント化】

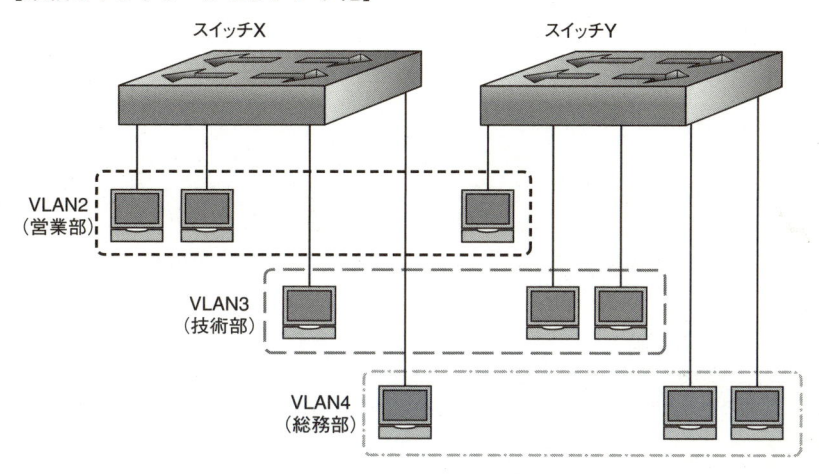

● セキュリティの強化

VLANを実装すると、あるVLANに所属するポートは同じVLANのブロードキャストを共有しますが、異なるVLANのブロードキャストは共有されません。その結果、VLAN単位でトラフィックを分離することになり、セキュリティを強化できます。

【VLANによるセキュリティの強化】

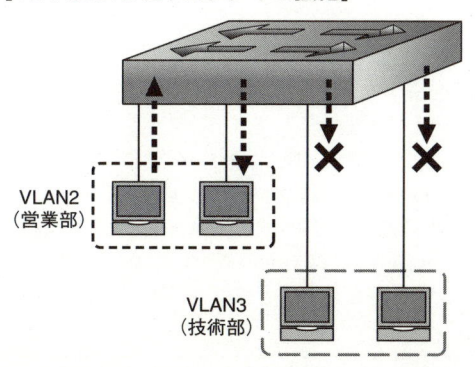

1-2 VLANの動作

VLANがどのようにしてブロードキャストドメインを分割しているかを知るためには、VLANの動作について理解しておく必要があります。本節では、VLANの動作と管理VLANの役割について説明します。

■ VLANの動作

VLANはVLAN IDと呼ばれる番号によって識別されます。Catalystスイッチには、工場出荷時に各種メディアに対して**デフォルトVLAN**と呼ばれるVLANが設定されています。イーサネットのデフォルトVLANは、VLAN1です。すべてのスイッチポートはデフォルトでVLAN1に所属しています。また、CDP[※4]およびVTPアドバタイズメント[※5]はVLAN1上に伝送されます。

◎トークンリングおよびFDDIのデフォルトVLANはCCNAの範囲を超えるため、本書では言及しません。

【イーサネットのデフォルトVLAN】

すべてのスイッチポートはデフォルトのVLAN1に所属

VLAN1のブロードキャストドメイン

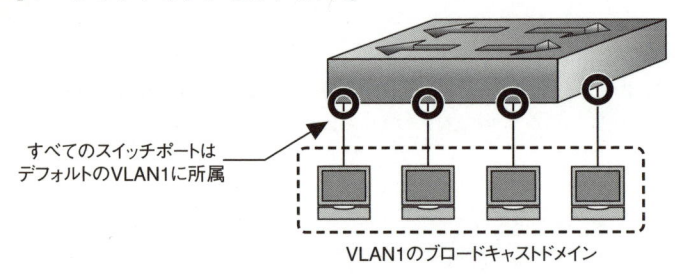

スイッチポートにVLANを割り当てることを**VLANメンバーシップ**といいます。スイッチはブロードキャストフレームを受信すると、受信ポートと同じVLANがメンバーシップされているポートだけにフラッディングします。

次の図ではスイッチポートfa0/1～fa0/4にはVLAN1、fa0/5～fa0/8にはVLAN2がメンバーシップされています。スイッチは、fa0/1ポートでブロードキャストフレームを受信すると、fa0/1が所属しているVLAN1と同じVLANが割り当てられているfa0/2、fa0/3、fa0/4に転送します。異なるVLANが割り当てられているfa0/5～fa0/8へは転送されません。結果として、ブロードキャストドメインが分割されることになります。

※4 【CDP】(シーディーピー) Cisco Discovery Protocol：隣接するシスコデバイスの情報を知ることができるシスコ独自のレイヤ2プロトコル

※5 【VTPアドバタイズメント】(ブイティーピーアドバタイズメント) VTP advertisement：VTPで通知されるメッセージのこと。VTPアドバタイズメントには、ドメイン名、パスワード、リビジョン番号、VLAN情報などが含まれる

【VLANの動作】

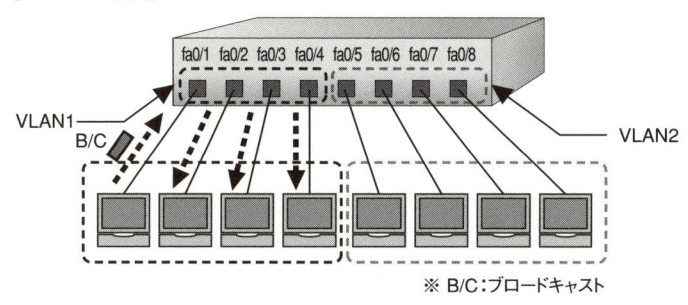

※ B/C：ブロードキャスト

■ 管理VLAN

　管理VLANは、スイッチに1つだけ存在する特別なVLANで、デフォルトではVLAN1が管理VLANに設定されています。スイッチには管理VLAN用に用意された**管理インターフェイス**と呼ばれる仮想のインターフェイスがあります。管理インターフェイスは、レイヤ2スイッチ内部で動作するレイヤ3ホストのように動作します。この管理インターフェイスにIPアドレスを割り当てることで、スイッチ自身がTCP/IP通信を行うことができます。たとえば、管理者がリモートからスイッチへTelnet接続したり、SNMP[※6]を使用して管理したりすることができます。したがって、スイッチと通信するには、管理VLANへアクセスできなくてはなりません。

【管理VLAN】

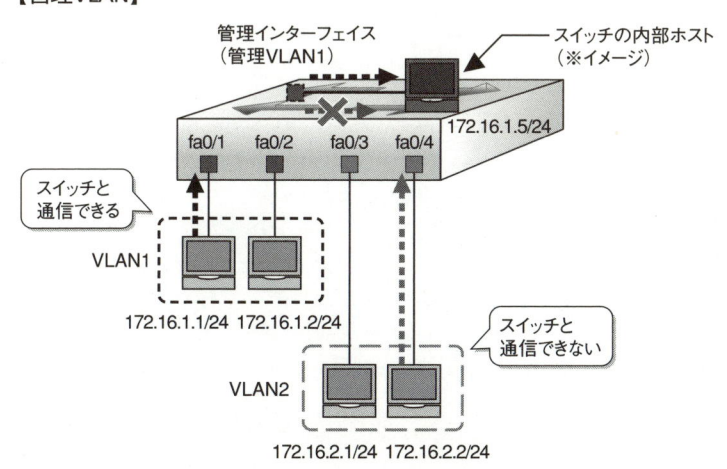

※6　**【SNMP】**(エスエヌエムピー) Simple Network Management Protocol：ネットワーク上のさまざまな機器を監視および制御することができる管理プロトコル

スイッチ（管理インターフェイス）にIPアドレスを割り当てるには、interface vlan <vlan-id>コマンドでインターフェイスコンフィギュレーションモードに移ってから、IPアドレスとサブネットマスクを設定します。また、VLAN1の管理インターフェイスはデフォルトでshutdown状態であるため、no shutdownコマンドを使って有効にする必要があります。

構文 スイッチに対するIPアドレスの設定（インターフェイスコンフィグモード）

```
(config)#interface vlan <vlan-id>
(config-if)#ip address <ip-address> <subnet-mask>
(config-if)#no shutdown
```

引数	説明
vlan-id	管理VLANのVLAN IDを指定（デフォルトは1）
ip-address	IPアドレスを指定
subnet-mask	サブネットマスクを指定

【Catalystスイッチに対するIPアドレスの設定例】

```
SW1#configure terminal
Enter configuration commands, one per line.  End with CNTL/Z.
SW1(config)#interface vlan 1     ←管理VLANに「1」を指定
SW1(config-if)#ip address 172.16.1.5 255.255.255.0  ←IPアドレスを割り当てる
SW1(config-if)#no shutdown    ←インターフェイスを有効にする
SW1(config-if)#end
SW1#
2d18h: %SYS-5-CONFIG_I: Configured from console by console
SW1#show interface vlan 1   ←管理インターフェイスの状態を確認
Vlan1 is up, line protocol is up   ←有効化されている
  Hardware is EtherSVI, address is 0021.1c77.50c0 (bia 0021.1c77.50c0)
  Internet address is 172.16.1.5/24   ←IPアドレスが割り当てられている
  MTU 1500 bytes, BW 1000000 Kbit, DLY 10 usec,
     reliability 255/255, txload 1/255, rxload 1/255
  Encapsulation ARPA, loopback not set
＜以下省略＞
```

1-3　アクセスポートとトランクポート

VLANを構成するスイッチポートは、1つのVLANに所属するアクセスポートと複数のVLANに所属するトランクポートに分類されます。それぞれのスイッチポートの特徴とトランキングプロトコルの役割を理解しましょう。

■ アクセスポート

アクセスポートは1つのVLANにのみ所属するポート、つまり、1つのVLANフレームのみを転送するポートです。アクセスポートの設定には、スタティック（静的）とダイナミック（動的）の2つの方法があります。

● スタティックVLAN

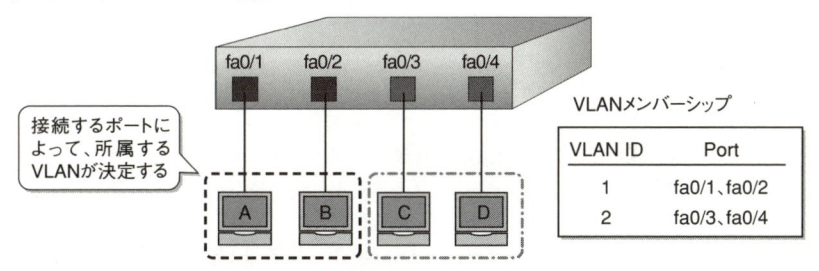

スタティックVLANは、管理者がポートに対して手動で割り当てるVLANで、ポートベースVLANとも呼ばれています。

スタティックVLANで割り当てたVLAN IDは固定されるため、管理者はネットワークの構造を把握しやすく、設定も容易になるというメリットがあります。ただし、誤ってケーブルを別のポートと接続すると、ユーザがほかのVLANに属してしまうというリスクもあります。

【スタティックVLANの例】

VLAN ID	Port
1	fa0/1、fa0/2
2	fa0/3、fa0/4

VLANメンバーシップ

接続するポートによって、所属するVLANが決定する

● ダイナミックVLAN

ダイナミックVLANは、ポートに接続されたノードのMACアドレスに基づいてVLANメンバーシップを動的に決定するVLANです。

ダイナミックVLANを使用するには、どのMACアドレスを持つノードがどのVLANに所属するかというマッピング情報をあらかじめ準備しておく必要があります。このデータベースを持つサーバをVMPS（VLAN Management Policy Server）と呼びます。ダイナミックVLANが設定されたスイッチポートは、コンピュータを接続して最初のフレームを受信すると、送信元MACアドレスがどのVLANに所属するかをVMPSに問い合わせます。

ダイナミックVLANは、スタティックVLANに比べて管理が複雑になりますが、

接続されるコンピュータが固定で決まっていない会議室や共有スペースといった、不特定多数のユーザが利用するような場所で使用すると効果的です。なお、Catalyst 6500シリーズなど一部のスイッチはVMPS機能を持つため、スイッチ自身がVMPSとして動作することも可能です。

次の図では、fa0/1からfa0/4にダイナミックVLANが設定されています。fa0/3ポートにホストAを接続して最初のフレームを受信すると、フレームヘッダの送信元MACアドレスに基づいてVMPSにVLAN IDをリクエストします。VMPSからの応答によって動的にfa0/3にVLAN1がメンバーシップされます。ダイナミックVLANではこのように、ホストAはどのポートにケーブルを接続しても常にVLAN1に属することができます。

【ダイナミックVLANの例】

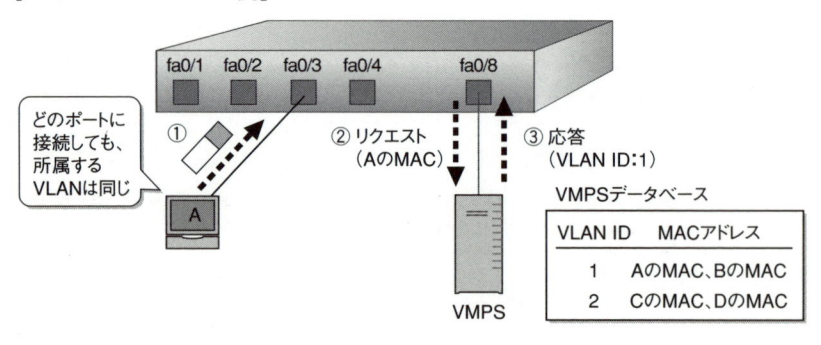

■ トランクポート

トランクポートは複数のVLANに所属するポート、つまり複数のVLANフレームを転送するポートです。トランクポートは、同じVLANが複数のスイッチにまたがって構成される場合に使用されます。

2台のスイッチ間をアクセスポートで接続する場合、VLANの数だけスイッチポートおよびケーブルが必要になります。

次の図では、スイッチ間をアクセスポートで接続しています。SW1はホストAが送信したブロードキャストフレームを受信すると、fa0/1に割り当てられているVLAN1が属するすべてのポート（fa0/2とfa0/5）にフラッディングします。ホストCのブロードキャストも同様に、VLAN2のすべてのポートにフラッディングされます。これによって、複数のスイッチにまたがってVLAN（ブロードキャストドメイン）を構成することが可能です。しかし、スイッチ間をアクセスポートで接続するため、新しいVLANを追加するたびにスイッチ間を接続する物理ポートとケーブルが必要になってしまいます。

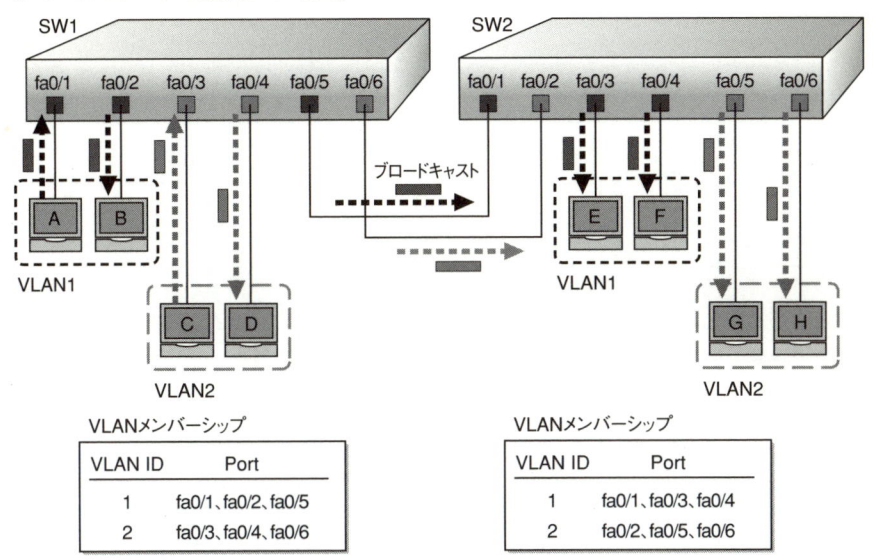

1-3 アクセスポートとトランクポート

【アクセスポートで接続する場合】

```
SW1                                          SW2
fa0/1 fa0/2 fa0/3 fa0/4 fa0/5 fa0/6          fa0/1 fa0/2 fa0/3 fa0/4 fa0/5 fa0/6
```

A B （VLAN1）　C D （VLAN2）　　　E F （VLAN1）　G H （VLAN2）

ブロードキャスト

VLANメンバーシップ

VLAN ID	Port
1	fa0/1、fa0/2、fa0/5
2	fa0/3、fa0/4、fa0/6

VLANメンバーシップ

VLAN ID	Port
1	fa0/1、fa0/3、fa0/4
2	fa0/2、fa0/5、fa0/6

　この問題を解決するのがトランクです。**トランク**は、1本の物理リンク上で複数のVLANトラフィックを伝送する技術です。トランクとして設定されたトランクポートでスイッチ間を接続し、フレームを転送する際にVLAN識別情報を付加します。対向のスイッチではフレームに付加されたVLAN識別情報を基にフレームの転送先を決定します。

　なお、トランクリンクでは、イーサネットフレームの最大サイズ（1,518バイト）よりも大きく、1,600バイト以下のフレームをベビージャイアントフレーム[※7]として処理することができます。

　次ページの図では、スイッチ間をトランクポートで接続しています。トランクポートで接続されたリンクを**トランクリンク**と呼びます。トランクリンク上では複数のVLANトラフィックを伝送することができます。

　たとえば、SW1はホストAからのブロードキャストフレームを受信すると、VLAN1が属するfa0/2とトランクポート（fa0/6）にフラッディングします。このとき、トランクポートから送信されるフレームにはVLAN識別情報が付加されて伝送されます。対向のSW2では、トランクポート（fa0/1）でフレームを受信すると、VLAN識別情報を読み取って該当するVLAN1が属するfa0/3とfa0/4にフラッディングします。ホストCからのブロードキャストを受信した場合も、SW1は同様にフラッディングします。

※7 【ベビージャイアントフレーム】baby giant frame：最大1,600バイトまでのイーサネットフレームのことで、パケットサイズ（MTUサイズ）は1,552バイト（ヘッダー／トレーラを含まず）。通常、スイッチの非トランクポートでは1,500バイトを超えるフレームをサポートしていないが、トランクポートとして設定することで大きなサイズのフレームをサポートすることができる

【トランクポートで接続する場合】

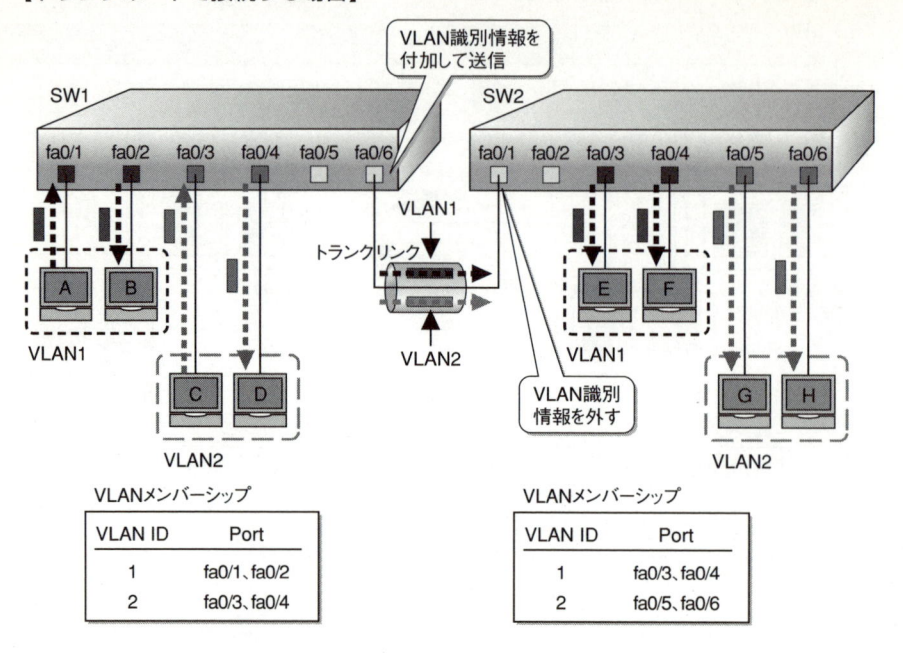

VLAN識別情報を付加して送信

SW1: fa0/1, fa0/2, fa0/3, fa0/4, fa0/5, fa0/6
- A, B → VLAN1 (fa0/1, fa0/2)
- C, D → VLAN2 (fa0/3, fa0/4)

トランクリンク　VLAN1 / VLAN2

VLAN識別情報を外す

SW2: fa0/1, fa0/2, fa0/3, fa0/4, fa0/5, fa0/6
- E, F → VLAN1 (fa0/3, fa0/4)
- G, H → VLAN2 (fa0/5, fa0/6)

VLANメンバーシップ（SW1）

VLAN ID	Port
1	fa0/1、fa0/2
2	fa0/3、fa0/4

VLANメンバーシップ（SW2）

VLAN ID	Port
1	fa0/3、fa0/4
2	fa0/5、fa0/6

　同一のリンク上で伝送される異なるVLANのトラフィックは、VLAN識別情報によって区別されます。VLAN識別情報は、トランクポートからフレームを転送する際に付加されます。対向スイッチがフレームを受信し、フレームを該当するポートから転送する際にはVLAN識別情報は取り除かれます。

■ トランキングプロトコル

　2台のスイッチ間をトランクリンクとして動作させるには、それぞれをポイントツーポイントで接続し、両端で同じ種類のトランキングプロトコル[※8]を使用する必要があります。
　トランキングプロトコルには、IEEE 802.1QとISLの2つがあります。

● IEEE 802.1Q
　　IEEE 802.1QはIEEE[※9]により標準化されているプロトコルで、「dot1q（ドットイ

[※8]　【トランキングプロトコル】Trunking Protocol：トランクリンク上でVLAN識別情報を付加するプロトコル。最も一般的なものにIEEE 802.1Qがある

[※9]　【IEEE】(アイトリプルイー) Institute of Electrical and Electronics Engineers：米国電気電子学会。1963年に米国電気学会と無線学会が合併して発足し、世界約150カ国に会員が在籍している。IT分野では主にデータ伝送技術やネットワーク技術の標準を定めている

チキュー）」と略して呼ばれています。
　IEEE 802.1Qでは、トランクリンク上でイーサネットフレームの送信元MACアドレスフィールドとタイプ（または長さ）フィールドの間に「タグ」と呼ばれる4バイトのフィールドを挿入します。このとき、元のフレームが変更されるためFCS[10]を再計算します。

【802.1Qタギング】

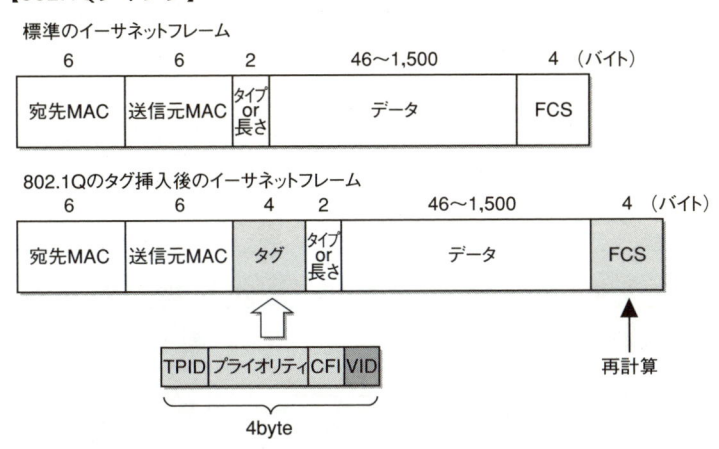

標準のイーサネットフレーム

| 宛先MAC (6) | 送信元MAC (6) | タイプor長さ (2) | データ (46〜1,500) | FCS (4) （バイト） |

802.1Qのタグ挿入後のイーサネットフレーム

| 宛先MAC (6) | 送信元MAC (6) | タグ (4) | タイプor長さ (2) | データ (46〜1,500) | FCS (4) （バイト） |

タグ (4byte): TPID｜プライオリティ｜CFI｜VID

FCS：再計算

【802.1Qタグに含まれる情報】

フィールド	サイズ(ビット)	説明
TPID	16	Tag Protocol Identifier。タグが付加されたフレームであることを受信側に通知。イーサネットの場合「0x8100」が入る
プライオリティ	3	フレームの優先度を定義することができるQoS[11]の機能
CFI	1	Canonical Format Indicator。アドレス形式を示す値。トークンリング[12]で使用するため、イーサネットでは「0」が入る
VID	12	VLAN Identifier。0〜4095の範囲のVLAN ID

※10　【FCS】(エフシーエス) Frame Check Sequence：データリンク層でカプセル化する際に、データの後ろに付加するエラー検出のための制御情報。FCS内にはCRCと呼ばれる整合性を確認するための値が入る
※11　【QoS】(キューオーエス) Quality of Service：パケットの優先度に応じて扱いを区別し、重要なアプリケーションの通信を輻輳や遅延から守るための仕組み。特に音声や動画などのリアルタイム性が要求される通信で必要となる技術
※12　【トークンリング】Token Ring：データリンク層でカプセル化する際に、データの後ろに付加するエラー検出のための制御情報。FCS内にはCRCと呼ばれる整合性を確認するための値が入る

IEEE 802.1Qトランクではネイティブ VLAN がサポートされています。**ネイティブVLAN**とは、トランクリンク上でタグを付加しないで転送される VLAN です。

タグなしのフレームを受信した対向側では、それがネイティブ VLAN からのトラフィックであると認識します。そのため、トランクリンクの両端でネイティブ VLAN の ID を一致させておく必要があります。ID が異なると、構成によってはループが発生する場合があります。

ネイティブ VLAN として指定する VLAN ID は、トランクリンクごとに設定することができます。デフォルトでは VLAN1 に設定されています。

【ネイティブVLAN】

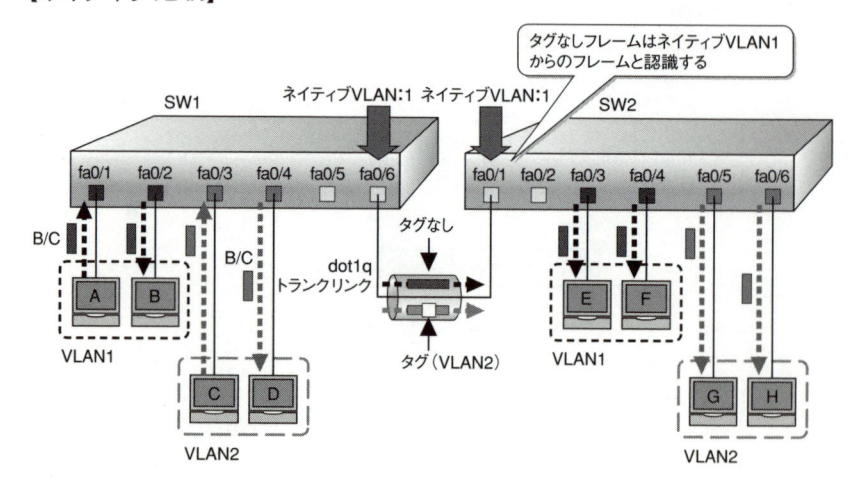

● ISL

ISL（Inter-Switch Link）はシスコが独自で開発したトランキングプロトコルです。ISLでは、トランクリンク上でイーサネットフレームの前にISLヘッダ（26バイト）を付加し、さらに後ろに新しいFCS（4バイト）を付加してカプセル化します。

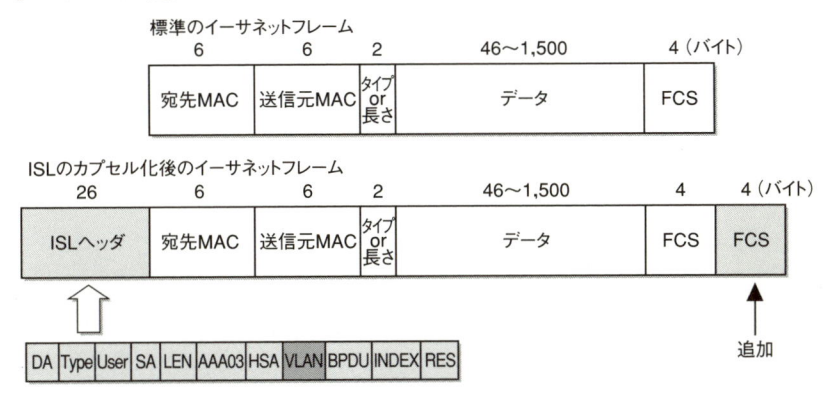

【ISLカプセル化】

標準のイーサネットフレーム

6	6	2	46～1,500	4（バイト）
宛先MAC	送信元MAC	タイプ or 長さ	データ	FCS

ISLのカプセル化後のイーサネットフレーム

26	6	6	2	46～1,500	4	4（バイト）
ISLヘッダ	宛先MAC	送信元MAC	タイプ or 長さ	データ	FCS	FCS

| DA | Type | User | SA | LEN | AAA03 | HSA | VLAN | BPDU | INDEX | RES |

追加

【ISLヘッダに含まれる情報】

フィールド	サイズ（ビット）	説明
DA	40	Destination Address。宛先アドレス。ISLカプセル化フレームであることを示すマルチキャストアドレス（0x01-00-0C-00-00）が入る
Type	4	送信元フレームタイプを示す。イーサネットの場合は「0000」が入る
User	4	プライオリティの定義などで使用する。通常は「0」が入る
SA	48	Source Address。送信側CatalystスイッチのトランクポートのMACアドレスが入る
LEN	16	DA、Type、User、SA、LEN、FCSを除いたフレーム長を示す
AAA03	24	標準SNA 802.2LLCヘッダ。固定値「0xAA-AA-03」が入る
HSA	24	SAの先頭3バイトのコピー
VLAN	15	VLAN Identifier。ただし、VLAN IDを示すのは下位10ビットであるため、0～1023の範囲となる
BPDU	1	フレームがBPDU[13]かCDP*であるかを示す
INDEX	16	フレームがどのポートから転送されたかを示す
RES	16	トークンリングとFDDI[14]で特別に意味を持たせるために予約している

※13【BPDU】(ビーピーディーユー) Bridge Protocol Data Unit：STPで制御情報を交換するためのメッセージのこと。ブリッジID、パスコスト、タイマー情報などが含まれている。BPDUによってルートブリッジを選出し、STPツリーが作成および維持される

※14【FDDI】(エフディーディーアイ) Fiber Distributed Data Interface：ANSI（米国規格協会）が標準化したリング型LANの規格。伝送速度は100Mbpsで光ファイバケーブルを使用する

トランクリンク上で30バイトもフレームサイズが増加するISLは、現在ではほとんど使用されず、IEEE 802.1Qが一般的に使用されています。Catalyst 2950やCatalyst 2960など一部のCatalystスイッチでは、IEEE 802.1Qのみをサポートしています。

Point　トランキングプロトコルの比較

IEEE 802.1QとISLの特徴をまとめると、次のようになります。

【IEEE 802.1QとISLの比較】

トランキングプロトコル	802.1Q	ISL
規格	IEEEによって標準化	シスコ独自
方式	タギング方式	カプセル化方式
ネイティブVLAN	サポート	サポートなし
フレームの増加サイズ	4バイト	30バイト（ヘッダ：26、FCS：4）
ベビージャイアントフレーム	1,522バイト	1,548バイト
FCSの処理	再計算	追加
VLAN ID	12ビット	10ビット
サポートするVLAN数	4,096（2^{12}＝4,096）	1,024（2^{10}＝1,024）

1-4 VLANの設定

VLANを構成するには、VLANを作成し、スイッチポート（アクセスまたはトランク）の設定を行います。本節では、Catalystスイッチを使用してVLANを構成するために必要なコマンドについて説明します。

■ VLANの作成

VLANを作成するには、グローバルコンフィギュレーションモードからvlan <vlan-id>コマンドを使用し、VLANコンフィギュレーションモードに移行します。オプションでVLANに識別しやすい名前を設定することが可能です。名前を指定しない場合は、VLANの後ろにVLAN IDが追加された名前がデフォルトで設定されます。

構文 VLANの作成（グローバルコンフィグモード）

(config)#**vlan** <vlan-id>
(config-vlan)#**name** <vlan-name> （オプション）
(config-vlan)#**exit**

引数	説明
vlan-id	VLAN IDを1～4094の範囲で指定。カンマ（,）やハイフン（-）を使い、同時に複数のVLANを作成することも可能 例）VLAN2を作成する場合：(config)#**vlan 2** 　　VLAN10と20を作成する場合：(config)#**vlan 10,20** 　　VLAN2～10を作成する場合：(config)#**vlan 2-10**
vlan-name	VLAN名を指定（オプション）。nameコマンド自体を省略した場合、VLAN IDを付加した名前が設定される 例）VLAN2の場合：VLAN0002

作成したVLANを削除するには、グローバルコンフィギュレーションモードからno vlan <vlan-id>コマンドを使用します。なお、自動的に生成されるデフォルトのVLAN（VLAN1および1002～1005）を削除することはできません。

■ スイッチポートのネゴシエーション

DTP（Dynamic Trunking Protocol）は、スイッチポートをアクセスポート、またはトランクポートのどちらにするかを動的に決定するためにシスコが独自で開発したネゴシエーションプロトコルです。DTPを利用すると、対向のスイッチポートの設定に合わせてアクセスポートまたはトランクポートのいずれかで動作します。

スイッチポートを動的にネゴシエーション[15]させるには、インターフェイスコンフィ

※15 【ネゴシエーション】negotiation：2台の機器同士が相互に情報を交換しながら設定を決定すること

ギュレーションモードから**switchport mode**コマンドを使用し、引数に**dynamic desirable**または**dynamic auto**キーワードを指定します。両者の違いは次の構文の表を参照してください。

構文 スイッチポートの設定（インターフェイスコンフィグモード）

```
(config-if)#switchport mode { access | trunk | dynamic desirable | dynamic auto }
```

引数	説明
access	ネゴシエーションに関係なくアクセスポートに設定する。自らDTPの送信をしない
trunk	ネゴシエーションに関係なくトランクポートに設定する。DTPを送信して対向にトランクポートになるようネゴシエートする
dynamic desirable	ネゴシエートして対向がtrunk、dynamic desirable、dynamic autoのいずれかの場合、トランクポートとして動作する。DTPを送信してネゴシエートする（積極的）
dynamic auto	ネゴシエートして対向がtrunk、dynamic desirableのいずれかの場合、トランクポートとして動作する。対向からDTPを受信しない場合、アクセスポートとして動作する。自らDTPを送信せず、応答のみ行う（消極的）

※ デフォルトの動作モードは、Catalyst 2950ではdynamic desirable、Catalyst 2960ではdynamic autoのように製品によって異なる

　2台のスイッチ間を結ぶリンクがトランクになるかアクセスになるかは、互いの設定に影響します。次の表に、スイッチポートタイプの組み合わせを示します。

【スイッチポートタイプの組み合わせ】

ローカル ＼ リモート	access	trunk	dynamic desirable	dynamic auto
access	アクセス	推奨しない	アクセス	アクセス
trunk	推奨しない	トランク	トランク	トランク
dynamic desirable	アクセス	トランク	トランク	トランク
dynamic auto	アクセス	トランク	トランク	アクセス

※ トランクが802.1Qの場合は、access指定側のVLANとtrunk指定側のNative VLANが一致すると、そのVLANのみ通信が可能だが、互いの認識が異なる設定なので推奨されない

【組み合わせの例】

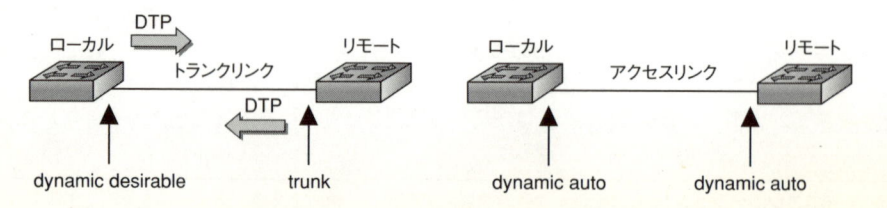

ローカル　DTP　→　　リモート　　　　　　ローカル　　　　　　　　リモート
　　　　トランクリンク　　　　　　　　　　　　　アクセスリンク
　　　　←　DTP

dynamic desirable　　trunk　　　　　　dynamic auto　　dynamic auto

1-4 VLANの設定

● DTPネゴシエーションの停止

DTPのネゴシエーションを停止するには、switchport nonegotiateコマンドを使用します。

構文 DTP送信の停止（インターフェイスコンフィグモード）
(config-if)#switchport nonegotiate

たとえば、2台のスイッチのポートを固定でトランクポートまたはアクセスポートに設定しネゴシエートさせる必要がない場合には、switchport nonegotiateコマンドを設定しておくとDTPを送信しなくなるため、不要なトラフィックを削減することができます。

【DTPネゴシエーションを停止してトランクリンクを設定する】

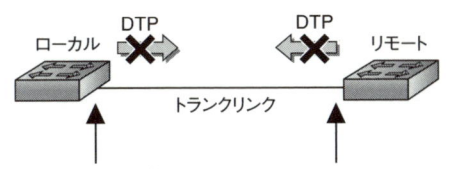

```
ローカル  DTP    DTP   リモート
          ✗      ✗
         トランクリンク

(config-if)#switchport mode trunk
(config-if)#switchport nonegotiate
```

Point VLAN ID

CatalystスイッチでサポートされるVLAN ID（VLAN番号）の範囲は0～4095ですが、実際に使用できる範囲は、インストールされているIOSソフトウェアの種類とVTP[※16]の動作モードによって異なります。VLAN IDの範囲まとめると、次のようになります。

【VLAN IDの範囲】

VLAN ID	説明
0、4095	システムでのみ使用するVLAN
1	シスコのイーサネットのデフォルトVLAN
2～1001	イーサネットの標準VLAN
1002～1005	シスコのトークンリングとFDDIのデフォルトVLAN
1006～4094	イーサネットの拡張VLAN

※ イーサネットの拡張VLAN範囲を使用することができるのは、Enhanced Software Image（EI：拡張ソフトウェアイメージ）がインストールされており、VTPの動作モードがトランスペアレントの場合のみ

※16 【VTP】(ブイティーピー) VLAN Trunking Protocol：シスコ独自のVLAN管理プロトコル。複数のスイッチでVLAN情報の整合性を保つことができる

■ アクセスポートの設定（VLANメンバーシップ）

　VLANを作成しても、そのVLANをポートにメンバーシップするまでブロードキャストドメインは分割されません。アクセスポートでは、ポートが所属するVLANを1つだけ割り当てます。すべてのアクセスポートはデフォルトでVLAN1に所属しています。
　スイッチポートに特定のVLANを割り当てると、VLAN1からは自動的に外されます。
　スイッチポートを固定でアクセスポートに指定し、VLANメンバーシップを設定するには、次のコマンドを使用します。

構文 アクセスポートの設定（インターフェイスコンフィグモード）
```
(config-if)#switchport mode access
```

構文 VLANメンバーシップの設定（インターフェイスコンフィグモード）
```
(config-if)#switchport access vlan <vlan-id>
```

引数	説明
vlan-id	特定のVLAN IDを1～4094の範囲で指定

　スイッチポートをデフォルトのVLAN1に戻すには、インターフェイスコンフィギュレーションモードからno switchport access vlan（または、switchport access vlan 1）コマンドを使用します。
　なお、switchport access vlanコマンドによるVLANメンバーシップは、スタティックVLANになります。ダイナミックVLANを設定する場合は、switchport access vlan dynamicコマンドを使用します。

■ トランクポートの設定

　スイッチポートを固定でトランクポートにする場合、先のswitchport mode trunkコマンドの設定のほかに、トランキングプロトコルを指定する必要があります。ただし、Catalyst 2950/2960のようにIEEE 802.1Qしかサポートしていないスイッチでは、プロトコルを指定する必要はありません（プロトコルを選択するコマンド自体存在しません）。
　なお、DTPネゴシエーションによって動的にトランクポートになる場合は、トランキングプロトコルも動的に決定されます。

構文 トランキングプロトコルの指定（インターフェイスコンフィグモード）
```
(config-if)#switchport trunk encapsulation <dot1q | isl>
```

引数	説明
dot1q	IEEE 802.1Qを指定
isl	ISLを指定

IEEE 802.1QとISLの両方のプロトコルをサポートしているスイッチは、先に「トランキングプロトコルを指定するコマンド」、次に「固定でトランクポートにするコマンド」の順番で実行します。

【固定で802.1Qのトランクポートに設定する例】

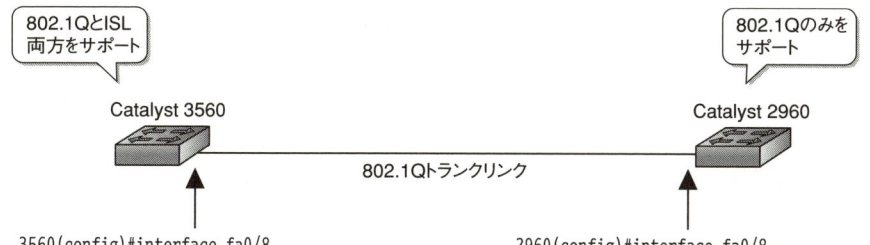

802.1QとISL
両方をサポート

802.1Qのみを
サポート

Catalyst 3560 ———— 802.1Qトランクリンク ———— Catalyst 2960

```
3560(config)#interface fa0/8
3560(config-if)#switchport trunk encapsulation dot1q
3560(config-if)#switchport mode trunk
3560(config-if)#switchport nonegotiate
```

```
2960(config)#interface fa0/8
2960(config-if)#switchport mode trunk
2960(config-if)#switchport nonegotiate
```

● allowed VLAN

トランクポートは複数のVLANフレームを転送するポートです。デフォルトでは、トランクが有効になるとスイッチに存在するすべてのVLANが許可されます。したがって、構成によっては不要なフレームもトランク上で転送されてしまいます。

【すべてのVLANに所属するトランクポートの例】

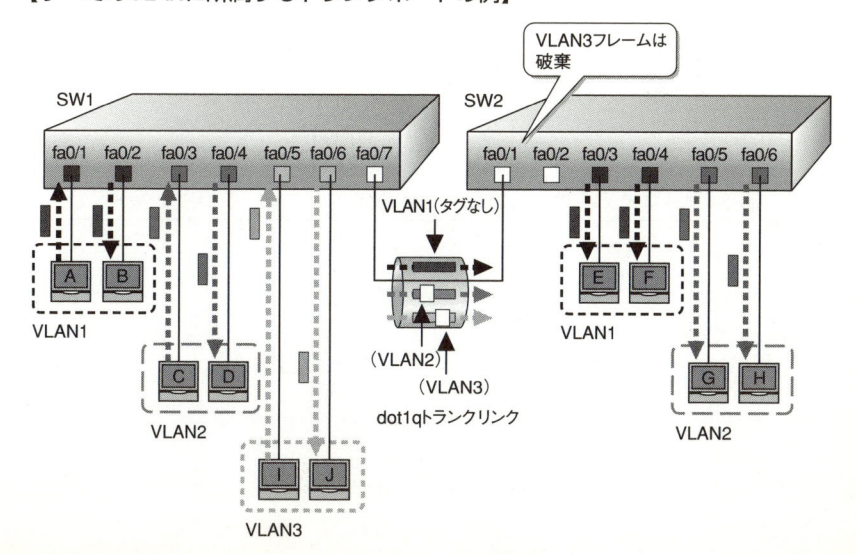

VLAN3フレームは
破棄

SW1: fa0/1 fa0/2 fa0/3 fa0/4 fa0/5 fa0/6 fa0/7
SW2: fa0/1 fa0/2 fa0/3 fa0/4 fa0/5 fa0/6

VLAN1(タグなし)
(VLAN2)
(VLAN3)
dot1qトランクリンク

VLAN1: A, B / E, F
VLAN2: C, D / G, H
VLAN3: I, J

たとえば、前ページの図において2台のスイッチにVLAN1、2、3が存在しているとします。VLAN3に属するホストはSW1にのみ接続されています。トランクポートですべてのVLANが許可されている場合、ホストIが送信したブロードキャストフレームは、VLAN3が属するSW1のfa0/6とfa0/7にフラッディングされます。しかし、SW2ではVLAN3フレームを受信してもVLAN3が属するポートがないため、フレームを破棄するだけです。

トランクポートに不要なVLANフレームを転送させずに、必要なVLANだけを許可する機能をallowed VLANといいます。allowed VLANを設定するには、次のコマンドを使用します。

構文 allowed VLANの設定（インターフェイスコンフィグモード）
(config-if)#**switchport trunk allowed vlan** <vlan-id>

引数	説明
vlan-id	トランクポートで許可するVLAN IDを指定。「,」（カンマ）や「-」（ハイフン）を使用して複数のVLANを指定可能 例）VLAN1と10と20を指定する場合：1,10,20 　　VLAN1から3を指定する場合：1-3

先述のとおり、802.1QトランクポートのネイティブVLANはデフォルトでVLAN1になっています。ネイティブVLANの番号を変更するには、トランクポートのインターフェイスコンフィギュレーションモードから次のコマンドを使用します。

構文 ネイティブVLANの設定（インターフェイスコンフィグモード）
(config-if)#**switchport trunk native vlan** <vlan-id>

引数	説明
vlan-id	ネイティブVLANのVLAN IDを指定

Memo　allowed VLANの変更

スイッチポートで許可するVLANをあとから追加したり、あるいは削除、変更したりするには、switchport trunk allowed vlanコマンドの後ろに次のオプションを使用します。

引数	説明
add	現在許可されているVLANはそのままで、さらに指定したVLANを追加する
remove	現在許可されているVLANから、指定したVLANを取り除く。ただし、デフォルトVLAN（1、1002〜1005）は削除不可
except	指定したVLANを除く、すべてのVLANを許可する（VLANを反転指定する）
all	すべてのVLANを許可する（デフォルト）

たとえば、最初にswitchport trunk allowed vlan 1-3,10を実行し、あとでVLAN20を追加したい場合は、次のようにコマンドを入力します。

```
(config-if)#switchport trunk allowed vlan add 20
```

Memo　interface rangeコマンド

複数のスイッチポートに同じパラメータを設定する場合、interface rangeコマンドで専用のモード「(config-if-range)#」に移り、まとめてコマンドを設定することができます。この機能を利用すると、1回のコマンド入力で複数個のスイッチポートに対して同じ設定ができるのでとても便利です。
複数のスイッチポートのモードに移るには、グローバルコンフィギュレーションモードからinterface rangeコマンドを入力し、通常のポート指定のあとに「-」（ハイフン）または「,」（カンマ）を入力してポート番号を指定します。

例）FastEthernet0/1〜8の8個のポートを設定する場合
```
(config)#interface range fa0/1-8
(config-if-range)#
```

例）FastEthernet0/1、3、7の3個のポートを設定する場合
```
(config)#interface range fa0/1, fa0/3, fa0/7
(config-if-range)#
```

1-5 VLANの検証

VLANを作成したら、そのVLANが適切に追加されているか確認する必要があります。また、設定を変更した場合も、変更が反映されているか確認しなければなりません。VLANは確認コマンドによって、さまざまな要素を表示することができます。本節では、次の構成を例に、VLANの検証方法を説明します。

```
        Catalyst 2950                          Catalyst 2960
  SW1            fa0/11              fa0/11             SW2
        fa0/1       802.1Qトランクリンク      fa0/1
              アクセスリンク                アクセスリンク

              VLAN2 (SALES) のブロードキャストドメイン
```

■ VLANの確認

スイッチに存在しているすべてのVLANに関する情報を確認するには、show vlanコマンドを使用します。

出力の前半には左からVLAN ID、VLAN名、ステータス、およびそのVLANが所属しているアクセスポートが表示されます。後半には、VLANタイプ、FDDIで使用するSAID（セキュリティアソシエーションID）、MTU[17]、使用中のSTP[18]、およびFDDI*またはトークンリングで使用するパラメータなどが表示されます。なお、show vlan briefコマンドを使用すると、前半部分のみを表示することができます。

> **構文** すべてのVLANの表示（ユーザモード、特権モード）
> `#show vlan [ brief ]`

※17 【MTU】(エムティーユー) Maximum Transmission Unit：最大伝送ユニット。一度に転送することができるデータの最大値を示す値。単位はバイトで、イーサネットでは1,500バイトが一般的である
※18 【STP】(エスティーピー) Spanning Tree Protocol：スパニングツリープロトコル。フレームのループを回避して冗長ネットワークを維持するレイヤ2プロトコル

1-5 VLANの検証

【show vlanの出力例】

```
SW1#show vlan    ←すべてのVLAN情報を表示

VLAN Name                             Status    Ports
---- -------------------------------- --------- -------------------------------
1    default                          active    Fa0/1, Fa0/2, Fa0/3, Fa0/4
                                                Fa0/5, Fa0/6, Fa0/7, Fa0/8
                                                Fa0/9, Fa0/10, Gi0/1, Gi0/2
1002 fddi-default                     act/unsup                    ③
1003 token-ring-default               act/unsup
1004 fddinet-default                  act/unsup
1005 trnet-default                    act/unsup
 ①          ②

VLAN Type  SAID       MTU   Parent RingNo BridgeNo Stp  BrdgMode Trans1 Trans2
---- ----- ---------- ----- ------ ------ -------- ---- -------- ------ ------
1    enet  100001     1500  -      -      -        -    -        0      0
1002 fddi  101002     1500  -      -      -        -    -        0      0
1003 tr    101003     1500  -      -      -        -    -        0      0
1004 fdnet 101004     1500  -      -      -        ieee -        0      0
1005 trnet 101005     1500  -      -      -        ibm  -        0      0
                       ④
Remote SPAN VLANs
------------------------------------------------------------------------------

Primary Secondary Type              Ports
------- --------- ----------------- ------------------------------------------


SW1#show vlan brief   ←briefキーワードを付加

VLAN Name                             Status    Ports
---- -------------------------------- --------- -------------------------------
1    default                          active    Fa0/1, Fa0/2, Fa0/3, Fa0/4
                                                Fa0/5, Fa0/6, Fa0/7, Fa0/8
                                                Fa0/9, Fa0/10, Gi0/1, Gi0/2
1002 fddi-default                     act/unsup
1003 token-ring-default               act/unsup
1004 fddinet-default                  act/unsup
1005 trnet-default                    act/unsup
SW1#
```

① スイッチに存在しているVLAN ID
② VLANの名前
③ VLANが所属するアクセスポート（トランクポートは非表示）
④ MTUサイズ

　VLANを新規作成したら、そのVLANが追加されたことを確認する必要があります。show vlanコマンドの後ろにidまたはnameキーワードを付加することで、特定のVLANに関する情報のみを表示することができます。

構文 特定のVLANの表示（ユーザモード、特権モード）
　　　　#show vlan [id <vlan-id> | name <vlan-name>]

引数	説明
vlan-id	VLAN ID（番号）を指定
vlan-name	VLAN名を指定。英字は大文字と小文字が区別される

【VLANの作成】

```
SW1#configure terminal
Enter configuration commands, one per line.  End with CNTL/Z.
SW1(config)#vlan 2      ←VLAN2を新規作成
SW1(config-vlan)#end
SW1#
3d15h: %SYS-5-CONFIG_I: Configured from console by console
SW1#show vlan ?
  brief          VTP all VLAN status in brief
  id             VTP VLAN status by VLAN id
  ifindex        SNMP ifIndex
  internal       VLAN internal usage
  mtu            VLAN MTU information
  name           VTP VLAN status by VLAN name
  private-vlan   Private VLAN information
  remote-span    Remote SPAN VLANs
  summary        VLAN summary information
  |              Output modifiers
  <cr>
SW1#
```

【作成したVLANの確認（要約表示）】

```
SW1#show vlan brief

VLAN Name                             Status    Ports
---- -------------------------------- --------- -------------------------------
1    default                          active    Fa0/1, Fa0/2, Fa0/3, Fa0/4
                                                Fa0/5, Fa0/6, Fa0/7, Fa0/8
                                                Fa0/9, Fa0/10, Gi0/1, Gi0/2
2    VLAN0002                         active
1002 fddi-default                     act/unsup
1003 token-ring-default               act/unsup
1004 fddinet-default                  act/unsup
1005 trnet-default                    act/unsup
Primary Secondary Type                Ports
------- --------- -----------------   -----------------------------------------
```

【作成したVLANの確認（特定のVLANのみ）】

```
SW1#show vlan id 2    ←VLAN2の情報のみ表示（IDで指定）

VLAN Name                             Status    Ports
---- -------------------------------- --------- -------------------------------
2    VLAN0002                         active

VLAN Type  SAID       MTU   Parent RingNo BridgeNo Stp  BrdgMode Trans1 Trans2
---- ----- ---------- ----- ------ ------ -------- ---- -------- ------ ------
2    enet  100002     1500  -      -      -        -    -        0      0

Remote SPAN VLAN
----------------
Disabled

SW1#show vlan name VLAN0002    ←VLAN2の情報のみ表示（名前で指定）

VLAN Name                             Status    Ports
---- -------------------------------- --------- -------------------------------
2    VLAN0002                         active
```

```
VLAN Type  SAID       MTU   Parent RingNo BridgeNo Stp  BrdgMode Trans1 Trans2
---- ----- ---------- ----- ------ ------ -------- ---- -------- ------ ------
2    enet  100002     1500  -      -      -        -    -        0      0

Remote SPAN VLAN
----------------
Disabled

Primary Secondary Type              Ports
------- --------- ----------------- ------------------------------------------


SW1#configure terminal
Enter configuration commands, one per line.  End with CNTL/Z.
SW1(config)#vlan 2
SW1(config-vlan)#name SALES    ←VLANの名前を変更
SW1(config-vlan)#end
SW1#
3d15h: %SYS-5-CONFIG_I: Configured from console by console
SW1#
SW1#show vlan name SALES    ←VLAN2の情報のみ表示（名前で指定）

VLAN Name                             Status    Ports
---- -------------------------------- --------- -------------------------------
2    SALES                            active

VLAN Type  SAID       MTU   Parent RingNo BridgeNo Stp  BrdgMode Trans1 Trans2
---- ----- ---------- ----- ------ ------ -------- ---- -------- ------ ------
2    enet  100002     1500  -      -      -        -    -        0      0

Remote SPAN VLAN
----------------
Disabled

Primary Secondary Type              Ports
------- --------- ----------------- ------------------------------------------


SW1#
```

■ VLANメンバーシップの確認

　すべてのスイッチポートのVLANメンバーシップを確認するには、先述のshow vlanコマンドを使用します。デフォルトでは、すべてのポートはVLAN1に所属しています。また、show vlanコマンドの「ports」の出力にはアクセスポートだけが表示されます。ただし、show vlan id <vlan-id> およびshow vlan name <vlan-name>コマンドの出力ではアクセスポートとトランクポートの両方が表示されます。

【show vlan briefコマンドの出力例】

```
SW1#configure terminal
Enter configuration commands, one per line.  End with CNTL/Z.
SW1(config)#interfaces fa0/1
SW1(config-if)#switchport access vlan 2   ← VLAN2をメンバーシップする
SW1(config-if)#end
SW1#
3d15h: %SYS-5-CONFIG_I: Configured from console by console
SW1#show vlan brief

VLAN Name                             Status    Ports
---- -------------------------------- --------- -------------------------------
1    default                          active    Fa0/2, Fa0/3, Fa0/4, Fa0/5
                                                Fa0/6, Fa0/7, Fa0/8, Fa0/9
                                                Fa0/10, Gi0/1, Gi0/2
2    SALES                            active    Fa0/1
                        ↑ VLAN2にメンバーシップされたアクセスポート
1002 fddi-default                     act/unsup
1003 token-ring-default               act/unsup
1004 fddinet-default                  act/unsup
1005 trnet-default                    act/unsup
SW1#
```

■ スイッチポートの確認

スイッチポートの設定や動作状況を表示するには、show interfaces <interface> switchportコマンドを使用します。このコマンドではアクセスポートとトランクポートの両方の情報が表示されます。また、使用中のトランキングプロトコルやDTPが有効になっているかなどを確認することもできます。

構文 特定ポートのVLAN情報の表示（ユーザモード、特権モード）
```
#show interfaces <interface> switchport
```

【show interfaces fa0/1 switchportコマンドの出力例（アクセスポートの場合）】

```
SW1#show interfaces fa0/1 switchport
Name: Fa0/1
Switchport: Enabled
Administrative Mode: dynamic desirable   ←設定モード（dynamic desirable）
Operational Mode: static access   ←実際の動作モード（アクセスポートとして動作）
Administrative Trunking Encapsulation: dot1q
Operational Trunking Encapsulation: native
Negotiation of Trunking: On
Access Mode VLAN: 2 (SALES)   ←このポートが所属しているVLANおよびVLAN名
Trunking Native Mode VLAN: 1 (default)
Voice VLAN: none
Administrative private-vlan host-association: none
Administrative private-vlan mapping: none
Administrative private-vlan trunk native VLAN: none
Administrative private-vlan trunk encapsulation: dot1q
Administrative private-vlan trunk normal VLANs: none
Administrative private-vlan trunk private VLANs: none
Operational private-vlan: none
Trunking VLANs Enabled: ALL
Pruning VLANs Enabled: 2-1001
Capture Mode Disabled
Capture VLANs Allowed: ALL
Protected: false

Appliance trust: none
SW1#
```

【show interfaces fa0/11 switchportコマンドの出力例（トランクポートの場合）】

```
SW1#show interfaces fa0/11 switchport
Name: Fa0/11
Switchport: Enabled
Administrative Mode: dynamic desirable    ←設定モード（dynamic desirable）
Operational Mode: trunk    ←実際の動作モード（トランクポートとして動作）
Administrative Trunking Encapsulation: dot1q
Operational Trunking Encapsulation: dot1q    ←トランキングプロトコルはIEEE 802.1Q
Negotiation of Trunking: On    ←DTPネゴシエーションが有効
Access Mode VLAN: 1 (default)
Trunking Native Mode VLAN: 1 (default)    ←ネイティブVLANは1
Voice VLAN: none
Administrative private-vlan host-association: none
Administrative private-vlan mapping: none
Administrative private-vlan trunk native VLAN: none
Administrative private-vlan trunk encapsulation: dot1q
Administrative private-vlan trunk normal VLANs: none
Administrative private-vlan trunk private VLANs: none
Operational private-vlan: none
Trunking VLANs Enabled: ALL
Pruning VLANs Enabled: 2-1001
Capture Mode Disabled
Capture VLANs Allowed: ALL
Protected: false

Appliance trust: none
SW1#configure terminal
Enter configuration commands, one per line.  End with CNTL/Z.
SW1(config)#interfaces fa0/11
SW1(config-if)#switchport mode trunk    ←モードを固定でトランクに設定
SW1(config-if)#switchport nonegotiate    ←DTPを停止
SW1(config-if)#end
SW1#
SW1#show interfaces fa0/11 switchport
Name: Fa0/11
Switchport: Enabled
Administrative Mode: trunk    ←設定モード（トランクに固定）
Operational Mode: trunk    ←実際の動作モード（トランクポートとして動作）
Administrative Trunking Encapsulation: dot1q
```

```
Operational Trunking Encapsulation: dot1q
Negotiation of Trunking: Off    ←DTPネゴシエーションが無効
Access Mode VLAN: 1 (default)
Trunking Native Mode VLAN: 1 (default)
Voice VLAN: none
Administrative private-vlan host-association: none
Administrative private-vlan mapping: none
＜以下省略＞
```

■ トランクポートの要約情報の確認

　show interfaces <interface> trunkコマンドは、トランクポートに関する要約情報を表示します。この出力では、トランクリンク上で実際に転送可能なVLANフレームを確認することができます。

【show interface fa0/11 trunkコマンドの出力例】

```
SW1#show interfaces fa0/11 trunk

Port         Mode         Encapsulation  Status         Native vlan
Fa0/11       on           802.1q         trunking       1
  ↑            ↑             ↑              ↑
  ①            ②             ③              ④

Port         Vlans allowed on trunk
Fa0/11       1-4094    ←⑤

Port         Vlans allowed and active in management domain
Fa0/11       1-2    ←⑥

Port         Vlans in spanning tree forwarding state and not pruned
Fa0/11       1-2    ←⑦
SW1#
```

① ポート番号を表示
② 設定されているモードを表示（固定のtrunkの場合「on」、accessの場合「off：」)
③ トランキングプロトコルを表示（DTPによってダイナミックに設定された場合「n-802.1q」と表示）
④ トランク状況を表示（非トランクの場合は「not-trunking」と表示）
⑤ トランクリンク上で許可されたVLAN（デフォルトではすべてのVLANを許可）
⑥ トランクリンク上で現在アクティブなVLAN
⑦ トランクリンク上で実際に転送可能なVLAN

1-6 VTP

　VTPは、VLANのメンテナンスを容易にするシスコ独自のVLAN管理プロトコルです。VTPではVLAN情報を管理ドメインに属する複数のCatalystスイッチで同期させることでVLANの整合性を維持します。

■ VTPの概要

　VTP（VLAN Trunking Protocol）は、トランクリンクで接続された複数のスイッチとVLAN情報を同期するシスコ独自のプロトコルです。VLANが複数のスイッチにまたがって構成される場合、各スイッチで同じVLAN情報を管理する必要があります。大規模なスイッチドネットワークにおいて一貫したVLAN情報を維持することは、ネットワーク管理者にとって容易な作業ではありません。

　VTPを使用すると、管理者はVLAN設定を1台のスイッチ上だけで実行すれば済むため、作業を簡略化することができ、VLANの追加・削除・名前変更などを繰り返してもVTP管理ドメインのすべてのスイッチでVLAN設定の整合性を維持することができます。

　VTPでは、**VTPアドバタイズメント**がトランクポートにのみ伝搬されるため、管理ドメイン内のスイッチはトランクリンクで接続されている必要があります。トランキングプロトコルは、IEEE 802.1QとISLの両方をサポートしています。

■ VTPドメイン

　同じVTP環境を共有している複数のスイッチを**VTPドメイン**といいます。Catalystスイッチは1つのVTPドメインにのみ所属することができ、受信したVTPアドバタイズメントに含まれるドメイン名が自身と異なる場合は同期しません。

【VTPドメイン】

```
SW1(config)#vlan 2
SW1(config-vlan)#name SALES
```

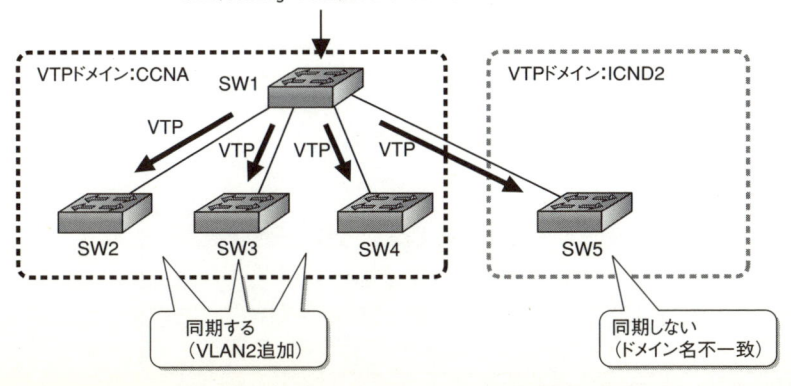

VTPドメイン:CCNA
SW1 → VTP → SW2
SW1 → VTP → SW3
SW1 → VTP → SW4

VTPドメイン:ICND2
SW1 → VTP → SW5

同期する
（VLAN2追加）

同期しない
（ドメイン名不一致）

※スイッチ間はすべてトランクリンク

■ VTPモード

VTPには、**サーバ、クライアント、トランスペアレント（透過）**の3種類の動作モードがあり、Catalystスイッチはいずれか1つのモードで動作します。各モードの特徴は、次のとおりです。

● サーバモード（デフォルト）

サーバモードは、VLANの作成、変更、削除ができるデフォルトのモードです。
設定したVLAN情報は、VTPアドバタイズメントによって通知します。また、同じVTPドメイン内のスイッチが生成したVTPアドバタイズメントを受信した場合は自身でも同期し、さらにほかのスイッチに転送します。

● クライアントモード

クライアントモードでは、自身ではVLANの作成、変更、削除はできません。
受信したVTPアドバタイズメントによって同期し、さらにほかのスイッチに転送します。

● トランスペアレント（透過）モード

トランスペアレントモードでは、VLANの作成、変更、削除ができますが、それをほかのスイッチに通知しません。VTPアドバタイズメントを受信すると、同期せずにほかのスイッチに転送します。
トランスペアレントモードのスイッチは、ほかのスイッチとVLAN情報を共有せず、ローカルで使用するVLANを作成することも、ほかのスイッチと同じVLANを作成することも可能です。VTPを使用せずに、各スイッチでVLANを設定する場合は、トランスペアレントモードに設定します。

Point　VTPモード

VTPモードの特徴をまとめると、次のようになります。

【VTPモードの特徴】

VTPモード	サーバ	クライアント	トランスペアレント
VLAN作成・変更・削除	○	×	○
VTPアドバタイズの送信	○	×	×
VTPアドバタイズの転送	○	○	○
同期	○	○	×

※デフォルトはサーバモード

次の図の例では、トランスペアレントモードのSW2では、VLAN情報を同期しないためVLAN2が追加されません。SW1とSW3（またはSW4）でVLAN2に所属するノードが存在する場合、SW2でもVLAN2を作成する必要があります。

【VTPモードの動作】

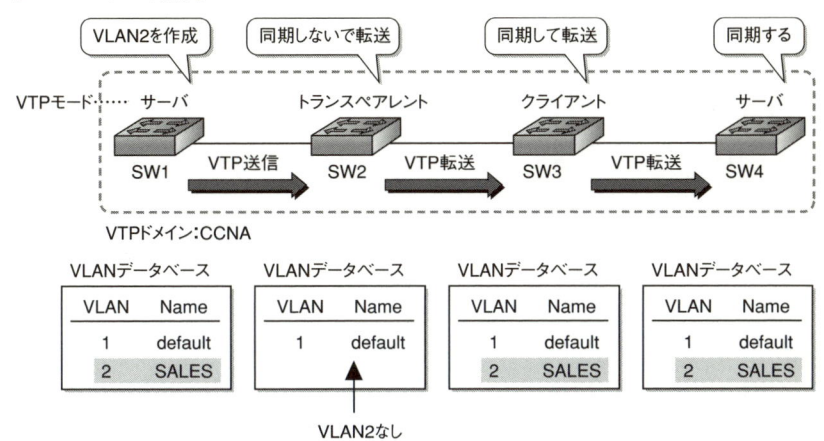

	VLAN2を作成	同期しないで転送	同期して転送	同期する
VTPモード	サーバ	トランスペアレント	クライアント	サーバ
	SW1 →VTP送信→	SW2 →VTP転送→	SW3 →VTP転送→	SW4

VTPドメイン：CCNA

VLANデータベース（SW1）		VLANデータベース（SW2）		VLANデータベース（SW3）		VLANデータベース（SW4）	
VLAN	Name	VLAN	Name	VLAN	Name	VLAN	Name
1	default	1	default	1	default	1	default
2	SALES			2	SALES	2	SALES

VLAN2なし

■ VTPのコンフィギュレーションリビジョン番号

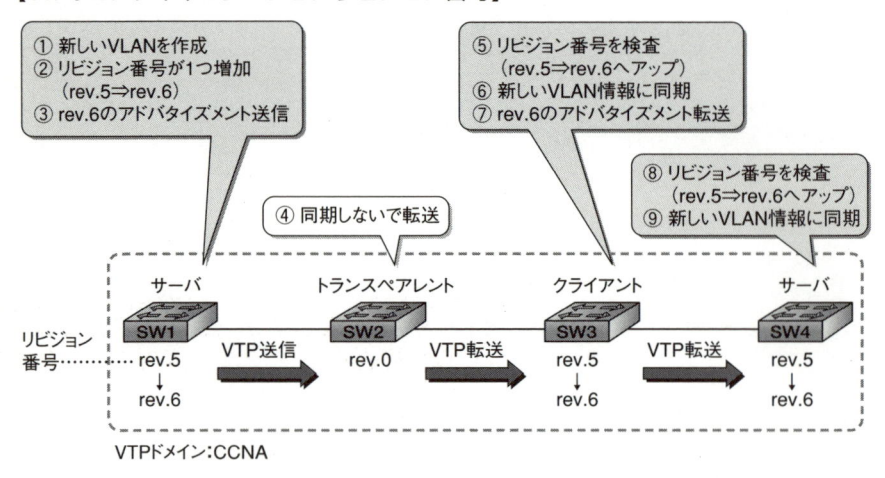

VTPアドバタイズメントは、定期的（デフォルトは5分間隔）、あるいはVLAN設定が変更されたタイミングで管理ドメイン内にフラッディングされます。VTPアドバタイズメントは、レイヤ2マルチキャストフレームを使用してトランクリンク上にVLAN1で送信されます。

VTPで最も重要な要素に**コンフィギュレーションリビジョン番号**があります。このリビジョン番号は、VTPアドバタイズメントによって通知されたVLAN情報が最新であるかを識別するためのものです。初期設定は「0」で、サーバモードのスイッチがVLAN情報を変更するたびに1つ増加し、VTPアドバタイズメントで通知されます。ほかのスイッチは自身が保存しているリビジョン番号より数値が大きい場合、最新の情報だと判断してVLAN設定を新しい情報に書き換えます。

なお、トランスペアレントモードのスイッチはVLAN情報を同期しないため、受信したVTPアドバタイズメントのVLAN情報が最新かどうか判断する必要がありません。そのため、トランスペアレントモードで動作するスイッチのコンフィギュレーションリビジョン番号は常に「0」に設定されます。

【VTPのコンフィギュレーションリビジョン番号】

① 新しいVLANを作成
② リビジョン番号が1つ増加
　（rev.5⇒rev.6）
③ rev.6のアドバタイズメント送信

④ 同期しないで転送

⑤ リビジョン番号を検査
　（rev.5⇒rev.6へアップ）
⑥ 新しいVLAN情報に同期
⑦ rev.6のアドバタイズメント転送

⑧ リビジョン番号を検査
　（rev.5⇒rev.6へアップ）
⑨ 新しいVLAN情報に同期

サーバ　　　　トランスペアレント　　　クライアント　　　　サーバ
SW1　VTP送信　SW2　VTP転送　SW3　VTP転送　SW4
リビジョン番号……rev.5　　　　rev.0　　　　rev.5　　　　rev.5
　　　　　↓　　　　　　　　　　　　↓　　　　　　↓
　　　　rev.6　　　　　　　　　　　rev.6　　　　rev.6

VTPドメイン：CCNA

Memo コンフィギュレーションリビジョン番号の注意

既存のVTPドメイン環境にスイッチを新しく接続する場合、追加スイッチがサーバモードでリビジョン番号が既存VTPドメインの番号よりも大きいと、追加スイッチが持つVLAN情報に同期し、デフォルトVLANを除くすべてのVLAN情報を失う危険性があります。

【追加スイッチがサーバモードでリビジョン番号が大きい場合】

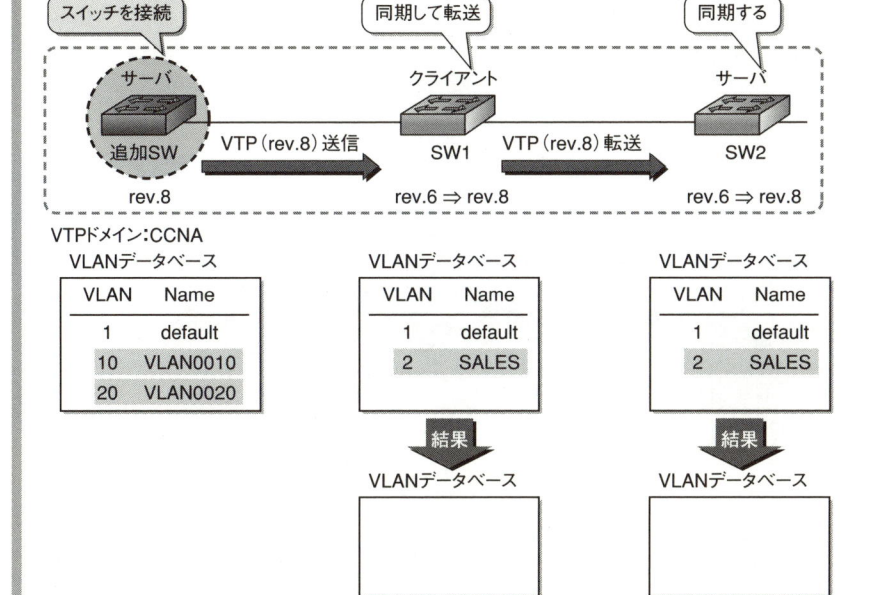

	スイッチを接続	同期して転送	同期する
	サーバ 追加SW rev.8	クライアント SW1 rev.6 ⇒ rev.8	サーバ SW2 rev.6 ⇒ rev.8

VTP(rev.8)送信 → VTP(rev.8)転送 →

VTPドメイン:CCNA

VLANデータベース		VLANデータベース		VLANデータベース	
VLAN	Name	VLAN	Name	VLAN	Name
1	default	1	default	1	default
10	VLAN0010	2	SALES	2	SALES
20	VLAN0020				

結果 ↓

VLANデータベース（空）／VLANデータベース（空）

VLAN2がなくなった

追加スイッチがクライアントモードでも、保存しているリビジョン番号が大きい場合は、既存ドメインから送られてきたVTPアドバタイズメントのリビジョン番号が小さいため、VLAN情報が同期されません。

以上のような問題を回避するには、既存VTPドメインにスイッチを接続する場合、追加スイッチのVTPモードをいったんトランスペアレントモードにしてリビジョン番号を「0」にし、その後、サーバまたはクライアントモードに設定してリビジョン番号をリセットします。また、VTP管理ドメインにはオプションでパスワードを設定することができます。パスワードを設定した場合、受信したVTPアドバタイズメントに含まれるVTPドメイン名とパスワードの両方が自身の保持する設定と一致しない限り、VLAN情報を同期しません。パスワードを利用して同期するための条件を厳しくすることで、新しく追加したスイッチによってVLAN情報を失う危険性を減少させることができます。

■ VTPプルーニング

VTPプルーニングは、必要なVLANからのトラフィックだけをトランクリンク上にフラッディングさせる機能です。VTPプルーニングを使用すると、動的にallowed VLAN設定と同等の機能を提供し、管理者に負担をかけずにトランクリンク上の利用可能な帯域幅を増加します。ただし、デフォルトVLAN（VLAN1およびVLAN1002～1005）はプルーニングの対象外です。

次の図では、VTPプルーニングが無効になっているため、トランクポートはすべてのVLANトラフィックの転送が許可されています。

【VTPプルーニング無効の場合】

VTPドメイン：CCNA

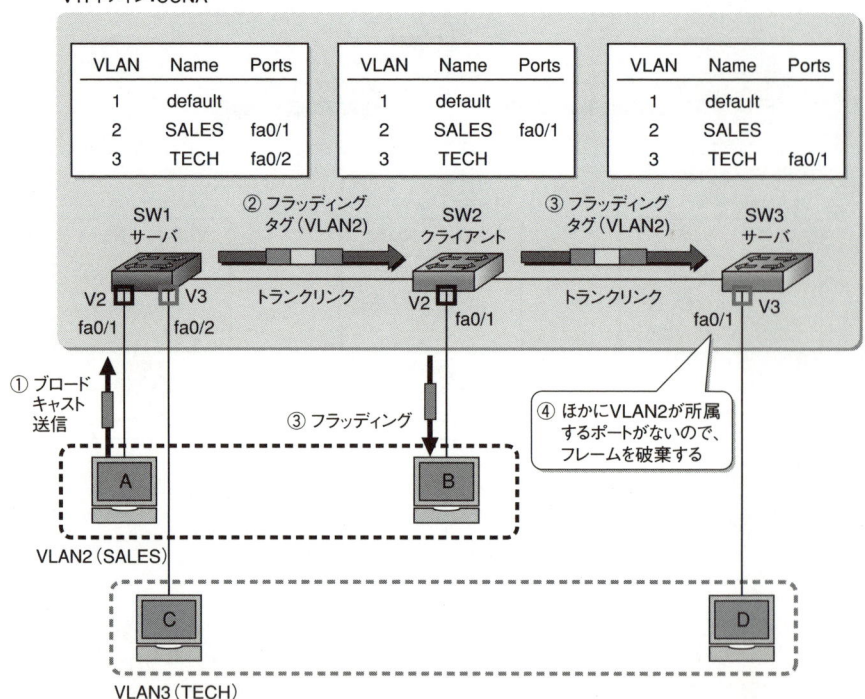

VLAN	Name	Ports
1	default	
2	SALES	fa0/1
3	TECH	fa0/2

VLAN	Name	Ports
1	default	
2	SALES	fa0/1
3	TECH	

VLAN	Name	Ports
1	default	
2	SALES	
3	TECH	fa0/1

SW1 サーバ → ② フラッディング タグ（VLAN2）→ SW2 クライアント → ③ フラッディング タグ（VLAN2）→ SW3 サーバ

V2 fa0/1　V3 fa0/2　トランクリンク　V2 fa0/1　トランクリンク　fa0/1 V3

① ブロードキャスト送信
③ フラッディング
④ ほかにVLAN2が所属するポートがないので、フレームを破棄する

A　B
VLAN2（SALES）

C　D
VLAN3（TECH）

① ホストAがブロードキャストフレームを送信したとします。
② SW1はfa0/1（アクセスポート：VLAN2）でブロードキャストフレームを受信し、トランクリンク上にフラッディングします。
③ このブロードキャストフレームを受信したSW2は、fa0/1（アクセスポート：VLAN2）とトランクポート上にフラッディングします。

④ さらにブロードキャストフレームを受信したSW3は、受信したポート以外にVLAN2が所属するアクセスポートやトランクポートが存在しないため、ブロードキャストフレームを破棄します。

以上のように、VTPを利用してVLAN情報を同期しても、スイッチにすべてのVLANが所属するアクセスポートが存在するとは限らないため、トランクリンク上に不要なフレームがフラッディングされてしまいます。

サーバモードで動作する1台のスイッチ（SW1またはSW3）でVTPプルーニングを有効にし、管理ドメイン内に伝搬された場合は、次のようになります。

【VTPプルーニング有効の場合】

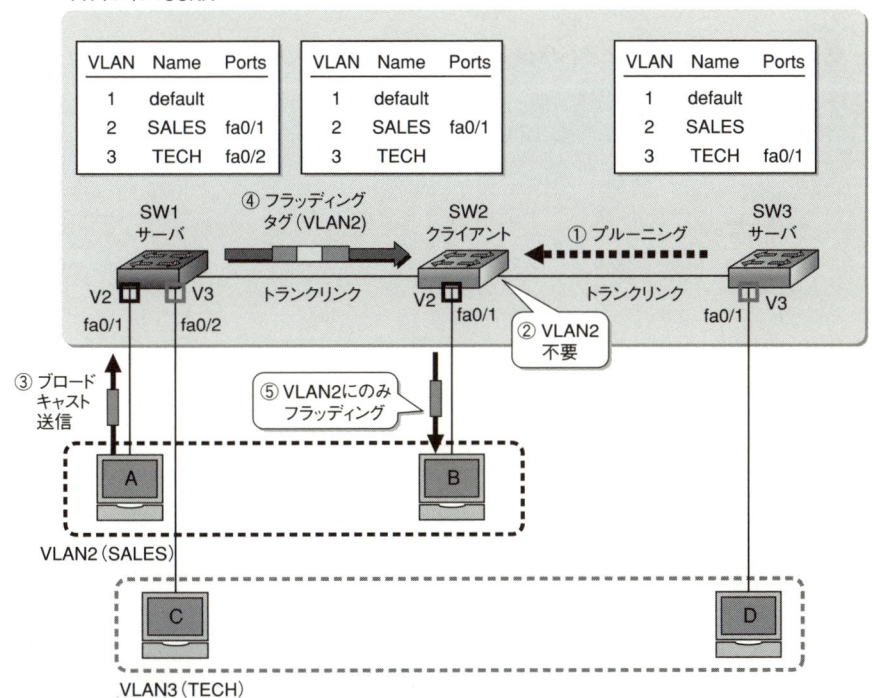

VTPドメイン：CCNA

VLAN	Name	Ports
1	default	
2	SALES	fa0/1
3	TECH	fa0/2

VLAN	Name	Ports
1	default	
2	SALES	fa0/1
3	TECH	

VLAN	Name	Ports
1	default	
2	SALES	
3	TECH	fa0/1

SW1 サーバ ④ フラッディング タグ（VLAN2） SW2 クライアント ① プルーニング SW3 サーバ

V2 V3 トランクリンク V2 fa0/1 ② VLAN2 不要 トランクリンク fa0/1 V3
fa0/1 fa0/2

③ ブロードキャスト送信 ⑤ VLAN2にのみフラッディング

A　　B

VLAN2（SALES）

C　　D

VLAN3（TECH）

① SW3はVLAN2のフレームが不要であることをVTPプルーニングメッセージでSW2へ通知します。
② プルーニングメッセージを受信したSW2は、受信したトランクポートの先ではVLAN2のフレームが不要だと認識します。
③ ホストAがブロードキャストフレームを送信したとします。
④ SW1はfa0/1（アクセスポート：VLAN2）でブロードキャストフレームを受信し、ト

ランクリンク上にフラッディングします。
⑤ このブロードキャストフレームを受信したSW2は、fa0/1（アクセスポート：VLAN2）にフラッディングしますが、SW3の方向へフラッディングしません。その結果、不要なVLANからのフラッディングがなくなるため、トランクリンク上の帯域幅を有効利用することができます。

なお、SW3にVLAN2のアクセスポートが追加された場合、SW3はVLAN2のVTPプルーニングを解除するためのメッセージを通知します。
VTPプルーニングを利用すると、スイッチのアクセスポートの状況に応じて動的にトランクリンク上の不要なフラッディングを防ぐことができます。

🄿oint　VTPアドバタイズメントに含まれる情報

VTPアドバタイズメントには次の情報が含まれています。

・ VTPドメイン名
・ VTPパスワード
・ コンフィギュレーションリビジョン番号
・ VLAN情報

VTPアドバタイズメントには、VTPモードとVLANメンバーシップに関する情報は含まれないことに注意してください。

🄼emo　VTPバージョン

VTPには1～3の3つのバージョンがあり、デフォルトではバージョン1に設定されています。バージョン2ではトークンリングのサポート機能が追加されていますが、それ以外に大きな違いはありません。トークンリング環境でVTPを使用する場合はバージョン2に変更する必要があります。
現在主流のVTPバージョンは1および2です。バージョン1および2でサポートするVLAN番号は1～1005の範囲です。1006～4094の拡張範囲のVLANを使用する場合には、トランスペアレントモードに設定する必要があります。
VTPバージョン3では、1006～4094の拡張VLANをサポートしています。ただし、VTPバージョン3は、現時点でCatalyst OS（非IOS）を実行するCatalystスイッチでのみ使用可能です。

1-7 VTPの設定

VTPでは、ドメイン名やVTPモード、パスワードなど多くの設定事項があります。本節では、「1-6 VTP」で解説したVTPのさまざまな機能の設定コマンドについて説明します。

■ VTPドメイン名の設定

VTPドメイン名は大文字と小文字を区別します。いったんドメイン名を設定すると、削除することはできません。ドメイン名の変更のみ可能です。

VTPドメイン名を設定するには、**vtp domain**コマンドを使用します。

構文 VTPドメイン名の設定（グローバルコンフィグモード）
(config)#**vtp domain** <domain-name>

引数	説明
domain-name	VTPドメイン名を32文字以内で指定

※デフォルトは設定されていない

■ VTPモードの設定

すべてのCatalystスイッチのデフォルトのVTPモードはサーバモードになっています。VTPモードを設定するには、以下のコマンドを使用します。

構文 VTPモードの設定（グローバルコンフィグモード）
(config)#**vtp mode** { server | client | transparent }

■ VTPパスワードの設定

VTPパスワードも大文字と小文字を区別します。パスワードはオプション機能であるため、設定をしない場合でもVTPの動作に問題はありません。VTPパスワードの設定は**vtp password** <password> コマンドを使用します。パスワードを消去する場合は、no vtp passwordを使用します。

構文 VTPパスワードの設定（グローバルコンフィグモード）
(config)#**vtp password** <password>

引数	説明
password	VTPパスワードを32文字以内で指定（オプション）

■ VTPプルーニングの設定

VTPプルーニングの設定は、VTP管理ドメイン内のサーバモードで動作する1台のスイッチで設定します。クライアントモードのスイッチでプルーニングを設定することはできません。

サーバモードのスイッチ上でVTPプルーニングを有効または無効にすると、管理ドメイン全体に伝搬され、ほかのスイッチ（サーバまたはクライアント）上でも同じ設定になります。デフォルトの設定は、Catalyst製品によって異なります。VTPプルーニングの設定をするには、以下のコマンドを使用します。

> **構文** VTPプルーニングの有効化（グローバルコンフィグモード）
> (config)#**vtp pruning**

> **構文** VTPプルーニングの無効化（グローバルコンフィグモード）
> (config)#**no vtp pruning**

■ VTPバージョンの設定

IOSソフトウェアを実行するCatalystスイッチがサポートしているVTPバージョンは1と2です。デフォルトではバージョン1に設定されています。トークンリング環境でVTPを使用する場合には、VTPバージョンを2に変更する必要があります。VTPバージョンは、1台のサーバモードのスイッチで設定し、管理ドメイン全体に通知します。

VTPバージョンを設定するには、以下のコマンドを使用します。

> **構文** VTPバージョンの設定（グローバルコンフィグモード）
> (config)#**vtp version <1 | 2>**

Memo vlan.dat

VLANおよびVTPの設定は、フラッシュメモリ内にvlan.datというファイル名で格納されます。したがって、Catalystスイッチをファクトリーデフォルト（工場出荷時）の状態に戻すには、次の2つの作業が必要です。

構文 NVRAMのstartup-configの消去（特権モード）
　　　`#erase startup-config`

構文 フラッシュメモリのvlan.datの消去（特権モード）
　　　`#delete flash:vlan.dat`

【Catalystスイッチの初期化】

```
SW1#erase startup-config    ←startup-configを消去
Erasing the nvram filesystem will remove all configuration files!
Continue? [confirm]    ←Enter キー
[OK]
Erase of nvram: complete
SW1#show startup-config    ←startup-configが消去されたことを確認
startup-config is not present
SW1#delete flash:vlan.dat    ←vlan.datを消去
Delete filename [vlan.dat]?    ←Enter キー
Delete flash:vlan.dat? [confirm]    ←Enter キー
SW1#show flash:    ←vlan.datが消去されたことを確認

Directory of flash:/

    2  drwx      512   Mar 1 1993 00:10:32 +00:00  c2960-lanbase-mz.122-35.SE5

27998208 bytes total (19301888 bytes free)
SW1#
```

VLAN設定を完全に消去するには、上記作業後にスイッチの電源を切るかスイッチを再起動する必要があります。

1-8 VTPの検証

VTPの設定をしたら、設定が適切に行われているか確認する必要があります。確認コマンドの説明をしながら、VTPモードによる出力結果の違いも見ていきましょう。

■ VTPの確認

VTP設定の状態を確認するには、show vtp statusコマンドを使用します。この出力では、VTPドメイン名、動作モード、リビジョン番号、プルーニングの状態のほかに、VLANデータベースを最後にアップデートしたスイッチのIPアドレスを確認することもできます。

> **構文** VTPの確認（ユーザモード、特権モード）
> #show vtp status

以下に、工場出荷時のVTPの状態を示します。

【show vtp statusコマンドの出力例】

```
SW1#show vtp status
VTP Version                     : 2        ←サポートしているVTPバージョン
Configuration Revision          : 0        ←現在のリビジョン番号
Maximum VLANs supported locally : 255      ←VTPでサポートしているVLAN数
Number of existing VLANs        : 5        ←既存のVLAN数
VTP Operating Mode              : Server   ←VTPモード（サーバモード）
VTP Domain Name                 :          ←VTPドメイン名（設定なし）
VTP Pruning Mode                : Disabled ←プルーニングは無効
VTP V2 Mode                     : Disabled ←VTPv2は無効（現在v1を使用）
VTP Traps Generation            : Disabled ←トラップ通知は無効
MD5 digest                      : 0x57 0xCD 0x40 0x65 0x63 0x59 0x47 0xBD
Configuration last modified by 0.0.0.0 at 0-0-00 00:00:00
Local updater ID is 0.0.0.0 (no valid interface found)
                        ↑最後にアップデートしたスイッチ
SW1#
```

※VTPでサポートするVLAN数はスイッチ製品によって異なる

■ VTPパスワードの確認

オプションでVTPパスワードを設定することができます。スイッチに設定したVTPパスワードを確認するには、次のコマンドを使用します。

構文 VTPパスワードの確認（特権モード）
#show vtp password

【show vtp passwordコマンドの出力例】

```
SW1#show vtp password
The VTP password is not configured.    ←VTPパスワードが設定されていない
SW1#configure terminal
Enter configuration commands, one per line.  End with CNTL/Z.
SW1(config)#vtp password ccna123    ←パスワードを「ccna123」に設定
Setting device VLAN database password to ccna123
SW1(config)#end
SW1#
01:40:49: %SYS-5-CONFIG_I: Configured from console by console
SW1#show vtp password
VTP Password: ccna123    ←VTPパスワードが「ccna123」に設定された
```

第 1 章　VLANとVTP

次に、以下の構成で、VTPドメイン名をCCNAに、VTPパスワードをccna123に設定した場合の出力サンプルを示します。

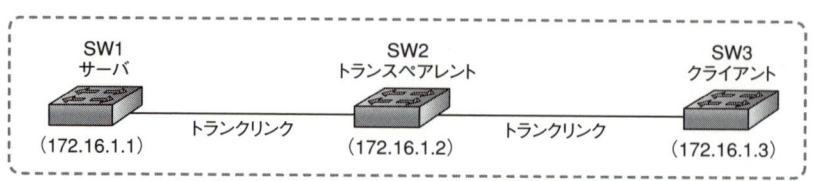

```
                SW1                    SW2                       SW3
                サーバ                 トランスペアレント         クライアント
                    トランクリンク          トランクリンク
              (172.16.1.1)           (172.16.1.2)              (172.16.1.3)
```
VTPドメイン名:CCNA、VTPパスワード:ccna123

【SW1のVTP設定：サーバモード、ドメイン名：CCNA、パスワード：ccna123】

```
SW1#configure terminal
Enter configuration commands, one per line.  End with CNTL/Z.
SW1(config)#vtp domain CCNA
Changing VTP domain name from NULL to CCNA
SW1(config)#vtp password ccna123
SW1(config)#end
01:14:13: %SYS-5-CONFIG_I: Configured from console by console
SW1#show vtp status
VTP Version                     : 2
Configuration Revision          : 0       ←初期のリビジョン番号
Maximum VLANs supported locally : 255
Number of existing VLANs        : 5
VTP Operating Mode              : Server  ←デフォルトの動作モード
VTP Domain Name                 : CCNA    ←VTPドメイン名
VTP Pruning Mode                : Disabled
VTP V2 Mode                     : Disabled    ←バージョン1で動作
VTP Traps Generation            : Disabled
MD5 digest                      : 0x51 0x47 0xB3 0x3F 0x53 0x47 0x00 0xE9
Configuration last modified by 0.0.0.0 at 0-0-00 00:00:00
Local updater ID is 172.16.1.2 on interface Vl1 (lowest numbered VLAN interface found)
SW1#show vtp password
VTP Password: ccna123    ←VTPパスワード
SW1#
```

【SW2のVTP設定：トランスペアレントモード、ドメイン名：CCNA、パスワード：ccna123】

```
SW2#configure terminal
Enter configuration commands, one per line.  End with CNTL/Z.
SW2(config)#vtp domain CCNA
Changing VTP domain name from NULL to CCNA
SW2(config)#vtp mode transparent
Setting device to VTP TRANSPARENT mode.
SW2(config)#vtp password ccna123
SW2(config)#end
01:14:13: %SYS-5-CONFIG_I: Configured from console by console
SW2#show vtp status
VTP Version                     : 2
Configuration Revision          : 0       ←リビジョン番号は常に「0」
Maximum VLANs supported locally : 255
Number of existing VLANs        : 5
VTP Operating Mode              : Transparent   ←トランスペアレントモード
VTP Domain Name                 : CCNA      ←VTPドメイン名
VTP Pruning Mode                : Disabled
VTP V2 Mode                     : Disabled
VTP Traps Generation            : Disabled
MD5 digest                      : 0x51 0x47 0xB3 0x3F 0x53 0x47 0x00 0xE9
Configuration last modified by 0.0.0.0 at 0-0-00 00:00:00
SW2#show vtp password
VTP Password: ccna123    ←VTPパスワード
SW2#
```

【SW3のVTP設定：クライアントモード、ドメイン名：CCNA、パスワード：ccna123】

```
SW3#configure terminal
Enter configuration commands, one per line.  End with CNTL/Z.
SW3(config)#vtp domain CCNA
Changing VTP domain name from NULL to CCNA
SW3(config)#vtp mode client
Setting device to VTP CLIENT mode.
SW3(config)#vtp password ccna123
SW3(config)#end
SW3#
00:57:33: %SYS-5-CONFIG_I: Configured from console by console
SW3#show vtp status
VTP Version                     : 2
Configuration Revision          : 0      ←現在のリビジョン番号（SW1と同期）
Maximum VLANs supported locally : 250
Number of existing VLANs        : 5
VTP Operating Mode              : Client    ←クライアントモード
VTP Domain Name                 : CCNA      ←VTPドメイン名
VTP Pruning Mode                : Disabled
VTP V2 Mode                     : Disabled
VTP Traps Generation            : Disabled
MD5 digest                      : 0x51 0x47 0xB3 0x3F 0x53 0x47 0x00 0xE9
Configuration last modified by 0.0.0.0 at 0-0-00 00:00:00
SW3#show vtp password
VTP Password: ccna123    ←VTPパスワード
SW3#
```

次に、SW1でVLAN2を作成し、VTPの動作を検証します。

```
SW1(config)#vlan 2    ←VLAN2を新規で作成
SW1(config-vlan)#end
SW1#show vlan brief

VLAN Name                         Status    Ports
---- -------------------------- --------- -------------------------------
1    default                     active    Fa0/1, Fa0/2, Fa0/3, Fa0/4
                                           Fa0/5, Fa0/6, Fa0/7, Fa0/8
                                           Fa0/10, Fa0/12, Fa0/13, Fa0/14
                                           Fa0/15, Fa0/16, Fa0/17, Fa0/18
                                           Fa0/19, Fa0/20, Fa0/21, Fa0/22
                                           Fa0/23, Fa0/24, Gi0/1, Gi0/2
2    VLAN0002                    active    ←作成されたVLAN
1002 fddi-default                act/unsup
1003 token-ring-default          act/unsup
1004 fddinet-default             act/unsup
1005 trnet-default               act/unsup
SW1#show vtp status
VTP Version                     : 2
Configuration Revision          : 1    ←VLAN設定が変更されたので値が1つ増加
Maximum VLANs supported locally : 255
Number of existing VLANs        : 6    ←VLAN数が1つ増加
VTP Operating Mode              : Server
VTP Domain Name                 : CCNA
VTP Pruning Mode                : Disabled
VTP V2 Mode                     : Disabled
VTP Traps Generation            : Disabled
MD5 digest                      : 0x81 0x10 0x0D 0xFC 0x6E 0xF6 0x95 0xC1
Configuration last modified by 172.16.1.1 at 3-1-93 01:16:49
Local updater ID is 172.16.1.1 on interface Vl1 (lowest numbered VLAN interface found)
SW1#              ↑このIPアドレスのSW1が最後にVLAN設定をアップデートした
```

SW2（トランスペアレントモード）のVTPとVLANを確認します。

```
SW2#show vtp status
VTP Version                     : 2
Configuration Revision          : 0         ←同期しないのでリビジョン番号は0のまま
Maximum VLANs supported locally : 255
Number of existing VLANs        : 5         ←VLAN数はデフォルトのまま
VTP Operating Mode              : Transparent
VTP Domain Name                 : CCNA
VTP Pruning Mode                : Disabled
VTP V2 Mode                     : Disabled
VTP Traps Generation            : Disabled
MD5 digest                      : 0x51 0x47 0xB3 0x3F 0x53 0x47 0x00 0xE9
Configuration last modified by 0.0.0.0 at 0-0-00 00:00:00
SW2#show vlan brief

VLAN Name                             Status    Ports
---- -------------------------------- --------- -------------------------------
1    default                          active    Fa0/1, Fa0/2, Fa0/3, Fa0/4
                                                Fa0/5, Fa0/6, Fa0/7, Fa0/8
                                                Fa0/10, Fa0/11, Fa0/13, Fa0/14
                                                Fa0/15, Fa0/16, Fa0/17, Fa0/18
                                                Fa0/19, Fa0/20, Fa0/21, Fa0/22
                                                Fa0/23, Fa0/24, Fa0/25, Fa0/26
                                                Fa0/27, Fa0/28, Fa0/29, Fa0/30
                                                Fa0/31, Fa0/32, Fa0/33, Fa0/34
                                                Fa0/35, Fa0/36, Fa0/37, Fa0/38
                                                Fa0/39, Fa0/40, Fa0/41, Fa0/42
                                                Fa0/43, Fa0/44, Fa0/45, Fa0/46
                                                Fa0/47, Fa0/48, Gi0/1, Gi0/2
1002 fddi-default                     act/unsup    ←VLAN2は追加されていない
1003 token-ring-default               act/unsup
1004 fddinet-default                  act/unsup
1005 trnet-default                    act/unsup
SW2#
```

1-8 VTPの検証

SW3（クライアントモード）のVTPとVLANを確認します。

```
SW3#show vtp status
VTP Version                     : 2
Configuration Revision          : 1      ←同期したのでSW1と同じ値
Maximum VLANs supported locally : 250
Number of existing VLANs        : 6      ←VLAN数が1つ増加している
VTP Operating Mode              : Client
VTP Domain Name                 : CCNA
VTP Pruning Mode                : Disabled
VTP V2 Mode                     : Disabled
VTP Traps Generation            : Disabled
MD5 digest                      : 0x81 0x10 0x0D 0xFC 0x6E 0xF6 0x95 0xC1
Configuration last modified by 172.16.1.1 at 3-1-93 01:16:49
SW3#show vlan brief

VLAN Name                        Status    Ports
---- -------------------------- --------- -------------------------------
1    default                    active    Fa0/1, Fa0/2, Fa0/3, Fa0/4
                                          Fa0/5, Fa0/6, Fa0/7, Fa0/8
                                          Fa0/9, Fa0/10, Gi0/1, Gi0/2
2    VLAN0002                   active    ←VLAN2が追加された
1002 fddi-default               act/unsup
1003 token-ring-default         act/unsup
1004 fddinet-default            act/unsup
1005 trnet-default              act/unsup
SW3#
```

1-9 音声VLAN

音声VLANは、VLANの機能をIPフォンに応用したものです。音声VLANを使用すると、スイッチポートにPCと電話機の両方を接続し、データ通信と音声通信を異なるネットワークにセグメント化することができます。

◎ 音声VLANの詳細はCCNAの範囲を超えるため、本書では概要のみ説明します。

■ 音声VLAN

IPフォン[19]（IP電話）の導入を検討する際、「導入台数分の電話機をネットワークへ接続するにはスイッチポートの数が足りなくなるのでは？」と心配になるかもしれません。Cisco IP Phoneは小型のスイッチを内蔵していて、このスイッチポートにスイッチ、IPフォン、およびPCを接続することで、スイッチポート不足の問題を解決し、オフィス内のケーブル配線を簡略化することができます。

次の図に、Cisco IP Phoneを使ったPCとCatalystスイッチの接続例を示します。

【Cisco IP PhoneとPCをCatalystスイッチに接続】

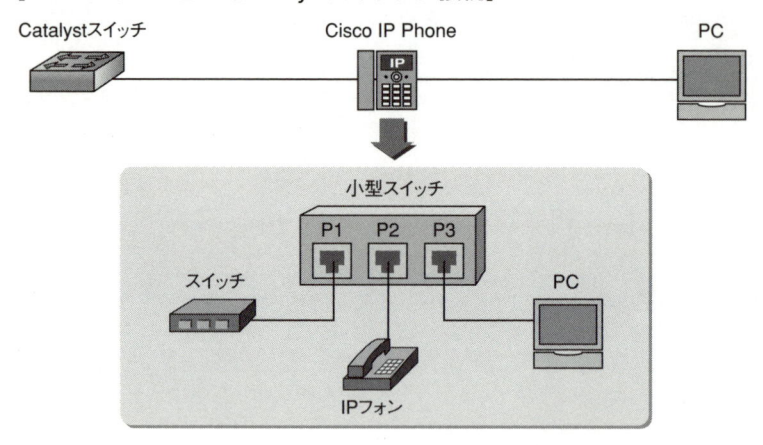

この例では、IPフォンとPCは同じ物理リンク上を使用してパケットを送受信します。このままでは、音声とデータのトラフィックが同じVLANに所属することになります。

IPテレフォニーの最適な設計では、IPフォンとPCは異なるVLANを使用することが推奨されています。それによって、ネットワーク障害の特定やトラブルシューティングを簡素化でき、QoS（Quality of Service）やセキュリティポリシーの実装も容易になります。

---

[19]【IPフォン】(アイピーフォン) IP phone：IP電話。IPパケットを直接送受信することによって通話する電話機、または電話サービスを指す

音声VLAN（Voice VLAN）の機能を使用すると、IPフォンとPCが物理的に同一リンク上に接続されている場合でも、異なる論理ネットワークにセグメント化することができます。

【音声VLAN】

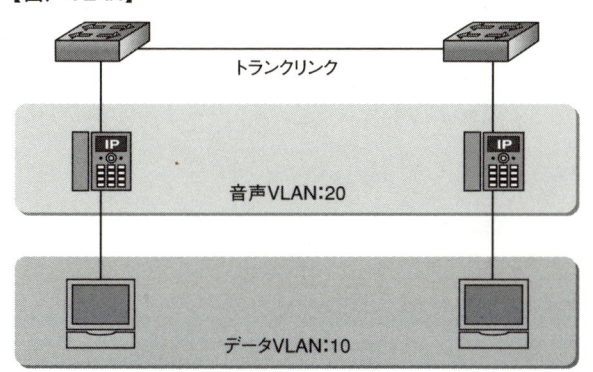

```
         トランクリンク
    ┌─────────────────┐
    │  音声VLAN:20     │
    │ [IP]      [IP]  │
    └─────────────────┘
    ┌─────────────────┐
    │  データVLAN:10   │
    │ [PC]      [PC]  │
    └─────────────────┘
```

■ 音声VLANの設定

音声VLANの機能では、IPフォンのトラフィックで使用する「音声VLAN」と、PCのトラフィックで使用する「データVLAN」を用意します。スイッチとIPフォンの接続は802.1Qトランクリンクを使用し、IPフォンとPCの接続にはアクセスリンクを使用します。スイッチのポートには以下のコマンドを使用します。

構文 音声VLANの設定（インターフェイスコンフィグモード）
　　　(config-if)#**switchport voice vlan** <vlan-id>

引数	説明
vlan-id	音声VLANのVLAN IDを指定

構文 データVLANの設定（インターフェイスコンフィグモード）
　　　(config-if)#**switchport access vlan** <vlan-id>

引数	説明
vlan-id	データVLANのVLAN IDを指定

【音声VLANの設定例】

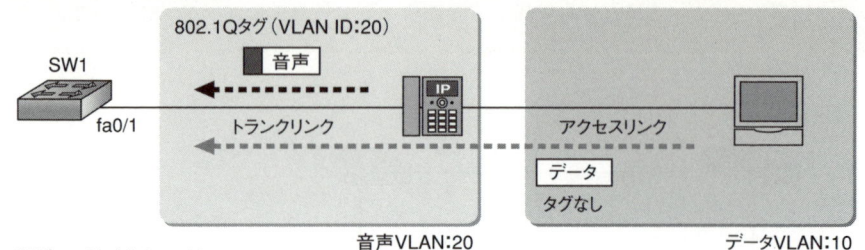

```
SW1(config)#vlan 10
SW1(config-vlan)#vlan 20
SW1(config-vlan)#interface fa0/1
SW1(config-if)#switchport voice vlan 20
SW1(config-if)#switchport access vlan 10
```

■ 音声VLANの検証

音声VLANの設定を確認するには、**show interfaces switchport**コマンドを使用します。

【音声VLAN設定時のshow interfaces switchportコマンドの出力例】

```
SW1#show interfaces fa0/1 switchport
Name: Fa0/1
Switchport: Enabled
Administrative Mode: dynamic auto
Operational Mode: static access
Administrative Trunking Encapsulation: dot1q
Negotiation of Trunking: On
Access Mode VLAN: 10 (VLAN0010)    ←データVLAN
Trunking Native Mode VLAN: 1 (default)
Administrative Native VLAN tagging: enabled
Voice VLAN: 20 (VLAN0020)    ←音声VLAN
Administrative private-vlan host-association: none
Administrative private-vlan mapping: none
Administrative private-vlan trunk native VLAN: none
Administrative private-vlan trunk Native VLAN tagging: enabled
Administrative private-vlan trunk encapsulation: dot1q
Administrative private-vlan trunk normal VLANs: none
Administrative private-vlan trunk private VLANs: none
Operational private-vlan: none
Trunking VLANs Enabled: ALL
Pruning VLANs Enabled: 2-1001
Capture Mode Disabled
Capture VLANs Allowed: ALL
SW1#
```

1-10 演習問題

1. VLANのメリットとして正しいものを選びなさい。（3つ選択）

    A. コリジョンドメイン数を増やすことができる
    B. ブロードキャストドメイン数を増やすことができる
    C. 位置に関係なくユーザを論理的なグループに分けることができる
    D. スイッチの管理が簡単になる
    E. 異なるVLAN同士の相互通信ができる
    F. スイッチを通過するフレームのフィルタリングができる
    G. トラブルシューティングが簡単になる
    H. ネットワークセキュリティを向上することができる

2. VLANに関する説明として正しいものを選びなさい。（3つ選択）

    A. アクセスポートにはVLAN1のほかに、もう1つVLANを割り当てることができる
    B. アクセスポートは1つのVLANにのみ所属することができる
    C. トランクポートは複数のVLANに所属することができる
    D. トランキングプロトコルにはIEEE 802.1DとISLがある
    E. ダイナミックVLANにはVMPSが必要である
    F. VLAN1はデフォルトのVLANであり、削除はできないが名前の変更は可能である

3. スイッチのfa0/5ポートにVLAN10をメンバーシップするためのコマンドを選びなさい。

    A. (config)#switchport fa0/5 vlan 10
    B. (config)#interface fa0/5
       (config-if)#switchport access vlan 10
    C. (config)#switchport fa0/5 vlan-membership 10
    D. (config)#interface fa0/5
       (config-if)#switchport vlan-membership 10
    E. (config)#interface fa0/5
       (config-if)#access vlan 10

4. 2台のスイッチを接続し、片側でswitchport mode dynamic autoコマンドを実行しました。トランクにするために対向のスイッチで必要なコマンドを選びなさい。(2つ選択)

    A. switchport mode access
    B. switchport mode trunk
    C. switchport mode dynamic trunk
    D. switchport mode dynamic desirable
    E. switchport mode dynamic auto

5. VTPに関する説明として正しいものを選びなさい。(3つ選択)

    A. デフォルトの動作モードはクライアントである
    B. VTPの設定を確認するには、show vtpコマンドを使用する
    C. 動作モードには、サーバ、クライアント、トランスペアレントの3つがある
    D. VTPはデフォルトで有効化されており、無効にするにはvtp disableコマンドが必要である
    E. VTPを利用するとVLANの整合性を維持し、複数のスイッチでVLAN情報を管理しやすくなる
    F. VTPを利用するにはスイッチ間をトランクまたは同一VLANが所属するアクセスポートで接続する必要がある
    G. シスコ独自プロトコルであり、他ベンダーのスイッチでは同期することができない

1-11 解答

1. **B、C、H**

    VLAN（Virtual LAN）は、コンピュータが接続されている物理的な位置に関係なく、ユーザを論理的なグループに分けて仮想LANセグメントを形成する技術です（**C**）。VLANはブロードキャストドメインを分割してドメイン数を増やすことができます（**B**）。ブロードキャストドメインを分割することで、異なるVLANとのトラフィックを分離することができ、基本的なセキュリティを提供します（**H**）。
    VLANは仮想的なグループを作るため、管理者がしっかりと設計しトラフィックの流れを把握していなくてはならず、物理的な構成よりも複雑になります。そのため、トラブルが発生したときのトラブルシューティングは難しくなります（D、G）。
    VLANは、あくまでもレイヤ2によってネットワークを分割する技術であり、分割した異なるVLAN同士を相互接続することはVLANのメリットではありません（E）。VLAN間の相互通信を実現するには、レイヤ3デバイス（ルータまたはレイヤ3スイッチ）によってルーティングする必要があります。
    スイッチはVLANを利用しなくても、ポートごとにコリジョンドメインを分割します（A）。また、受信フレームの送信元MACアドレスを学習し、フレームを特定ポートだけに転送するフィルタリング機能を持っています（F）。

2. **B、C、E**

    スイッチポートは、アクセスポートとトランクポートの2つに分類できます。アクセスポートは、1つのVLANにのみ所属できるポートで、通常はコンピュータなどのエンドステーションを接続するポートをアクセスポートにします（**B**）。デフォルトではVLAN1が割り当てられていますが、switchport access vlan <vlan-id>コマンドを設定すると、指定したVLANのみに属するアクセスポートになります（A）。一方、トランクポートは複数のVLANに所属することができるポートで、同じVLANが複数のスイッチにまたがって構成される場合などに使用します（**C**）。
    デフォルトVLAN（1および1002〜1005）は、削除したり名前を変更したりすることはできません（F）。
    トランクリンク上でVLAN情報を付加するにはトランキングプロトコルを使用します。トランキングプロトコルには、IEEE標準の802.1Qとシスコ独自のISLがあります（D）。
    スイッチポートに接続されたノードのMACアドレスに基づいてVLANメン

バーシップを動的に行うダイナミックVLANの実装には、VLANとMACアドレスのマッピング情報を持つVMPS（VLAN Management Policy Server）が必要です（**E**）。

3. B

スイッチのアクセスポートに対して、VLANをメンバーシップ（割り当て）するには、インターフェイスコンフィギュレーションモードから次のコマンドを実行します。

```
(config-if)#switchport access vlan <vlan-id>
                                        ↑
                                      VLAN番号
```

fa0/5ポートにVLAN10をメンバーシップする場合、次のようになります。

```
(config)#interface fa0/5
(config-if)#switchport access vlan 10 ……(B)
```

4. B、D

2台のスイッチ間を結ぶリンクをトランクにする方法は、互いの設定に影響します。片方のスイッチポートタイプが「dynamic auto」の場合、対向スイッチのスイッチポートタイプは「trunk」（**B**）または「dynamic desirable」（**D**）のどちらかにする必要があります（スイッチポートタイプの組み合わせについては、30ページを参照）。選択肢Cは不正なコマンドです。
「dynamic auto」と「dynamic auto」の組み合わせはアクセスポートになるので注意してください。

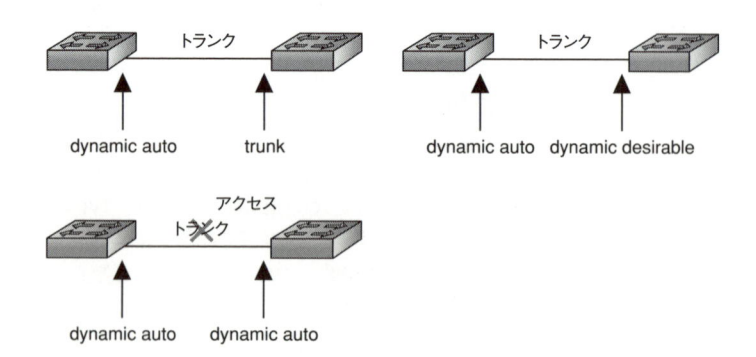

5. **C、E、G**

VTP（VLAN Trunking Protocol）は、シスコ独自のVLAN管理プロトコルです（**G**）。同じ管理ドメインに属する複数のCatalystスイッチ間でVLAN情報を伝播し、それを同期することでVLANの整合性を維持します（**E**）。VTPを利用するには、Catalystスイッチ間をトランクリンクで接続する必要があります。アクセスポートからはVTPメッセージを送信しません（F）。

VTPにはサーバ、クライアント、およびトランスペアレント（透過）の3つの動作モードがあり、デフォルトはサーバモードです（A、**C**）。

VTPはデフォルトで有効化されており、無効にすることはできません（D）。したがって、VLAN情報を同期させたくない場合には、トランスペアレントモードにする必要があります。VTPの設定および状態を確認するにはshow vtp statusコマンドを使用します（B）。

第 2 章

VLAN間ルーティング

2-1 VLAN間ルーティングの概要
2-2 VLAN間ルーティングの設定
2-3 演習問題
2-4 解答

2-1 VLAN間ルーティングの概要

VLANはレイヤ2で論理的にネットワークを分割する技術です。異なるVLANに所属するホスト間の通信にはルーティングデバイスが必要になりますが、スイッチのトランクポートとルータのサブインターフェイスを接続することでスケーラブルなVLAN間ルーティングを実現することができます。

■ VLAN間ルーティング

異なるVLANに所属するホストと相互に通信を行うためには、ルーティングデバイス（ルータまたはレイヤ3スイッチ[※1]）を使ってVLANトラフィックをルーティングする必要があります。

次の図は、VLANを使用していない2つのサブネット間で相互に通信するための構成を示しています。

【物理的なサブネット間のルーティング構成】

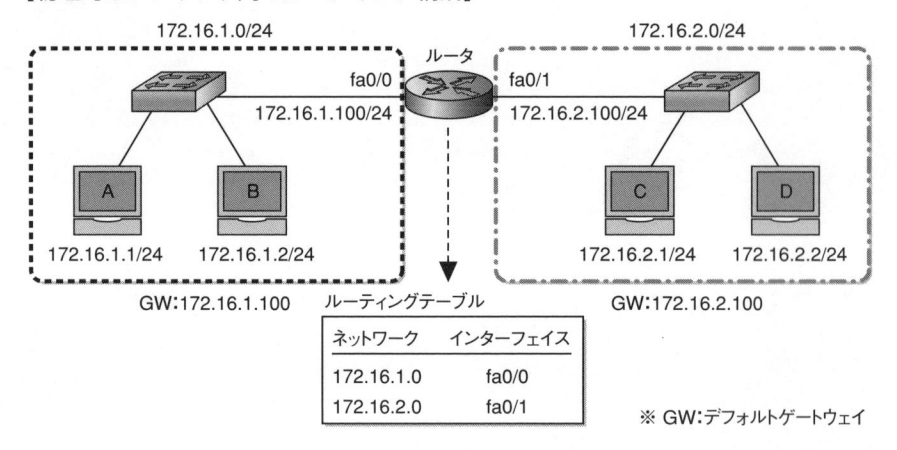

ネットワーク	インターフェイス
172.16.1.0	fa0/0
172.16.2.0	fa0/1

※ GW:デフォルトゲートウェイ

ルータは2つのサブネットを接続し、ルーティングテーブル[※2]に経路情報を学習しています。各サブネットのホストは、外部ネットワークと通信するためのデフォルトゲートウェイ[※3]として、自身のサブネットを接続するルータのインターフェイスに割り当て

※1　**【レイヤ3スイッチ】** Layer 3 Switch：レイヤ2スイッチに、レイヤ3のルーティング機能を追加した機器

※2　**【ルーティングテーブル】** routing table：主にルータが持つ経路情報のこと。ルータがパケットをルーティングする際に、この情報を参照する

※3　**【デフォルトゲートウェイ】** default gateway：外部ネットワークと通信を行う際に、パケットの中継を依頼する代表（デフォルト）の「出入り口」となるノード。一般的にデフォルトゲートウェイにはルータを指定し、ルータによってパケットが中継される

られているIPアドレスを指定しています。

　VLAN間ルーティングを行う場合にも、同じような構成が必要になります。まず考えられる簡単な方法は、スイッチのアクセスポートとルータ間をVLAN単位で接続する構成です。

【アクセスポートを利用したVLAN単位の接続】

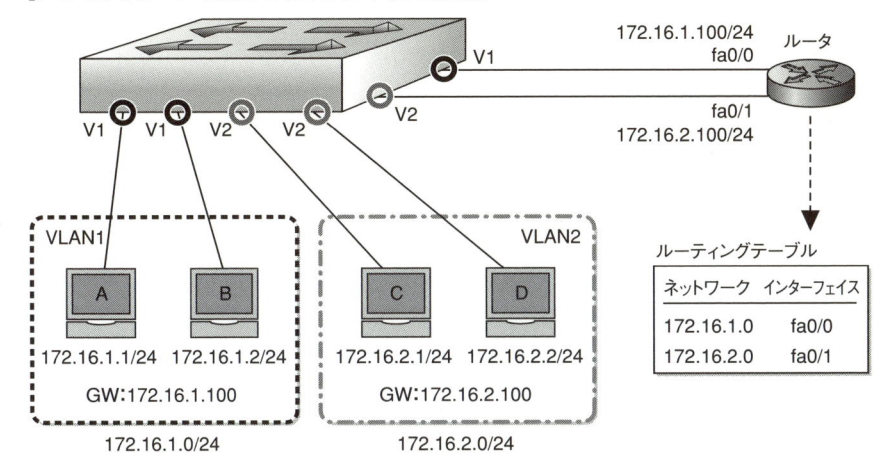

しかし、この構成ではVLANと同じ数のスイッチポートとルータのインターフェイスが物理的に必要になるため、スケーラブルではありません。また、スイッチとルータを物理的に接続するためのケーブルも浪費してしまいます。

　そこで、スイッチのトランクポートを利用してルータの1つの物理インターフェイスと接続します。トランクポートは、複数のVLANフレームを転送するポートです。このとき、ルータの物理インターフェイスにはサブインターフェイスを構成します。

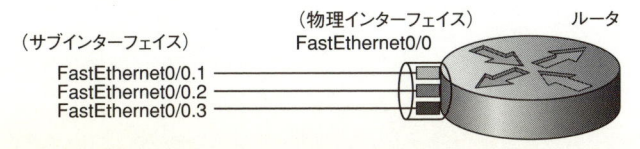

● サブインターフェイス

　サブインターフェイスとは、1つの物理インターフェイスを複数の論理的なインターフェイスに分割したものです。物理インターフェイスをVLANごとにサブインターフェイスに分割し、各VLANのサブネット上のIPアドレスを割り当てることで、ホストにデフォルトゲートウェイを提供します。

【サブインターフェイス】

2-2 VLAN間ルーティングの設定

VLAN間ルーティングを設定するには、まずサブインターフェイスを作成し、それぞれにカプセル化タイプとVLAN IDを指定します。IEEE 802.1Qを使用したVLAN間ルーティングではさらに、ネイティブVLANを使用するかどうかも指定します。

■ サブインターフェイスを使用したVLAN間ルーティング

先述のとおり、サブインターフェイスを使用したVLAN間ルーティングの構成では、ルータはスイッチのトランクポートと接続します。トランキングプロトコルにはIEEE 802.1QとISLの2つがあります。サブインターフェイスには、次の設定が必要になります。

・カプセル化タイプ
・VLAN ID
・IPアドレスおよびサブネットマスク

ルータにサブインターフェイスを作成するには、**interface**コマンドで物理インターフェイスのポート番号の後ろに、ピリオド（.）とサブインターフェイスの番号を付けて実行します。

構文 サブインターフェイスの作成（グローバルコンフィグモード）

```
(config)#interface <interface-type number>.<sub-interface number>
```

引数	説明
interface-type number	物理インターフェイスのタイプとポート番号を指定 例）fastethernet0/0
sub-interface number	サブインターフェイスの番号を指定（VLAN IDと合わせる必要はない）

【サブインターフェイスの作成例】

```
R1(config)#interface fastethernet0/0.1
R1(config-subif)#      ←サブインターフェイスのプロンプトが表示される
```

サブインターフェイス上でカプセル化タイプとVLAN IDを指定するには、次のコマンドを使用します。

構文 カプセル化タイプとVLAN IDの指定（サブインターフェイスコンフィグモード）
(config-subif)#encapsulation { isl | dot1q } <vlan-id> [native]

引数	説明
vlan-id	VLAN-IDを指定
native	指定したVLANがネイティブVLANの場合に指定

サブインターフェイスにIPアドレスとサブネットマスクを割り当てるには、物理インターフェイスのときと同様にip addressコマンドを使用します。

構文 IPアドレスとサブネットマスクの指定（サブインターフェイスコンフィグモード）
(config-subif)#ip address <ip-address> <subnet-mask>

引数	説明
ip-address	IPアドレスを指定
subnet-mask	サブネットマスクを指定

■ IEEE 802.1QによるVLAN間ルーティング

IEEE 802.1Qを使用したトランクリンクでは、ネイティブVLANが存在します。**ネイティブVLAN**とは、トランクリンク上でフレームにタグを挿入しないでそのまま転送される特別なVLANです（「1-3 アクセスポートとトランクポート」を参照）。

したがって、IEEE 802.1QによるVLAN間ルーティングの設定には次の2つの方法があります。

・物理インターフェイスをネイティブVLANで使用する
・物理インターフェイスは使わずに、サブインターフェイスのみ使用する

● 物理インターフェイスを使用したVLAN間ルーティング

ルータの物理インターフェイスをネイティブVLAN用に使用し、ほかのVLANはサブインターフェイスを使用する場合、物理インターフェイスにはネイティブVLANに対応したIPアドレスを割り当てるだけで済みます。次に設定例を示します。

【物理インターフェイスを使用したVLAN間ルーティング（802.1Qトランク）】

```
SW1(config)#interface fa0/12
SW1(config-if)#switchport trunk encapsulation dot1q
SW1(config-if)#switchport mode trunk
```

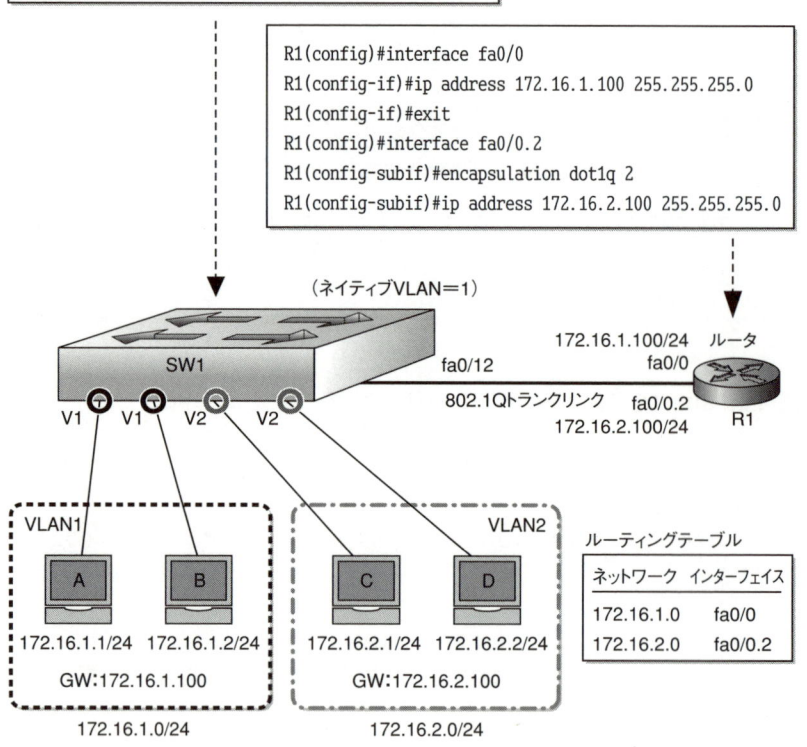

```
R1(config)#interface fa0/0
R1(config-if)#ip address 172.16.1.100 255.255.255.0
R1(config-if)#exit
R1(config)#interface fa0/0.2
R1(config-subif)#encapsulation dot1q 2
R1(config-subif)#ip address 172.16.2.100 255.255.255.0
```

（ネイティブVLAN＝1）

SW1 fa0/12　172.16.1.100/24　ルータ
　　　　　　fa0/0
　802.1Qトランクリンク　fa0/0.2
　　　　　　172.16.2.100/24　R1

V1　V1　V2　V2

VLAN1
A　B
172.16.1.1/24　172.16.1.2/24
GW:172.16.1.100
172.16.1.0/24

VLAN2
C　D
172.16.2.1/24　172.16.2.2/24
GW:172.16.2.100
172.16.2.0/24

ルーティングテーブル

ネットワーク	インターフェイス
172.16.1.0	fa0/0
172.16.2.0	fa0/0.2

※ サブインターフェイスの番号とVLAN IDを一致させる必要はないが、合わせると管理しやすくなる

このときの、R1ルータのサブインターフェイスとルーティングテーブルの状態は次のとおりです。

```
R1#show interfaces fa0/0.2
FastEthernet0/0.2 is up, line protocol is up
  Hardware is Gt96k FE, address is 001f.caec.fc2e (bia 001f.caec.fc2e)
  Internet address is 172.16.2.100/24    ←IPアドレスとサブネットマスク
  MTU 1500 bytes, BW 100000 Kbit, DLY 100 usec,
     reliability 255/255, txload 1/255, rxload 1/255
  Encapsulation 802.1Q Virtual LAN, Vlan ID  2.   ←VLAN ID
  ARP type: ARPA, ARP Timeout 04:00:00
  Last clearing of "show interface" counters never
R1#show ip route
Codes: C - connected, S - static, R - RIP, M - mobile, B - BGP
       D - EIGRP, EX - EIGRP external, O - OSPF, IA - OSPF inter area
       N1 - OSPF NSSA external type 1, N2 - OSPF NSSA external type 2
       E1 - OSPF external type 1, E2 - OSPF external type 2
       i - IS-IS, su - IS-IS summary, L1 - IS-IS level-1, L2 - IS-IS level-2
       ia - IS-IS inter area, * - candidate default, U - per-user static route
       o - ODR, P - periodic downloaded static route

Gateway of last resort is not set

     172.16.0.0/24 is subnetted, 2 subnets
C        172.16.2.0 is directly connected, FastEthernet0/0.2   ←サブインターフェイス
C        172.16.1.0 is directly connected, FastEthernet0/0     ←物理インターフェイス
R1#
```

(左側注記: カプセル化タイプ → Encapsulation 802.1Q)

● 物理インターフェイスを使用しないVLAN間ルーティング

　ルータの物理インターフェイスは使用しないで、すべてのVLAN用にサブインターフェイスを使用する場合、物理インターフェイスのIPアドレスを消去します。また、ネイティブVLANではタグが付加されないため、encapsulationコマンドの後ろにnativeキーワードを付ける必要があります。nativeキーワードを指定した場合は、ルータもトランクリンク上でタグを付加しないで転送します。次に設定例を示します。

【物理インターフェイスを使用しないVLAN間ルーティング（802.1Qトランク）】

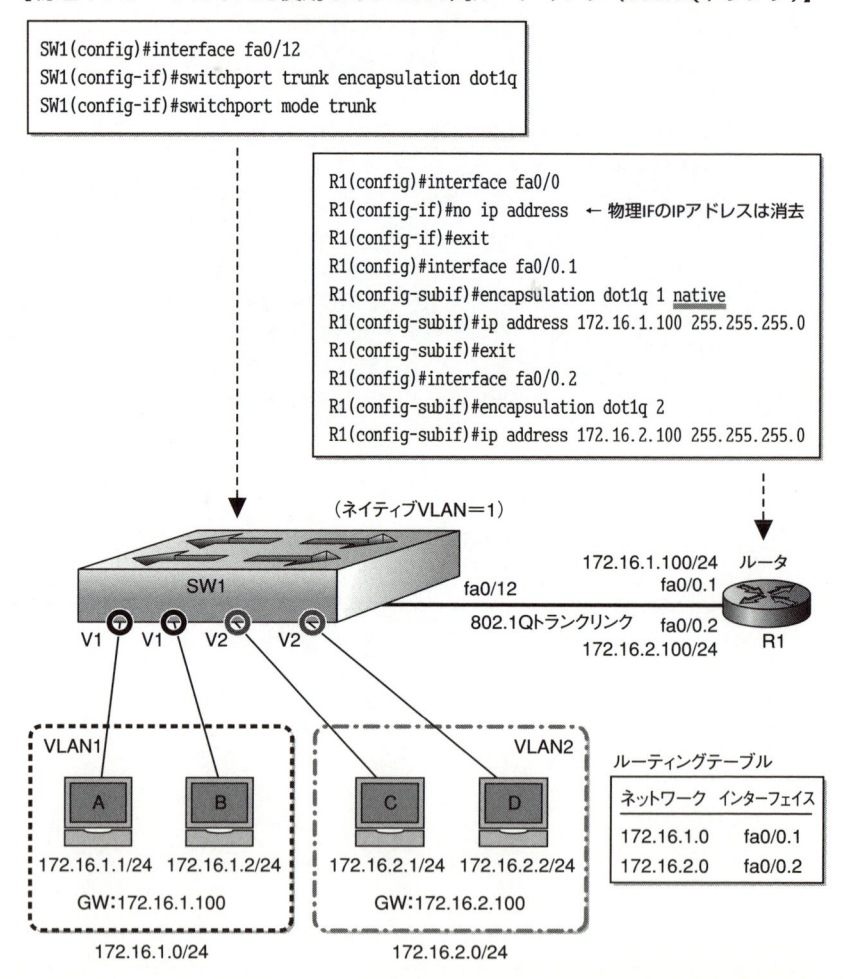

```
SW1(config)#interface fa0/12
SW1(config-if)#switchport trunk encapsulation dot1q
SW1(config-if)#switchport mode trunk
```

```
R1(config)#interface fa0/0
R1(config-if)#no ip address   ← 物理IFのIPアドレスは消去
R1(config-if)#exit
R1(config)#interface fa0/0.1
R1(config-subif)#encapsulation dot1q 1 native
R1(config-subif)#ip address 172.16.1.100 255.255.255.0
R1(config-subif)#exit
R1(config)#interface fa0/0.2
R1(config-subif)#encapsulation dot1q 2
R1(config-subif)#ip address 172.16.2.100 255.255.255.0
```

（ネイティブVLAN＝1）

SW1　fa0/12　802.1Qトランクリンク

172.16.1.100/24　fa0/0.1
172.16.2.100/24　fa0/0.2
ルータ R1

VLAN1
A　172.16.1.1/24
B　172.16.1.2/24
GW:172.16.1.100
172.16.1.0/24

VLAN2
C　172.16.2.1/24
D　172.16.2.2/24
GW:172.16.2.100
172.16.2.0/24

ルーティングテーブル

ネットワーク	インターフェイス
172.16.1.0	fa0/0.1
172.16.2.0	fa0/0.2

このときの、R1ルータのルーティングテーブルの状態は次のとおりです。

```
R1#show ip route
Codes: C - connected, S - static, R - RIP, M - mobile, B - BGP
       D - EIGRP, EX - EIGRP external, O - OSPF, IA - OSPF inter area
       N1 - OSPF NSSA external type 1, N2 - OSPF NSSA external type 2
       E1 - OSPF external type 1, E2 - OSPF external type 2
       i - IS-IS, su - IS-IS summary, L1 - IS-IS level-1, L2 - IS-IS level-2
       ia - IS-IS inter area, * - candidate default, U - per-user static route
       o - ODR, P - periodic downloaded static route

Gateway of last resort is not set

     172.16.0.0/24 is subnetted, 2 subnets
C       172.16.2.0 is directly connected, FastEthernet0/0.2
C       172.16.1.0 is directly connected, FastEthernet0/0.1
R1#
```

■ ISLによるVLAN間ルーティング

　ISLを使用したトランクリンクでは、ネイティブVLANは存在しません。トランクリンク上ではすべてのVLANフレームがISLでカプセル化されます。よって、物理インターフェイスは使用せずに、すべてのVLAN用にサブインターフェイスを使用します。

　設定例は、次のとおりです。

【ISLによるVLAN間ルーティング】

```
SW1(config)#interface fa0/12
SW1(config-if)#switchport trunk encapsulation isl
SW1(config-if)#switchport mode trunk
```

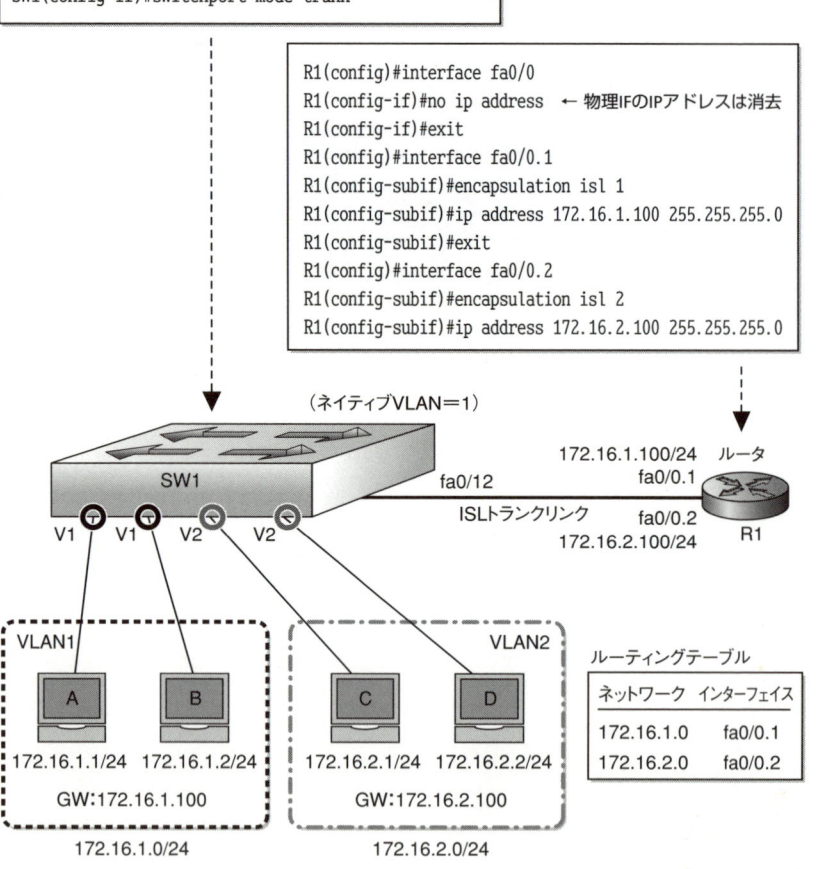

```
R1(config)#interface fa0/0
R1(config-if)#no ip address    ← 物理IFのIPアドレスは消去
R1(config-if)#exit
R1(config)#interface fa0/0.1
R1(config-subif)#encapsulation isl 1
R1(config-subif)#ip address 172.16.1.100 255.255.255.0
R1(config-subif)#exit
R1(config)#interface fa0/0.2
R1(config-subif)#encapsulation isl 2
R1(config-subif)#ip address 172.16.2.100 255.255.255.0
```

（ネイティブVLAN＝1）

SW1　fa0/12　　172.16.1.100/24　ルータ
　　　　　　　　fa0/0.1
　　　ISLトランクリンク　fa0/0.2　R1
　　　　　　　　172.16.2.100/24

VLAN1
A　172.16.1.1/24
B　172.16.1.2/24
GW:172.16.1.100
172.16.1.0/24

VLAN2
C　172.16.2.1/24
D　172.16.2.2/24
GW:172.16.2.100
172.16.2.0/24

ルーティングテーブル

ネットワーク	インターフェイス
172.16.1.0	fa0/0.1
172.16.2.0	fa0/0.2

2-3 演習問題

1. VLAN間ルーティングの説明として正しいものを選びなさい。

    A. 異なるVLANのユーザ同士で通信をするには、レイヤ2スイッチが必要になる
    B. VLANによって分離されたネットワーク間で通信をするには、VTPが必要になる
    C. VLANはレイヤ2でネットワークを論理的に分割する機能であり、異なるVLAN同士の通信にはレイヤ3デバイスが必要になる
    D. 外部ルータと接続するスイッチポートは、アクセスポートにする必要がある
    E. スケーラブルで効率的なVLAN間ルーティングを行うには、スイッチにサブインターフェイスを設定する

2. ルータのfa0/0インターフェイスにサブインターフェイスを作成するためのコマンドを選びなさい。

    A. (config)#interface fa0/0
    B. (config)#subinterface fa0/0
    C. (config)#subinterface fa0/0.1
    D. (config-if)#subinterface 1
    E. (config)#interface fa0/0.1

3. 図を参照し、ホストAとホストBが相互に通信するためにルータに必要なコマンドを選びなさい。

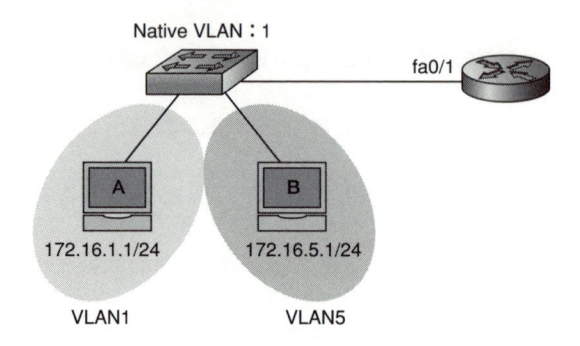

Native VLAN：1

fa0/1

A
172.16.1.1/24
VLAN1

B
172.16.5.1/24
VLAN5

A. (config)#interface fa0/1.1
(config-subif)#encapsulation dot1q vlan 1
(config-subif)#ip address 172.16.1.254 255.255.255.0
(config-subif)#exit
(config)#interface fa0/1.2
(config-subif)#encapsulation dot1q vlan 5
(config-subif)#ip address 172.16.5.254 255.255.255.0

B. (config)#interface fa0/0
(config-if)#ip address 172.16.1.254 255.255.255.0
(config-if)#exit
(config)#interface fa0/0.5
(config-subif)#encapsulation dot1q 5
(config-subif)#ip address 172.16.5.254 255.255.255.0

C. (config)#interface fa0/1.1
(config-subif)#encapsulation dot1q 1 native
(config-subif)#ip address 172.16.1.254 255.255.255.0
(config-subif)#exit
(config)#interface fa0/1.2
(config-subif)#encapsulation dot1q 5
(config-subif)#ip address 172.16.5.254 255.255.255.0

D. (config)#interface fa0/1.1
(config-subif)#encapsulation dot1q 1 native
(config-subif)#ip address 172.16.1.254 255.255.255.0
(config-subif)#exit
(config)#interface fa0/1.2
(config-subif)#encapsulation dot1q 2
(config-subif)#ip address 172.16.5.254 255.255.255.0

4. VLAN間ルーティングを構成するときのサブインターフェイスの説明として正しいものを選びなさい。

   A. サブインターフェイスを作成するには、sub-interface fa0/0.1コマンドを使用する
   B. サブインターフェイスの番号は、任意の番号を指定して構わない
   C. 物理インターフェイスのIPアドレスは必ず消去する
   D. 物理インターフェイスを使用する場合、任意のVLANを物理インターフェイスで使用することができる
   E. 物理インターフェイスを使用する場合、IPアドレスは管理VLANのIPアドレスを割り当てる

5. 次の構成において、ホストAのデフォルトゲートウェイを選びなさい。

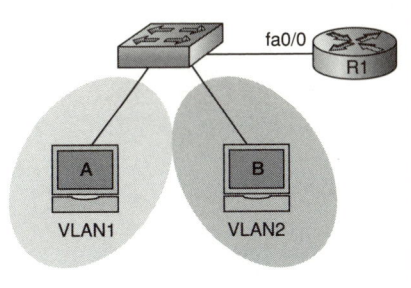

```
R1#show running-config
Building configuration...
＜途中省略＞
!
interface FastEthernet0/0
ip address 172.31.1.10 255.255.255.0
duplex auto
speed auto
!
interface FastEthernet0/0.2
encapsulation dot1Q 2
ip address 172.31.2.10 255.255.255.0
!
```

   A. 172.31.1.1
   B. 172.31.1.10
   C. 172.31.2.1
   D. 172.31.2.10
   E. 172.31.1.255

2-4 解答

1. C

VLANはレイヤ2で論理的にネットワークを分割します。VLANによって分割されたネットワーク間で相互に通信するにはルーティング可能なレイヤ3デバイスが必要になります（C）。具体的にはルータおよびレイヤ3スイッチが該当します。レイヤ2スイッチではVLAN間ルーティングはできません（A）。また、VTPはVLAN間ルーティングに無関係なVLAN管理プロトコルです（B）。

スケーラブルで効率的にVLAN間ルーティングを行うには、スイッチのトランクポートでルータを接続し、ルータにサブインターフェイスを設定します（D、E）。

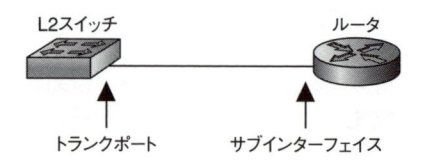

```
L2スイッチ              ルータ
  [SW] ──────────── [Router]
     ↑                  ↑
  トランクポート    サブインターフェイス
```

2. E

ルータにサブインターフェイスを作成するには、interfaceコマンドで物理インターフェイスを指定するポート番号の後ろに、ピリオド（.）とサブインターフェイスの番号を付けて実行します。物理インターフェイスfa0/0にサブインターフェイスを作成する場合、次のコマンドになります（サブインターフェイスの番号は任意です）。

(config)#**interface fa0/0.1**……（E）

3. C

カプセル化タイプがIEEE 802.1Qの場合、VLAN間ルーティングを行うためルータにサブインターフェイスを設定する方法が2つあります。

① 物理インターフェイスをネイティブVLANで使用する
② 物理インターフェイスを使わず、サブインターフェイスのみ使用する

①の場合、物理インターフェイスにencapsulationコマンドは不要です。
②の場合、ネイティブVLANのencapsulationコマンドの最後に「native」キーワードを付加する必要があります。

encapsulationコマンドの構文は次のとおりです。

`(config-subif)#encapsulation dot1q <vlan-id> [ native ]`

選択肢Cは、物理インターフェイスを使わない方法での適切なコマンドです。Aは「native」キーワードが抜けています。Bは物理インターフェイスをネイティブVLANで使用する方法ですが、物理インターフェイスが「fa0/0」になっているので誤りです。Dは2つ目のサブインターフェイスのencapsulationコマンドでVLAN IDが「2」になっています。

4. B

VLAN間ルーティングのためにサブインターフェイスを作成するには、グローバルコンフィギュレーションモードでinterface <interface-type number> に続けて、ドットとサブインターフェイス番号を入力します（A）。このとき指定するサブインターフェイスの番号はVLAN IDと一致させると管理しやすくなりますが、任意の番号を指定しても構いません（**B**）。

解答3でも説明したとおり、IEEE 802.1Qのサブインターフェイス構成には2つの方法があります。物理インターフェイスのモードでは、encapsulationコマンドを使ってVLAN IDを指定できません。したがって、物理インターフェイスを使用する場合、タグを付加せず標準イーサネットフレームのまま転送するネイティブVLANで使用します（D）。管理VLANは、スイッチ自体を管理する目的で使用される特別なVLANです（E）。

物理インターフェイスを使わず、サブインターフェイスのみ使用する場合は、物理インターフェイスのIPアドレスを消去します（C）。

5. B

ルータにサブインターフェイスを作成することで、1つの物理インターフェイスを使って複数のアドレス空間にあるIPアドレスを割り当てることができます。このIPアドレスは、複数のVLANユーザにデフォルトゲートウェイを提供します。

構成図によると、ホストAはVLAN1に所属しています。R1ルータにはVLAN間ルーティングを設定しており、fa0/0.2サブインターフェイスの「encapsulation dot1Q 2」から、IPアドレス172.31.2.10はVLAN2のデフォルトゲートウェイであることがわかります（D）。

以上から、残りのVLAN1はネイティブVLANで、物理インターフェイスに割り当てられているIPアドレス172.31.1.10が、VLAN1のデフォルトゲートウェイであると判断できます（**B**）。

第 3 章

スパニングツリープロトコル

3-1 スパニングツリープロトコルの概要

3-2 スパニングツリープロトコルの動作

3-3 スパニングツリープロトコルのポート状態

3-4 スパニングツリートポロジの設計

3-5 PVST+

3-6 スパニングツリープロトコルの設定

3-7 スパニングツリープロトコルの検証

3-8 スパニングツリープロトコルのFast機能

3-9 高速スパニングツリープロトコル

3-10 EtherChannel

3-11 演習問題

3-12 解答

3-1 スパニングツリープロトコルの概要

スパニングツリーは、冗長ネットワークでフレームのループを防止するレイヤ2プロトコルです。スイッチ同士を接続するトポロジが物理的にループ状になっている場合、同じフレームが何回もフラッディングされ続けて止まらなくなると、ネットワークの帯域やデバイスのリソースを消費し、正常な通信ができなくなってしまいます。この問題を自動的に回避してくれるのがスパニングツリープロトコルです。

■ 冗長トポロジの問題

今日、ネットワークは企業や組織の業務に不可欠なものになっています。ネットワークがダウンすると、日常の業務に影響を及ぼし、生産性も低下するため、サービスの利用者は不満に思うでしょう。このような事態を回避するために「信頼性と可用性[※1]の高いネットワーク」を構築する必要があります。そのためには、信頼性の高い機器を導入し、万が一の障害に備えて機器を余分に準備して冗長性[※2]をを備えた構成にすることが重要です。以下に冗長トポロジによって**シングルポイント障害**[※3]を回避している例を示します。

【冗長トポロジ】

冗長なしの場合

通信できない
（シングルポイント障害）

冗長トポロジの場合

万が一ダウンしても、別の経路（バックアップ）
に切り替えて通信を継続することができる

※1 【**可用性**】(カヨウセイ) availability：常にネットワークを利用できる状態にすること
※2 【**冗長性**】(ジョウチョウセイ) redundancy：設備的に余裕を持った構成のこと。故障が発生してもほかの設備でカバーできるような構成のこと
※3 【**シングルポイント障害**】(シングルポイントショウガイ) single point of failure：1カ所に障害が発生すると、ネットワークに致命的な影響が及ぶような場所のこと

● スイッチングループ

冗長トポロジを構成するためにスイッチを輪になるように接続した場合、ホストからのフレームが2つのセグメントに伝送され、次のようなループの問題を引き起こします。

【スイッチングループ】

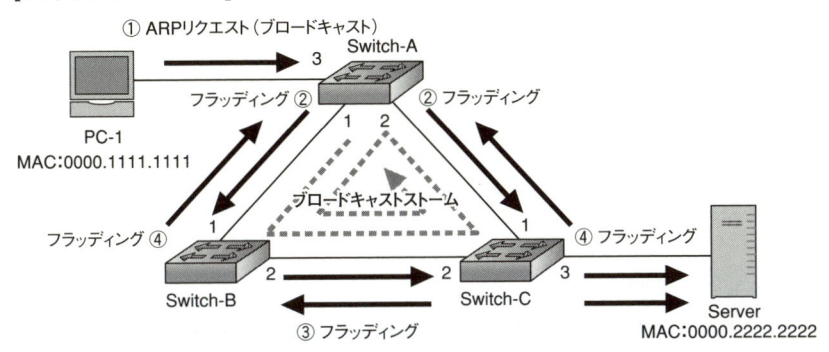

① ARPリクエスト（ブロードキャスト）
Switch-A
② フラッディング
PC-1
MAC:0000.1111.1111
ブロードキャストストーム
フラッディング ④
Switch-B
Switch-C
④ フラッディング
Server
MAC:0000.2222.2222
③ フラッディング

① PC-1がサーバと通信する場合、最初にサーバのMACアドレスを調べるためにARPリクエストをブロードキャストで送信します。Switch-Aはポート3でブロードキャストのフレームを受信すると、送信元MACアドレスをMACアドレステーブルに学習したあと、フラッディング*します。

【Switch-AのMACアドレステーブル】

MACアドレステーブル

MACアドレス	Port
0000.1111.1111	3

② 2つのセグメントから伝送されたブロードキャストフレームは、Switch-Bのポート1とSwitch-Cのポート1で受信されます。2台のスイッチは、先ほどと同様に送信元MACアドレスを学習したあとフラッディングします。

【Switch-BとSwitch-CのMACアドレステーブル】

MACアドレステーブル

MACアドレス	Port
0000.1111.1111	1

③ Switch-BとSwitch-Cは、お互いがフラッディングしたブロードキャストフレームを今度はポート2で受信しますが、これも同様にフラッディングします。

【Switch-BとSwitch-CのMACアドレステーブル】

MACアドレステーブル

MACアドレス	Port
0000.1111.1111	2

④ Switch-Aに、転送したブロードキャストフレームが戻ってきます。Switch-Aはそれを再びフラッディングし、同じ動作が繰り返されます。

　このようにブロードキャストフレームがネットワーク上をループしている状態を、**ブロードキャストストーム**と呼びます。ブロードキャストストームが発生すると使用可能な帯域幅がすぐに消費され、それ以外のパケットを伝送することができなくなります。

　冗長トポロジの問題はほかにもあります。同じ送信元MACアドレスを持つフレームがスイッチの複数のポートから受信されるため、MACアドレステーブルの情報が頻繁に更新されMACアドレステーブルが不安定になったり、宛先ホストがフレームを重複して受信したりすることが考えられます。

■ スパニングツリープロトコルの概要

　スパニングツリープロトコル（STP：Spanning Tree Protocol）はIEEE 802委員会によってIEEE 802.1dとして標準化されています。STPは、ループフリーな冗長ネットワークを維持するため、**スパニングツリーアルゴリズム**（STA：Spanning Tree Algorithm）を使用します。このアルゴリズムは、同じフレームが流れるセグメントを複数検出すると最適経路を決定し、ほかのポートを**ブロッキング状態**にします。そうすることによりフレームの送受信を論理的に停止させ、ループが発生するのを防ぎます。**フォワーディング**（**転送**）**状態**にあるポートに何らかの障害が発生すると、自動的にブロッキング状態のポートをフォワーディング状態にしてリンクを回復させます。これは**BPDU**という特別な制御情報によって実現しています。

【STPによるループ回避】

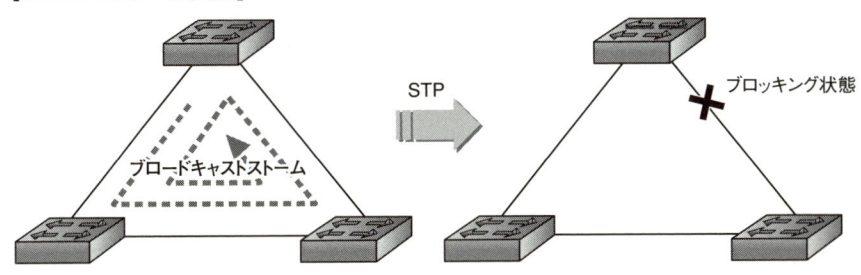

■ BPDU

STPで使用するメッセージをBPDU（Bridge Protocol Data Unit）といいます。STPが有効なスイッチは、定期的にマルチキャストアドレス（01-80-C2-00-00-00）でBPDUを送信し、STPが有効なスイッチだけがこれを受信します。

BPDUには以下のような役割があります。

- ルートブリッジ[※4]の選択
- ループ位置の判別
- ネットワーク変更の通知
- スパニングツリーの状態監視

BPDUは複数のフィールドで構成されています。次に、BPDUメッセージのフォーマットを示し、その中でも特に重要なフィールドについて解説します。

※4 【ルートブリッジ】root bridge：スパニングツリーアルゴリズムでネットワークの中から1台だけ選出される代表スイッチ。ルートスイッチとも呼ばれる。スパニングツリーの中心になるスイッチで、ルートブリッジからツリー構造の論理トポロジを作ってループを回避する

【BPDUフォーマット】

フィールド	サイズ（バイト）
プロトコルID	2
バージョン	1
メッセージタイプ	1
フラグ	1	← ネットワーク変更の通知
ルートID	8
パスコスト	4	← ルートブリッジの選択
ブリッジID	8	ループ位置の判別
ポートID	2
メッセージエージタイマー	2
最大エージタイマー	2
Helloタイマー	2	スパニングツリーの状態監視
転送遅延タイマー	2

● フラグ（Flags）
　ネットワークの変更を通知するためのトポロジチェンジ（TC）や、トポロジチェンジの確認応答（TCA）などで使用します。

● ルートID（Root ID）
　ルートブリッジのブリッジIDです。スイッチが起動時に送信するBPDUのルートIDには、スイッチ自身のブリッジIDが書き込まれています。

● パスコスト（Path Cost）
　ルートブリッジまでの全リンクの累積コストで、ルートブリッジまでの距離を指しています。スパニングツリーパスコストは、リンクの帯域幅を基に自動的に計算されますが、ネットワーク管理者が手動で調整することも可能です。以前は10Mbpsの100を基準に帯域幅に応じたコストが設定されていましたが、これでは10Gbps以上のコストはすべて1になってしまうため、改訂されました。コストは、値が低いほど優れていると判断されます。

【スパニングツリーパスコスト】

帯域幅	コスト（IEEE改定後）	コスト（IEEE改定前）
10Gbps	2	1
1Gbps	4	1
100Mbps	19	10
10Mbps	100	100

※ 現在、Catalyst 1900シリーズ以外のほとんどのCatalystスイッチは、IEEE改定後のコストを採用している

● ブリッジID（BID：Bridge ID）
　スイッチ自身のブリッジIDです。スパニングツリーでは、ブリッジIDによってスイッチを一意に識別しています。ブリッジIDは、ブリッジプライオリティ（2バイト）とMACアドレス（6バイト）の合計8バイトで構成されています。

【ブリッジID】

2バイト	6バイト
ブリッジプライオリティ	MACアドレス

ブリッジID＝

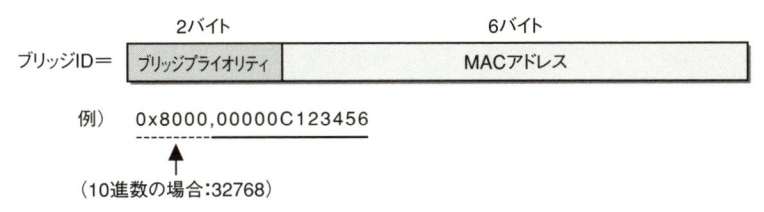

例）　0x8000,00000C123456
　　　‾‾‾‾‾‾
　　　↑
　（10進数の場合：32768）

● ポートID（Port ID）
　ポートプライオリティとポート番号で構成されます。

● 最大エージタイマー（Max Age Timer）
　BPDU情報を保持しておく時間で、デフォルトは20秒です。このタイマーの時間が経過してもBPDUが届かなければ障害が発生したと認識します。

● Helloタイマー（Hello Timer）
　スイッチがBPDUを送信する間隔で、デフォルトは2秒です。

● 転送遅延タイマー（Forward Delay Timer）
　リスニング状態[※5]と**ラーニング状態**[※6]に留めておく時間で、デフォルトは15秒です。

※5　【リスニング状態】listening state：スパニングツリーのポートステートのひとつ。BPDUの送受信を行い、ルートブリッジの選出およびポートの役割の決定を行う状態。リスニング状態では、ユーザトラフィックの送受信、MACアドレスの学習は行わない
※6　【ラーニング状態】learning state：スパニングツリーのポートステートのひとつ。リスニング状態の動作に加え、MACアドレスの学習を行うことができる状態

3-2 スパニングツリープロトコルの動作

STPは、冗長トポロジにおいてループを防ぐために、ルートポート、指定ポート、非指定ポートの3種類のポートを決定します。それぞれの役割と決定プロセスを理解しましょう。

■ スパニングツリープロトコルの動作

スパニングツリーアルゴリズムでは、最初にルートブリッジを選択します。**ルートブリッジ**とは、スパニングツリーの中心になるスイッチです。ルートブリッジを「根っこ」にしてツリー構造の論理トポロジを作り、ループのないネットワークを実現しています。

ルートブリッジが選出されると、次に**ルートポート**と**指定ポート**を決定します。ルートポートにも指定ポートにも選ばれなかったポートは、**非指定ポート**になります。非指定ポートはブロッキング状態となり、フレームの転送が禁止されます。こうして**スパニングツリー**が完成します。

論理的なツリートポロジが完成すると、ルートブリッジで生成されたBPDUがツリーの上流から下流に向かって定期的に流されることでネットワークの状態を監視します。

次の図を例に、スパニングツリーが完成するまでの仕組みを説明します。

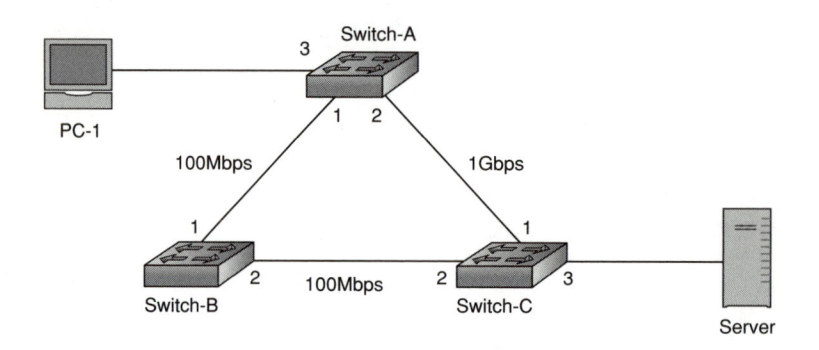

● ルートブリッジの選出

最初にツリーの中心となるルートブリッジを、ネットワーク（ブロードキャストドメイン）に1台選出します。ルートブリッジには、最も小さなブリッジIDを持つスイッチが選出されます。スパニングツリーが有効なすべてのスイッチはBPDUを交換します。BPDUのルートIDフィールドにはルートブリッジのIDが入りますが、スイッチの起動時にはルートブリッジをまだ認識していないため、自分がルートブリッジであると想定してルートIDフィールドに自身のブリッジIDを入れて送信します。

各スイッチは受信したBPDUのルートIDフィールドと自身のブリッジIDを比較します。自身のブリッジIDの方が大きい場合、そのスイッチは自分はルートブリッジではないと判断します。このようにして、ブリッジIDが最も小さいスイッチが

ルートブリッジになります。ブリッジIDはブリッジプライオリティとMACアドレスの2つの値で構成されています。まず、ブリッジプライオリティを比較し、ブリッジプライオリティが同じ場合のみMACアドレスを比較します。デフォルトのブリッジプライオリティは、「32768」（16進数では0x8000）です。

　最適なスパニングツリーを設計するには、「ルートブリッジをできるだけネットワークの中心に配置する」必要があります。すべてのスイッチにデフォルトのブリッジプライオリティが設定されていると、MACアドレスが最小のスイッチがルートブリッジに選出されてしまうため、ネットワーク管理者は、適切なスイッチがルートブリッジになるようにブリッジプライオリティを設定します。

【ルートブリッジの選出】

＜Switch-AのブリッジID＞
プライオリティ:32768
MACアドレス:0000.0C00.1111

ルートブリッジ
Switch-A

ルートブリッジに決定

Switch-B
＜Switch-BのブリッジID＞
プライオリティ:32768
MACアドレス:0000.0C00.2222

Switch-C
＜Switch-CのブリッジID＞
プライオリティ:32768
MACアドレス:0000.0C00.3333

BPDU

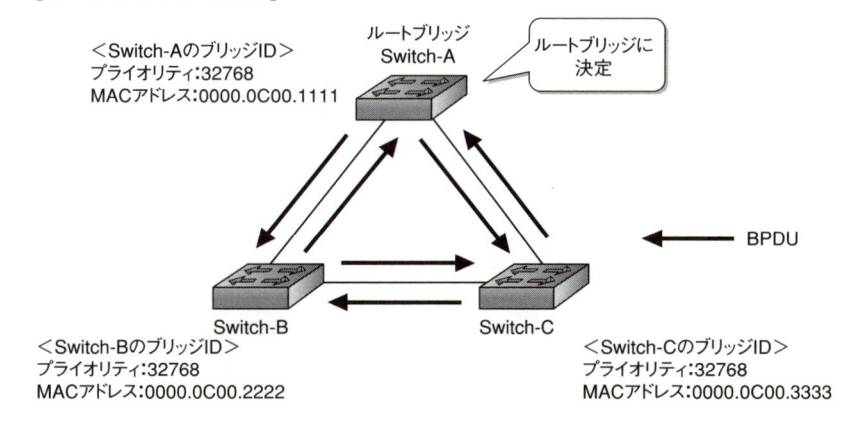

● ルートポートおよび指定ポートの選出

　ルートブリッジが決まると、次の2つの役割を持つポートを選出します。

・ルートポート（RP：Root Port）
　　ルートブリッジに最も近いポートです。非ルートブリッジ（ルートブリッジ以外のスイッチ）から1つだけ選出されます。

・指定ポート（DP：Designated Port）
　　各セグメントにあるポートの中で最もルートブリッジに近いポートで、BPDUを送信します。各セグメントに1つだけ選出されます。

　これら2つのポートはフォワーディング（転送）状態となり、フレームの送受信が許可されます。どちらのポートも次のプロセスによって決定されます。

① ルートパスコストを比較
② 送信元ブリッジIDを比較

③ 送信元ポートIDを比較
※ STPでは常に値が小さい方が優先される

　ルートブリッジ（Switch-A）は、パスコスト0のBPDUを送信します。
　非ルートブリッジであるSwitch-BとSwitch-Cが、ルートブリッジからのBPDUを受信した場合のルートパスコストを計算し、最も小さい値を持つポートをルートポートに選出します。
　ルートパスコストとは、ルートブリッジから特定のスイッチのポートまでのコストを累積した値です。受信したBPDUに含まれているパスコストに、そのポートのコストを加算した値になります。

【ルートポートの選出】

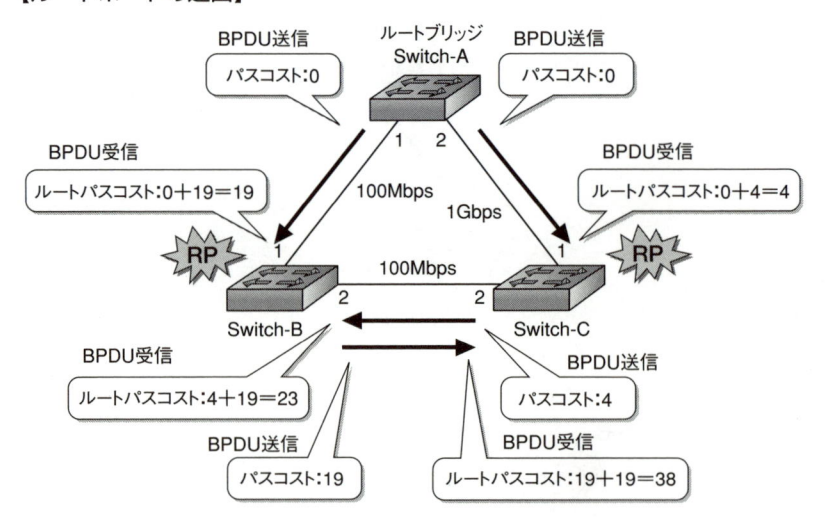

```
                    ルートブリッジ
   BPDU送信          Switch-A          BPDU送信
   パスコスト:0                         パスコスト:0
                      1   2
                  100Mbps   
                        1Gbps
   BPDU受信                              BPDU受信
   ルートパスコスト:0＋19＝19            ルートパスコスト:0＋4＝4
     RP   1                          1   RP
                  100Mbps
           Switch-B  2  ←  2  Switch-C

   BPDU受信                              BPDU送信
   ルートパスコスト:4＋19＝23            パスコスト:4

         BPDU送信            BPDU受信
         パスコスト:19        ルートパスコスト:19＋19＝38
```

・Switch-Bのルートポート（RP）

　ポート1（100Mbps）では、受信したBPDUのパスコスト0にコスト19を加算した「19」がルートパスコストになります。一方、ポート2（100Mbps）は受信したBPDUのパスコスト23にコスト19を加算した結果、ルートパスコストは「42」になります。ルートブリッジに最も近い1つのポートをルートポートとして選択する必要があるため、ルートパスコストの値が最小であるポート1がルートポートに決定されます。

・Switch-Cのルートポート（RP）
　ポート1（1Gbps）では、受信したBPDUのパスコスト0にコスト4を加算した「4」がルートパスコストになります。一方ポート2（100Mbps）は、BPDUのパスコスト19にコスト19を加算した「38」がルートパスコストです。したがって、値が小さいポート1がルートポートに決定されます。

・指定ポート（DP）
　ルートポートが決まったら、次に指定ポートを選出します。図に示したトポロジの例では、3つのセグメント（A－B間、A－C間、B－C間）があり、指定ポートは各セグメント（リンク）ごとに1つだけ選出されます。
　指定ポートには、セグメント上に接続されているスイッチのポートのうちルートブリッジに最も近い（ルートパスコストが最小の）ものが選出されます。セグメント上にルートブリッジがある場合は、当然そのポートがルートブリッジに最も近いポートであり、指定ポートになります。

　次の図のセグメント1とセグメント2にはルートブリッジが接続されているため、ルートブリッジのポート（1と2）が指定ポートになります。残りのセグメント3に接続されているSwitch-BとSwitch-CではSwitch-Cのルートパスコストの方が小さいため、Switch-Cのポート2が指定ポートに決定されます。

【指定ポートの選出】

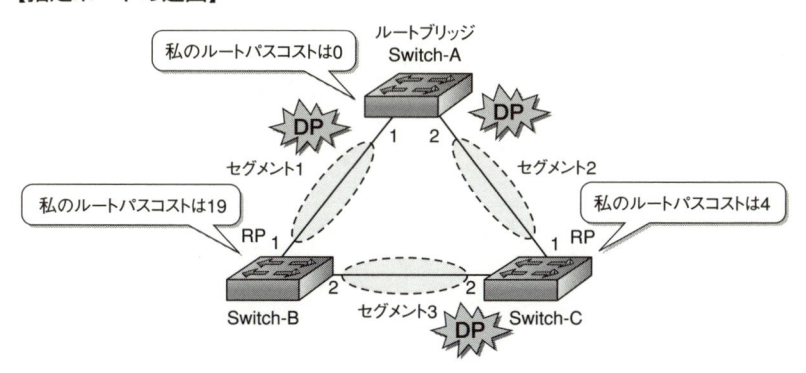

　ルートパスコストが同じになる場合は、2番目の決定プロセスである送信元ブリッジIDによってルートポートおよび指定ポートを選出します。さらに、送信元ブリッジIDも同じ場合には、最終的に3番目の決定プロセスである送信元ポートIDによって選出されます。

● 非指定ポートの決定

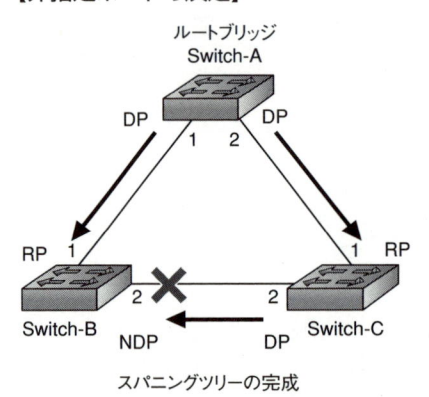

　ルートポートまたは指定ポートに選出されなかった残りのポートを**非指定ポート**（NDP：Non Designated Port）といいます。非指定ポートは、データフレームの送受信を行わないブロッキング状態となり、レイヤ2のループを回避する働きをします。ただし、非指定ポートもBPDUの受信は行います。

【非指定ポートの決定】

```
           ルートブリッジ
            Switch-A
         DP       DP
          1       2

    RP  1           1  RP

   Switch-B          Switch-C
        2           2
        NDP    DP
```
スパニングツリーの完成

　スパニングツリーのポートの役割（ポートロール）を、次にまとめます。

【スパニングツリーポートの役割】

ポートロール	ステータス	選出	説明
ルートポート（RP）	フォワーディング	非ルートブリッジに1つ	ルートブリッジに最も近いポート（最小ルートパスコストを持つポート）
指定ポート（DP）	フォワーディング	各セグメントに1つ	ルートブリッジに最も近いスイッチのポート。BPDUの送信を行う
非指定ポート（NDP）	ブロッキング	RPおよびDPに選出されなかったポート	データフレームの送受信はしないがBPDUは受信する

　以上は、ルートポートおよび指定ポートを、「ルートパスコストを比較」することで決める方法についての説明ですが、ルートパスコストが同じ場合は先述したとおり、「送信元ブリッジIDを比較」したり、「送信元ポートIDを比較」したりして決定される場合もあります。次に、これらの方法を紹介します。

● 送信元ブリッジIDによるルートポートの決定

　次のトポロジにおいて、Switch-BとSwitch-Cはルートブリッジと直接接続しているポート1をルートポートに決定します。Switch-Dはポート1と2からBPDUを受信

しますが、どちらもルートパスコストは38で同じになるため、2番目の決定プロセスである送信元のブリッジIDを比較します。その結果、ブリッジIDの小さいSwitch-BからBPDUを受信するポート1がルートポートに決定されます。

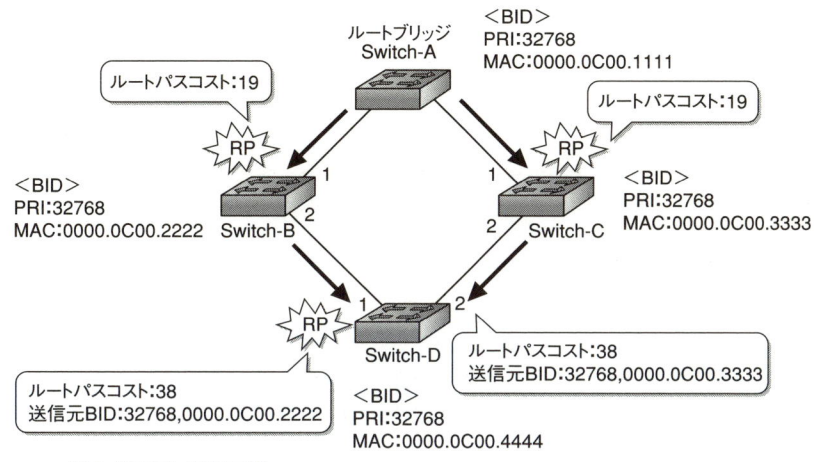

＜BID＞
PRI:32768
MAC:0000.0C00.1111

ルートブリッジ
Switch-A

ルートパスコスト:19

ルートパスコスト:19

＜BID＞
PRI:32768
MAC:0000.0C00.2222
Switch-B

＜BID＞
PRI:32768
MAC:0000.0C00.3333
Switch-C

Switch-D
＜BID＞
PRI:32768
MAC:0000.0C00.4444

ルートパスコスト:38
送信元BID:32768,0000.0C00.2222

ルートパスコスト:38
送信元BID:32768,0000.0C00.3333

※すべてのリンクは100Mbps

● 送信元ポートIDによるルートポートの決定

次の図では、Switch-A（ルートブリッジ）とSwitch-Bの間を2本の物理リンクで接続しています。非ルートブリッジであるSwitch-Bはポート7と8からBPDUを受信しますが、どちらもルートパスコストは19で同じになり、送信元ブリッジIDも同じになるため、3番目の決定プロセスである送信元のポートIDを比較します。

ポートIDはポートプライオリティとポート番号から構成される情報で、最初にポートプライオリティ値（デフォルトは128）を比較し、同じ場合はポート番号からなる値を比較します。その結果、ポートIDの小さいSwitch-Aのfa0/1から送信されるポート7がルートポートに決定されます。

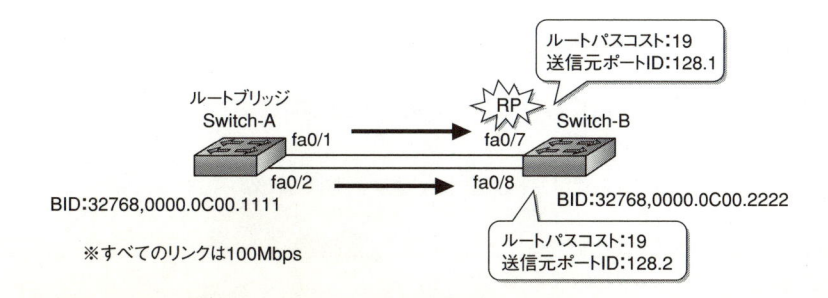

ルートブリッジ
Switch-A
fa0/1
fa0/2

Switch-B
fa0/7
fa0/8

ルートパスコスト:19
送信元ポートID:128.1

ルートパスコスト:19
送信元ポートID:128.2

BID:32768,0000.0C00.1111
BID:32768,0000.0C00.2222

※すべてのリンクは100Mbps

● 送信元ブリッジIDによる指定ポートの決定

次の図のセグメント1とセグメント2にはルートブリッジが接続されているため、ルートブリッジのポート（1と2）が指定ポートになります。残りのセグメント3に接続されているSwitch-BとSwitch-Cは同じルートパスコストを持つため、2番目の決定プロセスであるブリッジIDを比較します。その結果、ブリッジIDの小さいSwitch-Bのポート2が指定ポートに決定されます。

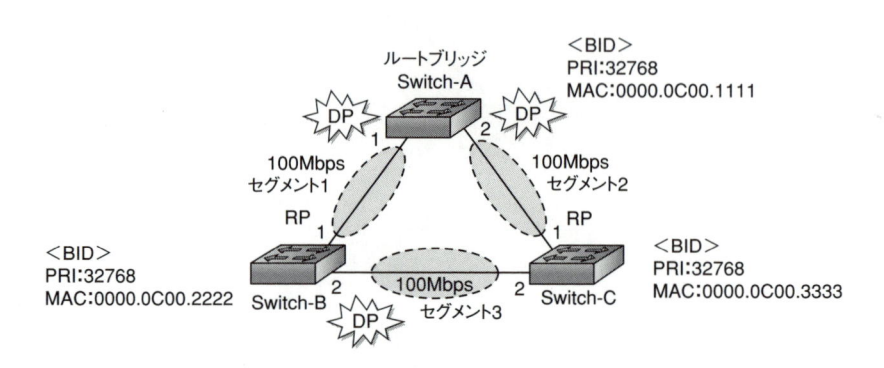

```
                    ルートブリッジ
                     Switch-A         <BID>
               DP  ┌────────┐  DP    PRI:32768
                 1 │        │ 2      MAC:0000.0C00.1111
                   └────────┘
            100Mbps          100Mbps
            セグメント1       セグメント2
             RP                RP
           1                      1
  <BID>    ┌────────┐        ┌────────┐   <BID>
  PRI:32768│        │        │        │   PRI:32768
  MAC:0000.0C00.2222 2  100Mbps  2            MAC:0000.0C00.3333
           Switch-B  セグメント3  Switch-C
                  DP
```

ᗞoint　STPにおけるポート選出の優先順位

STPでは、以下の優先順位でポートが選出されます。それぞれ値が小さい方が優先されます。

① ルートパスコストを比較
② 送信元ブリッジIDを比較
③ 送信元ポートIDを比較

3-3　スパニングツリープロトコルのポート状態

STPが有効な場合、すべてのスイッチポートはまずブロッキング状態になり、リスニング状態、ラーニング状態を経て通常はフォワーディング状態かブロッキング状態で収束します。

■ STPのポート状態

安定したネットワークにおけるSTPのポート状態はフォワーディング状態かブロッキング状態のどちらかになりますが、STPのコンバージェンス（次ページを参照）の途中では、リスニング状態とラーニング状態に遷移します。
次に、STP（IEEE 802.1D）における5つのポート状態を示します。

【STPのポート状態】

状態	説明
ブロッキング（Blocking）	レイヤ2のループを防止するため、ユーザトラフィックやBPDUなどのデータを転送しない状態。ただし、BPDUの受信は行う。すべてのポートは、まずブロッキング状態から開始される
リスニング（Listening）	STP計算が開始されると最初に移行する状態で、BPDUを送受信してルートブリッジ、ルートポート、および指定ポートの選出を行っている状態。ユーザトラフィックを転送せず、送信元MACアドレステーブルの学習も行わない
ラーニング（Learning）	STP計算でリスニングの次に移行する状態で、リスニング状態に加え受信したフレームの送信元MACアドレスの学習を行っている状態。あらかじめMACアドレステーブルを構築することにより、フォワーディング状態に移行したときのフラッディングを抑えることができる
フォワーディング（Forwarding）	ラーニング状態が終わるまで、役割がルートポートまたは指定ポートであるポートはフォワーディング状態となり、通常のユーザトラフィックの転送を行うことができる
ディセーブル（Disabled）	管理者によってポートをshutdownしている使用不可の状態

■ STPのタイマーとポート遷移

STPではフォワーディング状態のリンク上に障害が発生すると、ルートパスコストを再計算し、必要があればブロッキング状態のポートをフォワーディング状態に切り替えます。また、ルートブリッジは2秒間隔でBPDUを論理ツリーの下流に転送しネットワークの状態を調べます。下流のスイッチでは、一定時間（デフォルトは20秒）BPDUを受け取らなくなると、STPの再計算を開始します。

STPは次の3つのタイマーによって制御されます。

【STPのタイマー】

タイマー	説明	デフォルト値
ハロータイム（Hello Time）	BPDUの送信間隔	2秒
最大経過時間（Max Age）	BPDUを保存できる最大時間	20秒
転送遅延（Forward Delay）	リスニング状態とラーニング状態を継続する時間	15秒

ブロッキング状態のポートは、次のステップでポート状態を遷移します。

【ポートの状態遷移】

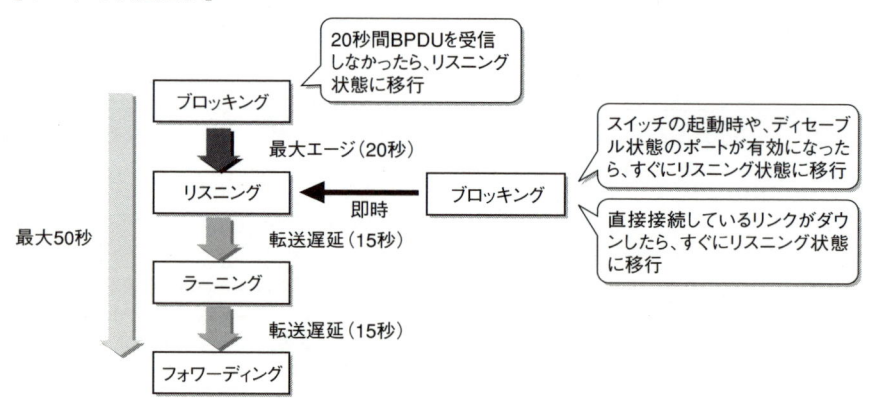

```
                    ┌─────────────────┐
                    │ 20秒間BPDUを受信  │
                    │ しなかったら、リスニング│
                    │ 状態に移行       │
                    └─────────────────┘
          ┌──────────┐
          │ ブロッキング │
          └──────────┘
               ↓ 最大エージ（20秒）                ┌─────────────────┐
          ┌──────────┐                          │ スイッチの起動時や、ディセーブ│
          │ リスニング │ ← 即時 ┌──────────┐ │ ル状態のポートが有効になった │
          └──────────┘         │ ブロッキング │ │ ら、すぐにリスニング状態に移行│
最大50秒      ↓ 転送遅延（15秒）  └──────────┘ └─────────────────┘
          ┌──────────┐                          ┌─────────────────┐
          │ ラーニング │                          │ 直接接続しているリンクがダウ │
          └──────────┘                          │ ンしたら、すぐにリスニング状態│
               ↓ 転送遅延（15秒）                 │ に移行           │
          ┌──────────────┐                      └─────────────────┘
          │ フォワーディング │
          └──────────────┘
```

■ STPのコンバージェンス

　コンバージェンスは「収束」という意味です。STPにおけるコンバージェンスとは、ポート状態がブロッキングからリスニング、ラーニングを経てフォワーディングまたはブロッキングの状態に収まることを指します。

　リンク障害などでネットワークのトポロジに変化があった場合、STPは再計算を開始してブロッキングポートをフォワーディング状態に移行することで、ネットワークの接続性を維持します。トポロジの変化によってツリーが再計算され、すべてのスイッチポートがフォワーディングまたはブロッキング状態のどちらかに移行して安定した状態になるまでに要する時間を**コンバージェンス時間**といいます。

次に、あるリンクに障害が発生した場合のSTPのコンバージェンスを示します。

【間接リンクに障害が発生した場合】

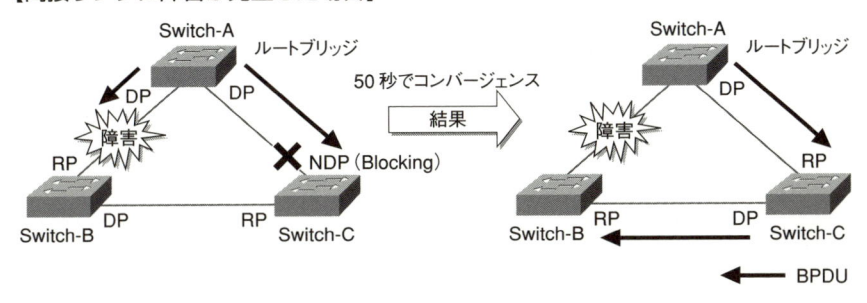

上の図の例で、Switch-Cは、Switch-BからのBPDUを受信できなくなって最大エージタイマー（20秒）を経過するとSTPの再計算を開始し、リスニングとラーニングを経てブロッキングポートをフォワーディング状態に移行させます。この場合、コンバージェンス時間は50秒です。

一方、次の図のような場合では、Switch-Cは、Switch-Bとの直接リンクに障害が発生したことを検知すると、ただちにSTPの再計算を開始し、リスニングとラーニングを経てブロッキングポートをフォワーディング状態に移行させます。この場合、コンバージェンス時間は30秒になります。

【直接リンクに障害が発生した場合】

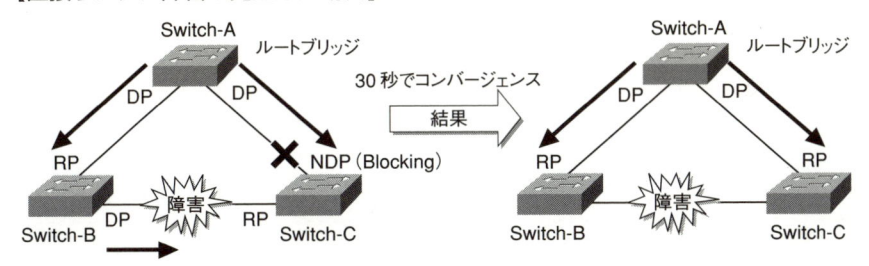

3-4 スパニングツリートポロジの設計

STPトポロジの設計で最も重要なことは、ルートブリッジの配置です。帯域幅を有効に活用し高速なネットワークを維持するためには、配置要件を理解する必要があります。

■ ルートブリッジの配置

STPトポロジの設計では、ルートブリッジをスイッチドネットワークの中央付近に配置しておく必要があります。

スパニングツリートポロジは、ルートブリッジからのパスコストに基づいて行われるため、通常、ルートブリッジから離れたリンク上にブロッキングポートが選出されます。したがって、ルートブリッジ周辺にトラフィックが集まるためルートブリッジをネットワークの端に配置すると、多くのユーザトラフィックが遠回りの経路で伝送される可能性が高くなります。

具体的には、できるだけ、アクセス層[7]にあるスイッチ（アクセススイッチ[8]）ではなくディストリビューション層[9]にあるスイッチ（ディストリビューションスイッチ[10]）をルートブリッジに選択するか、あるいはサーバファーム[11]に近いスイッチを選択するようにします。これにより、ユーザトラフィックが最短経路で伝送される可能性が高くなります。

---

[7] 【アクセス層】access layer：キャンパス（企業）ネットワークの階層設計における階層のひとつ。アクセス層はクライアントPCやIPフォンなどを収容し、ディストリビューションスイッチに接続してサーバへのアクセスなどを提供する役割を持つ。通常、アクセス層には多数のイーサネットポートを持つレイヤ2スイッチが設置される

[8] 【アクセススイッチ】access switch：エンドユーザの端末やIPフォンなどを接続し、ネットワークへのアクセスを提供するスイッチ

[9] 【ディストリビューション層】distribution layer：キャンパス（企業）ネットワークの階層設計における階層のひとつ。ディストリビューション層はアクセススイッチを収容し、コア（バックボーン）へ接続する。また、パケットのルーティングやフィルタリングなどの各種サービスを提供する役割を持つ。通常、ディストリビューション層には高機能なレイヤ3スイッチが設置される

[10] 【ディストリビューションスイッチ】distribution switch：階層型設計においてディストリビューション層に設置されるスイッチのこと

[11] 【サーバファーム】server farm：複数のサーバが設置されている場所、あるいはサーバ群そのものを指す

次の図の例では、アクセススイッチのASW1がルートブリッジになっています。その結果、ホストAからホストCへの通信や、ホストBからサーバへの通信では最短経路で伝送されますが、ホストDからサーバへの通信では迂回された経路（ASW2→DSW1→ASW1→DSW2）で伝送されてしまいます。

【アクセススイッチがルートブリッジの場合】

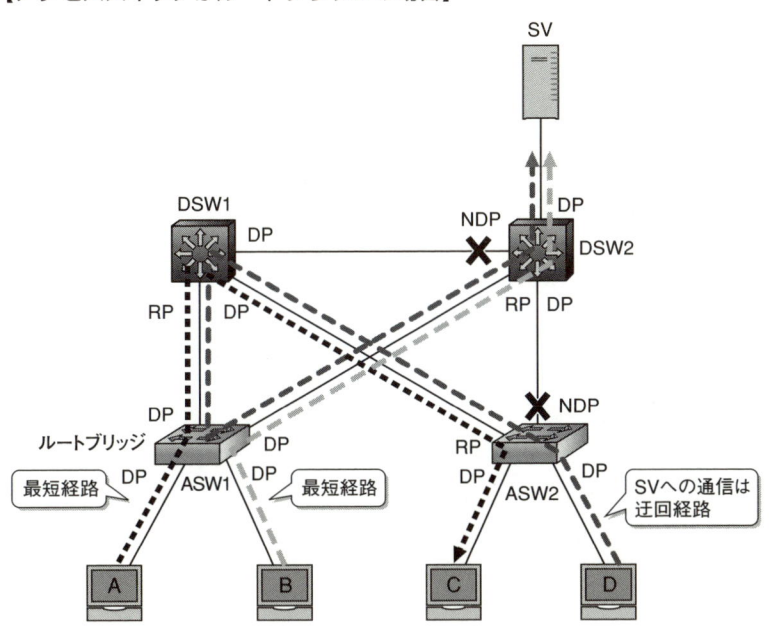

DSW1、DSW2：ディストリビューションスイッチ
ASW1、ASW2：アクセススイッチ

一方、次の図の例では、ディストリビューションスイッチのDSW2がルートブリッジになっています。その結果、ホストDからサーバへの通信を含むすべての通信で最短経路を使ってユーザトラフィックが伝送されます。

【ディストリビューションスイッチがルートブリッジの場合】

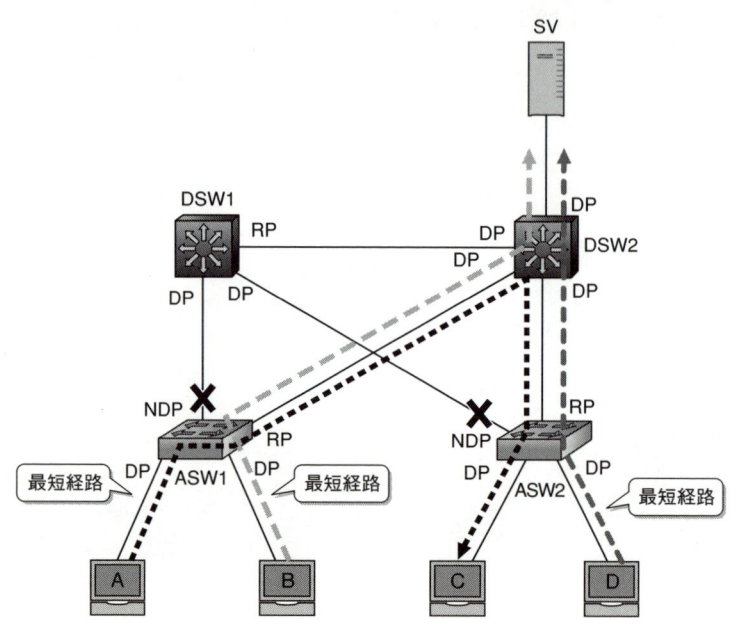

通常、冗長トポロジでは、2台か、またはそれ以上のディストリビューションスイッチが設置されます。ルートブリッジとして動作するディストリビューションスイッチがダウンした場合には、もう1台のディストリビューションスイッチがルートブリッジの役割を引き継ぐように、セカンダリルートブリッジとして設定しておく必要もあります。

◎ 階層設計については、『徹底攻略 Cisco CCNA/CCENT教科書 ICND1編』「7-2 企業内LANの設計」を参照してください。

3-5 PVST+

シスコ製品では、STPにPVST+と呼ばれる独自の機能を組み合わせることで、VLAN[※12]ごとに個別のSTPを実行することができます。この機能によって、状況に合わせて柔軟にロードバランシング[※13]を提供し、パフォーマンス[※14]を最適化することが可能になりました。

■ スパニングツリーのトポロジ

STPトポロジは、複数のVLANで1つのトポロジを構成するCSTと、VLANごとに個別のトポロジが構成されるPVSTおよびPVST+に大別することができます。

● CST

STPがIEEE 802.1D[※15]として標準化された当初はVLANという概念は存在しなかったため、VLAN数にかかわらず全体で1つのSTPが構成されました。このような環境をCST（Common Spanning Tree）と呼びます。

CSTではVLAN全体で1つのトポロジを共有します。STPの計算にかかるCPUの負荷が軽減されますが、冗長トポロジではループを防ぐために特定のリンクが完全にブロックされてしまうため、ロードバランシング機能がありません。

次ページの図の例では、ネットワーク上にVLAN1とVLAN2が存在します。たとえば左側の図のようにDSW1がルートブリッジで、ASWのポート2が非指定ポート（NDP）となってブロッキング状態になっているとします。ASWは、VLAN1に属するホストAからのフレームもVLAN2のホストBからのフレームもどちらもポート1から転送しているため、セグメント3のリンクはユーザトラフィックの伝送には使用されていません。

このとき、右側の図のようにセグメント2にリンク障害が発生したとしましょう。ASWは直接リンク障害を検知すると、STPの計算を実行します。コンバージェンスが終わるとポート2がルートポート（RP）になり、ホストAおよびホストBからのフレームはポート2から転送されます。

このように、セグメント3は完全なバックアップリンクとなり、ほかのリンクの障害時にのみ使用されます。

※12 【VLAN】(ブイラン) Virtual LAN：スイッチ内部で仮想的に用意されるインターフェイス。レイヤ2のCatalystスイッチでは、SVIにIPアドレス（レイヤ3アドレス）を割り当ててスイッチ自体を管理できる

※13 【ロードバランシング】load balancing：負荷分散。本来はコンピュータシステムにかかる負荷を利用可能な複数の資源に分散することにより、安定してシステム全体が稼働できるようにする技術を指す語だが、ネットワークトラフィックの負荷分散、デバイス間でのデータ転送時の負荷分散など、さまざまな意味で使われている

※14 【パフォーマンス】performance：性能や処理能力のこと

※15 【IEEE 802.1D】(アイトリプルイーハチマルニーテンイチディー)：IEEE 802委員会が規定したSTPの標準規格

【CSTの場合（ロードバランシングなし）】

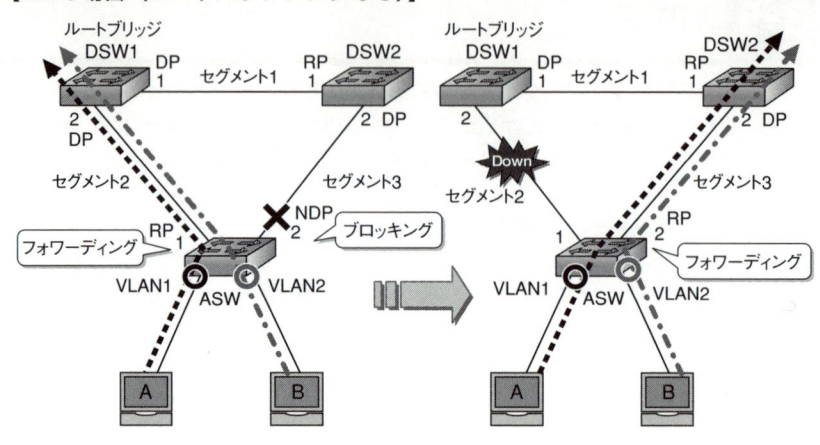

● PVST+

PVST+[※16]では、VLANごとにSTPが動作するため、VLANごとに異なるスイッチをルートブリッジとして設定することができます。たとえば、2本の冗長リンクがある場合、すべてのVLANのうち半分のVLANを片方のスイッチでルートブリッジにし、残りのVLANを別のスイッチでルートブリッジに設定することでロードバランシングを実現します。

次の図の例では、DSW1をVLAN1のルートブリッジとして設定することでASWのポート2をブロッキングポートにしています。一方、DSW2をVLAN2のルートブリッジに設定してASWのポート1をブロッキングポートにしています。その結果、ASWはVLAN1に属するホストAからのフレームをポート1から転送し、VLAN2のホストBからのフレームをポート2で転送することで、ロードバランシングを実現しています。

※16　**【PVST+】**(ピーブイエスティープラス) Per-VLAN Spanning Tree Plus：シスコが独自で開発したSTPの拡張機能。VLANごとに個別にSTPを実行し、ロードバランシング機能を提供する。前バージョンのPVSTはスイッチ間のトランクリンクをISLにする必要があったが、PVST+ではIEEE 802.1Qのトランクリンクでも対応可能になった。現在では、PVST+もPVSTと呼ぶことが多い

【PVST+の場合（ロードバランシングあり）】

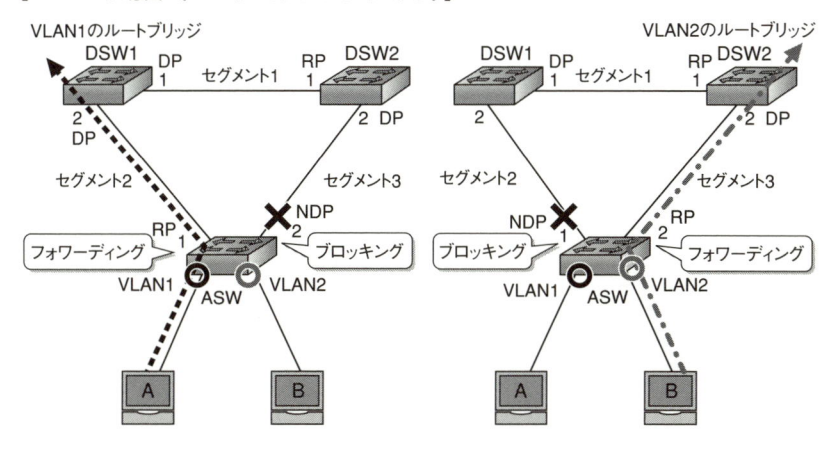

セグメント2にリンク障害が発生した場合、一時的にDSW2がVLAN1とVLAN2の両方でルートブリッジとして動作し、すべてのVLANユーザトラフィックはセグメント3で転送されます。

【PVST+で特定のリンクに障害が発生した場合】

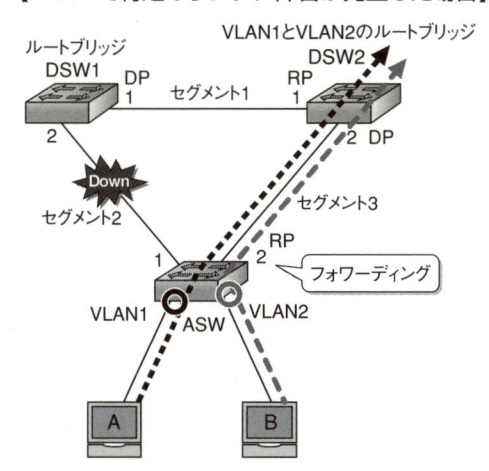

■ 拡張システムID

IEEE 802.1D標準のブリッジIDは、ブリッジプライオリティとMACアドレスで構成されます。デフォルトでは、すべてのVLANにおいてブリッジプライオリティは同じ値（32768）になっているため、MACアドレスに基づいてルートブリッジが選択されます。その結果、すべてのVLANはCSTで表現されます。

【拡張システムIDなしのブリッジID】

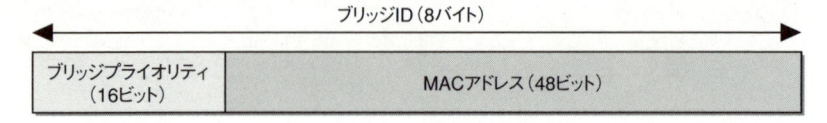

```
|←―――――――― ブリッジID（8バイト）――――――――→|
| ブリッジプライオリティ |                              |
|     （16ビット）      |      MACアドレス（48ビット）      |
```

　一方、PVST+では、VLANごとにSTPインスタンスを実行するため、ブリッジIDにVLAN ID[17]を含める必要があります。そこで、IEEE 802.1D標準のブリッジIDにある16ビットのブリッジプライオリティフィールドを2つに分割し、VLAN ID情報を保持するための**拡張システムID**＊を追加しています。

【拡張システムIDありのブリッジID】

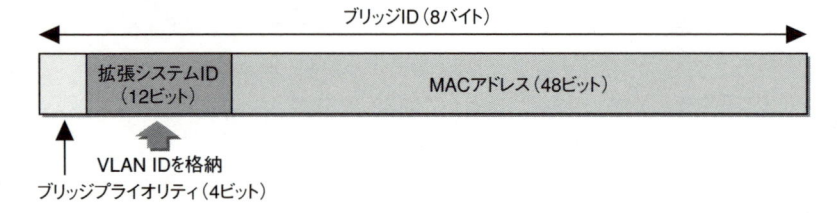

```
|←―――――――― ブリッジID（8バイト）――――――――→|
|  | 拡張システムID |                              |
|  |  （12ビット）  |      MACアドレス（48ビット）      |
   ↑       ↑
ブリッジプライオリティ（4ビット）
        VLAN IDを格納
```

　拡張システムIDに対応するため、ブリッジプライオリティフィールドのサイズが16ビットから4ビットに縮小されているため、プライオリティは1単位ではなく4,096単位でのみ設定が可能です。なお、拡張システムIDを適用した場合、ブリッジプライオリティはVLAN番号が加算された値で表示されるため、デフォルトのブリッジプライオリティは「32768＋VLAN ID」になります。

プライオリティ値 （2進数）	VLAN ID		拡張システムIDのブリッジプライオリティ
0001	000000000001	⇒	4096 ＋ 1 ＝ 4097
0010	000000000001	⇒	8192 ＋ 1 ＝ 8193
0011	000000000001	⇒	12288 ＋ 1 ＝ 12289

---

[17]【VLAN ID】(ブイランアイディー) Virtual LAN IDentifier：VLANを識別するための番号。VLAN番号は12ビットであるため0〜4095の範囲であるが、0と4095はシステムで予約されている。1、1002〜1005の5つは最初から作られているデフォルトVLANであるため削除できない

Memo PVST+の問題点

PVST+環境は、冗長トポロジにおいてロードバランシングの機能を提供します。しかし、PVST+ではVLANごとに個別にSTPを実行するため、ネットワーク上に存在するVLAN数が多くなると、次のような問題が発生します。

・各VLANのBPDUを送信するため、帯域幅*を消費する
・STPの計算が増加し、スイッチのCPUに負荷がかかる

この問題を解決してくれるのが、IEEE 802.1s[※18]で定義されたMSTP[※19]です。MSTPでは、冗長リンクの数だけSTPインスタンス[※20]と呼ばれるスパニングツリートポロジを用意し、複数のVLANグループを各インスタンスにマッピングします。インスタンスごとに特定のスイッチをルートブリッジに設定することでロードバランシングを実現します。また、1つのスパニングツリーインスタンスによって保守されるため、ネットワーク上の帯域幅やスイッチのCPU負荷を軽減することができます。

◎ MSTPはCCNAの範囲を超えるため、概要の説明にとどめます。

【MSTP】

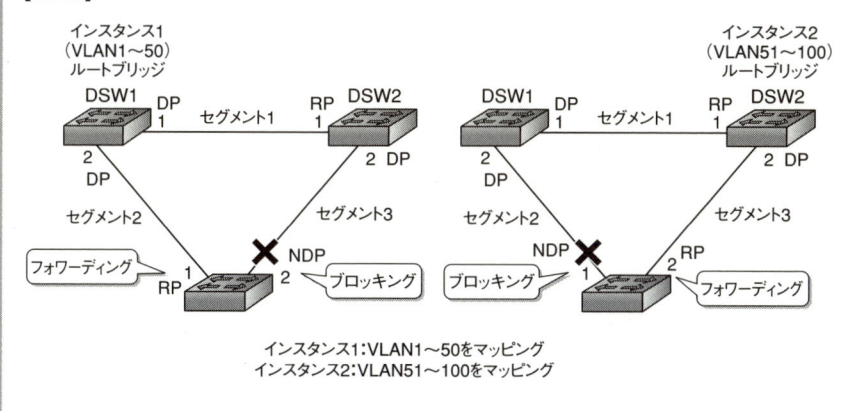

インスタンス1:VLAN1~50をマッピング
インスタンス2:VLAN51~100をマッピング

※18 【IEEE 802.1s】(アイトリプルイーハチマルニーテンイチエス): IEEE 802委員会が規定したMSTPの標準規格
※19 【MSTP】(エムエスティーピー) Multiple Spanning Tree Protocol: IEEE 802.1sで標準化されたSTPツリーの負荷分散技術のこと。MSTPはSTPツリーをインスタンスとして定義し、複数のVLANグループを1つのインスタンスにマッピングすることにより、スイッチのCPU負荷をかけずにSTPロードバランシングを行う。別名、MSTとも呼ばれる
※20 【STPインスタンス】(エスティーピーインスタンス) instance: STPツリーまたはSTPトポロジを指す

3-6 スパニングツリープロトコルの設定

ルートブリッジは手動でスタティックに、もしくはダイナミックに設定することができます。本節では、STPの基本的なコマンドの使い方を説明します。

■ スパニングツリーの有効化

　Catalystスイッチでは、デフォルトでSTPが有効になっています。STPはVLAN単位で無効にしたり、再度有効にしたりすることができます。次のコマンドを使用します。

構文 スパニングツリーの無効化（グローバルコンフィグモード）
(config)#**no spanning-tree vlan** <vlan-id>

引数	説明
vlan-id	STPを無効にするVLAN IDを指定

構文 スパニングツリーの有効化（グローバルコンフィグモード）
(config)#**spanning-tree vlan** <vlan-id>

引数	説明
vlan-id	STPを有効にするVLAN IDを指定

■ ルートブリッジおよびセカンダリルートブリッジの設定

　特定のスイッチをルートブリッジにするには、ブリッジプライオリティを最も低い値に設定します。また、セカンダリルートブリッジ[21]はプライオリティを2番目に低い値に設定します。

　PVST+を実行しているCatalystスイッチでは、プライオリティの設定にVLAN IDを指定する必要があります。

　ルートブリッジの設定には、次の2つの方法があります。

- スタティックにブリッジプライオリティを設定
- ダイナミックにルートブリッジを設定

● スタティックにルートブリッジを設定する

　スタティックな方法でルートブリッジを設定するには、spanning-tree vlan <vlan-id> priority <priority>コマンドを使用します。この設定方法では、指定したプライ

---

[21]【セカンダリルートブリッジ】secondary root bridge：ルートブリッジがダウンしたときにルートブリッジの役割を引き継ぐバックアップルートブリッジのこと。セカンダリルートブリッジは、ルートブリッジの次に低い（上位の）ブリッジIDを持つ必要がある

オリティ値よりも低いプライオリティを持つスイッチが存在する場合、ルートブリッジになることはできません。また、セカンダリルートブリッジも選択する必要があるため、管理者はすべてのスイッチのプライオリティを把握しておく必要があります。

構文 ルートブリッジをスタティックに設定（グローバルコンフィグモード）
(config)#**spanning-tree vlan** <vlan-id> **priority** <priority>

引数	説明
vlan-id	スイッチがルートブリッジになるVLAN IDを指定
priority	ブリッジプライオリティ値を指定。拡張システムID（PVST環境）の場合、0〜61440の範囲で4096単位でのみ指定可能

【ルートブリッジにスタティックで設定する例】

```
DSW2#configure terminal
Enter configuration commands, one per line.  End with CNTL/Z.
DSW2(config)#spanning-tree vlan 1 priority 1
            VLAN1のプライオリティ値を「1」に指定↑
% Bridge Priority must be in increments of 4096.
↑「4096」の倍数でない場合はメッセージが表示される
% Allowed values are:
  0     4096  8192  12288 16384 20480 24576 28672
  32768 36864 40960 45056 49152 53248 57344 61440   } 入力可能な値を表示
DSW2(config)#spanning-tree vlan 1 priority 4096
            VLAN1のプライオリティ値を「4096」に指定↑
```

【セカンダリルートブリッジにスタティックで設定する例】

```
DSW1#configure terminal
Enter configuration commands, one per line.  End with CNTL/Z.
DSW1(config)#spanning-tree vlan 1 priority 8192
            VLAN1のプライオリティ値を「8192」に指定↑
```

● ダイナミックにルートブリッジを設定する

　一方、ダイナミックにルートブリッジとして設定する方法では、spanning-tree vlan <vlan-id> root primaryコマンドを使用します。このコマンドを実行するときに、指定したVLANでルートブリッジに選出されているスイッチのプライオリティをチェックし、ルートブリッジになれるようなプライオリティ値を設定します。

　たとえば、現在のルートブリッジのプライオリティがデフォルト（32768）の場合、プライオリティ値を「24576」に設定します。もし、この値よりも低いプライオリティ値を持つ別のスイッチが存在する場合は、最も低いプライオリティ値「4096」よりも低い値を自身のプライオリティ値として設定します。このようにして、コマンドを実行したスイッチを強制的にルートブリッジに設定します。

構文 ダイナミックにルートブリッジに設定（グローバルコンフィグモード）
(config)#**spanning-tree vlan** <vlan-id> **root primary**

引数	説明
vlan-id	スイッチがルートブリッジになるVLAN IDを指定

　この方法で、セカンダリルートブリッジを設定するには、spanning-tree vlan <vlan-id> root secondaryコマンドを実行します。コマンドを実行したスイッチは、プライオリティ値を常に「28672」に設定します。ルートブリッジを除くすべてのスイッチのプライオリティがデフォルト（32768）ならば、このスイッチは2番目にプライオリティ値の低いセカンダリルートブリッジになります。なお、「28672」よりも低いプライオリティ値を持つ別のセカンダリルートブリッジが存在する場合は、セカンダリルートブリッジにならないため強制的な設定ではありません。

構文 ダイナミックにセカンダリルートブリッジに設定（グローバルコンフィグモード）
(config)#**spanning-tree vlan** <vlan-id> **root secondary**

引数	説明
vlan-id	スイッチがセカンダリルートブリッジになるVLAN IDを指定

【ルートブリッジおよびセカンダリルートブリッジの設定によるロードバランシングの例】

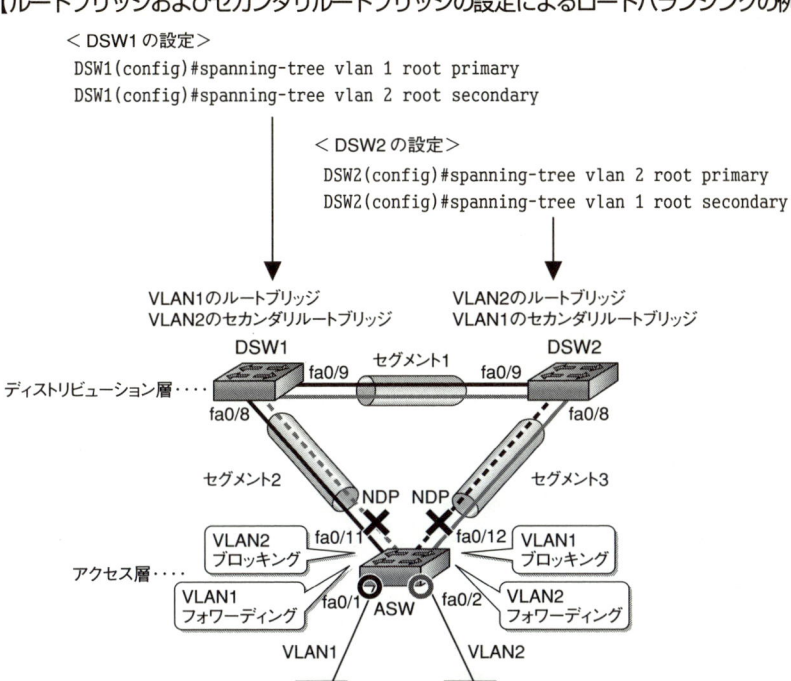

＜DSW1の設定＞
DSW1(config)#spanning-tree vlan 1 root primary
DSW1(config)#spanning-tree vlan 2 root secondary

＜DSW2の設定＞
DSW2(config)#spanning-tree vlan 2 root primary
DSW2(config)#spanning-tree vlan 1 root secondary

VLAN1のルートブリッジ
VLAN2のセカンダリルートブリッジ

VLAN2のルートブリッジ
VLAN1のセカンダリルートブリッジ

ディストリビューション層‥‥
DSW1　fa0/9　セグメント1　fa0/9　DSW2
fa0/8　　　　　　　　　　　　　fa0/8

セグメント2　　　　　　　　　　セグメント3
　　　　　NDP　NDP
　　　　fa0/11　fa0/12
VLAN2ブロッキング　　　　　VLAN1ブロッキング
アクセス層‥‥
VLAN1フォワーディング　fa0/1　ASW　fa0/2　VLAN2フォワーディング

VLAN1　　　VLAN2
　A　　　　　B

3-7 スパニングツリープロトコルの検証

ネットワーク管理者は、適切なスイッチがルートブリッジおよびセカンダリルートブリッジに設定され、どのポートがブロッキングポートになっているかなどを確認し、スパニングツリートポロジを把握しておく必要があります。

■ **スパニングツリーの確認**

スパニングツリーの状態を確認するには、show spanning-treeコマンドを使用します。このコマンドを使用すると、VLANごとのルートブリッジのブリッジID、自身のブリッジID、ポートの役割および状態などが表示されます。

構文 スパニングツリーの確認（ユーザモード、特権モード）
```
#show spanning-tree [ vlan <vlan-id> ]
```

引数	説明
vlan-id	確認したいVLAN IDを指定（オプション）。省略した場合、全VLANのSTP情報を順番に表示

【show spanning-treeコマンドの出力例のトポロジ】

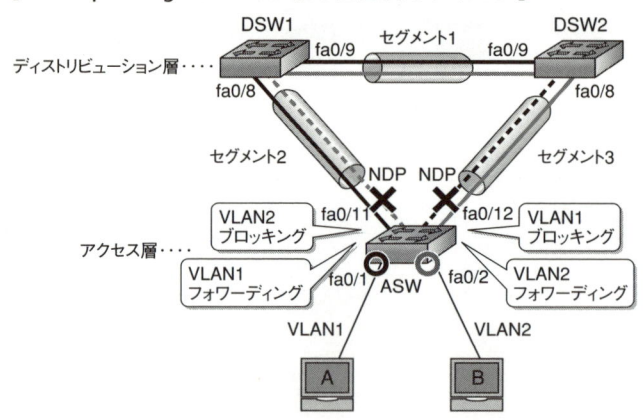

【DSW1でのshow spanning-treeコマンドの出力例】

```
DSW1#show spanning-tree


VLAN0001   ←VLAN1のSTP情報
  Spanning tree enabled protocol ieee   ←①
  Root ID    Priority    24577   ←②
             Address     0021.1c12.8d80  ←③
             This bridge is the root   ←④
             Hello Time   2 sec  Max Age 20 sec  Forward Delay 15 sec  ←⑤

  Bridge ID  Priority    24577  (priority 24576 sys-id-ext 1)  ←⑥
             Address     0021.1c12.8d80  ←⑦
             Hello Time   2 sec  Max Age 20 sec  Forward Delay 15 sec
             Aging Time 300   ←⑧

Interface        Role Sts Cost      Prio.Nbr Type
---------------- ---- --- --------- -------- --------
Fa0/8            Desg FWD 19        128.8    P2p
Fa0/9            Desg FWD 19        128.9    P2p
                  ↑   ↑   ↑          ↑       ↑
                  ⑨   ⑩   ⑪         ⑫       ⑬

VLAN0002   ←VLAN2のSTP情報
  Spanning tree enabled protocol ieee
  Root ID    Priority    24578
             Address     0021.1caa.6600
             Cost        19    ←ルートパスコスト
             Port        9 (FastEthernet0/9)   ←ルートポート
             Hello Time   2 sec  Max Age 20 sec  Forward Delay 15 sec

  Bridge ID  Priority    28674  (priority 28672 sys-id-ext 2)
             Address     0021.1c12.8d80
             Hello Time   2 sec  Max Age 20 sec  Forward Delay 15 sec
             Aging Time 300

Interface        Role Sts Cost      Prio.Nbr Type
---------------- ---- --- --------- -------- --------
Fa0/8            Desg FWD 19        128.8    P2p
Fa0/9            Root FWD 19        128.9    P2p
```

ルートブリッジの情報

このスイッチ自身の情報

ポートの情報

① 動作中のSTPモードを表示。「ieee」はIEEE 802.1D（PVST+）であることを示す
② ルートブリッジのブリッジプライオリティ（プライオリティ値+VLAN ID）
③ ルートブリッジのMACアドレス
④ このスイッチ自身がルートブリッジに選出されている場合は「This bridge is the root」と表示
⑤ ルートブリッジにより伝播されている各種タイマー情報
⑥ このスイッチ自身のブリッジプライオリティ（プライオリティ値+VLAN ID）
⑦ このスイッチ自身のMACアドレス。自身がルートブリッジの場合は③と⑦は同じになる
⑧ MACアドレステーブルに学習されているエントリのエージングタイム（単位：秒）。コンバージェンスされているときは300秒、STP計算中は転送遅延タイマーの15秒になる
⑨ ポートの役割を示す
Root：ルートポート
Desg：指定ポート
Altn：非指定ポート
⑩ ポートの状態を示す
FWD：フォワーディング状態
BLK：ブロッキング状態
⑪ ポートのコストを示す
19：100Mbps
4：1Gbps
⑫ ポートID。ポートプライオリティ（デフォルト：128）とポート番号から生成
⑬ ポートタイプがポイントツーポイント[※22]であることを示す。PortFast（123ページを参照）設定時には「Edge P2p」と表示

※22 【ポイントツーポイント】point to point：2つのデバイスを直接つなぐ接続形態のこと

【DSW2でのshow spanning-treeコマンドの出力例】

```
DSW2#show spanning-tree

VLAN0001
  Spanning tree enabled protocol ieee
  Root ID    Priority    24577
             Address     0021.1c12.8d80
             Cost        19
             Port        9 (FastEthernet0/9)
             Hello Time  2 sec  Max Age 20 sec  Forward Delay 15 sec

  Bridge ID  Priority    28673  (priority 28672 sys-id-ext 1)
             Address     0021.1caa.6600
             Hello Time  2 sec  Max Age 20 sec  Forward Delay 15 sec
             Aging Time 300

Interface        Role Sts Cost      Prio.Nbr Type
---------------- ---- --- --------- -------- --------------------
Fa0/8            Desg FWD 19        128.8    P2p
Fa0/9            Root FWD 19        128.9    P2p

VLAN0002
  Spanning tree enabled protocol ieee
  Root ID    Priority    24578
             Address     0021.1caa.6600
             This bridge is the root
             Hello Time  2 sec  Max Age 20 sec  Forward Delay 15 sec

  Bridge ID  Priority    24578  (priority 24576 sys-id-ext 2)
             Address     0021.1caa.6600
             Hello Time  2 sec  Max Age 20 sec  Forward Delay 15 sec
             Aging Time 300

Interface        Role Sts Cost      Prio.Nbr Type
---------------- ---- --- --------- -------- --------------------
Fa0/8            Desg FWD 19        128.8    P2p
Fa0/9            Desg FWD 19        128.9    P2p
```

【ASWでのshow spanning-treeコマンドの出力例】

```
ASW#show spanning-tree
VLAN0001
  Spanning tree enabled protocol ieee
  Root ID    Priority    24577
             Address     0021.1c12.8d80
             Cost        19
             Port        11 (FastEthernet0/11)
             Hello Time   2 sec  Max Age 20 sec  Forward Delay 15 sec

  Bridge ID  Priority    32769  (priority 32768 sys-id-ext 1)
             Address     000c.ce07.3ec0
             Hello Time   2 sec  Max Age 20 sec  Forward Delay 15 sec
             Aging Time  300

Interface        Role Sts Cost      Prio.Nbr Type
---------------- ---- --- --------- -------- --------------------------
Fa0/1            Desg FWD 19        128.1    P2p
Fa0/11           Root FWD 19        128.11   P2p
Fa0/12           Altn BLK 19        128.12   P2p


VLAN0002
  Spanning tree enabled protocol ieee
  Root ID    Priority    24578
             Address     0021.1caa.6600
             Cost        19
             Port        12 (FastEthernet0/12)
             Hello Time   2 sec  Max Age 20 sec  Forward Delay 15 sec

  Bridge ID  Priority    32770  (priority 32768 sys-id-ext 2)
             Address     000c.ce07.3ec0
             Hello Time   2 sec  Max Age 20 sec  Forward Delay 15 sec
             Aging Time  300

Interface        Role Sts Cost      Prio.Nbr Type
---------------- ---- --- --------- -------- --------------------------
Fa0/2            Desg FWD 19        128.2    P2p
Fa0/11           Altn BLK 19        128.11   P2p
Fa0/12           Root FWD 19        128.12   P2p
```

3-8 スパニングツリープロトコルのFast機能

　IEEE 802.1DのSTPではコンバージェンスに最大50秒もの時間がかかるため、障害発生時にしばらく通信ができなくなるという問題があります。そこで、シスコではコンバージェンスを高速化するために、PortFast、UplinkFast、BackboneFastの3つのFast機能を開発しました。
　本節では、これらFast機能の概要と設定方法について説明します。

◎ UplinkFastとBackboneFastの詳細はCCNAを超えるため、概要の説明にとどめます。

■ PortFast

　PortFastは、スイッチポートをブロッキング状態から直ちにフォワーディング状態に移行する機能です。通常、スイッチポートが有効になるとポートの状態は、ブロッキング→リスニング→ラーニング→フォワーディングの順番に移行します（「3-3 スパニングツリープロトコルのポート状態」を参照）。
　PortFastを設定すると、リスニングとラーニングの状態を経ずに直ちにフォワーディングされるため、ポートは即時にフレームの転送が可能になります。したがって、PortFastはPCやサーバなどが接続されているアクセスポート[※23]に対して適用します。
　なお、PortFastが設定されたポートも、これまでと同様にBPDUの送信を行います。

【PortFast】

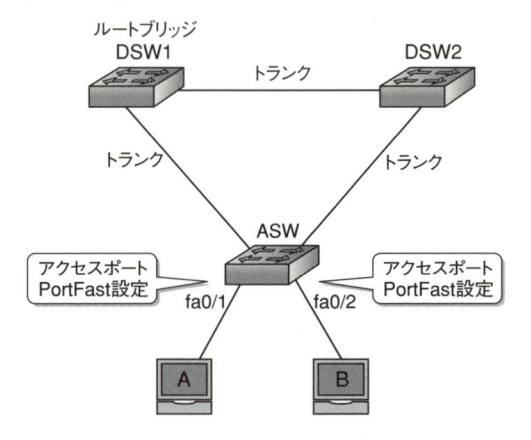

※23 【アクセスポート】access port：1つのVLANのみ所属するスイッチポート。通常、ホストやサーバを接続するポートはアクセスポートである

● PortFastの設定

PortFastは、特定ポート上で設定する方法と、グローバルに設定する方法があります。グローバルにPortFastを設定した場合は、すべてのアクセスポート（非トランクポート）でPortFastが機能します。

> **構文** 特定ポート上でPortFastを設定（インターフェイスコンフィグモード）
> (config-if)#**spanning-tree portfast**

> **構文** すべてのアクセスポート上でPortFastを設定（グローバルコンフィグモード）
> (config)#**spanning-tree portfast default**

● PortFastの確認

特定ポート上でPortFastを設定した場合、その設定情報はコンフィギュレーションファイル（running-config）に格納されます。したがって、特定ポートの設定のみを確認するには、show running-config interface <type slot/port >コマンドを使用します。

> **構文** 特定ポートのPortFast設定の確認（特権モード）
> #**show running-config interface** <type slot/port>

引数	説明
type slot/port	確認したい特定ポートのタイプ、スロット/ポート番号を指定

【特定ポート上でPortFastを設定したときの出力例】

```
ASW(config)#interface fa0/1
ASW(config-if)#spanning-tree portfast
%Warning: portfast should only be enabled on ports connected to a single
 host. Connecting hubs, concentrators, switches, bridges, etc... to this
 interface  when portfast is enabled, can cause temporary bridging loops.
 Use with CAUTION

%Portfast has been configured on FastEthernet0/1 but will only
 have effect when the interface is in a non-trunking mode.
ASW(config-if)#end
04:02:13: %SYS-5-CONFIG_I: Configured from console by console

ASW#show running-config interface fa0/1
Building configuration...

Current configuration : 57 bytes
!
interface FastEthernet0/1
 spanning-tree portfast     ←fa0/1上でPortFastが有効化
end

ASW#
```

構文 グローバルなPortFast設定の確認（ユーザモード、特権モード）
　　　　#show spanning-tree summary

【すべてのアクセスポート上でPortFastを設定したときの出力例】

```
ASW(config)#spanning-tree portfast default
%Warning: this command enables portfast by default on all interfaces. You
  should now disable portfast explicitly on switched ports leading to hubs,
  switches and bridges as they may create temporary bridging loops.

ASW(config)#end
04:10:39: %SYS-5-CONFIG_I: Configured from console by console

ASW#show spanning-tree summary
Switch is in pvst mode
Root bridge for: none
EtherChannel misconfiguration guard is enabled
Extended system ID   is enabled
Portfast             is enabled by default     ←グローバルでPortFastが有効化
PortFast BPDU Guard  is disabled by default
Portfast BPDU Filter is disabled by default
Loopguard            is disabled by default
UplinkFast           is disabled
BackboneFast         is disabled
Pathcost method used is short


Name                 Blocking Listening Learning Forwarding STP Active
---------------------- -------- --------- -------- ---------- ----------
VLAN0001                    1         0        0          2          3
VLAN0002                    1         0        0          1          2
---------------------- -------- --------- -------- ---------- ----------
2 vlans                     2         0        0          3          5
ASW#
```

■ UplinkFast

　UplinkFastは、ルートポートにリンク障害が発生すると、ルートポートの役割をブロッキング状態の非指定ポートに、すばやく（コンバージェンスは5秒以内で）引き継がせる機能です。したがって、UplinkFastは、非指定ポート（ブロッキング）を持つ非ルートブリッジで設定します。

3-8 スパニングツリープロトコルのFast機能

　階層設計では、通常アクセススイッチに2台のディストリビューションスイッチを接続した冗長トポロジになります。したがって、アクセススイッチにはルートポート（RP）と非指定ポート（NDP）が存在します。

　次の図では、アクセススイッチのASWはホストAからのフレームをRPから転送しています。UplinkFastを設定していない場合は、RPの直接リンクに障害が発生するとコンバージェンスに30秒かかってしまいます。

【UplinkFastを設定していない場合】

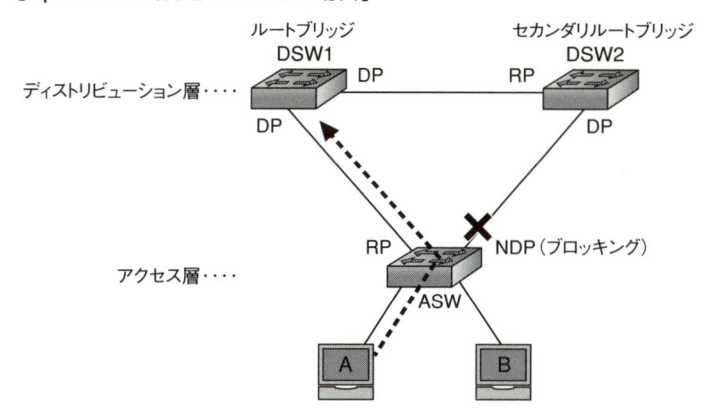

　ところがASWにUplinkFastを設定すると、ルートポートの直接リンクに障害が発生した場合のコンバージェンスは5秒以内に高速化され、ユーザはすばやく通信を再開することが可能になります。

【UplinkFastを設定した場合】

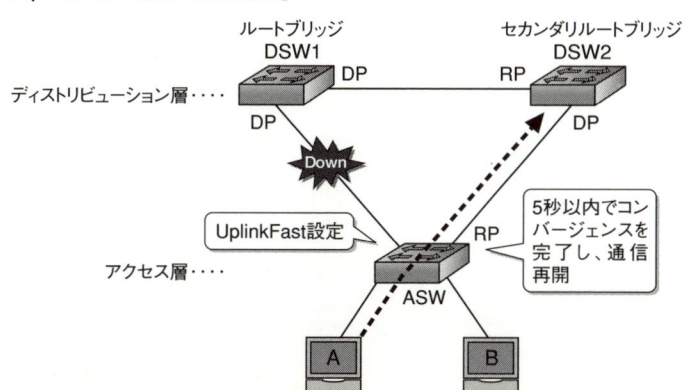

● UplinkFastの設定

　UplinkFastの設定は、アクセススイッチで行います。ルートブリッジおよびセカンダリルートブリッジに対しては設定しません。UplinkFastを設定するには、次のコマンドを使用します。

> **構文** UplinkFastの設定（グローバルコンフィグモード）
> (config)#`spanning-tree uplinkfast`

■ BackboneFast

　BackboneFastは、間接リンク障害が発生したときにコンバージェンスを高速化する機能です。BackboneFastでは、**RLQ**（Root Link Query）と呼ばれる特別なBPDUによって、通常は50秒かかるコンバージェンスを、最大経過時間（MaxAge）の20秒を短縮することにより、30秒にします。

　RLQはスイッチドネットワーク全体で送受信されるため、ルートブリッジを含むすべてのスイッチ上でBackboneFastを設定する必要があります。

　次の図では、アクセス層にあるASWは、ルートブリッジ（DSW1）とセカンダリルートブリッジ（DSW2）に接続しています。間接リンク障害を高速化するため、スイッチドネットワークにあるすべてのスイッチでBackboneFastを設定します。

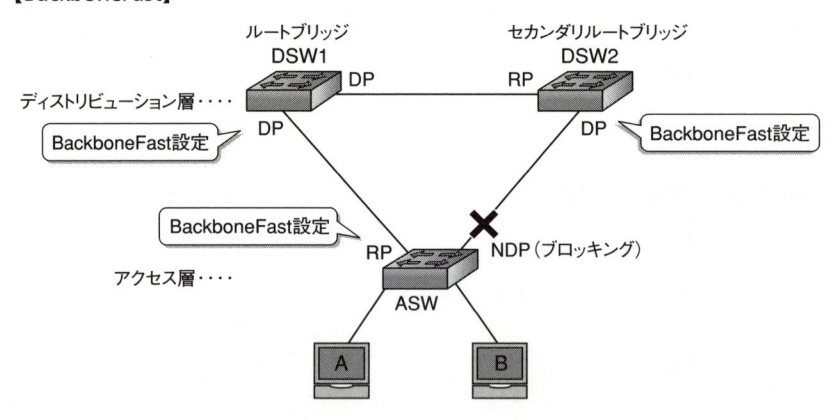

【BackboneFast】

ここで、間接リンク（DSW1とDSW2間）に障害が発生したとしましょう。BackboneFastの動作プロセス（コンバージェンスの様子）は、次のようになります。

【BackboneFastの動作】

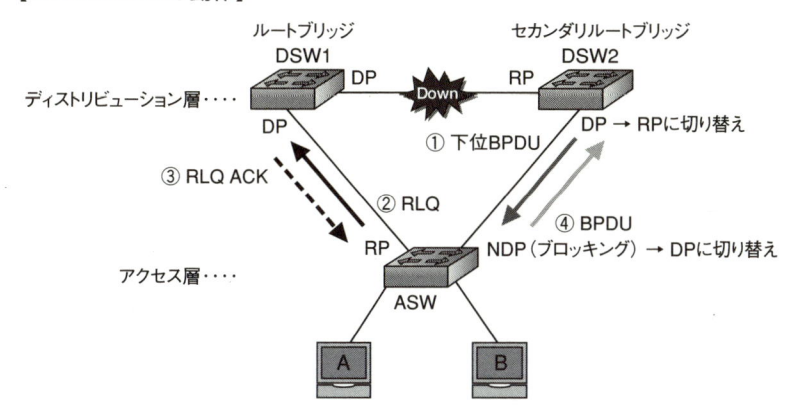

```
                    ルートブリッジ        セカンダリルートブリッジ
                       DSW1  DP      RP   DSW2
ディストリビューション層‥‥    ╱───Down───╲
                       DP                  DP → RPに切り替え
                          ①下位BPDU
         ③ RLQ ACK
                    ②RLQ      ④BPDU
                       RP    NDP（ブロッキング）→ DPに切り替え
アクセス層‥‥           ASW
                      ╱  ╲
                     A    B
```

① ルートブリッジからのBPDUを受信できなくなったDSW2は、ルートブリッジがダウンしたと認識し、自身をルートブリッジとしたBPDUを送信し始めます。このときのBPDUを「下位BPDU」とします。
② 下位BPDUを受信したASWはルートブリッジにRLQを送信し、ルートブリッジの生存を確認します。
③ RLQを受信したルートブリッジは、RLQ ACKを返します。
④ RLQ ACKを受信したASWはルートブリッジがいまも生存していることを確認し、トポロジに変更があったと認識します。そして、ASWはSTP計算を開始し非指定ポート（NDP）を、リスニング状態（15秒）とラーニング状態（15秒）を経て30秒後に指定ポート（DP）に切り替えます。

● BackboneFastの設定

BackboneFastの設定は、すべてのスイッチで行います。BackboneFastを設定するには、次のコマンドを使用します。

構文 BackboneFastの設定（グローバルコンフィグモード）
(config)#`spanning-tree backbonefast`

3-9 高速スパニングツリープロトコル

IEEE 802.1wとして標準化されたSTPに、高速スパニングツリープロトコル（ラピッドスパニングツリープロトコル）があります。これは、文字どおりSTPを改良し、高速化したもので、高速なコンバージェンスを実現しています。

■ RSTPの概要と特徴

ラピッドスパニングツリープロトコル（Rapid Spanning Tree Protocol：RSTP）は、従来のSTP（IEEE 802.1D）と同じようにルートブリッジを選出し、非ルートブリッジに対してルートポートを選択し、各セグメントに1つの指定ポートを選択します。また、RSTPは下位互換性を維持し、ポート単位でSTPのスイッチと相互運用を行うことが可能です。

以下に、RSTPの特徴を示します。

- ポートの役割を4つ（ルートポート、指定ポート、代替ポート、バックアップポート）に定義
- ポートの状態を3つ（ディスカーディング、ラーニング、フォワーディング）に定義
- PortFast、UplinkFast、BackboneFastに相当するシスコ独自の類似機能がある
- プロポーザル（提案）[24]とアグリーメント（合意）[25]によるネゴシエーションを行う
- リンクタイプ（ポイントツーポイントリンク、共有リンク）とエッジポートを定義

■ ポートの役割

RSTPはポートの役割を次の4つに定義しています。

● ルートポート（RP：Root Port）

非ルートブリッジ上で、最小ルートパスコストを持つポートです。すべての非ルートブリッジに1つだけ存在します。ルートポートの定義は従来のSTPと同じです。

● 指定ポート（DP：Designated Port）

セグメント上に存在するスイッチポートで、最小ルートパスコストを持つポートです。各セグメントに1つだけ存在します。指定ポートの定義は従来のSTPと同じです。

---

[24]【プロポーザル（提案）】proposal：RSTP（IEEE 802.1w）で高速コンバージェンスを実現するために使われるBPDUメッセージのひとつ。プロポーザルとアグリーメントメッセージを交換し合ってローカルポートの役割を隣接スイッチとネゴシエートする。プロポーザルでは、BPDUに含まれるフラグフィールドのプロポーザルビットに1がセットされる

[25]【アグリーメント（合意）】agreement：RSTP（IEEE 802.1w）で高速コンバージェンスを実現するために使われるBPDUメッセージのひとつ。プロポーザルとアグリーメントメッセージを交換し合ってローカルポートの役割を隣接スイッチとネゴシエートする。アグリーメントでは、BPDUに含まれるフラグフィールドのアグリーメントビットに1がセットされる

● 代替ポート（Alternate Port）

ルートポートのバックアップとなるポートです。ルートポートがダウンしたとき、すばやくルートポートの役割を引き継ぎます。これは、シスコ独自のUplinkFast機能に類似しています。ただし、RSTPでは設定は不要で、常にUplinkFastと同等の機能が実現されます。

【代替ポート】

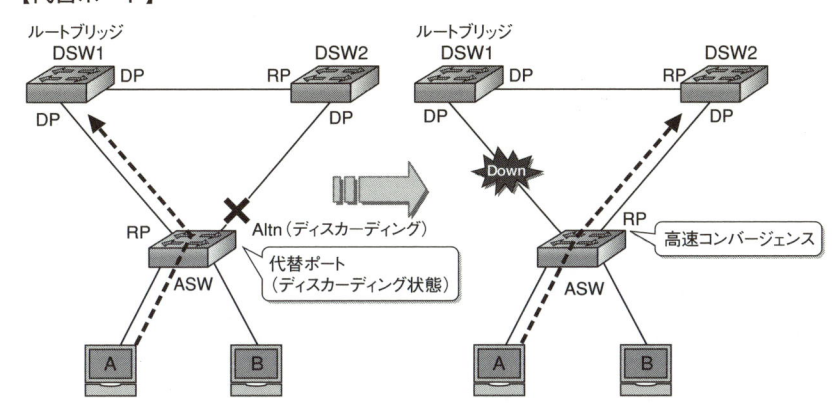

● バックアップポート（Backup Port）

指定ポートのバックアップとなるポートです。指定ポートがダウンしたとき、すばやく指定ポートの役割を引き継ぎます。バックアップポートは、セグメント上で指定ポートを持つスイッチが、そのセグメントに対して2本以上の接続（冗長リンク）を持っているケースでのみ存在します。

【バックアップポート】

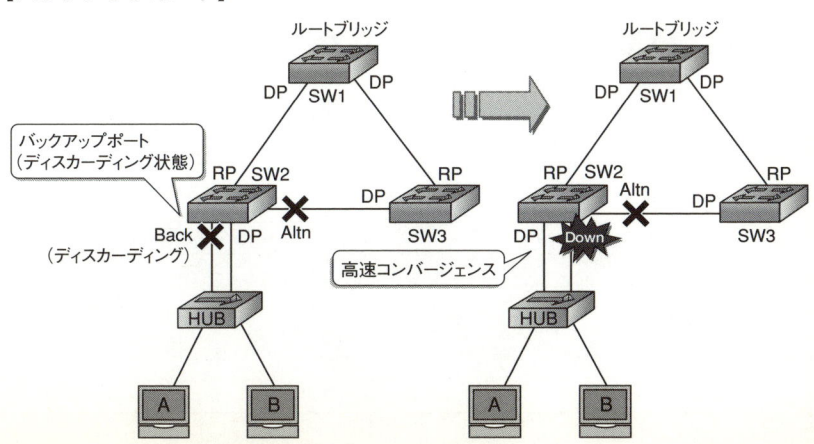

■ ポートの状態

RSTPでは、STPのリスニング状態とブロッキング状態をディスカーディング（廃棄）状態に統合しています。ディスカーディング状態のポートでは、フレームの転送はできません（ただし、BPDUの受信は行います）。

RSTPのポート状態は次の3つに定義されています。

【RSTPのポート状態】

状態	説明
ディスカーディング状態 （Discarding）	ループを防ぐためフレームを転送しない状態。このポートで受信したフレームは破棄され、MACアドレステーブルの学習もしないが、BPDUの受信は行う。STPにおけるブロッキング、リスニング、ディセーブル状態のポートは、RSTPではディスカーディング状態に相当する
ラーニング状態（Learning）	ループを防ぐためフレームを転送しない状態。受信したフレームは破棄するが、送信元MACアドレスは学習する。STPにおけるラーニング状態に相当する
フォワーディング状態 （Forwarding）	フレームの転送を行う状態。MACアドレスの学習も行う。STPにおけるフォワーディング状態に相当する

■ プロポーザルとアグリーメント

RSTPは、STP（IEEE 802.1D）のBPDUと同じ形式のBPDUを使用しています。ただし、BPDU内のフラグフィールドの扱いが異なります。

RSTPでは従来のSTPで未使用だったビットを使用し、隣接するスイッチに自身のポートの役割を**プロポーザルBPDU**で提案し、隣接スイッチがこれに合意すると**アグリーメント**

Point　STPとRSTPでのポート役割とポート状態

STP（IEEE 802.1D）、RSTP（IEEE 802.1w）でのポート役割とポート状態をまとめると、次のようになります。

【ポートの役割】

STP（IEEE 802.1D）		RSTP（IEEE 802.1w）	
役割	状態	役割	状態
ルートポート	フォワーディング	ルートポート	フォワーディング
指定ポート	フォワーディング	指定ポート	フォワーディング
非指定ポート	ブロッキング	代替ポート	ディスカーディング
		バックアップポート	ディスカーディング

BPDUを返します。これによって、セグメントごとにコンバージェンスが高速化されます。
　RSTPでは、スイッチ同士をポイントツーポイントで接続している場合、2台のスイッチ間でポートの役割をプロポーザルとアグリーメントによってネゴシエーションすることで、タイマーに依存しない1秒程度の高速なコンバージェンスを実現します。

【RSTPのフラグフィールド】

BPDUフォーマット

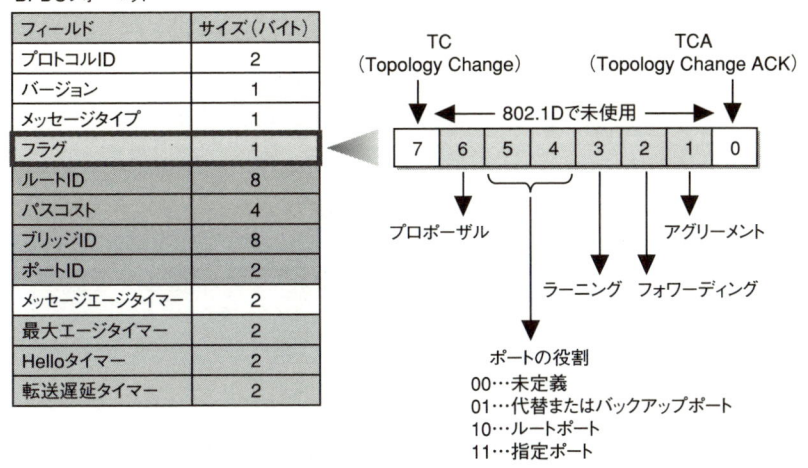

フィールド	サイズ（バイト）
プロトコルID	2
バージョン	1
メッセージタイプ	1
フラグ	1
ルートID	8
パスコスト	4
ブリッジID	8
ポートID	2
メッセージエージタイマー	2
最大エージタイマー	2
Helloタイマー	2
転送遅延タイマー	2

TC（Topology Change）
TCA（Topology Change ACK）
802.1Dで未使用

| 7 | 6 | 5 | 4 | 3 | 2 | 1 | 0 |

プロポーザル
ラーニング　フォワーディング
アグリーメント

ポートの役割
00…未定義
01…代替またはバックアップポート
10…ルートポート
11…指定ポート

　次に、RSTPのプロポーザルとアグリーメントの手順を説明します。

● ステップ1

ネットワークに冗長性を持たせるために、SW1とSW3間に新しくセグメント3が追加されました。

これによって、SW3は新しいポートからもBPDUを受信します。SW2から受信した古いBPDUと比較すると、新しいBPDUの方が低いパスコストであるため上位BPDUだと判断します。したがって、SW3は新しいポートをルートポートに変更する必要があると認識します。

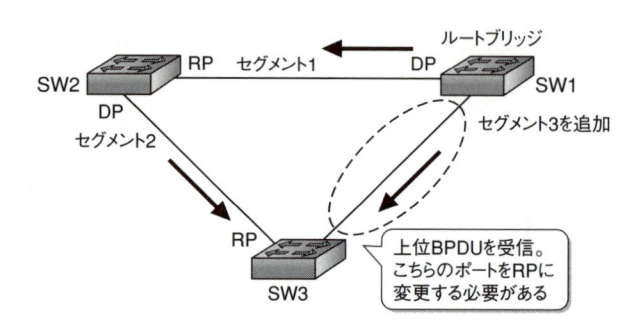

（図：SW1がルートブリッジ。SW2のRPポートがセグメント1経由でSW1のDPと接続。SW2のDPからセグメント2経由でSW3のRPへ。セグメント3を追加してSW1とSW3を接続。SW3は「上位BPDUを受信。こちらのポートをRPに変更する必要がある」）

● ステップ2

SW3はループを防止するため、すべてのポートを一時的にディスカーディング状態にしてネゴシエートが完了するまでフレームの転送を抑止します。

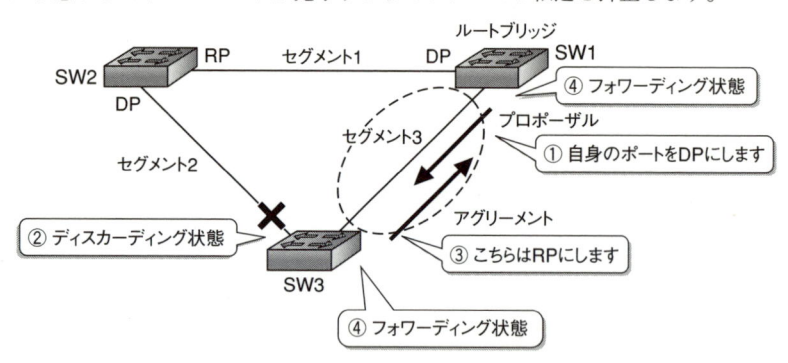

（図：SW1がルートブリッジでフォワーディング状態（④）。セグメント3上でSW1からプロポーザル、SW3からアグリーメント。①自身のポートをDPにします、②ディスカーディング状態、③こちらはRPにします、④フォワーディング状態）

① ルートブリッジ（SW1）は、プロポーザルフィールドに1をセットしたプロポーザルBPDUを使用し、セグメント3上で自身のポートが指定ポートになるよう提案します。

② 上位のプロポーザルBPDUを受信したSW3は、すべてのポートをディスカーディング状態にしてループの発生を防ぎます。

③ SW3はアグリーメントフィールドに1をセットしたアグリーメントBPDUを使用し、セグメント3上で自身のポートをルートポートにします。

④ セグメント3のネゴシエートが完了し、SW1とSW3はポートをフォワーディング状態にします。

● ステップ3
セグメント2でも同様のプロセスが繰り返されます。

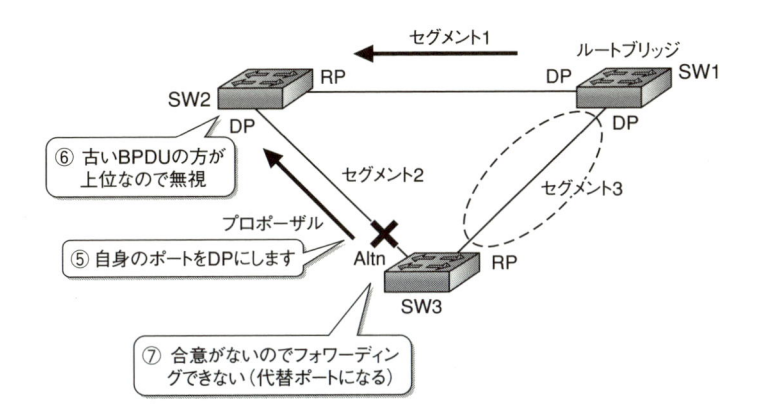

[図：セグメント1・2・3で接続されたSW1（ルートブリッジ）、SW2、SW3の構成。SW1のDPとSW2のRPがセグメント1で接続、SW2のDPとSW3のAltn（プロポーザル）がセグメント2で接続、SW1のDPとSW3のRPがセグメント3で接続。⑤自身のポートをDPにします、⑥古いBPDUの方が上位なので無視、⑦合意がないのでフォワーディングできない（代替ポートになる）]

⑤ SW3はプロポーザルBPDUを使用し、セグメント2上で自身のポートが指定ポートになるよう提案します。
⑥ SW2はSW3から受信したプロポーザルBPDUを、SW1から受信していた古いBPDUと比較して下位BPDUと判断します。したがって、SW2はSW3からのプロポーザル（提案）に合意しません。
⑦ SW3は隣接スイッチからの合意がないため、ポートの役割を代替ポートにしてディスカーディング状態のままにします。

■ エッジポート

エッジポートは、PCやサーバなどのエンドステーションと接続するポートです。エッジポートはほかのスイッチへの接続がないため、アクティブになったポートを直ちにフォワーディング状態に移行し、フレームの送受信を開始します。また、スイッチと接続されるポートを**非エッジポート**と呼びます。

エッジポートはPortFastと類似する機能であり、Catalystスイッチでは、PortFastと同じspanning-tree portfastコマンドで設定します。

【エッジポート】

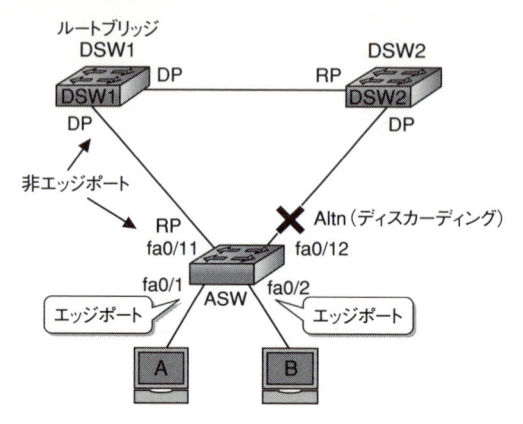

```
ルートブリッジ
DSW1          DSW2
    DP ─── RP
DSW1          DSW2
  DP            DP
非エッジポート
         RP      ✗ Altn（ディスカーディング）
        fa0/11  fa0/12
         fa0/1  fa0/2
エッジポート ASW エッジポート
           A    B
```

```
ASW(config)#interface range fa0/1 - 2
ASW(config-if-range)#spanning-tree portfast  ←fa0/1とfa0/2をエッジポートに設定
ASW(config-if-range)#end
ASW#show spanning-tree vlan 1


VLAN0001
  Spanning tree enabled protocol rstp
  Root ID    Priority    24577
             Address     0021.1c12.8d80
             Cost        3019
             Port        11 (FastEthernet0/11)
             Hello Time  2 sec  Max Age 20 sec  Forward Delay 15 sec

  Bridge ID  Priority    49153  (priority 49152 sys-id-ext 1)
             Address     000c.ce07.3ec0
             Hello Time  2 sec  Max Age 20 sec  Forward Delay 15 sec
             Aging Time 300
  UplinkFast enabled but inactive in rapid-pvst mode

Interface        Role Sts Cost      Prio.Nbr Type
---------------- ---- --- --------- -------- --------------------------
Fa0/1            Desg FWD 3019      128.1    Edge P2p  ┐
Fa0/2            Desg FWD 3019      128.2    Edge P2p  ┘エッジポート
Fa0/11           Root FWD 3019      128.11   P2p
Fa0/12           Altn BLK 3019      128.12   P2p
```

■ リンクタイプ

RSTPではスイッチポート上のリンクを、次の2つのタイプに分類します。

● ポイントツーポイントリンク

全二重*モードで動作するポートで、スイッチ同士は1対1で直接接続されます。プロポーザルとアグリーメントにより高速コンバージェンスが可能です。

● シェアード（共有）リンク

半二重*モードで動作するポートで、セグメント上に複数のスイッチが存在する可能性があります。コンバージェンスは、従来のSTPと同じタイマーに依存しています。

これらリンクタイプは、ポートの二重化モードによって自動的に決定されますが、コマンドを使って変更することも可能です。ただし、スイッチ間にハブ*を挟んで接続すると、ポイントツーポイントリンクにはなりません。

【RSTPのリンクタイプ】

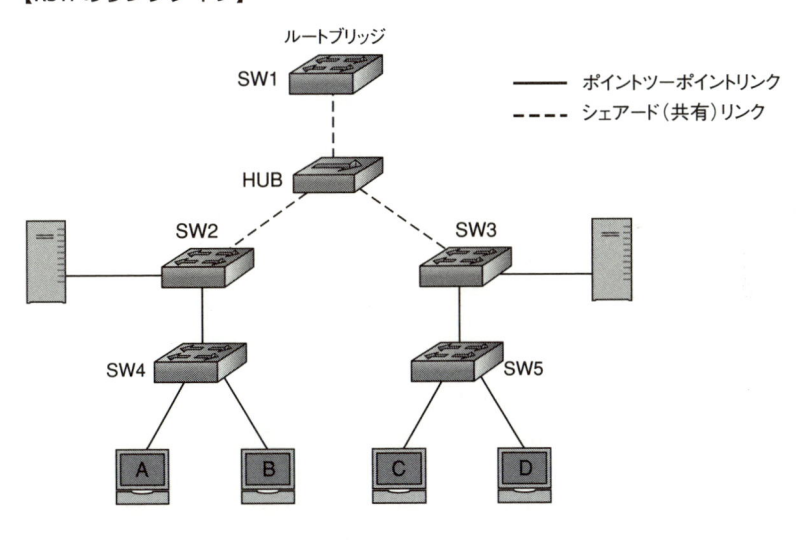

■ RSTPの設定

Catalystスイッチは、PVST+、PVRST+およびMSTPの3タイプのスパニングツリーをサポートしています。

● PVST+

PVST+では従来のSTPを使用し、ロードバランシングにはシスコ独自のPVST+を使用します。デフォルトのスパニングツリーモードです。

> **構文** PVST+の設定（グローバルコンフィグモード）
> (config)#`spanning-tree mode pvst`

● PVRST+

PVRST+（Per VLAN Rapid Spanning Tree Protocol Plus）ではRSTP（IEEE 802.1w）を使用し、高速なコンバージェンスを実現します。ロードバランシングはシスコ独自のPVST+を使用します。RSTPといった場合、このPVRST+を指している場合もあります。

> **構文** PVRST+の設定（グローバルコンフィグモード）
> (config)#`spanning-tree mode rapid-pvst`

● MSTP

MSTP（Multiple Spanning Tree Protocol）はRSTPの拡張機能であり、高速なコンバージェンスを実現します。ただし、ロードバランシングはIEEE標準のMST（IEEE 802.1s）を使用します。MSTPによるロードバランシングでは、インスタンスにVLANグループをマッピングすることで、CPUへの負荷を減少させます（「3-5 MEMO PVST+の問題点」を参照）。

◎ MSTはCCNPの範囲になるため、本書では設定および検証コマンドの説明は省略します。

■ RSTPの検証

RSTP（PVRST+）の動作を検証するときは、従来のSTPと同じshow spanning-treeコマンドを使用します。

> **構文** RSTP（PVRST+）の確認（ユーザモード、特権モード）
> #`show spanning-tree [ vlan <vlan-id> ]`

引数	説明
vlan-id	確認したい特定のVLAN IDを指定（オプション）。省略した場合、全VLANのRSTP情報を順番に表示

3-9 高速スパニングツリープロトコル

【show spanning-treeコマンドの出力例（非ルートブリッジの場合）】

```
ASW#configure terminal
Enter configuration commands, one per line.  End with CNTL/Z.
ASW(config)#spanning-tree mode ?
  mst         Multiple spanning tree mode
  pvst        Per-Vlan spanning tree mode
  rapid-pvst  Per-Vlan rapid spanning tree mode
ASW(config)#spanning-tree mode rapid-pvst
ASW(config)#exit
04:48:43: %SYS-5-CONFIG_I: Configured from console by console
ASW#show spanning-tree vlan 1

VLAN0001
  Spanning tree enabled protocol rstp      ←「rstp」はRSTPを実行中    ルートブリッジの情報
  Root ID    Priority    24577
             Address     0021.1c12.8d80   ←ルートブリッジのMACアドレス
             Cost        3019
             Port        11 (FastEthernet0/11)
             Hello Time  2 sec  Max Age 20 sec  Forward Delay 15 sec

  Bridge ID  Priority    49153  (priority 49152 sys-id-ext 1)
             Address     000c.ce07.3ec0  ←自身（ローカルスイッチ）のMACアドレス   このスイッチ自身の情報
             Hello Time  2 sec  Max Age 20 sec  Forward Delay 15 sec
             Aging Time 300
  UplinkFast enabled but inactive in rapid-pvst mode

Interface        Role Sts Cost      Prio.Nbr Type
---------------- ---- --- --------- -------- --------------------
Fa0/1            Desg FWD 3019      128.1    Edge P2p
Fa0/2            Desg FWD 3019      128.2    Edge P2p         ポートの情報
Fa0/11           Root FWD 3019      128.11   P2p
Fa0/12           Altn BLK 3019      128.12   P2p
```
隣接スイッチがSTPを実行中の場合は「P2p Peer(STP)」と表示される↑

【show spanning-treeコマンドの出力例（ルートブリッジの場合）】

```
DSW#show spanning-tree vlan 1

VLAN0001
  Spanning tree enabled protocol rstp     ←RSTPを実行中
  Root ID    Priority    24577
             Address     0021.1c12.8d80
             This bridge is the root     ←自身（ローカルスイッチ）がルートブリッジ
             Hello Time   2 sec  Max Age 20 sec  Forward Delay 15 sec

  Bridge ID  Priority    24577  (priority 24576 sys-id-ext 1)
             Address     0021.1c12.8d80
             Hello Time   2 sec  Max Age 20 sec  Forward Delay 15 sec
             Aging Time 300

Interface        Role Sts Cost      Prio.Nbr Type
---------------- ---- --- --------- -------- --------------------------------
Fa0/8            Desg FWD 19        128.8    P2p
Fa0/9            Desg FWD 19        128.9    P2p
```

3-10 EtherChannel

EtherChannelは、複数の物理リンクを束ねて多重化し、1本の論理リンクとして扱う機能です。EtherChannelを使うことにより、帯域幅が増加されるだけでなく、冗長性とロードバランシングを実現します。EtherChannelでバンドルされた物理リンクでは、STPによってブロッキングされずに通信し続けることができます。

◎ EtherChannelの詳細はCCNAの範囲を超えるため、本書では概要のみ説明します。

■ EtherChannelの概要

EtherChannelは、複数のイーサネットポートを1つの論理チャネルに束ねる技術で、シスコが開発したものです。現在では標準化され、ほかのベンダのデバイスでも使用することができます。

FastEthernetのポートを束ねたものをFEC、GigabitEthernetのポートを束ねたものをGEC、10GigabitEthernetのポートを束ねたものを10GECと呼ぶことがあります。

EtherChannelには次のような利点があります。

● 帯域幅の増加

EtherChannelでは最大8本までの物理リンクを1本の論理リンクとして扱うことができるため、既存のスイッチポートを使ってキャンパスネットワークの帯域幅を増加させることができます。

次の図の例では、SW1はfa0/1～4の4本の物理ポートをバンドルし、対向のSW2ではfa0/8～11の4本の物理ポートをバンドルしています。EtherChannelを使用しない場合、スパニングツリーによってループの発生を防ぐためにブロッキングポートにされ、同時に1本の物理リンクしか使用できません。EtherChannelでは1本のリンクとして認識されるため、ブロッキングされません。したがって、理論上は物理リンクの全帯域が使用可能になります。

【EtherChannelによる帯域幅の増加】

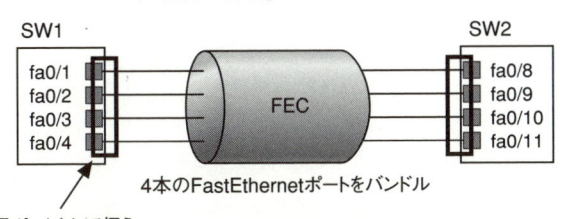

● 冗長性の確保

　バンドル内の1本の物理リンクに障害が発生した場合、そのリンクで転送していたトラフィックは自動的に隣接リンクに移動します。これを**自動フェールオーバー**機能と呼びます。フェールオーバーは瞬時に行われるため、ユーザはリンク障害に気づくことなく通信し続けることが可能です。また、リンク復旧時にはアクティブな物理リンクに自動的に配分されます。

　次の図では、fa0/1リンクに障害が発生したため、バンドル内の隣接リンクであるfa0/2に自動フェールオーバーしています。

【自動フェールオーバー】

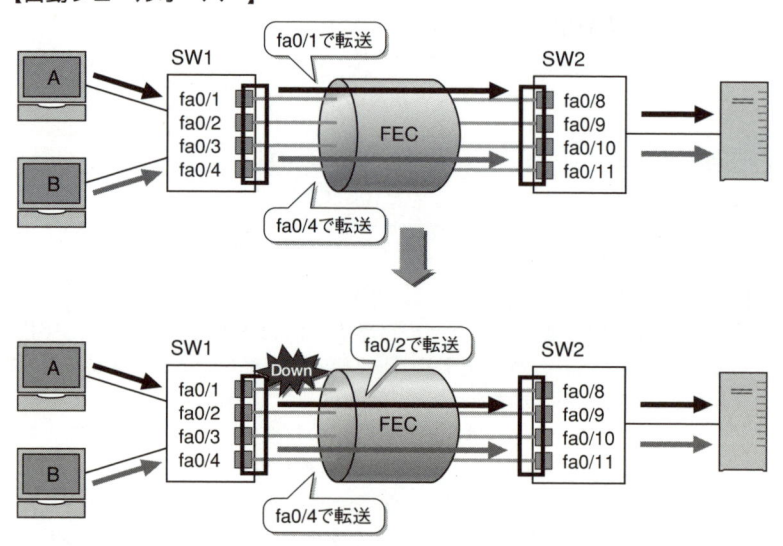

● ロードバランシングの実現

　EtherChannelでは複数の物理リンクを1本の論理リンクとして扱いますが、実際に転送されるトラフィックはバンドル内の個々の物理リンクにロードバランシング（負荷分散）されます。

　ただし、リンクの負荷は必ずしも均等に分散されるわけではありません。負荷分散アルゴリズムでは、**XOR**[※26]と呼ばれる演算に基づいてフレームの送信元MACアドレス、宛先MACアドレス、またはその両方の組み合わせによって分散されます。また、IPアドレスやポート番号などの情報によって分散させることも可能です。

※26 【XOR】(エックスオア) eXclusive OR：コンピュータで使われる基本的な論理演算のひとつで排他的論理輪とも呼ばれる。「1」の数が奇数個なら「1」、偶数個なら「0」を出力する

たとえば次の図のようにMACアドレスでロードバランシングした場合、ホストAからのトラフィックはすべてfa0/1を使用して転送されるため、均等なロードバランシングとはいえません。管理者は転送されるフレームによってロードバランシングの方式を調整する必要があります。なお、サポートするロードバランシング方式の種類はスイッチのモデルによって異なります。

【ロードバランシング】

```
           SV2宛
            ✉ SV1宛
                ✉         SV2宛 SV1宛
  ┌──┐              SW1    ✉   ✉              SW2            ┌──┐
  │A │━━━━━━━━━▶┃fa0/1┃━━━━━━━━━━━━━━━━▶┃fa0/8 ┃            │SV1│
  └──┘              ┃fa0/2┃                ┃fa0/9 ┃            └──┘
                    ┃fa0/3┃    ✉FEC        ┃fa0/10┃
  ┌──┐              ┃fa0/4┃   SV2宛        ┃fa0/11┃            ┌──┐
  │B │━━━━━━━━━▶                                                │SV2│
  └──┘                                                          └──┘
            ✉
           SV2宛
```

＜送信元MACアドレスでロードバランシングの場合＞
送信元MAC：ホストAのトラフィック → fa0/1を使用
送信元MAC：ホストBのトラフィック → fa0/2を使用

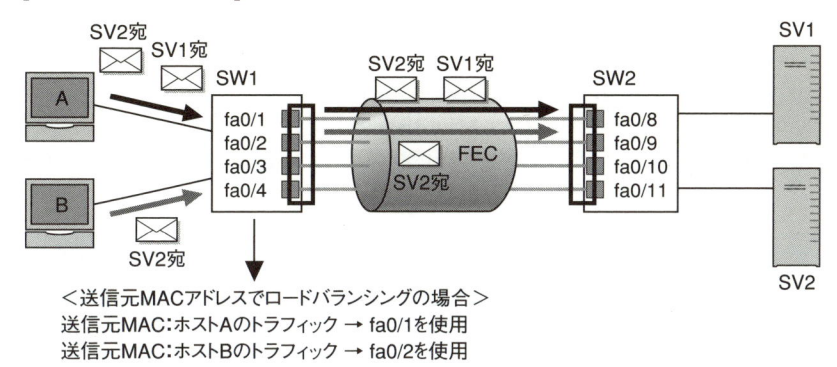

● 論理リンク設定の簡素化

複数の物理リンクを1つの論理リンクとして扱うため、EtherChannelを設定したあとは、物理ポートではなく1つの論理ポートで各種設定が可能になります。

Memo EtherChannelの制約事項

EtherChannelによってバンドルされる複数の物理ポートには、同じ設定をする必要があります。
EtherChannelの主な制約事項は、次のとおりです。

・同じスピードおよび同じ二重化モードである
・アクセスポートの場合、同じVLANがメンバーシップされている
・トランクポートの場合、許可されているVLAN範囲が同じである

3-11 演習問題

1. スパニングツリーの説明として正しいものを選びなさい。

    A. スパニングツリーはシスコ独自のプロトコルである
    B. ルートブリッジはネットワークに1台だけ選出される
    C. スパニングツリーの目的はルーティングループを防ぐことである
    D. ルートブリッジがダウンすると、残りのスイッチでブリッジIDが最大のスイッチが新しいルートブリッジになる
    E. スパニングツリーはBPDUという制御情報を定期的にブロードキャストすることで動作している

2. IEEE 802.1Dのスパニングツリープロトコルによるコンバージェンス時間の最大値として正しいものを選びなさい。

    A. 15秒
    B. 20秒
    C. 30秒
    D. 50秒
    E. 240秒

3. スパニングツリーポートの役割として適切でないものを選びなさい。（2つ選択）

    A. ブロッキングポート
    B. 指定ポート
    C. ルートポート
    D. 非指定ポート
    E. リスニングポート

4. 次の構成において、BPDUのみ受信するポートを選びなさい。

   ＜ブリッジID＞
	ブリッジプライオリティ	MACアドレス
SW1：	4096	0000.0CAB.1234
SW2：	8192	0000.0C12.3456
SW3：	8192	0000.0C11.1111
SW4：	32768	0000.0C00.1122
SW5：	32768	0000.0CFF.FF12

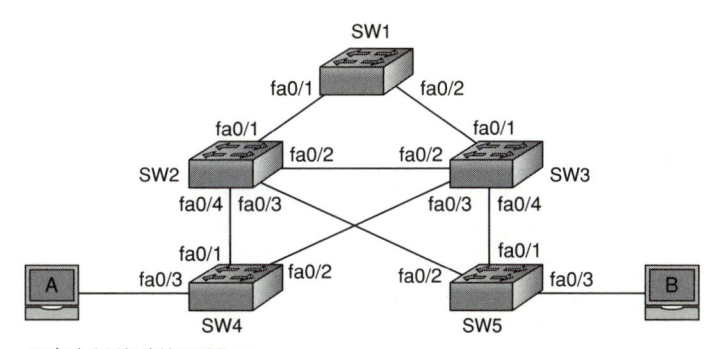

   ※ すべてのリンクは100Mbps

   A. SW2のfa0/2、SW4のfa0/1、SW5のfa0/2
   B. SW3のfa0/2、SW4のfa0/1、SW5のfa0/1
   C. SW3のfa0/2、SW4のfa0/2、SW5のfa0/2
   D. SW2のfa0/3、SW3のfa0/2、SW3のfa0/3
   E. SW4のfa0/3、SW5のfa0/3
   F. SW2のfa0/2、SW4のfa0/1、SW5のfa0/1

5. 次の出力の説明として正しくないものを選びなさい。(2つ選択)

```
SW1>show spanning-tree

VLAN0001
  Spanning tree enabled protocol ieee
  Root ID    Priority    8193
             Address     0000.0caa.4500
             Cost        19
             Port        8 (FastEthernet0/8)
             Hello Time   2 sec  Max Age 20 sec  Forward Delay 15 sec

  Bridge ID  Priority    32769  (priority 32768 sys-id-ext 1)
             Address     0000.0c77.5080
             Hello Time   2 sec  Max Age 20 sec  Forward Delay 15 sec
             Aging Time 300

Interface        Role Sts Cost      Prio.Nbr Type
---------------- ---- --- --------- -------- --------------------------------
Fa0/1            Desg FWD 19        128.2    P2p
Fa0/7            Altn BLK 19        128.7    P2p
Fa0/8            Root FWD 19        128.8    P2p
```

- A. 高速コンバージェンスを実現するRSTPで動作している
- B. SW1は非ルートブリッジである
- C. SW1のブリッジプライオリティはデフォルトのままである
- D. ルートポートはfa0/8である
- E. fa0/7はBPDUの受信のみ行うことができる
- F. VLAN1のルートブリッジは、ブリッジID「32769、0000.0c77.5080」である

3-12 解答

1. B

スパニングツリーはIEEE 802.1Dの標準プロトコルで（A）、スイッチを物理的にループ状で接続した冗長ネットワークにおいて、フレームのループを防止する機能です。ルーティングループを防ぐプロトコルではありません（C）。

スパニングツリーは、ネットワーク（ブロードキャストドメイン）にある複数のスイッチのブリッジIDを比較し、最小ブリッジIDを持つ1台のスイッチをルートブリッジに選出します（**B**）。そして、BPDUという制御情報を定期的にマルチキャストすることで論理的なツリーを維持しています（E）。ルートブリッジがダウンした場合、残りのスイッチでBPDUを交換し合いブリッジIDを比較します。ブリッジIDが最小のスイッチをルートブリッジに選出します（D）。

2. D

IEEE 802.1Dのスパニングツリープロトコルでは、タイマーに依存してコンバージェンス（収束）されます。デフォルトのタイマー値は次のとおりです。

- Hello Time（BPDUの送信間隔）……………………………………………2秒
- Max Age（BPDUを保存できる最大時間）……………………………20秒
- Forward Delay（リスニング状態とラーニング状態を継続する時間）…15秒

ブロッキング状態のポートは、直接接続リンクがダウンするかポートが有効になった場合は、即座にトポロジ変更を認識してリスニング状態に移行して再計算を行います。また、Max Ageタイマーが経過してもBPDUを受信しなかった場合もトポロジ変更とみなしてリスニング状態に移行します。したがって、ブロッキングからフォワーディングに状態が遷移してコンバージェンスするには最大50秒かかります（**D**）。

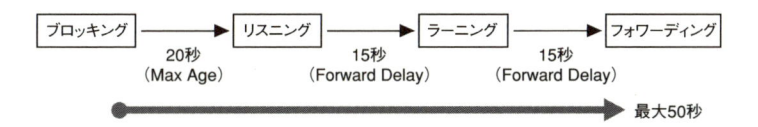

```
ブロッキング → リスニング → ラーニング → フォワーディング
         20秒          15秒             15秒
       (Max Age)   (Forward Delay)  (Forward Delay)
       ────────────────────────────────────→ 最大50秒
```

3. **A、E**

   スパニングツリーのポートの役割は次の3つです。

   ・ルートポート（C）
   ・指定ポート（B）
   ・非指定ポート（D）

   ブロッキング（**A**）およびリスニング（**E**）は、ポートの役割ではなく「ポートの状態」になります。

4. **A**

   非指定ポート（ブロッキング状態）はフレームの送受信をせずにBPDUの受信のみ行います。つまり、この問題では非指定ポートを選択することになります。非指定ポートは、次の手順を経て選択されます。

   ① ルートブリッジの選出
   ② ルートポートの選択（非ルートブリッジに1つ）
   ③ 指定ポートの選択（セグメントに1つ）
   ④ 非指定ポート（残りのポート）

   最初にルートブリッジを選出します。ルートブリッジは、ブリッジIDが最小のスイッチです。
   ブリッジIDは2つの情報（ブリッジプライオリティとMACアドレス）で構成され、最初にブリッジプライオリティを使って比較します。すべてのスイッチでブリッジプライオリティが同じ場合のみ、MACアドレスを比較します。今回は、ブリッジプライオリティが最小（4096）のSW1がルートブリッジに選出されます。
   次に、非ルートブリッジ（SW1以外）に1つだけルートポートを選択します。ルートポートはルートブリッジに最も近いポートです。これはルートブリッジまでの各リンクのパスコストを合計した値で最小ポートを選択します。スイッチポートがFastEthernet（fa）であるため、各リンクのデフォルトコスト値は「19」です（94ページのスパニングツリーパスコストの表を参照）。
   ルートブリッジと直接接続しているSW2とSW3のルートポートから求めます。

[図: ルートブリッジSW1を頂点とし、SW2・SW3のルートポートを求める図]

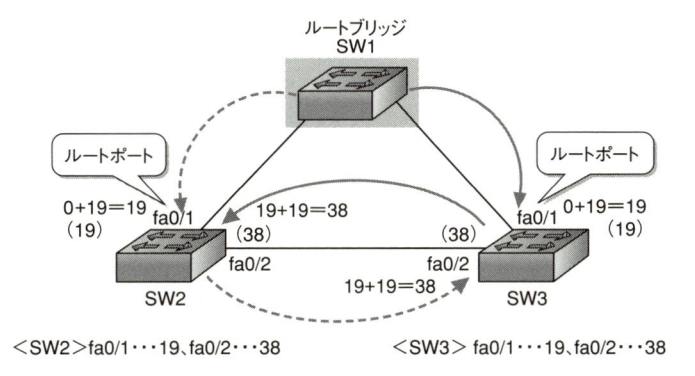

- SW1（ルートブリッジ）
- SW2: fa0/1 … 0+19=19（19）、fa0/2 … 19+19=38（38）
- SW3: fa0/1 … 0+19=19（19）、fa0/2 … 19+19=38（38）
- SW2とSW3間: 19+19=38

＜SW2＞fa0/1…19、fa0/2…38　　　＜SW3＞fa0/1…19、fa0/2…38

したがって、SW2とSW3では最小ルートパスコスト（19）のfa0/1がルートポートになります。

次に、SW4とSW5のルートポートを求めます。

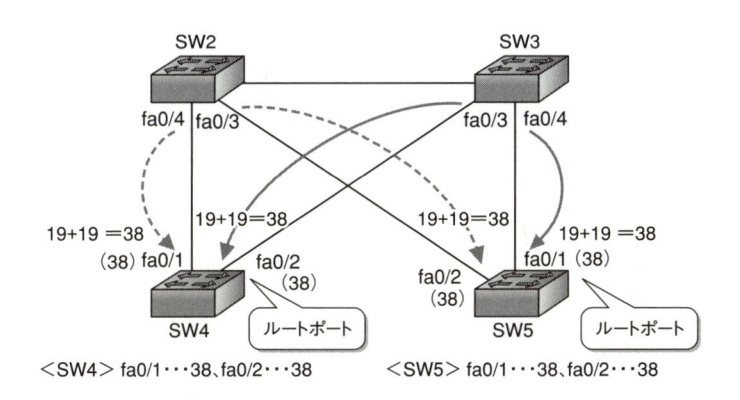

[図: SW2・SW3から下のSW4・SW5へのリンク、ルートポート算出]

- SW4: fa0/1 19+19=38（38）、fa0/2 19+19=38（38）
- SW5: fa0/1 19+19=38（38）、fa0/2 19+19=38（38）

＜SW4＞fa0/1…38、fa0/2…38　　　＜SW5＞fa0/1…38、fa0/2…38

ルートパスコストが同じ値の場合、送信元ブリッジIDで比較します。

・SW2のブリッジID……8192、0000.0C12.3456
・SW3のブリッジID……8192、0000.0C11.1111

ブリッジプライオリティが同じ値（8192）であるため、MACアドレスが小さい方のSW3と接続しているポートをルートポートに選択します。したがって、SW4はfa0/2、SW5はfa0/1になります。
さらに、各セグメント（リンク）に1つ指定ポートを求めます。指定ポートは、セグメント上に接続されているスイッチのポートのうちルートブリッジに最も近い（ルートパスコストが最小の）ものを選択します。

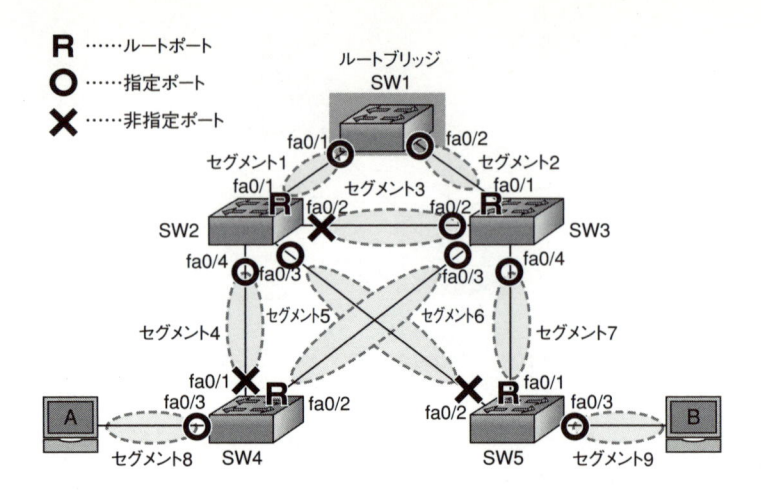

ルートブリッジのポートはルートパスコスト「0」なので、セグメント1はSW1のfa0/1、セグメント2はSW1のfa0/2が指定ポートになります。
セグメント3に接続しているSW2とSW3のルートパスコストは「19」で同じです。その場合、ブリッジIDで比較します。SW2よりSW3の方が小さいSW3のfa0/2が指定ポートになります。
セグメント4では、SW2とSW4のルートパスコストを比較します。

・SW2のルートパスコスト‥‥19
・SW4のルートパスコスト‥‥38

したがって、セグメント4はSW2のfa0/4が指定ポートになります。
セグメント5～7も同様にルートパスコストを比較します。
各セグメントの指定ポートは次のとおりです。

・セグメント1 ……SW1のfa0/1
・セグメント2 ……SW1のfa0/2
・セグメント3 ……SW3のfa0/2
・セグメント4 ……SW2のfa0/4
・セグメント5 ……SW2のfa0/3
・セグメント6 ……SW3のfa0/3
・セグメント7 ……SW3のfa0/4
・セグメント8 ……SW4のfa0/3
・セグメント9 ……SW5のfa0/3

最終的に、ルートポートと指定ポートのどちらにも選択されない、SW2のfa0/2、SW4のfa0/1、SW5のfa0/2が非指定ポート（ブロッキング状態）になり、BPDUのみ受信するポートです（**A**）。

5. **A、F**

show spanning-treeコマンドは、スパニングツリーの状態を表示します。

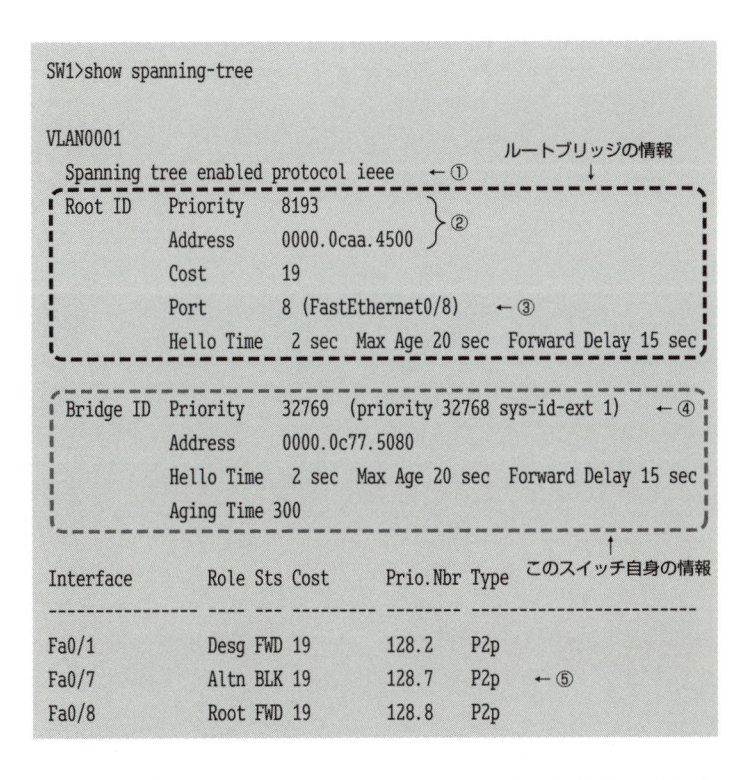

```
SW1>show spanning-tree

VLAN0001
  Spanning tree enabled protocol ieee    ←①       ルートブリッジの情報
                                                      ↓
  Root ID    Priority    8193
             Address     0000.0caa.4500  }②
             Cost        19
             Port        8 (FastEthernet0/8)   ←③
             Hello Time  2 sec  Max Age 20 sec  Forward Delay 15 sec

  Bridge ID  Priority    32769 (priority 32768 sys-id-ext 1)   ←④
             Address     0000.0c77.5080
             Hello Time  2 sec  Max Age 20 sec  Forward Delay 15 sec
             Aging Time  300
                                                 ↑
                                             このスイッチ自身の情報
Interface        Role Sts Cost      Prio.Nbr Type
---------------- ---- --- --------- -------- --------
Fa0/1            Desg FWD 19        128.2    P2p
Fa0/7            Altn BLK 19        128.7    P2p      ←⑤
Fa0/8            Root FWD 19        128.8    P2p
```

① 2行目の「Spanning tree enabled protocol ieee」にある「ieee」から、STPの動作モードはIEEE 802.1D（PVST+）であることがわかります。高速コンバージェンスのRSTPで動作している場合、「rstp」と表示されます（**A**）。

② 「Root ID」の見出しが付いた部分は、ルートブリッジに関する情報です。VLAN1のルートブリッジは、ブリッジID「8193、00000caa.4500」です（**F**）。

「Bridge ID」の見出しが付いた部分は、このスイッチ自身の情報です。SW1のブリッジIDは「32769、0000.0c77.5080」なので、SW1は非ルートブリッジであることがわかります（B）。

③ ルートブリッジ情報の4行目「Port　8 (FastEthernet0/8)」から、SW1のfa0/8ポートがルートポートであることがわかります（D）。また、出力の最終行にもfa0/8は「Root」と表示されています。
④ デフォルトのブリッジプライオリティ値は32768です。「Priority 32769（priority 32768 sys-id-ext 1）」から、デフォルトのままであることがわかります（C）。
⑤ fa0/7のポートの役割（Role）は「Altn」、ポートの状態（Sts）は「BLK」とあります。IEEE 802.1wのSTPでは「Altn」は非指定ポートを意味します。BPDUの受信のみ行うポートです（E）。

第4章
リンクステートルーティング

4-1 ルーティングの概要

4-2 リンクステートルーティング

4-3 OSPFの概要

4-4 OSPFの階層設計

4-5 ルータID

4-6 隣接関係とLSDBの管理

4-7 OSPFネットワークタイプ

4-8 OSPFの基本設定

4-9 OSPFの検証

4-10 OSPFのオプション設定

4-11 OSPFの認証

4-12 演習問題

4-13 解答

4-1 ルーティングの概要

ルーティングは、受信したIPパケットの宛先への経路を決定するプロセスです。リンクステートルーティングについて詳しく学習する前に、ルーティングの概要を復習しましょう。詳細は、『徹底攻略Cisco CCNA/CCENT教科書 ICND1編』を参照してください。

■ ルーティングとは

ルーティングとは、パケットを宛先ホストに届けるために最適なルートを決定するプロセスのことです。ルータは、パケットを受信すると宛先アドレスを確認し、ルーティングテーブルを参照してルーティングを実行します。**ルーティングテーブル**とは、受信したパケットを次にどこへ転送すべきかを決定するためのルート情報が登録されているデータベースです。ルータは、次のような動作によってルーティングを実行します。

・パケットの宛先アドレスを認識する
・ルートの情報源を判別する
・宛先までの使用可能なルートを判別する
・最適なルートを決定する
・ルーティング情報の保守

■ ルーティングテーブル

ルータは、次のいずれかの方法でルーティングテーブルにルート情報を学習します。

・直接接続ルート
・スタティックルート
・ダイナミックルート

直接接続ルート(直結ルート)は、ルータ自身のインターフェイスにIPアドレスとサブネットマスク*を設定することによって、自動的にルーティングテーブルに学習されるルートです。これによって、ルータに直結しているネットワーク間のパケット中継が可能になります。ただし、そのインターフェイスが無効(down)のときはルーティングテーブルに学習されません。
一方、ルータに直接接続されていないリモートネットワークのルートには、ネットワーク管理者が手動で設定する**スタティックルート**と、ルータに設定されたルーティングプロトコル[※1]によって自動的にルーティングテーブルに登録される**ダイナミックルート**があります。

※1 【ルーティングプロトコル】routing protocol:ダイナミックルーティングを実現するためのプロトコル。ルータ間で経路情報を交換し、ルーティングテーブルに自動的に最適経路を登録、保守する。代表的なルーティングプロトコルにRIP、OSPF、EIGRPがある。

ルーティングテーブルの内容を表示するには、show ip routeコマンドを使用します。

構文 ルーティングテーブルの表示（ユーザモード、特権モード）
　　`#show ip route`

【show ip routeコマンドの出力例】

```
Router#show ip route      ←ルーティングテーブル表示
Codes: C - connected, S - static, I - IGRP, R - RIP, M - mobile, B - BGP
       D - EIGRP, EX - EIGRP external, O - OSPF, IA - OSPF inter area
       N1 - OSPF NSSA external type 1, N2 - OSPF NSSA external type 2
       E1 - OSPF external type 1, E2 - OSPF external type 2, E - EGP
       i - IS-IS, L1 - IS-IS level-1, L2 - IS-IS level-2, * - candidate default
       U - per-user static route, o - ODR

Gateway of last resort is not set

     172.16.0.0/24 is subnetted, 4 subnets
C        172.16.1.0 is directly connected, FastEthernet0/0
S        172.16.3.0 [1/0] via 172.16.2.2
C        172.16.2.0 is directly connected, Serial0/0
R        172.16.5.0 [120/1] via 172.16.2.2, 00:00:02, Serial0/0
↑         ↑          ↑ ↑        ↑             ↑         ↑
①         ②          ③ ④        ⑤             ⑥         ⑦
```

① 取得したルートの情報源を示すコード
　・C……connected。直接接続ルート
　・S……static。スタティックルート
　・R……RIP ⎫
　・O……OSPF ⎬ ダイナミックルート
　・D……EIGRP ⎭

② 宛先ネットワークのアドレスおよびサブネットマスク

③ アドミニストレーティブディスタンス*
　　同じネットワークに対して複数のソース（情報源）がある場合に使用される管理値です。

④ メトリック
　　ルーティングプロトコルが宛先ネットワークに対して複数ルートが存在する

とき、最適経路だと判断するために使用される値です。

⑤ ネクストホップアドレス

⑥ 学習後に経過した時間
　　ダイナミックルートにおいて、そのルート情報の通知を受信してルーティングテーブルに学習してから経過した時間です。

⑦ 出力インターフェイス

次に、スタティックルーティングとダイナミックルーティングの概要を確認しましょう。

■ スタティックルート

　スタティックルートは、ネットワーク管理者が手動で設定しルータに学習させるルートです。ルーティングテーブルに登録されたスタティックルートは、ほかのルータに通知されることがないため、帯域を消費せず、ルータの負荷を最小限に抑えることができます。また、使用するルートを管理者が指定できるため、ルーティングの動作を詳細に制御することができます。
　しかしスタティックルートは、ネットワークトポロジに変化があった場合、管理者が手動でルートを切り替える必要があるため、ネットワークの規模が大きい場合や、1つの宛先に対する経路が複数存在する場合には管理者に負荷がかかります。
　したがって、スタティックルートは、一般に末端のネットワークへアクセスするためのルートが1つしかない**スタブネットワーク**[※2]のルーティングに使用されます。

【スタティックルーティング】

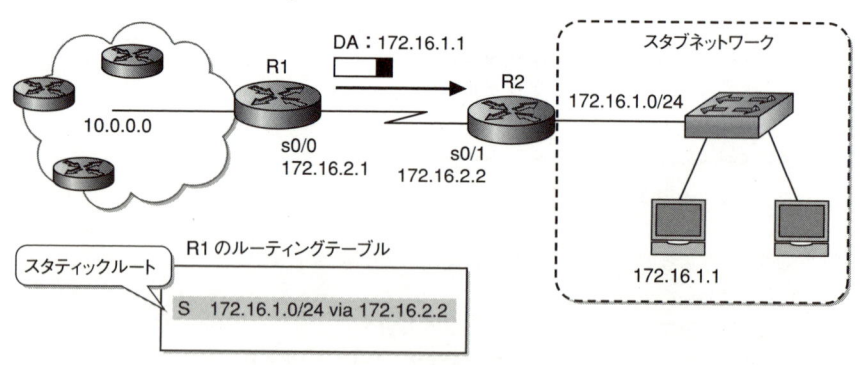

[※2] 【**スタブネットワーク**】stub network：外部ネットワークへの接続が1つしかない末端のネットワークのこと。スタブとは「(木の) 切り株」という意味を持ち、これ以上は枝分かれしない端っこのネットワークを指す

スタティックルートを設定するには**ip route**コマンドを使用します。

構文 スタティックルートの設定（グローバルコンフィグモード）
(config)#ip route <network> <mask> { <ip-address> | <interface> } [<distance>] [**permanent**]

引数	説明
network	宛先ネットワークアドレスを指定
mask	サブネットマスクを指定
ip-address または interface	パケットを次に中継するルータ（ネクストホップルータ）の着信インターフェイスのIPアドレスか、パケットを宛先ネットワークに転送するために使用する出力インターフェイス（シリアルポイントツーポイントのみ）の名前を指定
distance	アドミニストレーティブディスタンス値を指定（オプション）。デフォルトは1
permanent	インターフェイスがダウンしても、ルートがルーティングテーブルから削除されないようにするときに指定（オプション）

前ページの図のR1ルータでは、スタブネットワーク「172.16.1.0」へのスタティックルートを次のように設定します。

```
R1(config)#ip route 172.16.1.0 255.255.255.0 172.16.2.2
```
　　　　　　　　　　　　　　　　　　　　　　　　　　　　ネクストホップアドレス
または
```
R1(config)#ip route 172.16.1.0 255.255.255.0 s0/0
```
　　　　　　　　　　　　　　　　　　　　　　　　　　　　ローカルインターフェイス

このとき、登録されたスタティックルートは、ルーティングテーブルに次のように表示されます。

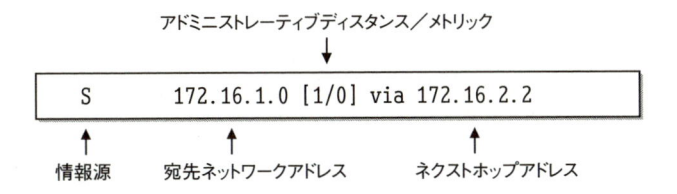

　　　　　　　　　アドミニストレーティブディスタンス／メトリック
　　　　　　　　　　　　　　↓
　S　　172.16.1.0 [1/0] via 172.16.2.2
　↑　　　　↑　　　　　　　　　↑
　情報源　宛先ネットワークアドレス　ネクストホップアドレス

● デフォルトルート

デフォルトルートは、宛先ネットワークアドレスがルーティングテーブルに登録されていない場合に使用する特別なルートです。宛先へのルートが不明な場合や、ルーティングテーブルに複数のルートを登録していて管理できない場合などに使用されます。デフォルトルートを使用することによって、ルータのメモリ消費を抑制することができます。

構文 デフォルトルートの設定（グローバルコンフィグモード）
(config)#ip route 0.0.0.0 0.0.0.0 { <ip-address> | <interface> }

【デフォルトルートの設定例】

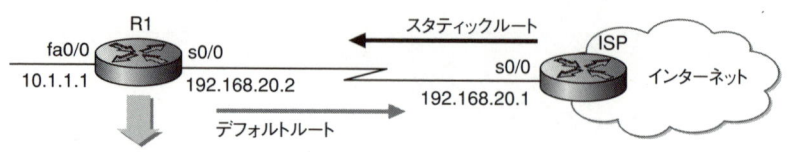

```
R1(config)#ip route 0.0.0.0 0.0.0.0 s0/0
または
R1(config)#ip route 0.0.0.0 0.0.0.0 192.168.20.1
```

このとき、デフォルトルートはルーティングテーブルに次のように表示されます。

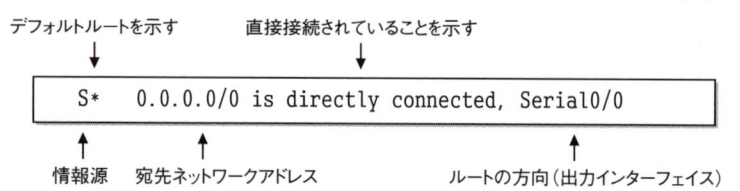

```
S*    0.0.0.0/0 is directly connected, Serial0/0
```

デフォルトルートを示す　　直接接続されていることを示す
情報源　宛先ネットワークアドレス　　ルートの方向（出力インターフェイス）

■ ダイナミックルート

　ルーティングプロトコルによって、自動的にルーティングテーブルに登録されるルートを**ダイナミックルート**といいます。ダイナミックルートでは、ほかのルータとルート情報を交換することで、ルータ自身に直接接続していないリモートネットワークの情報を自動的に取得します。また、ネットワークに障害が発生した場合には、ルータ間で通知し合って自動的にルーティングテーブルの保守が行われるため、ネットワーク管理者の負荷を大幅に削減でき、規模の大きなネットワークでは特に効果的です。

　しかし、ダイナミックルートはスタティックルートに比べると、ルータのメモリやCPUへの負荷が大きく、定期的にルート情報を維持するのに必要なパケットが流れるため、帯域幅も消費されます。また、当然のことですが、管理者にはルーティングプロトコルを使用するための専門的な知識が要求されます。

● ルーティングプロトコルの種類

　ルーティングプロトコルは、**自律システム**[※3]内のルート情報を交換するためのルーティングプロトコルである**IGP***（内部）と、自律システム間でルート情報を

※3　【自律システム】Autonomous System：共通の運用ポリシー（管理）でルーティングが行われている1つのネットワークのこと。AS（エーエス）ともいう。インターネットの実態はこのASを連結したものである。インターネット上ではAS番号が重複しないようIANAが管理し、日本ではJPNIC（日本ネットワークインフォメーションセンター）が割り当てを担当している。

交換し、自律システム同士を接続するためのルーティングプロトコルであるEGP*（外部）の2つに大別できます。

【IGPとEGP】

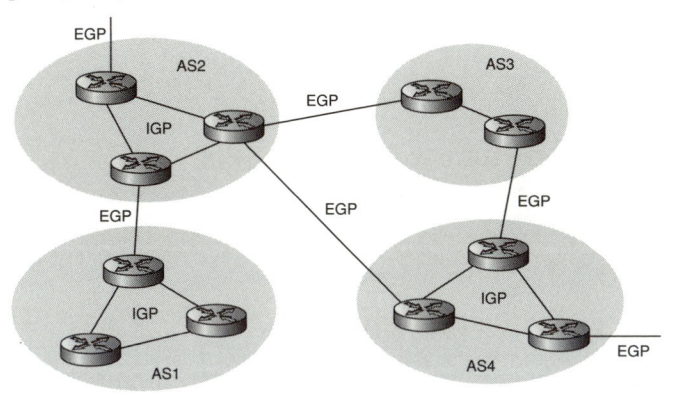

```
         EGP
            AS2              AS3
         IGP      EGP
                                EGP
       EGP            EGP
            AS1              IGP
         IGP                         EGP
                    AS4
```

Point スタティックルートとダイナミックルートの比較

スタティックルートとダイナミックルートには、次のような違いがあります。

	スタティックルート	ダイナミックルート
ルート情報の設定	ネットワーク管理者が手動で登録	ルーティングプロトコルが自動的に登録
ルーティング制御	ネットワーク管理者が思いどおりのルートを詳細に制御できる	ルーティングプロトコルの仕様によって制御される
トポロジ変更時	ネットワーク管理者が手動で更新	ルーティングプロトコルが自動的に更新
ルータの負荷	負荷が少ない	ルーティングアップデートや最適経路の決定にCPUとメモリが消費されるため負荷がかかる※
帯域幅の消費	消費なし	ルーティングアップデートや制御パケットなどで消費される
管理者の負荷	ネットワークの規模が大きいと設定の手間がかかる	ルーティングプロトコルを動かすために少しの手間がかかる
最適なネットワーク	スタブまたは小規模ネットワーク	小〜大規模ネットワークまで対応※

※ 負荷の度合いや対応する規模はルーティングプロトコルによって異なる

Cisco IOSソフトウェアがサポートする代表的なルーティングプロトコルをIGPとEGPに分類すると次のようになります。

・IGP ………RIP*、EIGRP[※4]、OSPF*、IS-IS[※5]
・EGP………BGP[※6]

◎ BGPについてはCCNAの範囲を超えるため、本書では言及しません。

● IGPルーティングプロトコルのアルゴリズムによる分類

IGPルーティングプロトコルは最適ルート決定のアルゴリズム*の違いにより、次の3つに分類されます。

・ディスタンスベクター

ディスタンスベクターは、距離（Distance）と方向（Vector）に基づいて宛先ネットワークへの最適ルートを求めるルーティングアルゴリズムです。受信したパケットが宛先に到着するために、「どれだけの距離（ホップ数）が必要か」、「どのネクストホップ（ルータ）を経由するか」を最適ルートの判断基準にします。

ディスタンスベクターでは、ルータ間でルーティングテーブルのコピーを定期的に交換し合い、リモートネットワークのルート情報を受け取ります。単純な動作で、交換する情報量も少ないため、ルータのCPUやメモリにあまり負荷がかかりません。しかし、各ルータは隣接ルータより先にあるネットワークトポロジの情報がわかりません。また、ルート情報はルータからルータへ伝播されていくため、必ずしも信頼性があるとはいえません。ディスタンスベクターはルーティングループを回避するため、コンバージェンス*（収束）に時間がかかります。ディスタンスベクターの問題点については、後述します。

・リンクステート

リンクステートは、ネットワーク全体の詳細なトポロジを把握し、最適ルートを決めるルーティングアルゴリズムです。

リンクステートは、ルーティングテーブルのコピーを交換するのではなく、

※4 **【EIGRP】**（イーアイジーアールピー）Enhanced Interior Gateway Routing Protocol：ディスタンスベクター型のIGRPを拡張したシスコ独自のルーティングプロトコル。EIGRPにはリンクステートのいくつかの機能が備わっている

※5 **【IS-IS】**（アイエスアイエス）Intermediate System-Intermediate System：OSI（開放型システム間相互接続）向けに開発された標準（RFC1142）のリンクステート型ルーティングプロトコル。IPをサポートするように拡張したIS-ISを「Integrated IS-IS」という。IS-ISは、非常に大規模なネットワークに向いている

※6 **【BGP】**（ビージーピー）Border Gateway Protocol：インターネットにおいてISPとの相互接続時に経路情報をやり取りするために使われるEGPルーティングプロトコル。BGPは一般的に2つ以上の自律システム（AS）と接続する場合に使用する

LSA（Link-State Advertisement）と呼ばれるリンク（インターフェイス）に関する詳細なステート（状態）を交換します。詳細は『4-2 リンクステートルーティング』で説明します。

・ハイブリッド
　　ハイブリッドは、ディスタンスベクターとリンクステートの両方の利点を組み合わせたルーティングアルゴリズムです。最適ルートとともに、バックアップルートをあらかじめトポロジテーブル[※7]に保持します。そのため、最適ルートがダウンしても瞬時にバックアップルートに切り替えることが可能です。
　　各ルーティングアルゴリズムの特徴を次の表にまとめます。

【ルーティングアルゴリズムの比較】

	ディスタンスベクター	リンクステート	ハイブリッド
最適ルートの決定	距離と方向	リンクの状態	距離と方向
アルゴリズム	ベルマンフォード	SPF（ダイクストラ）	DUAL
コンバージェンス	遅い	速い	非常に速い
ルータの負荷	小	大	小
最適なネットワークの規模	小・中	中・大	小～大
代表的なプロトコル	RIP、IGRP	OSPF、IS-IS	EIGRP

● クラスフルルーティングとクラスレスルーティング
　　ルーティングプロトコルは、ルート情報をアドバタイズ（通知）する際にサブネットマスクを含めるかどうかにより、次のように分類することもできます。

・クラスフルルーティングプロトコル（アップデートにサブネットマスクを含まない）
　　…………RIPv1、IGRP
・クラスレスルーティングプロトコル（アップデートにサブネットマスクを含む）
　　…………RIPv2、EIGRP、OSPF、IS-IS

・クラスフルルーティングプロトコル
　　クラスフルルーティングプロトコルは、ルート情報をアドバタイズ（通知）する際にサブネットマスクを含みません。そのため、同じネットワークアドレスから派生するサブネットは、マスク長を固定してIPアドレスを割り当てなければなりません。したがって、最もホストアドレス数を多く必要とするサブネットのマスク長に合わせる必要があり、アドレスを効率的に使用することができません。

[※7]【トポロジテーブル】topology table：OSPFやEIGRPなどのルーティングプロトコルにおいて、宛先ネットワークへの経路情報が格納されているテーブル。OSPFではトポロジテーブルをLSDB（リンクステートデータベース）という

このようなアドレッシングを**固定長サブネットマスク**（FLSM：Fixed Length Subnet Mask）と呼びます。

【固定長サブネットマスク】

```
                        /24
                    172.16.1.0/24
                    ノード：200台
                        Central
        /24                              /24
    172.16.4.0/24                    172.16.5.0/24
/24                                                  /24
172.16.2.0/24                                    172.16.3.0/24
ノード：50台                                      ノード：20台
  RouterA                                          RouterB
```

・クラスレスルーティングプロトコル

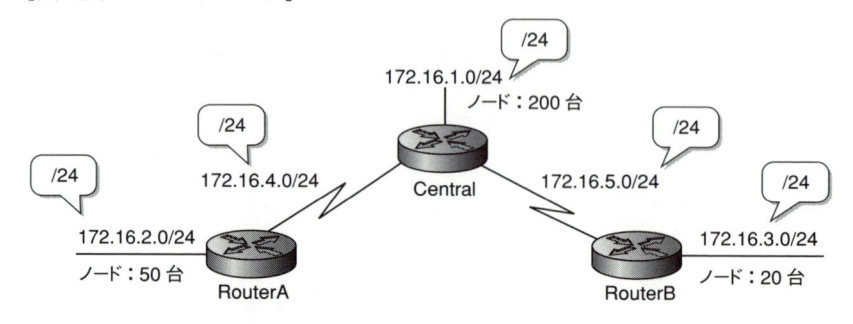

　　クラスレスルーティングプロトコルは、ルート情報をアドバタイズ（通知）する際にサブネットマスクを含めます。そのため、同じネットワークアドレスから派生するサブネットのマスク長を可変長にしてIPアドレスを割り当て、アドレスを効率的に使用することができます。

　　このようなアドレッシングを**可変長サブネットマスク**（VLSM：Variable Length Subnet Mask）と呼びます。VLSMについては、「6-1 VLSM」で詳しく説明します。

【可変長サブネットマスク】

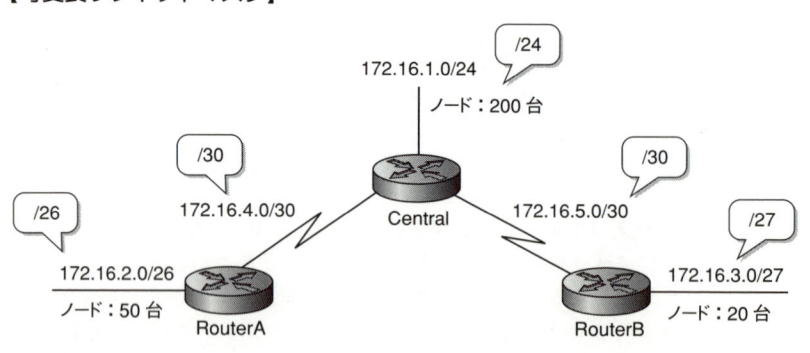

```
                        /24
                    172.16.1.0/24
                    ノード：200台
                        Central
        /30                              /30
    172.16.4.0/30                    172.16.5.0/30
/26                                                  /27
172.16.2.0/26                                    172.16.3.0/27
ノード：50台                                      ノード：20台
  RouterA                                          RouterB
```

■ **ルートの決定要素**

　　ルーティングとは複数ある経路から、最適な経路を選択するプロセスです。その選択の基準になる値がアドミニストレーティブディスタンスとメトリックです。

● アドミニストレーティブディスタンス

　ルータは、1つのルート情報に対して複数の情報源があった場合、最も信頼度の高いプロトコルからの情報だけをルーティングテーブルに登録します。この信頼性を決定するための管理値を**アドミニストレーティブディスタンス（AD）**といいます。

　ルーティングプロトコルにはいくつかの種類があり、1台のルータで複数のルーティングプロトコルを有効にすることも可能です。ルータは異なるルーティングプロトコルやスタティックルートで同じネットワークのルート情報を2つ以上受け取った場合、アドミニストレーティブディスタンス値で優先順位を決定します。アドミニストレーティブディスタンス値は0～255の範囲で、値が小さいほど信頼性が高くなります。

　次に、Ciscoルータのデフォルトのアドミニストレーティブディスタンス値を示します。

【デフォルトのアドミニストレーティブディスタンス値】

ルートの情報源	デフォルト値
直接接続されているルート	0
スタティックルート	1
EIGRP集約	5
BGP（外部）	20
EIGRP（内部）	90
IGRP	100
OSPF	110
IS-IS	115
RIPv1、RIPv2	120
EIGRP（外部）	170
BGP（内部）	200
不明	255

信頼性（高）↑（低）

※ EIGRP（外部）は、ほかのプロトコルのルートが再配送によってEIGRPのルート情報に変換されたときのルートを指す。EIGRPからのルート情報の場合は、EIGRP（内部）になる
※ アドミニストレーティブディスタンス値は、必要であればルーティングプロトコル全体、または特定のルートだけを変更することも可能

● メトリック

　同じ宛先までに複数の経路が存在する場合は、各ルーティングプロトコルは最適経路を決定するため経路ごとに**メトリック**（または**ルーティングメトリック**）と呼ばれる数値を生成し、メトリック値が小さい経路を最適と見なします。

　このメトリックを求めるために使用する基準はルーティングプロトコルごとに異なります。次に代表的なルーティングプロトコルのメトリックを示します。

【代表的なルーティングプロトコルのメトリック】

ルーティングプロトコル	メトリック	説明
RIPv1、RIPv2	ホップカウント	ルータから宛先サブネットまでに存在するルータの数（ホップ数）
IGRP、EIGRP	帯域幅、遅延	インターフェイスに設定された帯域幅（bandwidth）と遅延（delay）を基にした計算式で算定。オプションで負荷、信頼性を使用することも可能
OSPF	コスト	コスト＝参照帯域幅／インターフェイス帯域幅

● アドミニストレーティブディスタンスとメトリックの表示

　アドミニストレーティブディスタンスとメトリックは、ルーティングテーブル内で次のような形で表示されます。

【ルーティングテーブル内のアドミニストレーティブディスタンス値とメトリック】

```
Router#show ip route

Gateway of last resort is not set

     172.16.0.0/24 is subnetted, 1 subnets
O    172.16.3.0 [110/65] via 10.1.4.1, 00:51:19, Serial0/0
     10.0.0.0/24 is subnetted, 5 subnets
S    10.1.1.0 [1/0] via 10.1.4.1
D    10.2.2.0 [90/41049600] via 10.1.4.1, 00:08:30, Serial0/0
```

OSPFルート →
スタティック（Static）ルート →
EIGRPルート →
↑
アドミニストレーティブディスタンス

```
O    172.16.3.0 [110/65] via 10.1.4.1
```
↑　　　↑
スラッシュの左側の値が　　スラッシュの右側の値が
アドミニストレーティブディスタンス　　メトリック

■ディスタンスベクターの 問題点と解決法

　ディスタンスベクターでは、ルーティング情報が段階的に伝播され、コンバージェンスが遅いため、無限カウントとルーティングループという問題が発生する可能性があります。ここでは、それぞれの問題点の概要のみ記します。詳細は『徹底攻略Cisco CCNA/CCENT教科書 ICND1編』を参照してください。

● 無限カウント

　無限カウントとは、あるネットワークに障害が発生したために、そのネットワー

クへの誤ったルート情報がルータ間で交換され、ルーティングテーブルのアップデート送信が続き、ホップカウントが増え続けてしまう状態のことをいいます。

各ディスタンスベクタールーティングプロトコルには無限大を意味する値が定義されています。メトリックが最大値を超えたルート情報を受け取ったとしても、ルーティングテーブルを更新することはありません。そのため、無限カウントを防ぐことができます。RIPの場合は、無効になるホップカウントは16です。

● ルーティングループの問題

ホップカウントの最大値を定義することで、無限カウントを途中で止めることはできますが、無限カウントの発生そのものを防ぐことはできません。そのため、複数のルータが到達不能なネットワークへの誤ったルート情報を学習している状態で、ホップカウントが最大値に到達するまでにそのネットワーク宛のパケットを受信した場合、**ルーティングループ**が発生します。

ルーティングループの問題を解決し、コンバージェンスを高速化する方法には、次のようなものがあります。

・スプリットホライズン
　スプリットホライズンは、あるインターフェイスから受信したルート情報を、同じインターフェイスからは送り返さない手法です。これは、「ルート情報は、それを受け取った方向に返しても意味がない」という考え方によるものです。

・ルートポイズニング
　ルートポイズニングは、ダウンしたネットワークのメトリックを最大値（無限大）に設定し、隣接ルータにそのネットワークがダウンしたことを通知する手法です。ルートポイズニングによって、隣接ルータでスプリットホライズンが無効になっているような場合でもルーティングループの問題を回避することができます。
　ルートポイズニングは、ルート情報が一定の時間（RIPの場合180秒）来なくなった場合にも実行されます。

・ポイズンリバース
　ポイズンリバースは、ルート情報を受信すると、同じインターフェイスからそのルート情報のメトリックを最大値にして送り返す手法です。
　実際には、スプリットホライズンのルールを適用するため、同じインターフェイスからアドバタイズすることを抑制します。ただし、メトリックが最大値のルート情報を受信した場合には、スプリットホライズンよりも優先してメトリックが最大値のルート情報を送り返します（ポイズンリバースを受信したルータは、メトリックが最大値のため無視します）。
　ポイズンリバースは、スプリットホライズンが有効化されている場合でも優先的に実行されます。

- ホールドダウンタイマー

　　ホールドダウンタイマーは、これまでアクセス可能であったネットワークがダウンしたことを示すアップデートを受信すると、そのルートをしばらく保留し、ほかのルータにもダウンした情報が伝播される時間を作る機能です。

　　ホールドダウンタイマーがセットされている期間中、そのルートには「possibly down」のマークが設定されます。ただし、ルータはpossibly downネットワーク宛のパケットが到着した場合、通常のルーティングを試行します。

　　他方、ホールドダウンタイマーがセットされている期間中に、元のメトリックと同じか、または元のメトリックより優先度の低い（値が大きい）ルート情報を受信した場合には、そのアップデートを無視します。これによって、隣接ルータがダウンしたことを知らせるアップデートを受信できなかった場合でも、無限カウントを防ぐことができます。また、元のメトリックよりも優先度の高い（値が小さい）メトリックのルート情報を受信した場合には、より適切なルート情報であると判断してホールドダウンタイマーを解除し、そのルート情報をルーティングテーブルに格納します。

　　ホールドダウンタイマーは次のタイミングで解除されます。

　・元のメトリックより優先度の高い（値が小さい）ルート情報を受信したとき
　・Hold down（後述）が終了したとき
　・Flush（後述）が終了したとき

- トリガードアップデート

　　ディスタンスベクタールーティングプロトコルでは、ネットワークに変更がなくても定期的にアップデートを送信します。**トリガードアップデート**は、定期的なアップデートを待たずに、ネットワークに変更があった時点ですぐに送信されるアップデートです。

　　トリガードアップデートを利用することで、通常よりもコンバージェンスを高速化することができます。しかし、トリガードアップデートもルータからルータへと段階的に伝わっていくため、次のような問題があります。

　・トリガードアップデートがすべてのルータに瞬時に届くわけではないため、ルータがアップデートを受け取る前に定期アップデートを送信する可能性がある
　・トリガードアップデートを含むパケットが転送途中で破棄されたり、破損されたりする可能性があり、適切なルータに到達することが保証されていない

　　これらの問題を解決するために、トリガードアップデートはホールドダウンタイマーと組み合わせて使用されます。ホールドダウン期間中にそのメトリックと同じか、または元のメトリックより優先度の低い（値が大きい）ルート情報を受信した場合には、そのアップデートを無視します。これにより、トリ

■ RIPの特徴

ルーティングの復習の最後に、最もよく使用されるディスタンスベクター型プロトコルである、RIP（Routing Information Protocol）の概要を確認しましょう。

● ディスタンスベクタールーティングプロトコル

RIPでは、距離と方向を使って最適ルートを決定します。隣接ルータと定期的にルーティングテーブルに含まれるルート情報を交換し、ダイナミックルートを保持します。

● メトリックはホップカウント

最適経路は、宛先ネットワークに到達するまでに経由するルータの台数である**ホップカウント**に基づいて決定されます。

● 最大ホップカウントは15

ルータ15台先（15ホップ）のネットワークまでを到達可能とします。16ホップを無効とし、到達不能なルートと認識します。

● アップデートは30秒間隔でブロードキャスト

ネットワークの状態に変更がなくても、定期的に30秒間隔でアップデートを送信します。

● 等メトリックの最適ルートをロードバランシング

メトリックの等しい最適ルートが複数ある場合、それらを最大16個まで（デフォルトは4個）ルーティングテーブルに格納し、負荷を分散することができます。設定方法は後述します。

RIPにはバージョン1と、改定されたバージョン2があります。

【RIPv1とRIPv2の比較】

	RIPv1	RIPv2
ルーティングプロトコル	クラスフル	クラスレス
VLSMのサポート	×	○
アドレッシングタイプ	ブロードキャスト （宛先IP：255.255.255.255）	マルチキャスト （宛先IP：224.0.0.9）
手動経路集約のサポート	×（自動集約のみ）	○（デフォルトで自動集約が有効）
認証のサポート	×	○
RFC定義	1058	1721、1722、2453

Ciscoルータは、デフォルトでRIPv1を起動します。現在、ディスタンスベクタールーティングでは一般的にRIPv2が使用されています。

● RIPの基本設定

　Ciscoルータでルーティングプロトコルを有効にするためには、ルーティングプロセス（プロトコル）を起動後に動作させるインターフェイスを指定し、必要に応じてRIPのバージョンを変更します。

　RIPプロセスを起動するには、グローバルコンフィギュレーションモードでrouter ripコマンドを実行します。このコマンドを実行すると、ルータコンフィギュレーションモードに移行し、プロンプトが「(config-router)#」に変わります。このコマンドは、RIPに対する追加設定をする際にも使います。

構文 RIPを起動（グローバルコンフィグモード）
　　(config)#**router rip**

　RIPを動作させるインターフェイスを指定するとき、そのインターフェイスに割り当てられているIPアドレスに注目します。そのIPアドレスをクラスフルアドレスにしたものをnetworkコマンドに続けて入力します。

　networkコマンドは、RIPを動作させるインターフェイスを指定するためのものですが、RIPでアドバタイズするネットワークを指定するためのものでもあります。そのためnetworkコマンドでは、そのルータ自身に直接接続されているネットワークを指定する必要があります。

構文 動作させるインターフェイスを指定（ルータコンフィグモード）
　　(config-router)#**network** <network-number>

引数	説明
network-number	RIPを動作させるインターフェイスに割り当てられているIPアドレスをクラスフルアドレス（サブネットを使用しないアドレス）で指定 例）IPアドレス10.1.1.1（クラスA）の場合　→ network 10.0.0.0 　　IPアドレス172.16.1.1（クラスB）の場合　→ network 172.16.0.0 　　IPアドレス192.168.1.1（クラスC）の場合　→ network 192.168.1.0

　RIPを起動したときの、デフォルトのバージョンは1です（ただし、受信のみRIPv1/v2の両方が可能）。RIPv2を使用するには、version 2コマンドの実行が必要です。RIPv1に戻す場合はversion 1コマンドを使用します。

構文 RIPバージョン2を有効化（オプション）（ルータコンフィグモード）
　　(config-router)#**version 2**

4-2 リンクステートルーティング

　ディスタンスベクター型のルーティングプロトコルにはさまざまな問題点があるため、大規模ネットワークに適応することができません。そこで、大規模ネットワークでの運用に対応できるようリンクステート型のルーティングプロトコルが開発されました。

■ リンクステートルーティングプロトコルの概要

　リンクステートルーティングプロトコルには次のような特徴があります。

・ルータ同士で隣接関係を確立し、リンクステート情報を交換
・ネットワーク全体のトポロジを把握し、トポロジマップから最適経路を決定
・SPFアルゴリズムを使って最短パスを計算
・コンバージェンスが高速
・効率的なアップデートにより帯域幅の消費が少ない
・大規模ネットワークに適応可能
・ネットワークを階層型にエリア設計し、トポロジ変更時の影響が及ぶ範囲を制限可能
・OSPFとIS-ISの2種類がある

　リンクステートルーティングプロトコルでは、まずはじめにHelloパケットと呼ばれるパケットを交換し合い、隣接関係を確立します。ディスタンスベクタールーティングプロトコルでは、ルーティングテーブルにある経路情報そのものを交換していましたが、リンクステートでは隣接関係を確立したルータとLSA*と呼ばれる「リンクの状態」を交換します。
　LSAには、ルータ自身が持っているインターフェイスのアドレス情報や、リンクにどのように接続しているかなどの情報が含まれています。
　各ルータは集めたLSAをトポロジテーブル*に格納し、その情報を基にネットワーク全体の地図（トポロジマップ）を作成します。トポロジマップが完成すると、SPF*アルゴリズムによって自身をルート（頂点）とする宛先ネットワークへの最短パス（最適経路）を計算し、その最短パスをルーティングテーブルに登録します。リンクステートルーティングプロトコルでは、ネットワークに関する詳細なトポロジ情報が把握されているため、ルーティングループが発生する可能性はほとんどありません。
　先述したように、リンクステートルーティングプロトコルでは、トポロジに変更があるとトリガードアップデートでLSAを即時にネットワーク内のすべてのルータに伝搬します。LSAを受信した各ルータは、それをトポロジテーブルに格納し、SPFを再計算することによってトポロジマップを作成し、最短パスを決定してルーティングテーブルを更新します。これにより、ディスタンスベクタールーティングプロトコルと比較してコンバージェンスは非常に高速になります。

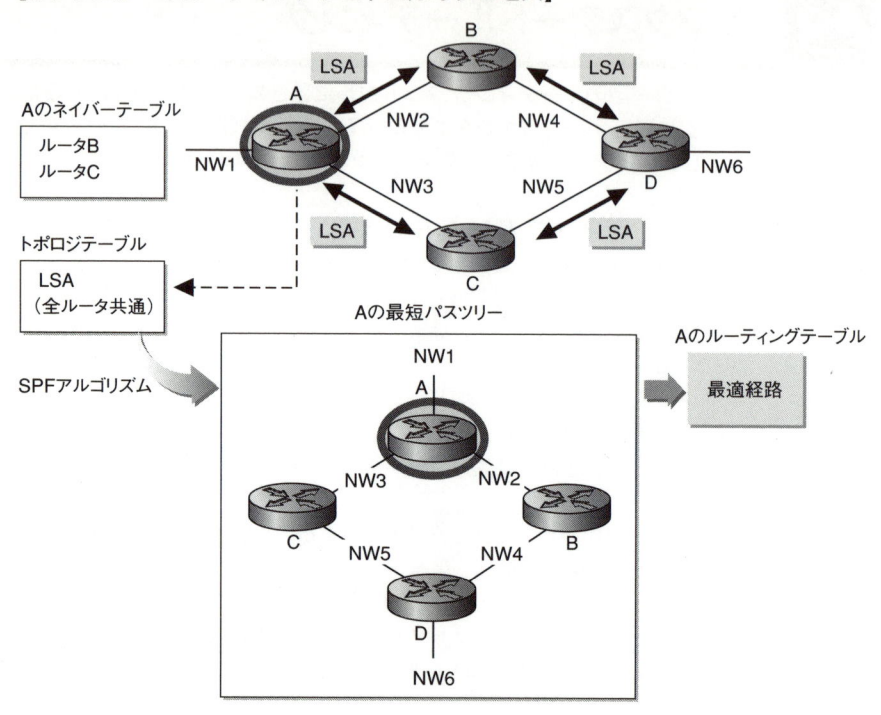

【リンクステートルーティングプロトコルのプロセス】

Aのネイバーテーブル
- ルータB
- ルータC

トポロジテーブル
- LSA（全ルータ共通）

SPFアルゴリズム

Aの最短パスツリー

Aのルーティングテーブル
- 最適経路

　また、ディスタンスベクターは短い間隔で、ルーティングテーブル内のすべての経路情報をアップデートしますが（RIP*では30秒）、リンクステートでは、LSAごとに定期的（30分間隔）に同期を行うことで一時的に高い負荷がかかるのを防ぎます。さらに、ネットワークが追加あるいは削除されたときには、その変更部分だけを差分アップデートするため、ネットワーク全体の帯域幅の消費が少なくて済みます。

　リンクステートではルータを経由する数（ホップ数）に制限がないため、RIPよりもはるかに大規模なネットワークで使用することが可能です。比較的規模の大きいネットワークでは、階層型のエリア設計をすることにより、経路変更に影響を及ぼす範囲を制限することができます。

　代表的なリンクステートルーティングプロトコルにはOSPFとIS-IS*があります。OSPFは最も広く使用されているリンクステートルーティングプロトコルです。次の節から、詳しく説明します。IS-ISは非常に大規模なISP*に適したプロトコルですが、実際にはあまり使用されていません。

◎ IS-ISはCCNAの範囲を超えるため、本書では言及しません。

4-3 OSPFの概要

リンクステート型のルーティングプロトコルとして、最もよく使用されているのがOSPFです。本章ではこれ以降、OSPFについて詳しく説明します。まず、OSPFの概要から見てみることにしましょう。

■ OSPFの特徴

OSPF（Open Shortest Path First）の主な特徴は、次のとおりです。

● マルチベンダサポート

OSPFは、RIPと同様に標準化されているため、マルチベンダ[※8]環境で使用することができます。現在はIPv4対応のOSPFv2（バージョン2）と、IPv6対応のOSPFv3（バージョン3）が使用されています。OSPFv2はRFC2328で規定されています。

◎ OSPFv3はCCNAの範囲を超えるため、本書では言及しません。本書ではOSPFのバージョンが明記されていない場合、すべてOSPFv2を示します。

● 高速なコンバージェンス

OSPFは、最もよく使用されているリンクステート型のIGP*ルーティングプロトコルです。したがって、大規模な企業ネットワークで使用することができ、トポロジ変更時におけるコンバージェンスはディスタンスベクター型のルーティングプロトコルに比べて高速です。

● Helloパケットを交換し、ネイバー関係を確立・維持

OSPFでは、最初にHelloパケットを交換し、ネイバー関係を確立します。ネイバーと認識したOSPFルータは、ネイバーテーブルに格納されます。OSPFルータはHelloパケットを定期的に送信し、ネイバー関係を維持します（「4-6 隣接関係とLSDBの管理」を参照）。

● LSAをフラッディングし、LSDBを作成

OSPFルータは、自身が持つインターフェイス（リンク）の情報を隣接ルータに通知します。この情報を**LSA**（Link State Advertisement）と呼び、送受信したLSAはトポロジテーブルに格納し、受信したLSAは、さらに別の隣接ルータへフラッディ

※8 【マルチベンダ】multi-vendor：製品やサービスの供給元のことをベンダといい、ある特定ベンダの製品だけでシステムを構築するのではなく、さまざまなベンダ製品からそれぞれ優れたものを選んで組み合わせて構築したシステムをマルチベンダという。なお、特定ベンダの製品だけで構築されたコンピュータシステムをシングルベンダという

ングします。その結果、ネットワーク全体にLSAが伝搬されます。

OSPFでは、トポロジテーブルを**LSDB**（Link State Database）と呼んでいます。ネットワークのトポロジを把握するために、LSDBには各ルータが持つリンク情報のほか、サブネット上に接続されているルータのリストなど多くの情報が格納されます。フラッディングプロセスによって、エリア内のすべてのOSPFルータは同じLSDBを保持します。

● メトリックはコスト

メトリックにはリンクの帯域幅を基にした**コスト**と呼ばれる数値を使用するため、正しい最適経路を選択してルーティングテーブルを作成することが可能です。コスト値はインターフェイスに設定された帯域幅に基づいて自動的に計算されます。デフォルトでは、次の計算式でコストを算出しています。

$$\text{コスト} = \frac{100\text{Mbps}}{\text{インターフェイスの帯域幅（bps）}}$$

また、個々のインターフェイスに手動でコストを定義することも可能です。

● SPFアルゴリズムを使用して最短パスを計算し、ルーティングテーブルを構築

OSPFルータは、LSDBに格納されたLSAを組み合わせてトポロジマップを作成します。LSAは各OSPFルータによって1個ずつ生成され、すべてのLSAを合体させるとネットワーク全体の地図（**トポロジマップ**）が完成します。つまり、LSAはジグソーパズルのピースのような役割を持ち、ピースをすべて集めて組み合わせるとトポロジマップが完成するというわけです。

OSPFルータはさらに、SPFアルゴリズムを実行し、完成したトポロジマップから階層ツリーを作成します。SPFは、最短パスを計算するアルゴリズムで、各ルータはツリーの頂上に自身を置き、個々の宛先リンクへのコストを合計します。そして、合計コストが最小の経路が、最適経路としてルーティングテーブルに登録されます。

4-3 OSPFの概要 | 173

【トポロジマップ】

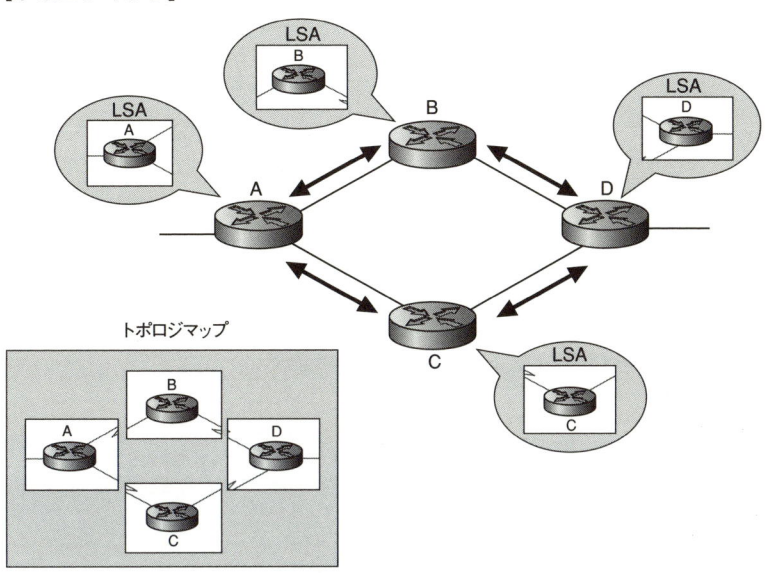

【SPFアルゴリズムによる最短パス計算】

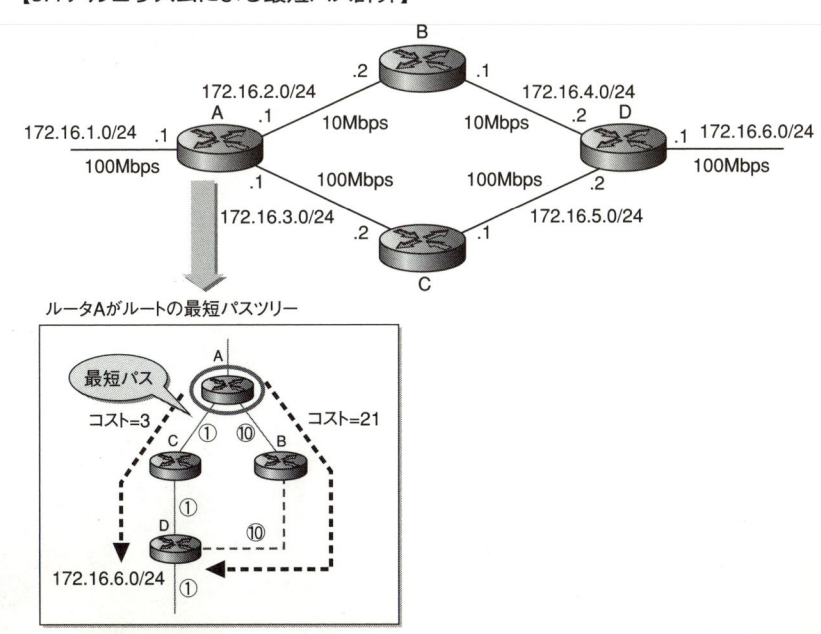

ルータAがルートの最短パスツリー

最短パス
コスト=3
コスト=21

172.16.6.0/24

たとえば、前ページの図のルータAの場合、「172.16.6.0/24」のサブネットへの経路は、ルータB→Dを通る経路と、ルータC→Dを通る経路の2つがあります。それぞれの経路の合計コストは、パケットが送出されるインターフェイスに割り当てられたコストを加算して求めます。

この例では、ルータA－B間とB－D間のリンクは10Mbpsで、それ以外はすべて100Mbpsです。デフォルトの計算式では、10Mbpsのコストは10、100Mbpsのコストは1になります。したがって、ルータAから「172.16.6.0/24」のサブネットへのコストは次のとおりです。

```
＜経路＞          ＜コスト＞
A → B → D       10 ＋ 10 ＋ 1 ＝ 21
A → C → D       1 ＋ 1 ＋ 1 ＝ 3   ⇒   最短パス
```

宛先ネットワークまでのコスト値の合計が、最も小さいものが最短パスなので、ルータAは自身のルーティングテーブルに「172.16.6.0/24」をネクストホップ「172.16.3.2」（ルータC）で学習します。

● **トポロジ変更時によるトリガードアップデート**

OSPFでは、ネットワークトポロジに変更があった場合、影響のあった部分だけを差分で**トリガードアップデート**するため、ネットワークにかかる負荷が少なくて済みます。リンクの状態が変化すると、検出したOSPFルータはLSAを更新し、即時に隣接ルータへアドバタイズします。

次の図では、3台のOSPFルータが接続されています。各ルータは自身が持つリンクの状態を示すLSAを生成し、隣接ルータ間で交換します。LSAがエリア全体に伝搬され、3台のOSPFルータは同じLSDBを保持しています。

各OSPFルータはSPFアルゴリズムによって最短パスを計算し、ルーティングテーブルに格納しています。

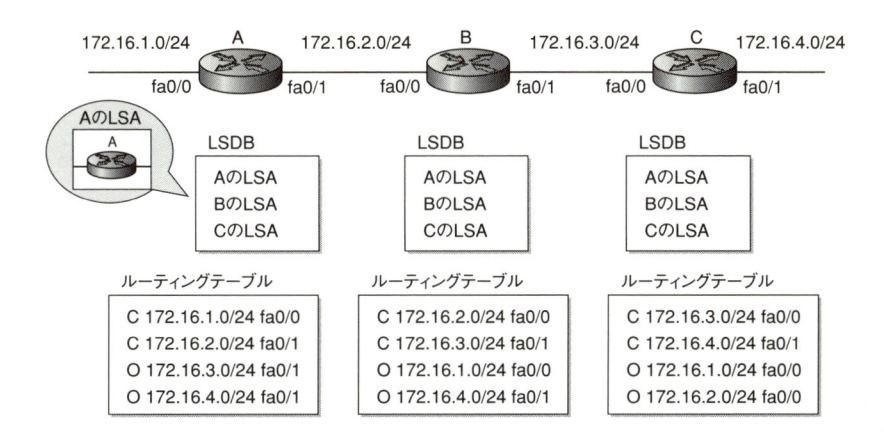

この状態であるリンクに障害が発生した場合の動作は、次のとおりです。

【トポロジ変更によるトリガードアップデート】

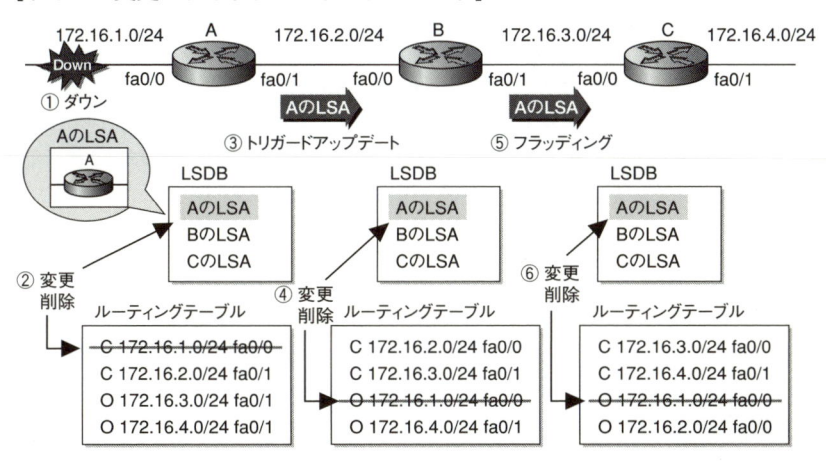

① ルータAの直接リンクである「172.16.1.0/24」がダウンしたとします。
② リンク障害を検出したルータAは、LSDBにある自身のLSAを変更し、SPF再計算によってルーティングテーブルから「172.16.1.0/24」を削除します。変更されたLSAには、シーケンス番号が1加算されます。このシーケンス番号によって新しい情報かどうかを判断することができます（177ページのMemo「LSAの処理」を参照）。
③ ルータAは変更したLSAをトリガードアップデートし、隣接ルータへ通知します。
④ LSAを受信したルータBは、自身のLSDBに同じエントリがあるかを調べます。ルータBのLSDBには、すでにルータAのLSAが存在しています。このとき、自身が持つシーケンス番号と比較し、番号が大きければ新しい情報だと判断して

LSDBを更新します。さらに、SPF再計算を実行し、ルーティングテーブルを更新します。
⑤ ルータBは新しいLSAをフラッディングし、さらに隣接ルータへ通知します（厳密には、SPF再計算の前にLSAをフラッディングしています）。
⑥ ルータCも④と同じ処理を行います。

● エリアの概念による階層型ルーティング

　OSPFルータはLSAを交換し、同じLSDBを保持します。これによって、ネットワーク全体のトポロジを正確に把握し、ループの心配もなく高速なコンバージェンスを実現します。しかし、ネットワークの規模が大きくなるに従って次のような問題が発生します。

・LSAのエントリ数が増加してLSDBのサイズが大きくなり、メモリ量が多く消費される
・ネットワーク全体の最短パスを計算するためCPUに負荷がかかる
・トポロジ変更によるSPF再計算が増加する
・ルーティングテーブルのエントリ数が多くなる

　このような問題を解決するために、OSPFではエリアの概念に基づく2層構造の階層型ルーティングを使用します。エリアはLSAを交換する論理的なグループです。エリアを分割することでLSDBに含まれるLSAエントリの数を減らし、ルータのメモリおよびCPUにかかる負荷を軽減します（「4-4 OSPFの階層設計」を参照）。

● クラスレスルーティングプロトコル（VLSMサポート）

　OSPFは、LSAにサブネットマスクの情報を含んでルート情報をアドバタイズ（通知）するため、クラスレスルーティングプロトコルといえます。そのため、同じネットワークアドレスから派生するサブネットのマスク長を可変長にしてIPアドレスを割り当て、アドレスを効率的に使用することができます。このようなアドレッシングを可変長サブネットマスク（VLSM[※9]）と呼びます（「6-1 VLSM」を参照）。

● 手動経路集約のみサポート

　OSPFでは、手動経路集約[※10]（管理者が設定することで経路集約を実行）のみサポートしています。つまり、自動経路集約は行いません。
　また、経路集約を実行することが可能なルータはABR[※11]とASBR[※12]に制限されており、階層型ネットワークの設計を行うことで効果的に集約できます。

Memo　LSAの処理

各LSAにはシーケンス番号があり、これによって新しい情報かどうかを判断することができます。LSAはエージングタイマーによって、定期的（デフォルトは30分ごと）に番号が1つ加算されアップデートされます。これによって、LSDBは最新情報に保たれます。短い間隔でルーティングテーブルのエントリをすべて送信するディスタンスベクター型のルーティングプロトコルと比較すると、使用される帯域幅の消費は少なくて済みます。
OSPFルータがLSAを受信したときの処理を次の図に示します。

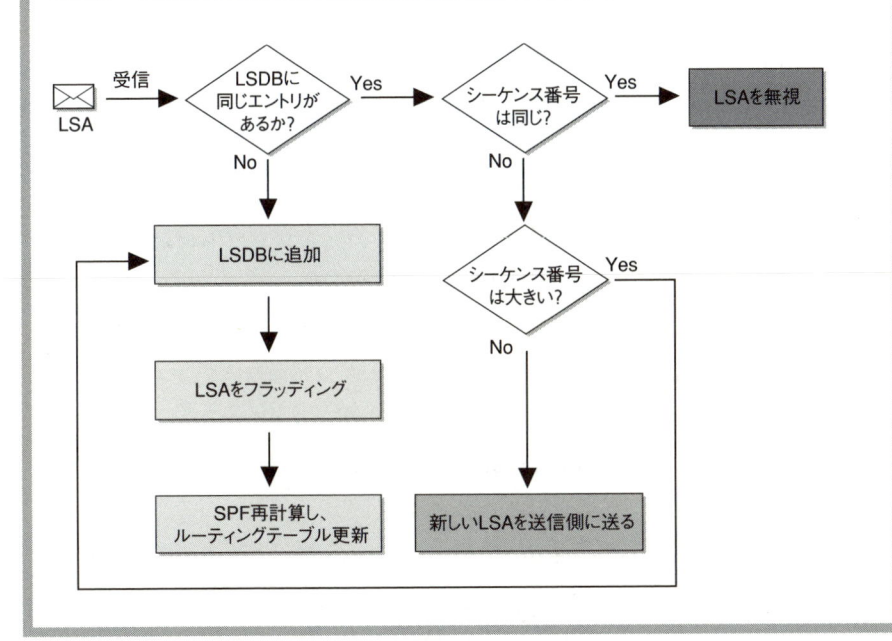

```
LSA → 受信 → [LSDBに同じエントリがあるか？]
              │Yes → [シーケンス番号は同じ？]
              │                  │Yes → LSAを無視
              │                  │No
              │                  ↓
              │            [シーケンス番号は大きい？]
              │                  │Yes
              │                  │No
              │                  ↓
              │            新しいLSAを送信側に送る
              │No
              ↓
         LSDBに追加
              ↓
         LSAをフラッディング
              ↓
         SPF再計算し、ルーティングテーブル更新
```

※9　【VLSM】(ブイエルエスエム) Variable Length Subnet Mask：可変長サブネットマスク。同じネットワークから派生するサブネットのマスク長を可変でアドレッシングする技術

※10　【経路集約】route summarization：ルーティングテーブルにある複数のエントリを1つにまとめること。1つに集約された経路をアドバタイズすることで、ルーティングテーブルのサイズを小さくできる

※11　【ABR】(エービーアール) Area Border Router：エリア境界ルータ。複数のエリアを接続し、エリア間の境界に配置されたOSPFルータのこと。ほかのエリアの情報はABRによって通知される

※12　【ASBR】(エーエスビーアール) AS Boundary Router：AS境界ルータ。外部ASと接続しているOSPFルータのこと。外部ASの情報はASBRによって通知される

4-4 OSPFの階層設計

OSPFでは、エリアという概念によってネットワークを論理的に分割することにより、大規模なネットワークでもルータの負荷を減少させることができます。エリアの範囲はネットワーク管理者によって決定されます。

■ OSPFエリア設計のメリット

OSPFエリアは、同じLSDBを保持するOSPFルータのグループです。OSPFルータをいくつかのエリアに分割することによって、トポロジマップを作る範囲を小さくすることができます。

エリアによる階層型ネットワークでは、次のような利点があります。

● SPF計算頻度の減少

先述したとおり、OSPFではネットワーク全体の詳細な地図（トポロジマップ）を作って最短パスを計算します。ネットワークの規模が大きくなると、当然ながらトポロジマップも大きくなりSPFの計算頻度も増します。各エリア内には詳細なリンクステート情報を保持し、ほかのエリアには集約した情報だけを通知することにより、すべてのリンクステート情報を外部エリアへフラッディングする必要がなくなります。その結果、SPF計算の頻度を減少させCPUの負荷を抑えることができます。

● LSDBのサイズの縮小

エリア内に含まれるすべてのOSPFルータは同じLSDB情報を持つ必要があります。エリアを分割することで、ほかのエリアの詳細なリンクステート情報を持たなくて済むようになるため、LSDBのサイズを縮小し、メモリの消費を防ぐことができます。

● ルーティングテーブルのサイズの縮小

エリアを分割すると、外部エリアへは詳細な経路情報を送る代わりに複数の経路情報を1つにまとめる**経路集約**を実行して送ることができます。経路集約によって、ルーティングテーブルのサイズを縮小し、メモリの消費を抑えることができます。

■ OSPFエリア

OSPFは自律システムとエリアで構成され、**バックボーンエリア**とそれ以外のエリアが2層のエリア階層として接続される必要があります。バックボーンエリアは、ほかのエリア同士を相互接続するため、**通過エリア**とも呼ばれています。

OSPFエリアには**エリアID**と呼ばれる識別番号が割り当てられます。バックボーンエリアはエリア0で、それ以外のエリアには1以降の番号を自由に割り当てることができま

す。エリアIDは32ビットの数値（8ビット×4）を10進数で表記しますが、通常は第4オクテットだけで表現されます。

例）　0.0.0.0 →「エリア0」　　　0.0.0.1 →「エリア1」

【OSPFエリア】

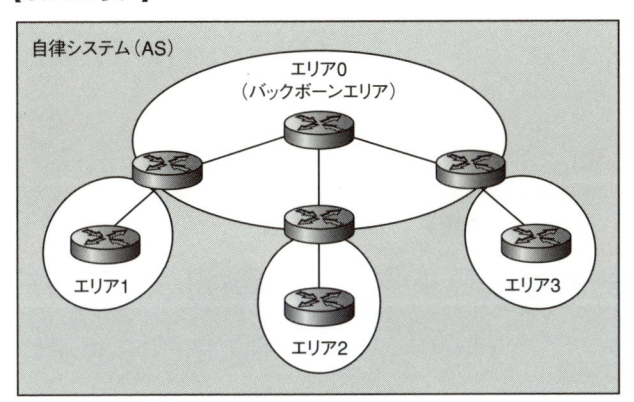

2層のエリア階層構造

　なお、OSPFを1つのエリアだけで構成した環境を「シングルエリア」、複数のエリアに分けた階層型ルーティングの構成を「マルチエリア」と呼びます。

■ OSPFルータのタイプ

　マルチエリアネットワークでは、各エリアで送受信されるトラフィックを制御するため、OSPFルータは以下のようなタイプに分類されます。

● 内部ルータ

　内部ルータは、すべてのインターフェイスが同じエリアに接続しているルータです。自身が所属しているローカルエリアのLSDBだけを保持しています。

● バックボーンルータ

　バックボーンルータは、1つ以上のインターフェイスがバックボーンエリア（エリア0）に接続しているルータです。

● ABR（Area Border Router：エリア境界ルータ）

　ABRは、複数の異なるエリアを接続している境界のルータです。
　ABRは接続しているエリアごとのLSDBを管理し、エリア間で行き来するトラフィックのルーティングを行います。つまり、別のエリア宛のトラフィックはABRを介さないと到達できず、ABRはローカルエリアの出口になります。

ABRは、別のエリアのリンクステート情報を集約して内部ルータに通知します。これによって内部ルータのLSDBのサイズを縮小することができます。

なお、集約ルートを通知するには、ABRで経路集約の設定を行う必要があります（デフォルトでは集約せずに詳細な情報を通知する）。

次の図の例では、R1はエリア1の内部ルータであり、エリア1の詳細なリンクステート情報を含むLSDBを管理しています。また、ABR（R2）から外部エリア（エリア0とエリア2）の集約ルートを受け取っています。

R1は、エリア2にあるネットワーク宛のパケットを届けるために、ローカルエリアの出口であるABRに転送します。

【ABR】

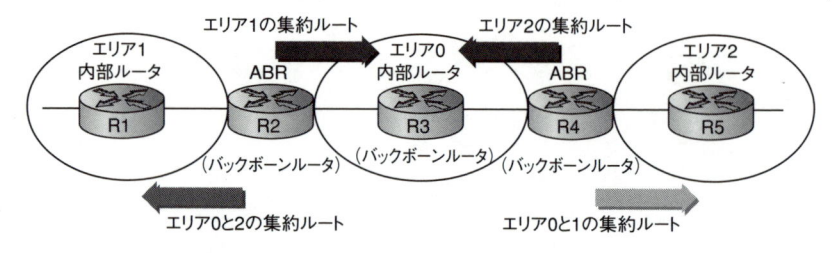

```
         エリア1の集約ルート        エリア2の集約ルート
    エリア1 ─────→         ←─────  エリア2
    内部ルータ   ABR    エリア0    ABR    内部ルータ
      R1        R2    内部ルータ   R4        R5
                       R3
              （バックボーンルータ）（バックボーンルータ）（バックボーンルータ）
         ←─────                    ─────→
       エリア0と2の集約ルート        エリア0と1の集約ルート
```

● ASBR（AS Boundary Router：AS境界ルータ）

ASBRは、1つ以上のインターフェイスが外部ASと接続しているルータです。

ASBRに**ルート再配送**[※13]と呼ばれる設定を行うことで、非OSPFネットワークの経路情報をOSPFネットワークに伝えたり、あるいはその逆のことを行うことができます。

次の図の例では、R6はR7と接続するインターフェイスでRIPを動作させ、外部AS（非OSPFネットワーク）と接続しているASBRです。

外部ASと相互通信させるために、RIPで学習した経路情報をOSPFネットワークへ通知し、OSPFの経路情報をRIPネットワークへ通知するためのルート再配送を設定しています。

※13 【ルート再配送】redistribute route：あるルーティングプロトコルで学習した経路情報を、異なるルーティングプロトコルの経路として再配送する技術のこと。RIPv2で学習した経路情報をOSPFの経路として隣接ルータへアドバタイズすることなど

【ASBR】

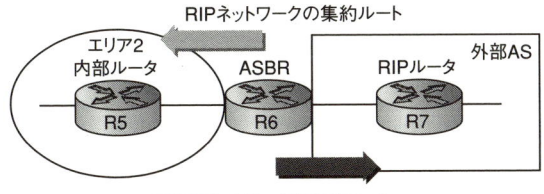

◎ ルート再配送の詳細や設定は、CCNAの範囲を超えるため、本書では言及しません。

OSPFマルチエリアネットワークにおけるOSPFルータのタイプをまとめると、次の図のようになります。

【OSPFルータのタイプ】

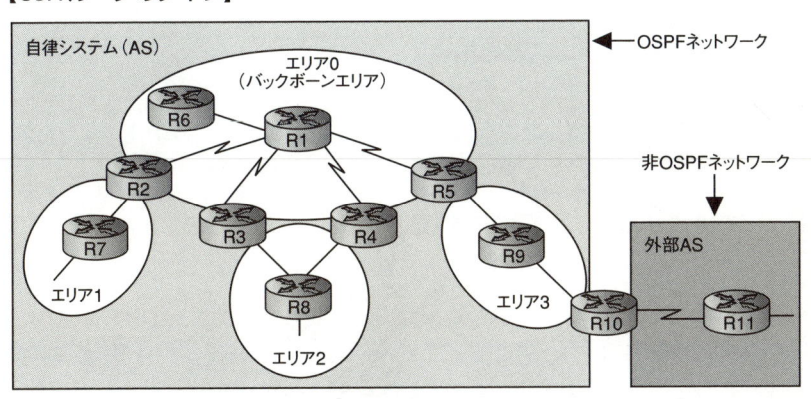

【OSPFルータのタイプ】
バックボーンルータ・・・・R1、R2、R3、R4、R5、R6
内部ルータ・・・・・・・・・・R1、R6、R7、R8、R9
ABR・・・・・・・・・・・・・・・R2、R3、R4、R5
ASBR・・・・・・・・・・・・・・R10

Memo　ABRで経路集約

エリアの境界に配置されたABRに経路集約を設定することで、OSPFドメイン全体のルーティングテーブルのサイズが縮小します。以下はその例です。

◎ 経路集約の設定は、CCNAの範囲を超えるため、本書では言及しません。

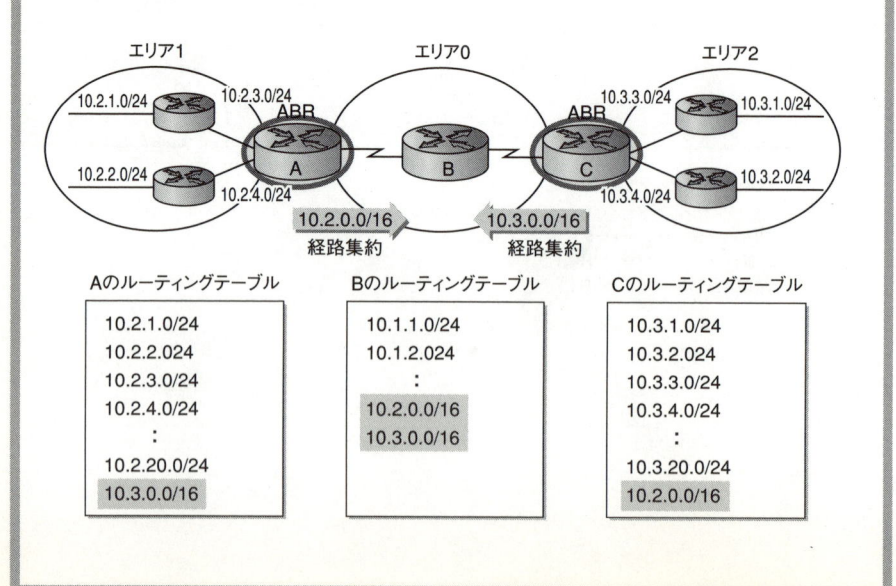

```
        エリア1                  エリア0                  エリア2
   10.2.1.0/24   10.2.3.0/24                   10.3.3.0/24   10.3.1.0/24
              ABR                           ABR
               A            B              C
   10.2.2.0/24   10.2.4.0/24                   10.3.4.0/24   10.3.2.0/24
                    →10.2.0.0/16    10.3.0.0/16←
                      経路集約         経路集約
```

Aのルーティングテーブル

```
10.2.1.0/24
10.2.2.024
10.2.3.0/24
10.2.4.0/24
   :
10.2.20.0/24
10.3.0.0/16
```

Bのルーティングテーブル

```
10.1.1.0/24
10.1.2.024
   :
10.2.0.0/16
10.3.0.0/16
```

Cのルーティングテーブル

```
10.3.1.0/24
10.3.2.024
10.3.3.0/24
10.3.4.0/24
   :
10.3.20.0/24
10.2.0.0/16
```

4-5 ルータID

OSPFルータには、それを一意に識別するためのルータIDが割り当てられます。信頼性のあるOSPF環境を維持するには、ルータID割り当ての仕組みを理解し、適切に設定しなければなりません。

■ ルータIDの設定

OSPFプロセスを起動したルータには、名前代わりとなる**ルータID**と呼ばれる識別番号が割り当てられます。ルータIDは32ビットの値で、IPアドレスと同じように4つのオクテットに分割して「.」（ドット）で区切り、10進数で表記します。

ルータIDは、決して重複しないように割り当てる必要があります。また、一度決定したルータIDが変更されると、ネイバー関係の確立からやり直す必要があり、LSAの交換をしてLSDBを完成させ、SPFアルゴリズムを実行してルーティングテーブルを再構成しなければなりません。安定した信頼性のあるOSPFルーティング環境を実現するには、ルータIDがなるべく変更されないようにすべきです。そのため、ルータIDの決定は、OSPFプロセスの起動時に次の優先順位で選出されます。

① router-idコマンドで設定されたID

　　明示的にルータIDを設定します。直接ルータIDを設定するため、最も優先されます。router-idコマンドの書式については、「4-8 OSPFの基本設定」で説明します。

② ループバックインターフェイスの中で最大のIPアドレス

　　ループバックインターフェイスは、論理的なインターフェイスです。基本的にダウンすることがないため、不安定なリンク障害によってルータIDが変更されることはありません。ループバックインターフェイスのアドレスをルータIDとして利用することでOSPFの信頼性が向上します。

　　ループバックインターフェイスはさまざまな用途で使われるため、複数存在する場合にはアクティブなループバックインターフェイスの中で最も大きいIPアドレスがルータIDに選出されます。

> **構文** ループバックインターフェイスの設定（グローバルコンフィグモード）
> (config)#**interface loopback** <number>
> (config-if)#**ip address** <ip-address> <subnet-mask>

引数	説明
number	ループバックインターフェイスの番号を0～2147483647の範囲で指定
ip-address	IPアドレスを指定
subnet-mask	サブネットマスクを指定。32ビットマスクの「255.255.255.255」で指定することができる

　ループバックインターフェイスは明示的にshutdownコマンドによってダウンさせることができます。また、ループバックインターフェイスをアクティブにするには、ルータの少なくとも1つのインターフェイスがアクティブになっている必要があります。

③ アクティブなインターフェイスの中で最大のIPアドレス（デフォルト）

　アクティブなインターフェイスの中で最も大きいIPアドレスがルータIDとして選出されます。この場合、選ばれたインターフェイス上でOSPFが有効になっているかどうかは関係ありません。

　デフォルトでは、このプロセスによってルータIDが決定されます。しかし、物理インターフェイスはリンクの状態によってダウンすることがあるため、OSPFルーティングの信頼性を考慮すると避けるべきです。router-idコマンドまたはループバックインターフェイスによってルータIDを設定するのが適切でしょう。

Memo　アクティブなインターフェイス

アクティブなインターフェイスとは、インターフェイスの状態がデータリンク層のレベルでアップしていることを指します。show interfacesコマンドなどを実行したとき、「up,up」で表示されるインターフェイスです。

【アクティブなインターフェイス】
```
Router#show interfaces fastethernet 0/0
FastEthernet0/0 is up, line protocol is up
```
　　　　　　　　　　　　↑　　　　　　　　　↑
　　　　　　　　　物理層の状態　　　データリンク層の状態
　　　　　　　　（キャリア検知）　　（キープアライブ）

4-6 隣接関係とLSDBの管理

OSPFルータは、リンクステート情報を交換し合う前にお互いを認識する必要があります。Helloパケットを使用して双方向の隣接関係が確立されると、ネイバールータ間でLSDBの交換と同期を行います。

■ OSPFパケットのタイプ

OSPFでは次の5種類のパケットを使用してリンクステートルーティングを実現しています。

- タイプ1……Helloパケット
- タイプ2……DBDパケット
- タイプ3……LSRパケット
- タイプ4……LSUパケット
- タイプ5……LSAckパケット

以下、それぞれのパケットについて説明します。

● Helloパケット

Helloパケットは、ネイバー関係の確立と維持のために使用します。Helloパケットには、次の情報が含まれます。

- ルータID
- Hello間隔（Helloパケットの送信間隔）
- Dead間隔（Helloパケットの有効時間）
- エリアID
- ネイバールータのリスト
- インターフェイスのプライオリティ値
- DRとBDRのIPアドレス（詳細は後述）
- 認証情報（認証タイプとパスワード）
- スタブエリアフラグ（オプション）

OSPFルータはHelloパケットを交換してネイバー関係を確立しますが、その際、Helloパケットに含まれるパラメータ（Hello間隔、Dead間隔、エリアID、認証情報、スタブエリアフラグ）が一致しなければなりません。

Helloパケットの送信は定期的に行われます。最後にHelloを受信してから、Deadの時間が経過してもHelloを受信できなかった場合には、そのネイバーはダウンしたと見なされます。

● DBDパケット

DBD（Database Description）パケットはLSDBの同期を行う際に、自身のLSDBにどのようなLSAが含まれているかをネイバーに提示するためのLSAのリストです。LSAの目次のような役割を果たし、お互いにDBDを交換して自身に不足しているLSAを発見します。

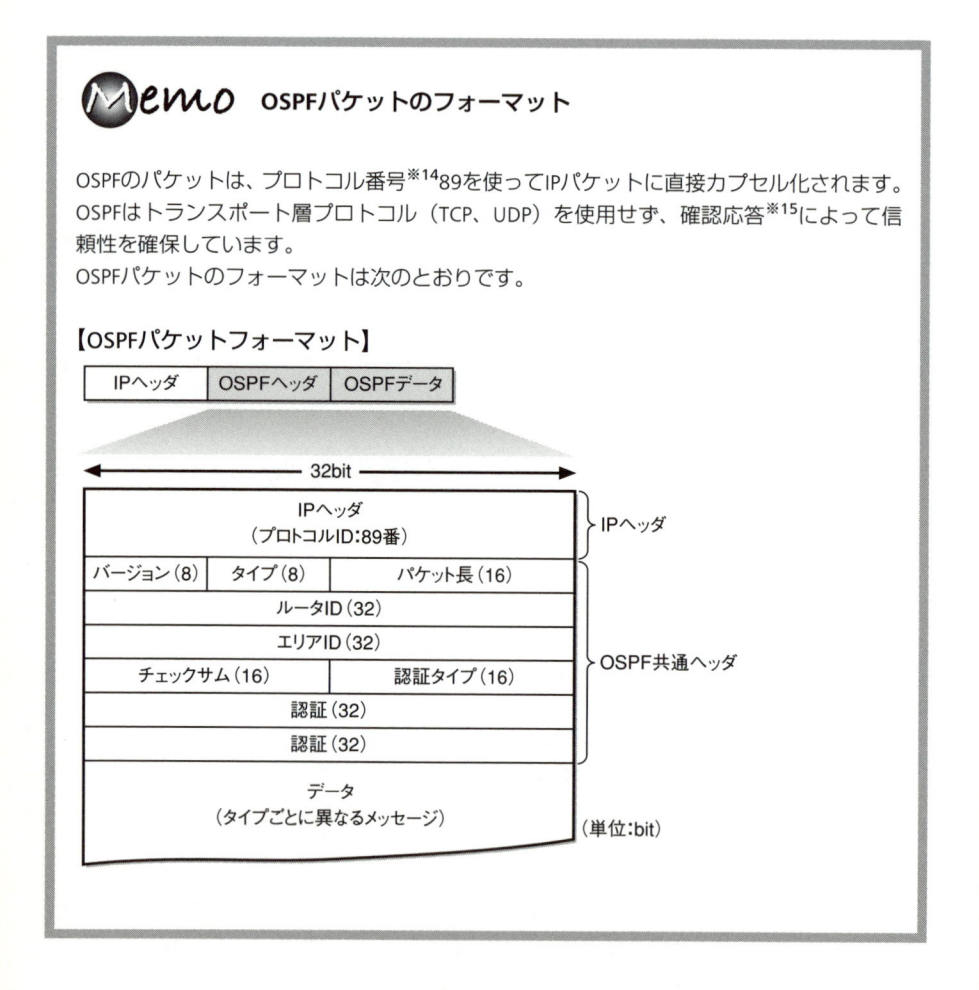

Memo　OSPFパケットのフォーマット

OSPFのパケットは、プロトコル番号[※14]89を使ってIPパケットに直接カプセル化されます。OSPFはトランスポート層プロトコル（TCP、UDP）を使用せず、確認応答[※15]によって信頼性を確保しています。
OSPFパケットのフォーマットは次のとおりです。

【OSPFパケットフォーマット】

```
┌──────┬────────┬────────┐
│IPヘッダ│OSPFヘッダ│OSPFデータ│
└──────┴────────┴────────┘
```

←──────── 32bit ────────→

IPヘッダ（プロトコルID：89番）	} IPヘッダ
バージョン(8) ｜ タイプ(8) ｜ パケット長(16)	
ルータID(32)	
エリアID(32)	
チェックサム(16) ｜ 認証タイプ(16)	} OSPF共通ヘッダ
認証(32)	
認証(32)	
データ（タイプごとに異なるメッセージ）	

（単位：bit）

※14　【プロトコル番号】protocol number：受信側で上位のプロトコルを識別するための番号。送信側はIPヘッダのプロトコルフィールドに上位のプロトコル番号を入れて送信し、受信側のIPはこの番号を確認して上位プロトコルにデータを渡す

※15　【確認応答】acknowledgment：トラフィックが正しく受信できたことを受信側から送信側に返す応答信号のこと。ACK（アック）とも呼ばれる

● LSRパケット

　LSR（Link State Request）パケットは、自身のLSDBに足りない情報があった場合、ネイバールータに特定のLSAを要求するために使用されます。

● LSUパケット

　LSU（Link State Update）パケットは、ネイバーから要求されたLSAを送るために使用されます。トラフィック量を抑えるために、1つのLSUパケットに複数のLSAを入れて通知できます。

● LSAckパケット

　LSAck（Link State Acknowledgment）パケットは、LSUを受信したことを通知するための確認応答に使用されます。

■ 2Way状態の確立

　OSPFルータは、ネイバールータから受信するHelloパケット内のネイバーリストに自身のルータIDが含まれていることを認識すると双方向通信であると判断し、ネイバー関係を確立および維持します。この状態を2Way状態（双方向状態）といいます。

　OSPFルータがネイバールータと2Way状態になるまでの手順を、次の図を使って説明します。

【2Way状態のプロセス】

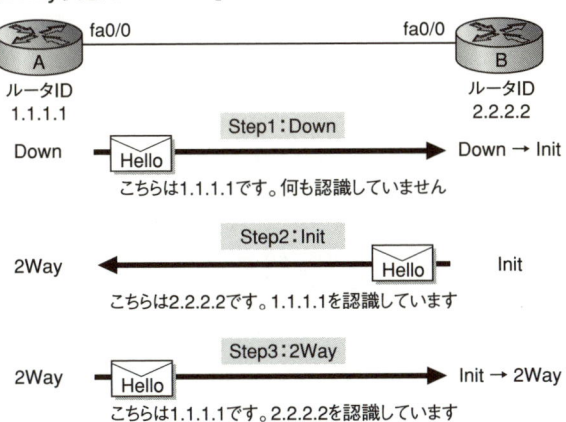

```
          fa0/0              fa0/0
       ┌──────┐            ┌──────┐
       │  A   │            │  B   │
       └──────┘            └──────┘
        ルータID              ルータID
        1.1.1.1              2.2.2.2
 Down     ┌─────┐ Step1：Down
       ──│Hello│──────────────→   Down → Init
          └─────┘
          こちらは1.1.1.1です。何も認識していません

               Step2：Init
 2Way  ←──────────────┌─────┐         Init
                      │Hello│
                      └─────┘
          こちらは2.2.2.2です。1.1.1.1を認識しています

          ┌─────┐ Step3：2Way
 2Way  ──│Hello│──────────────→   Init → 2Way
          └─────┘
          こちらは1.1.1.1です。2.2.2.2を認識しています
```

● ステップ1：Down State（停止状態）

　OSPFルータを起動した直後の状態で、この段階ではほかのOSPFルータを認識していません。OSPFが有効化されたインターフェイスからすぐにHelloパケットを送信し始めます。Helloパケットはマルチキャストアドレス（224.0.0.5）宛で送信します。

● **ステップ2：Init State（初期状態）**

　先にルータAがHelloパケットを送信し、ルータBが受信したとします。

　ルータBは、ネイバールータのリストにルータAを追加します。受信したHelloに自身のIDがない状態をInitといいます。

● **ステップ3：2Way State（双方向状態）**

　ルータAを認識したルータBがHelloパケットを送信し、それをルータAが受信すると、ルータAはお互いに認識していることを確認し、2Wayと呼ばれる状態になります。ルータBを認識したルータAからのHelloパケットを受信するとルータBも2Wayになり、双方向の通信が確立されます。

　ただし、2Wayになるには次の条件を満たしている必要があります。

- Helloパケットのネイバールータリストに自分自身のルータIDがあること
- Helloパケットのパラメータ（Hello間隔、Dead間隔、エリアID、認証情報、スタブエリアフラグ）が一致していること

■ DRとBDR

　OSPFは、イーサネットやトークンリングなどのインターフェイス（リンク）をブロードキャストマルチアクセス（LANリンク）と認識します。**ブロードキャストマルチアクセス**とは、1つのネットワークセグメント上に2台以上のルータを接続することができ、送信したブロードキャスト（マルチキャストも含む）宛のパケットをすべてのルータが受信できる環境を指します。

　ブロードキャストマルチアクセスではDR（Designated Router）と呼ばれる代表ルータと、DRのバックアップとなるBDR（Backup Designated Router、バックアップ代表ルータ）が選出されます。どちらにも選出されなかったルータはDROTHERになります。OSPFルータはLANリンクごとにDRとBDRを選出し、DRおよびBDRとだけLSAを交換します。これによってLSAを交換するネイバー数（隣接関係）を減らすことができるため、セグメント上に流れるOSPFパケットのトラフィック量が大幅に減少します。

　DRの選出がなければ、LSAを交換し合う隣接関係の数が多くなり余計に負荷がかかってしまいます。隣接関係の数は「n（n−1）／2」の公式（nはルータの台数）で求めることができます。以下に、DRの選出がないときとあるときの隣接関係数の例を示します。

【DR選出の有無による隣接関係数】

ルータの台数	DR選出なし	DR選出あり
5	10	7
6	15	9
7	21	11
8	28	13

【DR/BDRが選出されない場合】

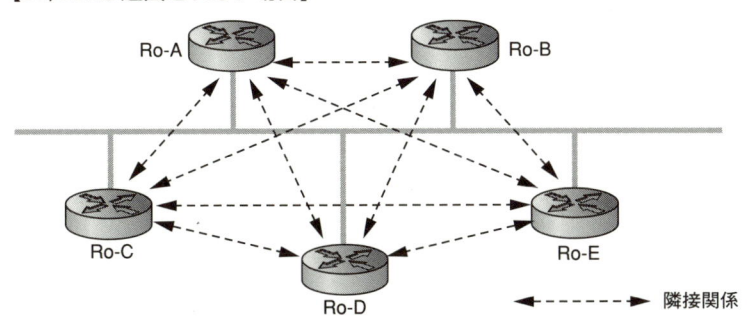

【DR/BDRが選出される場合】

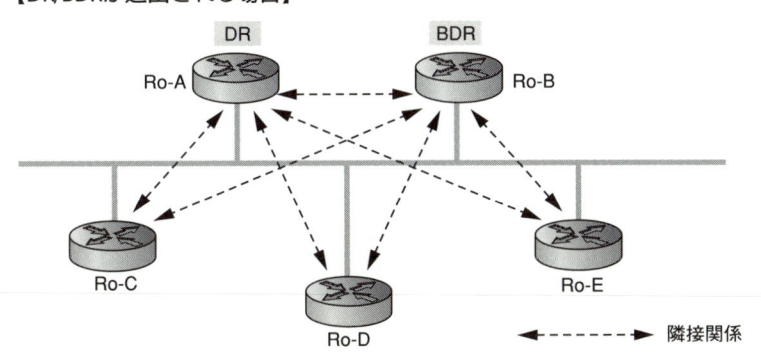

● DRとBDRの選出

　DRとBDRの選出には、OSPFプライオリティ値が使用されます。プライオリティ値はHelloパケットに含まれ、OSPFルータを起動して2Way（双方向状態）になったあとにDR/BDR選出プロセスが実行されます。
　DR/BDRの選出は、次の条件でOSPFプロセス起動時に行われます。

・プライオリティ値が最も大きいルータをDRとする
・プライオリティ値が2番目に大きいルータをBDRとする
・プライオリティ値が0のルータはDRおよびBDRにはなれない（DROTHERになる）
・プライオリティ値が同じ（デフォルトは1）場合は、ルータIDが大きいルータをDR、2番目に大きいルータをBDRとする

　DRおよびBDRは、マルチアクセスネットワークのセグメントごとに選出されます。次ページの図を例に選出プロセスを確認しましょう。

【DR/BDR選出の例】

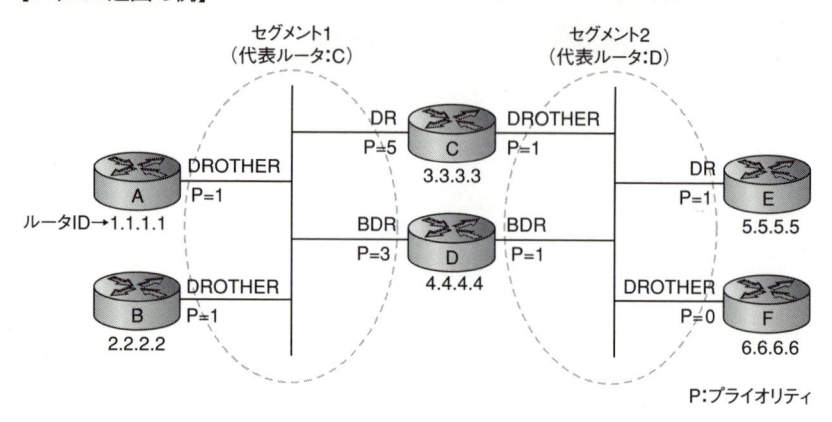

セグメント1（代表ルータ:C）
セグメント2（代表ルータ:D）

ルータID→1.1.1.1　A　DROTHER P=1
B 2.2.2.2　DROTHER P=1
C 3.3.3.3　DR P=5
D 4.4.4.4　BDR P=3
C　DROTHER P=1
D　BDR P=1
E 5.5.5.5　DR P=1
F 6.6.6.6　DROTHER P=0

P:プライオリティ

　セグメント1では、ルータCのプライオリティは5、ルータDのプライオリティは3に設定されています。ルータAとルータBはデフォルト1のままになっています。したがって、最もプライオリティが大きいルータCをDRに、2番目に大きいルータDをBDRに選出します。ルータAとルータBはDROTHERとなります。

　セグメント2では、ルータFのプライオリティが0に設定されているため、DR/BDR選出のプロセスから除外されDROTHERになります。残りのルータ（C、D、E）はすべてデフォルト1のままになっています。したがって、ルータIDが最も大きいルータEをDRに選出し、2番目に大きいルータDをBDRに選出します。ルータCはDROTHERとなります。

　ただし、DR/BDR選出プロセスはOSPFプロセスを起動したときに行われます。いったんDRとBDRが選出されると、後にDROTHERがプライオリティ値を最大に変更しても即時にDRにはなれません。現在のDRとBDRの両方がダウンすると、ようやくDRになることができます。これは、DR/BDRが頻繁に変更されて不安定な状態に陥るのを防ぐためです。

　DR/BDRの選出は起動の順番に大きく影響され、1台のルータが複数のマルチアクセスリンク上でDRに選出されることもあります。

● DRとBDRの動作

　マルチアクセスネットワーク上のDRとBDRが選出されると、DROTHERはDR/BDRとだけLSAを交換し合う隣接関係を確立します（DROTHER同士はネイバー関係です）。

　マルチアクセスネットワークでは、次の2種類のマルチキャストアドレスを使ってLSUを送信しています。

・224.0.0.5 …全OSPFルータ宛
・224.0.0.6 …DR/BDR宛

次の図で、DRとBDRの動作を説明します。

【DR/BDRの動作】

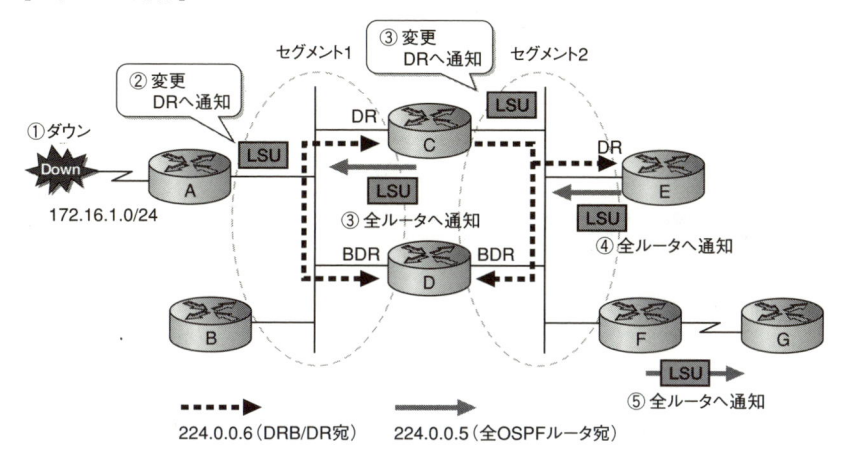

①「172.16.1.0/24」がダウンしたことをルータAが検知します。
② ルータAは変更したLSAが入ったLSUをセグメント1上のDR/BDR宛にマルチキャスト（224.0.0.6）で送信します。
③ セグメント1上のDR（ルータC）はLSUを受信すると、セグメント1上の全OSPFルータ宛にマルチキャスト（224.0.0.5）で送信します。
BDR（ルータD）はルータAからのLSAを受信するとWaitタイマーをセットしてDRからも同じLSAが入ったLSUが送られてくるのを待ちます。WaitタイマーがきれるまでにLSUが到達しなければ、BDRはDRがダウンしたと判断して自分がDRになって役割を引き継ぎます。
OSPFはフラッディングプロセスによってLSAをエリア内に伝搬する必要があるため、ルータCは、さらにセグメント2上のDR/BDR宛にマルチキャスト（224.0.0.6）で送信します。
④ セグメント2上のDR（ルータE）はLSUを受信すると、同様にセグメント2上の全OSPFルータ宛にマルチキャスト（224.0.0.5）で送信します。
⑤ 更新されたLSUを受信したルータFは、ほかのネットワークにLSUをフラッディングします。ポイントツーポイントネットワーク（「4-7 OSPFネットワークタイプ」を参照）の場合はDR/BDRが存在しないため、マルチキャス（224.0.0.5）で送信します。

■ 隣接関係によるLSDBの同期

　OSPFルータがお互いにHelloパケットの交換を行って2Wayになり、マルチアクセスリンク上でDR/BDRの選出が済むと、隣接関係にあるルータ同士はLSAを交換してLSDBの内容を同期する作業に入ります。

隣接ルータとLSDBの同期が完了するまでの手順は、次のとおりです。

【LSDBの同期プロセス】

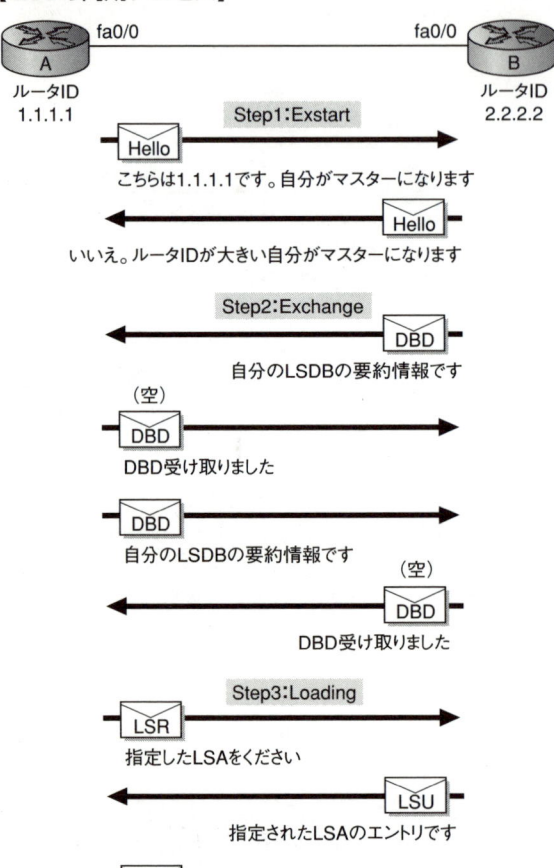

```
   A                                    B
  fa0/0 ─────────────────────── fa0/0
ルータID                              ルータID
1.1.1.1                               2.2.2.2
```

Step1：Exstart

Hello →
こちらは1.1.1.1です。自分がマスターになります

← Hello
いいえ。ルータIDが大きい自分がマスターになります

Step2：Exchange

← DBD
自分のLSDBの要約情報です

(空) DBD →
DBD受け取りました

DBD →
自分のLSDBの要約情報です

← (空) DBD
DBD受け取りました

Step3：Loading

LSR →
指定したLSAをください

← LSU
指定されたLSAのエントリです

LSAck →
受け取りました

⋮

Step4：Full

● **ステップ1：Exstart State（起動後状態）**

どちらのルータから送信を開始するかを決定します。最初に交信を始めて基準となる方を**マスター**、あとから交信してマスターに合わせる方を**スレーブ**と呼び、ルータIDが大きい方がマスターになります。

● **ステップ2：Exchange State（交換状態）**

マスターとなるルータBが先にDBDパケットを送信します。このDBDパケット

にはLSDBに格納されるLSAのリスト（要約情報）が含まれます。このDBDを受信したルータAは受信したことを通知します。

● ステップ3：Loading State（ロード状態）
　受信したDBDと自身が保持するLSDBを比較して、不足しているLSAがあればLSRを送信し最新情報を要求します。

● ステップ4：Full State（完全状態）
　必要なLSAをすべて受け取り、隣接ルータとLSDBを完全に同期することができれば、Full State（完全状態）となり同期プロセスが終了します。
　Full Stateになると、SPFアルゴリズムによってトポロジマップを作成して最短パスを計算し、ルーティングテーブルへ格納します。

📝 Memo　LSAパケットの種類

LSUに含まれるLSAパケットには複数のタイプが存在します。OSPFネットワークの動作環境に応じて、さまざまな役割を持つLSAが発生し、エリア内あるいはAS全体にフラッディングされます。
代表的なLSAは、次のとおりです。

【LSAパケットの種類】

タイプ	LSAの名称	生成するルータ	フラッディング範囲	役割
1	ルータLSA	全OSPFルータ	発生したエリア内	OSPFルータ自身が持っているリンクの状態を通知する
2	ネットワークLSA	DR	発生したエリア内	マルチアクセスリンク上に接続するルータを通知する
3	集約LSA	ABR	全エリア（特殊エリアを除く）	ほかのエリアにネットワーク情報を通知する。その際、どのように経路集約をするのか明示的に設定する必要がある
4	集約LSA	ABR	AS全体（特殊エリアを除く）	ASBRが存在することをほかのエリアに通知する
5	AS外部LSA	ASBR	全エリア（特殊エリアを除く）	外部AS（非OSPFネットワーク）にあるネットワーク情報を通知する

◎ 特殊エリアは、CCNAの範囲を超えるため、本書では言及しません。

Memo ネイバーと隣接関係

OSPFルータの関係を表す用語に、「ネイバー」と「隣接関係（Adjacency）」があります。OSPFは、DR/BDRの選出によってブロードキャストマルチアクセスネットワークにおけるトラフィック量を減らす工夫がされています。そのため、隣り合うOSPFルータ間で必ずしもリンクステートの情報を交換するとは限りません。そこで、次のように2つの概念で区別しています。

・ネイバー関係……同じセグメント上に接続されているOSPFルータ同士の関係
・隣接関係…………実際にLSAを交換し合うOSPFルータ同士の関係

DROTHERとDROTHERの間はLSAを交換しないネイバー関係になり、2Way（双方向状態）で完了します。

【OSPFルータ同士の関係】

DR —— 隣接関係（Full）—— DROTHER
BDR —— 隣接関係（Full）—— DROTHER
DR —— 隣接関係（Full）—— BDR
DROTHER —— ネイバー関係（2Way）—— DROTHER

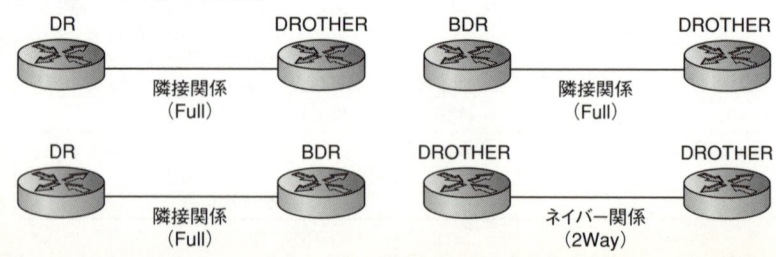

4-7 OSPFネットワークタイプ

OSPFでは物理的なリンクの種類をもとに、いくつかのネットワークタイプを定義しています。ネットワークタイプによってOSPFの動作が異なるため、各ネットワークタイプの性質を理解することが重要です。

■ OSPFネットワークタイプ

OSPFネットワークタイプによって、Hello/Deadの間隔、DR/BDR選出の有無、ネイバー関係の確立に設定が必要となるかどうかが異なります。ネットワークタイプは、OSPFが有効なインターフェイスのカプセル化タイプに応じて自動的に認識されますが、管理者が明示的に設定することも可能です。

次に、OSPFネットワークタイプを示します。

● ポイントツーポイントネットワーク

2台のルータだけで接続されるネットワークです。DR/BDRを選出せず、2台のルータ同士は隣接関係になります。ネイバーは自動的に確立されます。

シリアルインターフェイスのカプセル化タイプがHDLCまたはPPPの場合、デフォルトのネットワークタイプです。

【ポイントツーポイントネットワーク】

- DR/BDR選出なし
- ネイバー自動検出
- Hello/Dead間隔（10/40秒）

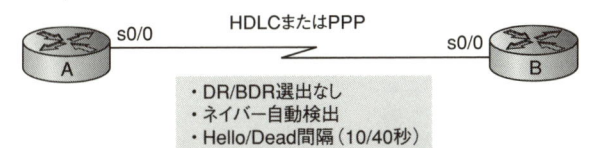

● ブロードキャストマルチアクセスネットワーク

イーサネットのようなマルチアクセスネットワークです。セグメント上に2台以上のルータを接続可能なため、DR/BDRの選出が必要です。ブロードキャストおよびマルチキャストをサポートし、ネイバーは自動的に確立されます。

イーサネットやトークンリングインターフェイスの場合、デフォルトのネットワークタイプです。

【ブロードキャストマルチアクセスネットワーク】

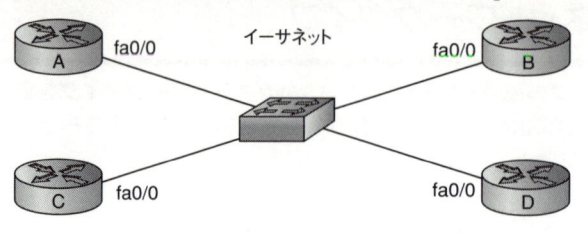

- DR/BDR選出あり
- ネイバー自動検出
- Hello/Dead間隔（10/40秒）

● ノンブロードキャストマルチアクセスネットワーク（NBMA）

　2台以上のルータで相互接続できますが、ブロードキャストおよびマルチキャストの機能はないネットワークです。デフォルトではネイバーは自動的には確立されないため、手動設定が必要です。

　シリアルインターフェイスのカプセル化タイプがフレームリレー、X.25、およびATMの場合、デフォルトのネットワークタイプです。

【NBMA】

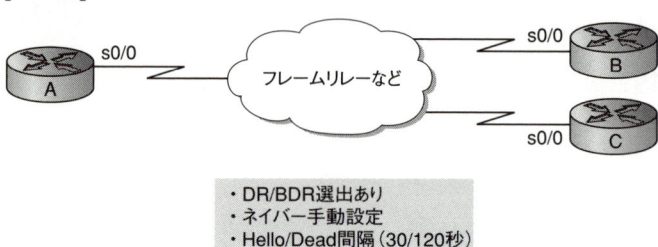

- DR/BDR選出あり
- ネイバー手動設定
- Hello/Dead間隔（30/120秒）

◎ NBMAネットワークタイプについては、CCNAの範囲を超えるため概要の説明にとどめます。

4-8 OSPFの基本設定

　OSPFの基本設定をするには、OSPFプロセスを起動し、OSPFが動作するインターフェイスとエリアIDを定義する必要があります。
　本節では、Ciscoルータを使用したシングルエリアにおけるOSPFの基本設定について説明します。

■ OSPFプロセスの起動

　OSPFプロセスを起動するには、router ospf <process-id>コマンドを使用して、プロセスIDを指定します。
　プロセスIDとは、1台のルータ上で複数のOSPFプロセスを起動したときに、ルーティングプロセスを識別するために選択する数字です。ただし、1台のルータでOSPFプロセスを複数実行すると余計に負荷がかかるため、通常は1つのプロセスIDを指定します。プロセスIDは、ローカルルータでのみ使用する番号であるため、ほかのOSPFルータと一致させる必要はありません。

構文 OSPFを起動（グローバルコンフィグモード）
(config)#**router ospf** <process-id>

引数	説明
process-id	OSPFルーティングプロセスを特定するために内部で使用するIDを1～65535の範囲で指定

　このコマンドを実行すると、ルータコンフィギュレーションモードに移行し、プロンプトが「(config-router)#」に変わります。このコマンドは、OSPFに対する追加設定をする際にも使います。

■ OSPFが動作するインターフェイスとエリアIDの定義

　OSPFを動作させるインターフェイスを指定するとき、そのインターフェイスに割り当てられているIPアドレスに注目し、**network**コマンドでアドレスを指定します。
　アドレスには、ネットワークアドレス、サブネットアドレス、あるいはインターフェイスのIPアドレスのいずれかを指定することができます。
　また、アドレスの指定にワイルドカードマスクを利用することにより、複数のインターフェイスをまとめて指定することもできます。たとえば、ワイルドカードマスク「0.0.255.255」では、最初の16ビット（第2オクテットまで）をチェックします。インターフェイスに割り当てられているIPアドレスを指定する場合、ワイルドカードマスクは「0.0.0.0」を指定します。

構文 OSPFが動作するインターフェイスとエリアIDを定義（ルータコンフィグモード）
(config-router)#**network** <address> <wildcard-mask> **area** <area-id>

引数	説明
address	ネットワークアドレス、サブネットアドレス、またはインターフェイスのIPアドレスのいずれかを指定
wildcard-mask	アドレスを読み取る方法を指定する32ビットの数値。IPアドレスと同様に4つのオクテットをドット（.）で区切って10進数で表記する。直前のアドレスの同じ桁に対し、「0」を指定した部分はチェックし、「1」の部分は無視する
area-id	OSPFエリアIDを指定。32ビットの数値で、IPアドレスと同様に4つのオクテットに区切って10進数で表記する。ただし、省略して第4オクテット部分だけで設定、表記することが多い 例) エリアID「0.0.0.1」→エリアID「1」 　　バックボーンのエリアIDには「0（0.0.0.0）」を使用する

次に、OSPFシングルエリアの設定例を示します。

【OSPFシングルエリアの設定例】

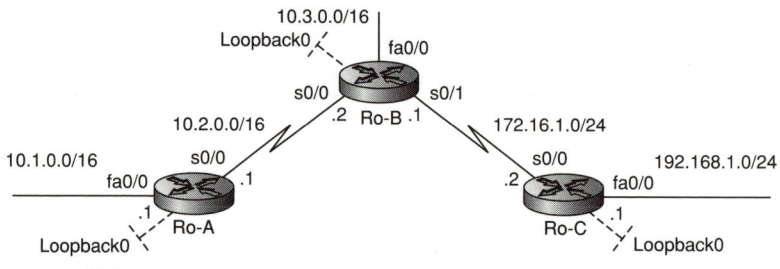

```
                    10.3.0.0/16
         Loopback0         fa0/0
                    s0/0 ┌─────┐ s0/1
           10.2.0.0/16   │ Ro-B │     172.16.1.0/24
                    .2       .1
10.1.0.0/16    s0/0            s0/0         192.168.1.0/24
        fa0/0 ┌─────┐.1           .2 ┌─────┐ fa0/0
          .1  │ Ro-A │                │ Ro-C │  .1
              └─────┘                └─────┘
         Loopback0                        Loopback0
```

＜ Ro-A の設定＞
(config)#interface loopback 0
(config-if)#ip address 1.1.1.1 255.255.255.255
(config-if)#exit
(config)#router ospf 1
(config-router)#network 10.0.0.0 0.255.255.255 area 0

＜ Ro-C の設定＞
(config)#interface loopback 0
(config-if)#ip address 3.3.3.3 255.255.255.255
(config-if)#exit
(config)#router ospf 1
(config-router)#network 172.16.1.2 0.0.0.0 area 0
(config-router)#network 192.168.1.1 0.0.0.0 area 0

＜ Ro-B の設定＞
(config)#interface loopback 0
(config-if)#ip address 2.2.2.2 255.255.255.255
(config-if)#exit
(config)#router ospf 1
(config-router)#network 10.2.0.0 0.0.255.255 area 0
(config-router)#network 10.3.0.0 0.0.255.255 area 0
(config-router)#network 172.16.1.0 0.0.0.255 area 0

※ ルータIDとして使用するため、先にループバックインターフェイスを作成
※ 3台ともOSPFプロセスIDを「1」にしているが、プロセスIDはほかのルータと一致しなくても構わない

各ルータでは、異なる3つの方法でnetworkコマンドを実行しています。

【クラスフルネットワークを指定（Ro-Aの設定）】

network 10.0.0.0 <u>0.255.255.255</u> area 0
　　　　　　　　　ワイルドカードマスク（第1オクテットまでチェック）

※1行のnetworkコマンドで、2つのインターフェイス（fa0/0、s0/0）を指定

【サブネットアドレスを指定（Ro-Bの設定）】

network 10.2.0.0 <u>0.0.255.255</u> area 0
network 10.3.0.0 <u>0.0.255.255</u> area 0
　　　　　　　　　ワイルドカードマスク（第2オクテットまでチェック）

network 172.16.1.0 <u>0.0.0.255</u> area 0
　　　　　　　　　　ワイルドカードマスク（第3オクテットまでチェック）

【インターフェイスのアドレスを指定（Ro-Cの設定）】

network 172.16.1.2 <u>0.0.0.0</u> area 0
network 192.168.1.1 <u>0.0.0.0</u> area 0
　　　　　　　　　　ワイルドカードマスク（32ビットすべてチェック）

なお、起動したルーティングプロセス（プロトコル）を解除するには、プロセスを起動したときのコマンドの先頭に「no」を付けて実行します。つまり、OSPFを解除するには、次のコマンドを実行します。このコマンドを実行すると、networkコマンドの設定も削除されます。

構文 OSPFを解除（グローバルコンフィグモード）

(config)#**no router ospf** <process-id>

引数	説明
process-id	OSPFルーティングプロセスを特定するために内部で使用するIDを1〜65535の範囲で指定

Point ワイルドカードマスク

ワイルドカードマスクは、直前に指定したアドレスに対して「どの部分を読み取る必要があるか」を指定するための情報です。OSPFの設定だけでなく、EIGRP*やアクセスコントロールリスト[16]の設定などでも使用されます。ワイルドカードマスクの特徴は次のとおりです。

- 32ビットの数値
- 4つのオクテットをドット（.）で区切って10進数で表記
- 直前のアドレスと同じ桁の部分に「0」を指定するとチェックする
- 直前のアドレスと同じ桁の部分に「1」を指定すると無視する

例）ネットワークアドレス172.16.0.0を指定する場合　→　172.16.0.0 0.0.255.255

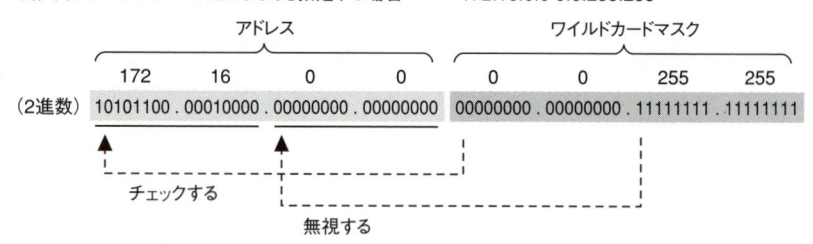

```
           アドレス                    ワイルドカードマスク
        172   16    0    0         0    0    255    255
(2進数) 10101100.00010000.00000000.00000000  00000000.00000000.11111111.11111111
         ↑              ↑
       チェックする
                 無視する
```

ワイルドカードマスクは、サブネットマスクと反対の意味を持つため反転マスクと呼ばれることもあります。間違って「255.255.0.0」などとしないように注意しましょう。

※16【アクセスコントロールリスト】Access Control List（ACL）：ルータが保持する制御リスト。サービスの要求時や提供時に発生するルータへのアクセスを制御するのに使われる記述。たとえば、特定のIPアドレスやサービスを指定して、送られてきたパケットの受信を拒否したり、ルータ上の特定のインターフェイスから送出しないように制御できる。

Memo　OSPFマルチエリアの設定

OSPFマルチエリアの設定をする場合、エリアの境界に配置するルータをABR（エリア境界ルータ）として動作させる必要があります。このような状態にする場合、networkコマンドのエリアIDを異なる番号で指定するだけです。
次に、OSPFマルチエリアの設定例を示します。

【OSPFマルチエリアの設定例】

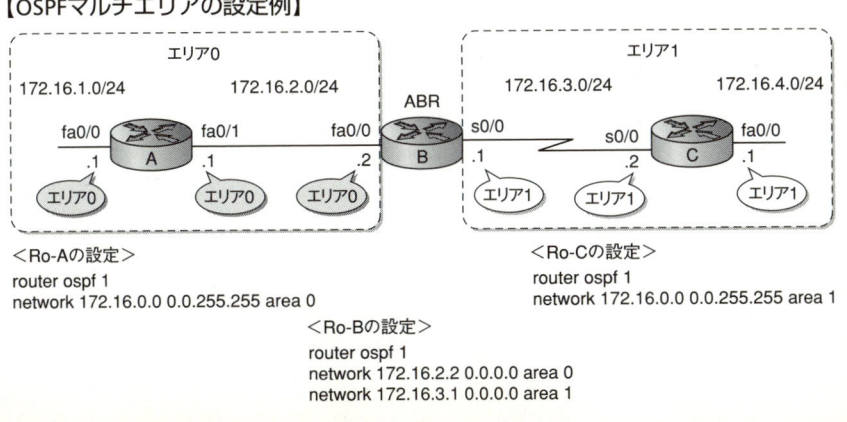

```
エリア0                                              エリア1
172.16.1.0/24      172.16.2.0/24    ABR   172.16.3.0/24      172.16.4.0/24
   fa0/0    fa0/1        fa0/0          s0/0      s0/0        fa0/0
       A              .2    B    .1           .2    C        .1
   .1       .1
 (エリア0) (エリア0)   (エリア0)        (エリア1) (エリア1)    (エリア1)
```

＜Ro-Aの設定＞
router ospf 1
network 172.16.0.0 0.0.255.255 area 0

＜Ro-Bの設定＞
router ospf 1
network 172.16.2.2 0.0.0.0 area 0
network 172.16.3.1 0.0.0.0 area 1

＜Ro-Cの設定＞
router ospf 1
network 172.16.0.0 0.0.255.255 area 1

4-9 OSPFの検証

OSPFを設定したら、各種検証コマンドを実行してルーティングテーブルに最適経路が学習されたかどうかを確認する必要があります。

本節では、以下の設定例をもとに、OSPFの検証コマンドのいくつかを紹介します。

【OSPFシングルエリアの設定例】

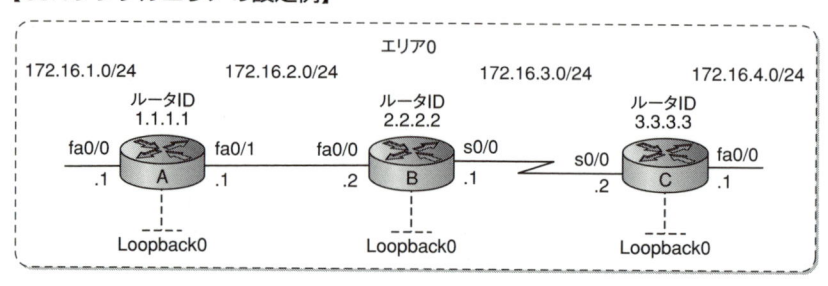

```
                              エリア0
172.16.1.0/24    172.16.2.0/24    172.16.3.0/24    172.16.4.0/24
      ルータID          ルータID          ルータID
      1.1.1.1          2.2.2.2          3.3.3.3
   fa0/0  fa0/1    fa0/0       s0/0    s0/0       fa0/0
 ────┤ A ├────────┤ B ├────────────────┤ C ├────
     .1    .1       .2         .1       .2    .1
      │                │                │
    Loopback0       Loopback0       Loopback0
```

＜Ro-Aの設定＞
(config)#interface loopback 0
(config-if)#ip address 1.1.1.1 255.255.255.255
(config-if)#exit
(config)#router ospf 1
(config-router)#network 172.16.0.0 0.0.255.255 area 0

＜Ro-Bの設定＞
(config)#interface loopback 0
(config-if)#ip address 2.2.2.2 255.255.255.255
(config-if)#exit
(config)#router ospf 2
(config-router)#network 172.16.2.0 0.0.0.255 area 0
(config-router)#network 172.16.3.0 0.0.0.255 area 0

＜Ro-Cの設定＞
(config)#interface loopback 0
(config-if)#ip address 3.3.3.3 255.255.255.255
(config-if)#exit
(config)#router ospf 3
(config-router)#network 172.16.3.2 0.0.0.0 area 0
(config-router)#network 172.16.4.1 0.0.0.0 area 0

■ OSPFの設定を確認

ルータに設定したOSPFコマンドを確認するには、show running-configコマンドを使用します。長い出力なので、どの辺りにOSPF関連の設定が入るか確認しておきましょう。

【show running-configコマンドの出力例（Ro-A）】

```
Ro-A#show running-config    ←「sh run」に省略することも可能
Building configuration...

Current configuration : 1415 bytes
!
version 12.4
service timestamps debug datetime msec
service timestamps log datetime msec
!
hostname Ro-A
!
boot-start-marker
boot-end-marker
!
enable secret 5 $1$GF1J$68jgLmOxbiBZMI/Ra2OM00
!
no aaa new-model
ip cef
!
!
!
!
no ip domain lookup
ip auth-proxy max-nodata-conns 3
ip admission max-nodata-conns 3
!
!
interface Loopback0    ←ループバックインターフェイス
 ip address 1.1.1.1 255.255.255.255
!
interface FastEthernet0/0    ←このインターフェイスでOSPFがエリアID0で動作
 ip address 172.16.1.1 255.255.255.0
 duplex auto
 speed auto
!
interface FastEthernet0/1    ←このインターフェイスでOSPFがエリアID0で動作
 ip address 172.16.2.1 255.255.255.0
 duplex auto
 speed auto
```

```
!
interface Serial0/0
 no ip address
 shutdown
 no fair-queue
!
interface Serial0/0
 no ip address
 shutdown
 clock rate 2000000
!
router ospf 1        ←プロセスID「1」のOSPF設定
 log-adjacency-changes
 network 172.16.0.0 0.0.255.255 area 0      ←networkコマンド（エリア0）
!
!
ip http server
no ip http secure-server
!
!
!
!
control-plane
!
!
line con 0
 exec-timeout 0 0
 password cisco
 logging synchronous
 login
line aux 0
line vty 0 4
 password cisco123
 login
!
scheduler allocate 20000 1000
end

Ro-A#
```

■ ルーティングプロトコルの情報表示

起動中の、IPルーティングプロトコルに関する情報を表示するには、show ip protocols コマンドを使用します。

構文 ルーティングプロトコルの情報を表示する（ユーザモード、特権モード）
```
#show ip protocols
```

【show ip protocolsコマンドの出力例（Ro-A）】

```
Ro-A#show ip protocols
Routing Protocol is "ospf 1"   ←①
  Outgoing update filter list for all interfaces is not set
  Incoming update filter list for all interfaces is not set
  Router ID 1.1.1.1   ←②
  Number of areas in this router is 1. 1 normal 0 stub 0 nssa   ←③
  Maximum path: 4   ←④
  Routing for Networks:
    172.16.0.0 0.0.255.255 area 0   ←⑤
  Reference bandwidth unit is 100 mbps
  Routing Information Sources:
    Gateway         Distance      Last Update
    2.2.2.2         110           00:01:07   ←⑥
  Distance: (default is 110)   ←⑦

Ro-A#
```

① OSPFはプロセスID「1」で起動している
② ローカルルータ（自身）のルータIDは「1.1.1.1」
③ 1つの標準エリア（特殊なエリアではない）を接続している
④ 等コストパスロードバランシングできる最大パスの数を表示（ロードバランシングについては後述）
⑤ networkコマンドで設定した情報を表示
⑥ エリア内でLSAの交換をしているOSPFルータの情報を表示
⑦ アドミニストレーティブディスタンス[※17]値は110（デフォルト）

※17 【アドミニストレーティブディスタンス】Administrative Distance (AD)：ルートの情報源の信頼性を判断するための管理値。0～255の範囲で小さい方を優先する。同じ宛先ネットワークに対して複数の情報源がある場合、ルータはAD値の小さい方を信頼してルーティングテーブルに登録する

【show ip protocolsコマンドの出力例（Ro-B）】

```
Ro-B#show ip protocols
Routing Protocol is "ospf 2"   ←プロセスID「2」で起動している
  Outgoing update filter list for all interfaces is not set
  Incoming update filter list for all interfaces is not set
  Router ID 2.2.2.2   ←ルータIDは「2.2.2.2」
  Number of areas in this router is 1. 1 normal 0 stub 0 nssa
  Maximum path: 4
  Routing for Networks:
    172.16.2.0 0.0.0.255 area 0  ⎫
                                 ⎬ 設定したnetworkコマンドの情報
    172.16.3.0 0.0.0.255 area 0  ⎭
  Reference bandwidth unit is 100 mbps
  Routing Information Sources:
    Gateway         Distance      Last Update
    1.1.1.1         110           00:01:42
    3.3.3.3         110           00:01:42
  Distance: (default is 110)
```

【show ip protocolsコマンドの出力例（Ro-C）】

```
Ro-C#show ip protocols
Routing Protocol is "ospf 3"   ←プロセスID「3」で起動している
  Outgoing update filter list for all interfaces is not set
  Incoming update filter list for all interfaces is not set
  Router ID 3.3.3.3   ←ルータIDは「3.3.3.3」
  Number of areas in this router is 1. 1 normal 0 stub 0 nssa
  Maximum path: 4
  Routing for Networks:
    172.16.3.2 0.0.0.0 area 0  ⎫
                               ⎬ 設定したnetworkコマンドの情報
    172.16.4.1 0.0.0.0 area 0  ⎭
  Reference bandwidth unit is 100 mbps
  Routing Information Sources:
    Gateway         Distance      Last Update
    2.2.2.2         110           00:02:15
  Distance: (default is 110)
```

■ OSPFプロセス全般の情報表示

OSPFルーティングプロセスのプロセスIDやルータID、LSAの数やSPF計算の実行回数など、OSPFプロセス全般的な情報を表示するには、show ip ospfコマンドを使用します。

構文 OSPFプロセス全般の情報を表示する（ユーザモード、特権モード）
#show ip ospf

【show ip ospfコマンドの出力例（Ro-A）】

```
Ro-A#show ip ospf
 Routing Process "ospf 1" with ID 1.1.1.1    ←①
 Start time: 00:02:38.708, Time elapsed: 00:06:27.512
 Supports only single TOS(TOS0) routes
 Supports opaque LSA
 Supports Link-local Signaling (LLS)
 Supports area transit capability
 Router is not originating router-LSAs with maximum metric
 Initial SPF schedule delay 5000 msecs
 Minimum hold time between two consecutive SPFs 10000 msecs
 Maximum wait time between two consecutive SPFs 10000 msecs
 Incremental-SPF disabled
 Minimum LSA interval 5 secs
 Minimum LSA arrival 1000 msecs
 LSA group pacing timer 240 secs
 Interface flood pacing timer 33 msecs
 Retransmission pacing timer 66 msecs
 Number of external LSA 0. Checksum Sum 0x000000
 Number of opaque AS LSA 0. Checksum Sum 0x000000
 Number of DCbitless external and opaque AS LSA 0
 Number of DoNotAge external and opaque AS LSA 0
 Number of areas in this router is 1. 1 normal 0 stub 0 nssa   ←②
 Number of areas transit capable is 0
 External flood list length 0
    Area BACKBONE(0)   ←③
        Number of interfaces in this area is 2   ←④
        Area has no authentication   ←⑤
        SPF algorithm last executed 00:01:57.472 ago
        SPF algorithm executed 4 times   ←⑥
        Area ranges are
```

```
              Number of LSA 4. Checksum Sum 0x034749
              Number of opaque link LSA 0. Checksum Sum 0x000000
              Number of DCbitless LSA 0
              Number of indication LSA 0
              Number of DoNotAge LSA 0
              Flood list length 0
```

① OSPFのプロセスID「1」とルータID「1.1.1.1」
② 1つの標準エリア（特殊なエリアではない）を接続している
③ これより下は、エリアID「0」（バックボーンエリア）の情報である
④ エリア0で動作するインターフェイスの数「2」
⑤ エリア認証はしていない
⑥ SPFアルゴリズムの実行回数「4」

■ インターフェイスごとの情報表示

　インターフェイスごとにOSPFの動作状況を表示するには、show ip ospf interfaceコマンドを使用します。このコマンドでは、Hello/Deadのタイマー間隔、インターフェイスのリンクコスト、OSPFが認識しているネットワークタイプなどを確認することができます。

構文 インターフェイスごとのOSPF情報を表示する（ユーザモード、特権モード）
　　　#show ip ospf interface [<interface-type> <slot> / <port>]

引数	説明
interface-type	特定のインターフェイスの種類を指定（オプション）。省略した場合は、OSPFが動作しているすべてのインターフェイス情報を表示
slot	インターフェイスのスロット番号を指定。固定型ルータの場合は不要
port	インターフェイスのポート番号を指定

【show ip ospf interfaceコマンドの出力例（Ro-A）】

```
Ro-A#show ip ospf interface
FastEthernet0/0 is up, line protocol is up   ←fa0/0インターフェイスの情報
  Internet Address 172.16.1.1/24, Area 0   ←①
  Process ID 1, Router ID 1.1.1.1, Network Type BROADCAST, Cost: 1   ←②
  Transmit Delay is 1 sec, State DR, Priority 1   ←③
  Designated Router (ID) 1.1.1.1, Interface address 172.16.1.1   ←④
  No backup designated router on this network   ←⑤
  Timer intervals configured, Hello 10, Dead 40, Wait 40, Retransmit 5   ←⑥
    Hello due in 00:00:01
  Index 1/1, flood queue length 0
  Next 0x0(0)/0x0(0)
  Last flood scan length is 0, maximum is 0
  Last flood scan time is 0 msec, maximum is 0 msec
  Neighbor Count is 0, Adjacent neighbor count is 0   ←⑦
  Suppress hello for 0 neighbor(s)
FastEthernet0/1 is up, line protocol is up   ←fa0/1インターフェイスの情報
  Internet Address 172.16.2.1/24, Area 0   ←⑧
  Process ID 1, Router ID 1.1.1.1, Network Type BROADCAST, Cost: 1   ←⑨
  Transmit Delay is 1 sec, State BDR, Priority 1
  Designated Router (ID) 2.2.2.2, Interface address 172.16.2.2   ←⑩
  Backup Designated router (ID) 1.1.1.1, Interface address 172.16.2.1   ←⑪
  Timer intervals configured, Hello 10, Dead 40, Wait 40, Retransmit 5
    oob-resync timeout 40
    Hello due in 00:00:02
  Supports Link-local Signaling (LLS)
  Index 1/1, flood queue length 0
  Next 0x0(0)/0x0(0)
  Last flood scan length is 0, maximum is 1
  Last flood scan time is 0 msec, maximum is 0 msec
  Neighbor Count is 1, Adjacent neighbor count is 1   ←⑫
    Adjacent with neighbor 2.2.2.2 (Designated Router)   ←⑬
  Suppress hello for 0 neighbor(s)
```

① エリアID「0」（バックボーンエリア）で動作
② ローカルルータのルータID「1.1.1.1」、OSPFネットワークタイプ「ブロードキャストマルチアクセスネットワーク」の情報、リンクのコスト（メトリック）値を表示
③ このリンク上のDRとして動作しているインターフェイスプライオリティは「1」（デフォルト）
④ DRのルータIDとIPアドレス

⑤ BDRは存在しない
⑥ HelloとDeadのタイマー間隔
⑦ このインターフェイス上のネイバー関係の数「0」、隣接関係の数「0」
⑧ エリアID「0」（バックボーンエリア）で動作
⑨ ネットワークタイプとリンクコスト（メトリック）
⑩ DRのルータIDとIPアドレス
⑪ BDRのルータIDとIPアドレス
⑫ このリンク上のネイバー関係の数「1」、隣接関係の数「1」
⑬ 隣接関係となるネイバーのルータID。「Designated Router」は、ネイバーがDRであることを示す

【show ip ospf interfaceコマンドの出力例（Ro-B）】

```
Ro-B#show ip ospf interface FastEthernet 0/0    ←「sh ip ospf int f0/0」に省略可能
FastEthernet0/0 is up, line protocol is up
  Internet Address 172.16.2.2/24, Area 0
  Process ID 1, Router ID 2.2.2.2, Network Type BROADCAST, Cost: 1
  Transmit Delay is 1 sec, State DR, Priority 1    ←⑭
  Designated Router (ID) 2.2.2.2, Interface address 172.16.2.2
  Backup Designated router (ID) 1.1.1.1, Interface address 172.16.2.1
  Timer intervals configured, Hello 10, Dead 40, Wait 40, Retransmit 5    ←⑮
    oob-resync timeout 40
    Hello due in 00:00:06
  Supports Link-local Signaling (LLS)
  Index 1/1, flood queue length 0
  Next 0x0(0)/0x0(0)
  Last flood scan length is 0, maximum is 1
  Last flood scan time is 0 msec, maximum is 0 msec
  Neighbor Count is 1, Adjacent neighbor count is 1
    Adjacent with neighbor 1.1.1.1  (Backup Designated Router)    ←⑯
  Suppress hello for 0 neighbor(s)
Ro-B#
Ro-B#show ip ospf interface serial 0/0    ←「sh ip ospf int s0/0」に省略可能
Serial0/0 is up, line protocol is up
  Internet Address 10.3.0.1/24, Area 0
  Process ID 1, Router ID 1.1.1.1, Network Type POINT_TO_POINT, Cost: 1562    ←⑰
  Transmit Delay is 1 sec, State POINT_TO_POINT,    ←⑱
  Timer intervals configured, Hello 10, Dead 40, Wait 40, Retransmit 5
    oob-resync timeout 40
```

```
   Hello due in 00:00:09
  Supports Link-local Signaling (LLS)
  Index 2/2, flood queue length 0
  Next 0x0(0)/0x0(0)
  Last flood scan length is 1, maximum is 1
  Last flood scan time is 0 msec, maximum is 0 msec
  Neighbor Count is 1, Adjacent neighbor count is 1
    Adjacent with neighbor 3.3.3.3
  Suppress hello for 0 neighbor(s)
```

⑭ このリンク上のDRとして動作
⑮ HelloとDeadタイマー間隔。このタイマー値はネイバーと一致していなければならない
⑯ 隣接関係となるネイバーのルータID。「Backup Designated Router」は、ネイバーがBDRであることを示す
⑰ OSPFネットワークタイプがポイントツーポイントモードとして動作している
⑱ ネットワークタイプがポイントツーポイントなので、DR/BDRに関する表示はない

■ ネイバーリスト (ネイバーテーブル) の表示

　OSPFルータが認識しているネイバーのリストを確認するには、**show ip ospf neighbor**コマンドを使用します。このコマンドでは、ネイバーテーブルの内容が表示され、各ネイバーの要約情報が1行で示されます。

構文 OSPFネイバーテーブルの表示 (ユーザモード、特権モード)
```
#show ip ospf neighbor
```

【show ip ospf neighborコマンドの出力例 (Ro-A)】

```
Ro-A#show ip ospf neighbor

Neighbor ID     Pri   State          Dead Time   Address        Interface
2.2.2.2          1    FULL/DR        00:00:37    172.16.2.2     FastEthernet0/1
 ↑               ↑    ↑   ↑           ↑           ↑              ↑
 ①               ②    ③   ④           ⑤           ⑥              ⑦
```

① ネイバーのルータID
② ネイバーのインターフェイスプライオリティ
③ ネイバーとの状態。「FULL」はLSDBの交換 (同期) が完了していることを示す。なお、DROTHER同士の場合は「2WAY」と表示される

④ ネイバーのステート。「DR」は相手がDRに選出されている
⑤ Deadタイマー（Helloパケットの有効時間）。「00:00:37」は残り37秒以内にHelloが来なければネイバー関係を解消することを意味する
⑥ ネイバーのIPアドレス
⑦ ローカル（自分）のインターフェイス。「FastEthernet0/1」は自身のfa0/1インターフェイスのセグメント上にネイバー「2.2.2.2」が存在することを示す

【show ip ospf neighborコマンドの出力例（Ro-B）】

```
Ro-B#show ip ospf neighbor

Neighbor ID     Pri   State          Dead Time   Address     Interface
3.3.3.3         0     FULL/  - ⑧    00:00:37    172.16.3.2   Serial0/0
1.1.1.1         1     FULL/BDR       00:00:33    172.16.2.1   FastEthernet0/0
```

⑧ ネイバーのステート。ネットワークタイプがポイントツーポイントモードではDR/BDR選出がないため「 - 」と表示される

■ ネイバーの詳細情報の表示

　show ip ospf neighborコマンドの後ろにネイバーのルータIDを指定すると、そのネイバーの詳細情報を表示することができます。なお、すべてのネイバーの詳細情報を表示するには、detailキーワードを付加します。

【show ip ospf neighborコマンドの出力例（Ro-B）】

```
Ro-B#show ip ospf neighbor 1.1.1.1    ←Ro-AのルータIDを指定
Neighbor 1.1.1.1, interface address 172.16.2.1   ←①
    In the area 0 via interface FastEthernet0/0   ←②
    Neighbor priority is 1, State is FULL, 6 state changes   ←③
    DR is 2.2.2.2 BDR is 1.1.1.1    ←④
    Options is 0x52
    LLS Options is 0x1 (LR)
    Dead timer due in 00:00:31   ←⑤
    Neighbor is up for 00:04:36   ←⑥
    Index 2/2, retransmission queue length 0, number of retransmission 0
    First 0x0(0)/0x0(0) Next 0x0(0)/0x0(0)
```

```
        Last retransmission scan length is 0, maximum is 0
        Last retransmission scan time is 0 msec, maximum is 0 msec
Ro-B#
Ro-B#show ip ospf neighbor 3.3.3.3    ←Ro-CのルータIDを指定
 Neighbor 3.3.3.3, interface address 172.16.3.2
    In the area 0 via interface Serial0/0
    Neighbor priority is 0, State is FULL, 6 state changes
    DR is 0.0.0.0 BDR is 0.0.0.0    ←⑦
    Options is 0x52
    LLS Options is 0x1 (LR)
    Dead timer due in 00:00:33
    Neighbor is up for 00:07:26
    Index 1/1, retransmission queue length 0, number of retransmission 0
    First 0x0(0)/0x0(0) Next 0x0(0)/0x0(0)
    Last retransmission scan length is 0, maximum is 0
    Last retransmission scan time is 0 msec, maximum is 0 msec
```

① ネイバーのルータIDとIPアドレス
② ネイバーを認識しているエリアとインターフェイス
③ ネイバールータのインターフェイスプライオリティとネイバー状態
④ このインターフェイスのDRのルータIDとBDRのルータID
⑤ ネイバーがダウンしたと認識するまでの時間
⑥ ネイバーがFull状態に移行してから経過した時間
⑦ DRとBDRの選出なし

■ リンクステートデータベース (LSDB) の表示

リンクステートデータベース (LSDB) が保持しているLSAの情報を表示するには、show ip ospf databaseコマンドを使用します。

◎ LSDBのLSAエントリ情報はとても複雑です。show ip ospf databaseコマンドはCCNAの範囲を超えるため、概要の説明にとどめます。

構文 リンクステートデータベースの表示 (ユーザモード、特権モード)
```
#show ip ospf database
```

【show ip ospf databaseコマンドの出力例（Ro-A）】

```
Ro-A #show ip ospf database

            OSPF Router with ID (1.1.1.1) (Process ID 1)   ←①

                    Router Link States (Area 0)   ←②

Link ID         ADV Router      Age         Seq#          Checksum Link count
1.1.1.1         1.1.1.1         326         0x8000000D    0x00199B 3
3.3.3.3         3.3.3.3         95          0x80000005    0x000DA7 2
2.2.2.2         2.2.2.2         781         0x80000005    0x00F30B 3
  ↑               ↑              ↑             ↑             ↑     ↑
  ③               ④              ⑤             ⑥             ⑦     ⑧

                    Net Link States (Area 0)   ←⑨

Link ID         ADV Router      Age         Seq#          Checksum
172.16.2.2      2.2.2.2         95          0x80000002    0x000CFF
  ↑
  ⑩

Ro-A#
```

① ローカルルータ（Ro-A）のルータID「1.1.1.1」と、プロセスID「1」
② エリア0のルータLSA（タイプ1）の見出し
③ LSAを生成したルータのルータID
④ LSAをアドバタイズしたルータのルータID
⑤ LSAを受信してからの経過時間
⑥ LSAの新しさを示すシーケンス番号
⑦ エラーチェックを行うチェックサム[※18]
⑧ リンク数（ポイントツーポイントリンクは「2」、マルチアクセスリンクは「1」でカウント）
⑨ エリア0のネットワークLSA（タイプ2）の見出し
⑩ DRのIPアドレス

※18 **【チェックサム】**check sum：データを送受信する際の誤りを検出する方法のひとつ。送信側でデータと一緒にチェックサムを送信し、受信側では送られてきたデータから同じ計算をしてチェックサムを比較し、一致するかどうか検査する。チェックサムが異なる場合は、伝送途中で誤りが発生したと判断し再送などの処理を行う

show ip ospf databaseコマンドでは、LSDBの要約情報を表示します。後ろに付加するキーワードにより、LSAタイプごとの詳細情報を表示することもできます。たとえば、routerキーワードを付加した場合はルータLSA（タイプ1）を、networkキーワードを付加した場合はネットワークLSA（タイプ2）を表示します。LSAタイプについては、「4-6 隣接関係とLSDBの管理」のMemo「LSAパケットの種類」を参照してください。

【show ip ospf database routerコマンドの出力例（Ro-A）】

```
Ro-A#show ip ospf database router    ←「router」キーワードを付加

           OSPF Router with ID (1.1.1.1) (Process ID 1)
                            ↑ルータIDとプロセスIDを表示
               Router Link States (Area 0)
                            ↑エリア0のルータLSA（Type1）の見出し
  LS age: 189
  Options: (No TOS-capability, DC)
  LS Type: Router Links         ←LSAのタイプ
  Link State ID: 1.1.1.1        ←このLSAを生成したルータのルータID
  Advertising Router: 1.1.1.1   ←アドバタイズしたルータのルータID
  LS Seq Number: 80000002       ←LSAのシーケンス番号
  Checksum: 0x5D6
  Length: 48
  Number of Links: 2
                        ↓ネットワークタイプ（ネイバーなしのマルチアクセス）
    Link connected to: a Stub Network
     (Link ID) Network/subnet number: 172.16.1.0    ←サブネットアドレス
     (Link Data) Network Mask: 255.255.255.0        ←サブネットマスク
      Number of TOS metrics: 0
       TOS 0 Metrics: 1
  <以下省略>
```

【show ip ospf database networkコマンドの出力例（Ro-A）】

```
Ro-A#show ip ospf database network    ←「network」キーワードを付加

      OSPF Router with ID (1.1.1.1) (Process ID 1)
                     ↑ルータIDとプロセスIDを表示
           Net Link States (Area 0)    ←エリア0のネットワークLSA（Type2）の見出し

Routing Bit Set on this LSA
LS age: 206
Options: (No TOS-capability, DC)
LS Type: Network Links    ←LSAのタイプ
Link State ID: 172.16.2.2 (address of Designated Router)    ←DRのIPアドレス
Advertising Router: 2.2.2.2    ←アドバタイズしたルータのルータID
LS Seq Number: 80000001    ←LSAのシーケンス番号
Checksum: 0x6208
Length: 32
Network Mask: /24    ←プレフィクス長（サブネットマスク）
    Attached Router: 1.1.1.1    ←このセグメント上にあるルータのルータID
    Attached Router: 2.2.2.2    ←このセグメント上にあるルータのルータID
```

■ OSPFデバッグコマンドの使用

OSPFデバッグコマンドを使用するとOSPFの動作をリアルタイムで確認することができるため、設定における基本的な問題をトラブルシューティングすることができます。ここでは、一般的に使用されるOSPFのデバッグコマンドを3つ紹介します。

● OSPFパケットの送受信の確認

OSPFルータが互いにOSPFパケットを送受信している様子を確認するにはdebug ip ospf eventsコマンドを使用します。

構文 OSPFパケットを送受信している様子を確認する（特権モード）
```
#debug ip ospf events
```

【debug ip ospf eventsコマンドの出力例】

```
Ro-B#debug ip ospf events      ←デバッグを有効化
OSPF events debugging is on    ←OSPF eventsデバッグが有効になったことを示す
Ro-B#
*Oct  6 09:58:25: OSPF: Rcv hello from 3.3.3.3 area 0 from Serial0/0 172.16.3.2   ←①
*Oct  6 09:58:25: OSPF: End of hello processing
Ro-B#
*Oct  6 09:58:27: OSPF: Rcv hello from 1.1.1.1 area 0 from FastEthernet0/0 172.16.2.1  ←②
*Oct  6 09:58:27: OSPF: End of hello processing
Ro-B#
*Oct  6 09:58:31: OSPF: Send hello to 224.0.0.5 area 0 on FastEthernet0/0 from 172.16.2.2 ←③
*Oct  6 09:58:31: OSPF: Rcv LS UPD from 1.1.1.1 on FastEthernet0/0 length 76 LSA count 1 ←④
Ro-B#
*Oct  6 09:58:33: OSPF: Send hello to 224.0.0.5 area 0 on Serial0/0 from 172.16.3.1
Ro-B#
*Oct  6 09:58:35: OSPF: Rcv hello from 3.3.3.3 area 0 from Serial0/0 172.16.3.2
*Oct  6 09:58:35: OSPF: End of hello processing
Ro-B#no debug all     ←デバッグの無効化（省略形ではu all）
All possible debugging has been turned off    ←デバッグが無効になったことを示す
```

① エリア0内のルータID「3.3.3.3」のルータからのHelloパケットをs0/0インターフェイスで受信。ネイバーのIPアドレスは「172.16.3.2」

② エリア0のルータID「1.1.1.1」のルータからのHelloパケットをfa0/0インターフェイスで受信。ネイバーのIPアドレスは「172.16.2.1」

③ エリア0で動作するfa0/0インターフェイスからHelloパケットをマルチキャスト（224.0.0.5）で送信

④ ルータID「1.1.1.1」から1個のLSAを含むアップデートパケットをfa0/0インターフェイスで受信

● 受信したOSPFパケットに関する情報の表示

受信したOSPFパケットに関する情報を表示するには、debug ip ospf packetコマンドを使用します。

構文 受信したOSPFパケットに関する情報を表示する（特権モード）

```
#debug ip ospf packet
```

出力における各フィールドの意味と出力例は、次のとおりです。

【debug ip ospf packetのフィールド】

フィールド	説明
v	OSPFバージョン。IPv4のOSPFでは「2」
t	OSPFパケットのタイプ。 1：Hello、2：DBD、3：LSR、4：LSU、5：LSAck
l	OSPFパケット長（単位：バイト）
rid	OSPFルータID
aid	OSPFエリアID
chk	OSPFチェックサム
aut	OSPF認証タイプ 0：認証なし、1：クリアテキストパスワード、2：MD5
auk	OSPF認証キー
keyed	MD5キーID
seq	シーケンス番号

【debug ip ospf packetコマンドの出力例】

```
Ro-B#debug ip ospf packet    ←デバッグを有効化
OSPF packet debugging is on    ←OSPFパケットのデバッグが有効になったことを示す
*Oct  6 09:59:15: OSPF: rcv. v:2 t:1 l:48 rid:3.3.3.3    ←①
    aid:0.0.0.0 chk:E290 aut:0 auk: from Serial0/0    ←②
Ro-B#
*Oct  6 09:59:17: OSPF: rcv. v:2 t:1 l:48 rid:1.1.1.1
    aid:0.0.0.0 chk:8A70 aut:0 auk: from FastEthernet0/0
Ro-B#
*Oct  6 09:59:21: OSPF: rcv. v:2 t:4 l:64 rid:1.1.1.1    ←③
    aid:0.0.0.0 chk:B5FD aut:0 auk: from FastEthernet0/0
Ro-B#
*Oct  6 09:59:23: OSPF: rcv. v:2 t:5 l:44 rid:3.3.3.3    ←④
    aid:0.0.0.0 chk:1032 aut:0 auk: from Serial0/0
Ro-B#
*Oct  6 09:59:25: OSPF: rcv. v:2 t:1 l:48 rid:3.3.3.3
    aid:0.0.0.0 chk:E290 aut:0 auk: from Serial0/0
Ro-B#no debug all    ←デバッグの無効化
All possible debugging has been turned off
```

① OSPFバージョン：2、パケットタイプ：Hello、パケット長：48バイト、ルータID：3.3.3.3
② エリアID：0 (0.0.0.0)、認証タイプ：なし、s0/0で受信
③ パケットタイプ：LSU、パケット長：64バイト、ルータID：1.1.1.1
④ パケットタイプ：LSAck（確認応答）、パケット長：44バイト、ルータID：3.3.3.3

● OSPFの隣接関係のイベントの表示

OSPFの隣接関係に関するイベントを確認するには、debug ip ospf adjコマンドを使用します。

構文 OSPFの隣接関係のイベントを表示する（特権モード）
#debug ip ospf adj

【debug ip ospf adjコマンドの出力例】

```
Ro-B#debug ip ospf adj
OSPF adjacency events debugging is on
Ro-B#
*Oct  7 10:22:43.604: %LINK-3-UPDOWN: Interface Serial0/0, changed state to up
*Oct  7 10:22:43: OSPF: Interface Serial0/0 going Up
*Oct  7 10:22:43: OSPF: 2 Way Communication to 3.3.3.3 on Serial0/0, state 2WAY  ←①
*Oct  7 10:22:43: OSPF: Send DBD to 3.3.3.3 on Serial0/0 seq 0x2BF opt 0x52 flag 0x7 len 32
*Oct  7 10:22:43: OSPF: Rcv DBD from 3.3.3.3 on Serial0/0 seq 0x1286 opt 0x52 flag 0x7 len 32  mtu 1500
state EXSTART  ←②
*Oct  7 10:22:43: OSPF: NBR Negotiation Done. We are the SLAVE  ←③
*Oct  7 10:22:43: OSPF: Send DBD to 3.3.3.3 on Serial0/0 seq 0x1286 opt 0x52 flag 0x2 len 112
*Oct  7 10:22:43: OSPF: Rcv DBD from 3.3.3.3 on Serial0/0 seq 0x1287 opt 0x52 flag 0x3 len 112  mtu
1500 state EXCHANGE  ←④
*Oct  7 10:22:43: OSPF: Send DBD to 3.3.3.3 on Serial0/0 seq 0x1287 opt 0x52 flag 0x0 len 32
*Oct  7 10:22:43: OSPF: Rcv DBD from 3.3.3.3 on Serial0/0 seq 0x1288 opt 0x52 flag 0x1 len 32  mtu 1500
state EXCHANGE           ↑⑤
*Oct  7 10:22:43: OSPF: Exchange Done with 3.3.3.3 on Serial0/0
*Oct  7 10:22:43: OSPF: Send LS REQ to 3.3.3.3 length 12 LSA count 1  ←⑥
*Oct  7 10:22:43: OSPF: Send DBD to 3.3.3.3 on Serial0/0 seq 0x1288 opt 0x52 flag 0x0 len 32
*Oct  7 10:22:43: OSPF: Rcv LS REQ from 3.3.3.3 on Serial0/0 length 36 LSA count 1
*Oct  7 10:22:43: OSPF: Send UPD to 172.16.3.2 on Serial0/0 length 40 LSA count 1
*Oct  7 10:22:43: OSPF: Rcv LS UPD from 3.3.3.3 on Serial0/0 length 64 LSA count 1
*Oct  7 10:22:43: OSPF: Synchronized with 3.3.3.3 on Serial0/0, state FULL  ←⑦
*Oct  7 10:22:43.828: %OSPF-5-ADJCHG: Process 2, Nbr 3.3.3.3 on Serial0/0 from LOADING to FULL, Loading
Done
*Oct  7 10:22:44: OSPF: Build router LSA for area 0, router ID 2.2.2.2, seq 0x80000039
*Oct  7 10:22:44: OSPF: Rcv LS UPD from 3.3.3.3 on Serial0/0 length 88 LSA count 1
*Oct  7 10:22:44.604: %LINEPROTO-5-UPDOWN: Line protocol on Interface Serial0/0, changed state to up
Ro-B#
```

① 2Way状態を示す
② Exstart状態に遷移
③ マスターとスレーブを決めている
④ Exchange状態に遷移
⑤ DBDを送受信している
⑥ LSRとLSUを送受信し、LSDB同期を行っている
⑦ 同期が完了し、Full状態に遷移

● OSPFデバッグによるトラブルシューティング

　先述したとおり、OSPFルータはHelloパケットを交換してネイバー関係を確立する際、Helloパケットに含まれる次のパラメータが一致しないと、ネイバー関係を確立することができません。

・Hello間隔
・Dead間隔
・エリアID
・認証情報
・スタブエリアフラグ

　OSPFのHello間隔およびエリアIDがネイバーに設定されたものと一致していない場合のログの出力を次に示します。

【OSPFのHello間隔が不一致のときの出力】

```
*Feb  2 09:33:42.726: OSPF: Mismatched hello parameters from 172.16.3.2
                                  ↑
                 Helloパラメータが一致していないことを示すメッセージが表示される
```

【OSPFのエリアIDが不一致のときの出力】

```
                                      エリアIDが不一致であることを示すエラー
                                                   ↓
*Feb 2 09:36:42.738: %OSPF-4-ERRRCV: Received invalid packet: mismatch area ID,
from backbone area must be virtual-link but not found from 172.16.3.1, Serial0/0
```

　なお、OSPF認証のトラブルシューティングについては、「4-10 OSPFの設定」で説明します。

4-10 OSPFのオプション設定

OSPFでは、ルータIDやOSPFプライオリティ値、コストなど、オプションで設定できる項目があります。これらのオプションを適切に設定することで、ルータにかかる負荷を分散したり、1Gbps以上のネットワークにおいて正確に最適経路を選択したりすることができます。

■ ルータIDの設定

router-idコマンドを使用すると、ルータのインターフェイスに割り当てられているIPアドレスにとらわれることなく管理者のわかりやすい番号をルータIDとして自由に設定することができます。ただし、ほかのOSPFルータと重複しないよう注意が必要です。ルータIDは、エリアが異なる場合でも一意である必要があるからです。

ルータIDは、OSPFプロセス起動時に決定します。すでに決定されたルータIDを、あとからrouter-idコマンドで変更するには、ルータを再起動するか、clear ip ospf processコマンドを実行してOSPFプロセスを再起動する必要があります。

構文 ルータIDの明示的な設定（ルータコンフィグモード）
(config-router)#**router-id** <router-id>

引数	説明
router-id	ルータIDとして設定したい番号を指定。「.」（ドット）で区切った4つの数字を指定する 例）R1ルータの場合：1.1.1.1、R2ルータの場合：2.2.2.2

【router-idコマンドによるルータIDの設定例】

```
Ro-A#configure terminal
Enter configuration commands, one per line.  End with CNTL/Z.
Ro-A(config)#router ospf 1
Ro-A(config-router)#router-id 1.1.1.1      ←ルータIDを「1.1.1.1」に設定
Reload or use "clear ip ospf process" command, for this to take effect
                ↑OSPFプロセスの再起動が必要であることを示すメッセージ
Ro-A(config-router)#end
Ro-A#
1d18h: %SYS-5-CONFIG_I: Configured from console by console
Ro-A#show ip ospf
 Routing Process "ospf 1" with ID 172.16.2.1    ←ルータIDは以前のまま
 Supports only single TOS(TOS0) routes
 Supports opaque LSA
 <途中省略>
```

```
Ro-A#clear ip ospf process    ←OSPFプロセスを再起動する
Reset ALL OSPF processes? [no]: y    ←念のため確認し「y (yes)」を入力する
Ro-A#
1d18h: %OSPF-5-ADJCHG: Process 1, Nbr 172.16.2.2 on FastEthernet0/0 from
FULL to DOWN, Neighbor Down: Interface down or detached
              ↑プロセス再起動のためネイバー関係がダウン
Ro-A#
1d18h: %OSPF-5-ADJCHG: Process 1, Nbr 172.16.2.2 on FastEthernet0/0 from
LOADING to FULL, Loading Done
Ro-A#show ip ospf
 Routing Process "ospf 1" with ID 1.1.1.1    ←ルータIDが変更された
 Supports only single TOS(TOS0) routes
 Supports opaque LSA
<以下省略>
```

■ OSPFプライオリティの設定

DR/BDRを選出するためのOSPFプライオリティを設定するには、**ip ospf priority**コマンドを使用します。マルチアクセスネットワークのインターフェイスごとに別々の値を設定することで、1台のルータが複数のセグメント上のDRに選出されることを防ぐことができます。

デフォルトのプライオリティ値は1で、値が最も大きいルータがDR、2番目に大きいルータがBDRになります。プライオリティ値を0にすると、DR/BDRになれないため固定でDROTHERになります。

構文 OSPFプライオリティの設定（インターフェイスコンフィグモード）
(config-if)#**ip ospf priority** <number>

引数	説明
number	プライオリティ値を0〜255の範囲で指定（デフォルトは1）。0を指定すると即時にDROTHERになる

【OSPFプライオリティの設定例】

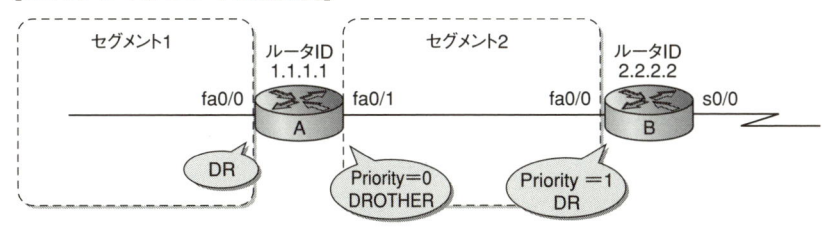

```
セグメント1        ルータID         セグメント2         ルータID
                  1.1.1.1                            2.2.2.2
        fa0/0              fa0/1           fa0/0              s0/0
                    A                                B

         DR
                      Priority=0         Priority=1
                      DROTHER            DR
```

```
Ro-A#configure terminal
Enter configuration commands, one per line.  End with CNTL/Z.
Ro-A(config)#interface fa0/1
Ro-A(config-if)#ip ospf priority 0      ←プライオリティを「0」に設定
Ro-A(config-if)#end
Ro-A#show ip ospf interface fa0/1
FastEthernet0/1 is up, line protocol is up
  Internet Address 172.16.2.1/24, Area 0      ネットワークタイプはブロードキャスト
                                                          ↓
  Process ID 1, Router ID 1.1.1.1, Network Type BROADCAST, Cost: 1
  Transmit Delay is 1 sec, State DROTHER, Priority 0
                                     ↑プライオリティ0でDROTHER
  Designated Router (ID) 2.2.2.2, Interface address 172.16.2.2
                 ↑DRは「2.2.2.2」(Ro-B)
  No backup designated router on this network    ←BDR選出なし
  Timer intervals configured, Hello 10, Dead 40, Wait 40, Retransmit 5
    oob-resync timeout 40
    Hello due in 00:00:07
  Supports Link-local Signaling (LLS)
  Index 2/2, flood queue length 0
  Next 0x0(0)/0x0(0)
  Last flood scan length is 0, maximum is 0
  Last flood scan time is 0 msec, maximum is 0 msec
  Neighbor Count is 1, Adjacent neighbor count is 1
    Adjacent with neighbor 2.2.2.2  (Designated Router)
  Suppress hello for 0 neighbor(s)
```

■ コストメトリックの変更

OSPFは、最適経路を決定するためのメトリックとして**コスト**を使用します。宛先ネットワークへの各リンクコストの合計値が最小であるパスを最適経路に決定します。

コスト値は、インターフェイスに設定された帯域幅に基づいて自動的に計算されます。コスト値を求めるデフォルトの計算式は、次のとおりです。

$$\text{コスト} = \frac{100\text{Mbps}}{\text{インターフェイスの帯域幅(bps)}}$$

デフォルトの計算式による、各インターフェイスのデフォルトのコスト値を次に示します。

【OSPFのコスト】

インターフェイスのタイプ(帯域幅)	コスト	計算
Ethernet(10Mbps)	10	100,000,000 ÷ 10,000,000 = 10
FastEthernet(100Mbps)	1	100,000,000 ÷ 100,000,000 = 1
GigabitEthernet(1,000Mbps)	1	100,000,000 ÷ 1,000,000,000 = 0.1
Serial(デフォルトT1:1,544Kbps)	64	100,000,000 ÷ 1,544,000 = 64.77
Serial(128Kbps)	781	100,000,000 ÷ 128,000 = 781.25
Serial(64Kbps)	1,562	100,000,000 ÷ 64,000 = 1,562

※ メトリック値には整数が用いられるため、小数点以下は切り捨てられる(1未満は切り上げ)

デフォルトの計算式では、100Mbps以上の帯域幅のコストはすべて1になってしまい、100Mbpsより高速なリンクが使用されている環境では、正確な最適経路を決定することができません。

この問題を解決するには次の2つの方法があります。

● 方法1:コスト計算式の分子を変更する

デフォルトのコスト計算式の分子を変更することで、100Mbps以上のリンクにおいて正しい最適経路決定ができます。たとえば、分子をデフォルトの100Mbpsから1000Mbpsに変更すると、コスト値は次のようになります。

例)コスト計算式の分子を1000にしたときのコスト値

  10Mbps → 100
  100Mbps → 10
  1,000Mbps → 1

$$\text{コスト} = \frac{1000\text{Mbps}}{\text{インターフェイスの帯域幅(bps)}}$$ ← 分子を変更

構文 デフォルトのコスト計算式を変更（ルータコンフィグモード）
(config-router)#**auto-cost reference-bandwidth** <ref-bw>

引数	説明
ref-bw	帯域幅を1～4294967の範囲で指定（単位：Mbps）。デフォルトは100Mbps

ただし、計算式を変更する場合は、すべてのOSPFルータで変更し、一貫した計算式を使用するようにします。

【auto-cost reference-bandwidthコマンドの設定例】

```
Ro-A#configure terminal
Enter configuration commands, one per line.  End with CNTL/Z.
Ro-A(config)#router ospf 1
Ro-A(config-router)#auto-cost reference-bandwidth 1000   ←「1000」Mbpsに変更
% OSPF: Reference bandwidth is changed.
         ↓すべてのルータで設定するようにメッセージが表示される
        Please ensure reference bandwidth is consistent across all routers.
Ro-A(config-router)#end
Ro-A#show ip ospf interface
FastEthernet0/1 is up, line protocol is up    ←100Mbpsのインターフェイス
  Internet Address 172.16.2.1/24, Area 0        コストが「10」に変更↓
  Process ID 1, Router ID 1.1.1.1, Network Type BROADCAST, Cost: 10
  Transmit Delay is 1 sec, State DROTHER, Priority 0
<以下省略>
```

● **方法2：インターフェイスのコストを手動で指定**

インターフェイスの帯域幅に関係なく、明示的にOSPFコスト値を割り当てることも可能です。この方法で指定するコストは、コスト計算式によって計算されたコストよりも優先されます。

たとえば、複数の異なるコストのパスを等コストに変更してルーティングテーブルへ格納し、ロードバランシングすることも可能です（OSPFのロードバランシングについては、後述します）。

構文 インターフェイスのコストを手動で指定（インターフェイスコンフィグモード）
(config-if)#`ip ospf cost` <interface-cost>

引数	説明
interface-cost	インターフェイスに割り当てるコストを1～65535の範囲で指定（単位：Mbps）

【ip ospf costコマンドの設定例】

```
Ro-B#configure terminal
Enter configuration commands, one per line.  End with CNTL/Z.
Ro-B(config)#interface serial 0/0
Ro-B(config-if)#ip ospf cost 100          ←s0/0インターフェイスのコストを「100」に指定
Ro-B(config-if)#end
Ro-B#show ip ospf interface serial 0/0
Serial0/0 is up, line protocol is up
  Internet Address 172.16.3.1/24, Area 0         コストが「100」に変更
  Process ID 2, Router ID 2.2.2.2, Network Type POINT_TO_POINT, Cost: 100
  Transmit Delay is 1 sec, State POINT_TO_POINT,
  Timer intervals configured, Hello 10, Dead 40, Wait 40, Retransmit 5
    oob-resync timeout 40
    Hello due in 00:00:07
<以下省略>
```

■ **OSPFのロードバランシング**

ロードバランシング（負荷分散）とは、トラフィックを複数の接続パスに分配する機能です。Cisco IOSソフトウェアは、標準でロードバランシング機能を備えています。ロードバランシングを利用すると、ルータは同じ宛先に対する複数の経路にパケットを振り分け、なるべく負荷を分散して効率よく転送することができます。

分配できるパス数は、ルーティングプロトコルごとに制限することが可能です。Cisco IOSソフトウェアでは、BGPを除くすべてのIPルーティングプロトコルのデフォルトは最大4つですが、設定を変更することにより最大16まで対応できます。

OSPFでは、SPFアルゴリズムによって宛先リンクへのコストを合計し、合計コストが最小のパスを最適経路としてルーティングテーブルへ格納します。等コストのパスが複数ある場合、デフォルトでは4つまでルーティングテーブルに登録して使用することができます。等コストパスの最大数を変更するには、次のコマンドを使用します。

構文 等コストパスの最大数を設定（ルータコンフィグモード）
(config-router)#`maximum-paths` <value>

引数	説明
value	ルーティングテーブルに格納する等コストパスの最大数を1〜16の範囲で指定

　次の図では、ルータXからサブネット「10.1.1.0/24」への接続パスが5つあります。仮にすべてのリンクコストが10の場合は、5つとも合計コストは30（10＋10＋10＝30）の等コストパスになります。つまり、最適経路が5つあるわけです。しかし、デフォルトでは4つまでルーティングテーブルに格納し、残り1つのパスは障害が発生した場合に使用されるバックアップとなってしまいます。

【最適経路が5つ以上ある場合】

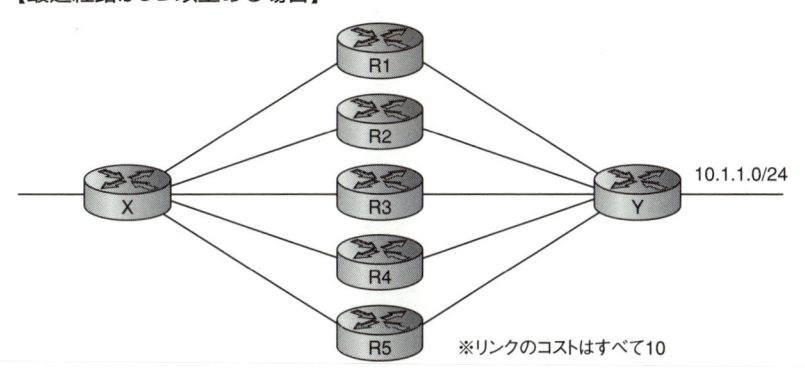

※リンクのコストはすべて10

　5つの最適経路をルーティングテーブルに登録して使用するために、maximum-paths 5 を設定します。最大パス数の変更が反映されたことを確認するには、show ip protocolsを使用します。

【maximum-pathsコマンドの設定】

```
Ro-X(config)#router ospf 1
Ro-X(config-router)#maximum-paths 5    ←最大パス数を「5」に変更
Ro-X(config-router)#end
Ro-X#show ip protocols
Routing Protocol is "ospf 1"
Outgoing update filter list for all interfaces is not set
Incoming update filter list for all interfaces is not set
Router ID 100.100.100.100
Number of areas in this router is 1. 1 normal 0 stub 0 nssa
Maximum path: 5    ←最大パス数が「5」に変更された
Routing for Networks:
172.16.0.0 0.0.255.255 area 0
＜以下省略＞
```

● OSPFの不等コストロードバランシング

　OSPFでは宛先リンクへの合計コストが等しい場合に限り、ロードバランシングが可能です。つまり、不等コストのロードバランシング機能はありません。
　コストの異なる複数のパスを使ってロードバランシングをしたい場合、インターフェイスのOSPFコストを強制的に等しくなるように設定することで実現できます。
　次の図では、ルータXからサブネット「10.1.1.0/24」への接続パスが2つあります。各経路の合計コストは次のとおりです。

・R1経由……1,564（1562＋1＋1＝1564）
・R2経由……66（64＋1＋1＝66）　　最適経路

　不等コストなので、合計コストが最小であるR2（172.16.2.2）経由のパスのみルーティングテーブルに入り、ロードバランシングされません。

【ロードバランシングなしの場合】

```
X のルーティングテーブル
O 10.1.1.0/24 [110/66] via 172.16.2.2 Serial0/1
```
　　　　　　　　　　↑　　　　　　　↑
　　　　　メトリック（コスト）　ネクストホップアドレス（R2）

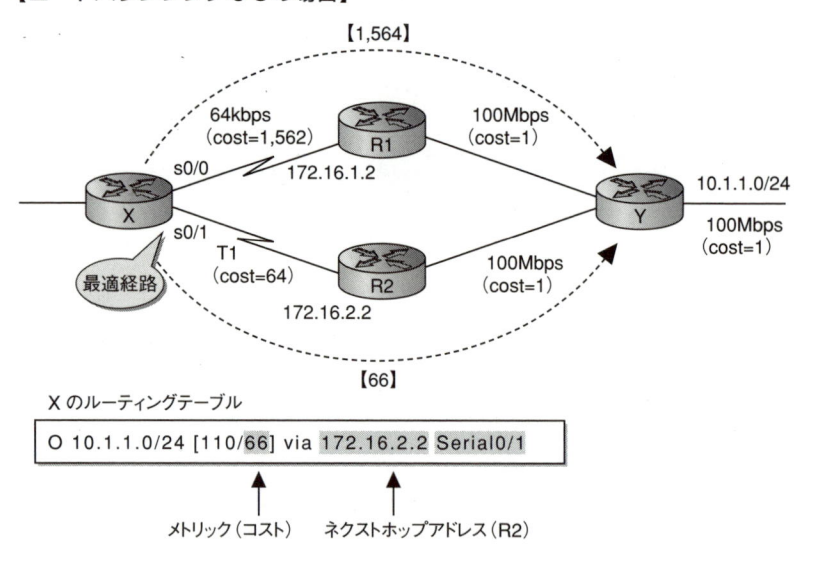

　不等コストのロードバランシングをするためには、ルータXのs0/0インターフェイスのコスト値をs0/1と同じ値にする必要があります。ip ospf cost 64コマンドによって、リンクの帯域幅に関係なく強制的にコストを64に定義することにより、等コストメトリックとなって2つのパスがルーティングテーブルに入り、ロードバランシングされます。

4-10 OSPFのオプション設定 | 229

【ロードバランシングをした場合】

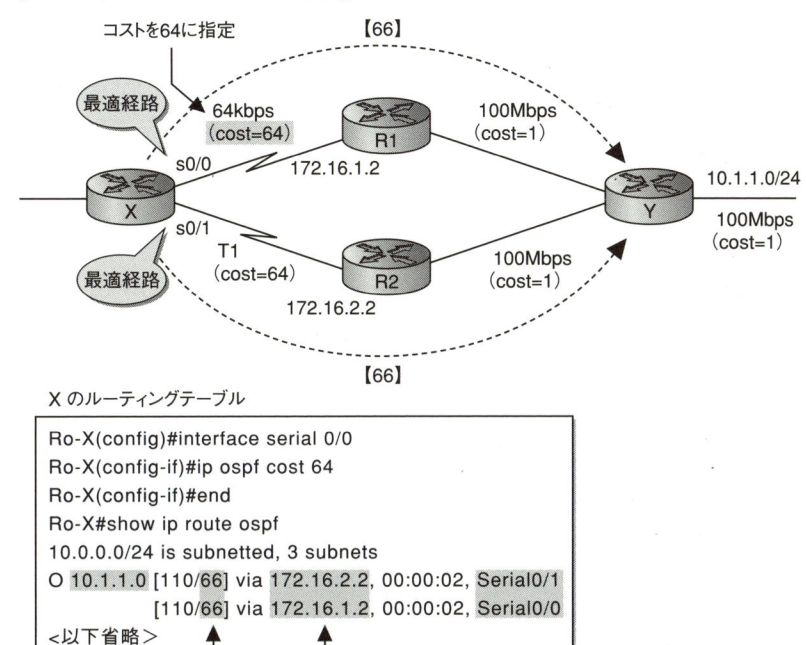

```
Ro-X(config)#interface serial 0/0
Ro-X(config-if)#ip ospf cost 64
Ro-X(config-if)#end
Ro-X#show ip route ospf
10.0.0.0/24 is subnetted, 3 subnets
O  10.1.1.0 [110/66] via 172.16.2.2, 00:00:02, Serial0/1
            [110/66] via 172.16.1.2, 00:00:02, Serial0/0
<以下省略>
```

Xのルーティングテーブル

メトリック（コスト）　ネクストホップアドレス（R2、R1）

4-11 OSPFの認証

OSPFの認証機能を使用すると、ネイバーから送られてくるすべてのOSPFパケットに対して正規のものであるか確認することができます。これによって、攻撃者が不正なルータをネットワークに接続したとしても、不正なルータとの間ではネイバー関係を確立せず、経路情報が交換されることを防ぎます。

■ ネイバー認証のタイプと認証の対象

ネイバー認証は、両端のルータが認識する認証キー（パスワード）の交換によって行われます。**OSPF**は、デフォルトで**ヌル認証**を使用します。これは認証なしを意味します。このほか、**OSPF**の認証方式にはプレーンテキスト認証とMD5[※19]認証があります。2つの認証方式の違いを次に示します。

- プレーンテキスト認証 …… パスワードを暗号化せずにそのままテキストで交換する方式。通信途中でパケットが盗まれると、パスワードが簡単に読み取られてしまうため、セキュリティ性が低い
- MD5認証 …………………… キーIDとパスワードから各OSPFパケットのハッシュ[※20]を交換する方式。通信途中でパケットが盗まれたとしても、パスワードを読み取ることは困難なためセキュリティ性が高い

また、**OSPF**では認証機能を有効にする対象として、次の3つがあります。

- インターフェイス …… インターフェイス上のネイバーと認証する
- エリア ………………… 指定されたエリアに含まれるすべてのインターフェイス上で認証する
- 仮想リンク …………… 仮想リンクを接続するネイバーと認証する

◎ 仮想リンクは、CCNAの範囲を超えるため、本書では言及しません。

[※19]【MD5】(エムディーファイブ) Message Digest 5：一方向ハッシュ関数のひとつで、ある文字列から128ビットの固定長の乱数である「ハッシュ値」を生成する。ハッシュ値から元の文字列を復元することはできない。また、同じハッシュ値を持つ異なるデータを作成することはきわめて困難である
[※20]【ハッシュ】hash：元の文字列をある関数（計算式）によって出力した固定長のビット列の値。ハッシュ値から元の文字列を推定することは不可能である

■ OSPFの認証手順

OSPF認証を設定するには、次の2つの作業が必要になります。

・認証方式を指定（認証の有効化）
・認証パスワードの設定

● インターフェイスに対するOSPF認証の設定

・インターフェイスの認証方式を指定

　認証方式を指定し、インターフェイスの認証機能を有効化します。

> **構文** インターフェイスの認証方式を指定（インターフェイスコンフィグモード）
> (config-if)#`ip ospf authentication` [`message-digest`]

引数	説明
message-digest	MD5認証を行う場合に指定（オプション）。省略した場合は、プレーンテキスト認証になる

・認証パスワードの設定

　インターフェイスの認証で使用するパスワードを設定します。このコマンドで作成されるパスワードは、OSPFパケットを送信する際のキーとしてOSPFヘッダに挿入されます。インターフェイス上のすべてのOSPFネイバーは同じパスワードを使ってOSPFパケットを交換する必要があります。

　MD5認証では、キーIDとパスワードの設定が必要になるため、コマンドが異なります。

> **構文** プレーンテキスト認証のパスワード設定（インターフェイスコンフィグモード）
> (config-if)#`ip ospf authentication-key` <password>

> **構文** MD5認証のパスワード設定（インターフェイスコンフィグモード）
> (config-if)#`ip ospf message-digest-key` <key-id> `md5` <password>

引数	説明
password	認証パスワードを最大8文字で指定
key-id	キーIDを1～7の範囲で指定

第 4 章 リンクステートルーティング

【インターフェイスに対するOSPF認証（MD5）の設定例】

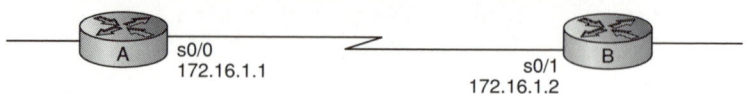

```
     A  s0/0                    s0/1  B
        172.16.1.1              172.16.1.2
```

＜Aの設定＞
(config)#interface serial 0/0
(config-if)#ip ospf authentication message-digest
(config-if)#ip ospf message-digest-key 1 md5 CCNA802

＜Bの設定＞
(config)#interface serial 0/1
(config-if)#ip ospf authentication message-digest
(config-if)#ip ospf message-digest-key 1 md5 CCNA802

インターフェイスに対して認証を設定した場合、show ip ospf interfaceコマンドで確認することができます。

【show ip ospf interfaceコマンドの出力例】

```
Ro-B#show ip ospf interface serial 0/0
Serial0/0 is up, line protocol is up
  Internet Address 172.16.3.1/24, Area 0
  Process ID 2, Router ID 2.2.2.2, Network Type POINT_TO_POINT, Cost: 1562
  Transmit Delay is 1 sec, State POINT_TO_POINT,
  Timer intervals configured, Hello 10, Dead 40, Wait 40, Retransmit 5
    oob-resync timeout 40
    Hello due in 00:00:06
  Supports Link-local Signaling (LLS)
  Index 2/2, flood queue length 0
  Next 0x0(0)/0x0(0)
  Last flood scan length is 1, maximum is 2
  Last flood scan time is 0 msec, maximum is 4 msec
  Neighbor Count is 1, Adjacent neighbor count is 1
    Adjacent with neighbor 3.3.3.3
  Suppress hello for 0 neighbor(s)
  Message digest authentication enabled    ←MD5認証が有効であることを示す
    Youngest key id is 1   ←キーIDは「1」である
                                           プレーンテキスト認証の場合は「Simple
                                           password authentication enabled」と表
                                           示される
```

● エリアに対するOSPF認証の設定

・エリアの認証方式を指定

認証方式を指定し、エリアの認証機能を有効化します。

構文 エリアの認証方式を指定（ルータコンフィグモード）

(config-router)#`area <area-id> authentication [ message-digest ]`

引数	説明
area-id	エリア認証を有効にするエリアIDを指定
message-digest	MD5認証を行う場合に指定（オプション）。省略した場合は、プレーンテキスト認証になる

・認証パスワードの設定

インターフェイス認証と同様に、エリア認証で使用するパスワードを設定します。パスワードはインターフェイスごとに個別に割り当てることができます。

構文 プレーンテキスト認証のパスワード設定（インターフェイスコンフィグモード）

(config-if)#`ip ospf authentication-key <password>`

構文 MD5認証のパスワード設定（インターフェイスコンフィグモード）

(config-if)#`ip ospf message-digest-key <key-id> md5 <password>`

引数	説明
password	認証パスワードを最大8文字で指定。英字は大文字と小文字が区別される
key-id	キーIDを1～7の範囲で指定

【エリアに対するOSPF認証（プレーンテキスト）の設定例】

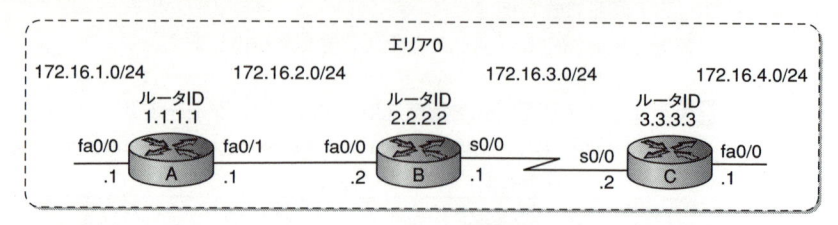

```
                          エリア0
172.16.1.0/24    172.16.2.0/24    172.16.3.0/24    172.16.4.0/24
         ルータID           ルータID           ルータID
         1.1.1.1           2.2.2.2           3.3.3.3
    fa0/0    fa0/1    fa0/0    s0/0    s0/0    fa0/0
       .1  A  .1         .2  B  .1         .2  C  .1
```

＜Aの設定＞
(config)#router ospf 1
(config-router)#area 0 authentication
(config-router)#interface fa0/1
(config-if)#ip ospf authentication-key CISCO

＜Cの設定＞
(config)#router ospf 3
(config-router)#area 0 authentication
(config-router)#interface s0/0
(config-if)#ip ospf authentication-key CCNA

＜Bの設定＞
(config)#router ospf 2
(config-router)#area 0 authentication
(config-router)#interface fa0/0
(config-if)#ip ospf authentication-key CISCO
(config-if)#interface s0/0
(config-if)#ip ospf authentication-key CCNA

エリアに対して認証を設定した場合、show ip ospfコマンドで確認することができます。

【show ip ospfコマンドの出力例】

```
Ro-B#show ip ospf
 Routing Process "ospf 2" with ID 2.2.2.2
 Start time: 2d23h, Time elapsed: 1d00h
 ＜途中省略＞
 Number of DoNotAge external and opaque AS LSA 0
 Number of areas in this router is 1. 1 normal 0 stub 0 nssa
 Number of areas transit capable is 0
 External flood list length 0
    Area BACKBONE(0)    ←エリア0の情報
        Number of interfaces in this area is 2
        Area has message digest authentication
                      ↑MD5認証が有効であることを示す
        SPF algorithm last executed 00:00:24.348 ago
        SPF algorithm executed 45 times
        Area ranges are
        Number of LSA 4. Checksum Sum 0x00FE41
        Number of opaque link LSA 0. Checksum Sum 0x000000
        Number of DCbitless LSA 0
        Number of indication LSA 0
        Number of DoNotAge LSA 0
        Flood list length 0
```

■ OSPF認証のトラブルシューティング

OSPF認証のトラブルシューティングには、**debug ip ospf adj**コマンドが役立ちます。以下に、認証設定の不具合による隣接関係を確立するときの様子を示します。

次ページの図では、ルータAにMD5認証、ルータBにプレーンテキスト認証が設定されているため、デバッグの出力では認証タイプが不一致であることが報告され、隣接関係は確立できません。

【インターフェイスの認証タイプが不一致の場合】

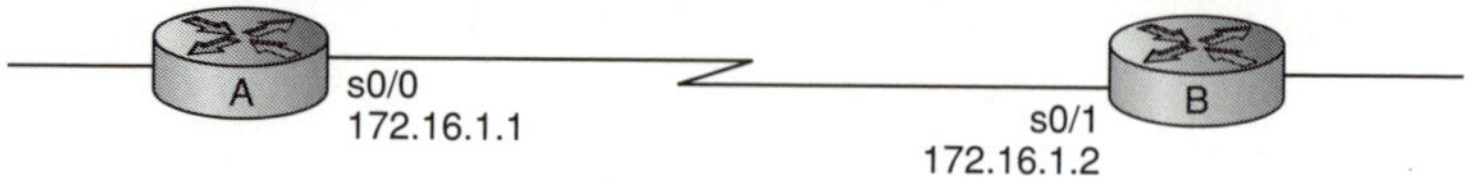

```
         A   s0/0                        s0/1   B
             172.16.1.1                  172.16.1.2
```

<Aの設定>
```
Ro-A(config)#interface serial 0/0
Ro-A(config-if)#ip ospf authentication message-digest
Ro-A(config-if)#ip ospf message-digest-key 1 md5 CCNA
```

<Bの設定>
```
Ro-B(config)#interface serial 0/1
Ro-B(config-if)#ip ospf authentication
Ro-B(config-if)#ip ospf authentication-key CCNA
```

```
Ro-A#debug ip ospf adj
OSPF adjacency events debugging is on
Ro-A#
*Oct 7 10:20:39: OSPF: Send with youngest Key 1
*Oct 7 10:20:39: OSPF: Rcv pkt from 172.16.1.2, Serial0/0 : Mismatch Authentication type. Input
packet specified type 1, we use type 2
```
　　　　　　　　　　　　　　　　　　　　　　　　　　　　認証タイプ不一致のエラー

※ 認証タイプ0はヌル（認証なし）、1はシンプルパスワード（プレーンテキスト）、2はMD5を示す

　次の図では、ルータAにパスワード「CISCO」、ルータBにパスワード「CCNA」が設定されているため、デバッグの出力では認証キー（パスワード）が不一致であることが報告され、隣接関係は確立できません。

【認証パスワードが不一致の場合】

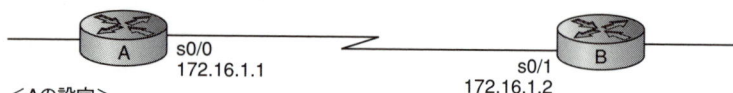

```
         A   s0/0                        s0/1   B
             172.16.1.1                  172.16.1.2
```

<Aの設定>
```
Ro-A(config)#interface serial 0/0
Ro-A(config-if)#ip ospf authentication
Ro-A(config-if)#ip ospf authentication-key CISCO
```

<Bの設定>
```
Ro-B(config)#interface serial 0/1
Ro-B(config-if)#ip ospf authentication
Ro-B(config-if)#ip ospf authentication-key CCNA
```

```
Ro-A#debug ip ospf adj
OSPF adjacency events debugging is on
Ro-A#
*Oct 7 10:20:19: OSPF: Rcv pkt from 172.16.1.2, Serial0/0 : Mismatch Authentication Key - Clear
Text
```
　　　　　　　　　　　　　　　　　　認証キー（パスワード）不一致のエラー

4-12 演習問題

1. OSPFの特徴の説明として誤っているものを選びなさい。（2つ選択）

    A. 標準化プロトコルであるため、マルチベンダ環境で使用可能なリンクステートルーティングプロトコルである
    B. Helloパケットを交換してネイバー関係を確立し、ネイバーと認識したOSPFルータに対してルーティングテーブルの経路情報をアップデート送信する
    C. 同じエリアに属するOSPFルータは、同じLSDBを保持している
    D. LSDBに格納されたLSAを基に、SPFアルゴリズムで最適経路を計算してルーティングテーブルを構築する
    E. トポロジに変更があった場合のみLSAを送信し、定期的にLSAがフラッディングされることはない
    F. クラスレスルーティングプロトコルであり、VLSMをサポートしている

2. OSPFのメトリックとして正しいものを選びなさい。

    A. コスト
    B. ホップカウント
    C. 帯域幅
    D. 遅延
    E. ディスタンス

3. ルータIDの説明として正しいものを選びなさい。（2つ選択）

    A. 同じエリアに所属するすべてのOSPFルータで同じIDにする必要がある
    B. 32ビット値を4つのオクテットに分割し、ドット（.）で区切って10進数で表記する
    C. router-idコマンドで設定すると、即時に反映される
    D. ループバックインターフェイスよりも、アクティブな物理インターフェイスの最大IPアドレスがルータIDとして優先される
    E. ループバックインターフェイスまたはrouter-idコマンドでルータIDを設定すると、信頼性を高めることができる

4. **OSPFルータがHelloパケットを交換した情報で、お互いに一致しなくてはならないものを選びなさい。（4つ選択）**

   A. ルータID
   B. エリアID
   C. Hello間隔
   D. Dead間隔
   E. Hold間隔
   F. 認証情報
   G. プライオリティ値

5. 次の図の構成でOSPFをシングルエリア環境で動作させるとき、R2ルータで実行する必要のあるコマンドを選びなさい。（3つ選択）

   ```
   172.16.13.32/27   172.16.13.64/27        10.1.16.0/20         10.1.32.0/20
        fa0/0    s0/0       s0/0      s0/1        s0/0     fa0/1
            R1                   R2                   R3
   ```

   A. (config-router)#network 172.16.0.0 0.0.255.255 area 0
   B. (config)#network 10.1.0.0 0.0.255.255 area 0
   C. (config)#router ospf 123
   D. (config)#router ospf 0
   E. (config-router)#network 10.1.16.0 0.0.15.255 area 0
   F. (config-router)#network 10.1.16.0 0.0.0.0 area 0
   G. (config-router)#network 172.16.13.64 0.0.0.63 area 1
   H. (config-router)#network 10.1.16.0 0.0.0.31 area 0

4-13 解答

1. **B、E**

    OSPFはRFC標準のプロトコルであり、マルチベンダ環境で使用可能なリンクステート型のルーティングプロトコルです（A）。サブネットマスクの情報を運ぶことができ、VLSMをサポートするクラスレスルーティングプロトコルです（F）。

    最初にHelloパケットを交換してネイバー関係を確立し、ネイバーをネイバーテーブルに格納します。OSPFはLSAと呼ばれるパケットによって、自身が持つインターフェイスの情報（リンクステート情報）を送信します。RIPのようなディスタンスベクターとは異なり、ルーティングテーブルの経路情報は送信しません（**B**）。

    OSPFは受信したLSAをLSDB格納します。LSAはフラッディングされ、エリア内のすべてのOSPFルータで同じLSAが保持されます（C）。LSDBに格納されたLSAを基にして、各OSPFルータはSPFアルゴリズムで最短パスを計算し、ルーティングテーブルを構築します（D）。トポロジに変更があった場合には、影響のあった部分を差分でトリガードアップデートしますが、LSDBを最新の情報で同期するため、各LSAを定期的（デフォルトでは30分間隔）にフラッディングしています（**E**）。

2. **A**

    OSPFはメトリックに、リンクの帯域幅を基にした「コスト」と呼ばれる数値を使用しています（**A**）。コスト値はインターフェイスに設定された帯域幅に基づいて自動的に計算されます。デフォルトでは、次の計算式でコストを算出しています。

    $$\text{コスト} = \frac{100\text{Mbps}}{\text{インターフェイスの帯域幅(bps)}}$$

    なお、RIPは「ホップカウント」（B）、EIGRPは「帯域幅と遅延」（C、D）を使用しています。

3. **B、E**

ルータIDは、OSPFルータを一意に識別するために名前の代わりとなる識別番号です。OSPFドメイン全体で重複しないように割り当てる必要があります（A）。

ルータIDは32ビット値で、4つのオクテットをドット（.）で区切って10進数で表記します（**B**）。これはIPv4アドレスの表記と同じであるため、デフォルトではアクティブな物理インターフェイスの最大IPアドレスを自動的にルータIDとして設定します。ただし、物理インターフェイスはダウンすることがあるので、OSPFルーティングの信頼性を高めるには、router-idコマンドでルータIDを直接指定するか、ダウンしないループバックインターフェイスのIPアドレスをルータIDとして設定します（**E**）。ルータIDは、次の基準で選択されます（D）。

1. router-idコマンド
2. ループバックインターフェイス（複数ある場合は、最大IPアドレスを選択）
3. アクティブな物理インターフェイス（複数ある場合は、最大IPアドレスを選択）

ただし、OSPFの起動時（router ospf <process-id>コマンド実行時）にルータIDが選択されるため、ネイバーが正常に確立された状態で、あとからrouter-idコマンドを設定してもルータIDは即時に変更されません（C）。

4. **B、C、D、F**

OSPFルータがネイバー関係を確立するためには、隣接ルータから受信したHelloパケットにある次の情報が自身と一致する必要があります。

・エリアID（**B**）
・Hello間隔（**C**）
・Dead間隔（**D**）
・認証情報（認証タイプとパスワード）（**F**）
・スタブエリアフラグ

5. **A、C、E**

OSPFをシングルエリア環境で動作させるには、まずOSPFを起動し、OSPFが動作するインターフェイスとエリアIDを定義します。起動するときのプロセスIDに「0」を指定することはできません（**C**、D）。
R2のIPアドレスを確認し、適切なワイルドカードマスクとエリアIDは次の選択肢になります。

「s0/0：172.16.13.64/27」は、172.16.0.0 0.0.255.255 area 0 ……（**A**）

「/27（11111111.11111111.11111111.11100000」)」を反転すると「00000000.00000000.00000000.00011111」になり、ワイルドカードマスクは「0.0.0.31」なので、選択肢Gは誤りです。

「s0/1：10.1.16.0/20」は、10.1.16.0 0.0.15.255 area 0 ……（**E**）

「/20（11111111.11111111.11110000.00000000）」を反転すると「00000000.00000000.00001111.11111111」になり、ワイルドカードマスクは「0.0.15.255」なので、Hは誤りです。
Bはモードが間違っています。

第5章
ハイブリッドルーティング

5-1 EIGRPの概要

5-2 EIGRPの動作とDUALアルゴリズム

5-3 EIGRPのメトリック

5-4 EIGRPの基本設定

5-5 EIGRPの検証

5-6 EIGRPのオプション設定

5-7 EIGRPの認証

5-8 演習問題

5-9 解答

5-1 EIGRPの概要

EIGRPはIGRPを拡張したルーティングプロトコルで、シスコが独自に開発しました。ディスタンスベクター型とリンクステート型の両方の利点を取り入れたハイブリッドなプロトコルです。

■ EIGRPの特徴

EIGRP（Enhanced Interior Gateway Routing Protocol）には、次のような特徴があります。

● シスコ独自のルーティングプロトコル

　EIGRPは、シスコが独自に開発したディスタンスベクター型ルーティングプロトコルのIGRPを拡張（Enhanced）したものです。リンクステートプロトコルのいくつかの機能を取り入れることでディスタンスベクターが抱える問題を解決しています。ただし、シスコ独自のプロトコルであるため、他社製ルータが混在するマルチベンダ環境ではサポートされません。

　EIGRPは、拡張ディスタンスベクタープロトコル、またはハイブリッドルーティングプロトコルと呼ばれます。

● DUALを使った超高速コンバージェンス

　EIGRPルータは、利用可能なすべてのルートをトポロジテーブルに格納し、DUAL（Diffusing Update Algorithm：デュアル）というアルゴリズムを使用して宛先までの最適ルートとバックアップルートを選択し、最適ルートをルーティングテーブルに格納します。最適ルートに障害が発生した場合、すばやくバックアップルートに切り替えることができるため、非常に高速なコンバージェンスを実現します。バックアップルートがない場合は、代わりとなるルートを見つけるためにネイバーに問い合わせます。

● 部分的なアップデート

　ネットワークが安定した状態ではネイバー関係を維持するためのHelloパケットだけを送受信し、定期的なアップデートを行いません。トポロジに変更があった場合には、そのルートに関する部分的な情報のみをトリガードアップデートします。
　RIPやIGRPのようにルーティングテーブル全体を定期的にアップデートしないため、帯域幅の使用率が減少します。

● マルチキャストとユニキャスト

　アップデートを含むすべてのEIGRPパケットは、マルチキャストやユニキャストで送信されます。IGRPのようにブロードキャストを使用しないのでオーバーヘッド[1]が減少し、エンドユーザへの影響が軽減されます。なお、EIGRPのマルチキャストアドレスには「224.0.0.10」が使用されます。

● メトリックが高度

メトリック[※1]はIGRPと同様に、「帯域幅・遅延・信頼性・負荷」による複合メトリックを使用します。ただし、デフォルトでは帯域幅と遅延のみを使用します。メトリック値はIGRPの24ビットから32ビットに拡張することでより精度の高いルート選択を実現しています。

● ロードバランシング

EIGRPは等コストと不等コストのロードバランシングをサポートしています。そのため、管理者はネットワークのトラフィックフローをより適切に分散させることができます（これは、IGRPと同様です）。

● 柔軟な経路集約

EIGRPは、デフォルトではクラスフルネットワークの境界で自動的に経路集約を実行します。さらに、任意のルータの任意のインターフェイスで、手動で経路集約を設定することも可能です。

● 設定が簡単

EIGRPの設定は、IGRPと同様にとても簡単です。また、エリアによる設計という概念もなく、ネットワークの拡張にも柔軟に対応することができます。

● クラスレスルーティングプロトコル（VLSMサポート）

EIGRPは、ルート情報を通知するアップデートにサブネットマスクを含むことができるクラスレスルーティングプロトコル[※2]です。したがって、VLSM[※3]（可変長サブネットマスク）と不連続なサブネットワーク環境をサポートし、無駄のない柔軟なアドレッシングを行うことができます。

● 複数のネットワーク層プロトコルをサポート

IPだけでなく、IPX[※4]やAppleTalk[※5]をサポートし、複数のネットワーク層プロトコルを使用した混在環境を構築することが可能です。

※1　【オーバーヘッド】overhead：ある処理を実行するためにかかる負荷の大きさを指す。システムの負荷によって処理に時間がかかる状態を「オーバーヘッドが大きい」などという

※2　【クラスレスルーティングプロトコル】classless routing protocol.：ルーティングアップデートにサブネットマスクを含むルーティングプロトコル。RIPv2、EIGRP、OSPFが該当する。クラスレスルーティングプロトコルではVLSMをサポートする

※3　【VLSM】(ブイエルエスエム) Variable Length Subnet Mask：可変長サブネットマスク。同じネットワークから派生するサブネットのマスク長を可変でアドレッシングする技術

※4　【IPX】(アイピーエックス) Internetwork Packet eXchange：ノベルのネットワークOSであるNetWareで使用されるネットワーク層プロトコル。かつて、IPXは企業LANのプロトコルとして標準的な地位を確立していたが、1990年代のTCP/IPを使用するインターネットの普及とWindows NTの登場によって、現在はあまり使用されていない

※5　【AppleTalk】(アップルトーク)：アップルのMac OSに標準搭載されているネットワーク層プロトコル。AppleTalkのネットワーク機能を提供するプロトコル群の総称である

5-2 EIGRPの動作とDUALアルゴリズム

EIGRPは、複数のテーブルを用いて動作します。また、高速コンバージェンスを実現するためにDUALアルゴリズムを使用しています。

■ EIGRPのテーブル

EIGRPには、リンクステートプロトコルと同様に次の3つのテーブルがあります。

- ネイバーテーブル ………… 直接接続されたEIGRPルータのリスト
- トポロジテーブル ………… ネイバーから受信したすべてのルート情報を含むデータベース。各ルート情報を次のいずれかの状態で保持する
  - パッシブ状態：そのルートは正常であり利用可能
  - アクティブ状態：そのルートは再計算中であり使用不可能
- ルーティングテーブル …… トポロジテーブルから得た最適ルートのリスト（ほかのルーティングプロセスから得た情報も含まれる）。実際のパケット転送で使用される

■ EIGRPの動作

EIGRPが最適ルートをルーティングテーブルに格納するまでの手順を次に示します。

●ステップ1：ネイバー関係を確立（ネイバーテーブル）

直接接続されたEIGRPを実行しているルータ間でHelloパケットを交換し合い、ネイバー関係を確立します（パケットについては後述します）。ネイバーだと認識したEIGRPルータをネイバーテーブルに格納します。

【ネイバー関係確立】

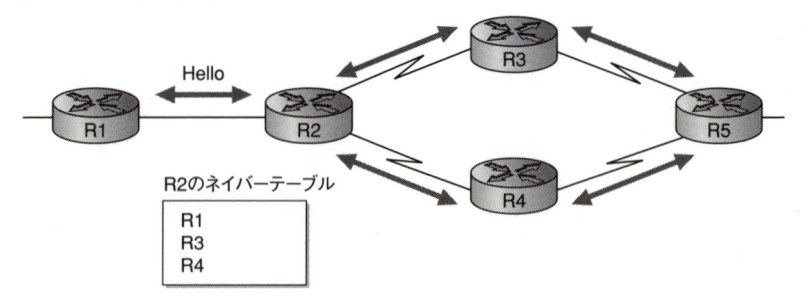

R2のネイバーテーブル
- R1
- R3
- R4

Helloパケットはネイバー関係を維持するために定期的に送信されます。Helloパケットにはネイバーが動作中であることを示すホールドタイムが含まれます。ホールドタイム中にEIGRPパケットを受信しない場合は、ネイバー関係は解消され、そのネイバーから得たルート情報は削除されます。

● ステップ2：ルーティングアップデート（トポロジテーブル）

自身のルーティングテーブルに含まれるルート情報を、アップデートパケットで通知します。アップデートパケットはマルチキャスト（224.0.0.10）で送信されます。

ネイバーから受信したルート情報はすべてトポロジテーブルに格納されます。

【ルーティングアップデート】

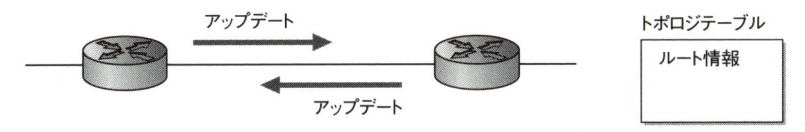

● ステップ3：最適ルートを決定（ルーティングテーブル）

トポロジテーブルに格納したすべてのルート情報はDUALアルゴリズムを使用して維持・管理されます。DUALは宛先ごとにアドバタイズドディスタンス（AD）とフィージブルディスタンス（FD）を持ち、その値によってサクセサとフィージブルサクセサを決定し、サクセサをルーティングテーブルに格納します。

【ルーティングテーブルの学習】

DUALに関する用語には次のようなものがあります。

【DUAL用語】

用語	説明
アドバタイズドディスタンス (AD：Advertised Distance)	ネイバーから宛先ネットワークまでのメトリック
フィージブルディスタンス (FD：Feasible Distance)	ローカルルータ（自身）から宛先ネットワークまでのメトリック
サクセサ (S：Successor)	最適ルート。ルーティングテーブルへコピーされ、実際にパケット転送で使用されるルート
フィージブルサクセサ (FS：Feasible Successor)	バックアップ（代替）ルート。サクセサがダウンした場合に、即時にサクセサとなって使用されるルート

【アドバタイズドディスタンスとフィージブルディスタンスの例】

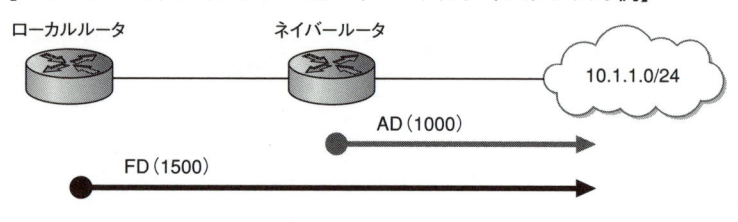

ローカルルータ　　　　ネイバールータ　　　　　10.1.1.0/24

AD（1000）
FD（1500）

■ サクセサの選択

　宛先ネットワークまでのFDが最小のルートがサクセサに選択されます。最小FDのルートが複数ある場合は、サクセサが複数存在します。デフォルトではサクセサを4つまでルーティングテーブルに追加します（最大16ルートまで可能）。

【サクセサの選択】

```
       サクセサ
      （最適ルート）
         → R2
       ↗        ↘
    R1 → R3 → R5 ─── 10.1.1.0/24
       ↘        ↗
         R4
```

R1のトポロジテーブル

10.1.1.0/24		
ネクストホップ	FD	AD
R2	2000	1000
R3	3000	1500
R4	5000	3000

↑ FDを比較

R1のルーティングテーブル

ネットワーク	メトリック	ネクストホップ
10.1.1.0/24	2000	R2

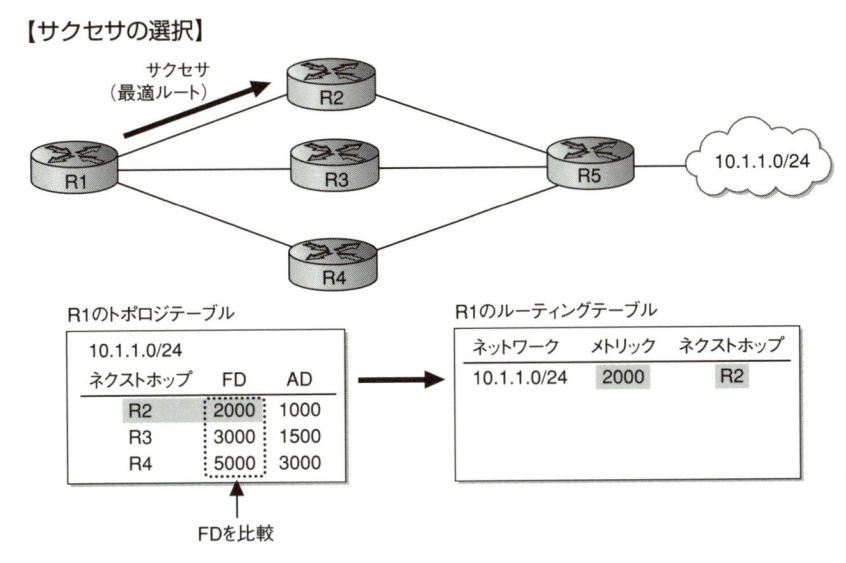

- サクセサは最小FD
- サクセサはルーティングテーブルへ格納

■ フィージブルサクセサの選択

　フィージブルサクセサは、サクセサに選択されなかった残りのルートから選択されます。ただし、DUALは完全にループが起きないことを保証するため、フィージブルサクセサになるために次の条件を定義しています。

【フィージブルサクセサになる条件】

> サクセサ以外のルートのAD ＜ 現在のサクセサのFD
> 　　　　　　　　　　　　（より小さい）

　次の図では、現在のサクセサ（R2）のFD2000よりも小さいADを持つR3がフィージブルサクセサとして選択されています。
　R1は宛先「10.1.1.0/24」に対するサクセサ（R2）がダウンすると、再計算なしでフィージブルサクセサ（R3）をサクセサに切り替えてルーティングテーブルを更新します。このとき、R4は現在のサクセサ（R3）のFD3000よりも小さいADを持たないため、フィージブルサクセサになれません。

【フィージブルサクセサの選択】

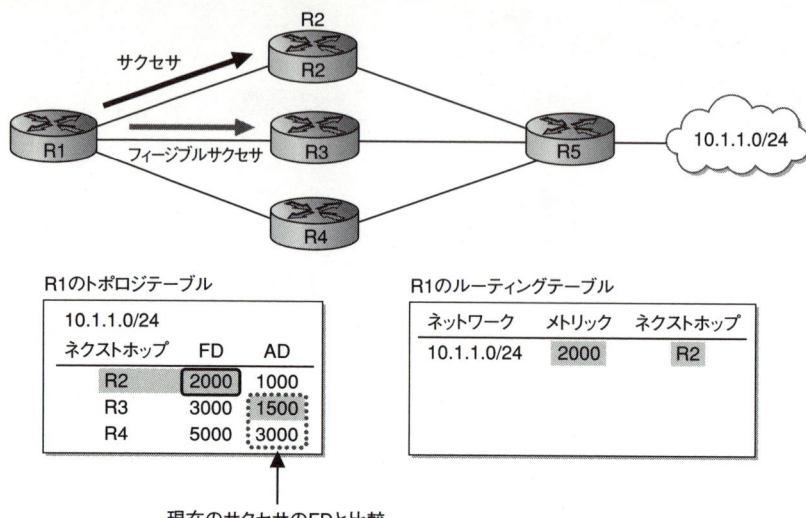

R1のトポロジテーブル

10.1.1.0/24		
ネクストホップ	FD	AD
R2	2000	1000
R3	3000	1500
R4	5000	3000

↑ 現在のサクセサのFDと比較

R1のルーティングテーブル

ネットワーク	メトリック	ネクストホップ
10.1.1.0/24	2000	R2

・フィージブルサクセサのADは、現在のサクセサのFDよりも小さい
・フィージブルサクセサはトポロジテーブルのみ格納

■ ルーティングテーブルの更新

　EIGRPでは、サクセサ経由のルートがダウンすると、DUALが宛先ネットワークへのフィージブルサクセサを検索します。このときフィージブルサクセサが存在すれば、即時にフィージブルサクセサをサクセサに切り替えてルーティングテーブルを更新します。この場合、コンバージェンスは、OSPFなどのリンクステートよりも高速です。更新されたルートは、トポロジテーブルですぐにパッシブ（利用可能）状態になります。

　一方、フィージブルサクセサが存在しなければ、ネイバーにクエリパケットを送信して再計算を実行します。このときルートはアクティブ（利用不可能）状態になります。そして、すべてのネイバーから応答パケットを受信し終えると、そのルートはパッシブ状態になりサクセサを選択できるようになります。

　フィージブルサクセサが存在しない場合はコンバージェンスに時間がかかりますが、クエリパケットを使って代替ルートを問い合わせると同時にネットワークがダウンしたことをネイバーに通知して、コンバージェンスを高速化しています。

【ルーティングテーブルの更新】

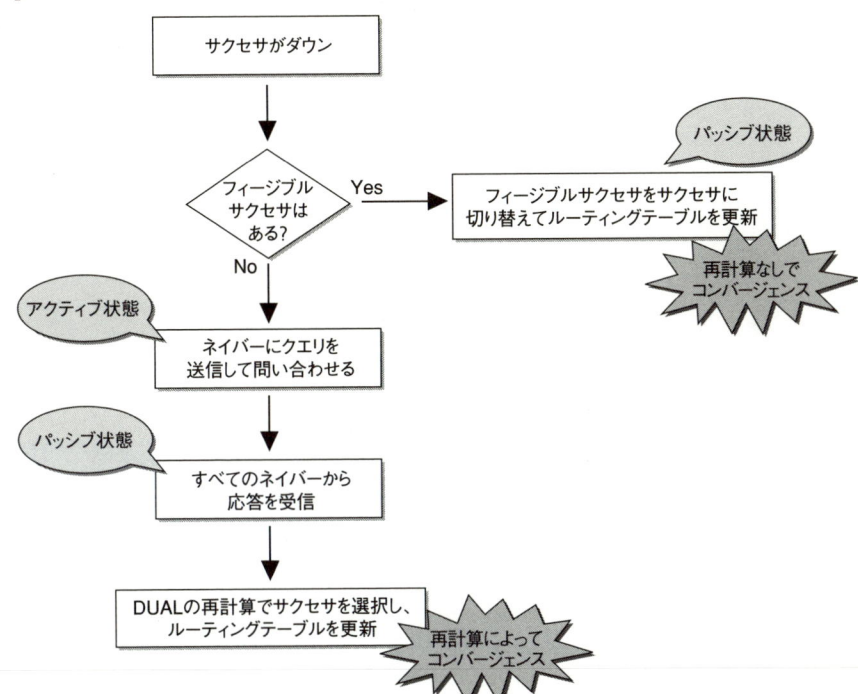

```
        ┌──────────────────┐
        │  サクセサがダウン  │
        └──────────────────┘
                 │
                 ▼
            ◇フィージブル◇          ┌─────────────────────────────┐
            サクセサは  ──Yes──▶│ フィージブルサクセサをサクセサに │
             ある？               │ 切り替えてルーティングテーブルを更新 │
            ◇        ◇          └─────────────────────────────┘
                 │No                      （パッシブ状態）
                 ▼                    💥 再計算なしで
        ┌──────────────────┐           コンバージェンス
(アクティブ状態)│ ネイバーにクエリを │
        │ 送信して問い合わせる │
        └──────────────────┘
                 │
                 ▼
        ┌──────────────────┐
(パッシブ状態) │ すべてのネイバーから │
        │     応答を受信     │
        └──────────────────┘
                 │
                 ▼
        ┌────────────────────────────┐
        │ DUALの再計算でサクセサを選択し、 │
        │  ルーティングテーブルを更新     │
        └────────────────────────────┘
              💥 再計算によって
                 コンバージェンス
```

Memo　フィージブルサクセサの条件

フィージブルサクセサになるための条件（サクセサ以外のルートのAD ＜ 現在のサクセサのFD）は、ループの発生を防ぐために定義されています。以下に、その理由を説明します。

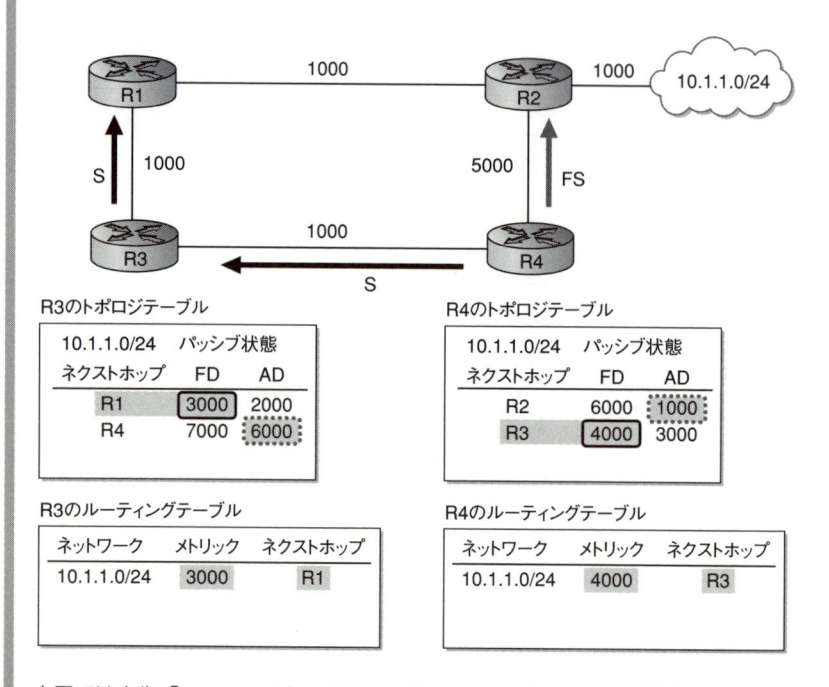

R3のトポロジテーブル

10.1.1.0/24	パッシブ状態	
ネクストホップ	FD	AD
R1	3000	2000
R4	7000	6000

R3のルーティングテーブル

ネットワーク	メトリック	ネクストホップ
10.1.1.0/24	3000	R1

R4のトポロジテーブル

10.1.1.0/24	パッシブ状態	
ネクストホップ	FD	AD
R2	6000	1000
R3	4000	3000

R4のルーティングテーブル

ネットワーク	メトリック	ネクストホップ
10.1.1.0/24	4000	R3

上図では宛先「10.1.1.0/24」へのルートを、R3とR4は次のように選択しています。

```
<サクセサ>     <フィージブルサクセサ>
R3……R1         なし（R4のADがR1のFDより大きいので指定できない）
R4……R3         R2
```

R1－R3間がダウンしたと想定してみましょう。

5-2 EIGRPの動作とDUALアルゴリズム

【フィージブルサクセサの条件ありの場合】

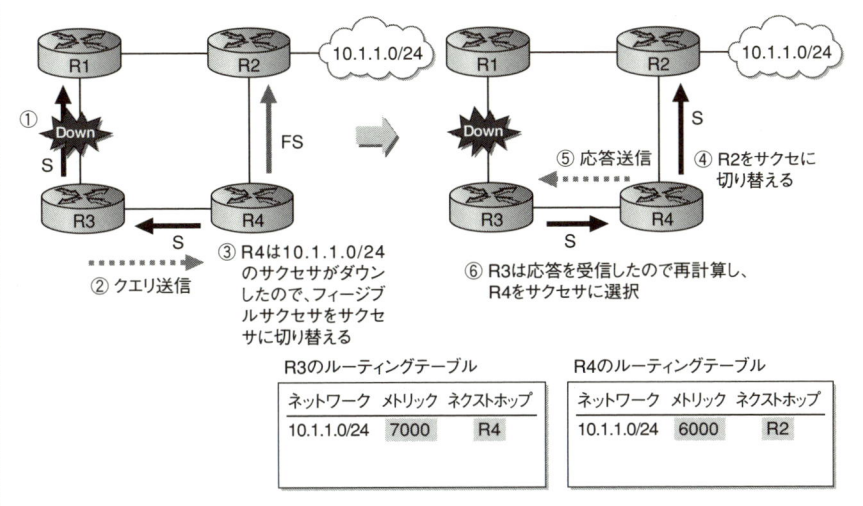

① Down
② クエリ送信
③ R4は10.1.1.0/24のサクセサがダウンしたので、フィージブルサクセサをサクセサに切り替える
④ R2をサクセサに切り替える
⑤ 応答送信
⑥ R3は応答を受信したので再計算し、R4をサクセサに選択

R3のルーティングテーブル

ネットワーク	メトリック	ネクストホップ
10.1.1.0/24	7000	R4

R4のルーティングテーブル

ネットワーク	メトリック	ネクストホップ
10.1.1.0/24	6000	R2

フィージブルサクセサの条件がないと、次のような問題が発生します。

【フィージブルサクセサの条件なしの場合】

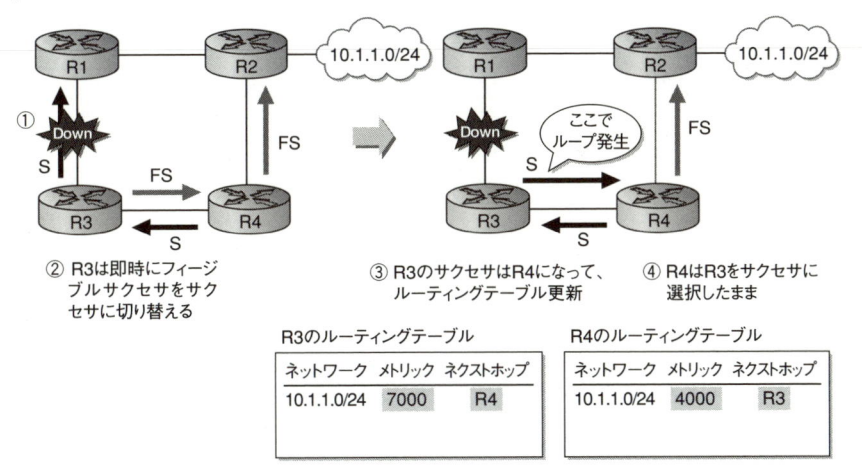

① Down
② R3は即時にフィージブルサクセサをサクセサに切り替える
③ R3のサクセサはR4になって、ルーティングテーブル更新
④ R4はR3をサクセサに選択したまま

ここでループ発生

R3のルーティングテーブル

ネットワーク	メトリック	ネクストホップ
10.1.1.0/24	7000	R4

R4のルーティングテーブル

ネットワーク	メトリック	ネクストホップ
10.1.1.0/24	4000	R3

上の図の左では、R3が宛先「10.1.1.0/24」のサクセサをR1、フィージブルサクセサをR4に選択しています。

① R1－R3間のリンクがダウンしたとします。
② R3は「10.1.1.0/24」のサクセサがダウンしたので、フィージブルサクセサであるR4をサクセサに切り替えます。
③ R3の「10.1.1.0/24」への最適ルートは、R4の方向としてルーティングテーブルを更新します。
④ R4は「10.1.1.0/24」のサクセサがダウンしたことを知らないため、引き続きR3をサクセサに選択しています。

以上の結果、R3またはR4に「10.1.1.0」宛のパケットが着信されると、パケットはR3とR4の間で繰り返し往復し、ルーティングループが発生します。
クエリパケットは、サクセサがダウンしたときの代替検出のほかに、ネイバーにトポロジ変更を通知する重要な役割を持っています。

■ EIGRPパケットの種類

EIGRPで使用されるパケットは、受信したことを通知するためにACK（確認応答）を必ず返信しなければならない3種類の**高信頼性パケット**と、ACKの返信が不要な2種類の**無信頼性パケット**に分類できます。

【EIGRPパケット】

分類	パケット	説明
高信頼性	クエリ	ルーティング情報をネイバーに問い合わせるときに使用
	応答	クエリに対するルーティング情報の返答
	アップデート	ルーティングアップデートの送信で使用。ルート変更時には差分で通知
無信頼性	Hello	ネイバー関係の確立および維持に使用
	ACK	高信頼性パケットに対する確認応答

● Helloパケット

Helloパケットは、ネイバー関係を確立するときに使用するパケットです。EIGRPでは、Helloパケットに含まれているK値とAS番号[6]（「5-3 EIGRPのメトリック」を参照）が一致しないとネイバーは確立できません。
EIGRPのHelloパケットは「224.0.0.10」のマルチキャストアドレスで送信されます。
Helloパケットのデフォルトのタイマー値は、帯域幅がT1（1.544Mbps）以上の高速リンクでは5秒間隔、T1よりも低い低速リンクでは60秒間隔になっています。また、ネイバーを到達不可能だと判断するまでのホールドタイムには、Helloのデフォルトのタイマーの3倍の値がセットされています。

※6 **【AS番号】**(エーエスバンゴウ) Autonomous System number：自律システム（AS）を識別するための番号

5-2　EIGRPの動作とDUALアルゴリズム

【ネイバー関係の確立】

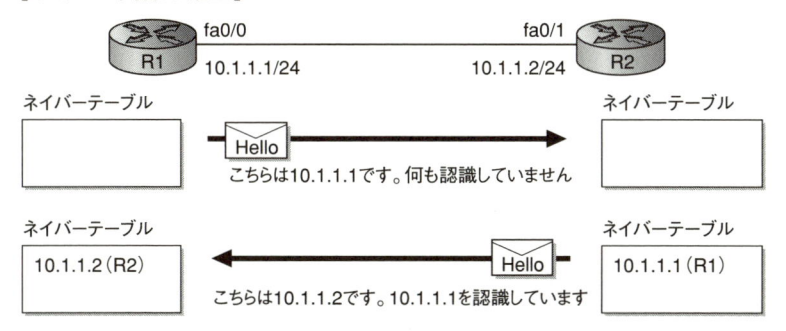

```
      fa0/0            fa0/1
   R1─────────────────────R2
    10.1.1.1/24    10.1.1.2/24
```

ネイバーテーブル　　　　　　　　　　　　　　ネイバーテーブル

[　　　　　]　──Hello──▶　[　　　　　]
　　　　　　こちらは10.1.1.1です。何も認識していません

ネイバーテーブル　　　　　　　　　　　　　　ネイバーテーブル

[10.1.1.2 (R2)]　◀──Hello──　[10.1.1.1 (R1)]
　　　　　　こちらは10.1.1.2です。10.1.1.1を認識しています

● クエリパケット

　宛先へのサクセサがダウンして、その宛先のフィージブルサクセサが存在しないときにネイバーに対して送信する問い合わせに使用します。ネイバーはクエリを受信すると、その宛先へのルートがダウンしたことを知ることができます。

● 応答パケット

　クエリを受信したネイバーが、それに応答するためのパケットです。問い合わされたルート情報がわからない場合には、さらに隣のネイバーにクエリを送信して問い合わせます。

【ルート情報の更新】

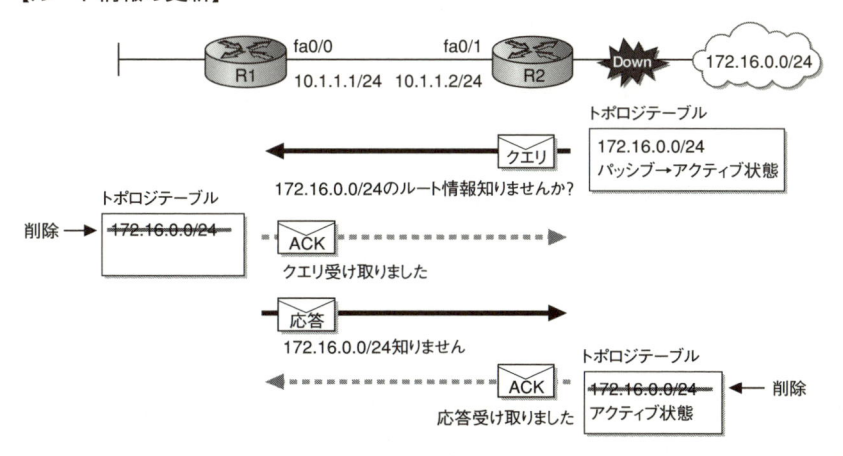

```
        fa0/0   fa0/1
     R1───────────R2──Down──(172.16.0.0/24)
     10.1.1.1/24 10.1.1.2/24
```

　　　　　　　　　　　　　　　　　　　トポロジテーブル
　　　　　　　　　　　◀──クエリ──　　172.16.0.0/24
　　　　　　　　172.16.0.0/24のルート情報知りませんか？　パッシブ→アクティブ状態

トポロジテーブル
削除→ ~~172.16.0.0/24~~　──ACK──▶
　　　　　　　　　クエリ受け取りました

　　　　　　　　──応答──▶
　　　　　172.16.0.0/24知りません
　　　　　　　　　　　　　　　　　　　トポロジテーブル
　　　　　　　　◀──ACK──　　　　　　~~172.16.0.0/24~~　←削除
　　　　　　　　　応答受け取りました　アクティブ状態

● アップデートパケット

　ルーティング情報を通知するためのパケットです。ネイバーからACKを受け取ることで、同じルート情報を定期的にアドバタイズ（通知）することを防ぎます。トポロジ変更時には、その変更の影響を受けるネイバーに対してのみルート変更に関する情報をアドバタイズします。アップデートはマルチキャスト（224.0.0.10）またはユニキャストで送信します。

【ルート情報の交換】

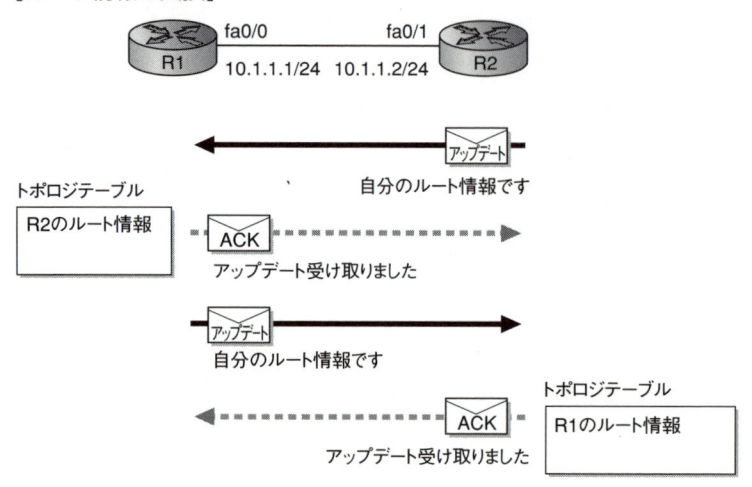

```
        fa0/0      fa0/1
    R1 ─────────────── R2
      10.1.1.1/24  10.1.1.2/24
```

トポロジテーブル
　R2のルート情報

　　←────── アップデート　自分のルート情報です
　　┈┈┈→ ACK　アップデート受け取りました

　　アップデート──────→　自分のルート情報です
　　←┈┈┈ ACK　アップデート受け取りました

トポロジテーブル
　R1のルート情報

● ACKパケット

　信頼性を高めるための確認応答パケットです。EIGRPでは高信頼性パケット（クエリ、応答、アップデート）を受信した場合、必ずACKを返す必要があります。

5-3 EIGRPのメトリック

EIGRPは、IGRPと同じ基準を使用した複合メトリックです。EIGRPのメトリックの詳細と計算方法を確認しておきましょう。

■ EIGRPのメトリック

EIGRPがメトリックの計算に使用するデフォルトの基準は次の2つです。

・帯域幅 …… ローカルルータと宛先ネットワーク間の最小帯域幅
・遅延 ……… ローカルルータと宛先ネットワーク間のインターフェイス遅延の累積

上記のほか、次の基準をメトリック計算に追加設定することもできます。

・信頼性 …… ローカルルータと宛先ネットワーク間の最小の信頼性
・負荷 ……… ローカルルータと宛先ネットワーク間のリンク上で最大の負荷

ただし、「信頼性」、「負荷」をメトリックに含めると、トポロジテーブルの再計算の頻度が高くなるため、使用することは推奨されていません。なお、MTU[※7]はアップデートに含まれますが、実際のメトリック計算には使用されません。

■ EIGRPのメトリック計算

EIGRPは、宛先ネットワークへの最小帯域幅とリンクの累積遅延を基にメトリックを計算します。その際、K値と呼ばれる重み付けした値を合計します。デフォルトのK値は、

K1（帯域幅）＝1、 K2（負荷）＝0、 K3（遅延）＝1、 K4（信頼性）＝0、 K5（MTU）＝0

なので、デフォルトのメトリック計算式は、次のようになります。

メトリック ＝ 帯域幅 ＋ 遅延

また、帯域幅と遅延のメトリックは、次のようになっています。

・帯域幅 ＝（10^7／リンクの最小帯域幅）×256　（単位：kbps）
・遅延 ＝ リンクの累積遅延×256　（単位：10μ秒[※8]）

[※7] 【MTU】(エムティーユー) Maximum Transmission Unit：1回の転送で送信できるデータの最大値を示す値のこと。MTUサイズはネットワーク形式によって定められており、たとえばイーサネットでは1,500バイトである

[※8] 【μ秒】(マイクロビョウ) micro second：コンピュータで使用される時間単位のひとつ。1μ秒は、100万分の1秒のこと

では、具体的なEIGRPのメトリック計算を見てみることにしましょう。

【EIGRPメトリック計算】

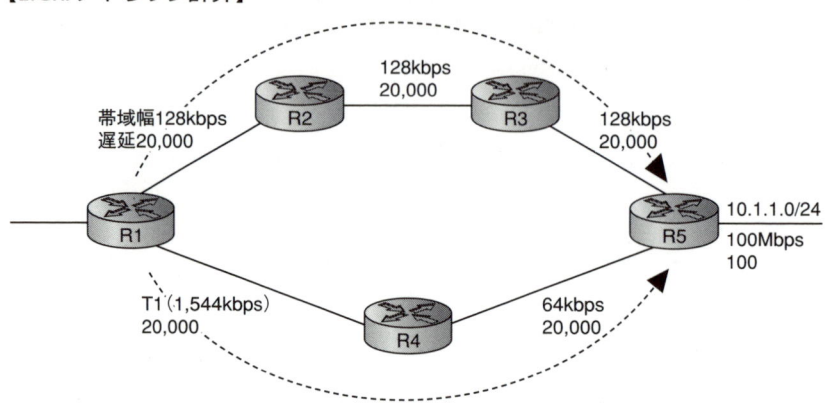

```
           128kbps
           20,000
      R2 ─────── R3
     ╱               ╲ 128kbps
    ╱ 帯域幅128kbps    ╲ 20,000
   ╱  遅延20,000        ╲
  R1                     R5  10.1.1.0/24
   ╲                    ╱     100Mbps
    ╲ T1(1,544kbps)    ╱      100
     ╲ 20,000         ╱
      R4 ─────────────
           64kbps
           20,000
```

R1からネットワーク「10.1.1.0/24」までの経路は、R2経由とR4経由の2つがあります。それぞれのメトリックは次のようになります。

【R2 経由のメトリック】

リンクの最小帯域幅 ＝ 128kbps　　　　　　　帯域幅：$10^7 / 128 \times 256 = 20{,}000{,}000$
累積遅延 ＝ 6,010　(60,100 の 1/10 秒)　　遅延　：$6{,}010 \times 256 = 1{,}538{,}560$

20,000,000 ＋ 1,538,560 ＝ 21,538,560

【R4 経由のメトリック】

リンクの最小帯域幅 ＝ 64kbps　　　　　　　帯域幅：$10^7 / 64 \times 256 = 40{,}000{,}000$
累積遅延 ＝ 4,010　(40,100 の 1/10 秒)　　遅延　：$4{,}010 \times 256 = 1{,}026{,}560$

40,000,000 ＋ 1,026,560 ＝ 41,026,560

計算の結果、R2経由のメトリックは「21,538,560」、R4経由のメトリックは「41,026,560」になります。したがって、最小メトリック値のR2がサクセサとなってルーティングテーブルに格納されます。

なお、メトリック計算に使用する帯域幅を、宛先ネットワークまでの最小帯域幅で計算する理由は、途中にある細い帯域幅のリンクによって回線がボトルネック[※9]になるのを防ぐためです。

Memo　メトリック計算に使用する値

EIGRPのメトリック計算に使用される基準は、show interfacesコマンドで確認することができます。ただし、このコマンドの出力で表示される遅延は、EIGRPメトリック計算の10μ秒単位ではなく、μ秒単位で示されるので注意が必要です。

【show interfacesコマンドの出力例】

```
Router#show interfaces serial 0/0
Serial0/0 is up, line protocol is up
  Hardware is GT96K Serial
  Internet address is 172.16.1.1/24
  MTU 1500 bytes, BW 64 Kbit, DLY 20000 usec,   ←BW（帯域幅）とDLY（遅延）
     reliability 255/255, txload 1/255, rxload 3/255
  Encapsulation PPP, LCP Open
  Open: IPCP, CDPCP, loopback not set
  Keepalive set (10 sec)
＜以下省略＞
```

※9　【ボトルネック】bottle neck：コンピュータの処理速度やネットワークの通信速度の向上を阻む要素。「瓶の首のように細くて詰まりやすい」という意味。コンピュータやネットワークのシステムは多数の要素が複雑に絡み合っているため、ネットワーク全体の性能の向上を図ろうとしても、どこか一箇所が妨げとなって性能が上がらないことがある。こうした要因をボトルネックという。

5-4 EIGRPの基本設定

EIGRPを動作させるには、プロセスの起動、インターフェイスの指定、帯域幅（シリアルインターフェイスの場合）の設定の3つの作業が必要です。本節では、EIGRPの基本設定について説明します。

■ EIGRPプロセスの起動

EIGRPプロセスを起動するには、router eigrp <autonomous-system>コマンドを使用します。

自律システム（AS：Autonomous System）番号は1〜65535の範囲で管理者が自由に決めた番号を指定することができます。ただし、AS番号が異なるルータとはネイバー関係を確立しないため、EIGRPによってルート情報を交換するためには、すべてのルータで共通の番号にする必要があります。

構文 EIGRPを起動（グローバルコンフィグモード）
(config)#**router eigrp** <autonomous-system>

引数	説明
autonomous-system	自律システム（AS）番号を1〜65535の範囲で指定。すべてのEIGRPルータとAS番号を一致させる必要がある

このコマンドを実行すると、ルータコンフィギュレーションモードに移行し、プロンプトが「(config-router)#」に変わります。このコマンドは、EIGRPに対する追加設定をする際にも使用します。

■ EIGRPが動作するインターフェイスの定義

EIGRPを動作させるインターフェイスを指定するとき、そのインターフェイスに割り当てられているIPアドレスに注目し、**network**コマンドでアドレスを指定します。

アドレスの指定方法には、クラスフルネットワークアドレスを指定する方法と、ワイルドカードマスクを使用する方法があります。

● クラスフルネットワークアドレスを指定する

RIPを設定する場合と同様に、クラスフルアドレス（サブネットを使用しないアドレス）を用いて、以下のように指定します。

例）IPアドレス「172.16.1.1」（クラスB）の場合 → network 172.16.0.0

● ワイルドカードマスクを使用する

　OSPFを設定する場合と同様に、ワイルドカードマスクを使用してサブネットアドレスまたはインターフェイスのIPアドレスで指定することができます。アドレスの指定にワイルドカードマスクを利用することで、同じクラスフルアドレスから派生する複数のサブネットの中で、特定のサブネットだけを指定することができます。

　たとえば、ワイルドカードマスクが「0.0.0.255」では、最初の24ビット（第3オクテットまで）をチェックします。インターフェイスに割り当てられているIPアドレスを指定する場合は、ワイルドカードマスク「0.0.0.0」を指定します。

構文 動作させるインターフェイスを指定（ルータコンフィグモード）
(config-router)#**network** <network> [<wildcard-mask>]

引数	説明
network	クラスフルネットワークアドレス、サブネットアドレス、またはインターフェイスのIPアドレスのいずれかを指定
wildcard-mask	アドレスを読み取る方法を指定する32ビットの数値（オプション）。IPアドレスと同様に4つのオクテットをドット（.）で区切って10進数で表記する。直前のアドレスの同じ桁に対し、「0」を指定した部分はチェックし、「1」の部分は無視する（クラスフルネットワークアドレスを指定した場合は不要）

■ 帯域幅の設定

　先述したとおり、EIGRPのメトリック計算には、デフォルトで帯域幅と遅延を使用します。EIGRPを動作させるインターフェイスがシリアルインターフェイスの場合、**bandwidth**コマンドを使ってそのリンク上の帯域幅を定義します。なお、帯域幅はオプションの設定であり、bandwidthコマンドを設定しなくてもEIGRPは動作します。しかし、正しいメトリック計算を行うために、適切な帯域幅の設定が推奨されています。

構文 インターフェイスの帯域幅の設定（インターフェイスコンフィグモード）
(config-if)#**bandwidth** <kbps>

引数	説明
kbps	インターフェイスの帯域幅を指定（単位：kbps）。シリアルインターフェイスの帯域幅はデフォルトで1,544kbps（T1）

　次に、EIGRPの設定例を示します。

第 5 章 ハイブリッドルーティング

【EIGRPの設定例】

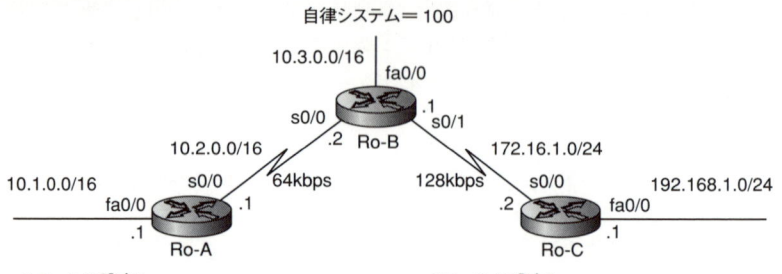

```
                        自律システム＝100
                        10.3.0.0/16
                             fa0/0
                        s0/0  .1
                              Ro-B  s0/1
              10.2.0.0/16 .2        172.16.1.0/24
10.1.0.0/16  s0/0  64kbps      128kbps  s0/0        192.168.1.0/24
   fa0/0  .1                              .2  fa0/0
      .1                                          .1
      Ro-A                                  Ro-C
```

```
＜Ro-Aの設定＞                     ＜Ro-Cの設定＞
(config)#router eigrp 100          (config)#router eigrp 100
(config-router)#network 10.0.0.0   (config-router)#network 172.16.1.2 0.0.0.0
(config-router)#interface serial0/0 (config-router)#network 192.168.1.1 0.0.0.0
(config-if)#bandwidth 64           (config-router)#interface serial0/0
                                   (config-if)#bandwidth 128
```

```
                ＜Ro-Bの設定＞
                (config)#router eigrp 100
                (config-router)#network 10.2.0.0 0.0.255.255
                (config-router)#network 10.3.0.0 0.0.255.255
                (config-router)#network 172.16.1.0 0.0.0.255
                (config-router)#interface serial0/0
                (config-if)#bandwidth 64
                (config-if)#interface serial0/1
                (config-if)#bandwidth 128
```

各ルータでは、異なる3つの方法でnetworkコマンドを実行しています。

【クラスフルネットワークを指定（Ro-Aの設定）】

```
network 10.0.0.0
```
　※1行のnetworkコマンドで、2つのインターフェイス（fa0/0、s0/0）を指定

【サブネットアドレスを指定（Ro-Bの設定）】

```
network 10.2.0.0 0.0.255.255
network 10.3.0.0 0.0.255.255
```
　　　　　　　　　ワイルドカードマスク（第2オクテットまでチェック）

```
network 172.16.1.0 0.0.0.255
```
　　　　　　　　　　ワイルドカードマスク（第3オクテットまでチェック）

【インターフェイスのアドレスを指定（Ro-Cの設定）】

```
network 172.16.1.2 0.0.0.0
network 192.168.1.1 0.0.0.0
```
　　　　　　　　　ワイルドカードマスク（32ビットすべてチェック）

なお、起動したルーティングプロセス（プロトコル）を無効化するには、起動したときのコマンドの先頭に「no」を付けて実行します。EIGRPを無効にするには次のコマンドを実行します。このコマンドを実行すると、networkコマンドの設定も削除されます。

構文 EIGRPの無効化（グローバルコンフィグモード）
(config)#**no router eigrp** <autonomous-system>

𝓜𝓮𝓶𝓸　パッシブインターフェイス

EIGRPはnetworkコマンドを実行する際、ワイルドカードマスクを利用して適切なインターフェイスでのみEIGRPを動作させることが可能です。たとえば次の図では、Ro-Aのfa0/0インターフェイスの対向にEIGRPルータが存在しないにもかかわらず、不要なHelloパケットが定期的に送信されています。

【パッシブインターフェイス】

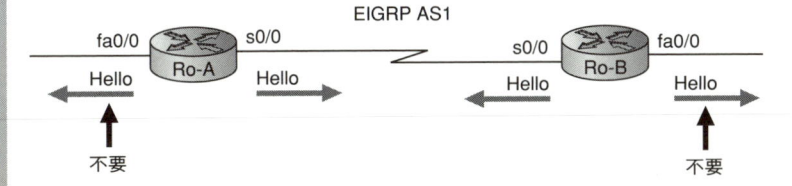

```
                  EIGRP AS1
    fa0/0       s0/0           s0/0       fa0/0
   ←─── [Ro-A] ───→  ～～～  ←─── [Ro-B] ───→
   Hello         Hello         Hello       Hello
    ↑                                       ↑
    不要                                     不要
```

この問題を解決するためには、パッシブインターフェイスを設定します。パッシブインターフェイスは、特定のインターフェイスでルーティングアップデートやHelloパケットの送信を抑制する機能です。この機能は、EIGRPを含むRIPやOSPFなどほとんどのルーティングプロトコルにおいて共通です。パッシブインターフェイスを設定するには、次のコマンドを使用します。

構文 パッシブインターフェイスの設定（ルータコンフィグモード）
(config-router)#**passive-interface** [<interface>]

引数	説明
interface	ルーティングアップデートやHelloの送信を抑制（停止）したいインターフェイスを指定

上記の例では、Ro-AおよびRo-Bにおいて(config-router)#passive-interface fa0/0を実行します。

◎ パッシブインターフェイスについては、『徹底攻略Cisco CCNA/CCENT教科書 ICND1編』で詳しく説明しています。

5-5 EIGRPの検証

EIGRPを設定したら、各種検証コマンドを実行してルーティングテーブルに最適経路が学習されたかどうかを確認する必要があります。

本節では、以下の設定例をもとに、EIGRPの検証コマンドのいくつかを紹介します。

【EIGRPの設定例】

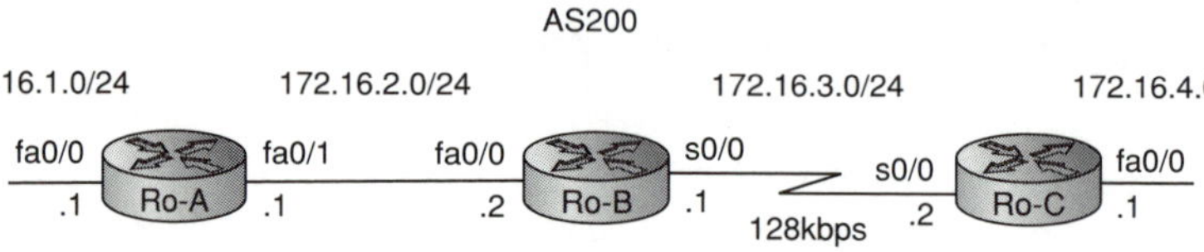

```
                          AS200
172.16.1.0/24    172.16.2.0/24    172.16.3.0/24    172.16.4.0/24
fa0/0      fa0/1      fa0/0      s0/0      s0/0      fa0/0
  .1  Ro-A  .1        .2  Ro-B  .1        .2  Ro-C  .1
                                   128kbps
```

＜Ro-Aの設定＞
(config)#router eigrp 200
(config-router)#network 172.16.0.0

＜Ro-Cの設定＞
(config)#router eigrp 200
(config-router)#network 172.16.3.2 0.0.0.0
(config-router)#network 172.16.4.1 0.0.0.0
(config-router)#interface serial0/0
(config-if)#bandwidth 128

＜Ro-Bの設定＞
(config)#router eigrp 200
(config-router)#network 172.16.2.0 0.0.0.255
(config-router)#network 172.16.3.0 0.0.0.255
(config-router)#interface serial0/0
(config-if)#bandwidth 128

■ EIGRPの設定を確認

ルータに設定したEIGRPコマンドを確認するには、**show running-config**コマンドを使用します。

5-5 EIGRPの検証

【show running-configコマンドの出力例（Ro-B）】

```
Ro-B#show running-config    ←「sh run」に省略することも可能
Building configuration...

Current configuration : 1415 bytes
!
version 12.4
service timestamps debug datetime msec
service timestamps log datetime msec
!
hostname Ro-B
!
＜途中省略＞
!
interface FastEthernet0/0    ←このインターフェイスでEIGRPが動作
 ip address 172.16.2.2 255.255.255.0
 duplex auto
 speed auto
!
interface FastEthernet0/1
 no ip address
 shutdown
 speed auto
!
interface Serial0/0    ←このインターフェイスでEIGRPが動作
 bandwidth 128    ←帯域幅が128kbpsに設定
 ip address 172.16.3.1 255.255.255.0
 no fair-queue
!
interface Serial0/1
 no ip address
 shutdown
 clock rate 2000000
!
router eigrp 200    ←EIGRP（AS200）有効化

 network 172.16.2.0 0.0.0.255    ←networkコマンド（fa0/0で動作）
 network 172.16.3.0 0.0.0.255    ←networkコマンド（s0/0で動作）
 no eigrp log-neighbor-changes
!
＜以下省略＞
```

■ ルーティングプロトコルの情報表示

RIPやOSPFと同様に、起動中のIPルーティングプロトコルに関する情報を表示するには、show ip protocolsコマンドを使用します。

構文 ルーティングプロトコルの情報を表示する（ユーザモード、特権モード）
```
#show ip protocols
```

【show ip protocolsコマンドの出力例（Ro-B）】

```
Ro-B#show ip protocols
Routing Protocol is "eigrp 200"   ←①
  Outgoing update filter list for all interfaces is not set
  Incoming update filter list for all interfaces is not set
  Default networks flagged in outgoing updates
  Default networks accepted from incoming updates
  EIGRP metric weight K1=1, K2=0, K3=1, K4=0, K5=0   ←②
  EIGRP maximum hopcount 100
  EIGRP maximum metric variance 1   ←③
  Redistributing: eigrp 200
  EIGRP NSF-aware route hold timer is 240s
  Automatic network summarization is in effect   ←④
  Maximum path: 4   ←⑤
  Routing for Networks:
     172.16.2.0/24  ⎫
     172.16.3.0/24  ⎭ ←⑥
  Routing Information Sources:
     Gateway          Distance       Last Update
⑦ ⎧ 172.16.2.1          90            00:00:28
   ⎩ 172.16.3.2          90            00:00:28
  Distance: internal 90 external 170   ←⑧
```

① EIGRPは自律システム（AS）200で起動している
② メトリック計算で使用するK値を表示（K1＝帯域幅、K3＝遅延）
③ 不等コストロードバランシングに関する設定を表示（「variance 1」の場合は等コストロードバランシング）
④ 自動経路集約が有効（デフォルト）
⑤ ロードバランシング（負荷分散）可能な最大数を表示
⑥ networkコマンドで設定した情報を表示。出力から2行のnetworkコマンドがワイルドカードマスクを使って実行されたことがわかる
⑦ EIGRPでルート情報を交換しているネクストホップルータのIPアドレスを表示

⑧ アドミニストレーティブディスタンスの値を表示（内部EIGRP「90」、外部EIGRP「170」はデフォルト）

■ ネイバーリスト（ネイバーテーブル）の表示

EIGRPルータが認識しているネイバーのリストを確認するには、show ip eigrp neighborsコマンドを使用します。このコマンドでは、ネイバーテーブルの内容が表示され、各ネイバーの要約情報が1行で示されます。

構文 EIGRPネイバーテーブルの表示（ユーザモード、特権モード）
```
#show ip eigrp neighbors
```

【show ip eigrp neighborsコマンドの出力例（Ro-A）】

```
Ro-A#show ip eigrp neighbors
IP-EIGRP neighbors for process 200    ←AS番号
H   Address         Interface       Hold Uptime    SRTT   RTO  Q    Seq
                                    (sec)          (ms)        Cnt  Num
0   172.16.2.2      Fa0/1           12   00:02:48  22     200  0    73
    ↑     ↑             ↑           ↑    ↑         ↑      ↑    ↑    ↑
    ①     ②             ③           ④    ⑤         ⑥      ⑦    ⑧    ⑨
```

① H（Handle）：ネイバーの追跡でIOSソフトウェアが内部的に使用する数値。通常、ネイバーが確立された順番で割り振られる
② Address：ネイバーのIPアドレス
③ Interface：ネイバーと接続しているローカル（自身の）インターフェイス
④ Hold：ホールドタイム（単位：秒）。ネイバーからEIGRPパケットを受け取らなくてもルータがネイバーから応答を待つ最大時間
⑤ Uptime：ネイバーから最初の応答を受信してからの経過時間
⑥ SRTT（Smoothed Round Trip Time）：高信頼性パケットをネイバーに送信してからACKを受信するまでにかかる平均時間（単位：ミリ秒）
⑦ RTO：高信頼性パケットをネイバーに再送信するまでにACKを待つ時間（単位：ミリ秒）
⑧ Q Cnt：キューに入ってから送信待ちをしているEIGRPパケットの数。この値が1以上の場合、輻輳[※10]が発生している可能性がある
⑨ Seq Num：ネイバーから受信した最後の高信頼性パケットのシーケンス番号

※10 【輻輳】(フクソウ) congestion：処理能力を超えるほどのトラフィックが一箇所に集中し、ネットワークが混雑している状態のこと

【show ip eigrp neighborsコマンドの出力例（Ro-B）】

```
Ro-B#show ip eigrp neighbors
IP-EIGRP neighbors for process 200
H   Address           Interface      Hold    Uptime      SRTT    RTO    Q     Seq
                                     (sec)               (ms)           Cnt   Num
0   172.16.2.1        Fa0/0          12      00:02:48    22      200    0     73
1   172.16.3.2        Se0/0          11      00:01:21    20      2280   0     26
```

■ EIGRPインターフェイスに関する情報の表示

EIGRPが動作するインターフェイスに関する情報を表示するには、show ip eigrp interfacesコマンドを使用します。この出力では、インターフェイスに接続されたEIGRPネイバー数などを確認することができます。

【show ip eigrp interfacesコマンドの出力例（Ro-B）】

```
Ro-B#show ip eigrp interfaces
IP-EIGRP interfaces for process 200    ←自律システム（AS）番号
                    Xmit Queue    Mean    Pacing Time    Multicast     Pending
Interface   Peers   Un/Reliable   SRTT    Un/Reliable    Flow Timer    Routes
Fa0/0       1       0/0           337     0/10           0             0
Se0/0       1       0/0           10      10/380         424           0
            ↑       ↑             ↑       ↑              ↑             ↑
①           ②      ③             ④      ⑤             ⑥            ⑦
```

① Interface：EIGRPが動作しているインターフェイス
② Peers：直接接続されたEIGRPネイバーの数
③ Xmit Queue Un/Reliable：UnreliableとReliableキューに残っているパケットの数
④ Mean SRTT：インターフェイス上のすべてのネイバーに対するSRTTの平均間隔（単位：ミリ秒）
⑤ Pacing Time Un/Reliable：無信頼性パケットと高信頼性パケットを送信したあとに待機する時間（単位：ミリ秒）
⑥ Multicast Flow Timer：次のマルチキャストパケットを送信するまでに、すべてのネイバーからのマルチキャストパケットの確認応答を待機する時間（単位：ミリ秒）
⑦ Pending Routes：送信キュー内のパケット中で送信を待機しているルート数

■ EIGRPトポロジテーブルの表示

ネイバーから受信したすべてのルート情報はトポロジテーブルに格納されます。EIGRPトポロジテーブルを表示するには、show ip eigrp topologyコマンドを使用します。コマンドの後ろにall-linksキーワードを付加しない場合、サクセサとフィージブルサ

クセサのみ表示します。all-linksキーワードを付加すると、ネイバーから受信したすべてのルート情報を表示します。

構文 EIGRPトポロジテーブルの表示（ユーザモード、特権モード）
```
#show ip eigrp topology [ all-links ]
```

【show ip eigrp topologyコマンドの出力例（Ro-A）】

```
Ro-A#show ip eigrp topology
IP-EIGRP Topology Table for AS(200)/ID(172.16.2.1)     ←AS番号/ルータID

Codes: P - Passive, A - Active, U - Update, Q - Query, R - Reply,
       r - reply Status, s - sia Status

P 172.16.1.0/24, 1 successors, FD is 28160
        via Connected, FastEthernet0/0
P 172.16.3.0/24, 1 successors, FD is 20537600
        via 172.16.2.2 (20537600/20512000), FastEthernet0/1
P 172.16.2.0/24, 1 successors, FD is 28160
        via Connected, FastEthernet0/1
P 172.16.4.0/24, 1 successors, FD is 20563200
        via 172.16.2.2 (20563200/20537600), FastEthernet0/1
```

【show ip eigrp topologyコマンドの出力例（Ro-B）】

```
Ro-B#show ip eigrp topology
IP-EIGRP Topology Table for AS(200)/ID(172.16.3.1)

Codes: P - Passive, A - Active, U - Update, Q - Query, R - Reply,
       r - reply Status, s - sia Status

P 172.16.3.0/24, 1 successors, FD is 20512000
        via Connected, Serial0/0
P 172.16.2.0/24, 1 successors, FD is 28160
        via Connected, FastEthernet0/0
P 172.16.4.0/24, 1 successors, FD is 20537600
        via 172.16.3.1 (20537600/28160), Serial0/0
P 172.16.1.0/24, 1 successors, FD is 20051200
        via 172.16.2.1 (20051200/28160), FastEthernet0/0
```

経路の詳細な情報の見方は次のとおりです。

```
      ①       ②              ③                 ④
      ↓       ↓               ↓                 ↓
      P 172.16.2.0/24, 1 successors, FD is 28160
              via Connected, FastEthernet0/0
                   ↑                ↑
                   ⑤                ⑥
```

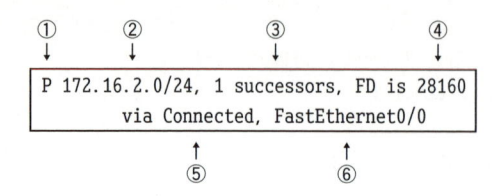

① Codes：ルートの状態をコードで表示。代表的なコードは次のとおり
　　P（Passive）：EIGRPの計算が実行中ではないことを示す
　　A（Active）：EIGRPの計算が実行中であることを示す
　　U（Update）：アップデートパケットがこの宛先に送信されたことを示す
　　Q（Query）：クエリパケットがこの宛先に送信されたことを示す
　　R（Reply）：リプライパケットがこの宛先に送信されたことを示す
② 宛先ネットワークアドレス/プレフィクス長
③ サクセサルートの数
④ サクセサルートのFD
⑤ 直接接続していることを示す
⑥ このルートが学習されたインターフェイス（宛先へのパケット転送に使うインターフェイス）

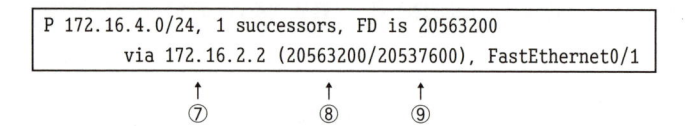

```
      P 172.16.4.0/24, 1 successors, FD is 20563200
              via 172.16.2.2 (20563200/20537600), FastEthernet0/1
                     ↑             ↑        ↑
                     ⑦             ⑧        ⑨
```

⑦ ネクストホップルータのIPアドレス
⑧ FD：ローカルルータ（自身）から宛先ネットワークまでのメトリック
⑨ AD：ネクストホップルータから宛先ネットワークまでのメトリック

■ EIGRPパケットの数を表示

送受信されたEIGRPの各種パケットの数を表示するには、show ip eigrp trafficコマンドを使用します。

構文 EIGRPパケットの数を表示（ユーザモード、特権モード）
#show ip eigrp traffic

【show ip eigrp trafficコマンドの出力例（Ro-A）】

```
Ro-A#show ip eigrp traffic
IP-EIGRP Traffic Statistics for AS 200    ← AS番号
  Hellos sent/received: 532/333           ← 送受信されたHelloパケット数
  Updates sent/received: 4/4              ← 送受信されたアップデートパケット数
  Queries sent/received: 0/0              ← 送受信されたクエリパケット数
  Replies sent/received: 0/0              ← 送受信された応答パケット数
  Acks sent/received: 4/3                 ← 送受信されたACKパケット数
  SIA-Queries sent/received: 0/0
  SIA-Replies sent/received: 0/0
  Hello Process ID: 269
  PDM Process ID: 212
  IP Socket queue:  0/2000/1/0 (current/max/highest/drops)
  Eigrp input queue: 0/2000/1/0 (current/max/highest/drops)
```

■ ルーティングテーブルの表示

ルーティングテーブルの内容を表示するには、show ip routeコマンドを使用します。

出力結果に表示される各ルート情報の先頭には学習源を示すコードが示されます。EIGRPで学習されたルートの場合は「D」です。

なお、コマンドの最後にeigrpキーワードを追加すると、EIGRPによって学習されたルートだけを表示することができます。

構文 ルーティングテーブルの表示（ユーザモード、特権モード）
#show ip route [eigrp]

【show ip routeコマンドの出力例（Ro-A）】

```
Ro-A#show ip route
Codes: C - connected, S - static, I - IGRP, R - RIP, M - mobile, B - BGP
       D - EIGRP, EX - EIGRP external, O - OSPF, IA - OSPF inter area
       N1 - OSPF NSSA external type 1, N2 - OSPF NSSA external type 2
       E1 - OSPF external type 1, E2 - OSPF external type 2, E - EGP
       i - IS-IS, L1 - IS-IS level-1, L2 - IS-IS level-2, ia - IS-IS inter area
       * - candidate default, U - per-user static route, o - ODR
       P - periodic downloaded static route

Gateway of last resort is not set

     172.16.0.0/24 is variably subnetted, 4 subnets
C       172.16.1.0 is directly connected, FastEthernet0/0
C       172.16.2.0 is directly connected, FastEthernet0/1
D       172.16.4.0 [90/20563200] via 172.16.2.2, 00:00:48, FastEthernet0/1
D       172.16.3.0 [90/20537600] via 172.16.2.2, 00:00:48, FastEthernet0/1
↑       ↑          ↑  ↑                ↑            ↑         ↑
①       ②          ③  ④                ⑤            ⑥         ⑦
```

① ルートの情報源。EIGRPで学習したルートの場合は「D」を表示
② 宛先ネットワークアドレス
③ アドミニストレーティブディスタンスの値
④ 宛先ネットワークまでのメトリック
⑤ ネクストホップルータのアドレス
⑥ 受信してから経過した時間
⑦ 方向（パケットの出力インターフェイス）

■ EIGRPデバッグコマンドの使用

　EIGRPの設定における基本的な問題をトラブルシューティングするには、**debug ip eigrp**コマンドを使用します。このコマンドでは、送受信されるEIGRPパケットの情報を表示します。なお、EIGRPルート情報はトポロジに変更があった場合にのみ交換されます。

構文 EIGRPパケットを送受信している様子を確認（特権モード）

```
#debug ip eigrp
```

【debug ip eigrpコマンドの出力例（Ro-Aのfa0/1と172.16.2.2とのルート情報交換の様子）】

```
Ro-A#debug ip eigrp
IP-EIGRP Route Events debugging is on
2d09h: %DUAL-5-NBRCHANGE: IP-EIGRP 200: Neighbor 172.16.2.2 (FastEthernet0/1) is up: new adjacency
                                                                                                      ↑
2d09h: IP-EIGRP: 172.16.1.0/24 - do advertise out FastEthernet0/1                                     ①
2d09h: IP-EIGRP: Int 172.16.1.0/24 metric 28160 - 25600 2560    ←②
2d09h: IP-EIGRP: 172.16.2.0/24 - do advertise out FastEthernet0/1
2d09h: IP-EIGRP: Processing incoming UPDATE packet
2d09h: IP-EIGRP: Int 172.16.3.0/24 M 20537600 - 20000000 537600 SM 28160 - 25600 2560    ←③
2d09h: IP-EIGRP: Int 172.16.4.0/24 M 20563200 - 20000000 563200 SM 20537600 - 20000000 537600
Ro-A#
2d09h: IP-EIGRP: 172.16.1.0/24 - do advertise out FastEthernet0/1
2d09h: IP-EIGRP: Int 172.16.1.0/24 metric 28160 - 25600 2560
2d09h: IP-EIGRP: 172.16.2.0/24 - do advertise out FastEthernet0/1
2d09h: IP-EIGRP: Int 172.16.3.0/24 M 20537600 - 20000000 537600
2d09h: IP-EIGRP: Int 172.16.4.0/24 M 20563200 - 20000000 563200
Ro-A#
2d09h: IP-EIGRP: Processing incoming UPDATE packet
2d09h: IP-EIGRP: Int 172.16.1.0/24 M 4294967295 - 20000000 4294967295 SM 4294967295 - 20000000
4294967295
Ro-A#
```

① FastEthernet0/1インターフェイス上の「172.16.2.2」（Ro-B）とネイバー関係が確立されたことを示す

② 送信したルート情報を示す

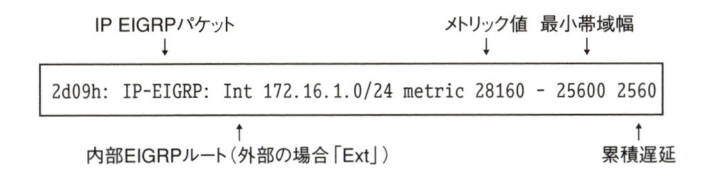

```
         IP EIGRPパケット                          メトリック値  最小帯域幅
              ↓                                       ↓        ↓
   2d09h: IP-EIGRP: Int 172.16.1.0/24 metric 28160 - 25600 2560
                         ↑                                    ↑
              内部EIGRPルート（外部の場合「Ext」）              累積遅延
```

③ 受信したルート情報を示す

```
           「M」は自身から宛先までのメトリック値（FD）を示す
              （後ろの数値は最小帯域幅と累積遅延）
                         ↓
   2d09h: IP-EIGRP: Int 172.16.3.0/24 M 20537600 - 20000000 537600 SM 28160 - 25600 2560
                                                                  ↑
                              「SM」はネイバーから報告されたメトリック値（AD）を示す
                                     （後ろの数値は最小帯域幅と累積遅延）
```

5-6 EIGRPのオプション設定

EIGRPでは、ロードバランシングや手動での経路集約などの設定をすることができます。このような機能を利用することで、スケーラブルなEIGRPネットワークを構築することができます。

■ EIGRPのロードバランシング

OSPFのロードバランシングでも説明したとおり、Cisco IOSソフトウェアは標準でロードバランシング（負荷分散）機能を備え、同じ宛先に対する最小メトリック（最小コスト）の経路が複数あるとき、トラフィックを複数の接続経路に分配することが可能です。

分配できる経路は、デフォルトで最大4つまでルーティングテーブルに格納することができ、設定により最大16のエントリまで増やすことができます。エントリ数を変更するには、次のコマンドを使用します。

構文 等コストパスの最大数を設定（ルータコンフィグモード）
(config-router)#maximum-paths <value>

引数	説明
value	ルーティングテーブルに格納する等コストパスの最大数を1～16の範囲で指定

● 不等コストロードバランシング

EIGRPでは、メトリック値の異なる複数の経路にトラフィックを分散させることもできます。これを**不等コストロードバランシング**[11]と呼びます。

最小メトリックの特定の経路だけを使って大量のトラフィックが転送されると、その経路に負荷がかかって輻輳が発生し、最適ルートでなくなってしまうことも考えられます。そこで、EIGRPはメトリック値が大きく、最適ではないルートもルーティングテーブルに載せて使用することができます。ただし、あまりにもメトリック値が大きいルートを使ってしまうと逆効果になってしまう可能性があり、どの程度のメトリック値まで許容できるかを指定することができます。また、ルーティングループの可能性を回避するために、たとえvarianceコマンドによってメトリック値が許容範囲に含まれる場合でも、フィージブルサクセサ*の条件を満たしていないルートをルーティングテーブルに載せることはありません。

不等コストロードバランシングを実行し、ロードバランシングされるメトリックの範囲を指定するには、次のコマンドを使用します。

※11 【不等コストロードバランシング】unequal-cost load balancing：同じ宛先への経路に対し、メトリック値が異なる複数の経路をルーティングテーブルに登録してパケットを分散して転送すること

構文 不等コストロードバランシングの設定（ルータコンフィグモード）

(config-router)#**variance** <multiplier>

引数	説明
multiplier	ロードバランシングに使用される1〜128の範囲の係数を指定。デフォルトは1であるため、最小メトリックの等コストロードバランシングで動作

次の図の例ではRo-Aからネットワーク「10.1.0.0/16」に到達する3つのルートがあります。

Ro-Aでvariance 2を設定した場合、「最小メトリック×2倍」の範囲内でロードバランシングが可能になります。今回の最小メトリックは「300（100＋100＋100）」なので、ロードバランシングは「300より大きく、600より小さいメトリック（FD）」が対象になります。

したがって、Ro-C経由（FD：300）はもちろん、Ro-B経由（FD：400）のルートも範囲内であるためルーティングテーブルに載せて使用されます。Ro-D経由（FD：500）のメトリックも範囲内ですが、フィージブルサクセサの条件を満たしていないため使用することはできません。

【不等コストロードバランシング】

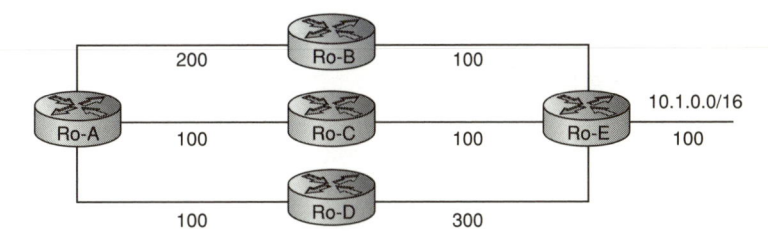

Ro-A(config-router)#variance 2

Ro-Aのトポロジテーブル

10.1.0.0/16

ネクストホップ	FD	AD
Ro-B （フィージブルサクセサ）	400	200
Ro-C （サクセサ）	300	200
Ro-D	500	400

FD値の許容範囲は「300より大きく、600より小さい」

Ro-Aのルーティングテーブル

ネットワーク	メトリック	ネクストホップ
10.1.0.0/16	300	Ro-C
	400	Ro-B

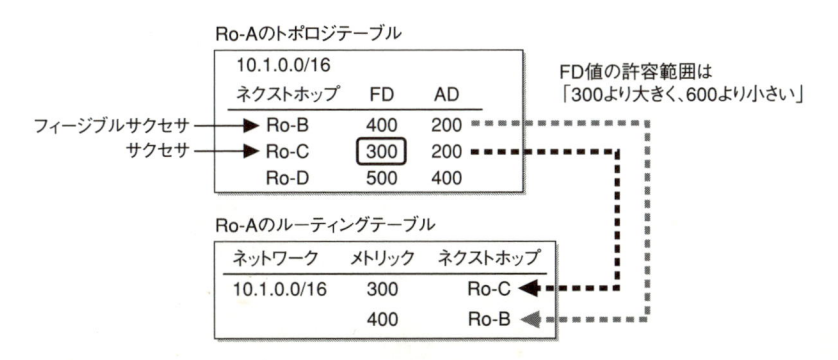

なお、varianceの設定は、show ip protocolsコマンドで確認することができます。

【varianceコマンドの確認】

```
Ro-A#show ip protocols
Routing Protocol is "eigrp 1"
  Outgoing update filter list for all interfaces is not set
  Incoming update filter list for all interfaces is not set
  Default networks flagged in outgoing updates
  Default networks accepted from incoming updates
  EIGRP metric weight K1=1, K2=0, K3=1, K4=0, K5=0
  EIGRP maximum hopcount 100
  EIGRP maximum metric variance 2     ←不等コストロードバランシングが可能である
  Redistributing: eigrp 1
  EIGRP NSF-aware route hold timer is 240s
  Automatic network summarization is not in effect
  Maximum path: 4     ←最大ロードバランシング数（デフォルト）
  Routing for Networks:
    10.0.0.0
  Routing Information Sources:
<以下省略>
```

■ EIGRPの経路集約

EIGRPはクラスレスルーティングプロトコルであり、RIPv2と同様に手動経路集約と自動経路集約の両方が可能です。

デフォルトでは、EIGRPを起動すると自動経路集約が有効になります。これを無効化するには、**no auto-summary**コマンドを使用します。

構文 自動経路集約の無効化（ルータコンフィグモード）

(config-router)#`no auto-summary`

以下は、自動経路集約（auto-summary）の場合と、自動経路集約無効（no auto-summary）の場合の動作例です。

たとえば、クラスフルネットワーク「10.0.0.0」と「20.0.0.0」から派生するサブネットアドレスが次の図のように割り当てられているとします。この場合、RouterBはクラスフルネットワークの境界に配置されているため自動経路集約を実行します。

境界ルータではないRouterAは、fa0/1インターフェイスから「10.1.0.0/16」をアドバタイズします。これを受信したRouterBはルーティングテーブルに学習します。さらに、境界にあるRouterBは、「10.1.0.0/16」と「10.2.0.0/16」を「10.0.0.0/8」に経路集約し、fa0/1インターフェイスからアドバタイズします。その結果、RouterCのルーティングテーブルは「10.0.0.0/8」のみを学習します（同様に、「20.0.0.0」のサブネットも自動経路集約が実行されています）。

【自動経路集約が有効（デフォルト）の場合】

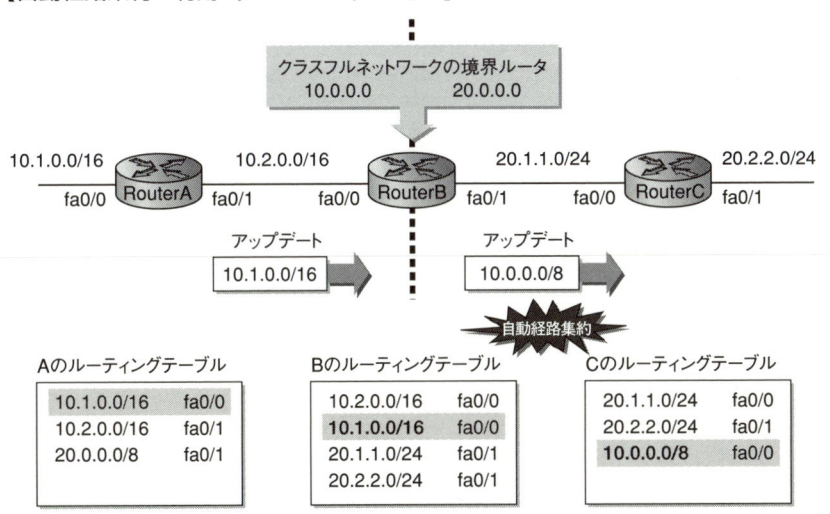

```
クラスフルネットワークの境界ルータ
10.0.0.0     20.0.0.0

10.1.0.0/16        10.2.0.0/16        20.1.1.0/24        20.2.2.0/24
fa0/0  RouterA  fa0/1     fa0/0  RouterB  fa0/1     fa0/0  RouterC  fa0/1

        アップデート              アップデート
        10.1.0.0/16               10.0.0.0/8
                              自動経路集約
```

Aのルーティングテーブル
10.1.0.0/16	fa0/0
10.2.0.0/16	fa0/1
20.0.0.0/8	fa0/1

Bのルーティングテーブル
10.2.0.0/16	fa0/0
10.1.0.0/16	**fa0/0**
20.1.1.0/24	fa0/1
20.2.2.0/24	fa0/1

Cのルーティングテーブル
20.1.1.0/24	fa0/0
20.2.2.0/24	fa0/1
10.0.0.0/8	**fa0/0**

次ページの図のような自動経路集約の無効化によって、クラスフルネットワークの境界にあるRouterBは、「10.1.0.0/16」と「10.2.0.0/16」を集約せずに、そのままfa0/1インターフェイスからアドバタイズします。その結果、RouterCのルーティングテーブルには「10.1.0.0/16」と「10.2.0.0/16」の両方が学習されます。

【自動経路集約が無効の場合】

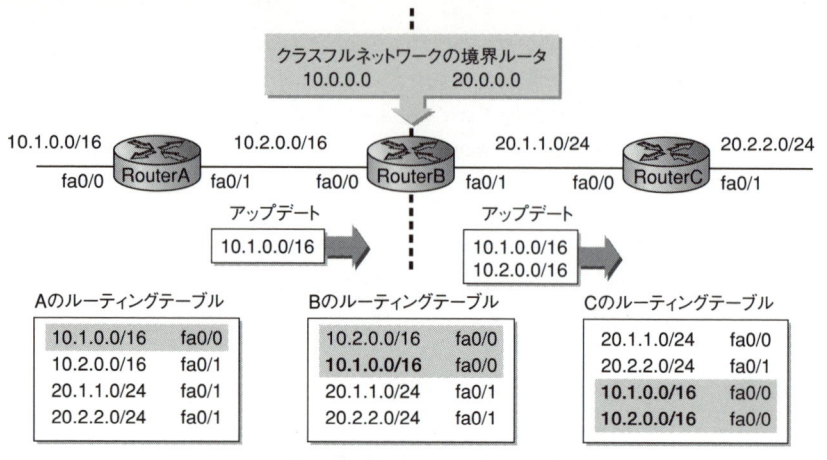

```
                    クラスフルネットワークの境界ルータ
                      10.0.0.0    20.0.0.0

10.1.0.0/16         10.2.0.0/16           20.1.1.0/24         20.2.2.0/24
       fa0/0  RouterA  fa0/1  fa0/0  RouterB  fa0/1  fa0/0  RouterC  fa0/1

                     アップデート              アップデート
                      10.1.0.0/16             10.1.0.0/16
                                              10.2.0.0/16
```

Aのルーティングテーブル			Bのルーティングテーブル			Cのルーティングテーブル	
10.1.0.0/16	fa0/0		10.2.0.0/16	fa0/0		20.1.1.0/24	fa0/0
10.2.0.0/16	fa0/1		**10.1.0.0/16**	**fa0/0**		20.2.2.0/24	fa0/1
20.1.1.0/24	fa0/1		20.1.1.0/24	fa0/1		**10.1.0.0/16**	**fa0/0**
20.2.2.0/24	fa0/1		20.2.2.0/24	fa0/1		**10.2.0.0/16**	**fa0/0**

```
Ro-B(config)#router eigrp 100
Ro-B(config-router)#no auto-summary
```

● EIGRPの手動経路集約

　自動経路集約を無効にすると、ルーティングテーブルに保持するエントリ数が増加します。EIGRPは大規模ネットワークをサポートするルーティングプロトコルです。大規模なネットワークでは、ルーティングテーブルに保持するエントリ数が多いため、ルータのメモリやCPUへの負荷が大きくなってしまいます。EIGRPルータの管理者は任意のビット境界で経路集約を実行し、ルーティングテーブルのエントリ数を減少させることができます。

　EIGRPで手動経路集約を実行する場合、集約ルートを送信するインターフェイス上で次のコマンドを実行します。ただしこの場合、経路集約を実行するルータのルーティングテーブルに、集約対象となるルートを学習している必要があります。

◎ 手動経路集約の設定はCCNAの範囲を超えるため、本書では概要のみ説明します。

構文 手動経路集約の設定（インターフェイスコンフィグモード）

```
(config-if)#ip summary-address eigrp <autonomous-system> <address> <mask>
           [ <admin-distance> ]
```

引数	説明
autonomous-system	自律システム（AS）番号を指定
address	集約アドレスとしてアドバタイズされるIPアドレスを指定
mask	集約アドレスのマスクを指定
admin-distance	集約ルートのアドミニストレーティブディスタンスを0〜255の範囲で指定（オプション）。デフォルトは5

次に、EIGRPの手動経路集約の設定例を示します。

次の図では、「10.0.0.0」から派生するサブネットが連続で割り当てられずに、間に「172.16.0.0」のサブネットアドレスが割り当てられています。このような不連続なサブネット割り当ての環境では、自動経路集約を無効にして手動経路集約を実行します。

【EIGRPの手動経路集約の設定例】

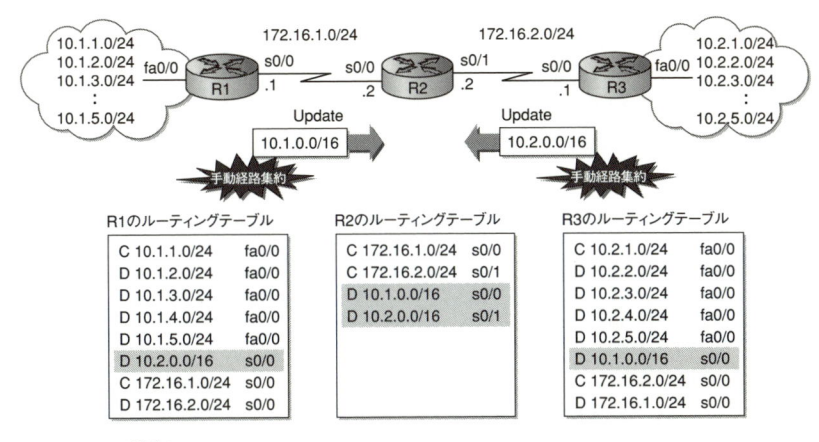

```
                     172.16.1.0/24           172.16.2.0/24
  10.1.1.0/24                                                        10.2.1.0/24
  10.1.2.0/24  fa0/0      s0/0    s0/0     s0/1     s0/0  fa0/0      10.2.2.0/24
  10.1.3.0/24       [R1]    .1      .2 [R2]   .2      .1 [R3]        10.2.3.0/24
     :                          Update            Update             10.2.5.0/24
  10.1.5.0/24               10.1.0.0/16       10.2.0.0/16
               手動経路集約                              手動経路集約
```

R1のルーティングテーブル
```
C 10.1.1.0/24      fa0/0
D 10.1.2.0/24      fa0/0
D 10.1.3.0/24      fa0/0
D 10.1.4.0/24      fa0/0
D 10.1.5.0/24      fa0/0
D 10.2.0.0/16      s0/0
C 172.16.1.0/24    s0/0
D 172.16.2.0/24    s0/0
```

R2のルーティングテーブル
```
C 172.16.1.0/24    s0/0
C 172.16.2.0/24    s0/1
D 10.1.0.0/16      s0/0
D 10.2.0.0/16      s0/1
```

R3のルーティングテーブル
```
C 10.2.1.0/24      fa0/0
D 10.2.2.0/24      fa0/0
D 10.2.3.0/24      fa0/0
D 10.2.4.0/24      fa0/0
D 10.2.5.0/24      fa0/0
D 10.1.0.0/16      s0/0
C 172.16.2.0/24    s0/0
D 172.16.1.0/24    s0/0
```

<R1の設定>
```
R1(config)#router eigrp 100
R1(config-router)#network 10.0.0.0
R1(config-router)#network 172.16.0.0
R1(config-router)#no auto-summary    ←自動経路集約を無効化
R1(config-router)#interface serial0/0
R1(config-if)#ip summary-address eigrp 100 10.1.0.0 255.255.0.0
                                            ↑
                                       「10.1.0.0/16」に集約
```

<R2の設定>
```
R2(config)#router eigrp 100
R2(config-router)#network 172.16.0.0
```

<R3の設定>
```
R3(config)#router eigrp 100
R3(config-router)#network 10.0.0.0
R3(config-router)#network 172.16.0.0
R3(config-router)#no auto-summary    ←自動経路集約を無効化
R3(config-router)#interface serial0/0
R3(config-if)#ip summary-address eigrp 100 10.2.0.0 255.255.0.0
                                            ↑
                                       「10.2.0.0/16」に集約
```

経路集約に関する情報はshow ip protocolsコマンドで確認することができます。

【show ip protocolsコマンドの出力例】

```
R1#show ip protocols
Routing Protocol is "eigrp 100"
  Outgoing update filter list for all interfaces is not set
  Incoming update filter list for all interfaces is not set
  Default networks flagged in outgoing updates
  Default networks accepted from incoming updates
  EIGRP metric weight K1=1, K2=0, K3=1, K4=0, K5=0
  EIGRP maximum hopcount 100
  EIGRP maximum metric variance 1
  Redistributing: eigrp 100
  EIGRP NSF-aware route hold timer is 240s
  Automatic network summarization is not in effect    ←自動経路集約は無効
    10.1.0.0/16 for Serial0/0      ←集約ルートと出力インターフェイスを表示
      Summarizing with metric 28160    ←集約ルートのメトリック値
  Maximum path:4
  Routing for Networks:
    10.0.0.0
    172.16.0.0
  Routing Information Sources:
<以下省略>
```

Point クラスフル/クラスレスルーティングプロトコルの経路集約

経路集約の方法は、クラスフルルーティングプロトコル*とクラスレスルーティングプロトコル*のどちらを使用するかによって次のように異なります。

● クラスフルルーティングプロトコルの場合
　クラスフルネットワークの境界で自動的に経路集約を実行します(無効化できません)。対象プロトコルはRIPv1、IGRPです。

● クラスレスルーティングプロトコルの場合
　管理者が設定することで経路集約を実行します。対象プロトコルはRIPv2、EIGRP、OSPF、IS-ISです。ただし、RIPv2とEIGRPは自動経路集約も可能です(デフォルトで有効であるため、不連続なサブネット割り当ての環境ではno auto-summaryコマンドが必要)。

5-7 EIGRPの認証

認証機能を使用すると、定義されたパスワードに基づいて接続されたルータがルーティングに参加できるかどうかを確認できます。これによって、不正なルータがネットワークに接続されたとしても、不正なルータとの間ではネイバー関係を確立せず、経路情報が交換されることを防ぎます。

■ EIGRPの認証手順

　ネイバー認証にはプレーンテキスト認証とMD5認証の2つのタイプがありますが、EIGRPのネイバー認証は、MD5認証のみをサポートしています。

　EIGRPでは、**キーチェーン**[※12]を使って複数の鍵を管理できます。キーチェーンによって複数の鍵を扱うことで、ネイバー関係を維持しながら鍵の変更を簡単に行うことができます。また、キーチェーン内の各鍵には、オプションでライフタイム（有効期間）を設定することもできます。あらかじめ定義しておいたライフタイムによって自動的に使用する鍵を変更し、セキュリティを向上させることができます。

　ある時点で有効な鍵が複数あるとき、送信に使用されるのは1つだけです。IOSソフトウェアは鍵番号の最も低いものから順番に検証し、最初に有効と判断した鍵を使用します。

　鍵が有効になっていない期間があるとネイバー認証が失敗し、ルーティングアップデートが行われません。したがって、キーチェーンに対して鍵の有効な期間をオーバーラップさせ、有効になっていない期間が発生しないように注意する必要があります。なお、ライフタイムを設定していない場合、その鍵は永続的に有効とみなされます。

【キーチェーン】

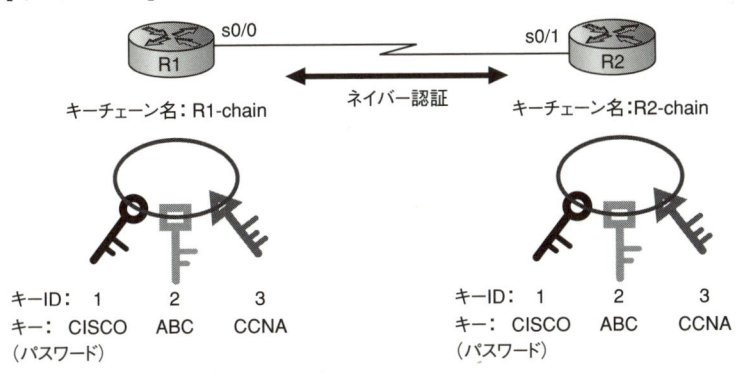

```
       s0/0                     s0/1
   R1 ←――――――――――――――――――――→ R2
         ネイバー認証

キーチェーン名：R1-chain      キーチェーン名：R2-chain

キーID：  1    2    3          キーID：  1    2    3
キー： CISCO  ABC  CCNA        キー： CISCO  ABC  CCNA
    （パスワード）                  （パスワード）
```

※12【キーチェーン】key chain：EIGRPの認証機能において、複数の鍵をグループ化して管理するための機能

EIGRPで認証機能を設定する場合、次の6つのステップを実行します。

① キーチェーンの作成
② キーID（鍵の番号）の作成
③ キーストリング（鍵のパスワード）の設定
④ ライフタイムの設定（オプション）
⑤ EIGRPパケットのMD5認証を有効化
⑥ キーチェーンの適用

●ステップ1：キーチェーンの作成（キーチェーンの設定モードに移行）

　　複数の鍵をグループ化するキーチェーンを作成するために、**key chain**コマンドを実行します。これは、キーチェーンの設定モードに移行するためのコマンドでもあります。複数のキーチェーンを作成し、インターフェイスごとに異なるキーチェーンを使用することも可能です。

構文 キーチェーンの作成（グローバルコンフィグモード）
(config)#**key chain** <name-of-chain>

引数	説明
name-of-chain	キーチェーンの名前を指定

●ステップ2：キーIDの作成

　　キーチェーンに含まれる認証鍵のIDを作成するためには、**key**コマンドを使用します。このコマンドを実行すると、キーの設定モードに移行します。

構文 キーチェーンの作成（キーチェーンコンフィグモード）
(config-keychain)#**key** <key-id>

引数	説明
key-id	認証鍵のIDを0～2147483647の範囲で指定

●ステップ3：キーストリングの設定

　　キーの設定モードで、**key-string**コマンドを使用してキーストリングを設定します。キーストリングとは、認証に使用するキーの文字列（鍵のパスワード）のことです。

構文 キーストリングの設定（キーチェーンキーコンフィグモード）
(config-keychain-key)#**key-string** <text>

引数	説明
text	EIGRPパケットの送信および受信時の認証に使用する文字列（パスワード）を指定。文字列には1～80文字までの英数字を指定。英字の大文字と小文字は区別される

●ステップ4：ライフタイムの設定（オプション）

　各鍵に対し、EIGRPパケットの受信時に使用する鍵の期間と、送信時に使用する鍵の期間の両方のタイミングを指定することができます。

　タイミングの指定方法には、次の3つがあります。

・開始時間（いつから）と終了時間（いつまで）
・開始時間（いつから）から無期限（ずっと）
・開始時間（いつから）から期間（何秒間）

構文 受信に使用するタイミングの設定（オプション）（キーチェーンキーコンフィグモード）

(config-keychain-key)#**accept-lifetime** <start-time> [<end-time> | **infinite** | **duration** <seconds>]

構文 送信に使用するタイミングの設定（オプション）（キーチェーンキーコンフィグモード）

(config-keychain-key)#**send-lifetime** <start-time> [<end-time> | **infinite** | **duration** <seconds>]

引数	説明
start-time	開始時間を指定。構文は次のいずれかを使用 ・hh:mm:ss month date year ・hh:mm:ss date month year hh:時間、mm:分、ss:秒、month:月名の最初の3文字、date:日付、year:年（4桁） 例）2008年10月1日9時30分0秒場合 … 09:30:00 Oct 1 2008
end-time	終了時間を指定。構文はstart-timeと同じ。end-time値は、start-time値よりも遅くなければならない
infinite	鍵はstart-time値から始まり、無期限に使用可能
seconds	start-time値から始まり、鍵を使用できる期間を秒単位で指定。1～2147483646の範囲で指定可能

●ステップ5：EIGRPパケットのMD5認証を有効化

　EIGRPの認証機能は、インターフェイス単位で有効化することができます。デフォルトでは認証機能は設定されていません。EIGRPのMD5認証を有効にするには、インターフェイスコンフィギュレーションモードに移行し、次のコマ

ンドを実行します。

構文 EIGRP認証の有効化（インターフェイスコンフィグモード）

(config-if)#`ip authentication mode eigrp` <autonomous-system> `md5`

引数	説明
autonomous-system	自律システム（AS）番号を指定

● ステップ6：キーチェーンの適用

　EIGRPパケットの認証が有効化されたインターフェイス上で使用するキーチェーンを指定します。キーチェーンの指定には次のコマンドを使用します。

構文 使用するキーチェーンを指定（インターフェイスコンフィグモード）

(config-if)#`ip authentication key-chain eigrp` <autonomous-system> <name-of-chain>

引数	説明
autonomous-system	自律システム（AS）番号を指定
name-of-chain	使用するキーチェーンの名前を指定

次に、EIGRP認証の設定例を示します。

【EIGRP認証の例】

```
          fa0/0        s0/0    EIGRP (AS100)   s0/1         fa0/0
      10.1.1.1/24  R1  10.2.2.1/24          10.2.2.2/24  R2  10.3.3.1/24
                              ←――ネイバー認証――→
```

R1-chain

キーID：	1	2
キー：	CISCO	CCNA
ライフタイム：	あり	あり
受信開始：	08/10/01 6:00	08/12/01 6:00
受信終了：	無期限	無期限
送信開始：	08/10/01 6:00	08/12/31 6:00
送信終了：	09/01/01 6:00	無期限

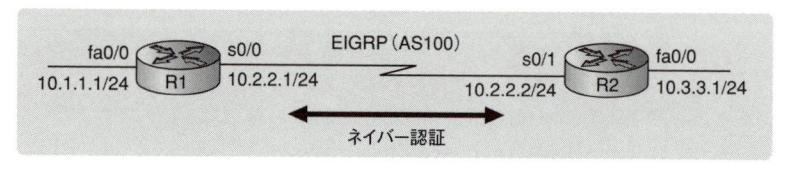

R2-chain

キーID：	1	2
キー：	CISCO	CCNA
ライフタイム：	あり	あり
受信開始：	08/10/01 6:00	08/12/01 6:00
受信終了：	09/01/01 23:00	無期限
送信開始：	08/10/01 6:00	08/12/01 6:00
送信終了：	08/12/01 23:00	無期限

<R1の設定>

```
R1#configure terminal
Enter configuration commands, one per line.  End with CNTL/Z.
R1(config)#key chain R1-chain       ←キーチェーン作成
R1(config-keychain)#key 1       ←キーID「1」作成
R1(config-keychain-key)#key-string CISCO     ←キーストリング「CISCO」
R1(config-keychain-key)#accept-lifetime 06:00:00 Oct 1 2008 infinite    ←受信用
R1(config-keychain-key)#send-lifetime 06:00:00 Oct 1 2008 06:00:00 Jan 1 2009   ←送信用
R1(config-keychain-key)#key 2      ←キーID「2」作成
R1(config-keychain-key)#key-string CCNA    ←キーストリング「CCNA」
R1(config-keychain-key)#accept-lifetime 06:00:00 Dec 1 2008 infinite    ←受信用
R1(config-keychain-key)#send-lifetime 06:00:00 Dec 31 2008 infinite    ←送信用
R1(config-keychain-key)#int s0/0    ←インターフェイスモードに移行
R1(config-if)#ip authentication mode eigrp 100 md5    ←EIGRP認証を有効化
R1(config-if)#ip authentication key-chain eigrp 100 R1-chain    ←キーチェーンを適用
R1(config-if)#end
R1#
```

<R2の設定>

```
R2#configure terminal
Enter configuration commands, one per line.  End with CNTL/Z.
R2(config)#key chain R2-chain       ←キーチェーン作成
R2(config-keychain)#key 1       ←キーID「1」作成
R2(config-keychain-key)#key-string CISCO     ←キーストリング「CISCO」
R2(config-keychain-key)#accept-lifetime 06:00:00 Oct 1 2008 23:00:00 Jan 1 2009  ←受信用
R2(config-keychain-key)#send-lifetime 06:00:00 Oct 1 2008 23:00:00 Dec 1 2008   ←送信用
R2(config-keychain-key)#key 2      ←キーID「2」作成
R2(config-keychain-key)#key-string CCNA    ←キーストリング「CCNA」
R2(config-keychain-key)#accept-lifetime 06:00:00 Dec 1 2008 infinite    ←受信用
R2(config-keychain-key)#send-lifetime 06:00:00 Dec 1 2008 infinite    ←送信用
R2(config-keychain-key)#int s0/1    ←インターフェイスモードに移行
R2(config-if)#ip authentication mode eigrp 100 md5    ←EIGRP認証を有効化
R2(config-if)#ip authentication key-chain eigrp 100 R2-chain    ←キーチェーンを適用
R2(config-if)#end
R2#
```

R1ではs0/0インターフェイス上にキーチェーン「R1-chain」を使用するよう設定し、R2ではs0/1インターフェイス上にキーチェーン「R2-chain」を使用するよう設定しています。また、キーチェーンには2つの鍵が定義されています。

この結果、R1からR2へのEIGRPパケットの送受信では次の鍵を使用します。

- R1：2008年10月1日6時〜2009年1月1日6時まで鍵1で送信
  これ以降は鍵2を無期限に使用（重複期間は最小IDの鍵を使用）
- R2：2008年10月1日6時〜2009年1月1日23時まで鍵1で受信
  2008年12月1日6時〜無期限に鍵2で受信（重複期間は両方の鍵で受信可能）

ネイバー関係が形成され、ルーティングテーブルにEIGRPルートが学習できればEIGRPの認証が成功したことがわかります。

【EIGRP認証の検証】

```
R1#show ip eigrp neighbors
IP-EIGRP neighbors for process 100
H   Address         Interface       Hold    Uptime      SRTT    RTO     Q       Seq
                                    (sec)               (ms)            Cnt     Num
0   10.2.2.2        Se0/0           11      00:00:12    1036    5000    0       16
R1#show ip route
Codes: C - connected, S - static, R - RIP, M - mobile, B - BGP
       D - EIGRP, EX - EIGRP external, O - OSPF, IA - OSPF inter area
       N1 - OSPF NSSA external type 1, N2 - OSPF NSSA external type 2
       E1 - OSPF external type 1, E2 - OSPF external type 2
       i - IS-IS, su - IS-IS summary, L1 - IS-IS level-1, L2 - IS-IS level-2
       ia - IS-IS inter area, * - candidate default, U - per-user static route
       o - ODR, P - periodic downloaded static route

Gateway of last resort is not set

     10.0.0.0/24 is subnetted, 3 subnets
C       10.1.1.0 is directly connected, FastEthernet0/0
C       10.2.2.0 is directly connected, Serial0/0/0
D       10.3.3.0 [90/2053760] via 10.2.2.2, 00:04:12, Serial0/0
```

5-8 演習問題

1. EIGRPルータがサクセサルートを格納しているテーブルとして正しいものを選びなさい。

    A. ルーティングテーブルとトポロジテーブル
    B. トポロジテーブル
    C. ルーティングテーブルとサクセサテーブル
    D. ルーティングテーブルとリンクステートデータベース
    E. ルーティングテーブル

2. 次の図のようなネットワークにおいて、ルーティングプロトコルはEIGRPを使用しています。R1が172.16.10.0/24ネットワークへパケットを転送するときに使用するルートを選びなさい。

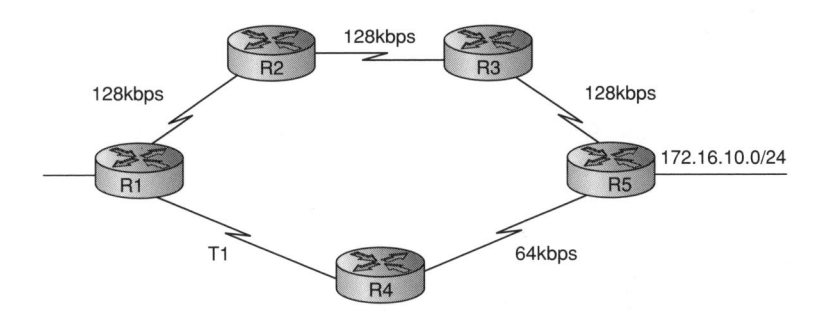

    A. R1 → R2 → R3 → R5
    B. R1 → R4 → R5
    C. R1 → R2 → R3 → R5とR1 → R4 → R5の両方

3. EIGRPのトポロジテーブルを表示するためのコマンドを選びなさい。

    A. show ip route
    B. show topology
    C. show eigrp topology
    D. show eigrp table
    E. show ip eigrp topology

4. 次の図のようなネットワークがあります。R3でEIGRPを設定するためのコマンドを選びなさい。なお、R4に対してはEIGRPパケットを転送しないよう設定しなさい。（3つ選択）

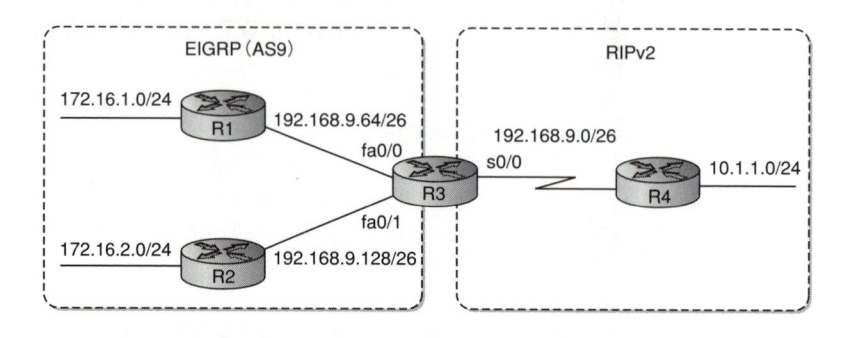

```
           EIGRP (AS9)                    RIPv2
  172.16.1.0/24
  ─────────── R1  192.168.9.64/26
                    fa0/0      192.168.9.0/26
                           R3  s0/0              10.1.1.0/24
                    fa0/1                    R4 ───────────
  172.16.2.0/24
  ─────────── R2  192.168.9.128/26
```

A. (config)#router eigrp
B. (config-router)#network 192.168.9.64 0.0.0.64
C. (config-router)#network 192.168.9.128 0.0.0.64
D. (config-router)#network 192.168.9.64 0.0.0.63
E. (config)#router eigrp 9
F. (config-router)#no auto-summary
G. (config-router)#network 192.168.9.128 0.0.0.0
H. (config-router)#network 192.168.9.0
I. (config-router)#network 192.168.9.128 0.0.0.63

5. 次の出力の説明として正しいものを選びなさい。(3つ選択)

```
Routing Protocol is "eigrp 10"
  Outgoing update filter list for all interfaces is not set
  Incoming update filter list for all interfaces is not set
  Default networks flagged in outgoing updates
  Default networks accepted from incoming updates
  EIGRP metric weight K1=1, K2=0, K3=1, K4=0, K5=0
  EIGRP maximum hopcount 100
  EIGRP maximum metric variance 1
  Redistributing: eigrp 100
  EIGRP NSF-aware route hold timer is 240s
  Automatic network summarization is not in effect
  Maximum path: 4
  Routing for Networks:
    10.0.0.0
    172.16.0.0
  Passive Interface(s):
    FastEthernet0/0
  Routing Information Sources:
    Gateway          Distance     Last Update
    (this router)         90      00:20:49
    172.16.3.1            90      00:02:49
  Distance: internal 90 external 170
```

- A. show ip protocols eigrpコマンドの出力である
- B. このルータはrouter eigrp 1コマンドを実行している
- C. 不等コストロードバランシングを設定している
- D. networkコマンドの設定でワイルドカードマスクを使用している
- E. no auto-summaryコマンドを実行している
- F. passive-interface fa0/1コマンドを実行している
- G. 1台のEIGRPルータとネイバー関係を確立している
- H. アドミニストレーティブディスタンス値はデフォルトである

5-9 解答

1. **A**

   サクセサルートは、宛先ネットワークへの最適ルート（最短パス）です。EIGRPでは、DUALというアルゴリズムを使ってトポロジテーブルに格納された経路情報から、宛先までの最適ルート（サクセサ）とバックアップルート（フィージブルサクセサ）を選択し、サクセサルートをルーティングテーブルに格納します。
   したがって、サクセサルートはトポロジテーブルとルーティングテーブルに格納されています（**A**）。

2. **A**

   EIGRPのメトリックは、デフォルトで帯域幅と遅延を使用します。「T1」は1,544kbps（1.544Mbps）なので128kbpsよりも広帯域ですが、EIGRPのメトリック計算に使用する帯域幅は「ローカルルータと宛先ネットワーク間の最小帯域幅」です。
   R4－R5間の帯域幅が64kbpsであるため、128kbpsと64kbpsを比較し、より広帯域の「R1 → R2 → R3 → R5」ルートが最短パスになります（**A**）。なお、EIGRPはデフォルトで等コストロードバランシング（負荷分散）であるため「R1 → R4 → R5」のルートは使用しません。

3. **E**

   EIGRPは、ネイバーから受信したすべてのルート情報をトポロジテーブルに格納します。EIGRPトポロジテーブルを表示するにはshow ip eigrp topologyコマンドを使用します（**E**）。show ip route（**A**）はIPルーティングテーブルを表示するコマンドです。そのほかの選択肢は不正なコマンドです。

4. D、E、I

EIGRPを設定するには、次のコマンドを使用します。

① EIGRPプロセスの起動
(config)#**router eigrp** <autonomous-system>
　　　　　　　　　　　　　　　　↑
　　　　　　　　　　　　　　AS番号を指定

② 動作するインターフェイスの指定
(config-router)#**network** <network> [<wildcard-mask>]
　　　　　　　　　　　　　　　　　　　　　　　↑
　　　　　　　　　　　　クラスフルネットワーク以外を指定する場合、
　　　　　　　　　　　　ワイルドカードマスクを指定

EIGRPプロセスを起動するには、AS番号を指定する必要があります。今回の図では「EIGRP（AS9）」とあるので、router eigrp 9コマンドを使用します（**E**、A）。
R3のfa0/0とfa0/1インターフェイスだけでEIGRPを動作させるため、ワイルドカードマスクを使用します。プレフィクス長「/26」を反転すると、ワイルドカードマスク「0.0.0.63」になります。

「/26（11111111.11111111.11111111.11000000）」反転→「00000000.00000000.00000000.00111111」
　　　　255　　　255　　　255　　　192　　　　　　　　　　　0　　　　0　　　　0　　　　63

したがって、network 192.168.9.64 0.0.0.63とnetwork 192.168.9.128 0.0.0.63コマンドを使用します（**D**、**I**）。
選択肢B、C、Gはワイルドカードマスクが誤っています。Hはワイルドカードマスクを使用しないでクラスフルネットワークで設定しています。この場合、s0/0インターフェイス上でもEIGRPが動作してしまうため誤りです。
アドレッシングが不連続ネットワークになっていますが、R3はクラスフルネットワークの境界ルータではありません。したがって、R3はno auto-summaryコマンドで自動経路集約を無効化する必要はありません（F）（R1とR2ではno auto-summaryが必要です）。

5. **E、G、H**

表示はshow ip protocolsコマンドの出力です（A）。1行目の「"eigrp 10"」から、router eigrp 10コマンドでEIGRPを起動していることがわかります（B）。

8行目の「variance 1」は、等コストロードバランシングであることを示しています（C）。

11行目の「not in effect」は、自動経路集約が無効であることを示しています。EIGRPはデフォルトで自動経路集約が有効です。よって、no auto-summaryコマンドを実行しています（E）。

13行目の「Routing for Networks:」はnetworkコマンドで設定した情報を表示します。出力から2行のnetworkコマンドが実行されたことがわかります。アドレスの後ろにプレフィクス長がない場合、ワイルドカードマスクを使用していません（D）。

・ワイルドカードマスクなしの場合 ………10.0.0.0、172.16.0.0
・ワイルドカードマスクありの場合の例 …10.1.1.0/24、172.16.1.0/24

16行目の「Passive Interface(s):」に「FastEthernet0/0」とあるため、passive-interface fa0/0コマンドを実行していることがわかります（F）。

18行目の「Routing Information Sources:」のGatewayに「172.16.3.1」とあります。これは、経路情報を通知してきたEIGRPルータのIPアドレスを示しています。よって、1台のEIGRPルータとネイバー関係を確立していることがわかります（G）。

最終行の「Distance: internal 90 external 170」は、EIGRPのアドミニストレーティブディスタンスを示しています。デフォルトのディスタンス値（内部「90」、外部「170」）になっています（H）。

第6章

VLSMと経路集約

6-1 VLSM

6-2 経路集約

6-3 演習問題

6-4 解答

6-1 VLSM

VLSM（可変長サブネットマスク）は、IPアドレスの無駄をなくして効率的に利用するための技術で、スケーラブルなネットワークにおいては欠くことのできない重要な要素です。VLSMを理解するにはサブネット化の知識が必要になります。本節ではまずサブネット化の復習をしてからVLSMの実装についての説明に進みましょう。

◎ IPv4アドレスとサブネット化については、『徹底攻略Cisco CCNA/CCENT教科書 ICND1編』で詳しく説明しています。

■ サブネット化の復習

　サブネット化（subnetting）とは、1つのネットワークを複数の小さなネットワークに分割するプロセスを指します。サブネット化によって、1つのネットワークに接続するコンピュータの台数を減らすことができるため、ネットワーク全体のスループット[※1]の低下を防いだり、セキュリティを向上させたりすることができます。

　サブネットアドレスは、32ビットからなるIPアドレスのホスト部のビットを借用して作成します。ネットワーク部とホスト部の境界を右に1ビットずらす（1ビット借用する）たびに、作成されるサブネット数が増加し、サブネット当たりのホストアドレス数は減少します。したがって、ネットワーク管理者は「必要となるサブネットアドレスとホストアドレスの数」に留意してサブネット化を計画する必要があります。

　サブネット数とホストアドレス数を求めるには、次の計算式を使用します。

　　サブネット数 = 2^s　　　　（sは境界を右にずらしたビットの数）

　　ホストアドレス数 = $2^h - 2$　　（hは残りのホストビットの数）

　たとえば、クラスCネットワークの場合、第1〜3オクテットがネットワーク部であり、第4オクテットの8ビットがデフォルトのホスト部です。1ビットずつサブネット化した場合のサブネット数とホストアドレス数は次のようになります。

※1　【スループット】throughput：単位時間あたりの正味のデータ転送量

【クラスCネットワークのサブネット化】

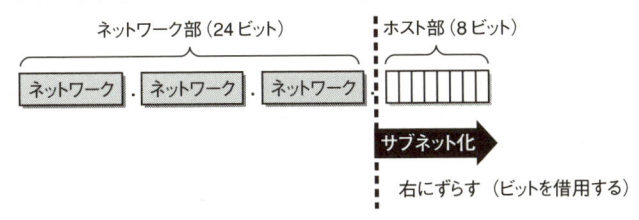

ネットワーク部（24ビット） ／ ホスト部（8ビット）

ネットワーク . ネットワーク . ネットワーク ／ サブネット化 → 右にずらす（ビットを借用する）

境界を右にずらす ビット数 (s)	サブネット数 (2^s)	ホスト部のビット数 （8 − s = h）	サブネット当たりの ホストアドレス数（$2^h - 2$）
1	2	7	126
2	4	6	62
3	8	5	30
4	16	4	14
5	32	3	6
6	64	2	2
7	128	1	0

同様に、クラスBおよびクラスAのネットワークでは、それぞれ次のようになります。

【クラスBネットワークのサブネット化】

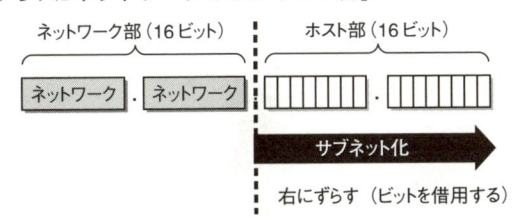

ネットワーク部（16ビット） ／ ホスト部（16ビット）

ネットワーク . ネットワーク ／ サブネット化 → 右にずらす（ビットを借用する）

境界を右にずらす ビット数 (s)	サブネット数 (2^s)	ホスト部のビット数 （16 − s = h）	サブネット当たりの ホストアドレス数（$2^h - 2$）
1	2	15	32,766
2	4	14	16,382
3	8	13	8,190
4	16	12	4,094
5	32	11	2,046
6	64	10	1,022
7	128	9	510
:	:	:	:

【クラスAネットワークのサブネット化】

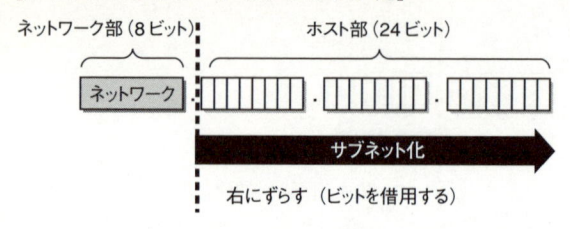

ネットワーク部（8ビット）　ホスト部（24ビット）

ネットワーク

サブネット化

右にずらす（ビットを借用する）

境界を右にずらすビット数 (s)	サブネット数 (2^s)	ホスト部のビット数 ($24 - s = h$)	サブネット当たりのホストアドレス数 ($2^h - 2$)
1	2	23	8,388,606
2	4	22	4,194,302
3	8	21	2,097,150
4	16	20	1,048,574
5	32	19	524,286
6	64	18	262,142
7	128	17	131,070
:	:	:	:

　ネットワーク管理者によってサブネット化されたアドレスでは、クラスの情報からネットワークアドレスを判断することができないため、サブネットマスクを使ってネットワークを識別します。
　たとえば、クラスBネットワーク172.16.0.0を8ビットサブネット化した場合のサブネットマスクと個々のサブネットアドレスは、次のようになります。

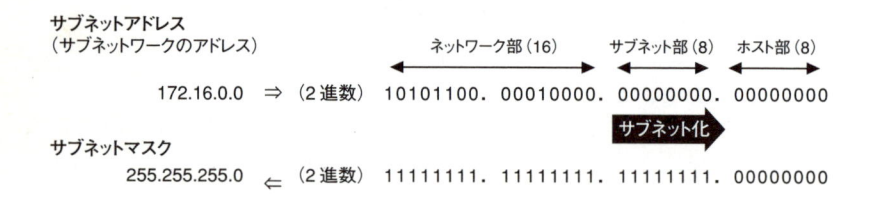

サブネットアドレス
（サブネットワークのアドレス）

　　　　　　　　　　　　　　　ネットワーク部（16）　　サブネット部（8）　ホスト部（8）
　　172.16.0.0　⇒　（2進数）　10101100. 00010000. 00000000. 00000000
　　　　　　　　　　　　　　　　　　　　　　　　　　サブネット化

サブネットマスク
　　255.255.255.0　←　（2進数）　11111111. 11111111. 11111111. 00000000

【クラスBネットワークを8ビットサブネット化した場合】

サブネット番号 （2進数）	サブネット アドレス	サブネットマスク （プレフィクス長）	ホストアドレス の範囲	ブロードキャスト アドレス
00000000	172.16.0.0	255.255.255.0 （/24）	172.16.0.1 〜 172.16.0.254	172.16.0.255
00000001	172.16.1.0		172.16.1.1 〜 172.16.1.254	172.16.1.255
00000010	172.16.2.0		172.16.2.1 〜 172.16.2.254	172.16.2.255
00000011	172.16.3.0		172.16.3.1 〜 172.16.3.254	172.16.3.255
00000100	172.16.4.0		172.16.4.1 〜 172.16.4.254	172.16.4.255
00000101	172.16.5.0		172.16.5.1 〜 172.16.5.254	172.16.5.255
00000110	172.16.6.0		172.16.6.1 〜 172.16.6.254	172.16.6.255
00000111	172.16.7.0		172.16.7.1 〜 172.16.7.254	172.16.7.255
：	：		：	：
11111110	172.16.254.0		172.16.254.1 〜 172.16.254.254	172.16.254.255
11111111	172.16.255.0		172.16.255.1 〜 172.16.255.254	172.16.255.255

Point　IPアドレスの計算に必要な情報

IPアドレスの計算には以下の事項を覚えておくと便利です。

第1オクテット	先頭の数値	ネットワークとホストの境界
クラスA（1〜126）	0xxxxxxx	N.H.H.H
クラスB（128〜191）	10xxxxxx	N.N.H.H
クラスC（192〜223）	110xxxxx	N.N.N.H （※ N：ネットワーク部、H：ホスト部）

プレフィクス長

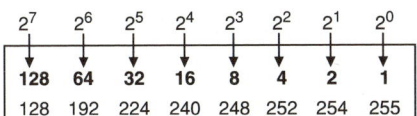

□.□.□.□
/8 /16 /24 /32

2の累乗　2^7　2^6　2^5　2^4　2^3　2^2　2^1　2^0

128　64　32　16　8　4　2　1
128　192　224　240　248　252　254　255　←1ビットずつサブネット化した
　　　　　　　　　　　　　　　　　　　　ときのサブネットマスク

- ネットワークアドレス……ホスト部すべて「0」
- ダイレクトブロードキャストアドレス……ホスト部すべて「1」
- サブネット数 = 2^s （sは境界を右にずらしたビットの数）
- ホストアドレス数 = $2^h - 2$ （hは残りのホストビットの数）

■ VLSMの概要

　VLSM（Variable Length Subnet Mask：可変長サブネットマスク）は、ネットワークアドレスをサブネット化する際に、サブネットごとに異なるサブネットマスク*を使う技術です。VLSMにより、サブネットに接続するコンピュータの台数に応じたサブネットマスクが利用でき、IPアドレスを無駄なく効率的に使用することができます。

　VLSMに対する技術として**FLSM**（Fixed Length Subnet Mask：固定長サブネットマスク）があります。FLSMでは、すべてのサブネットにおいてサブネットマスクを同じ（固定）にしなければならないため、最も多くホストアドレスが必要なサブネットに合わせてアドレッシングを行います。その結果、多くのIPアドレスが未使用となってしまいます。

　VLSMでは、1つのクラスフルネットワークで複数のサブネットマスクを使用し、すでにサブネット化されたサブネットアドレスを、さらにサブネット化することができます。

　次に、VLSMを使用した効率的なアドレッシングの方法を示します。

　次の図では、Centralルータを中心に3つの拠点にあるRo-A、Ro-B、Ro-Cが接続されています。CentralのLAN側に接続しているスイッチには5つのVLAN*が構成されています。各VLANに必要なホストアドレス数は300、各拠点のLANで必要なホストアドレス数は30、拠点間を接続するポイントツーポイントリンクには2つのホストアドレスが必要です。

【VLSMを使用したアドレッシングの計画】

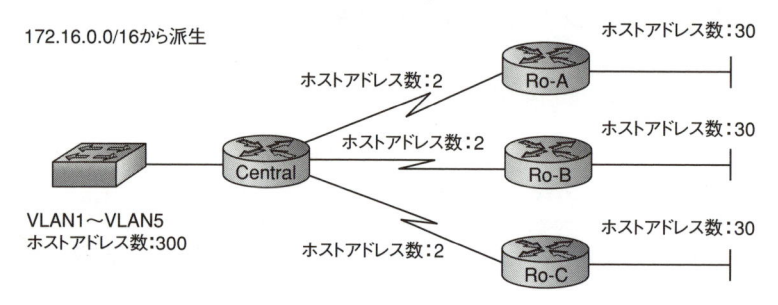

172.16.0.0/16から派生

- VLAN1〜VLAN5 ホストアドレス数：300
- Central ── ホストアドレス数：2 ── Ro-A ── ホストアドレス数：30
- Central ── ホストアドレス数：2 ── Ro-B ── ホストアドレス数：30
- Central ── ホストアドレス数：2 ── Ro-C ── ホストアドレス数：30

　このとき、クラスフルネットワーク「172.16.0.0/16」を使ってVLSMによるアドレッシングの設計を行います。制約事項として、いったん割り当ててしまったサブネットアドレスを、さらにサブネット化することはできません。未使用のサブネットアドレスを使ってサブネット化する必要があります。通常、最も多くのホストアドレスを必要とするところから順番にサブネット化します。

　以上のことから、次の順番でサブネット化していきます。

① Centralの各VLAN
② 各拠点のLAN
③ ポイントツーポイントリンク

● 1回目のサブネット化（必要なホストアドレス数：300）

　ホストアドレス数を2^h-2の公式で計算すると、ホスト部には9ビット（$2^9-2=510$）必要です。したがって、サブネットマスクは「255.255.254.0（/23）」になります。

　172.16.0.0/16を/23にサブネット化すると、次のののような割り当てになります。

【172.16.0.0/16を/23にサブネット化】

第1サブネット	172.16.**0**.0/23	←VLAN1に割り当て
第2サブネット	172.16.**2**.0/23	←VLAN2に割り当て
第3サブネット	172.16.**4**.0/23	←VLAN3に割り当て
第4サブネット	172.16.**6**.0/23	←VLAN4に割り当て
第5サブネット	172.16.**8**.0/23	←VLAN5に割り当て
第6サブネット	172.16.**10**.0/23	未使用のアドレス
第7サブネット	172.16.**12**.0/23	未使用のアドレス
第8サブネット	172.16.**14**.0/23	未使用のアドレス

　　　　　　　　　　　　　：

＜途中省略＞

　　　　　　　　　　　　　：

| 最後のサブネット | 172.16.**254**.0/23 | 未使用のアドレス |

● 2回目のサブネット化（必要なホストアドレス数：30）

　ホスト部には5ビット（$2^5-2=30$）必要なため、サブネットマスクは「255.255.255.224（/27）」になります。

　1回目のサブネットアドレスの中から未使用のアドレスを1つ取り出し、/23から/27へさらにサブネット化します。このとき、将来のネットワークの拡張に備えて少し間隔を空けることが推奨されます。たとえば、「172.16.10.0/23」と「172.16.12.0/23」を残しておき、第8サブネットの「172.16.14.0/23」を2回目のサブネット化で使用すると、次のようになります。

【172.16.14.0/23を/27にサブネット化】

第1サブネット	172.16.14.**0**/27	←拠点AのLANに割り当て
第2サブネット	172.16.14.**32**/27	←拠点BのLANに割り当て
第3サブネット	172.16.14.**64**/27	←拠点CのLANに割り当て
第4サブネット	172.16.14.**96**/27	未使用のアドレス
第5サブネット	172.16.14.**128**/27	未使用のアドレス
第6サブネット	172.16.14.**162**/27	未使用のアドレス
第7サブネット	172.16.14.**194**/27	未使用のアドレス
最後のサブネット	172.16.14.**226**/27	未使用のアドレス

● 3回目のサブネット化（必要なホストアドレス数：2）

ホスト部には2ビット（$2^2-2=2$）なため、サブネットマスクは「255.255.255.252（/30）」になります。

2回目のサブネットアドレスの中から未使用のアドレスを1つ取り出し、/27から/30へさらにサブネット化します。第6サブネットの「172.16.14.162/27」を3回目のサブネット化で使用すると、次のようになります。

【172.16.14.162/27を/30にサブネット化】

第1サブネット	172.16.14.**162**/30	←拠点Aとのポイントツーポイントに割り当て
第2サブネット	172.16.14.**166**/30	←拠点Bとのポイントツーポイントに割り当て
第3サブネット	172.16.14.**170**/30	←拠点Cとのポイントツーポイントに割り当て
第4サブネット	172.16.14.**174**/30	未使用のアドレス
第5サブネット	172.16.14.**178**/30	未使用のアドレス
第6サブネット	172.16.14.**182**/30	未使用のアドレス
第7サブネット	172.16.14.**186**/30	未使用のアドレス
最後のサブネット	172.16.14.**190**/30	未使用のアドレス

【VLSMを使用したアドレッシング】

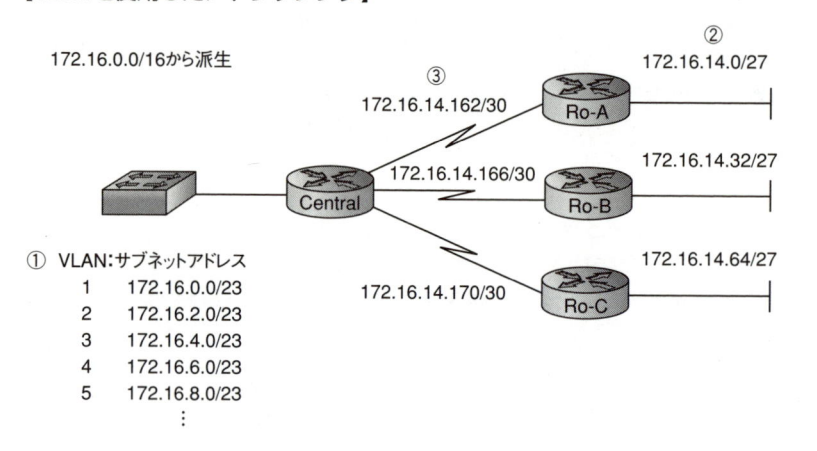

172.16.0.0/16から派生

③ 172.16.14.162/30
② 172.16.14.0/27
Ro-A

172.16.14.166/30
172.16.14.32/27
Ro-B

Central

172.16.14.170/30
172.16.14.64/27
Ro-C

① VLAN：サブネットアドレス
　1　172.16.0.0/23
　2　172.16.2.0/23
　3　172.16.4.0/23
　4　172.16.6.0/23
　5　172.16.8.0/23
　　　　⋮

Memo　サブネットアドレスの計算

サブネット化を行う際のサブネットアドレスの簡単な求め方を紹介します。
サブネット化は、アドレスのネットワーク部とホスト部の境界を右にずらして行います。たとえば、「172.16.0.0」のアドレスを/16から/19へサブネット化する場合、境界を3ビット右にずらします。

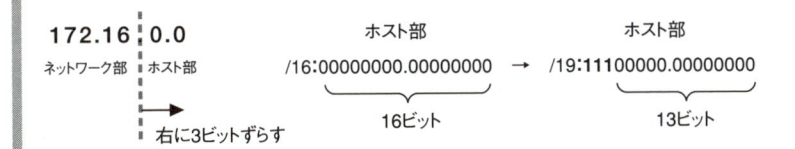

```
172.16 | 0.0            ホスト部                        ホスト部
ネットワーク部 | ホスト部   /16:00000000.00000000   →   /19:11100000.00000000
       →                        16ビット                      13ビット
    右に3ビットずらす
```

/19にサブネット化したとき、第3オクテットのネットワーク部の範囲は**000**00000～**111**00000です。このとき、サブネット数は8個（$2^3=8$）になりますが、実際にどのようなアドレスになるかを、2進数から10進数に変換して求めるには手間がかかります。
そこで、256からサブネットマスクの第3オクテットの数値を減算します（256はオクテットのビットパターン数です）。/19のサブネットマスクは「255.255.224.0」なので、第3オクテットの224を減算します。

256－224＝32

この差が、サブネットアドレスを繰り上げる単位となります。この場合は、32で1つのサブネットを構成するということです。

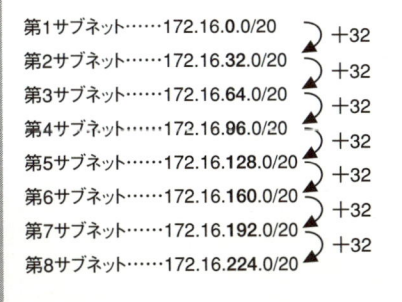

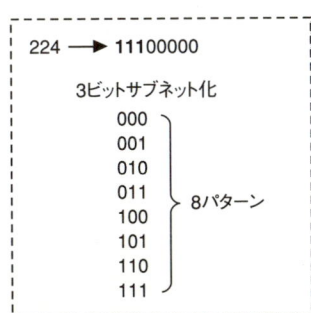

```
第1サブネット……172.16.0.0/20    ⎫ +32        224 → 11100000
第2サブネット……172.16.32.0/20   ⎬ +32          3ビットサブネット化
第3サブネット……172.16.64.0/20   ⎬ +32             000  ⎫
第4サブネット……172.16.96.0/20   ⎬ +32             001  ⎬
第5サブネット……172.16.128.0/20  ⎬ +32             010  ⎬
第6サブネット……172.16.160.0/20  ⎬ +32             011  ⎬ 8パターン
第7サブネット……172.16.192.0/20  ⎬ +32             100  ⎬
第8サブネット……172.16.224.0/20  ⎭               101  ⎬
                                                110  ⎬
                                                111  ⎭
```

6-2 経路集約

VLSMによって、ネットワーク管理者はより多くの階層型アドレッシングを設計することができます。経路集約は、VLSMによって分割された一連のサブネットアドレスを1つの集約アドレスで表現し、各ルータが管理しなければならないルート数を減らすことができます。

■ 経路集約とは

ルーティングテーブルにある複数のエントリを1つにまとめることを**経路集約**といいます（ルートアグリゲーションやスーパーネッティングと呼ばれることもあります）。

経路集約には、次のような利点があります。

・ルーティングテーブルのサイズを縮小し、ルータのメモリ使用量とルーティングプロトコル関連のトラフィック量を削減する
・特定のサブネットがダウンした場合、集約アドレスしか知らないルータへは通知する必要がないため、トポロジ変更時に影響が及ぶ範囲を小さくすることができる

【経路集約のメリット】

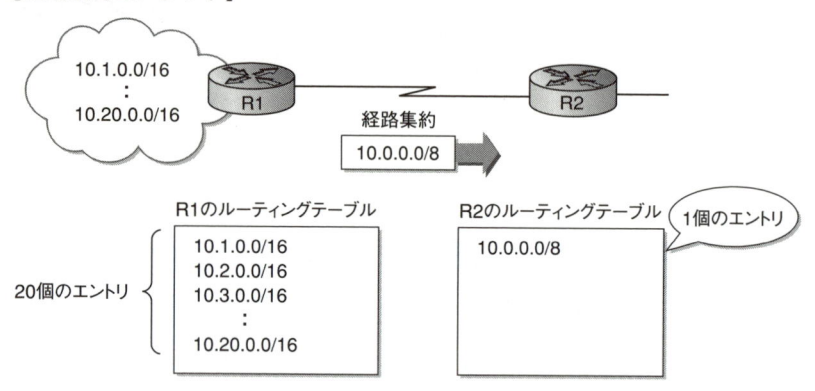

```
10.1.0.0/16         R1 ────経路集約────→ R2
  :                        10.0.0.0/8
10.20.0.0/16

R1のルーティングテーブル          R2のルーティングテーブル
┌──────────────┐              ┌──────────────┐ ← 1個のエントリ
│ 10.1.0.0/16  │              │ 10.0.0.0/8   │
│ 10.2.0.0/16  │              │              │
│ 10.3.0.0/16  │ 20個のエントリ │              │
│    :         │              │              │
│ 10.20.0.0/16 │              │              │
└──────────────┘              └──────────────┘
```

・ルーティングプロトコルのトラフィック量を減少
・ルーティングテーブルのサイズを縮小

[図: R1でダウンした10.2.0.0/16の情報がR2へ「通知なし」。R1のルーティングテーブルからは10.2.0.0/16のエントリ消去、R2のルーティングテーブルは10.0.0.0/8のままで影響なし]

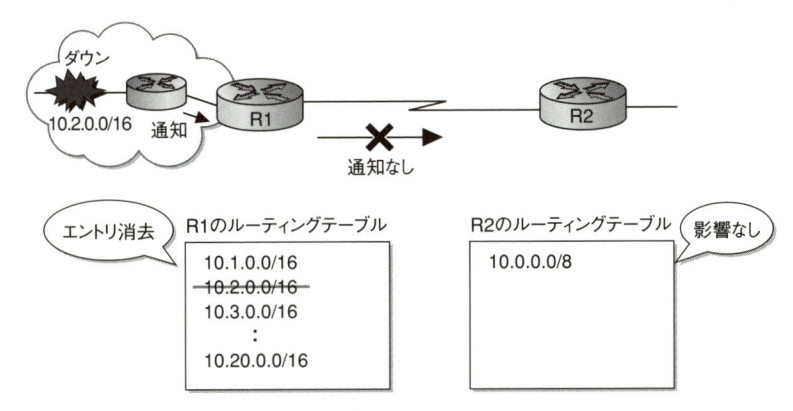

・トポロジ変更時の影響範囲を縮小

■ 経路集約の方法

　経路集約の考え方では、連続するネットワークアドレスを2進数にしたとき、上位ビットの並びが共通する部分までサブネットマスクを左にずらして1つのアドレスに集約します。たとえば、「172.16.0.0/24」から「172.16.31.0/24」までの32個のサブネットアドレスの場合は、上位19ビットが共通するため、「172.16.0.0/19」に集約することができます。

【経路集約の例】

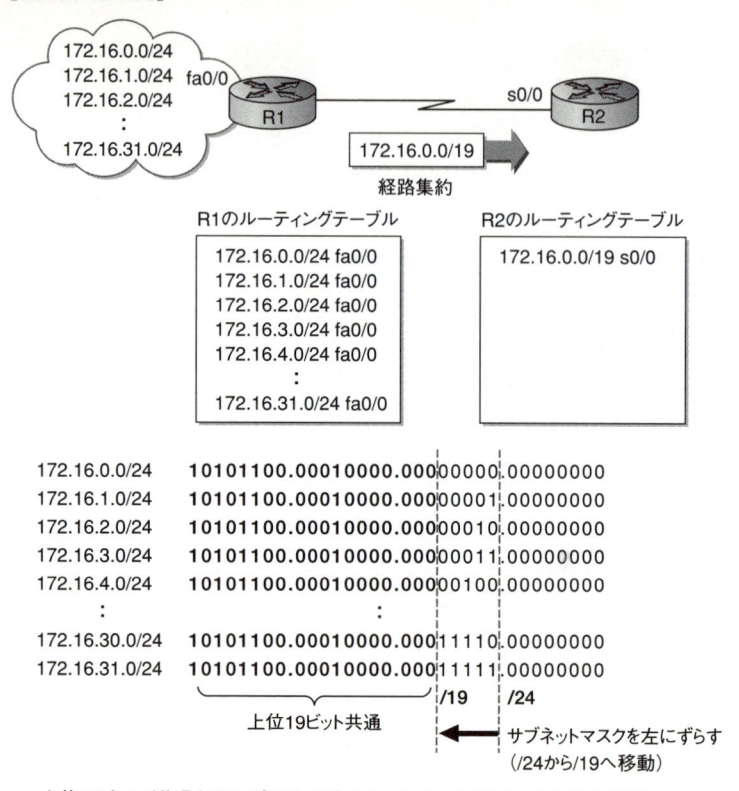

```
172.16.0.0/24
172.16.1.0/24    fa0/0              s0/0
172.16.2.0/24         R1 ─────────────── R2
   :
172.16.31.0/24          172.16.0.0/19
                         経路集約
```

R1のルーティングテーブル
```
172.16.0.0/24 fa0/0
172.16.1.0/24 fa0/0
172.16.2.0/24 fa0/0
172.16.3.0/24 fa0/0
172.16.4.0/24 fa0/0
   :
172.16.31.0/24 fa0/0
```

R2のルーティングテーブル
```
172.16.0.0/19 s0/0
```

172.16.0.0/24	**10101100.00010000.000**00000.00000000
172.16.1.0/24	**10101100.00010000.000**00001.00000000
172.16.2.0/24	**10101100.00010000.000**00010.00000000
172.16.3.0/24	**10101100.00010000.000**00011.00000000
172.16.4.0/24	**10101100.00010000.000**00100.00000000
:	:
172.16.30.0/24	**10101100.00010000.000**11110.00000000
172.16.31.0/24	**10101100.00010000.000**11111.00000000

　　　　　　　　　　上位19ビット共通　　　/19　　/24
　　　　　　　　　　　　　　　　　　　　サブネットマスクを左にずらす
　　　　　　　　　　　　　　　　　　　　（/24から/19へ移動）

上位19ビットが共通なので、残りの13ビットを1つにまとめて172.16.0.0/19に集約

経路集約は階層型のアドレッシング環境で使用すると効果的です。VLSMによって設計された階層型アドレッシング環境では、経路集約をより有効に使用することができます。

■ 不連続サブネットにおける経路集約

経路集約の方法は、クラスフルルーティングプロトコル*（RIPv1、IGRP）とクラスレスルーティングプロトコル*（RIPv2、EIGRP、OSPF、IS-IS）のどちらを使用するかによって異なります。

● クラスフルルーティングプロトコルの経路集約

ルーティングアップデート情報にサブネットマスクを含めないルーティングプロトコルをクラスフルルーティングプロトコルといいます。クラスフルルーティングプロトコルでは、主要ネットワークの境界で自動的にクラスフルネットワークに経路集約を実行します（自動集約を無効にすることはできません）。したがっ

て、同じネットワークアドレスから派生するサブネットは連続で割り当てる必要があります。

たとえば、次の図ではクラスフルネットワーク「172.16.0.0を/24」をサブネット化し、R1とR3のLAN側に割り当てています。しかし、R2と接続するサブネットには「10.0.0.0」のサブネットアドレスが割り当てられています。このような環境を**不連続サブネット**（または不連続ネットワーク）と呼びます。

【不連続サブネットにおける自動集約の問題】

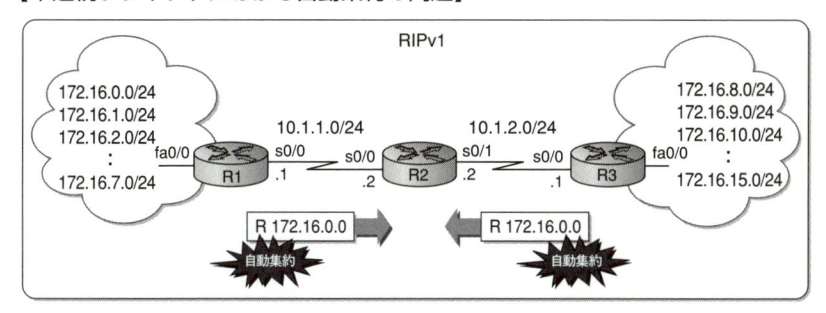

```
                              RIPv1
  ┌─────────────┐                                    ┌─────────────┐
  │ 172.16.0.0/24│                                    │ 172.16.8.0/24│
  │ 172.16.1.0/24│    10.1.1.0/24    10.1.2.0/24     │ 172.16.9.0/24│
  │ 172.16.2.0/24│ fa0/0 s0/0  s0/0       s0/1 s0/0 fa0/0│ 172.16.10.0/24│
  │      :      │──[R1]────────[R2]────────[R3]──│      :       │
  │ 172.16.7.0/24│   .1    .2      .2     .1       │ 172.16.15.0/24│
  └─────────────┘                                    └─────────────┘
              ┌─R 172.16.0.0─→        ←─R 172.16.0.0─┐
                   自動集約                自動集約
```

R1のルーティングテーブル	R2のルーティングテーブル	R3のルーティングテーブル
C 10.1.1.0/24 s0/0	R 172.16.0.0/16 s0/0	C 10.1.2.0/24 s0/0
R 10.1.2.0/24 s0/0	R 172.16.0.0/16 s0/1	R 10.1.1.0/24 s0/0
R 172.16.0.0/24 fa0/0		R 172.16.8.0/24 fa0/0
R 172.16.1.0/24 fa0/0		R 172.16.9.0/24 fa0/0
R 172.16.2.0/24 fa0/0		R 172.16.10.0/24 fa0/0
R 172.16.3.0/24 fa0/0		R 172.16.11.0/24 fa0/0
R 172.16.4.0/24 fa0/0		R 172.16.12.0/24 fa0/0
R 172.16.5.0/24 fa0/0		R 172.16.13.0/24 fa0/0
R 172.16.6.0/24 fa0/0		R 172.16.14.0/24 fa0/0
R 172.16.7.0/24 fa0/0		R 172.16.15.0/24 fa0/0

・サブネットアドレスを異なる主要ネットワークにアドバタイズできない
・不連続なサブネットをお互いに知ることができない

不連続サブネットにおいて、クラスフルルーティングプロトコルのRIPv1が動作しているとします。

R1は「172.16.0.0/24」～「172.16.7.0/24」の8つのルート情報をクラスフルネットワーク「172.16.0.0」に自動集約してアドバタイズします。同様に、R3は「172.16.8.0/24」～「172.16.15.0/24」の8つのルート情報をクラスフルネットワーク「172.16.0.0」に自動集約してアドバタイズします。

R2は、同じルート情報「172.16.0.0」をR1とR2から受信します。R2は受信インターフェイスに設定されているサブネットマスクを適用し、「172.16.0.0/16」を異なる2つの方向でルーティングテーブルに格納します。その結果、R2は「172.16.0.0」サブネット宛のパケットを2つのルートに分散し転送してしまいます。

不連続サブネットの環境で適切なルーティングを実現するには、クラスレス

ルーティングプロトコルを使用する必要があります。

● クラスレスルーティングプロトコルの経路集約

　ルーティングアップデート情報にサブネットマスクを含めるルーティングプロトコルをクラスレスルーティングプロトコルといいます。クラスレスルーティングプロトコルは、ネットワーク管理者が手動で経路集約を実行することができるため、不連続サブネットの環境をサポートしています。

　たとえば、次の図の不連続サブネットにおいて、クラスレスルーティングプロトコルのRIPv2が動作しているとします。

【不連続サブネットにおける手動集約】

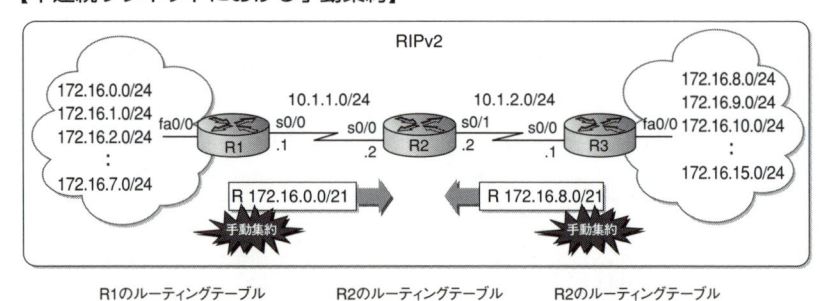

```
                           RIPv2
  ┌─────────────┐                                          ┌─────────────┐
  │ 172.16.0.0/24│      10.1.1.0/24       10.1.2.0/24      │ 172.16.8.0/24│
  │ 172.16.1.0/24│ fa0/0                                    │ 172.16.9.0/24│
  │ 172.16.2.0/24│─────┬──┬──┬────────┬──┬──┬────────┬──┬──┬│ 172.16.10.0/24│
  │      :       │     │R1│  │ s0/0  s0/0 │R2│ s0/1  s0/0 │R3│fa0/0  :      │
  │ 172.16.7.0/24│     └──┘ .1      .2    └──┘ .2      .1  └──┘      172.16.15.0/24│
  └─────────────┘                                          └─────────────┘
                   R 172.16.0.0/21 →        ← R 172.16.8.0/21
                        手動集約                   手動集約
```

R1のルーティングテーブル	R2のルーティングテーブル	R2のルーティングテーブル
C 10.1.1.0/24 s0/0	C 10.1.1.0/24 s0/0	C 10.1.2.0/24 s0/0
R 10.1.2.0/24 s0/0	C 10.1.2.0/24 s0/1	R 10.1.1.0/24 s0/0
C 172.16.0.0/24 fa0/0	R 172.16.0.0/21 s0/0	C 172.16.8.0/24 fa0/0
R 172.16.1.0/24 fa0/0	R 172.16.8.0/21 s0/1	R 172.16.9.0/24 fa0/0
R 172.16.2.0/24 fa0/0		R 172.16.10.0/24 fa0/0
R 172.16.3.0/24 fa0/0		R 172.16.11.0/24 fa0/0
R 172.16.4.0/24 fa0/0		R 172.16.12.0/24 fa0/0
R 172.16.5.0/24 fa0/0		R 172.16.13.0/24 fa0/0
R 172.16.6.0/24 fa0/0		R 172.16.14.0/24 fa0/0
R 172.16.7.0/24 fa0/0		R 172.16.15.0/24 fa0/0
R 172.16.8.0/21 s0/0		R 172.16.0.0/21 s0/0

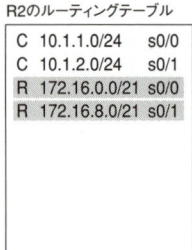

　R1の管理者は、「172.16.0.0/24」～「172.16.7.0/24」の8つのルート情報を通知するのに、上位21ビットが共通するため「172.16.0.0/21」に手動集約しアドバタイズしています。

　同様に、R3の管理者は「172.16.8.0/24」～「172.16.15.0/24」の8つのルート情報を通知するのに、上位21ビットが共通するため「172.16.8.0/21」に手動集約しアドバタイズしています。

　R2は、R1とR3からアップデートを受信し、2つの異なる集約ルートをルーティングテーブルに格納し適切にパケットを転送することができます。

　このように、不連続サブネットではクラスレスルーティングプロトコルを使用すると適切にルーティングすることができます。なお、クラスレスルーティングプロトコルには、次のように自動集約ができるものと、手動集約しかできないも

のがあります。

- 自動／手動集約サポート……RIPv2、EIGRP
- 手動集約のみサポート………OSPF、IS-IS

　RIPv2とEIGRPは自動集約がデフォルトで有効になっています。したがって、不連続サブネットで手動集約を実行するには、主要ネットワークの境界にあるルータで自動集約を無効にする必要があります。RIPv2およびEIGRPで自動集約を無効にするには、次のコマンドを実行します。

構文 自動集約の無効化（ルータコンフィグモード）
(config-router)#**no auto-summary**

Memo　ロンゲストマッチ

ルーティングテーブル内の複数の経路が特定の宛先にマッチする場合、ルータは宛先ネットワークアドレスのビットの並びが最も長く一致するルートを最適として選択します。この法則をロンゲストマッチ（最長一致検索）といいます。
たとえば、ルーティングテーブルに「172.16.0.0/16」と「172.16.1.0/24」の異なる経路があるとき、ルータは172.16.1.1宛のパケットを受信すると、上位24ビットの並びが一致する「172.16.1.0/24」を使用して転送します。

6-3 演習問題

1. VLSMの特徴の説明として正しいものを選びなさい。（2つ選択）

    A. クラスフルルーティングプロトコルでサポートしている
    B. VLSMのメリットはIPアドレスを無駄なく効率的に使用できることである
    C. サブネットマスクを固定長にするアドレッシングのことである
    D. すべてのルーティングプロトコルでVLSMをサポートしている
    E. VLSMではすでにサブネット化されたサブネットアドレスを、さらにサブネット化することができる

2. 経路集約のメリットではないものを選びなさい。（2つ選択）

    A. ルーティングテーブルのサイズを小さくすることができる
    B. ルーティングプロトコル関連のトラフィック量を削減できる
    C. IPアドレスを無駄なく効率的に利用できる
    D. 特定のサブネットがダウンしたときに影響が及ぶ範囲を制限できる
    E. ルーティングループを防ぐことができる

3. クラスレスルーティングプロトコルを選びなさい。（4つ選択）

    A. IS-IS
    B. RIPv1
    C. OSPF
    D. EIGRP
    E. RIPv2
    F. IGRP

4. あるルータはルーティングテーブルに172.31.168.0/24〜172.31.175.0/24を学習しています。ネイバーに1つのルートのみ通知するため経路集約を行います。正しい集約アドレスを選びなさい。

    A. 172.31.168.0/20
    B. 172.31.168.0/21
    C. 172.31.167.0/20
    D. 172.30.0.0/16
    E. 172.31.0.0/21

5. クラスCアドレスを使用してアドレッシングの計画を立てます。ルーティングプロトコルにはOSPFを使用します。シリアルポイントツーポイントで最適なサブネットマスクを選びなさい。

    A. 255.255.255.252
    B. 255.255.255.0
    C. 255.255.255.255
    D. 255.255.255.254
    E. 255.255.255.250

6-4 解答

1. B、E

VLSMは、ネットワークアドレスをサブネット化する際に、サブネットごとに可変長のサブネットマスクを使うことができるアドレッシング技術です（C）。VLSMによってIPアドレスを無駄なく効率的に使用することができます（B）。これは、スケーラブルなネットワークにとって重要なメリットです。

VLSMをサポートしているのは、クラスレスルーティングプロトコルです（A）。RIPv1やIGRPのようなクラスフルルーティングプロトコルではサポートされていません（D）。

VLSMでは、1つのクラスフルネットワークで複数のサブネットマスクを使用し、すでにサブネット化されたサブネットアドレスをさらにサブネット化することができます（E）。

2. C、E

経路集約は、ルーティングテーブルにある複数のエントリを1つにまとめる機能です。経路集約には、次のようなメリットがあります。

- ルーティングテーブルのサイズを縮小し、ルータのメモリ使用量を減らす（A）
- ルーティングプロトコル関連のトラフィック量を減らす（B）
- 特定サブネットがダウンしたとき、影響が及ぶ範囲を縮小することができる（D）

なお、選択肢CはVLSMのメリットです。経路集約を実行したルータのルーティングテーブルには、ループを防止するための「Null0ルート」が作成されますが、経路集約のメリットではありません（E）。

3. A、C、D、E

ルーティングプロトコルは次のように分類することができます。

- クラスレスルーティングプロトコル：RIPv2（E）、EIGRP（D）、OSPF（C）、IS-IS（A）
- クラスフルルーティングプロトコル：RIPv1（B）、IGRP（F）

4. B

経路集約は、連続するネットワークアドレスを2進数にして上位ビットの並びが共通する部分までサブネットマスクを左にずらして1つのアドレスにします。「172.31.168.0/24〜172.31.175.0/24」の場合、第2オクテットはすべて「172.31.」なので、上位16ビットは共通だとわかります。そこで、第3オクテットに注目して2進数にします。

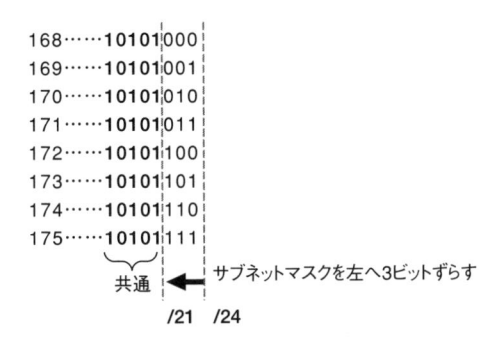

```
168……10101|000|
169……10101|001|
170……10101|010|
171……10101|011|
172……10101|100|
173……10101|101|
174……10101|110|
175……10101|111|
      共通  ← サブネットマスクを左へ3ビットずらす
           /21  /24
```

したがって、172.31.168.0/21（**B**）が正解です。

5. A

シリアルポイントツーポイントでは2台のルータしか接続できないため、必要なホストアドレスは2つです。
ホストアドレス数を求めるには「2^h-2」の公式を使用します（※hはホスト部のビット数）。

$2^2-2=2$

ホスト部には2ビット必要なため、最適なサブネットマスクは「255.255.255.252」になります（**A**）。
　　　　　　↓
　　　（11111100）

例)

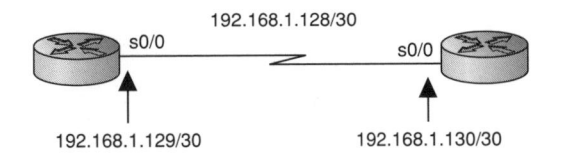

```
          192.168.1.128/30
    s0/0                  s0/0
  ┌─────┐━━━━━━━╱╲━━━━━━┌─────┐
  │ ルータ │              │ ルータ │
  └─────┘                └─────┘
     ↑                      ↑
 192.168.1.129/30      192.168.1.130/30
```

※ サブネットマスク255.255.255.252の場合、プレフィックス長では「/30」

第7章
アクセスコントロールリスト

7-1 アクセスコントロールリスト

7-2 ワイルドカードマスク

7-3 番号付き標準アクセスコントロールリスト

7-4 番号付き拡張アクセスコントロールリスト

7-5 名前付きアクセスコントロールリスト

7-6 アクセスコントロールリストの検証

7-7 シーケンス番号によるアクセスコントロールリストの編集

7-8 VTYアクセスの制御

7-9 アクセスコントロールリストのトラブルシューティング

7-10 アクセスコントロールリストの応用

7-11 演習問題

7-12 解答

7-1 アクセスコントロールリスト

今日のコンピュータネットワークは企業活動に不可欠であり、ほとんどの企業が何らかの方法でインターネットに接続しています。また、従業員の多くはエンタープライズネットワーク[※1]へアクセスします。そのような状況の中でネットワーク管理者が組織の情報資産を守るためには、セキュリティ対策が重要な鍵を握ります。Ciscoルータでは、アクセスコントロールリストを使用してセキュリティを強化することができます。

■ アクセスコントロールリストの概要

アクセスコントロールリスト（ACL：Access Control List）は、アクセスを制御するための情報を記述したリストです。

ACLを使用すると、ルータを通過するパケットをフィルタリングし、許可するパケットのみを通過させることで特定のユーザやデバイスからのトラフィックを制限したり、あるいは、特定のネットワークサービスへのアクセスを禁止したりすることができます。

ACLは、ネットワーク管理者が要件に基づいて作成する「許可および拒否条件の集合」です。着信したパケットがACL内の条件に一致するかどうか、1つずつテストします。パケットを許可するかどうかは、最初に一致した条件によって決定されます。パケットが条件に一致した場合、それ以降の条件はテストされないため、ACLの条件をどのような順序で作成するかは非常に重要です。また、ACLの最終行には「すべてのパケットを拒否する（暗黙のdeny any）」という条件が自動的に挿入されます。そのため、管理者が作成したすべての条件に一致しなかったパケットは拒否（破棄）されてしまいます。

たとえば次の図のような構成で、ACLには2つの条件を作成しているものとし（3行目の「暗黙のdeny any」は自動挿入されます）、このACLをルータのfa0/0インターフェイスのインバウンド（IN）で適用するとしましょう。

ACLの条件：
- 1行目……10.1.1.1からのパケットを許可する
- 2行目……10.1.1.2からのパケットを拒否する
- 3行目……暗黙のdeny any

[※1] 【エンタープライズネットワーク】enterprise network：組織や企業で構築されたLAN（ローカルエリアネットワーク）のこと

【ACLの例】

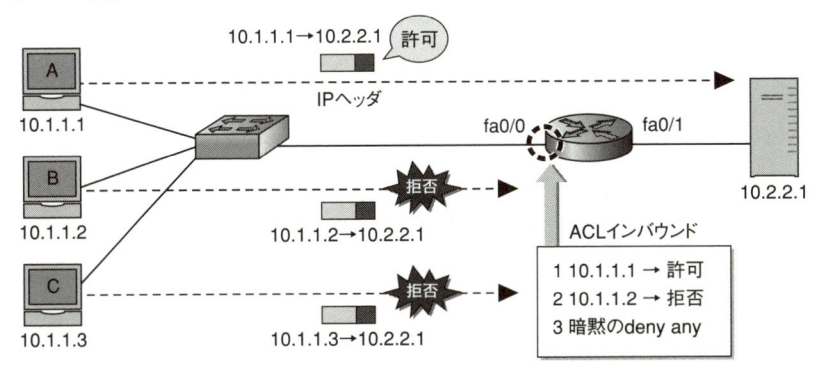

```
         10.1.1.1→10.2.2.1  許可
  [A]----------------------------------→[サーバ]
10.1.1.1        IPヘッダ
                              fa0/0  fa0/1
  [B]----------------拒否----→
10.1.1.2   10.1.1.2→10.2.2.1         10.2.2.1
                              ACLインバウンド
  [C]----------------拒否----→        1 10.1.1.1 → 許可
10.1.1.3   10.1.1.3→10.2.2.1         2 10.1.1.2 → 拒否
                                     3 暗黙のdeny any
```

　ホストAからサーバ宛（10.1.1.1→10.2.2.1）のパケットをfa0/0インターフェイスで着信すると、インバウンドで適用しているACLの1行目の条件にこのパケットが一致しているかをチェックします。その結果、パケットは1行目の条件に一致し、「許可」が定義されているため、パケットを受信して処理を継続します。

　次に、ホストBからサーバ宛（10.1.1.2→10.2.2.1）のパケットをfa0/0インターフェイスで着信すると、同様にインバウンドで適用しているACLの1行目の条件に一致するかをチェックします。このパケットは条件に一致しないため、次に2行目の条件をチェックします。その結果、パケットは2行目の条件に一致し、「拒否」が定義されているため、パケットを破棄します。

　最後に、ホストCからサーバ宛（10.1.1.3→10.2.2.1）のパケットをfa0/0インターフェイスで着信した場合、1行目の条件に一致せず、2行目の条件にも一致しないため、最終的に「暗黙のdeny any」によってパケットを破棄します。

Memo　インバウンドACLとアウトバウンドACL

ACLには次の2通りの動作があります。詳細は318ページを参照してください。

- インバウンドACL
  着信パケットは、出力インターフェイスにルーティングされる前にACL文のテストが行われます。ACL文のテストの結果、許可されるとパケットはルーティング処理に送られ、拒否されると破棄されます。

- アウトバウンドACL
  着信パケットは、出力インターフェイスにルーティングされてからACL文のテストが行われます。ACL文のテストの結果、許可されるとパケットは出力バッファに送られ、拒否されると破棄されます。

■ 標準ACL

　ACLは、「標準ACL」と「拡張ACL」の2種類に分類できます。**標準ACL**は、パケットの送信元IPアドレスのみをチェックします。したがって、標準ACLを作成するための条件には、パケットがどこからやってきたかを指定します。
　以下に標準ACLの条件の例を示します。

・特定ホストからのパケットを制御
　例）IPアドレス「10.1.1.1」からのパケットを許可

・特定サブネットからのパケットを制御
　例）サブネット「10.2.2.0/24」からのパケットを許可

・特定クラスフルネットワークからのパケットを制御
　例）「10.0.0.0/8」からのパケットを拒否

・すべての送信元からのパケットを制御
　例）すべて（任意）からのパケットを許可

【標準ACLでチェックできるパラメータ】

レイヤ3ヘッダ			レイヤ4ヘッダ		
送信元IPアドレス	宛先IPアドレス	プロトコル	送信元ポート	宛先ポート	データ

　　↑
　チェック

■ 拡張ACL

　拡張ACLは、パケットの送信元IPアドレスと宛先IPアドレスの両方をチェックできます。さらに、プロトコル、送信元ポート番号、宛先ポート番号もチェックすることができます。つまり、拡張ACLではどこからどこ宛のどのようなパケットかを指定することができ、管理者はより柔軟できめ細かな制御ができるというわけです。
　以下に拡張ACLの条件の例を示します。

・特定ホストからサーバへの特定アプリケーションを制御
　例）「10.1.1.1」からサーバ「10.2.2.1」へのTelnetアクセスを許可

・特定サブネットから特定サブネットへのアクセスを制御
　例）「10.1.1.0/24」から「10.3.3.0/24」へのアクセスを拒否

・すべての送信元からサーバへの特定アプリケーションを制御
　例）すべて（任意）からサーバ「10.2.2.1」へのWebアクセスを許可

・すべての送信元からすべての宛先への特定アプリケーションを制御
　例）すべて（任意）からすべて（任意）へのICMPを拒否

【拡張ACLでチェックできるパラメータ】

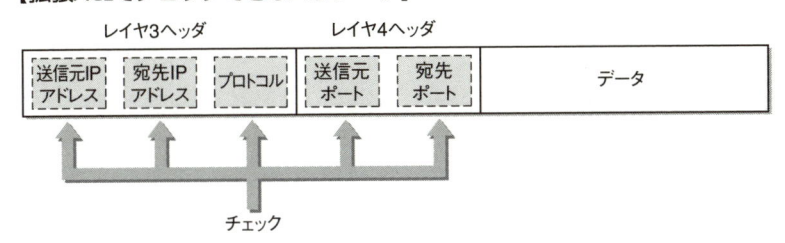

```
        レイヤ3ヘッダ          レイヤ4ヘッダ
  ┌─────┬─────┬──────┬─────┬─────┬──────────────┐
  │送信元IP│宛先IP │プロトコル│送信元 │宛先  │    データ     │
  │アドレス│アドレス│         │ポート │ポート │              │
  └──↑──┴──↑──┴───↑──┴──↑──┴──↑──┴──────────────┘
       └─────┴──────┼──────┴─────┘
                     チェック
```

■ ACLの識別方法

ACLはIPやIPX、AppleTalkなどさまざまなネットワーク層のプロトコルに対応しています。ACLを識別するには、番号で識別する方法と名前で識別する方法の2つがあります。

● 番号付きACL

番号を指定して作成するACLを**番号付きACL**といいます。Cisco IOSソフトウェアでは、ネットワーク層プロトコルの種類と標準／拡張ACLを番号で識別します。以下に、主なプロトコルで定義されているACLの番号の範囲を示します。

【主なプロトコルのACL番号】

プロトコル	番号の範囲
標準IPv4	1〜99、1300〜1999
拡張IPv4	100〜199、2000〜2699
AppleTalk	600〜699
標準IPX	800〜899
拡張IPX	900〜999

※ 1300〜1999、2000〜2699はCisco IOS12.0以降で拡張された範囲

● 名前付きACL

名前付きACLは、ACLの作成時にプロトコル名と標準（standardキーワード）または拡張（extendedキーワード）を指定し、番号の代わりに名前（英数文字）を使用して識別するACLです。たとえば、FTPトラフィックを制御する目的の場合、「FTP-Filter」という名前でACLを作成すると管理しやすくなります。

■ ACLの適用

作成したACLは、適用したインターフェイスにパケットが到着するときやトラフィックが通過するときに、パケットを制御します。ただし、ACLはルータ自身から発信されるパケットに対しては動作しません。

ACLはネットワーク層のプロトコルごとに、各インターフェイスの方向に1つずつ適用できます。

【ACLの適用】

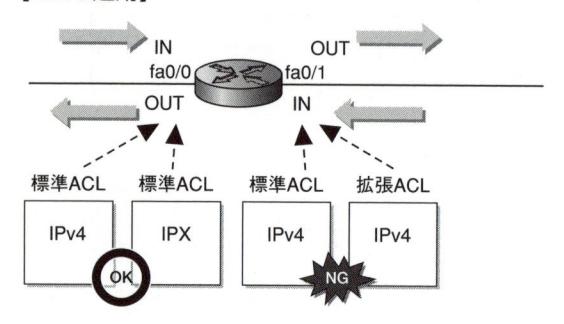

たとえば、fa0/0インターフェイスのアウトバウンドにIPv4標準ACLとIPX標準ACLの両方を適用することができます。ネットワーク層プロトコルが異なるため、IPパケットを着信したときはIP標準ACLを使用し、IPXパケットを着信したときはIPX標準ACLを使用するということが可能です。

しかし、fa0/1インターフェイスのインバウンドにIPv4標準ACLとIPv4拡張ACLの両方を適用することはできません。この場合はネットワーク層プロトコルが同じであるため、IPパケットの着信時にどちらのACLを使用すればよいかを判断することができないためです。

■ ACLの動作

ACLはインターフェイスにインバウンドとアウトバウンドのどちらの方法で適用するかによって、2通りの動作があります。

● インバウンドACLの場合の動作

パケットがインターフェイスに着信すると、ルータはそのインターフェイスのインバウンドにACLが適用されているかどうかを調べます。インバウンドACLが設定されている場合、ルータはフィルタリングテストによって、パケットを許可するかどうかを決定します。

インバウンドACLのテストに基づいて許可されたパケットは、通常のルーティング処理が行われます。一方、拒否されたパケットは破棄されるため、インバウンドACLによって、不要なパケットをルーティング検索するという余分なオーバーヘッドが削減できます。

なお、ACLのフィルタリングテストによってパケットが破棄されると、パケッ

トの送信者へICMPのDestination Unreachable（宛先到達不能）が送信されます。

【インバウンドACLの動作】

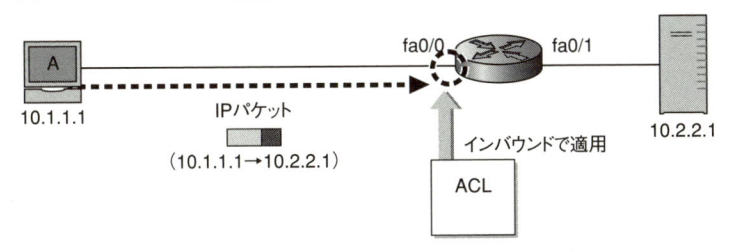

```
         fa0/0      fa0/1
  A ────────→[Router]────────  
10.1.1.1    IPパケット              10.2.2.1
          (10.1.1.1→10.2.2.1)
                    ↑
              インバウンドで適用
                   ACL
```

パケット着信時にACLテストを開始
→ 許可ならルーティング処理へ
→ 拒否ならパケットを破棄

● アウトバウンドACLの場合の動作

　パケットがインターフェイスに着信すると、ルータはルーティングテーブルをチェックしてパケットがルーティング可能かどうかを調べます。ルーティングできないパケットは破棄されます。
　パケットがルーティングされる場合は、出力されるインターフェイスのアウトバンドにACLが適用されているかどうかを調べます。アウトバウンドACLが設定されている場合、ルータはフィルタリングテストによって、パケットを許可するかどうかを決定します。
　アウトバウンドACLのテストに基づいて許可されたパケットは、出力インターフェイスのバッファに送られ転送されます。一方、拒否されたパケットは破棄され、インバウンドACLと同様に送信者へ通知が送信されます。

【アウトバウンドACLの動作】

```
         fa0/0      fa0/1
  A ────────→[Router]────────
10.1.1.1    IPパケット              10.2.2.1
          (10.1.1.1→10.2.2.1)
                         ↑
                   アウトバウンドで適用
                        ACL
```

パケット発信時にACLテストを開始
→ 許可ならパケットを転送
→ 拒否ならパケットを破棄

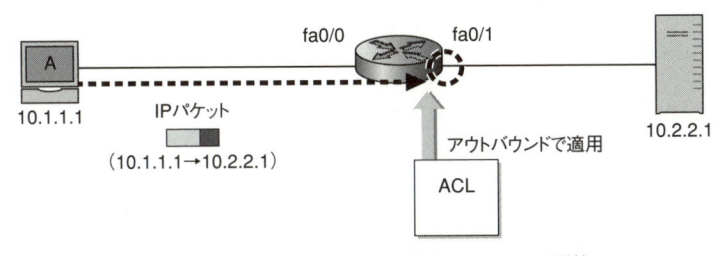

■ ACL設定の注意事項

　ACLの設定は慎重に行う必要があります。ACLの設定に誤りがあると、転送する必要

があるパケットまで破棄される恐れがあります。ACLを使用する際には、次のような点に注意しなければなりません。

● ステートメントの順番

ACLに含まれる条件文を**ステートメント**と呼びます。ステートメントは上から順にチェックされます。ステートメントの内容と一致したパケットはその時点で処理され、それ以降にあるステートメントはチェックされません。したがって、作成するステートメントの順番は重要です。

たとえば、要件が「特定ホスト（10.1.1.1）からのパケットのみ拒否する」のとき、次のようなACLを作成したとします。

```
標準ACL
10.1.1.0/24 → 許可
10.1.1.1    → 拒否
```

ステートメントは上から順にチェックする

この場合、ホスト「10.1.1.1」からのパケットは1行目のステートメントに一致するため、許可されます。つまり、2行目のステートメントはチェックされません。このようにACLは、「トップダウン処理」と呼ばれる上位のステートメントから下に向かって順にチェックする方式でパケットを処理します。条件に一致した場合にはその時点で処理され、それ以降のステートメントは無視されるため、限定された条件ほど先に作成する必要があります。

● 「暗黙のdeny any」の存在

ACLの最後には、すべてのパケットを拒否する「**暗黙のdeny any**」というステートメントが自動的に挿入されます。したがって、最低1つは許可（permit）のステートメントを作成しないと転送する必要があるパケットまで破棄されてしまいます。

たとえば、次のようなACLを作成したとします。

```
標準ACL
10.1.1.1 → 拒否
暗黙のdeny any    ← 自動的に挿入される
```

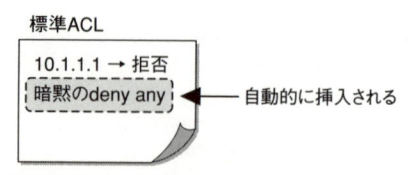

「暗黙のdeny any」が最後に存在する

この場合、特定ホスト（10.1.1.1）からのパケットだけでなく、すべてのパケットが暗黙のdeny anyによって破棄されてしまいます。

「暗黙のdeny any」ステートメントはshowコマンドで表示されないため、存在を忘れないように注意する必要があります。

● 適用するインターフェイス

ACLは、それを作成しただけでは機能しません。インターフェイスに適用することによってパケットフィルタリングとして機能します。このとき、トラフィックの流れと、ACLをどのインターフェイスに適用するかに注意する必要があります。

たとえば、次の図のような構成で、要件が「特定ホスト（10.1.1.2）からのパケットのみs0/0からの出力を拒否」のとき、次のようなACLを作成し、fa0/0インターフェイスにインバウンドで適用したとします。

要件:特定ホスト（10.1.1.2）のみ、s0/0（外部ネットワーク）からの出力を拒否

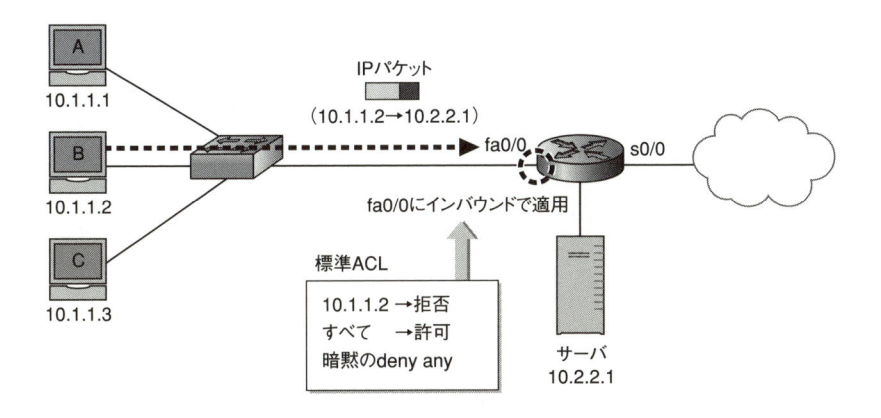

```
A               IPパケット
10.1.1.1     （10.1.1.2→10.2.2.1）
B ━━━━━━━━━━━━━━━━▶ fa0/0     s0/0
10.1.1.2        fa0/0にインバウンドで適用
C               標準ACL
10.1.1.3        10.1.1.2 →拒否
                すべて   →許可         サーバ
                暗黙のdeny any         10.2.2.1
```

この場合、ホストB（10.1.1.2）から外部ネットワークへアクセスするパケットと、サーバ（10.2.2.1）宛のパケットの両方が1行目のステートメントに一致して破棄されてしまいます。「s0/0からの出力を拒否」という要件を満たすには、ACLをs0/0インターフェイスのアウトバウンドで適用する必要があります。

● ACLの配置

ネットワーク上に複数のルータが存在するとき、どのルータでACLを作成し、どのインターフェイスに適用するかは注意して選択する必要があります。

たとえば、次の図のような構成で要件が「特定ホスト（10.1.1.1）からサーバ（10.5.5.1）へのアクセスだけを拒否し、それ以外はすべて許可」とします。

【ACLの配置】

> 要件：特定ホスト（10.1.1.1）からサーバ（10.5.5.1）へのアクセスを拒否し、それ以外はすべて許可する

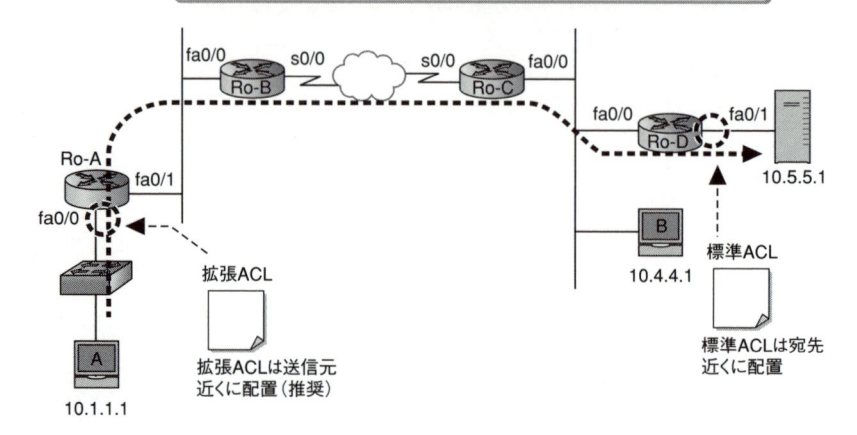

(図：Ro-A、Ro-B、Ro-C、Ro-Dのネットワーク構成。送信元10.1.1.1、宛先サーバ10.5.5.1、B 10.4.4.1。拡張ACLは送信元近くに配置（推奨）、標準ACLは宛先近くに配置)

上の図で、次のような拡張ACLを作成し、Ro-Aのfa0/0インターフェイスにインバウンドで適用するとします。

拡張ACL
```
10.1.1.1 → 10.5.5.1  拒否
すべて   → すべて    許可
暗黙のdeny any
```

　拡張ACLでは、送信元IPアドレスと宛先IPアドレスの両方を条件に指定することができるため、どのルータにACLを配置しても要件どおりのパケットフィルタリングが可能です。しかし、ネットワーク上に無駄なトラフィックが流れ、帯域幅を浪費する可能性があるため、拡張ACLはできるだけトラフィックの送信元に近い場所に配置することが推奨されます。これにより、無駄なオーバーヘッドを軽減できます。

　ただし、拡張ACLであっても、次のように宛先アドレスを明示的に指定しない場合は、トラフィックの宛先近くに配置する必要があります。

拡張ACL
10.1.1.1 → すべて 拒否
すべて → すべて 許可
暗黙のdeny any

　また、標準ACLの場合は、宛先アドレスを条件に指定できないため、この場合もトラフィックの宛先近くに配置しなければなりません。

標準ACL
10.1.1.1 → 拒否
すべて → 許可
暗黙のdeny any

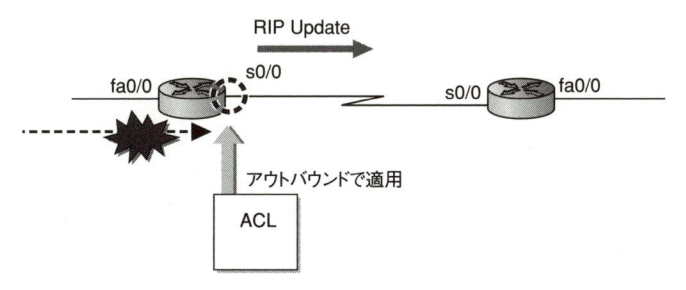

● パケットフィルタリングの対象
　ACLは、ルータを通過するトラフィックをフィルタリングの対象にします。たとえば、RIPが動作するインターフェイス上に、アウトバウンドACLが適用されていた場合、ほかのノードから送信されたパケットはフィルタリングされますが、そのルータ自身から送出されるルーティングアップデートがフィルタリングされることはありません。

【パケットフィルタリング】

Memo　ACLの用途

ACLはトラフィックを分類して区別することができます。そうすることによって、分類ごとに特別な処理を割り当てることができるため、ルータを通過するパケットフィルタリングのほかにさまざまな用途でACLを使用することができます。次に、代表的なACLの用途を簡単に紹介します。

● ネットワークアドレス変換（NAT）
　内部ネットワークで使用しているプライベートアドレスをインターネットで使用可能なグローバルアドレスに変換するトラフィックと、変換しないトラフィックに分類することができます。

● ルートフィルタリング
　ルータ間のルーティングアップデートの際に、隣接ルータへ通知するルートと通知したくないルートを区別することができます。この場合は、ACLを**配送リスト**（distribute-list）と呼ばれるリストに適用することでルートフィルタリングを行います。

● バーチャルプライベートネットワーク（VPN）
　VPN接続で暗号化するトラフィックのタイプをACLで指定します。

● ルート再配送
　あるルーティングプロトコルから別のルーティングプロトコルに再配送するルート情報をACLで指定します。

7-2 ワイルドカードマスク

ACLのステートメント（条件文）の中で、IPアドレスを指定するときには、ワイルドカードマスクを使用します。

■ ワイルドカードマスクの概要

ワイルドカードマスクは、直前に指定したアドレスに対して「どの部分を読み取る必要があるか」を指定するための情報です。ACLの条件にワイルドカードマスクを使用することで、パケットを許可／拒否するIPアドレスを指定することができます。

ワイルドカードマスクの表記のルールは次のとおりです。

・32ビットの数値
・8ビットずつドット（.）で区切って10進数で表記
・「0」を指定した場合、IPアドレスの対応するビットの値をチェックする
・「1」を指定した場合、IPアドレスの対応するビットの値を無視する（チェックしない）

■ ワイルドカードマスクを用いたアドレスの指定

以下に、ワイルドカードマスクを使用したアドレスの指定例を示します。

● 特定のホストアドレスを指定する場合

特定のホストアドレスを指定するということは、IPアドレスの32ビットすべてをチェックするということです。したがって、ワイルドカードマスクには「0.0.0.0」を指定します。たとえば、IPアドレス「10.1.1.1」のホストのみ指定する場合、次のようになります。

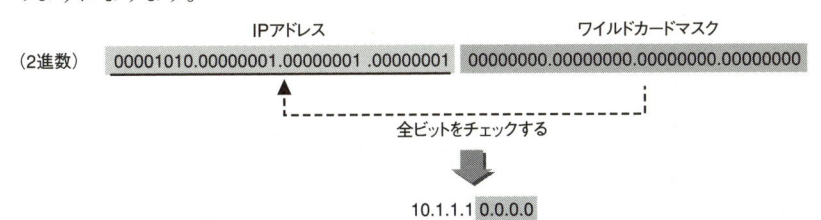

	IPアドレス	ワイルドカードマスク
（2進数）	00001010.00000001.00000001.00000001	00000000.00000000.00000000.00000000

全ビットをチェックする

↓

10.1.1.1 0.0.0.0

上の例のような場合は、**host**キーワードを使った省略形も利用できます。hostキーワードは、すべてのアドレスビットに一致するワイルドカードマスク「0.0.0.0」の代わりに使用し、アドレスの前に指定します。文字数を減らす効果はさほど期待できませんが、hostというキーワードを付けることによって、特定ホストの条件であることがわかりやすくなります。

非省略形 ……10.1.1.1 0.0.0.0
省略形 ………host 10.1.1.1

● すべてのアドレスを指定する場合

　すべてのIPアドレスを指定するということは、「どんなIPアドレスでも構わない」ということです。IPアドレスの全ビットを無視（チェックしない）すればよいため、ワイルドカードマスクには「255.255.255.255」を指定します。また、このときのIPアドレスは、どのようなアドレスを指定しても無視されるため、通常は「0.0.0.0」を使います。

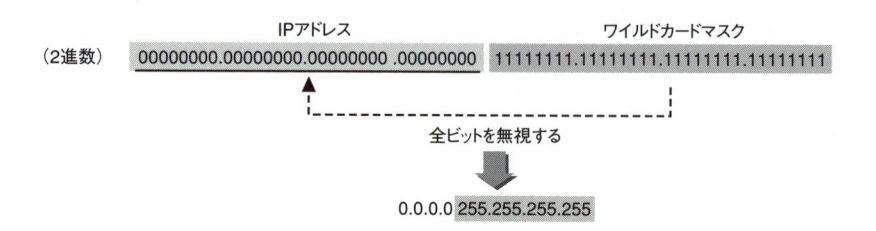

```
                IPアドレス                          ワイルドカードマスク
(2進数)  00000000.00000000.00000000.00000000   11111111.11111111.11111111.11111111
                    ↑                                       ┆
                    └───────────────────────────────────────┘
                              全ビットを無視する
                                    ↓
                          0.0.0.0 255.255.255.255
```

　また、**any**キーワードを使った省略形も利用できます。anyキーワードは、すべてのアドレスビットを無視するワイルドカードマスク「0.0.0.0 255.255.255.255」の代わりに使用します。IPアドレス部分も省略することができるため、記述を短くすることができ、非常に便利です。

　非省略形　……0.0.0.0 255.255.255.255
　省略形　　………any

● 特定のサブネットを指定する場合

　特定のサブネットを指定する場合は、IPアドレスのサブネットアドレス部分のビットをチェックする必要があります。サブネットマスクは、ネットワーク部（サブネット部含む）を「1」、ホスト部を「0」で表現しています。したがって、サブネットマスクの1と0を反転させると、サブネットアドレスを指定するワイルドカードマスクになります（このように、ワイルドカードマスクはサブネットマスクの反対の意味を持つため**反転マスク**と呼ばれることもあります）。

　次に、特定サブネットを指定する場合のワイルドカードマスクの例を2つ示します。

例1）サブネット「10.1.1.0/24」（サブネットマスク255.255.255.0）を指定する場合

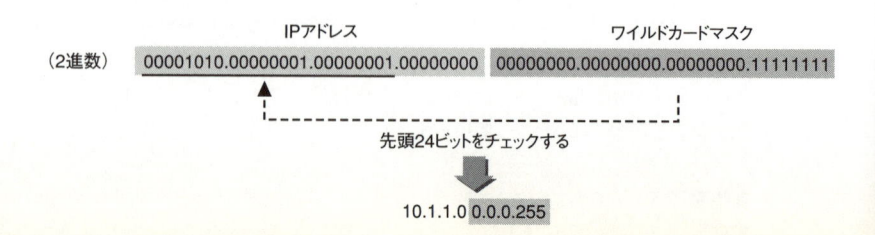

```
                IPアドレス                          ワイルドカードマスク
(2進数)  00001010.00000001.00000001.00000000   00000000.00000000.00000000.11111111
                    ↑                                       ┆
                    └───────────────────────────────────────┘
                              先頭24ビットをチェックする
                                    ↓
                            10.1.1.0 0.0.0.255
```

例2) サブネット「172.30.1.128/26」（サブネットマスク255.255.255.192）を指定する場合

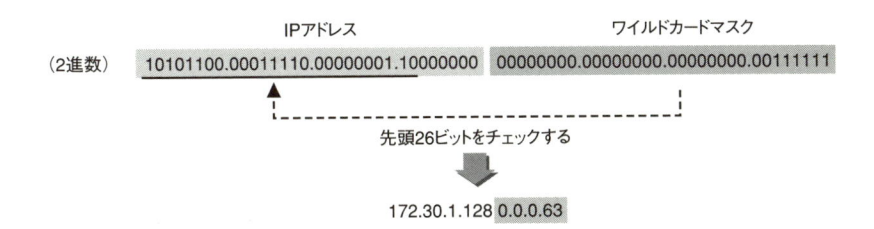

```
                    IPアドレス                          ワイルドカードマスク
(2進数)   10101100.00011110.00000001.10000000    00000000.00000000.00000000.00111111
```

先頭26ビットをチェックする

172.30.1.128 0.0.0.63

● 特定の範囲のアドレスを指定する場合

特定の範囲のアドレスに対して同じ条件を指定する場合、ワイルドカードマスクを上手く使用すれば、ステートメントを1行に集約することができます。

たとえば、「192.168.0.0/24」～「192.168.7.0/24」の8つのサブネットに対して同じステートメント（条件文）を作成する場合、共通する上位21ビットだけをチェックすればよいことになります。つまり、ワイルドカードマスクの前に指定するサブネットアドレスは、一致させる最初のサブネットアドレスだけで済みます。

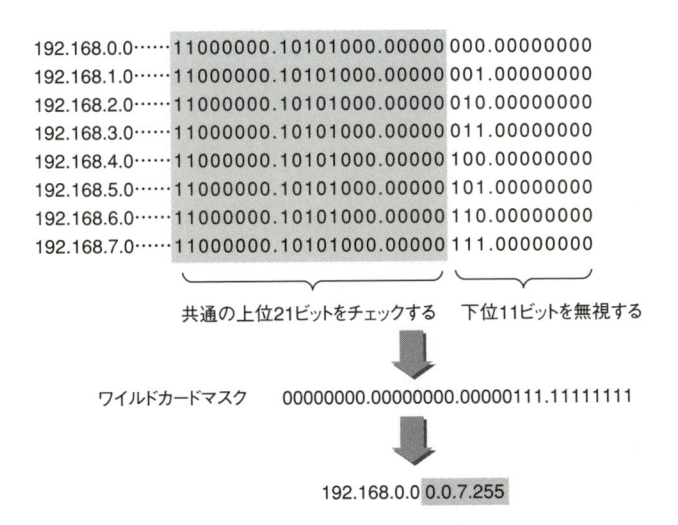

```
192.168.0.0……11000000.10101000.00000 000.00000000
192.168.1.0……11000000.10101000.00000 001.00000000
192.168.2.0……11000000.10101000.00000 010.00000000
192.168.3.0……11000000.10101000.00000 011.00000000
192.168.4.0……11000000.10101000.00000 100.00000000
192.168.5.0……11000000.10101000.00000 101.00000000
192.168.6.0……11000000.10101000.00000 110.00000000
192.168.7.0……11000000.10101000.00000 111.00000000
```

共通の上位21ビットをチェックする　下位11ビットを無視する

ワイルドカードマスク　00000000.00000000.00000111.11111111

192.168.0.0 0.0.7.255

7-3 番号付き標準アクセスコントロールリスト

標準ACLは、パケットの送信元IPアドレスのみをチェックします。本節では、番号付き標準IP version4（IPv4）ACLを例に設定方法と適用方法を説明します。

■ 番号付き標準ACLの作成

番号付き標準ACLは、標準ACLのうち番号を指定して作成したものです。グローバルコンフィギュレーションモードでaccess-listコマンドを使用してステートメント（条件文）を作成します。1つのACLに複数のステートメントを設定する場合は、同じACL番号でaccess-listコマンドを実行します。ステートメントはリストの最終行に追加されます。

構文 番号付き標準ACLのステートメントの作成（グローバルコンフィグモード）

(config)#access-list <list-number> { **permit** | **deny** } <source> [<wildcard>]

引数	説明
list-number	標準ACLの番号を1～99、1300～1999の範囲で指定。同一ACLの場合、2行目のステートメント以降も同じ番号を使用する
permitまたはdeny	条件が許可の場合はpermit、拒否の場合はdenyを指定
source	送信元IPアドレスを指定
wildcard	ワイルドカードマスクを指定（オプション）。省略した場合は「0.0.0.0」が適用される

次のネットワーク構成において、ホストAとホストDからの外部ネットワークへのアクセスのみを拒否する番号付き標準ACLの設定を示します。

【番号付き標準ACLの例】

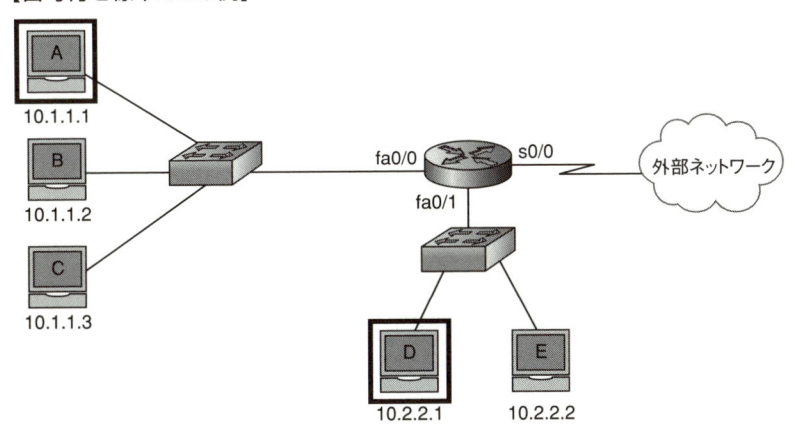

```
     A                                          外部ネットワーク
  10.1.1.1              fa0/0    s0/0

     B
  10.1.1.2              fa0/1

     C
  10.1.1.3
                          D        E
                       10.2.2.1  10.2.2.2
```

① ACLの番号を決める

作成するACLの番号を決めます。標準IPv4 ACLの場合、1～99および1300～1999番の範囲から未使用の番号を1つ選択します。ここでは、1を使うことにします。

② 「ホストAからのパケットは拒否する」ステートメントを作成

送信元IPアドレスが「10.1.1.1」（ホストAのIPアドレス）のパケットを拒否するステートメントを作成します。

`(config)#access-list 1 deny 10.1.1.1 0.0.0.0` （標準ACLでは「0.0.0.0」は省略可能）

また、hostキーワードを使って次のように指定することもできます。

`(config)#access-list 1 deny host 10.1.1.1`

【ACL1作成】

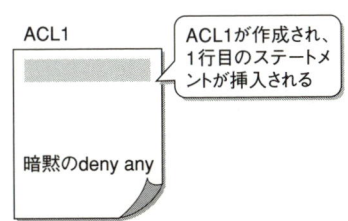

```
ACL1
━━━━━━━━    ← ACL1が作成され、
               1行目のステートメ
               ントが挿入される

暗黙のdeny any
```

③「ホストDからのパケットは拒否する」ステートメントを作成

②と同様に、「10.2.2.1（ホストDのIPアドレス）からのパケットを拒否する」ステートメントを作成します。このとき、リストの番号は先ほどと同じ1を使用します。

`(config)#access-list 1 deny 10.2.2.1 0.0.0.0` （「0.0.0.0」は省略可能）

または

`(config)#access-list 1 deny host 10.2.2.1`

【ACL1に2行目のステートメント挿入】

ACL1
ACL1の2行目にステートメントが挿入される
暗黙のdeny any

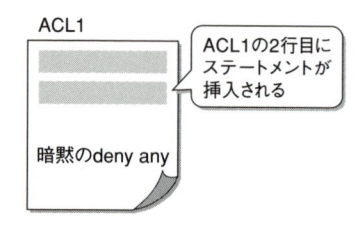

④「すべてのパケットを許可する」ステートメントを作成

ACLの最後には「暗黙のdeny any」が挿入されるため、最低1つはpermitステートメントが必要です。3行目には暗黙のdeny any対策として、すべてのパケットを許可するステートメントを作成します。

`(config)#access-list 1 permit 0.0.0.0 255.255.255.255`

または、anyキーワードを使って省略形で指定します。

`(config)#access-list 1 permit any`

【ACL1に3行目のステートメント挿入】

ACL1
ACL1の3行目にpermitステートメントを挿入する
暗黙のdeny any

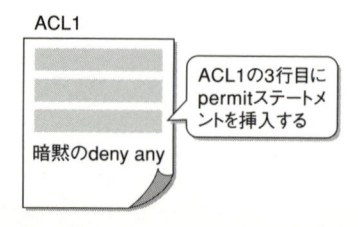

■ 番号付き標準ACLのインターフェイスへの適用

作成したACLをインターフェイスに適用することで、パケットフィルタリングが有効になります。インターフェイスコンフィギュレーションモードから ip access-group コマンドを実行します。

> **構文** 番号付き標準ACLをインターフェイスに適用（インターフェイスコンフィグモード）
> (config-if)#`ip access-group` <list-number> { `in` | `out` }

引数	説明
list-number	インターフェイスに適用する標準ACLの番号を指定
in	トラフィックの方向をin（インバウンド）に指定。パケット着信時にACLのフィルタリングテストを実行する
out	トラフィックの方向をout（アウトバウンド）に指定。パケット送出時にACLのフィルタリングテストを実行する

先ほどの例で、ACL1をs0/0インターフェイスにアウトバウンドで適用すると、10.1.1.1と10.2.2.1からのアクセスが拒否されます。

【標準ACLの適用】

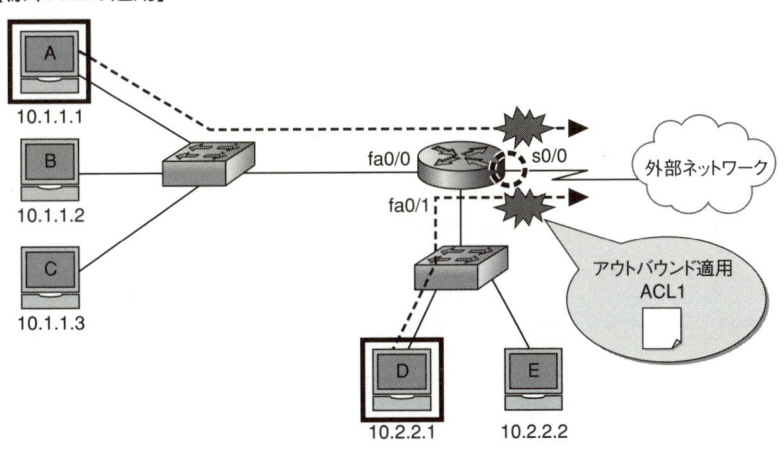

```
(config)#access-list 1 deny 10.1.1.1 0.0.0.0
(config)#access-list 1 deny 10.2.2.1 0.0.0.0
(config)#access-list 1 permit any
(config)#interface s0/0
(config-if)#ip access-group 1 out
```

次に、番号付き標準ACLのステートメントの例を示します。

【番号付き標準ACLステートメントの例】

条件	標準ACLステートメントの例
IPアドレス「10.1.1.1」からのパケットを許可	access-list 1 permit host 10.1.1.1.
サブネット「10.2.2.0/24」からのパケットを許可	access-list 1 permit 10.2.2.0 0.0.0.255
「10.0.0.0/8」からのパケットを拒否	access-list 1 deny 10.0.0.0 0.255.255.255
「172.16.80.0/20」からのパケットを許可	access-list 1 permit 172.16.80.0 0.0.15.255
「192.168.1.8/30」からのパケットを拒否	access-list 1 deny 192.168.1.8 0.0.0.3
すべて（任意）からのパケットを許可	access-list 1 permit any

Memo　ACLの取り消し

ACLによるパケットフィルタリングを取り消すには、インターフェイスからACLの適用を解除します。

構文 インターフェイスからACL適用を解除（インターフェイスコンフィグモード）

```
(config-if)#no ip access-group <list-number> { in | out }
```

引数	説明
list-number	適用を解除するACLの番号を指定

ただし、インターフェイスからACLの適用を解除しても、ACL自体はコンフィギュレーションファイル（running-config）上に残ったままです。作成したACLを削除するには、no access-listコマンドを使用します。この場合、指定した番号のステートメントすべてが削除されます。

構文 ACLの削除（グローバルコンフィグモード）

```
(config)#no access-list <list-number>
```

引数	説明
list-number	削除するACLの番号を指定

7-4 番号付き拡張アクセスコントロールリスト

拡張ACLは、パケットの送信元IPアドレスだけでなく、宛先IPアドレスやプロトコル、ポート番号をチェックすることができます。番号付き拡張IP version4（IPv4）ACLを例に設定方法と適用方法を見てみましょう。

■ 番号付き拡張ACLの作成

番号付き拡張ACLは、拡張ACLのうち番号を指定して作成したものです。作成するには、標準ACLと同様にグローバルコンフィギュレーションモードでaccess-listコマンドを使用します。ただし、拡張ACLでは指定できるパラメータが異なります。

拡張ACLで指定できるパラメータと順番は次のとおりです。

① プロトコル：省略不可
② 送信元IPアドレス：省略不可
③ 送信元ポート（オプション）：送信元ポートはランダムな番号なので一般的には省略
④ 宛先IPアドレス：省略不可
⑤ 宛先ポート（オプション）：特定のアプリケーション層プロトコルを制御するときに使用

構文 番号付き拡張ACLのステートメントの作成（グローバルコンフィグモード）
(config)#**access-list** <list-number> { **permit** | **deny** } <protocol> <source> <wildcard> [<operator-port>] <destination> <wildcard> [<operator-port>] [**established**] [**log**]

引数	説明
list-number	拡張ACLの番号を100〜199、2000〜2699の範囲で指定。同一ACLの場合は、2行目のステートメント以降も同じ番号を使用する
permitまたはdeny	条件が許可の場合はpermit、拒否の場合はdenyを指定
protocol	プロトコル名を指定（tcp、udp、icmp、ipなど）
source	送信元IPアドレスを指定
wildcard	ワイルドカードマスクを指定
operator-port	以下の演算子（operator）の後ろにポート番号またはアプリケーションプロトコル名を指定（オプション） 　　eq：等しい（equal） 　　neq：等しくない（not equal） 　　lt：より小さい（less than） 　　gt：より大きい（greater than） 　　range：ポート番号の範囲 例）Telnetを指定する場合 → eq 23（またはeq telnet）
destination	宛先IPアドレスを指定
established	TCPのACK（確認応答）のみ通過を許可し、不正な相手からのSYN（コネクションの確立要求）を拒否する場合に指定（オプション）。permitでステートメントを作成し、インバウンドTCPの場合にのみ使用する
log	管理者が記録したいログに対して指定しておくと、そのステートメントに一致するパケットがあればログが生成され、コンソールにメッセージを送る（オプション）。ログによりネットワーク攻撃の疑いのあるトラフィックの監視や分析を行うことができる（ただし、すべてのパケットをログに記録するとシステムのパフォーマンスが低下する恐れがあるので注意が必要）。

次のネットワーク構成において、サブネット172.16.1.0/24からサーバ172.16.2.100へのTelnetアクセスのみを拒否し、それ以外のアクセスはすべて許可します。この要件を満たす拡張ACLを次に示します。

【番号付き拡張ACLの例】

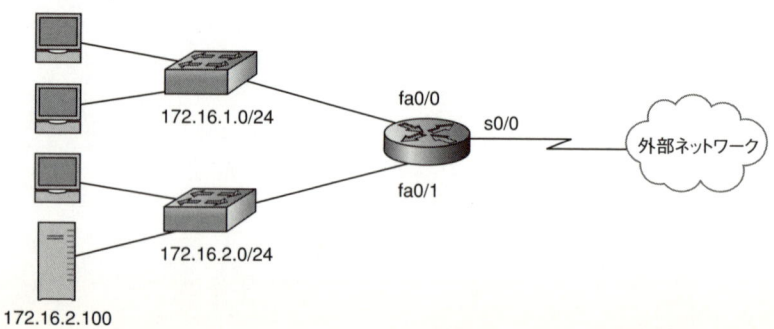

① ACLの番号を決める

　作成するACLの番号を決めます。拡張IPv4 ACLの場合、100～199および2000～2699番の範囲から未使用の番号を1つ選択します。ここでは、100を使うことにします。

② 「サブネット172.16.1.0/24から172.16.2.100へのTelnetを拒否する」ステートメントを作成

　送信元IPアドレスが172.16.1.0/24で、宛先IPアドレスが172.16.2.100のTelnetアクセスを拒否するステートメントを作成します。以下のコマンドでは、送信元ポートの指定は省略しています。

```
(config)#access-list 100 deny tcp 172.16.1.0 0.0.0.255 172.16.2.100 0.0.0.0 eq 23
```
　　　　　　　　　　　　　　　プロトコル　送信元IPアドレス　　宛先IPアドレス　　宛先ポート

　または、次のようにhostキーワードを使い、アプリケーションプロトコル名を指定することもできます。

```
(config)#access-list 100 deny tcp 172.16.1.0 0.0.0.255 host 172.16.2.100 eq telnet
```

③ 「すべてのパケットを許可する」ステートメントを作成

　ACLの最後には「暗黙のdeny any」が挿入されるため、最低1つはpermitステートメントが必要です。2行目には暗黙のdeny any対策として、プロトコルにはIPを指定し、任意の送信元から任意の宛先へのトラフィックをすべて許可するステートメントを作成します。プロトコルにIPを指定すると、IPより上位層の全トラフィックをまとめて指定することができます。

```
(config)#access-list 100 permit ip 0.0.0.0 255.255.255.255 0.0.0.0 255.255.255.255
```
　　　　　　　　　　　　　　　プロトコル　送信元IPアドレス　　　　宛先IPアドレス

　または

```
(config)#access-list 100 permit ip any any
```

■ 番号付き拡張ACLのインターフェイスへの適用

作成したACLをインターフェイスに適用することで、パケットフィルタリングが有効になります。適用方法は標準ACLの場合と同じです。

構文 番号付き拡張ACLをインターフェイスに適用（インターフェイスコンフィグモード）
(config-if)#ip access-group <list-number> { in | out }

引数	説明
list-number	インターフェイスに適用する拡張ACLの番号を指定
in	トラフィックの方向をin（インバウンド）に指定。パケット着信時にACLのフィルタリングテストを実行する
out	トラフィックの方向をout（アウトバウンド）に指定。パケット送出時にACLのフィルタリングテストを実行する

先ほどの例で、ACL100をルータのfa0/0インターフェイスにインバウンドで適用すると、サブネット172.16.1.0/24から172.16.2.100へのTelnetアクセスが拒否されます。

【拡張ACLの適用】

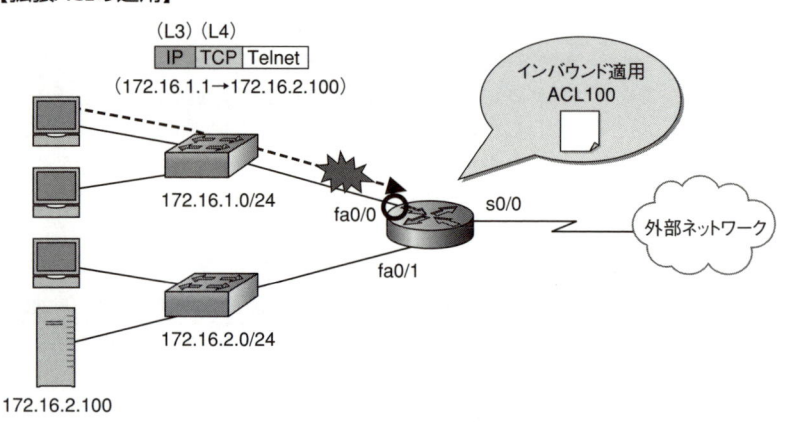

```
(config)#access-list 100 deny tcp 172.16.1.0 0.0.0.255 host 172.16.2.100 eq 23
(config)#access-list 100 permit ip any any
(config)#interface fa0/0
(config-if)#ip access-group 100 in
```

次に、番号付き拡張ACLのステートメントの例を示します。

7-4 番号付き拡張アクセスコントロールリスト

【番号付き拡張ACLステートメントの例】

条件	拡張ACLステートメントの例
「10.1.1.0/24」へのすべてのFTPを拒否	access-list 100 deny tcp any 10.1.1.0 0.0.0.255 eq 20 access-list 100 deny tcp any 10.1.1.0 0.0.0.255 eq 21
「10.1.1.1」へのHTTPアクセスを許可	access-list 100 permit tcp any host 10.1.1.1 eq www
「10.0.0.0/8」からのSMTPを許可	access-list 100 permit tcp 10.0.0.0 0.255.255.255 any eq 25
「10.1.1.1」から「10.2.2.1」へのTFTPを拒否	access-list 100 deny udp 10.1.1.1 0.0.0.0 10.2.2.1 0.0.0.0 eq tftp
「10.1.0.0/24」から「172.16.1.64/27」へのTelnetを拒否	access-list 100 deny tcp 10.1.0.0 0.0.255.255 172.16.1.64 0.0.0.31 eq telnet
「10.1.1.0/24」からのUDPを使用する送信元ポートが1023より小さいパケットをすべて許可	access-list 100 permit udp 10.1.1.0 0.0.0.255 lt 1023 any
「10.1.1.1」へのICMPを拒否	access-list 100 deny icmp any host 10.1.1.1
「10.1.1.1」へのTCPの確認応答（ACK）を許可	access-list 100 permit tcp any host 10.1.1.1 established
すべて（任意）のパケットを許可	access-list 100 permit ip any any

Point　TCP/IPアプリケーション層プロトコルとポート番号

拡張ACLのステートメントでアプリケーションを指定するために、代表的なアプリケーションのポート番号（ウェルノウンポート番号）を覚えておくと便利です。

【代表的なアプリケーションとウェルノウンポート番号】

アプリケーション	プロトコル	ウェルノウンポート番号
FTP	TCP	20（データ転送）／21（制御）
SSH	TCP	22
Telnet	TCP	23
SMTP	TCP	25
DNS	UDP/TCP	53
DHCP	UDP	67（DHCP Server）／68（DHCP Client）
TFTP	UDP	69
HTTP（WWW）	TCP	80
POP3	TCP	110
SNMP	UDP	161
SSL	TCP	443

7-5 名前付きアクセスコントロールリスト

ACLは「番号」で識別する方法のほかに、「名前」を使って識別することができます。名前で作成したACLを名前付きACLと呼びます。本節では、名前付きACLの設定について説明します。

■ 名前付きACL

名前付きACLは、従来の番号の代わりに英数字の文字列（名前）を使用してリストを識別する機能で、Cisco IOSリリース11.2からサポートされました。名前付きACLを使用すると、何の用途で利用されるACLであるかがわかりやすくなるため、誤って別のACLを適用するようなトラブルを回避できます。

名前付きACLでは、番号付きACLとは異なり特定のステートメントだけを削除することができます。また、Cisco IOSリリース12.3以降では、シーケンス番号を使ってACLの任意の場所にステートメントを挿入することも可能になりました（シーケンス番号によるACLの編集については、このあとの節で説明しています）。

名前付きACLでは、ACLのタイプ（標準：standard、拡張：extended）とACLの名前を指定し、専用のモードに移行してからステートメントを設定します。アクセスリストコンフィギュレーションモードに移行してpermitまたはdenyを入力し、それ以降は番号付きACLと同様にステートメントの条件を入力します。

また、ルータのインターフェイスに適用する場合も番号付きACLと同じip access-groupコマンドを使用します。このとき、ACL番号の代わりにACL名を指定します。以下に、名前付き標準ACLおよび名前付き拡張ACLの設定コマンドを示します。

● 名前付き標準ACLの作成

名前付き標準ACLを作成するには、グローバルコンフィギュレーションモードでip access-list standardコマンドを使用してアクセスリストコンフィギュレーションモードに移行します。ステートメントの作成は、番号付きACLでのpermitまたはdenyから入力を始めます。なお、先頭にシーケンス番号を指定することも可能です。シーケンス番号を省略した場合は、1つ目のステートメントは自動的に「10番」になり、2行目以降は10間隔で付加されます（「7-7 シーケンス番号によるアクセスコントロールリストの編集」を参照）。

> **構文** 名前付き標準ACLの作成（グローバルコンフィグモード）
> (config)#`ip access-list standard` <name>
> (config-std-nacl)# <sequence-number> { **permit** | **deny** } <source> [<wildcard>]

引数	説明
name	標準ACLの名前を定義
sequence-number	ステートメントの行番号を指定（オプション）。省略した場合、1行目のステートメントは10番が付けられ、2行目以降は10間隔で付加される
permitまたはdeny	条件が許可の場合はpermit、拒否の場合はdenyを指定
source	送信元IPアドレスを指定
wildcard	ワイルドカードマスクを指定（オプション）。省略した場合は「0.0.0.0」が適用される

● 名前付き標準ACLの適用

作成したACLをインターフェイスに適用するには、インターフェイスコンフィギュレーションモードからip access-groupコマンドを実行します。

> **構文** 名前付き標準ACLをインターフェイスに適用（インターフェイスコンフィグモード）
> (config-if)#`ip access-group` <name> { **in** | **out** }

引数	説明
name	インターフェイスに適用する標準ACLの名前を指定

次の名前付き標準ACLの例では、「192.168.1.0/24から外部ネットワークへのアクセスのみ拒否し、それ以外のトラフィックはすべて許可」という要件に対し、SALES-Blockという名前で標準ACLを作成し、s0/0インターフェイスにアウトバンドで適用しています。

【名前付き標準ACL】

要件：192.168.1.0/24から外部ネットワークへのアクセスのみ拒否し、
それ以外のトラフィックはすべて許可する

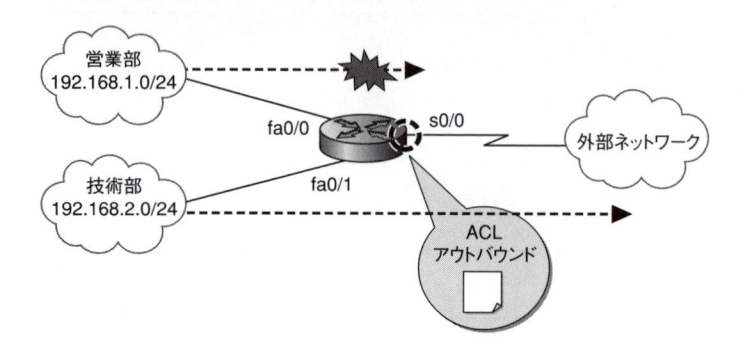

```
(config)#ip access-list standard SALES-Block
(config-std-nacl)#deny 192.168.1.0 0.0.0.255
(config-std-nacl)#permit 0.0.0.0 255.255.255.255
(config-std-nacl)#exit
(config)#interface serial0/0
(config-if)#ip access-group SALES-Block out
```

● 名前付き拡張ACLの作成

　名前付き拡張ACLを作成するには、グローバルコンフィギュレーションモードで **ip access-list extended**コマンドを使用してアクセスリストコンフィギュレーションモードに移行し、名前付き標準ACLと同様にpermitまたはdenyから入力を始めてステートメントを作成します。

構文 名前付き拡張ACLの作成（グローバルコンフィグモード）

(config)#**ip access-list extended** <name>
(config-ext-nacl)# <sequence-number> { **permit** | **deny** } <protocol> <source> <wildcard>
[<operator-port>] <destination> <wildcard> [<operator-port>] [**established**] [**log**]

引数	説明
name	拡張ACLの名前を定義
sequence-number	ステートメントの行番号を指定（オプション）。省略した場合、1行目のステートメントは10番が付けられ、2行目以降は10間隔で付加される
permitまたはdeny	条件が許可の場合はpermit、拒否の場合はdenyを指定
protocol	プロトコル名を指定（tcp、udp、icmp、ipなど）
source	送信元IPアドレスを指定
wildcard	ワイルドカードマスクを指定
operator-port	以下の演算子（operator）の後ろにポート番号またはアプリケーションプロトコル名を指定（オプション） 　eq：等しい（equal） 　neq：等しくない（not equal） 　lt：より小さい（less than） 　gt：より大きい（greater than） 　range：ポート番号の範囲 例）HTTPを指定する場合 → eq 80（またはeq www）
destination	宛先IPアドレスを指定
established	TCPのACK（確認応答）のみ通過を許可し、不正な相手からのSYN（コネクションの確立要求）を拒否する場合に指定（オプション）。permitでステートメントを作成し、インバウンドTCPの場合にのみ使用する
log	管理者が記録したいログに対して指定しておくと、そのステートメントに一致するパケットがあればログが生成され、コンソールにメッセージを送る（オプション）。ログによりネットワーク攻撃の疑いのあるトラフィックの監視や分析を行うことができる（ただし、すべてのパケットをログに記録するとシステムのパフォーマンスが低下する恐れがあるので注意すること）

● 名前付き拡張ACLの適用

　作成したACLをインターフェイスに適用するには、インターフェイスコンフィギュレーションモードから**ip access-group**コマンドを実行します。

構文 名前付き拡張ACLをインターフェイスに適用（インターフェイスコンフィグモード）

(config-if)#`ip access-group` <name> { `in` | `out` }

引数	説明
name	インターフェイスに適用する拡張ACLの名前を指定

次の名前付き拡張ACLの例では、「営業部から本社へのTelnetを拒否し、さらに支社から本社へのSMTPを拒否。その他のトラフィックはすべて許可」という要件に対し、SMTP-Filterという名前で拡張ACLを作成し、Branchルータのs0/0インターフェイスにアウトバンドで適用しています。

【番号付き拡張ACL】

要件：営業部から本社へのTelnetを拒否し、さらに支社から本社へのSMTPを拒否する。
　　　その他のトラフィックはすべて許可する。

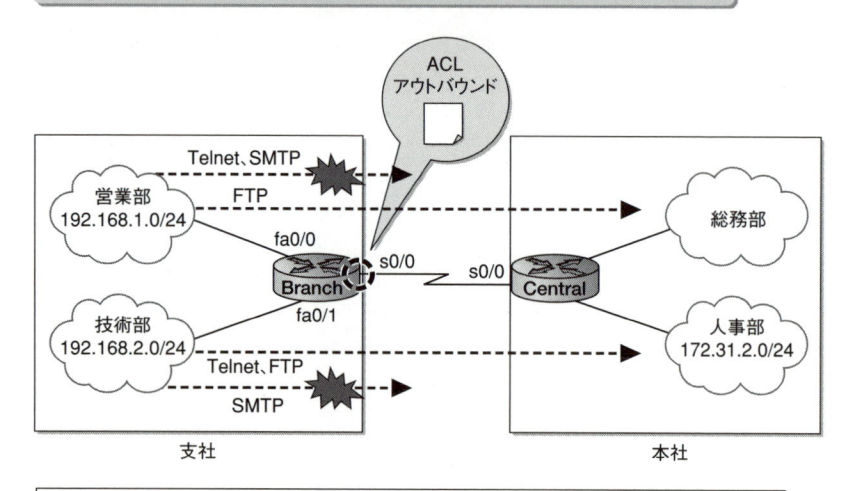

```
Branch(config)#ip access-list extended SMTP-Filter
Branch(config-ext-nacl)#deny tcp 192.168.1.0 0.0.0.255 172.31.0.0 0.0.255.255 eq 23
Branch(config-ext-nacl)#deny tcp 192.168.0.0 0.0.255.255 172.31.0.0 0.0.255.255 eq 25
Branch(config-ext-nacl)#permit ip any any
Branch(config-ext-nacl)#exit
Branch(config)#interface serial0/0
Branch(config-if)#ip access-group SMTP-Filter out
```

同じACLをCentralルータのs0/0インターフェイスにインバウンドで適用することも可能です。ただし、先述したとおり、拡張ACLはトラフィックの送信元近くに配置した方がオーバーヘッドを軽減することができます。

7-6 アクセスコントロールリストの検証

ACLの設定に誤りがあると、必要なパケットが破棄されたり、不適切なパケットを制御できないといった問題が発生します。作成したACLのステートメント（条件文）を確認したり、あるいはインターフェイスにACLが適用されているかどうかを確認したりするための、各種検証コマンドの使い方を正しく理解しましょう。

■ ACLの表示

ACLの設定が完了したら、show access-listsコマンドを使ってACLのステートメントを確認します。作成したACLの数が多い場合には、確認したい情報だけを表示するために、オプションとしてリストの番号や名前を入力して特定のACLのみを表示することもできます。

構文 すべてのACLを表示（ユーザモード、特権モード）
```
#show access-lists
```

構文 特定の番号（または名前）のACLのみ表示（ユーザモード、特権モード）
```
#show access-lists [ <number> | <name> ]
```

構文 特定プロトコルのACLのみ表示（ユーザモード、特権モード）
```
#show [ <protocol> ] access-lists
```

引数	説明
number	ACLの番号を指定
name	ACLの名前を指定
protocol	プロトコル名を指定（ip、ipxなど）

【show access-listsコマンドの出力例（すべてのACLを表示）】

```
R1#show access-lists      ←すべてのACLを表示
Standard IP access list 1     ←番号付き標準ACL「1」が設定されている
    10 deny    172.16.1.1   ←1行目のステートメント（シーケンス番号は10）
    20 permit 172.16.1.0, wildcard bits 0.0.0.255    ←2行目（シーケンス番号は20）
    30 permit 172.16.2.0, wildcard bits 0.0.0.255    ←3行目（シーケンス番号は30）
    40 permit 172.16.3.0, wildcard bits 0.0.0.255    ←4行目（シーケンス番号は40）
Standard IP access list test1    ←名前付き標準ACL「test1」が設定されている
    10 deny    172.16.1.1
    20 permit 172.16.1.2
```

```
        30 permit 172.16.2.0, wildcard bits 0.0.0.255
Extended IP access list 100    ←番号付き拡張ACL「100」が設定されている
    10 permit tcp host 172.16.1.2 host 10.1.1.5 eq telnet (46 matches)
    20 permit tcp host 172.16.1.2 10.1.1.0 0.0.0.255 eq telnet
Extended IP access list test2    ←名前付き拡張ACL「test2」が設定されている
    10 deny udp 172.16.1.0 0.0.0.255 host 10.1.1.5 eq tftp (15 matches)
    20 permit ip any any (22 matches)                     ↑
                                              ステートメントに一致したパケット数
```

【show access-listsコマンドの出力例（特定のACLを表示）】

```
R1#show access-lists test2
Extended IP access list test2
    10 deny udp 172.16.1.0 0.0.0.255 host 10.1.1.1 eq tftp (15 matches)
    20 permit ip any any (22 matches)
```

　show access-listsコマンドの出力には「暗黙のdeny any」は表示されません。しかし、ACLの最終行には必ず「暗黙のdeny any」が存在していることを忘れないでください。

　ACLを適用したあと、実際にパケットがインターフェイスに到着してフィルタリングテストが実行されると、条件に一致したステートメントの後ろには「(15matches)」のようにステートメントに一致したパケット数が表示されます。また、拡張ACLの作成時にポート番号を使ってアプリケーションを指定した場合でも、show access-listsやshow running-configコマンドではアプリケーション名に置き換えられて表示されます。

■ ACLを適用したインターフェイスの確認

　ACLがインターフェイスに適用されているかどうかを確認するには、show ip interfaceコマンドを使用します。

構文 IPインターフェイスの情報を表示（ユーザモード、特権モード）
```
#show ip interface [ <port-type> <slot> / <number> ]
```

引数	説明
port-type	fastethernetやgigabitethernetなど、ポートの種類を指定（オプション）。省略した場合は、全インターフェイスの情報を順番に表示
slot	スロット番号を指定。固定型ルータの場合は不要
number	ポート番号を指定

【show ip interfaceコマンドの出力例】

```
R1#show ip interface serial0/0
Serial0/0 is up, line protocol is up
  Internet address is 172.16.1.1/24
  Broadcast address is 255.255.255.255
  Address determined by setup command
  MTU is 1500 bytes
  Helper address is not set
  Directed broadcast forwarding is disabled
  Outgoing access list is not set     ←アウトバウンドにACL適用はない
  Inbound  access list is 100         ←インバウンドに「ACL100」が適用されている
  Proxy ARP is enabled
  Local Proxy ARP is disabled
  Security level is default
  Split horizon is enabled
  ICMP redirects are always sent
  ICMP unreachables are always sent
  ICMP mask replies are never sent
  IP fast switching is enabled
  IP fast switching on the same interface is enabled
  IP Flow switching is disabled
  IP CEF switching is enabled
  IP CEF Feature Fast switching turbo vector
  IP multicast fast switching is enabled
  IP multicast distributed fast switching is disabled
  IP route-cache flags are Fast, CEF
  Router Discovery is disabled
  IP output packet accounting is disabled
  IP access violation accounting is disabled
  TCP/IP header compression is disabled
  RTP/IP header compression is disabled
  Policy routing is disabled
  Network address translation is disabled
  BGP Policy Mapping is disabled
  WCCP Redirect outbound is disabled
  WCCP Redirect inbound is disabled
  WCCP Redirect exclude is disabled
R1#
```

7-7 シーケンス番号によるアクセスコントロールリストの編集

Cisco IOSリリース12.3より、ACL内の個々のステートメント（条件文）にシーケンス番号が付加されました。これによって、ネットワーク管理者はACLのステートメントの編集（追加、削除、順番変更）が簡単にできるようになりました。

■ ACLのシーケンス番号

　従来の番号付きACLでは、ACL内の特定のステートメントだけを削除したり、リストの途中に新しいステートメントを挿入したりできませんでした。したがって、番号付きACLを編集する場合、ACL全体を削除したあとに、再びACLを設定し直す必要がありました。先述したとおり、Cisco IOSリリース11.2で名前付きACLがサポートされましたが、名前付きACLでは、no {permit | deny} <protocol> <source> <source-wildcard> <destination> <destination-wildcard>コマンドを使用して特定のステートメントだけを削除することができます。しかし、リストの途中にステートメントを挿入することはできず、新しいステートメントは最終行に追加されます。

　Cisco IOSリリース12.3では、番号付きACLと名前付きACLの両方にシーケンス番号が追加されました。**シーケンス番号**は、ACL内のステートメントの順番を表します。このシーケンス番号を使うことで、より簡単に特定のステートメントを削除することができ、さらにステートメントの挿入や順番変更も可能になりました。

　ACLのテストは、シーケンス番号の小さいものから順番に行われます。シーケンス番号なしで新しくステートメントを設定すると、IOSソフトウェアは自動的にシーケンス番号を付加したエントリを最終行に追加します。

【show access-listsコマンドの出力例】

```
R1#configure terminal
Enter configuration commands, one per line.  End with CNTL/Z.
R1(config)#access-list 1 permit 172.16.1.0 0.0.0.255
R1(config)#access-list 1 permit 172.16.2.0 0.0.0.255
R1(config)#access-list 1 permit 172.16.3.0 0.0.0.255
R1(config)#end
R1#
*Aug 12 02:01:22: %SYS-5-CONFIG_I: Configured from console by console
R1#show access-lists
Standard IP access list 1
    10 permit 172.16.1.0, wildcard bits 0.0.0.255
    20 permit 172.16.2.0, wildcard bits 0.0.0.255
    30 permit 172.16.3.0, wildcard bits 0.0.0.255
    ↑
シーケンス番号
```

■ シーケンス番号によるステートメントの追加

新しいステートメントをACLの最終行以外の場所に追加する場合はまず、既存のステートメントに付加されたシーケンス番号をチェックし、どの位置に新しいエントリを追加したいかを確認します。

その後、名前付きACLと同様の操作でアクセスリストコンフィギュレーションモードに移行し、シーケンス番号を指定してからpermitまたはdenyコマンドを使用してステートメントを設定します。

構文 シーケンス番号によるステートメントの追加（グローバルコンフィグモード）

・標準ACL
(config)#**ip access-list standard** { <number> | <name> }
(config-std-nacl)#<sequence-number> { **permit** | **deny** } <source> [<wildcard>]

・拡張ACL
(config)#**ip access-list extended** { <number> | <name> }
(config-ext-nacl)#<sequence-number> { **permit** | **deny** } <protocol> <source> <wildcard>
[<operator-port>] <destination> <wildcard> [<operator-port>] [**established**] [**log**]

引数	説明
number	編集したいACLの番号を指定
name	編集したいACLの名前を指定
sequence-number	追加したいステートメントのシーケンス番号を指定

※ その他の引数の説明は、334ページの表を参照

次に、番号付き標準ACLの1行目に新しくエントリを追加する場合の例を示します。

【シーケンス番号によるステートメントの追加】

```
R1#show access-lists
Standard IP access list 1
    10 permit 172.16.1.0, wildcard bits 0.0.0.255    ←シーケンス番号をチェック
    20 permit 172.16.2.0, wildcard bits 0.0.0.255
    30 permit 172.16.3.0, wildcard bits 0.0.0.255
R1#configure terminal
Enter configuration commands, one per line.  End with CNTL/Z.
R1(config)#ip access-list standard 1           ←ACL1のアクセスリストコンフィグモードへ移行
R1(config-std-nacl)#5 deny 172.16.1.1          ←シーケンス番号「5」でエントリを追加
R1(config-std-nacl)#end
```

```
R1#
*Aug 12 02:02:40: %SYS-5-CONFIG_I: Configured from console by console
R1#show access-lists
Standard IP access list 1
    5 deny    172.16.1.1    ←シーケンス番号5でエントリが追加された
   10 permit 172.16.1.0, wildcard bits 0.0.0.255
   20 permit 172.16.2.0, wildcard bits 0.0.0.255
   30 permit 172.16.3.0, wildcard bits 0.0.0.255
```

　上記の例では、番号付き標準ACL1内に3行のステートメントが設定されています。特定ホスト172.16.1.1からのパケットを拒否するため、シーケンス番号10のステートメントよりも上（小さいシーケンス番号）にエントリを追加する必要があります。この例では、シーケンス番号5でエントリを追加しています。

■ シーケンス番号によるステートメントの削除

　ACL内にある特定のステートメントを削除する場合は、まず既存のステートメントを表示して削除したいエントリのシーケンス番号を確認します。その後、アクセスリストコンフィギュレーションモードに移行し、noの後ろに削除するエントリのシーケンス番号を入力します。

構文 シーケンス番号によるステートメントの削除（グローバルコンフィグモード）
・標準ACL
(config)#**ip access-list standard** { <number> | <name> }
(config-std-nacl)#**no** <sequence-number>
・拡張ACL
(config)#**ip access-list extended** { <number> | <name> }
(config-ext-nacl)#**no** <sequence-number>

引数	説明
sequence-number	削除したいステートメントのシーケンス番号を指定

　次に、番号付き標準ACLの2行目（シーケンス番号20のステートメント）を削除する場合の例を示します。

【シーケンス番号によるステートメントの削除】

```
R1#show access-list 100
Extended IP access list 100
    10 deny tcp 10.1.0.0 0.0.255.255 host 10.2.2.1 eq telnet (15 matches)
    20 deny tcp 10.1.1.0 0.0.0.255 host 10.2.2.1 eq telnet
    ↑このエントリを削除する
    30 permit ip any any (22 matches)
R1#configure terminal
Enter configuration commands, one per line.  End with CNTL/Z.
R1(config)#ip access-list extended 100     ←ACL100のアクセスリストコンフィグモードへ移行
R1(config-ext-nacl)#no 20     ←シーケンス番号20のエントリを削除
R1(config-ext-nacl)#end
R1#
*Aug 12 02:45:22: %SYS-5-CONFIG_I: Configured from console by console
R1#show access-list 100
Extended IP access list 100
    10 deny tcp 10.1.0.0 0.0.255.255 host 10.2.2.1 eq telnet (15 matches)
    30 permit ip any any (22 matches)
```

　上記の例では、番号付き拡張ACL100内に3行のステートメントが設定されています。シーケンス番号20のエントリ（サブネット「10.1.1.0」から「10.2.2.1」へのTelnetアクセスを拒否）は、シーケンス番号10のエントリ（「10.1.0.0」から「10.2.2.1」へのTelnetアクセスを拒否）に含まれるため不要です。そこで、シーケンス番号20のエントリを削除しています。

> ### Memo ACL文のコメント
>
> remarkコマンドを使用すると、トラフィックをどのように制御するかなどを示すACLのコメント（注釈）をACL内に追加することができます。コメントは、番号付きACLと名前付きACLの両方で使用することができます。コメントのACL文は処理されることはありません。コメントを使用すると、ACLの理解やトラブルシューティングに役立ちます。
> コメントは、permit文とdeny文の前後どちらに記述しても構いません。ただし、混乱を避けるために注釈の位置はコメントする行の前と後ろのどちらかに統一することをお勧めします。
> 以下に、番号付きACLと名前付きACLにコメントを追加した設定例を示します。
>
> 【番号付き拡張ACLのコメント設定例】
>
> ```
> (config)#access-list 100 remark permit 10.1.1.0 to Telnet to Server   ←コメント
> (config)#access-list 100 permit tcp 10.1.1.0 0.0.0.255 host 172.16.1.1 eq 23
> ```
>
> 【名前付き標準ACLのコメント設定例】
>
> ```
> (config)#ip access-list standard REMARK-DEMO
> (config-std-nacl)#remark filter to BranchA     ←コメント
> (config-std-nacl)#deny 10.1.1.0 0.0.0.255
> (config-std-nacl)#deny 10.1.2.0 0.0.0.255
> (config-std-nacl)#deny 10.1.3.0 0.0.0.255
> (config-std-nacl)#permit 10.0.0.0 0.255.255.255
> ```

7-8 VTYアクセスの制御

ACLは、ルータのVTY（仮想端末）ポートに対するアクセス制御にも利用されます。この機能により、ルータへのTelnetアクセスやSSHアクセスを効率よく制御することができます。

■ VTYアクセス制御の概要

VTYアクセス制御は、ルータに対するTelnetおよびSSHのアクセスを制限するセキュリティ機能のひとつです。これは、拡張ACLのパケットフィルタリング機能と似ています。拡張ACLによるパケットフィルタリングでも、Telnet（23番ポート）とSSH（22番ポート）を制御することは可能です。しかし、その場合はルータのすべてのインターフェイスにACLを適用する必要があり、ルータに負荷がかかってしまいます。また、管理も面倒になります。

Ciscoルータには、デフォルトでVTY（Virtual Type terminal：仮想端末）ポートが5つ（vty0～vty4）あります（Cisco IOSによっては6つ以上のVTYポートが存在することもあります）。Telnet/SSHユーザはルータのVTY回線に接続してくるため、VTYに対してのみACLを適用することで、負荷を抑えて簡単にTelnetおよびSSHアクセスを制御することができます。

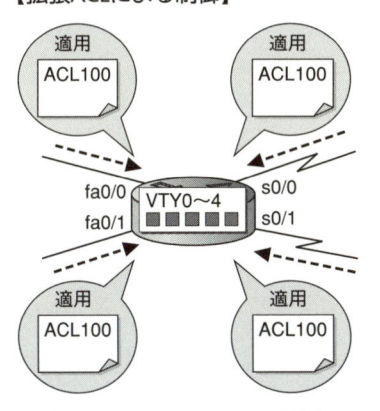

【拡張ACLによる制御】
すべてのインターフェイスにACL適用

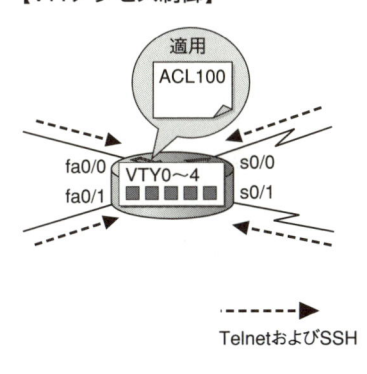

【VTYアクセス制御】
VTY回線にのみACL適用

------> TelnetおよびSSH

■ VTYアクセス制御の設定

VTYアクセス制御は、次の手順で設定します。

① 標準ACLを作成する
② VTY回線に対してACLを適用する

● 標準ACLを作成する

VTYアクセス制御の設定では、TelnetおよびSSHセッションを許可（あるいは拒否）するユーザを指定するために標準ACLを使用します。これは、条件文に送信元IPアドレスと宛先IPアドレスの両方を指定する必要がないためです。標準ACLは番号付き、名前付きのどちらを使用しても構いません。構文は328ページおよび339ページを参照してください。

● VTY回線に対してACLを適用する

VTY回線に対してACLを適用するには、access-classコマンドを使用します。access-classコマンドの最後には、Telnetセッションのフィルタリングを着信か発信かのいずれかで行うため、inまたはoutのいずれかを指定します。

構文 VTY回線に対してACLを適用する（ラインコンフィグモード）
```
(config)#line vty 0 4
(config-line)#access-class { <number> | <name> } { in | out }
```

引数	説明
number	ACLの番号を指定
name	ACLの名前を指定
in	ルータへの着信Telnetセッションをフィルタリングする
out	ルータから別のデバイスへの発信Telnetセッションをフィルタリングする

次のネットワーク構成において、同じ標準ACLをinとoutのそれぞれで適用させた場合の違いを示します。

7-8 VTYアクセスの制御

【VTYアクセス制御（in）の例】

> 要件：ルータに対する「172.31.1.0/24」と「172.31.2.0/24」からのTelnet/SSHアクセスを拒否する

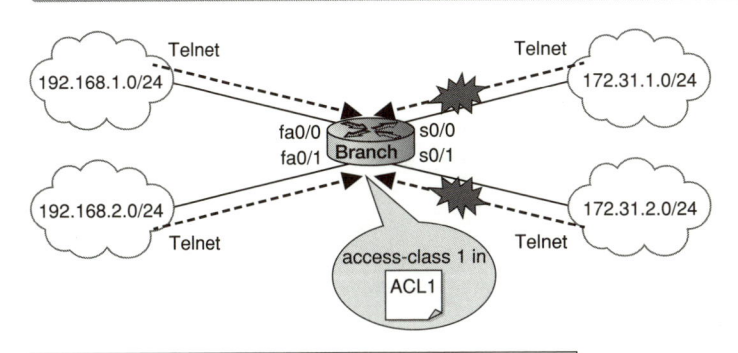

(図：Branchルータ、fa0/0・fa0/1・s0/0・s0/1インターフェース、192.168.1.0/24・192.168.2.0/24・172.31.1.0/24・172.31.2.0/24ネットワーク、access-class 1 in ACL1)

```
(config)#access-list 1 deny 172.31.0.0 0.0.255.255
(config)#access-list 1 permit any
(config)#line vty 0 4
(config-line)#access-class 1 in
```

　ルータのVTY回線（0～4）に対してACL1がインバウンドで適用されています。その結果、このルータに対するサブネット「172.31.1.0/24」と「172.31.2.0/24」上のユーザからのTelnetおよびSSHアクセスを拒否し、それ以外のユーザからは許可します。

　同様のACL1をアウトバウンドで適用した場合、要件は次のように変わります。

【VTYアクセス制御（out）の例】

要件：ルータから「172.31.1.0/24」と「172.31.2.0/24」へのTelnet/SSHアクセスを拒否する

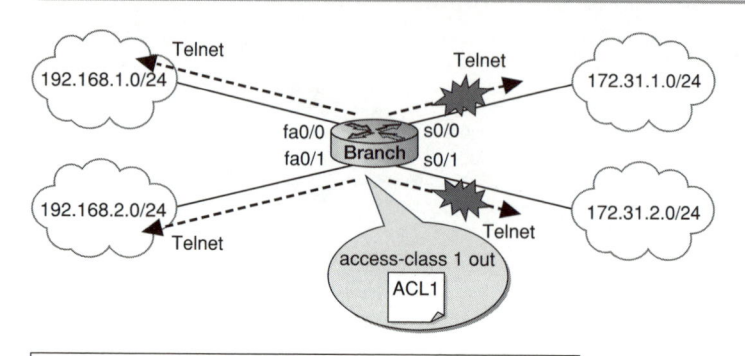

```
(config)#access-list 1 deny 172.31.0.0 0.0.255.255
(config)#access-list 1 permit any
(config)#line vty 0 4
(config-line)#access-class 1 out
```

　ルータのVTY回線（0～4）に対してACL1がアウトバウンドで適用されています。その結果、ルータのVTY回線にTelnet接続しているユーザが、サブネット「172.31.1.0/24」と「172.31.2.0/24」上のデバイスへTelnetおよびSSHアクセスするのを拒否します。

　access-classのinは、ルータに対するTelnetを制御し、標準ACLの条件は「～から」になります。access-classのoutでは、そのルータを踏み台にしてさらに別のデバイスへTelnetされるのを制御するので「～へ」となり、標準ACLの条件は送信元IPアドレスではなく宛先IPアドレスに変わります。

Memo　TelnetとSSH

Telnetは、離れた場所にあるルータやスイッチ、あるいはサーバを遠隔操作するためのプロトコルです。Telnetを使用すると、ネットワーク管理者はTCP/IPネットワークに接続されたさまざまな機器やサーバを、遠隔操作することができるため、管理の手間と時間を軽減することができますが、パスワードすらも暗号化されずにテキストファイルで転送されるため、セキュリティ上の問題があります。
SSH（Secure SHell）は、強力な暗号化と認証機能によって安全にリモートログイン環境を提供するためのプロトコルです。SSHを使用すると、ログイン後にやり取りするデータがすべて暗号化されるので、管理者は安全にリモートログインを利用することができます。

7-9 アクセスコントロールリストのトラブルシューティング

　本節では、ACLトラブルシューティングの例を見てみることにしましょう。特定の構成や要件で発生し得るトラブル例を示し、showコマンドの出力からACL設定エラーを分析して問題を解決するまでの道筋を紹介しています。問題1にのみ、出力に説明を付記しました。問題2からは「解決方法」を参考に、問題点を考えてみてください。

■ トラブルシューティング例（1）

> 要件：ホスト「10.2.2.1」を除く、サブネット「10.2.2.0」からのIPパケットが「192.168.1.0」にアクセスできないようにする。それ以外からのIPパケットはすべて許可する

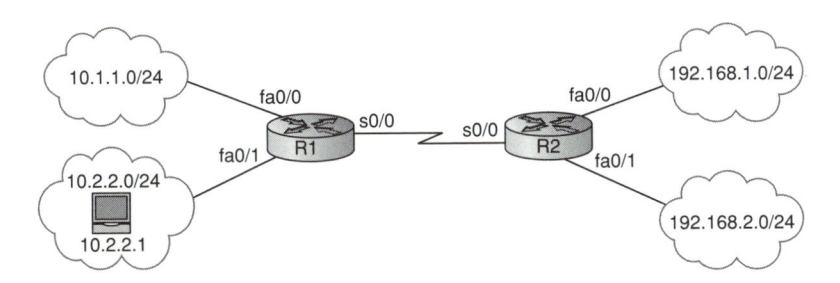

● 問題1：ホスト「10.2.2.1」が「192.168.1.0」にアクセスできない

```
R2#show access-lists
Standard IP access list 1
    10 deny 10.2.2.0, wildcard bits 0.0.0.255
    20 permit 10.2.2.1   ←【原因】ステートメントの順序が不適切
    30 permit any              ステートメント20を1行目にすることで解決
R2#show ip interface fa0/0
FastEthernet0/0 is up, line protocol is up
  Internet address is 192.168.1.254/24
  Broadcast address is 255.255.255.255
  Address determined by setup command
  MTU is 1500 bytes
  Helper address is not set
  Directed broadcast forwarding is disabled
  Outgoing access list is 1
  Inbound  access list is not set
  Proxy ARP is enabled
<以下省略>
```

原因 ACLステートメントの順番が誤っている

解決方法 R2のf0/0インターフェイスに番号付き標準ACL1がアウトバウンドで適用されていて、「10.2.2.0/24」からのパケットを拒否するステートメントが最初に設定されています。その結果、ホスト「10.2.2.1」からのパケットはステートメント10に一致するため拒否されてしまい、ステートメント20は処理されません。したがって、10番と20番のステートメントを逆にする必要があります。

● 問題2：サブネット「10.2.2.0」のユーザが「192.168.2.0」にアクセスできない

```
R1#show access-lists
Standard IP access list 2
    10 permit 10.2.2.1
    20 deny 10.2.2.0, wildcard bits 0.0.0.255
    30 permit any
R1#show ip interface s0/0
Serial0/0 is up, line protocol is up
  Internet address is 192.168.5.1/24
  Broadcast address is 255.255.255.255
  Address determined by setup command
  MTU is 1500 bytes
  Helper address is not set
  Directed broadcast forwarding is disabled
  Outgoing access list is 2
  Inbound  access list is not set
  Proxy ARP is enabled
<以下省略>
```

原因 ACLを配置する場所が誤っている

解決方法 R1のs0/0インターフェイスに番号付き標準ACL2がアウトバウンドで適用されています。その結果、サブネット「10.2.2.0/24」（ホスト「10.2.2.1」を除く）からのIPパケットは、R1のs0/0インターフェイスから出力されるのを拒否します。
標準ACLはパケットの送信元アドレスのみチェックします。宛先アドレスを条件に指定できないため、ACLはトラフィックの宛先近くに配置しなければなりません。R2のfa0/1インターフェイスにアウトバウンドで適用する必要があります。

● 問題3：サブネット「10.2.2.0/24」から「192.168.1.0」へアクセスできてしまう

```
R2#show access-lists
Standard IP access list 3
    10 permit 10.2.2.1
    20 deny 10.2.2.0, wildcard bits 255.255.255.0
    30 permit any
R2#show ip interface fa0/0
FastEthernet0/0 is up, line protocol is up
  Internet address is 192.168.1.254/24
  Broadcast address is 255.255.255.255
  Address determined by setup command
  MTU is 1500 bytes
  Helper address is not set
  Directed broadcast forwarding is disabled
  Outgoing access list is 3
  Inbound  access list is not set
  Proxy ARP is enabled
＜以下省略＞
```

原因 ワイルドカードマスクの設定が誤っている

解決方法 R2のfa0/0インターフェイスに番号付き標準ACL3がアウトバウンドで適用されていて、「10.2.2.0/24」からのパケットを拒否するステートメントのワイルドカードマスクが「255.255.255.0」になっています。
ワイルドカードマスクは2進数で「0」の部分はチェックし、「1」の部分は無視します。ワイルドカードマスク「255.255.255.0」の場合、次のようにチェックします。

```
    10.2.2.0
    ‾‾‾‾‾ ‾
チェック……しない  する
```

サブネット「10.2.2.0/24」上のユーザからのパケットは、送信元IPアドレス「10.2.2.1」～「10.2.2.254」のいずれかです（第4オクテット0以外）。そのため、「10.2.2.0/24」ユーザからのパケットはステートメント20で処理されずに、ステートメント30に一致して許可されてしまいます。ステートメント20のワイルドカードマスクは「0.0.0.255」にする必要があります。
ワイルドカードマスクは、サブネットマスクの反対の意味を持つ「反転マスク」であることを忘れないようにしましょう。

■ トラブルシューティング例（2）

> 要件：サブネット「10.2.2.0/24」からサーバへのTFTPとTelnetアクセスを拒否し、それ以外のIPパケットはすべて許可する

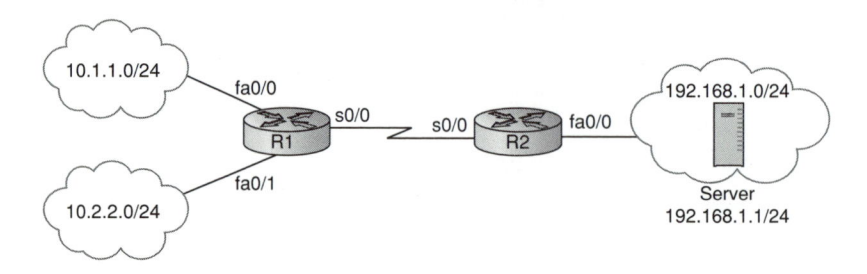

● 問題4：サブネット「10.2.2.0/24」からリモートネットワークへのすべての通信が拒否される

```
R1#show access-lists
Extended IP access list 100
    10 deny tcp 10.2.2.0 0.0.0.255 host 192.168.1.1 eq telnet
    20 deny udp 10.2.2.0 0.0.0.255 host 192.168.1.1 eq tftp
R1#show ip interface fa0/1
FastEthernet0/1 is up, line protocol is up
  Internet address is 10.2.2.254/24
  Broadcast address is 255.255.255.255
  Address determined by setup command
  MTU is 1500 bytes
  Helper address is not set
  Directed broadcast forwarding is disabled
  Outgoing access list is not set
  Inbound  access list is 100
  Proxy ARP is enabled
<以下省略>
```

原因 permitステートメントが1行もない

解決方法 R1のfa0/1インターフェイスに番号付き拡張ACL100がインバウンドで適用されています。また、ACL100にはdenyのステートメントしか設定されていません。最終行には自動的に暗黙のdeny anyが存在するため、このままではす

べてのIPパケットが拒否されてしまいます。ACLには最低1行のpermitステートメントが必要になるため、この場合は、access-list 100 permit ip any anyを20番の下に追加する必要があります。

● 問題5：サブネット「10.2.2.0/24」からサーバへのTFTPアクセスが許可されてしまう

```
R1#show access-lists
Extended IP access list 101
    10 deny tcp 10.2.2.0 0.0.0.255 host 192.168.1.1 eq telnet
    20 deny tcp 10.2.2.0 0.0.0.255 host 192.168.1.1 eq tftp
    30 permit ip any any
R1#show ip interface fa0/1
FastEthernet0/1 is up, line protocol is up
  Internet address is 10.2.2.254/24
  Broadcast address is 255.255.255.255
  Address determined by setup command
  MTU is 1500 bytes
  Helper address is not set
  Directed broadcast forwarding is disabled
  Outgoing access list is not set
  Inbound  access list is 101
  Proxy ARP is enabled
＜以下省略＞
```

原因 プロトコルの指定が誤っている

解決方法 R1のfa0/1インターフェイスに番号付き拡張ACL101がインバウンドで適用されています。また、「10.2.2.0」から「192.168.1.1」へのTFTPアクセスを拒否する20番のステートメントでは、tcpが指定されています。そのため20番のステートメントでは処理されず、30番のpermitステートメントに一致して許可されてしまいます。TFTPはUDP上で動作するアプリケーションであるため、正しくはaccess-list 101 deny udp 10.2.2.0 0.0.0.255 host 192.168.1.1 eq tftpになります。

● 問題6：サブネット「10.2.2.0/24」からサーバへのTFTPとTelnetアクセスが許可されてしまう

```
R1#show access-lists
Extended IP access list 102
    10 deny tcp 10.2.2.0 0.0.0.255 192.168.1.1 0.0.0.0 eq telnet
    20 deny udp 10.2.2.0 0.0.0.255 192.168.1.1 0.0.0.0 eq tftp
    30 permit ip any any
R1#show ip interface fa0/1
FastEthernets0/1 is up, line protocol is up
  Internet address is 192.168.3.1/24
  Broadcast address is 255.255.255.255
  Address determined by setup command
  MTU is 1500 bytes
  Helper address is not set
  Directed broadcast forwarding is disabled
  Outgoing access list is 102
  Inbound  access list is not set
  Proxy ARP is enabled
<以下省略>
```

原因 ACLをインターフェイスに適用する方向が誤っている

解決方法 R1のfa0/1インターフェイスに番号付き拡張ACL102がアウトバウンドで適用されています。その結果、サブネット「10.2.2.0/24」からのTFTPおよびTelnetパケットは10番と20番のステートメントで処理されず、30番のpermitステートメントに一致して許可されてしまいます。要件ではサブネット「10.2.2.0/24」からサーバへのトラフィックを制御のため、今回の要件を満たすには、ACL102を次のいずれかの方法で適用する必要があります。

・R1のfa0/1インターフェイスにインバウンド
・R1のs0/0インターフェイスにアウトバウンド
・R2のs0/0インターフェイスにインバウンド
・R2のfa0/0インターフェイスにアウトバウンド

ただし、無駄なオーバーヘッドを軽減するために、拡張ACLでは「送信元にできるだけ近い場所に適用」することが推奨されています。ACL102をR1のfa0/1インターフェイスにインバウンドで適用するのが最もよいでしょう。

7-10 アクセスコントロールリストの応用

最後に、標準および拡張ACLを基本形としてネットワークに追加機能を提供することができる、ダイナミックACL、再帰ACL、および時間ベースACLについて触れておきます。

■ ダイナミックACL（ロックアンドキー）

ロックアンドキーとも呼ばれている**ダイナミックACL**は、ACLを適用しているルータのインターフェイスに対し、ユーザがTelnetを行って認証が成功すると、特定の期間だけそのユーザからのトラフィックがルータを通過することを許可します。このとき、既存の拡張ACLに一時的に通過を許可するためのステートメントが自動的に追加されます。また、ユーザ認証が済むとルータに対するTelnet接続が即時に解除されます。

ダイナミックACLを使用すると、大規模なインターネットワークの管理を簡素化し、ネットワークの不正侵入を防止するなどのセキュリティ上の効果があります。

【ダイナミックACL】

① ルータにTelnet
② ユーザAを認証
s0/0　fa0/0
ユーザA　　　　　　　　　　　　　サーバ
③ 一定時間アクセスが許可される

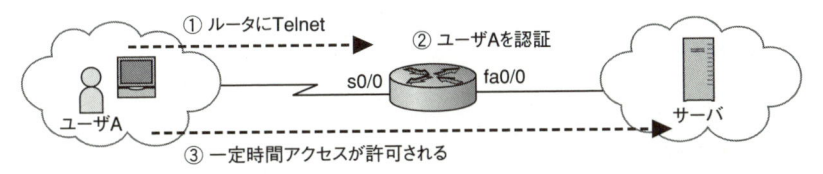

ダイナミックACLによって認証が成功したときにアクセスを許可する時間は、次の2つの方法で設定することができます。

- 絶対タイムアウト …………認証成功後にアクセスが許可される最大時間。この時間が経過すると、ユーザが使用中かどうかにかかわらず強制的に無効にする
- アイドルタイムアウト ……データのやり取りをしない状態がこの時間だけ経過すると無効になる時間。すべてのユーザで共通にすることも、ユーザごとに異なる時間を指定することも可能

次の図のネットワーク構成におけるダイナミックACLの設定例を示します。以下の設定では、ルータのs0/0インターフェイス（10.1.1.1）にTelnet接続を実行するユーザを認証し、成功した場合のみサブネット「10.2.2.0/24」に対するアクセスをすべて許可します。また、アイドルタイムアウトはユーザごとに異なる時間を割り当てます。

【ダイナミックACLの設定例】

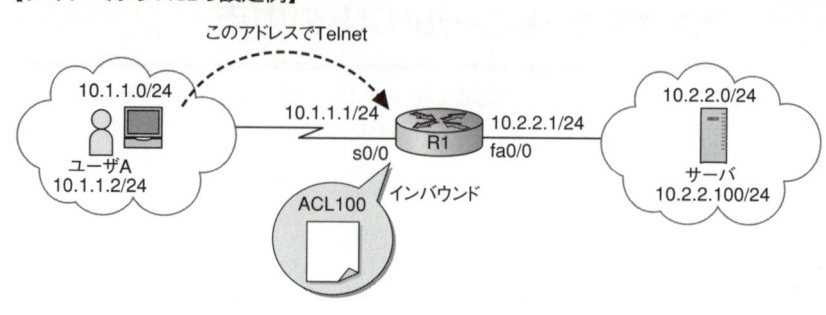

```
R1(config)#access-list 100 permit tcp any host 10.1.1.1 eq 23    ←①
R1(config)#access-list 100 dynamic testlist timeout 20 permit ip 10.1.1.0 0.0.0.255 10.2.2.0 0.0.0.255    ↑②
R1(config)#username usera password CISCO    ←③
R1(config)#username userb password CCNA
R1(config)#username usera autocommand access-enable host timeout 10    ←④
R1(config)#username userb autocommand access-enable host timeout 15
R1(config)#line vty 0 4                  ⎫
R1(config-line)#login local              ⎬ ⑤
R1(config-line)#int serial 0/0           ⎫
R1(config-if)#ip access-group 100 in     ⎬ ⑥
```

① ルータにTelnet接続を許可する拡張ACLを作成します。認証が成功するまで、このACLでpermitされたトラフィックのみアクセスが許可されます。

② 認証が成功した際、ACL100に自動的に適用するダイナミックACLを作成します。ここでは絶対タイムアウトを20分に設定します。

```
                        ダイナミックACLの名前（ここではtestlist）
                                      ↓
     (config)#access-list 100 dynamic testlist timeout 20 permit ip 10.1.1.0 0.0.0.255 10.2.2.0 0.0.0.255
                                                  ↑
                                       絶対タイムアウト（分）
```

③ 認証に必要なユーザ名とパスワードを設定します。

```
     (config)#username usera password CISCO
                        ↑              ↑
                      ユーザ名        パスワード
```

④ ユーザごとに異なるアイドルタイムを設定します。access-enableは、Telnet認証成功後に一時的にダイナミックACLを追加するためのコマンドです。このコマンドはautocommandと併用して設定することで自動実行されます。また、hostキーワードを指定することにより、Telnet認証が成功したユーザだけがpermit対象になります。

```
(config)#username usera autocommand access-enable host timeout 10
```
　　　　　　　　　　　　　　　　　　　　　　　　　　　　　　　　↑
　　　　　　　　　　　　　　　　　　　　　　　　「usera」のアイドルタイムアウト10分

⑤ Telnetの認証方式を設定します。認証プロセスはルータのローカルで実行することも、TACACS+サーバ[※2]またはRADIUSサーバ[※3]などのアクセスサーバで実行することもできます。ここでは、ローカルで認証を実行する場合のコマンドを示しています。

⑥ ACLをルータのインターフェイスに適用します。

■ 再帰（リフレキシブ）ACL

リフレキシブACL（Reflexive ACL）とも呼ばれる**再帰ACL**は、IPパケットを上位層セッション（TCP、UDP、ICMPなど）の情報に基づいて、戻りのトラフィックに対してのみ通過を許可します。通常は、ルータ内部から開始されたセッションに対してアウトバウンド（発信）トラフィックを許可し、インバウンド（着信）トラフィックを制限するために使用されます。

再帰ACLの働きは、establishedキーワードを使用した拡張ACLに似ています。しかし、establishedの場合、TCPヘッダ内のACK[※4]とRST[※5]を見ているためTCPトラフィックにしか対応しません。再帰ACLでは、TCPのほかUDPやICMPにも対応しています（367ページのMemo「TCPセグメントとコードビットの意味」を参照）。

再帰ACLは、ネットワークを保護する重要な機能であり、IPスプーフィング[※6]やDoS攻撃[※7]に対するセキュリティ機能を提供します。

※2　【TACACS+】(タカクスプラス) Terminal Access Controller Access Control System Plus：ユーザ認証やアクセスの許可／拒否を行う認証プロトコルのひとつ。TACACSをシスコが独自に拡張したもので、認証（Authentication）、認可（Authorization）、課金情報（Accounting）の3つの機能を持つ

※3　【RADIUS】(ラディウス、ラディアス) Remote Authentication Dial-In User Service：アナログの電話回線などでアクセスしてきたユーザを認証するためのプロトコル。認証装置とRADIUSサーバ間の通信で使われる

※4　【ACK】(アック) Acknowledgement：TCPヘッダ内のコードビットにあるフラグのひとつ。TCPでは通信の信頼性を確保するため、データを正しく受信できたことを送信側に示す信号に使われる。

※5　【RST】(アールエスティー) Reset：TCPヘッダ内のコードビットにあるフラグのひとつ。サーバ側から接続を切断したい場合などにRSTビットに1を立てて送信することで、TCP接続を強制的に切断する

※6　【IPスプーフィング】(アイピースプーフィング) IP spoofing：パケットに含まれる送信元IPアドレスを、実際とは異なるアドレスに騙す（スプーフ）こと。攻撃者自身の身元がばれないようにするためのIPアドレスの偽装や、DoS攻撃などにも利用される

※7　【DoS攻撃】(ドスコウゲキ、ディーオーエスコウゲキ) Denial of Service attack：サービス妨害攻撃またはサービス不能攻撃などと呼ばれるインターネット経由での不正アクセスのひとつ。大量のデータや不正パケットを送りつけるなどの不正な攻撃を指す

再帰ACLには、新しいIPセッションが開始されたときに一時的なエントリが自動的に作成されます。再帰ACLを名前付き拡張ACL内に関連付け、それをインターフェイスに適用します。再帰ACLは名前付き拡張ACLにのみ定義することができます。

要件に基づいたインバウンドフィルタ用とアウトバンドフィルタ用の2つの名前付き拡張ACLを作成し、それを1つの外部インターフェイスに適用します。

次のネットワーク構成において、再帰ACLの設定例を示します。

【再帰ACLの設定例】

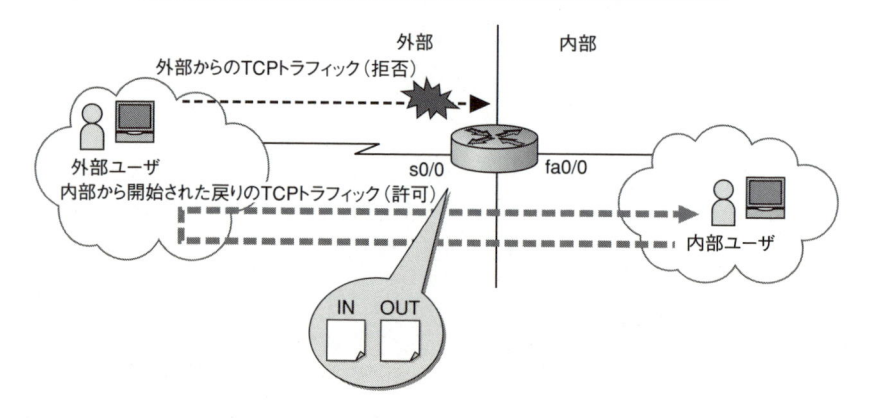

要件：ICMPトラフィックは、発信と着信の両方を許可する。
　　　TCPトラフィックは、内部から開始された戻りのトラフィックのみ着信を許可する。
　　　それ以外のトラフィックをすべて拒否する。

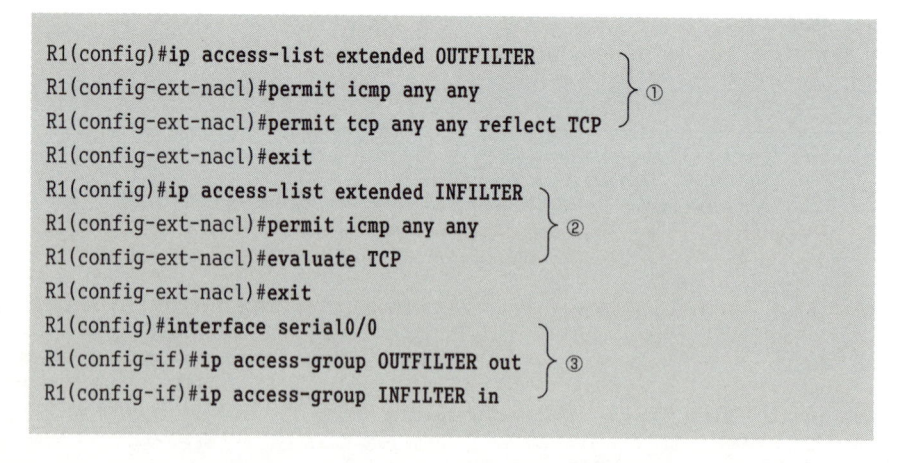

```
R1(config)#ip access-list extended OUTFILTER
R1(config-ext-nacl)#permit icmp any any                  ┐
R1(config-ext-nacl)#permit tcp any any reflect TCP       ┘ ①
R1(config-ext-nacl)#exit
R1(config)#ip access-list extended INFILTER
R1(config-ext-nacl)#permit icmp any any                  ┐
R1(config-ext-nacl)#evaluate TCP                         ┘ ②
R1(config-ext-nacl)#exit
R1(config)#interface serial0/0
R1(config-if)#ip access-group OUTFILTER out              ┐ ③
R1(config-if)#ip access-group INFILTER in                ┘
```

① トラフィックを再帰させるアウトバウンドフィルタACLを作成します。reflectは、再帰するトラフィックを指定するためのコマンドです。reflectの後ろには、インバウン

ドフィルタACLと関連付けるために適当な名前を指定します。ここでは「TCP」にしています。
② トラフィックを評価するインバウンドフィルタACLを作成します。evaluateは、アウトバウンドフィルタACLの再帰ACL部分と関連付けるためのコマンドです。
③ アウトバウンドフィルタACLとインバウンドフィルタACLの両方を外部インターフェイスに適用します。

■ 時間ベースACL

時間ベースACL（Time-based ACL）は、時刻や曜日に基づいて適用される拡張ACLです。たとえば、「月曜から金曜の業務時間内にのみ内部ネットワークから外部ネットワークへのTelnet接続を許可する」といった制御が可能です。

時間ベースACLを使用すると、ネットワーク管理者は1日の時間帯によってアクセスをコントロールすることができるため、より柔軟にセキュリティポリシーを実装できます。

なお、時間範囲はルータのシステムクロック[※8]に基づいて動作します。この機能を最適に使用するために、NTP[※9]（Network Time Protocol）を併用することが推奨されます。

時間ベースACLは、番号付き拡張ACLまたは名前付き拡張ACLで定義することができます。要件に基づいたタイムレンジと呼ばれる時間範囲を拡張ACLに関連付け、それをインターフェイスに適用します。

次のネットワーク構成において、時間ベースACLの設定例を示します。

【時間ベースACLの設定例】

要件：月曜日から金曜日の9:00から20:00は10.1.1.0/24へのICMPトラフィックを許可する。
　　　月曜日と金曜日の10:00から18:00のみサーバ（10.1.1.1）へTelnet接続を許可する。
　　　それ以外は、すべてのトラフィックを拒否する。

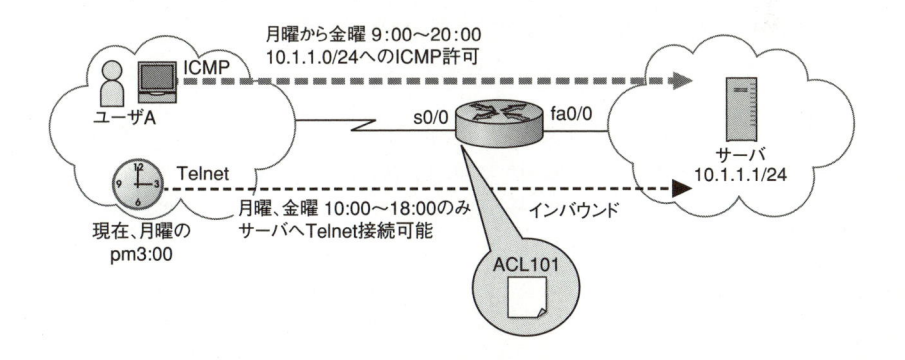

※8 【システムクロック】system clock：コンピュータ内部で標準装備している時刻と年月日を刻む時計回路のこと。OSやアプリケーションが時刻や月日計算、ファイルを作成した日時などを記録するために利用される
※9 【NTP】(エヌティーピー) Network Time Protocol：コンピュータの内部時計を正確に維持するため、ネットワークを介して時刻の同期を取るためのプロトコル。NTPによって複数の機器の内部時計を常に同じ状態にすることができるため、プログラムやサービスの誤動作などを防ぐことができる

```
R1(config)#time-range ICMP                                              ⎫
R1(config-time-range)#periodic weekdays 9:00 to 20:00                   ⎬ ①
R1(config-time-range)#exit                                              ⎭
R1(config)#time-range TELNET                                            ⎫
R1(config-time-range)#periodic Monday Friday 10:00 to 18:00             ⎬ ①
R1(config-time-range)#exit                                              ⎭
R1(config)#access-list 101 permit icmp any 10.1.1.0 0.0.0.255 time-range ICMP   ⎫
R1(config)#access-list 101 permit tcp any host 10.1.1.1 eq 23 time-range TELNET ⎬ ②
R1(config)#interface serial 0/0                                         ⎫
R1(config-if)#ip access-group 101 in                                    ⎬ ③
```

① periodicコマンドを使用してタイムレンジを作成します。上記の設定例のように、時間範囲を直接指定する方法と、periodicの後ろに次のパラメータを指定する方法があります。

・daily............月曜日から日曜日まで毎日
・weekdays......月曜日から金曜日まで
・weekend ......土曜日と日曜日

```
(config)#time-range ICMP
(config-time-range)#periodic weekdays 9:00 to 20:00     ←月曜から金曜の9:00〜20:00
(config)#time-range TELNET
(config-time-range)#periodic Monday Friday 10:00 to 18:00   ←月曜と金曜の10:00〜18:00
```

② 拡張ACLを作成します。タイムレンジと関連付ける場合、ステートメント設定時にtime-rangeの後ろにタイムレンジ名を指定します。ここでは、番号付き拡張ACL101を作成しています。

```
(config)#access-list 101 permit icmp any 10.1.1.0 0.0.0.255 time-range ICMP
(config)#access-list 101 permit tcp any host 10.1.1.1 eq 23 time-range TELNET
                                                                        ↑
                                                                  タイムレンジ名
```

③ 拡張ACLをインターフェイスに適用します。

Memo　TCPセグメントとコードビットの意味

【TCPセグメントのフォーマット】

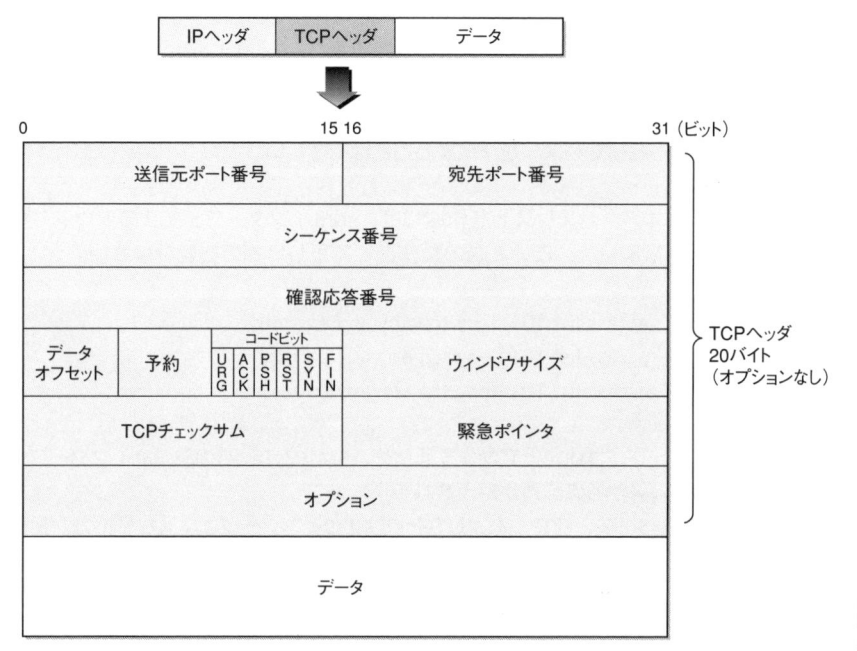

```
IPヘッダ | TCPヘッダ | データ
```

```
0                    15 16                   31（ビット）
┌─────────────────────┬─────────────────────┐
│   送信元ポート番号   │   宛先ポート番号    │
├─────────────────────┴─────────────────────┤
│              シーケンス番号               │
├───────────────────────────────────────────┤
│              確認応答番号                 │
├───────┬─────┬─────────┬───────────────────┤
│データ │予約 │コードビット│  ウィンドウサイズ │
│オフセット│   │URG ACK PSH RST SYN FIN│          │
├───────┴─────┴─────────┼───────────────────┤
│    TCPチェックサム    │    緊急ポインタ   │
├───────────────────────┴───────────────────┤
│              オプション                   │
├───────────────────────────────────────────┤
│                データ                     │
└───────────────────────────────────────────┘
```

TCPヘッダ 20バイト（オプションなし）

【コードビットの意味】

ビット	フラグに1が立てられたときの意味
URG（Urgent Flag）	緊急に処理するデータを含んでいることを示す。緊急ポインタフィールドと一緒に使用する
ACK（Acknowledgement Flag）	確認応答番号フィールドが有効であることを示す。最初にコネクションを確立するSYNセグメント以外は常に1になる
PSH（Push Flag）	受信したデータをすぐにアプリケーションに渡す
RST（Reset Flag）	何らかの異常が検出されたため、コネクションの強制的な切断を要求する
SYN（Synchronize Flag）	コネクションの確立を要求する
FIN（Fin Flag）	これ以上送信するデータがないため、コネクションの切断（終了）を要求する

7-11 演習問題

1. 標準ACLに関する説明として正しいものを選びなさい。

    A. パケットの送信元IPアドレスとポートをチェックすることができる
    B. ワイルドカードマスクを省略すると、0.0.0.0が適用される
    C. 番号は1〜100、1300〜1999の範囲を使用する
    D. パケットがどこへ送信されるかを条件に指定する
    E. 名前でリストを作成することはできない

2. 次のようなアクセスリストを作成して、s0/0インターフェイスのアウトバウンドに適用しました。このときの動作として正しいものを選びなさい。

    access-list 101 deny tcp any any eq smtp
    access-list 101 deny tcp any any eq tftp
    access-list 101 deny tcp any any eq telnet

    A. TFTPはUDP上で動作するため、SMTPとTelnetのみs0/0インターフェイスからの出力が拒否される
    B. SMTP、TFTP、およびTelnetはs0/0インターフェイスから出力が拒否される
    C. すべてのIPパケットがs0/0インターフェイスから出力できない
    D. アクセスリストが不正なため動作しない
    E. s0/0インターフェイスから着信したSMTPとTelnetのパケットは破棄される

3. サブネット192.168.31.64/26からサーバ10.1.1.1へのTelnetのみ拒否するためのアクセスリストとして正しいものを選びなさい。

    A. access-list 102 deny tcp 192.168.31.64 0.0.0.31 host 10.1.1.1 eq 23
       access-list 102 permit ip any any
    B. access-list 99 deny tcp 192.168.31.64 0.0.0.224 host 10.1.1.1 eq telnet
       access-list 99 permit ip any any
    C. access-list 199 deny tcp 192.168.31.64 0.0.0.63 10.1.1.1 0.0.0.0 eq 23
       access-list 199 permit ip any any
    D. access-list 100 deny tcp 192.168.31.64 0.0.0.63 host 10.1.1.1 eq 23
       access-list 100 permit any any
    E. access-list 100 deny tcp 192.168.31.64 0.0.0.63 host 10.1.1.1 eq 23
       access-list 101 permit ip any any

4. 100番のACLがインターフェイスs0/0に適用されていることを確認するためのコマンドを選びなさい。

    A. show interface s0/0
    B. show access-lists 100
    C. show ip interfaces acl 100
    D. show ip interface s0/0
    E. show ip interface 100

5. 次の図のネットワークにおいて、技術部からのみRo-Aルータにリモートアクセスできるようにするためのコマンドを選びなさい。（3つ選択）

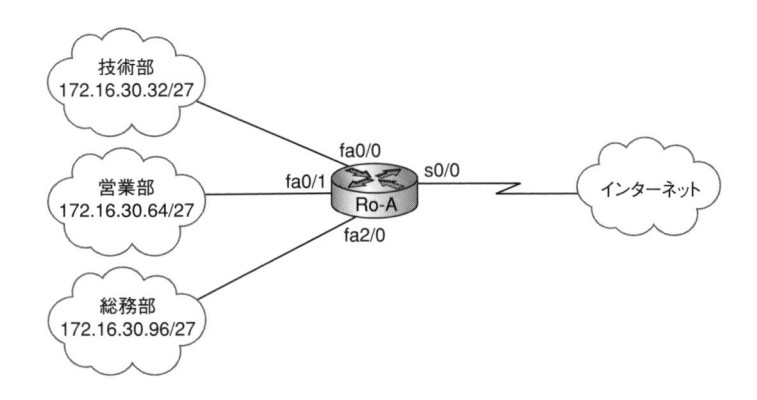

    A. (config)#access-list 1 permit 172.16.30.32 0.0.0.31
    B. (config)#access-list 1 permit 172.16.30.32 0.0.0.127
    C. (config)#interface fa0/0
    D. (config-if)#ip access-group 1 in
    E. (config)#line vty 0 4
    F. (config)#line console 0
    G. (config-line)#access-class 1 in
    H. (config-line)#ip access-class 1 in
    I. (config)#access-list 1 deny any

7-12 解答

1. B

標準ACLは、パケットの送信元IPアドレスのみチェックします（A）。したがって、リストの条件には「パケットがどこから送信されたか」を指定します（D）。

ACLは、番号または名前を使って識別することが可能です（E）。標準ACLを番号で作成する場合、1〜99または1300〜1999の範囲を指定します（C）。番号付き標準ACLのコマンド書式は次のとおりです。

(config)#**access-list** <list-number> { **permit** | **deny** } <source> [<wildcard>]

標準ACLでは、送信元アドレスの後ろに指定するワイルドカードマスクを省略することが可能です。省略した場合には「0.0.0.0」が使用されます（**B**）。

2. C

ACLの最終には、すべてのパケットを拒否する「暗黙のdeny any」というステートメント（条件文）が自動的に挿入されるため、最低1つは許可（permit）のステートメントを作成する必要があります。3行のステートメントはすべて「deny」になっています。s0/0インターフェイスのアウトバウンドに適用のため、s0/0インターフェイスからすべてのIPパケットが出力できません（**C**）。

TFTPはUDP上で動作するため2行目のステートメントは誤っていますが、結局は「暗黙のdeny any」によってすべて破棄されてしまいます（A）。

3. C

番号付き拡張IPアクセスリストは、100〜199および2000〜2699の範囲で作成します。選択肢Bは99番になっているため誤りです。
サブネット192.168.31.64/26を指定するときのワイルドカードマスクは、「/26（255.255.255.192）」を反転させた「0.0.0.63」になります。したがって、**C**が正解です。

```
11111111.11111111.11111111.11000000  反転⇒ 00000000.00000000.00000000.00111111
  (255)   (255)   (255)   (192)           (0)     (0)     (0)     (63)
```

選択肢Bはワイルドカードマスクが「0.0.0.224」になっています。Dは2行目のステートメントにプロトコル「ip」が抜けています。
1つのアクセスリスト内に複数行のステートメントを挿入する場合、同じリスト番号を指定します。選択肢Eでは、1行目「100」、2行目「101」

を指定しているため、異なる2つのACLが作成されます。

4. **D**

ACLがインターフェイスに適用されているかどうかを確認するには、次のコマンドを使用します。

```
#show ip interface [ <port-type> <slot> / <number> ]……(D)
```

選択肢Aは、showとinterfaceの間の「ip」が抜けています。
show access-lists 100コマンドは、ACL100のステートメント(条件文)を確認するためのコマンドです(B)。CとEは不正なコマンドです。

5. **A、E、G**

標準ACLを利用して、VTY(仮想端末)へのアクセス制御を行うことができます。リモートユーザからのVTYアクセスを制限するには、トラフィックを指定するための標準ACLを作成し、次のコマンドで適用します。

```
(config)#line vty 0 4
(config-line)#access-class { <number> | <name> } in
```

技術部のサブネット「172.16.30.32/27」を指定するときのワイルドカードマスクは、「/27(255.255.255.224)」を反転させた「0.0.0.31」になります。

```
11111111.11111111.11111111.11100000  反転⇒ 00000000.00000000.00000000.00011111
 (255)    (255)    (255)    (224)              (0)      (0)      (0)      (31)
```

したがって、必要なコマンドは次のとおりです。

```
(config)#line vty 0 4……(E)
(config)#access-list 1 permit 172.16.30.32 0.0.0.31……(A)
(config-line)#access-class 1 in……(G)
```

選択肢Bはワイルドカードマスクが「0.0.0.127」で誤りです。アクセスリストの最終行には「暗黙のdeny any」が自動的に挿入されるため、Fのように拒否の条件を作成する必要はありません。Iは不正なコマンドです。インターフェイスコンフィギュレーションモードでip access-groupコマンドを使用すると、パケットフィルタリングの動作になります(C、D)。

第8章

NATとPAT

8-1 NATおよびPATの概要

8-2 NATの設定

8-3 PATの設定

8-4 NATおよびPATの検証

8-5 NATおよびPATのトラブルシューティング

8-6 演習問題

8-7 解答

8-1 NATおよびPATの概要

企業や組織などのプライベート（内部）ネットワークでは、通常、プライベートIPアドレスを使ってアドレッシングされます。一方、インターネットはグローバルIPアドレスを使ったネットワークです。そのため、内部ネットワークをインターネットに接続する場合、プライベートIPアドレスをグローバルIPアドレスに変換する必要があります。プライベートIPアドレスとグローバルIPアドレスの変換には、NATやPATといった技術が使用されます。

■ NATの必要性

NAT（Network Address Translation）は、プライベートIPアドレス[※1]とグローバルIPアドレス[※2]を相互に変換する技術です（プライベート同士、グローバル同士のアドレス変換も可能です）。Ciscoルータを含むほとんどのルータには、NAT機能が備わっています。

IPv4[※3]アドレスは32ビットの数値です。したがって、そのアドレス数は2^{32}（2の32乗）で約42億個になります。それでも、企業や組織に大量のIPアドレスを配布してしまった経緯などから、IPアドレスが不足するという問題が生じてきました。このIPアドレスの枯渇問題を解決するのが、NATによるアドレス変換技術です。

NATでは、内部ネットワーク上のホストが外部ネットワークのインターネットと接続するときには、IPアドレスのパケットヘッダ内の送信元IPアドレス（プライベートIPアドレス）をグローバルIPアドレスに変換します。つまり、インターネットへのアクセスが必要になったユーザが一時的にグローバルIPアドレスを使用し、不要になればアドレスを解放して、ほかのユーザがそのグローバルIPアドレスを使用します。これによって、インターネットを利用する内部ネットワーク上のホスト数と同じ数のグローバルIPアドレスを確保しなくても、複数のユーザで1つのグローバルIPアドレスを使い回すことが可能になるため、IPアドレスを有効に活用することができます。

NATは、インターネットの普及において重要な役割を果たしています。また、NAT機能を利用することでLAN側のIPアドレスを外部から隠蔽することができるため、セキュリティを向上させるという利点もあります。

※1　【プライベートIPアドレス】private IP address：内部ネットワークに接続された機器に一意に割り当てられるIPアドレスで、インターネットで使用することが禁止されている。「ローカルアドレス」ともいう

※2　【グローバルIPアドレス】global IP address：インターネットで接続された機器に割り当てられるIPアドレス。IANAが一元管理し、NICによって各ISPなどに割り当てられている。「パブリックアドレス」ともいう

※3　【IPv4】Internet Protocol version 4：現在インターネットで利用されているインターネットプロトコル。IPv4のアドレスは32ビットに固定されているため、識別できる最大ホスト数は約43億台となる。しかし、インターネットの急速な普及により、アドレス資源の枯渇が問題となった。そこで次世代のIPv6（128ビット）アドレスが開発された。

■ NATの用語

シスコでは、NATに関する用語を次のように定義しています。

- 内部ローカルアドレス………内部ネットワーク上のホストに割り当てられるIPアドレス。一般にプライベートIPアドレスが使用される
- 内部グローバルアドレス……外部ネットワークのホストから見た、内部ネットワークのホストのIPアドレス。通常はISP*（インターネットサービスプロバイダ）から割り当てられる、インターネットで使用されるグローバルIPアドレス
- 外部ローカルアドレス………内部ネットワークのホストから見た、外部ネットワークのホストのIPアドレス
- 外部グローバルアドレス……外部ネットワーク上のホストに割り当てられているIPアドレス

【内部ネットワークと外部ネットワーク】

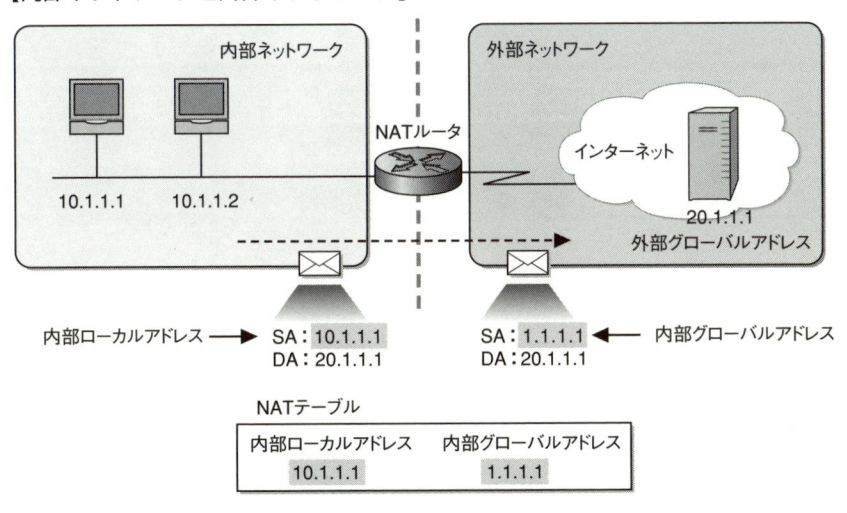

NATには用途に応じていくつかのアドレス変換方式があります。プライベートIPアドレスを割り当てたホストがインターネットにアクセスするためのアドレス変換では、内部ローカルアドレスと内部グローバルアドレスの相互変換が行われます。この場合、外部ローカルアドレスと外部グローバルアドレスの変換は行われません。

■ NATの基本動作

内部ネットワークのホストがインターネット上のサーバと通信を行う場合、内部ローカルアドレスを内部グローバルアドレスに変換する必要があります。

次の図でNATによるアドレス変換の流れを説明します。

【NATのアドレス変換の流れ】

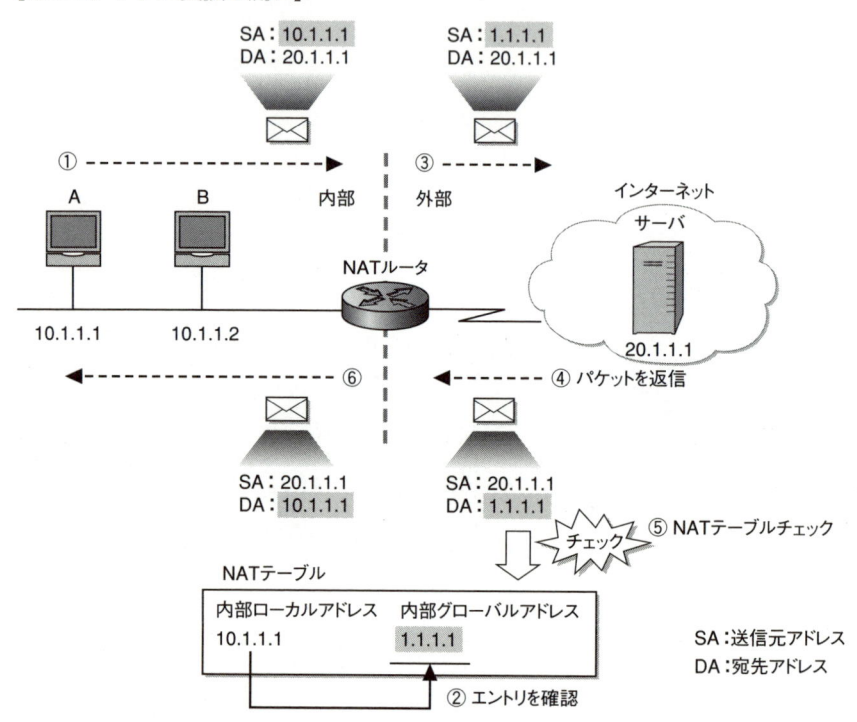

```
SA: 10.1.1.1        SA: 1.1.1.1
DA: 20.1.1.1        DA: 20.1.1.1
```

①　ホストAからインターネット上のサーバへIPパケットを送信します。パケットの送信元IPアドレス（SA）は「10.1.1.1」、宛先IPアドレス（DA）は「20.1.1.1」です。

②　NAT機能を備えたルータは、パケットを受信するとNATテーブル[※4]をチェックし、スタティックNAT変換エントリが存在するかを確認します。ダイナミックNATよりもスタティックNATの設定が優先されるため、スタティックな変換エントリが存在する場合はその情報を使ってアドレス変換し、エントリが存在しない場合はダイナミックにアドレス変換が必要だと判断します。

③　ルータは、内部ローカルアドレス「10.1.1.1」を内部グローバルアドレス「1.1.1.1」に変換し、パケットを転送します。

※4　**【NATテーブル】**NAT table：NATルータのRAM内に作成され、アドレス変換エントリが登録されるデータベースのこと

④ サーバはパケットを受信すると、ホストAに応答するためのIPパケットを返信します。このときの宛先IPアドレスは「1.1.1.1」(内部グローバルアドレス) です。
⑤ ルータは戻りのパケットを受信すると、内部グローバルアドレスをキーにしてNATテーブルを検索します。
⑥ ルータは変換エントリが見つかると、宛先IPアドレスを内部ローカルアドレス「10.1.1.1」に変換してパケットを転送します。ホストAはサーバと通信を続け、ルータはパケットを受信するたびに手順②～⑥の処理を実行します。

以上のように、NATルータは内部ネットワーク側のインターフェイスで受信したパケットの送信元IPアドレスをプライベートIPアドレスからグローバルIPアドレスに変換して、パケットをインターネット(外部ネットワーク)へ転送します。さらに、戻ってきたパケットの宛先IPアドレスでNATテーブルを検索し、グローバルIPアドレスからプライベートIPアドレスへ変換します。

■ NATのアドレス変換方法

NATでは、1つのグローバルIPアドレスに対してインターネットにアクセスすることができるユーザは、ある時点で1ユーザのみです。つまり、NATは1対1変換になります。

あるユーザがインターネットにアクセス中に、別のユーザがインターネットへのアクセスを要求した場合、別のグローバルIPアドレスが使用されます。NATルータが保持しているグローバルIPアドレスがすべて使い果たされると、次のユーザからのアクセス要求は破棄されます。IPアドレスを有効利用するために、ユーザからのアクセスが一定時間なくなると、そのユーザのために確保していたグローバルIPアドレスは解放され、ほかのユーザのインターネットアクセスに使用されます。

NATによるアドレス変換方法には、スタティックNATとダイナミックNATがあります。

● スタティックNAT

スタティックNATは、ネットワーク管理者があらかじめ手動で内部ローカルアドレスと内部グローバルアドレスを「1対1」で対応付けておく変換方式です。この場合、あるプライベートIPアドレスを持つホストは常に同じグローバルIPアドレスを使ってインターネットにアクセスします。

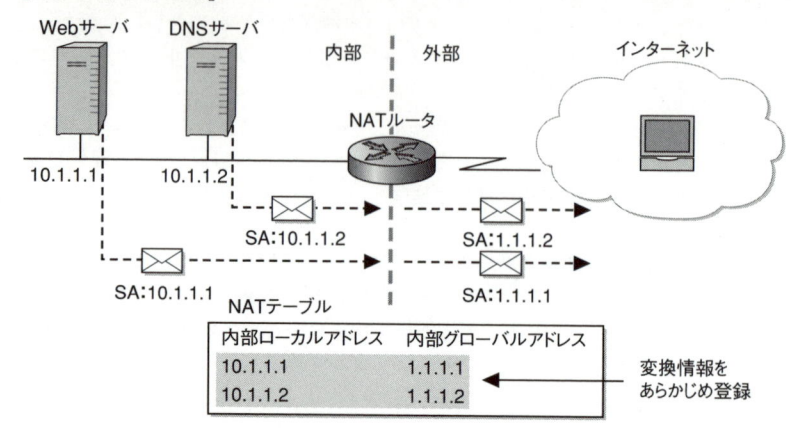

【スタティックNAT】

```
Webサーバ    DNSサーバ           内部 | 外部        インターネット
                                    |
                              NATルータ
10.1.1.1   10.1.1.2               
              ──── SA:10.1.1.2 ────→ ──── SA:1.1.1.2 ────→
    ──── SA:10.1.1.1 ──────────────→ ──── SA:1.1.1.1 ────→
         NATテーブル
         ┌──────────────────┬────────────────────┐
         │ 内部ローカルアドレス │ 内部グローバルアドレス │
         │ 10.1.1.1         │ 1.1.1.1            │   ← 変換情報を
         │ 10.1.1.2         │ 1.1.1.2            │     あらかじめ登録
         └──────────────────┴────────────────────┘
```

スタティックNATは、一般的に、組織がWebサーバなどの公開サーバを設置する場合に、サーバのグローバルIPアドレスを固定するために使用されます。

● ダイナミックNAT

ダイナミックNATは、変換に使用するグローバルIPアドレスの範囲をあらかじめアドレスプールに登録しておき、インターネットへのアクセス要求があったときに、アドレスプール内の1つのアドレスを使って変換する方式です。ダイナミックNATでは、アドレスプールに定義されたアドレス範囲で空いている値の小さいアドレスから順番に割り当てていきます。アドレスプールに登録されたアドレス数は、同時にインターネットを利用することが可能なユーザ数になります。

次の図では、アドレスプールに「1.1.1.1～1.1.1.5」の5つのグローバルIPアドレスを登録し、5人のユーザが同時にインターネットへアクセスするためにグローバルIPアドレスを使用しています。このとき、6人目のホストからのパケットを着信したNATルータは、アドレスプールに未使用のグローバルアドレスがないため、パケットを破棄してしまいます。

【ダイナミックNAT】

図：ダイナミックNATの動作イメージ
- 10.1.1.6、10.1.1.5、10.1.1.1のホストが内部に存在
- NATルータを介して外部のWebサーバ（インターネット）へ接続
- 5人目のホスト：SA:10.1.1.5 → SA:1.1.1.5
- 6人目のホスト：SA:10.1.1.6 → アクセスできない

Pool
内部グローバルアドレス
1.1.1.1～1.1.1.5/24
↑ プールにグローバルアドレス範囲をあらかじめ登録

NATテーブル

内部ローカルアドレス	内部グローバルアドレス
10.1.1.3	1.1.1.1
10.1.1.1	1.1.1.2
10.1.1.4	1.1.1.3
10.1.1.2	1.1.1.4
10.1.1.5	1.1.1.5

↑ プール内の最後のグローバルアドレス

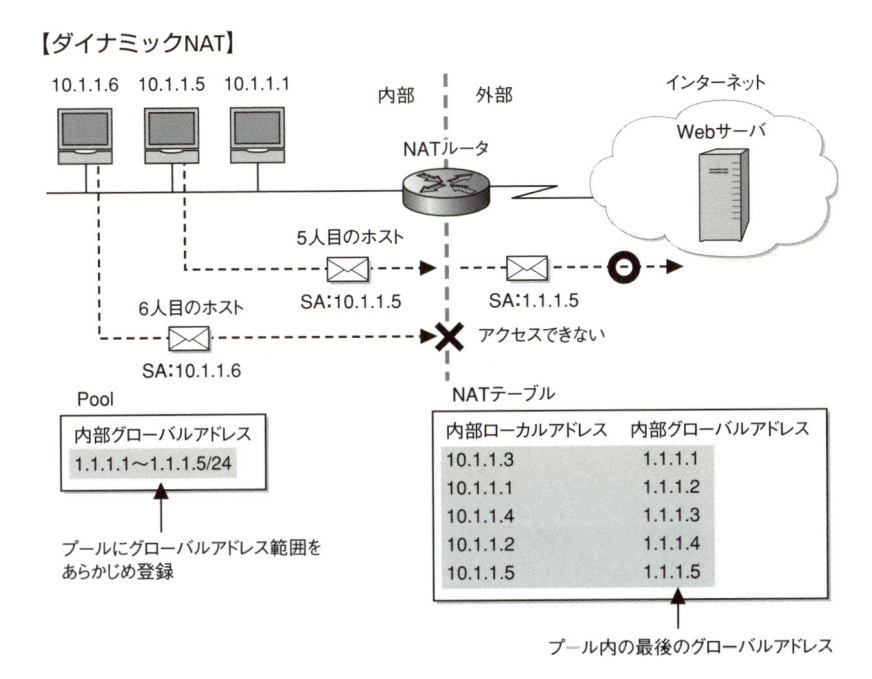

■ PAT

　先述したとおり、NATではプライベートIPアドレスとグローバルIPアドレスが1対1で対応している必要があります。たとえば、50人のクライアントが同時にインターネットにアクセスするには、NATでは50個のグローバルIPアドレスをアドレスプールに登録しておく必要があります。しかし、IPアドレスの枯渇問題によって企業がISPから受け取ることができるグローバルIPアドレスの数はわずかです。この問題を解決してくれるのがPATです。

　PAT（Port Address Translation）はNATの技術を拡張したもので、1つのグローバルIPアドレスを使い、複数のクライアントが同時にインターネットにアクセスできるようにするものです。PATでは、IPアドレスのほかにTCP/UDPヘッダ内にあるポート番号[5]の対応をNATテーブルに登録します。ポート番号とは、1台のコンピュータ上で動作するアプリケーションを識別するために使われる番号です。たとえば、Webサーバへのアクセス（HTTP）なら80番、サーバへのTelnet接続なら23番が指定されます。ただし、PATではクライアントの送信元ポート番号となる1024～65535番（ウェルノウンポート以外）も使用されます。これによって、複数のクライアントを1つのグローバルIPアドレスで変換しても各エントリを区別することができるというわけです。

---

[5]【ポート番号】port number：TCPやUDPを使用したアプリケーション（サービス）を識別するための番号で、セグメントのレイヤ4（トランスポート層）ヘッダ内に格納されている。たとえば、80番はHTTP、21番はFTPと識別される

次の図でPATによるアドレス変換の流れを説明します。

【PATによるアドレス変換の流れ】

SA：10.1.1.1　SP:1025
DA：20.1.1.1　DP:80

SA：1.1.1.1　SP:1025
DA：20.1.1.1　DP:80

SA：20.1.1.1　SP:80
DA：10.1.1.1　DP:1025

SA：20.1.1.1　SP:80
DA：1.1.1.1　DP:1025

① ホストA → 内部 → ③ 外部 → インターネット（Webサーバ 20.1.1.1）
④ パケットを返信
⑥ ← PATルータ ← ⑤ NATテーブルチェック

NATテーブル

内部ローカルアドレス	内部グローバルアドレス	外部グローバルアドレス
10.1.1.1:1025	1.1.1.1:1025	20.1.1.1:80

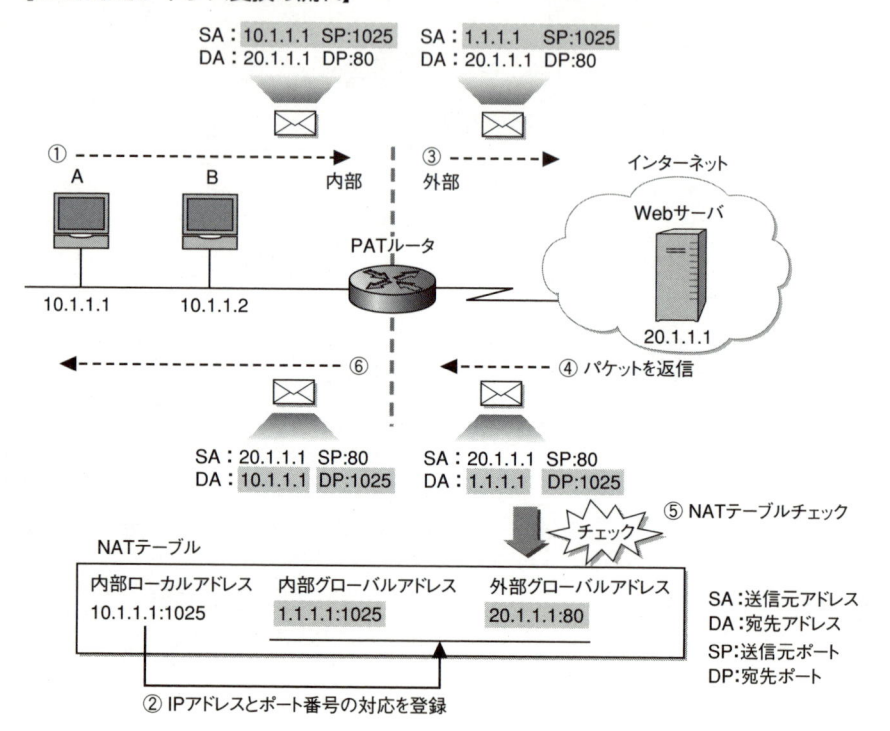

② IPアドレスとポート番号の対応を登録

SA：送信元アドレス
DA：宛先アドレス
SP：送信元ポート
DP：宛先ポート

① ホストAがWebサーバに対してコネクション確立要求のIPパケットを送信します。パケットの送信元IPアドレス（SA）は「10.1.1.1」、送信元ポート番号（SP）は「1025」です。
② PAT機能を備えたルータはパケットを受信するとNATテーブルをチェックし、スタティックNAT変換エントリが存在すればそのアドレスを使って変換します。エントリが存在しないときには、ポート番号を使って1つのグローバルIPアドレスと対応付け、その情報をNATテーブルに格納します（Ciscoルータでは、ポート番号を変換せずにそのままの値で割り当てます）。
③ ルータは、内部ローカルアドレス「10.1.1.1」を内部グローバルアドレス「1.1.1.1」に変換し、パケットを転送します。
④ Webサーバはパケットを受信すると、ホストAに応答するためのIPパケットを返信します。このときの宛先IPアドレスは「1.1.1.1」、宛先ポート番号は「1025」です。
⑤ ルータは戻りのパケットを受信すると、内部グローバルアドレスとそのポート番号、および外部グローバルアドレスとそのポート番号をキーとして、NATテーブルを検索します。
⑥ ルータは変換エントリが見つかると、宛先IPアドレスを内部ローカルアドレス「10.1.1.1」に変換してパケットを転送します。ホストAはWebサーバと通信を続け、

ルータはパケットを受信するたびに手順②〜⑥の処理を実行します。

次の図は、ホストAがWebサーバと通信中に、さらにホストBからのアクセス要求を受信したときのアドレス変換の様子を示しています。

【PATによるアドレス変換の流れ（続き）】

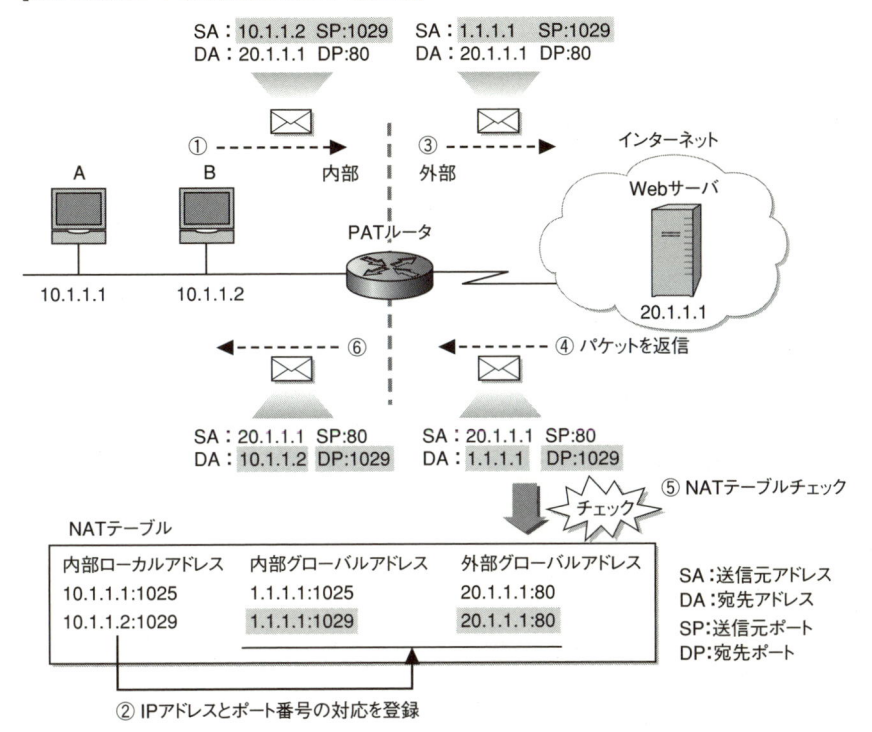

```
SA：10.1.1.2  SP:1029        SA：1.1.1.1  SP:1029
DA：20.1.1.1  DP:80          DA：20.1.1.1  DP:80
```

①　内部／外部　③　インターネット　Webサーバ 20.1.1.1

A　B　PATルータ
10.1.1.1　10.1.1.2

⑥　④ パケットを返信

```
SA：20.1.1.1  SP:80          SA：20.1.1.1  SP:80
DA：10.1.1.2  DP:1029        DA：1.1.1.1  DP:1029
```

⑤ NATテーブルチェック

NATテーブル

内部ローカルアドレス	内部グローバルアドレス	外部グローバルアドレス
10.1.1.1:1025	1.1.1.1:1025	20.1.1.1:80
10.1.1.2:1029	1.1.1.1:1029	20.1.1.1:80

SA：送信元アドレス
DA：宛先アドレス
SP：送信元ポート
DP：宛先ポート

② IPアドレスとポート番号の対応を登録

　PATでは、1つのグローバルIPアドレスを複数のクライアントで共有して使用しますが、戻りのパケットではポート番号を使ってIPアドレスを区別することができるため、正しく通信することができます。PATは、利用可能なポート番号を0〜511、512〜1023、1024〜65535の3つのグループに分けて管理しています。受信したパケットの送信元ポート番号が、すでにほかのクライアントのIPアドレスと対応付けられてNATテーブルに登録されている場合は、そのポートが属するポートグループの中から使用可能な最初の番号を探して変換します。該当するポートグループに使用可能なポートが存在しない場合、2つ目のグローバルIPアドレスを使って同様にアドレス変換を試みます。

　ポート番号を利用して複数の変換エントリを区別することから、シスコではこの機能を**PAT**または**オーバーロード（オーバーローディング）**と呼んでいますが、一般的には**IPマスカレード**または**NAPT**（Network Address Port Translation）と呼ばれています。

Point　NATは1対1対応、PATは多対1対応

NATではプライベートIPアドレスとグローバルIPアドレスが1対1で対応します。一方PATでは複数のプライベートIPアドレスを1つのグローバルIPアドレスに対応させることができ、グローバルIPアドレスを有効に活用できます。

Memo　NATの応用

NATは、一般的にIPv4アドレスの枯渇問題を回避するための実装として利用されていますが、その機能を応用して、次のような目的で使用されることもあります。

● TCPロードディストリビューション

この機能は、一般に公開するWebサーバなどの負荷分散を目的に使用されるものです。人気の高いWebサーバやFTPサーバなどをインターネットで公開している場合、1台のサーバへトラフィックが集中してしまい、ユーザへのレスポンスが悪くなる危険性があります。そこで、同じ情報を持つサーバを複数台用意し、トラフィックを負荷分散させることで、サービスの利用を高速化します。

【TCPロードディストリビューション】

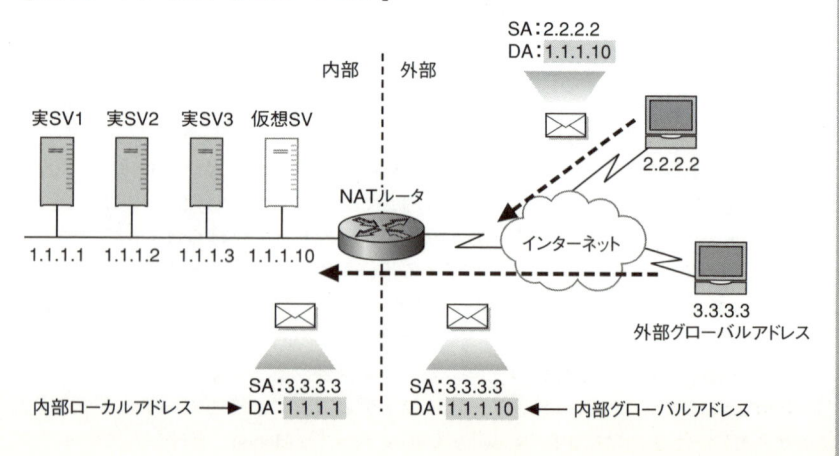

前ページの図でユーザ側からは仮想サーバのIPアドレス（1.1.1.10）と通信を行っているように見えますが、実際には変換された実サーバ（1.1.1.1）との通信を行います。負荷はラウンドロビン[※6]によって振り分けられ、NATルータはユーザのアクセスごとに宛先アドレスを3台のうちのいずれかの、実サーバのIPアドレスに変換します。

● **重複ネットワークのNAT**

この機能は、同じプライベートアドレスを使用している2つの企業が合併した場合など、内部と外部で同じネットワークアドレスを使用している場合に使用されます。

【重複ネットワークのNAT】

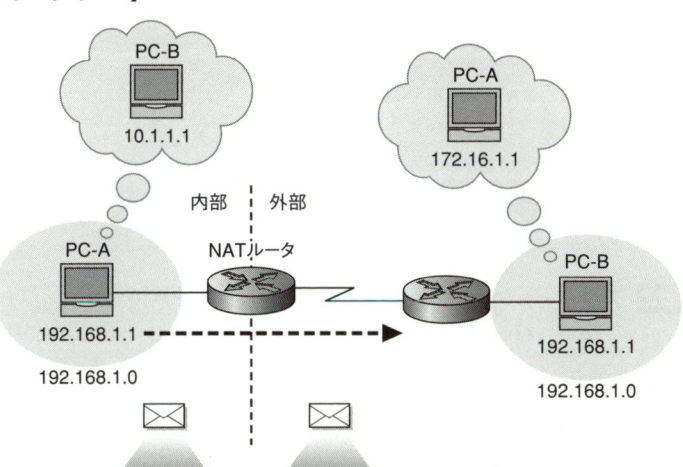

```
内部ローカルアドレス → SA：192.168.1.1    SA：172.16.1.1  ← 内部グローバルアドレス
外部ローカルアドレス → DA：10.1.1.1       DA：192.168.1.1 ← 外部グローバルアドレス
```

自分（内部）からは、相手（外部）のアドレスを「172.16.1.1」とみなし、相手（外部）からは自分（内部）のアドレスを「10.1.1.1」であるように見せかけて通信を行います。これによって、実際には重複している「192.168.1.1」のアドレスを区別することができます。

◎ NATの応用機能はCCNA範囲を超えるため、概要の説明にとどめます。

※6 【ラウンドロビン】round robin：トラフィックを順番に振り分ける方法のひとつ。ラウンドロビン方式では、すべてのプロセスが平等に扱われる

8-2 NATの設定

先述したとおり、NATによるアドレス変換方法には「スタティックNAT」と「ダイナミックNAT」の2つがあります。本節では、それぞれの設定方法を説明します。

■ スタティックNATの設定

スタティックNATを設定するには、次の手順を実行します。

① 1対1で変換する内部ローカルアドレスと内部グローバルアドレスを定義
② インターフェイスを内部および外部ネットワークとして指定

スタティックNATの設定では、1対1で相互に変換する2つのアドレス（内部ローカルアドレスと内部グローバルアドレス）を定義します。さらに、ルータのインターフェイスに内部ネットワークと外部ネットワークを指定します。これによって、ルータは内部ネットワークと外部ネットワークの間でルーティングされるパケットのアドレス変換を行います。

構文 スタティックNAT変換アドレスの定義（グローバルコンフィグモード）

(config)#`ip nat inside source static` <local-ip> <global-ip>

引数	説明
local-ip	内部ローカルアドレスを指定
global-ip	内部グローバルアドレスを指定

構文 インターフェイスを内部および外部ネットワークとして指定（インターフェイスコンフィグモード）

(config-if)#`ip nat inside` …… 内部ネットワークの指定

(config-if)#`ip nat outside` …… 外部ネットワークの指定

【スタティックNATの設定例】

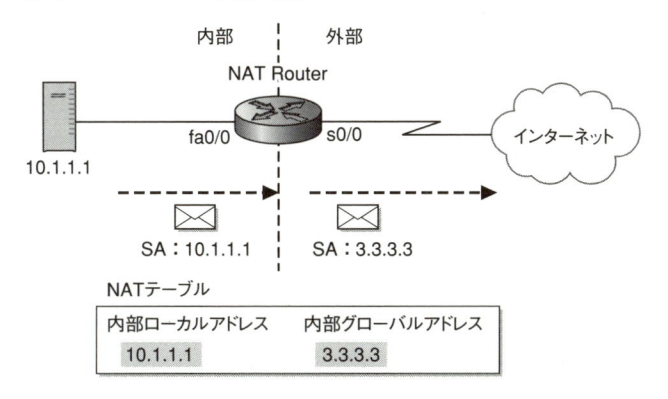

```
NAT-Router(config)#ip nat inside source static 10.1.1.1 3.3.3.3
                                            ↑スタティックNAT
NAT-Router(config)#interface fa0/0
NAT-Router(config-if)#ip nat inside    ←内部ネットワークの指定
NAT-Router(config-if)#interface serial0/0
NAT-Router(config-if)#ip nat outside   ←外部ネットワークの指定
```

　前ページの図のようにスタティックNATを設定することで、fa0/0（内部ネットワーク）からs0/0（外部ネットワーク）へパケットが転送される際に、送信元IPアドレスは内部ローカルアドレス「10.1.1.1」から内部グローバルアドレス「3.3.3.3」に変換されます。

■ **ダイナミックNATの設定**

　ダイナミックNATを設定するときの手順は、次のとおりです。

① 変換する内部グローバルアドレスの範囲をプールに定義
② 変換対象となる送信元IPアドレスをACLで定義
③ NATプールとACLを指定し、ダイナミックNATを有効化
④ インターフェイスを内部および外部ネットワークとして指定

　ダイナミックNATの設定では、変換する内部グローバルアドレスの範囲をあらかじめプールに定義します。プールされたアドレスを使ってNAT変換されるのは、指定されたACLで許可された送信元アドレスを持つパケットに限ります。ACLは送信元IPアドレスをチェックするだけなので標準ACLを使用します。
　最後は、スタティックNATの場合と同様、ルータのインターフェイスを内部ネットワークまたは外部ネットワークとして指定します。

第 8 章 NATとPAT

構文 内部グローバルアドレスプールの定義（グローバルコンフィグモード）

(config)#**ip nat pool** <name> <start-ip> <end-ip> { **netmask** <mask> | **prefix-length** <length>}

引数	説明
name	NATアドレスプールの名前を指定
start-ip	プールに含むIPアドレス範囲の先頭のアドレスを指定
end-ip	プールに含むIPアドレス範囲の末尾のアドレスを指定
mask	netmaskキーワードの場合、サブネットマスクの形式でネットマスクを指定 例）netmask 255.255.255.0
length	prefix-lengthキーワードの場合、プレフィクス長[7]の形式でネットマスクを指定 例）prefix-length 24

構文 変換対象となる送信元IPアドレスを定義（グローバルコンフィグモード）

(config)#**access-list** <list-number> **permit** <source> [<wildcard>]

引数	説明
list-number	標準ACLの番号を1〜99、1300〜1999の範囲で指定。同一ACLの場合、2行目のステートメント以降も同じ番号を使用する
source	送信元IPアドレスを指定
wildcard	ワイルドカードマスクを指定（オプション）。省略した場合は「0.0.0.0」が適用される

※名前付き標準IPアドレスでも可

構文 プールとACLを指定し、ダイナミックNATを有効化（グローバルコンフィグモード）

(config)#**ip nat inside source list** <list-number> **pool** <name>

引数	説明
list-number	標準ACLの番号または名前を指定
name	プールの名前を指定。大文字と小文字は区別される

構文 インターフェイスを内部および外部ネットワークとして指定（インターフェイスコンフィグモード）

(config-if)#**ip nat inside** …… 内部ネットワークの指定

(config-if)#**ip nat outside** …… 外部ネットワークの指定

※7 【プレフィクス長】prefix length：ネットワーク部（サブネット部を含む）の長さをビットで表したもの。プレフィクス（prefix）とは「前に付けるもの」という意味があり、IPアドレスの先頭部分を指している。たとえばサブネットマスク「255.255.0.0」の場合、プレフィクス長は「/16」となる

次の図のようにダイナミックNATを設定することで、fa0/0（内部ネットワーク）で着信した「10.1.1.0/24」からのパケットの送信元IPアドレスは、s0/0（外部ネットワーク）から転送される際に、プールされた範囲のグローバルアドレス「1.1.1.1～1.1.1.7」に変換されます。

【ダイナミックNATの設定例】

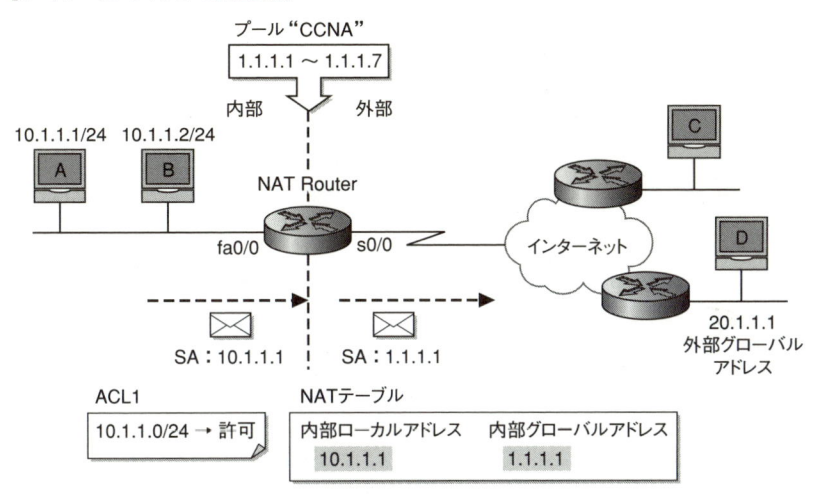

```
NAT-Router(config)#ip nat pool CCNA 1.1.1.1 1.1.1.7 netmask 255.255.255.248  ←①
NAT-Router(config)#access-list 1 permit 10.1.1.0 0.0.0.255  ←②
NAT-Router(config)#ip nat inside source list 1 pool CCNA  ←③
NAT-Router(config)#interface fa0/0
NAT-Router(config-if)#ip nat inside    ←内部ネットワークの指定
NAT-Router(config-if)#interface serial0/0
NAT-Router(config-if)#ip nat outside   ←外部ネットワークの指定
```

① 「CCNA」という名前のプールを作り、7個の内部グローバルアドレス「1.1.1.1～1.1.1.7」を定義
② ACL1で「10.1.1.0/24」からのパケットを変換対象に指定
③ ACL1とプール「CCNA」をマッピングし、ダイナミックNATを有効化

8-3 PATの設定

オーバーローディングとも呼ばれるPATは、トランスポート層のポート番号を識別子として使用することができます。これによって、複数の内部ユーザが1つのグローバルIPアドレスを共有してインターネットへのアクセスを実現します。

■ PATの変換方式

PAT変換の方式には、プールに定義されたアドレスを使用する方式と、外部インターフェイスのアドレスを使用する方式の2つがあります。

【プールに定義されたアドレスを使用して変換】

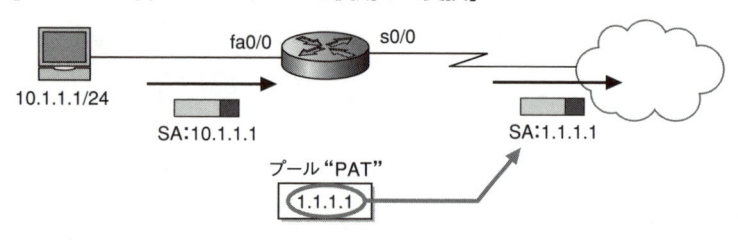

10.1.1.1/24
fa0/0
s0/0
SA:10.1.1.1
プール"PAT"
1.1.1.1
SA:1.1.1.1

【外部インターフェイスのアドレスを使用して変換】

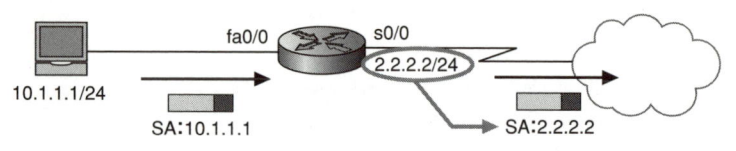

10.1.1.1/24
fa0/0
s0/0
2.2.2.2/24
SA:10.1.1.1
SA:2.2.2.2

■ プールを使用したPATの設定

プールに定義された内部グローバルアドレスを使用してPATを設定する方法は、ダイナミックNATを設定する手順とほぼ同様です。プールとACLを指定してマッピングするときのコマンドの最後にoverloadキーワードを付加するだけでPATが有効化されます。

プールを使用したPATの設定手順は、次のとおりです。

① 変換する内部グローバルアドレスの範囲をプールに定義
② 変換対象となる送信元IPアドレスをACLで定義
③ NATプールとACLを指定し、最後にoverloadキーワードを付加してPATを有効化
④ インターフェイスを内部および外部ネットワークとして指定

以下に構文を示します。引数の説明は384ページの表を参照してください。

構文 内部グローバルアドレスプールの定義（グローバルコンフィグモード）
(config)#**ip nat pool** <name> <start-ip> <end-ip> { **netmask** <mask> | **prefix-length** <length>}

プールにグローバルIPアドレスを1つだけ登録する場合は、プールの定義時にstart-ipとend-ipを同じアドレスで指定します。

構文 変換対象となる送信元IPアドレスを定義（グローバルコンフィグモード）
(config)#**access-list** <list-number> **permit** <source> [<wildcard>]

構文 プールとACLを指定し、PATを有効化（グローバルコンフィグモード）
(config)#**ip nat inside source list** <list-number> **pool** <name> **overload**

構文 インターフェイスを内部および外部ネットワークとして指定（インターフェイスコンフィグモード）
(config-if)#**ip nat inside** …… 内部ネットワークの指定

(config-if)#**ip nat outside** …… 外部ネットワークの指定

【プールを使用したPATの設定例】

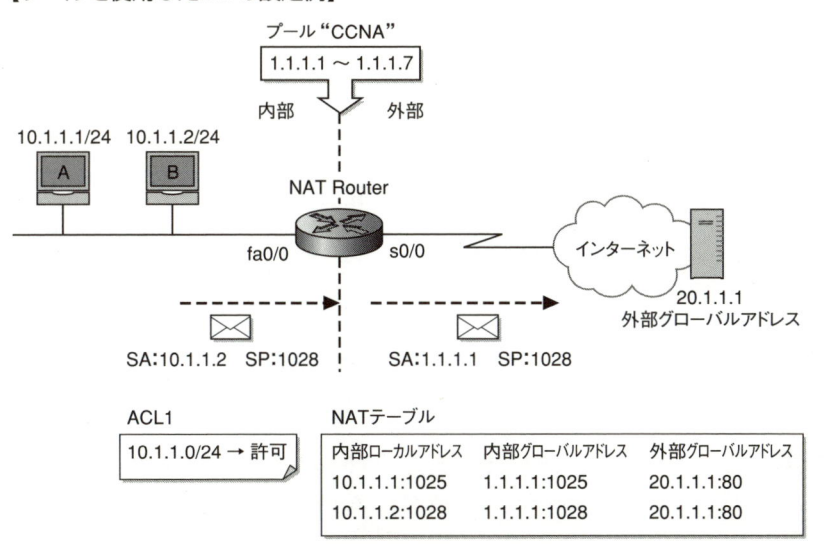

プール "CCNA"
1.1.1.1 ～ 1.1.1.7
内部　外部

10.1.1.1/24　10.1.1.2/24
A　B

NAT Router
fa0/0　　s0/0

インターネット

20.1.1.1
外部グローバルアドレス

SA:10.1.1.2　SP:1028　　SA:1.1.1.1　SP:1028

ACL1
10.1.1.0/24 → 許可

NATテーブル

内部ローカルアドレス	内部グローバルアドレス	外部グローバルアドレス
10.1.1.1:1025	1.1.1.1:1025	20.1.1.1:80
10.1.1.2:1028	1.1.1.1:1028	20.1.1.1:80

```
NAT-Router(config)#ip nat pool CCNA 1.1.1.1 1.1.1.7 netmask 255.255.255.248   ←①
NAT-Router(config)#access-list 1 permit 10.1.1.0 0.0.0.255   ←②
NAT-Router(config)#ip nat inside source list 1 pool CCNA overload   ←③
NAT-Router(config)#interface fa0/0
NAT-Router(config-if)#ip nat inside   ←内部ネットワークの指定
NAT-Router(config-if)#interface serial0/0
NAT-Router(config-if)#ip nat outside   ←外部ネットワークの指定
```

① 「CCNA」という名前のプールを作り、7個のグローバルアドレス「1.1.1.1～1.1.1.7」を定義
② ACL1でサブネット「10.1.1.0/24」からのパケットを変換対象に指定
③ ACL1で許可されたパケットの送信元アドレスを「CCNA」にプールされているアドレスに変換する。このとき「overload」キーワードによってPATが有効化される

　このようにPATを設定することで、ホストA（10.1.1.1）とホストB（10.1.1.2）からのパケットをfa0/0（内部ネットワーク）で着信し、s0/0（外部ネットワーク）から転送する際に、送信元IPアドレスをプールされたアドレスの先頭アドレス「1.1.1.1」に変換します。このときルータは、送信元IPアドレスと送信元ポート番号をNATテーブルに保存し、ポート番号を含めてアドレス変換を区別します。

■ 外部インターフェイスを使用したPATの設定

　外部インターフェイスに割り当てられたIPアドレスを使用して、パケットの送信元IPアドレスを共通のIPアドレスに変換します。この場合、ACLとマッピングするのはプールではなくインターフェイスです。
　外部インターフェイスを使用したPATの設定手順は、次のとおりです。

① 変換対象となる送信元IPアドレスをACLで定義
② 外部インターフェイスとACLを指定し、最後にoverloadキーワードを付加してPATを有効化
③ インターフェイスを内部および外部ネットワークとして指定

構文 変換対象となる送信元IPアドレスを定義（グローバルコンフィグモード）
(config)#access-list <list-number> permit <source> [<wildcard>]

構文 外部インターフェイスとACLを指定し、PATを有効化（グローバルコンフィグモード）
(config)#ip nat inside source list <list-number> interface <interface> overload

引数	説明
interface	外部インターフェイスの名前を指定 例）serial0/0

8-3 PATの設定

構文 インターフェイスを内部および外部ネットワークとして指定（インターフェイスコンフィグモード）

(config-if)#`ip nat inside` …… 内部ネットワークの指定

(config-if)#`ip nat outside` …… 外部ネットワークの指定

【外部インターフェイスを使用したPATの設定例】

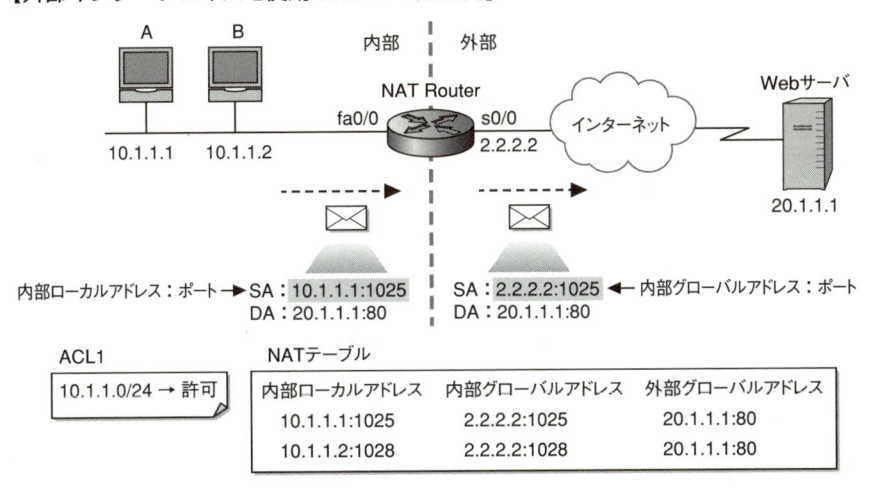

```
         A      B           内部 ： 外部
                                NAT Router                          Webサーバ
                              fa0/0    s0/0        インターネット
        10.1.1.1  10.1.1.2            2.2.2.2
                                                                      20.1.1.1
```

内部ローカルアドレス：ポート → SA：10.1.1.1:1025   SA：2.2.2.2:1025 ← 内部グローバルアドレス：ポート
                              DA：20.1.1.1:80   DA：20.1.1.1:80

ACL1
10.1.1.0/24 → 許可

NATテーブル

内部ローカルアドレス	内部グローバルアドレス	外部グローバルアドレス
10.1.1.1:1025	2.2.2.2:1025	20.1.1.1:80
10.1.1.2:1028	2.2.2.2:1028	20.1.1.1:80

```
NAT-Router(config)#access-list 1 permit 10.1.1.0 0.0.0.255     ←①
NAT-Router(config)#ip nat inside source list 1 interface serial0/0 overload   ←②
NAT-Router(config)#interface fa0/0
NAT-Router(config-if)#ip nat inside      ←内部ネットワークの指定
NAT-Router(config-if)#interface serial0/0
NAT-Router(config-if)#ip nat outside     ←外部ネットワークの指定
```

① ACL1でサブネット「10.1.1.0/24」からのパケットを変換対象に指定
② ACL1で許可されたパケットの送信元IPアドレスは、外部インターフェイスSerial0/0のIPアドレスに変換する。「overload」キーワードによってPATが有効化

　この結果、ホストA（10.1.1.1）とホストB（10.1.1.2）からのパケットをfa0/0（内部ネットワーク）で着信し、s0/0（外部ネットワーク）から転送される際に、送信元IPアドレスを外部インターフェイスのアドレス「2.2.2.2」に変換します。プールを使用した場合と同様に、送信元IPアドレスと送信元ポート番号をNATテーブルに保存し、ポート番号によってアドレス変換を区別します。

8-4 NATおよびPATの検証

NATおよびPATの設定が適切かどうかを検証するには、NATテーブルを確認します。また、実際にアドレス変換している様子をモニタリングするには、デバッグを使用します。
本節では、次の構成におけるスタティックNATと、プールを使用したPATの設定例を元に、検証方法を説明します。

【スタティックNATとPATの設定例】

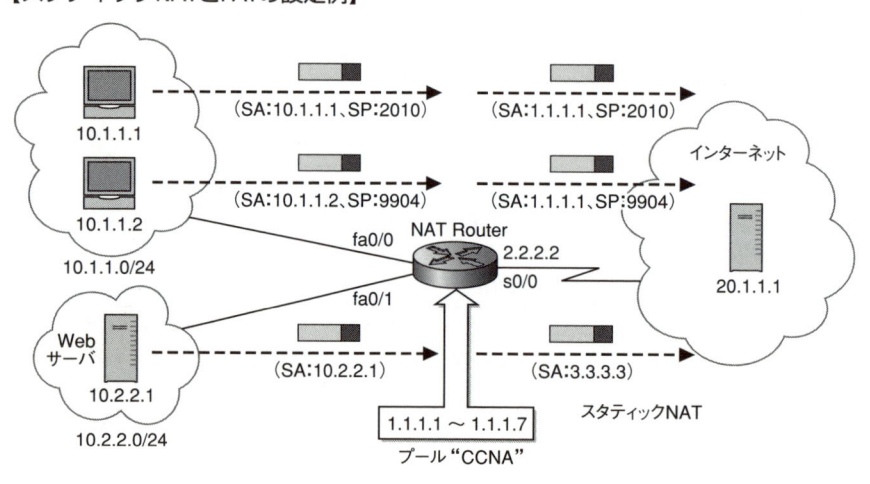

```
                  (SA:10.1.1.1、SP:2010)    (SA:1.1.1.1、SP:2010)
10.1.1.1
                  (SA:10.1.1.2、SP:9904)    (SA:1.1.1.1、SP:9904)
10.1.1.2
10.1.1.0/24            fa0/0    NAT Router  2.2.2.2
                                            s0/0      インターネット
                       fa0/1                                20.1.1.1
Web
サーバ             (SA:10.2.2.1)            (SA:3.3.3.3)
10.2.2.1
10.2.2.0/24             1.1.1.1 ～ 1.1.1.7    スタティックNAT
                        プール"CCNA"
```

■ NATおよびPATの設定を確認

ルータに設定したNATおよびPATを確認するには、特権モードでshow running-configコマンドを使用します。

【show running-configコマンドの出力例】

```
NAT-Router#show running-config
Building configuration...

Current configuration : 1353 bytes
!
version 12.4
no service password-encryption
!
hostname NAT-Router
```

```
!
boot-start-marker
boot-end-marker
!
enable secret 5 $1$bcvS$dgeCX/30Bg/PfKNH.fa3u1
!
no aaa new-model
ip cef
!
!
!
no ip domain lookup
!
!
!
!
interface FastEthernet0/0
 ip address 10.1.1.100 255.255.255.0
 ip nat inside    ←内部ネットワークの指定
 duplex auto
 speed auto
!
interface FastEthernet0/1
 ip address 10.2.2.100 255.255.255.0
 ip nat inside    ←内部ネットワークの指定
 duplex auto
 speed auto
!
interface Serial0/0
 ip address 2.2.2.2 255.255.255.0
 ip nat outside   ←外部ネットワークの指定
 no fair-queue
!
interface Serial0/1
 no ip address
 shutdown
 clock rate 2000000
!
```

```
ip forward-protocol nd
ip route 0.0.0.0 0.0.0.0 S0/0
!
ip http server
no ip http secure-server
ip nat pool CCNA 1.1.1.1 1.1.1.7 netmask 255.255.255.248   ←プール「CCNA」の作成
ip nat inside source list 1 pool CCNA overload   ←プールとACLを指定し、PATを有効化
ip nat inside source static 10.2.2.1 3.3.3.3   ←スタティックNATの指定
!
access-list 1 permit 10.1.1.0 0.0.0.255   ←10.1.1.0/24からのみ変換許可にするACL
!
!
!
line con 0
 exec-timeout 0 0
 password cisco
 logging synchronous
 login
line aux 0
line vty 0 4
 password telnet123
 login
!
scheduler allocate 20000 1000
end
```

■ NATテーブルの表示

NATテーブルの内容を表示するには、次のコマンドを使用します。NATテーブルには、内部グローバル／ローカルおよび外部ローカル／グローバルのアドレスがリスト表示されます。

構文 NATテーブルの表示（ユーザモード、特権モード）
```
#show ip nat translations
```

● スタティックNATでのNATテーブル

スタティックNATでは、設定コマンドを実行したタイミングでNATテーブルに変換エントリが保存されます。たとえば、以下のコマンドを設定した場合のNATテーブルは次のようになります。

```
(config)#ip nat inside source static 10.2.2.1 3.3.3.3
```

【スタティックNATでのNATテーブル】

```
NAT-Router#show ip nat translations
Pro Inside global      Inside local      Outside local     Outside global
--- 3.3.3.3            10.2.2.1          ---               ---
        ↑                  ↑
    内部グローバル        内部ローカル
```

なお、ダイナミックNATにおけるNATテーブルも同様の出力になります。ただし、この場合は、実際にアドレス変換が実行されたときにエントリが追加されます。

● PATでのNATテーブル

PATでは、実際にアドレス変換が実行されたときにエントリが追加されます。このエントリには、IPアドレスとポート番号が含まれます。

【PATでのNATテーブル】

```
NAT-Router#show ip nat translations
Pro  Inside global      Inside local       Outside local      Outside global
icmp 1.1.1.1:2010       10.1.1.1:2010      20.1.1.1:2010      20.1.1.1:2010
icmp 1.1.1.1:2011       10.1.1.1:2011      20.1.1.1:2011      20.1.1.1:2011
icmp 1.1.1.1:2012       10.1.1.1:2012      20.1.1.1:2012      20.1.1.1:2012
icmp 1.1.1.1:2013       10.1.1.1:2013      20.1.1.1:2013      20.1.1.1:2013
icmp 1.1.1.1:2014       10.1.1.1:2014      20.1.1.1:2014      20.1.1.1:2014
udp  1.1.1.1:2050       10.1.1.2:2050      20.1.1.1:3896      20.1.1.1:3896
udp  1.1.1.1:2050       10.1.1.2:3050      20.1.1.1:69        20.1.1.1:69
tcp  1.1.1.1:9904       10.1.1.1:9904      20.1.1.1:23        20.1.1.1:23
tcp  1.1.1.1:9905       10.1.1.1:9905      20.1.1.1:23        20.1.1.1:23
      ↑                  ↑                  ↑                  ↑
      ①      ②           ③                  ④                  ⑤
```

① プロトコル
② 内部グローバルアドレス、送信元ポート番号
③ 内部ローカルアドレス、送信元ポート番号
④ 外部ローカルアドレス、宛先ポート番号
⑤ 外部グローバルアドレス、宛先ポート番号

■ NATテーブルのクリア

ダイナミックNATやPATでは、NATテーブルに自動的に保存された変換エントリは、一定期間使用されない状態が続くとタイムアウトになり、クリア（消去）されます。

タイムアウトする前にNATテーブルに保存されたダイナミック変換エントリをクリアしたい場合には、状況に応じて次のコマンドを使用します。

なお、スタティックNATエントリをクリアする場合は、設定したコマンドの先頭にnoを付けて実行します。

構文 すべてのダイナミック変換エントリのクリア（特権モード）
```
#clear ip nat translation *
```

構文 特定のダイナミック内部変換エントリのクリア（特権モード）
```
#clear ip nat translation inside <global-ip> <local-ip>
```

構文 特定のダイナミック内部と外部変換エントリの両方をクリア（特権モード）
```
#clear ip nat translation inside <global-ip> <local-ip> outside <local-ip> <global-ip>
```

構文 特定のPATエントリをクリア（特権モード）
```
#clear ip nat translation protocol inside <global-ip> <global-port> <local-ip> <local-port> [outside <local-ip> <local-port> <global-ip> <global-port>]
```

引数	説明
global-ip	グローバルIPアドレスを指定
local-ip	ローカルIPアドレスを指定
global-port	グローバルポート番号を指定
local-port	ローカルポート番号を指定

■ タイムアウト時間の変更

NATテーブルからダイナミックな変換エントリがタイムアウトされる時間は、プロトコルごとに設定することができます。次に、代表的なプロトコルのタイムアウト値を変更するときのコマンドを示します。

構文 ICMP[※8]のタイムアウト値の変更（グローバルコンフィグモード）
```
(config)#ip nat translation icmp-timeout { <seconds> | never }
```

構文 UDPのタイムアウト値の変更（グローバルコンフィグモード）
```
(config)#ip nat translation udp-timeout { <seconds> | never }
```

※8 【ICMP】(アイシーエムピー) Internet Control Message Protocol：IPパケットのプロセスに関連したエラー情報などをメッセージとして通知するネットワーク層のプロトコル

8-4 NATおよびPATの検証

構文 TCPのタイムアウト値の変更（グローバルコンフィグモード）
(config)#`ip nat translation tcp-timeout { <seconds> | never }`

構文 DNSのタイムアウト値の変更（グローバルコンフィグモード）
(config)#`ip nat translation dns-timeout { <seconds> | never }`

引数	説明
icmp-timeout	ICMPフローのタイムアウト値を指定（単位：秒）。デフォルト値は60
udp-timeout	UDPのタイムアウト値を指定（単位：秒）。デフォルト値は300（5分）
tcp-timeout	TCPのタイムアウト値を指定（単位：秒）。デフォルト値は86400（24時間）
dns-timeout	DNSへの接続に対するタイムアウト値を指定（単位：秒）。デフォルト値は60
seconds	エントリがタイムアウトするまでの時間を指定（単位：秒）
never	指定した変換をタイムアウトさせないようにする

■ アドレス変換の統計情報の表示

NATおよびPATによるアドレス変換の情報を表示するには、次のコマンドを使用します。

構文 アドレス変換の統計情報の表示（ユーザモード、特権モード）
#`show ip nat statistics`

【show ip nat statisticsコマンドの出力例】

```
NAT-Router#show ip nat translations    ←現在のNATテーブルを表示
Pro Inside global      Inside local      Outside local      Outside global
--- 3.3.3.3            10.2.2.1          ---                ---
icmp 1.1.1.1:2010      10.1.1.1:2010     20.1.1.1:2010      20.1.1.1:2010
icmp 1.1.1.1:2011      10.1.1.1:2011     20.1.1.1:2011      20.1.1.1:2011
icmp 1.1.1.1:2012      10.1.1.1:2012     20.1.1.1:2012      20.1.1.1:2012
icmp 1.1.1.1:2013      10.1.1.1:2013     20.1.1.1:2013      20.1.1.1:2013
icmp 1.1.1.1:2014      10.1.1.1:2014     20.1.1.1:2014      20.1.1.1:2014
NAT-Router#show ip nat statistics    ←アドレス変換の統計情報を表示

Total active translations: 6 (1 static, 5 dynamic; 5 extended)    ←①
Outside interfaces:
  Serial0/0    ←②
Inside interfaces:
  FastEthernet0/0  ┐
  FastEthernet0/1  ┘ ③
```

```
Hits: 21  Misses: 19   ←④
CEF Translated packets: 38, CEF Punted packets: 3
Expired translations: 10    ←⑤
Dynamic mappings:
-- Inside Source
[Id: 2] access-list 1 pool PAT refcount 5
 pool PAT: netmask 255.255.255.248
        start 1.1.1.1 end 1.1.1.7
        type generic, total addresses 7, allocated 1 (16%), misses 0   ⎫
                                                                       ⎬ ⑥
Appl doors: 0                                                          ⎭
Normal doors: 0
Queued Packets: 0
```

① アクティブな変換回数
② 外部ネットワークのインターフェイス（Serial0/0）
③ 内部ネットワークのインターフェイス（FastEthernet0/0とFastEthernet0/1）
④ NATテーブルを参照して変換エントリの検索に成功（Hits）した回数と、失敗（Misses）した回数
⑤ タイムアウト（期限切れ）でクリアした回数
⑥ プールの情報

■ NATの動作検証（デバッグ）

debug ip natコマンドを実行すると、ルータによって変換される各パケットの情報がリアルタイムに表示され、NAT機能の動作検証に役立ちます。

構文 NATのデバッグを有効化（特権モード）
```
#debug ip nat
```

【debug ip natコマンドの出力例】

```
NAT-Router#debug ip nat
IP NAT debugging is on    ←NATのデバッグが有効化されたことを示す
NAT-Router#
3d01h: NAT:  s=10.2.2.1->3.3.3.3, d=20.1.1.1 [161]
                  ↑送信元アドレス「10.2.2.1」を「3.3.3.3」に変換
3d01h: NAT*: s=20.1.1.1, d=3.3.3.3->10.2.2.1 [1345]
                              ↑宛先アドレス「3.3.3.3」を「10.2.2.1」に変換
NAT-Router#
3d01h: NAT:  s=10.2.2.1->3.3.3.3, d=20.1.1.1 [162]
3d01h: NAT*: s=20.1.1.1, d=3.3.3.3->10.2.2.1 [1346]
NAT-Router#
3d01h: NAT:  s=10.2.2.1->3.3.3.3, d=20.1.1.1 [163]
3d01h: NAT*: s=20.1.1.1, d=3.3.3.3->10.2.2.1 [1367]
NAT-Router#
3d01h: NAT:  s=10.2.2.1->3.3.3.3, d=20.1.1.1 [164]
3d01h: NAT*: s=20.1.1.1, d=3.3.3.3->10.2.2.1 [1368]
NAT-Router#
3d01h: NAT:  s=10.2.2.1->3.3.3.3, d=20.1.1.1 [165]
3d01h: NAT*: s=20.1.1.1, d=3.3.3.3->10.2.2.1 [1369]
       ↑
       アスタリスク（*）はキャッシュされた情報を使用して高速変換されたことを示す
```

※ 「s=」は送信元IPアドレス、「d=」は宛先IPアドレスをそれぞれ示す
※ 各エントリの最後にある[ ]で囲まれた数字は、パケットの関連性を識別するために自動的に割り当てられた番号を示す

8-5 NATおよびPATのトラブルシューティング

　本節では、showコマンドの出力からNATやPATの設定エラーを分析し、それを解決するためのトラブルシューティングについて説明します。問題1にのみ、出力に説明を付記しました。問題2からは「解決方法」を参考に、問題点を考えてみてください。

■ 変換が行われない問題

　NATおよびPATによる変換が行われない場合、一般に次の事項を確認します。

- ACLが変換したいすべてのネットワークを許可しているか
- NATプールに十分なアドレスが存在するか（PATを有効化しているか）
- ルータのインターフェイスを内部および外部ネットワークとして適切に定義しているか
- 変換済みアドレスがルーティングが可能
- NATルータでパケット着信時に拒否されるインバウンドACLが存在しないこと

■ トラブルシューティング例

　次に、NATおよびPATに関する問題の識別と解決方法を説明します。

● 問題1：社内のユーザがインターネットと通信する際に、アドレス変換が正しく行われない

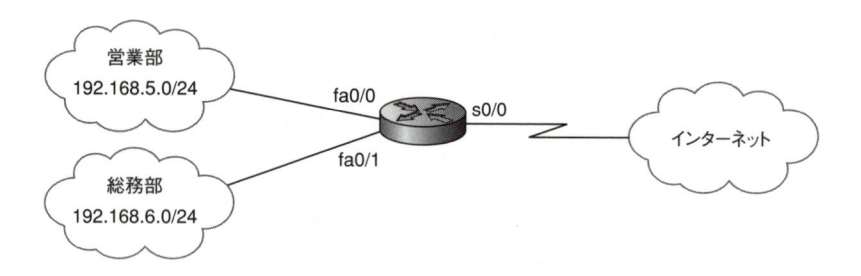

```
NAT-Router#show running-config
＜途中省略＞
!
interface FastEthernet0/0
 ip address 192.168.5.1 255.255.255.0
 ip nat inside
 duplex auto
 speed auto
!
interface FastEthernet0/1
 ip address 192.168.6.1 255.255.255.0
 ip nat inside
 duplex auto
 speed auto
!
interface Serial0/0
 ip address 2.2.2.2 255.255.255.0
 ip nat outside
 no fair-queue
!
interface Serial0/1
 no ip address
 shutdown
 clock rate 2000000
!
ip forward-protocol nd
ip route 0.0.0.0 0.0.0.0 S0/0
!
ip http server
no ip http secure-server
ip nat pool CCNA 1.1.1.1 1.1.1.7 netmask 255.255.255.248
ip nat inside source list 10 pool CCNA overload
!                            ↑ ACL10とプールCCNAを指定し、PATが有効化
access-list 10 permit 192.168.5.0 0.0.0.255
!         ↑【原因】ACL10のステートメントが不足している。
＜以下省略＞    192.168.6.0/24を許可するステートメントも必要
```

原因 ACLが変換したいすべてのネットワークを許可していない

解決方法 プールCCNAとマッピングしているACL10では、サブネット「192.168.5.0/24」を許可するpermit文しか設定していないため、「192.168.6.0/24」は暗黙のdeny anyによって拒否されます。したがって、ACL10に「192.168.6.0/24」を許可するpermit文を追加するための以下のコマンドを実行する必要があります。

```
(config)#access-list 10 permit 192.168.6.0 0.0.0.255
```

● 問題2：営業部のWebサーバに対してインターネットユーザがHTTPアクセスできない

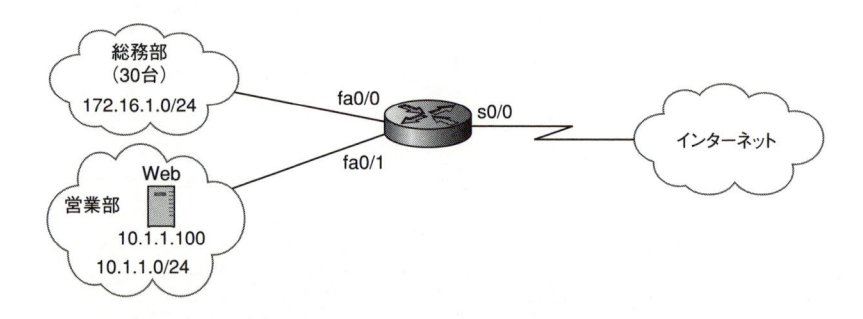

```
NAT-Router#show running-config
<途中省略>
!
interface FastEthernet0/0
 ip address 172.16.1.1 255.255.255.0
 ip nat inside
 duplex auto
 speed auto
!
interface FastEthernet0/1
 ip address 10.1.1.1 255.255.255.0
 ip nat outside
 duplex auto
 speed auto
!
```

```
interface Serial0/0
 ip address 2.2.2.2 255.255.255.0
 ip nat outside
 no fair-queue
!
interface Serial0/1
 no ip address
 shutdown
 clock rate 2000000
!
ip forward-protocol nd
ip route 0.0.0.0 0.0.0.0 S0/0
!
ip http server
no ip http secure-server
ip nat pool NAT 1.1.1.1 1.1.1.31 netmask 255.255.255.224
ip nat inside source list 5 pool NAT
ip nat inside source static 10.1.1.1 3.3.3.3
!
access-list 5 permit 172.16.1.0 0.0.0.255
!
<以下省略>
```

原因 ルータのインターフェイスに内部および外部ネットワークが適切に定義されない

解決方法 営業部ネットワークと接続しているルータのインターフェイスfa0/1にip nat outsideを設定しています。アドレス変換は、内部ネットワークと外部ネットワーク間でパケットを転送する際に実行します。fa0/1インターフェイスは内部ネットワークであるため、次のコマンドを実行して「ip nat inside」に変更する必要があります。

```
(config)#interface fa0/1
(config-if)#ip nat inside
```

● 問題3：一部のユーザがインターネットへ通信する際に、アドレス変換が正しく行われない

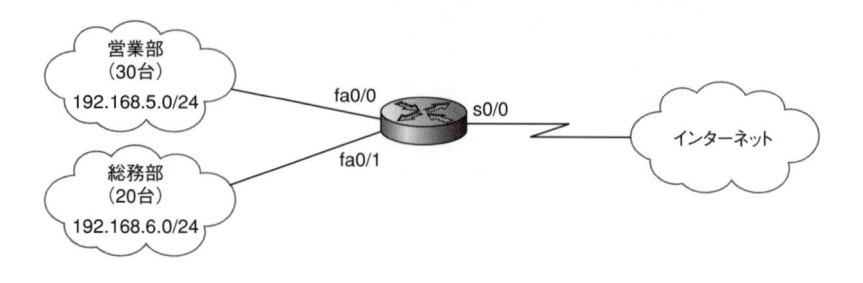

```
NAT-Router#show running-config
＜途中省略＞
!
interface FastEthernet0/0
 ip address 192.168.5.1 255.255.255.0
 ip nat inside
 duplex auto
 speed auto
!
interface FastEthernet0/1
 ip address 192.168.6.1 255.255.255.0
 ip nat inside
 duplex auto
 speed auto
!
interface Serial0/0
 ip address 2.2.2.2 255.255.255.0
 ip nat outside
 no fair-queue
!
interface Serial0/1
 no ip address
 shutdown
 clock rate 2000000
!
```

```
ip forward-protocol nd
ip route 0.0.0.0 0.0.0.0 S0/0
!
ip http server
no ip http secure-server
ip nat pool NAT 1.1.1.1 1.1.1.31 prefix-length 27
ip nat inside source list 3 pool NAT
!
access-list 3 permit 192.168.5.0 0.0.0.255
access-list 3 permit 192.168.6.0 0.0.0.255
!
<以下省略>
```

原因 NATプールに十分なアドレスが存在していない（PATを有効化していない）

解決方法 2つの内部ネットワークには合計50台のユーザが存在します。しかし、プールには「1.1.1.1」～「1.1.1.31」の合計31個のアドレスしか存在しないため、初めに通信を開始した31台の端末以外はインターネットへアクセスすることはできません。プールとACLを指定する際に、次のようにoverloadキーワードを付加してPAT（オーバーローディング）を有効化する必要があります。

```
(config)#ip nat inside source list 3 pool NAT overload
```

8-6 演習問題

1. NATの利点として正しいものを選びなさい。（2つ選択）

    A. 内部ローカルアドレスとプライベートアドレスを変換することができる
    B. 内部ネットワークと外部ネットワークを分けることで企業ネットワークを安全にインターネットに接続することができる
    C. 内部ネットワークで使用しているアドレスを隠蔽し、セキュリティを向上する
    D. IPアドレス不足の問題を解決する
    E. ルータのルーティングテーブルのサイズを小さくし、メモリの消費を抑えることができる

2. 下図のネットワークにおいて、NATルータに対して外部ネットワークを設定するためのコマンドを選びなさい。

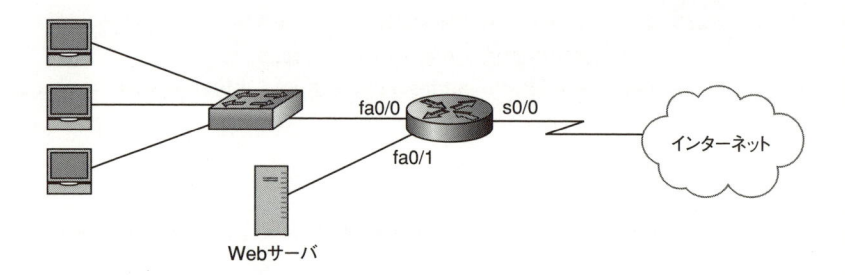

    A. (config)#interface fa0/0
       (config-if)#ip nat inside
    B. (config)#interface fa0/0
       (config-if)#ip nat outside
    C. (config-if)#interface fa0/1
       (config-if)#ip nat outside
    D. (config-if)#interface s0/0
       (config-if)#ip nat outside
    E. (config-if)#interface s0/0
       (config-if)#ip nat inside

3. インターネットユーザがWebサーバに対してHTTP接続する必要があります。このとき必要となるNATの設定コマンドを選びなさい。（3つ選択）

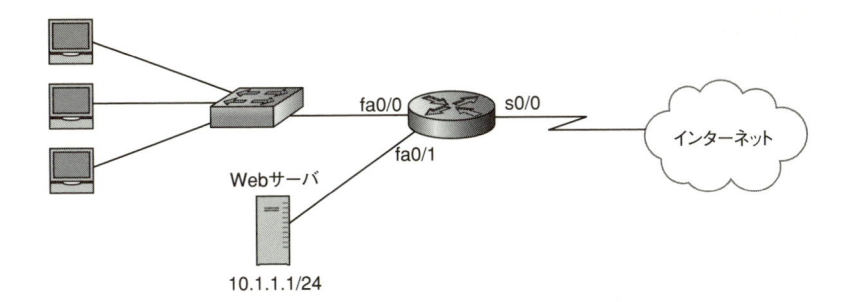

```
                          fa0/0      s0/0
                    fa0/1                    インターネット
          Webサーバ
          10.1.1.1/24
```

- A. (config)#interface fa0/1
     (config-if)#ip nat inside
- B. (config)#interface s0/0
     (config-if)#ip nat inside
- C. (config)#interface fa0/1
     (config-if)#ip nat outside
- D. (config)#access-list 1 permit 10.1.1.1
- E. (config)#ip nat inside source static 10.1.1.1 20.1.1.1
- F. (config)#interface s0/0
     (config-if)#ip nat outside
- G. (config)#ip nat inside source list 1 interface s0/0

4. PATを有効にするときのコマンドとして正しいものを選びなさい。

- A. (config)#ip nat inside source list 1 interface s0/0 pat
- B. (config)#interface s0/0
     (config-if)#ip pat enable
- C. (config)#interface s0/0
     (config-if)#ip pat outside
- D. (config)#ip nat inside source list 1 pool pat
- E. (config)#ip nat inside source list 1 interface s0/0 overload

5. NATテーブルを表示するためのコマンドを選びなさい。

- A. show nat
- B. show ip nat translations
- C. show nat table
- D. show ip nat
- E. show nat entry

8-7 解答

1. **C、D**

    IPv4アドレスは32ビットの数値であるため、インターネット上で使用できるアドレス数は約42億になりますが、インターネットの普及によりIPアドレスの不足が問題になっています。NAT（Network Address Translation）は、プライベートIPアドレスとグローバルIPアドレスを相互に変換し、IPアドレスの枯渇問題を解決します（**D**）。
    また、NATを利用することで、内部ネットワークで使用しているIPアドレスを外部から隠蔽することができます（**C**）。
    通常、内部ローカルアドレスにはプライベートアドレスを使用しているため、NATによる変換は行いません（A）。

2. **D**

    NATの設定では、ルータのインターフェイスに対して内部ネットワークと外部ネットワークを指定する必要があります。インターネットへ接続しているs0/0インターフェイスに対して、外部ネットワークを指定します。
    外部ネットワークを指定するには、次のコマンドを使用します。

    (config-if)#ip nat outside……（**D**）

3. **A、E、F**

    インターネットユーザがWebサーバなどの公開サーバに対してアクセスするためのNATには、スタティックNATと呼ばれる変換方式を使用します。スタティックNATでは、変換する内部ローカルアドレスと内部グローバルアドレスを「1対1」で直接指定するため、パケットを分類するためにアクセスリストを使用する必要はありません（D）。
    スタティックNATで変換するアドレスを定義するには、次のコマンドを使用します。

    (config)#ip nat inside source static <local-ip> <global-ip>……（**E**）

    スタティックNATの場合もルータのインターフェイスに対して内部および外部ネットワークを指定する必要があります。公開サーバを接続しているfa0/1インターフェイスは内部ネットワークになるため、fa0/1インターフェイスにはip nat insideコマンドを設定します（**A**）。インターネットへ接続しているs0/0インターフェイスは外部ネットワークであるためip nat outsideコマンドを設定します（**F**）。

4. **E**

PAT（Port Address Translation）は、複数の内部ローカルアドレスに対して1つの内部グローバルアドレスを共有してアドレス変換をする機能です。PATにより、グローバルアドレスを節約しながら、複数のユーザが同時にインターネットへアクセスすることができます。

PATを有効にするには、アクセスリストとプールまたはインターフェイスを指定するコマンドの最後にoverloadキーワードを付加します（**E**）。

選択肢Dは、ACL1と「pat」という名前のプールを指定していますが、最後に「overload」がないので、PATが有効になりません。A、Bは不正なコマンド、Cはインターフェイスに外部ネットワークを指定するためのコマンドです。

5. **B**

NATおよびPAT変換テーブルを表示するにはshow ip nat translationsコマンドを使用します（**B**）。

第 9 章

IPv6

9-1 IPv6の概要
9-2 IPv6アドレスの表記
9-3 IPv6アドレスのタイプ
9-4 IPv6アドレスの割り当て
9-5 IPv6の設定と検証
9-6 IPv6ルーティングプロトコル
9-7 IPv4からIPv6への移行
9-8 演習問題
9-9 解答

9-1 IPv6の概要

IPv6は、現在インターネットなどで広く利用されているIPv4の問題を解決するために開発された新しいインターネットプロトコルです。

■ IPv6の必要性

IPv6（Internet Protocol version 6）は、IPv4アドレスの枯渇問題を解決するために開発されました。

IPv4アドレスは32ビットアドレスであるため、約43億個のIPアドレスを使用できますが、実際に割り当て可能なグローバルアドレスの数は約37億個ともいわれています。この数は、当初は十分であると考えられていましたが、インターネットの普及に伴いその利用者が爆発的に増え、このまま増加し続けるとアドレスが枯渇する心配がでてきました。このIPアドレスの枯渇問題を解決するためにまず考えられたのが、プライベートアドレスです。企業のLANや家庭内LANなどの内部ネットワークではプライベートアドレスを使ってアドレッシングを行い、インターネットと接続をするルータやファイアウォールでグローバルアドレスに変換するNAT（Network Address Translation）やPAT（Port Address Translation）の技術を導入し対応しようとするものです。しかし、プライベートアドレスの利用はいわば応急処置であり、根本的なIPアドレスの枯渇問題の解決につながるものではありません。NATによるアドレス変換では実際のエンドツーエンド通信にはならず、一部のアプリケーションの動作に影響が出るという問題もあります。さらに、携帯電話端末のIP化や、家庭および産業用の電化製品にIP接続機能を装備するためにも、より大規模なアドレス空間が必要な状況になりました。

IPv6では、IPアドレスのビット数をIPv4の32ビットから128ビットに拡張しています。128ビットアドレスの採用により、約3.4×10^{38}個ものIPアドレスが利用できるようになりました。これは天文学的な数字で、実質的に無制限といえるIPアドレス数を提供することになります。

【IPv4とIPv6アドレス空間】

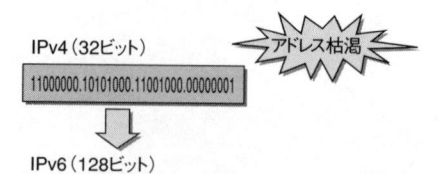

IPv4（32ビット）
11000000.10101000.11001000.00000001

アドレス枯渇

IPv6（128ビット）
00100000.00110001.01110001.11000000.10101000.11001000.00000001.11011100.11010101.11001101.01010001.10101000.01001111.01001001.11001100.00000001

事実上無限

■ IPv6の特徴

IPv6ではアドレス空間が拡張されただけでなく、いくつかの機能が改良されています。また、IPv4からIPv6への移行を簡単に行うための手段も用意されています。次に、IPv6

の特徴を示します。

● **大規模なアドレス空間**

これまで説明したとおり、IPv6では、128ビットものアドレス空間を使用できます。また、設定や運用が効率的にできるよう工夫されているため、次のようなメリットがあります。

- 128ビットアドレスの採用により、事実上、無制限にIPアドレスを利用することができるため、NAT不要のエンドツーエンド通信が実現される
- アドレス構造が厳密に階層化されているため、経路集約が効率的に行える。その結果、ルーティングテーブルで保持しなくてはならない経路情報を少なくすることができ、ルーティングにかかわる負荷が削減される
- 自動設定機能により、エンドシステムは自動的にIPv6アドレスを使用できる
- 複数のISPと接続するマルチホーミング[※1]環境では、自動設定機能によってユーザは特定のISPと通信不能（ダウン）になった場合でも、もう一方のISPを利用して通信を継続することができる
- アドレスのリナンバリングのメカニズムが簡素化され、ユーザに対して透過的に行うことができる
- IPv6にはモバイルIP[※2]機能が標準搭載されており、IPv4よりも効率的にモビリティが提供できるよう改善されているため、モバイル機器を使用するユーザはネットワーク接続を維持したまま自由に移動することができる
- IPv6ではIPsec[※3]（「11-2 IPsecの概要」を参照）の実装が必須になっており、すべてのIPv6ノードに搭載されている。したがって、IPv6環境であれば特別な機器やソフトウェアを用意しなくてもIPsecをいつでも利用でき、セキュリティ性の高い通信を実現できる

● **シンプルなヘッダ**

IPv6のヘッダ構造は、IPv4から大幅に簡素化されています。最大の変更ポイントは、固定長の基本ヘッダを定義し、パケット転送の際に必要となる制御情報のみ

※1 【マルチホーミング】multihoming：同時に2つ以上のISP（プロバイダ）と接続する形態を指す。片方のISPが障害などで利用できなくなった場合でも、別のプロバイダを経由してインターネットにアクセスできるのがメリット

※2 【モバイルIP】mobile IP：IPネットワーク上で端末が移動しても、移動前と同じIPアドレスを使って通信を続けられるようにするための技術。エージェントと呼ばれる機能を持つ機器は、端末が移動する前のアドレス「ホームアドレス」と移動先を示す「気付けアドレス（Care of Address）」の2つを管理し、必要に応じてIPパケットを移動先ネットワークへ転送することで、端末は常に同一IPアドレスを利用し続けることが可能となる

※3 【IPsec】(アイピーセック) IP security protocol：IPネットワークにおいてセキュリティ機能を付加する仕組みのこと。IPsecを使用するとデータの機密性や整合性、あるいは送信元認証を実現可能。IPsec自体は特定の暗号化、認証、セキュリティアルゴリズムに依存しないオープン規格のフレームワークである

を基本ヘッダに組み込んで、必ずしも必要としないオプション情報はすべて拡張ヘッダで指定するようにした点です。これにより、経路上にあるルータは通常、固定長の基本ヘッダのみを読み取れば済むようになるため、余分なヘッダ部の読み取りによるルーティング処理の低下を防ぎ、処理速度や転送レートを向上することができます。

以下に、IPv4とIPv6のヘッダのフォーマットを示します。

【IPv4のヘッダフォーマット】

バージョン (4ビット)	ヘッダ長 (4ビット)	サービスタイプ (8ビット)	トータル長(16ビット)
パケット識別子(16ビット)		フラグ (3ビット)	フラグメントオフセット(13ビット)
データの生存期間 (8ビット)	プロトコル (8ビット)	ヘッダチェックサム(16ビット)	
発信元アドレス(32ビット)			
宛先アドレス(32ビット)			
オプション(可変長)		パディング(穴埋め)データ(可変長)	
データ			

0 4 8 16 31 ヘッダ / ペイロード

■ IPv6で削除されたフィールド

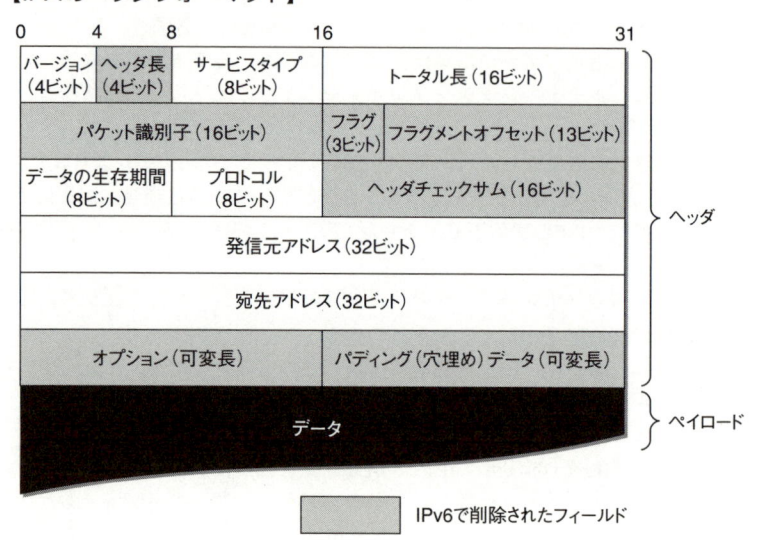

【IPv6のヘッダフォーマット】

バージョン (4ビット)	トラフィッククラス (8ビット)	フローラベル(20ビット)	
ペイロード長(16ビット)		ネクストヘッダ (8ビット)	ホップリミット (8ビット)
発信元アドレス(128ビット)			
宛先アドレス(128ビット)			
拡張ヘッダ			
データ			

0 16 31 ヘッダ / ペイロード

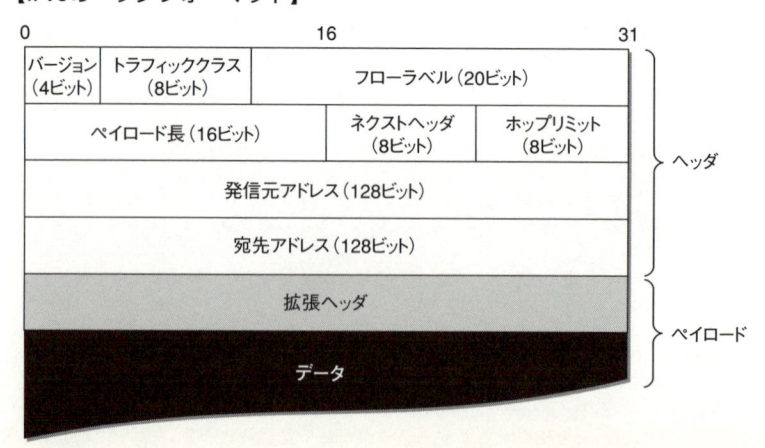

IPv6ではヘッダチェックサムフィールドを廃止しています。ヘッダチェックサムとは、ヘッダ情報が正しいものであるか、破損していないかを検査するためのフィールドです。近年では通信回線の品質が向上していることや、TCPまたはアプリケーションレベルでのエラーチェックが行われているため、IPレベルでのエラーチェックは不要と判断し取り除かれました。また、新しく**フローラベル**フィールドを追加し、ルータで特殊な操作の要求を行うアプリケーションフローを識別できるよう定義しています。これによって、トラフィックフローを判別するために上位レイヤ情報を参照する処理が不要になりました。

IPv4のプロトコルフィールドは、IPv6では**ネクスト（次）**ヘッダに名称が変更されています。ネクストヘッダは、プロトコルフィールドと同様に、次にあるヘッダタイプを指定します。

IPv6では、よりシンプルで効率的な拡張ヘッダメカニズムを採用し、付加的な情報は**拡張ヘッダ**として基本ヘッダのあとに付けます。また、1つのパケットで複数の拡張ヘッダを使用する場合には、拡張ヘッダを連結させます。ネクストヘッダに上位層（TCP/UDPなど）のプロトコルが指定された場合は、次に拡張ヘッダはないと判断します。

【IPv6拡張ヘッダ】

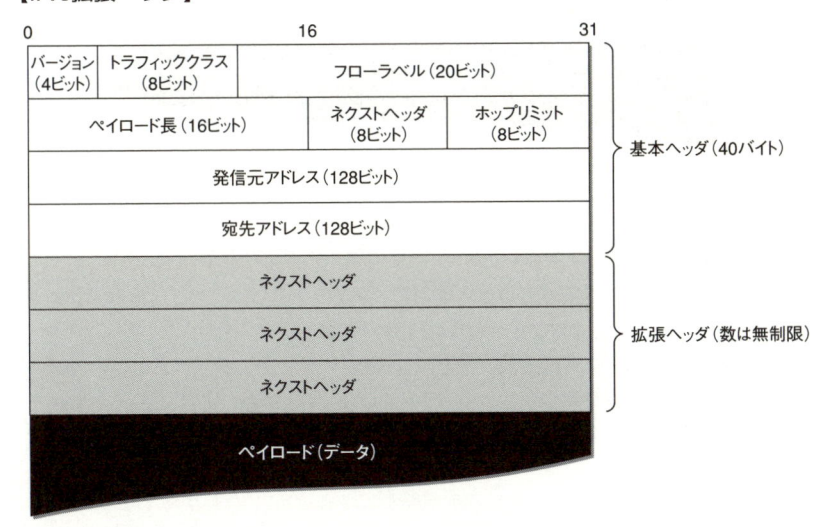

バージョン(4ビット)	トラフィッククラス(8ビット)	フローラベル(20ビット)	基本ヘッダ(40バイト)
ペイロード長(16ビット)		ネクストヘッダ(8ビット) ホップリミット(8ビット)	
発信元アドレス(128ビット)			
宛先アドレス(128ビット)			
ネクストヘッダ			拡張ヘッダ(数は無制限)
ネクストヘッダ			
ネクストヘッダ			
ペイロード(データ)			

● 豊富な移行手段

現在使用中のIPv4を中止し、いきなりIPv6環境に変更することは困難です。したがって、IPv4中心の環境からIPv6中心の環境へと段階的に移行する必要があります。IPv6には既存のIPv4機能とIPv6の新機能を融合させるため、デュアルスタック、トンネリング、プロトコル変換といった技術が使用されています。各技術については後述します。

9-2　IPv6アドレスの表記

IPv6の最大の特徴として、アドレス空間が128ビットに拡大されたことが挙げられます。これにより広大なアドレス空間を利用することが可能になりましたが、桁数が増えたために従来の表記方法で表すことが難しく、表記方法が変更されました。

■ アドレスの表記と省略方法

IPv6は128ビットアドレスであるため、IPv4のように10進数で表記すると、非常に長い数字の羅列になってしまいます。そこでIPv6アドレスでは、アドレスを16ビットずつ8個のフィールドに分け、それぞれを「:」（コロン）で区切って16進数で表記します。16進数値のアルファベット（A～F）の大文字と小文字は区別されません。

【IPv6アドレスの例】

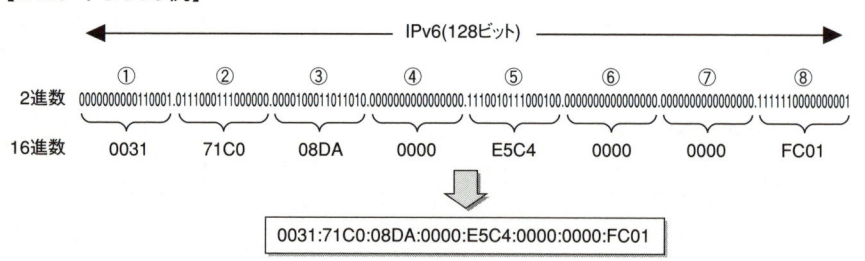

```
                      IPv6(128ビット)
           ①      ②      ③      ④      ⑤      ⑥      ⑦      ⑧
2進数  0000000000110001.0111000111000000.0000100011011010.0000000000000000.1110010111000100.0000000000000000.0000000000000000.1111110000000001
16進数    0031    71C0    08DA    0000    E5C4    0000    0000    FC01
```

　　　　　　　　　　　↓
　　　　　0031:71C0:08DA:0000:E5C4:0000:0000:FC01

ただし、16進数にしてもこのままでは長くて間違いやすいため、IPv6アドレスでは次のガイドラインに従って表記を省略することができます。

- フィールド内の先頭のゼロは省略可能
  　例) 0031 → 31、08DA → 8DA、00D9 → D9
- 「0000」は「0」に省略可能
- ゼロが連続する複数のフィールドは「::」に省略可能。ただし、フィールドをいくつ省略したか判断できるように、省略は1つのアドレス内で1カ所に限る

たとえば、上記のIPv6アドレスを省略形にすると、次のようになります。

```
           ① ② ③ ④ ⑤ ⑥ ⑦ ⑧
非省略形……0031:71C0:08DA:0000:E5C4:0000:0000:FC01

           ① ② ③④⑤     ⑧
省略形………31:71C0:8DA:0:E5C4::FC01
                         ↑
                    「0000」フィールドが2つ省略されている

誤った省略形……31:71C:8DA::E5C4::FC01
              ↑      ↑       ↑
         末尾のゼロを省略している  「::」を2回使っている
```

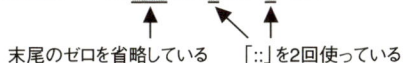

　なお、128ビットすべてがゼロのアドレス（0:0:0:0:0:0:0:0）は「::」と表記することができます。

Memo　2進数と16進数の変換

2進数の数値を16進数へ変換する場合、2進数を4桁の数値に区切って処理します。これは、16進数の1桁を2進数では4桁で表現するためです。
たとえば、2進数「01101011」を16進数へ変換する場合。「0110」と「1011」に分割して変換します。このとき「基準の数値」として「8、4、2、1」を使用し、10進数に変換してから16進数に換算することもできます（下図を参照）。

2進数　　…0110 → 4 ＋ 2 ＝ 6　　　　1011 → 8 ＋ 2 ＋ 1 ＝ 11
16進数　　…6B（10進数の「11」は16進数では「B」）

2進数と16進数の対応関係を示します。

【2進数／16進数換算表】

2進数	16進数
0000	0
0001	1
0010	2
0011	3
0100	4
0101	5
0110	6
0111	7

2進数	16進数	
1000	8	
1001	9	10進数
1010	A	←10
1011	B	←11
1100	C	←12
1101	D	←13
1110	E	←14
1111	F	←15

【2進数から10進数への変換】

```
2進数      0   1   1   0
           ×   ×   ×   ×
基準の数値   8   4   2   1
           ↓   ↓   ↓   ↓
           0 ＋ 4 ＋ 2 ＋ 0 ＝ 6
```

■ プレフィクス

プレフィクスは「前に付けるもの」という意味を持ち、IPアドレスの先頭部分を指しています。IPv4ではネットワーク部の長さをプレフィクス長と呼んでいました。IPv6ではプレフィクス長に相当するアドレス部分を**プレフィクス**と呼びます。

IPv6アドレスの後ろには、IPv4のCIDR[※4]と同じように「/」（スラッシュ）を使ってプレフィクスを示す必要があります。たとえば、サブネット「2001:D920:1111:2222」上に接続された、あるホストのIPv6アドレスは、次のように表記されます。

```
              プレフィクス
                  ↓
2001:D920:1111:2222:1234:5678:9ABC:DEF0/64
└──────────────────┘└──────────────────┘
  ネットワークを示す部分  特定のホストを示す部分
```

上記の「/64」は、先頭64ビットがこのアドレス自体が属するネットワーク（サブネット）であることを示しています。したがって、ネットワークアドレスは、残りの64ビットを2進数の「0」にすることで、次のように表現することができます。

2001:D920:1111:2222:0000:0000:0000:0000/64

または

2001:D920:1111:2222::/64（省略表記）

プレフィクスは特定のアドレス範囲を定義する場合にも利用されます。たとえば、「2000::/3」と表記された場合、2進数の先頭3ビットが001で始まるものすべてを表現しています。

例） 2000::/3　→　先頭3ビットが001で始まるアドレス
　　 FE80::/10　→　先頭10ビットが1111 1110 10で始まるアドレス

● IPv6アドレスの経路集約

IPv6の128ビットという広大なアドレス空間では、ISPや組織に大量のアドレスを割り振ることが可能です。

組織はISPから割り当てられる1つのプレフィクスを使用し、十分な大きさのサ

※4　**【CIDR】**(サイダー) Classless Inter-Domain Routing：クラスA、B、Cの概念にとらわれずにアドレスの割り当てを可能にする仕組みのこと。CIDRを使用すると、IPアドレス空間を効率的に利用できるためIPv4のアドレス枯渇を防ぐことができる。また、複数のネットワークアドレスを集約することによってルーティング処理の軽減を実現する

ブネットID（16ビット）で最大65,535個のサブネットを識別することができます。ISPはすべての顧客に割り当てたプレフィクスを単一のプレフィクスに集約し、それをIPv6インターネット上にアドバタイズします。その結果、効率的でスケーラブルなルーティングテーブルを実現し、ユーザトラフィックの帯域幅および機能性を向上させます。

次の図では「2001:0410::/32」のプレフィクスを持つISP Aと、「2001:0420::/32」のプレフィクスを持つISP Bがあります。各ISPは自身が持つ/32プレフィクスの範囲から、/48プレフィクスを顧客に割り当てていますが、IPv6インターネット上へネットワーク情報をアドバタイズするときには自身が持つ/32プレフィクスだけをアドバタイズしています。つまり、複数の/48プレフィクス（ネットワークアドレス）を/32に集約しているのです。

IPv6アドレスは階層構造であるため、経路集約を効率よく行うことができます。

【IPv6アドレスの経路集約】

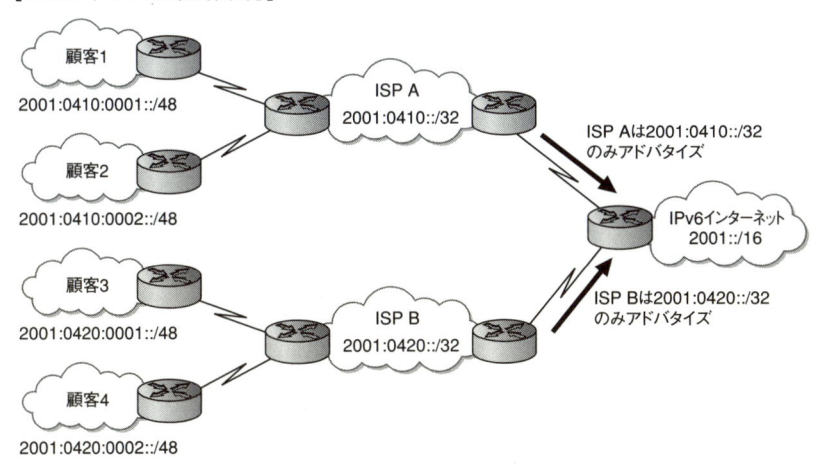

顧客1
2001:0410:0001::/48

顧客2
2001:0410:0002::/48

ISP A
2001:0410::/32

ISP Aは2001:0410::/32
のみアドバタイズ

IPv6インターネット
2001::/16

顧客3
2001:0420:0001::/48

顧客4
2001:0420:0002::/48

ISP B
2001:0420::/32

ISP Bは2001:0420::/32
のみアドバタイズ

9-3 IPv6アドレスのタイプ

IPv6では、より効率的にアドレスを管理できるよう、表記法だけでなくアドレスの種類やスコープもIPv4とは異なるものが用いられています。IPv4と名称が同じアドレスでも、機能が拡張されているものもあります。まず、IPv6のアドレスの種類を確実に理解しましょう。

■ 3種類のアドレスタイプ

IPv6では、アドレスの種類は次の3つに大別されます。

● ユニキャストアドレス（1対1）

IPv4のユニキャストアドレスと同様に特定のインターフェイスに割り当てられるアドレスで、1対1の通信で利用される単一インターフェイス用のアドレスです。
IPv6のユニキャストアドレスには、さらに複数のタイプが存在します。

● マルチキャストアドレス（1対グループすべて）

IPv4のマルチキャストアドレスと同様に、特定のグループに対する通信（1対多）で利用します。ネットワーク上の限られた専用グループに要求を送信することで、より効率的なネットワーク動作を実現します。

IPv6にはブロードキャストアドレスがなく、マルチキャストの一部で代替されています。これによって、IPv4で発生した、ネットワークがブロードキャストトラフィックで埋めつくされてしまうという問題を防止できるようになりました。

● エニーキャストアドレス（1対グループ内の最寄りの1つ）

IPv6で新しく追加されたエニーキャストアドレスは、マルチキャストと同様にグループ宛の通信で利用するアドレスです。ただし、エニーキャストの場合、グループ内で最も近いデバイスだけにパケットを送信します。つまり、1対最寄りのアドレス宛の通信になります。

■ アドレススコープ

IPv6の各アドレスタイプには、アドレスの有効範囲を表す**スコープ**があります。主なスコープは、次の3つです。

● リンクローカル

特定リンク（ブロードキャストドメイン）でのみ有効なアドレスです。リンクローカルアドレス宛のパケットはルーティング対象外で、ローカルな通信のためだけに利用されます。

● サイトローカル
　単一のサイトでのみ有効なアドレスです。これは、IPv4のプライベートアドレスに相当します。

● グローバル
　有効範囲に制限がなく、インターネットを含め、どこでも利用可能なアドレスです。

■ ユニキャストアドレス

　IPv4のユニキャストアドレスがネットワーク部とホスト部で構成されていたのと同様に、IPv6のユニキャストアドレスもネットワークを示す部分と、そのネットワークに接続されるホストを示す部分とで構成されます。IPv4のサブネット化では一定ではなかった各構成要素の境界は、IPv6では固定されます。

【IPv6ユニキャストアドレスの構成要素】

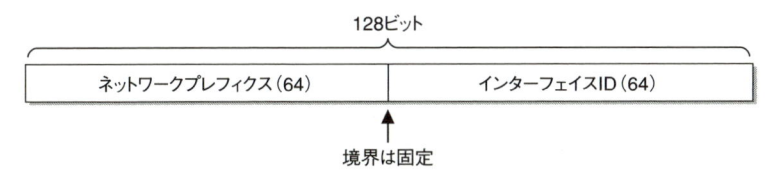

```
              128ビット
┌─────────────────────┬─────────────────────┐
│ ネットワークプレフィクス（64） │   インターフェイスID（64）  │
└─────────────────────┴─────────────────────┘
                      ↑
                   境界は固定
```

　IPv6のユニキャストアドレスは、アドレススコープ（有効範囲）によって次の3つに分類されます。

・グローバルユニキャストアドレス
・サイトローカルユニキャストアドレス（サイトローカルアドレス）
・リンクローカルユニキャストアドレス（リンクローカルアドレス）

● グローバルユニキャストアドレス（2000::/3）
　グローバルユニキャストアドレスは、スコープに制限がなく、どこでも利用できるユニキャストアドレスです。IPv6アドレスは、IPv4と同じようにIANAが管理しています。IPv6のグローバルユニキャストアドレスを利用するためには、IANAがアドレス空間を開放する必要があります。現在、IANAが開放しているグローバルユニキャストアドレスは、先頭3ビットが「001」のアドレスのみです。したがって、グローバルユニキャストアドレスの範囲は、「2000::/3」で表されます。IANAでは用途別に「2000::/3」を「/16」プレフィクスで次のように分類しています。

・2001::/16　……………………IPv6インターネット用
・2002::/16　……………………6to4移行メカニズムを使用するノード用
・2003::/16〜3FFD::/16　……未割り当て

・3FFE::/16 ………………………テスト目的で6bone[※5]上で使用

また、グローバルユニキャストアドレスは、次の3つのフィールドで構成されます。

・グローバルルーティングプレフィクス（48ビット）
・サブネットID（16ビット）
・インターフェイスID（64ビット）

【グローバルユニキャストアドレス】

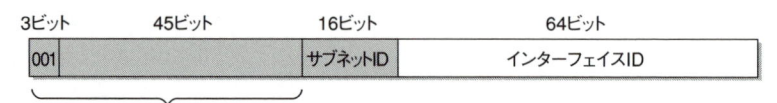

3ビット	45ビット	16ビット	64ビット
001		サブネットID	インターフェイスID

グローバルルーティングプレフィクス（48ビット）

　48ビットのグローバルルーティングプレフィクスはISPから割り当てられ、個々の組織ではサブネットIDと呼ばれるフィールドを利用してサブネットを識別することができます。サブネットIDフィールドは16ビットで構成されるため、1つの組織では最大65,535個のサブネットを使用することが可能です。

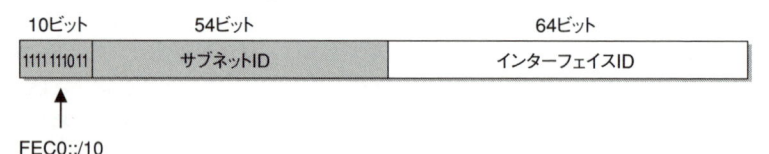

● サイトローカルアドレス（FEC0::/10）
　サイトローカルアドレスは、サイト（組織）内での使用に限定したアドレスです。インターネットに接続していないネットワークで使用するためのアドレスで、IPv4のプライベートアドレスに相当します。
　サイトローカルアドレスは先頭10ビットが「1111 1110 11（FEC0::/10）」で定義されています。ただし、サイトローカルアドレスはRFC3879によって廃止されているため、使用すべきではありません。

【サイトローカルアドレス】

10ビット	54ビット	64ビット
1111 1110 11	サブネットID	インターフェイスID

↑
FEC0::/10

※5　【6bone】(シックスボーン)：IPv6関連技術の研究・開発のために運用されているネットワーク。1996年に各国の研究機関や企業によって運用が開始された

● リンクローカルアドレス（FE80::/10）

　リンクローカルアドレスは、特定リンク（サブネット）内での使用に限定したアドレスで、同一サブネット上に存在する近隣ノードとの通信（アドレス自動設定、近隣探索、ルータ探索など）に利用されます。

　リンクローカルアドレスは先頭10ビットが「1111 1110 10」で始まり、16進数では「FE80::/10」になります。

【リンクローカルアドレス】

10ビット	54ビット	64ビット
1111 1110 10	0000000…0	インターフェイスID（EUI-64）

↑
FE80::/10

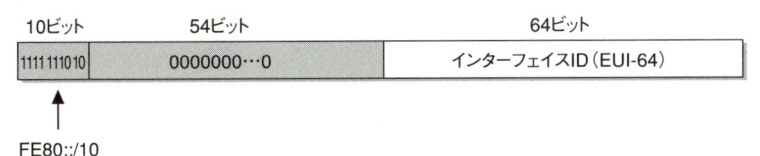

　リンクローカルアドレスは、IPv6が有効なすべてのインターフェイス上で自動的に割り当てられます。リンクローカルアドレスのインターフェイスIDは、EUI-64フォーマットによって自動生成されます。

● インターフェイスIDとEUI-64

　IPv6ユニキャストアドレスは、先述したとおりネットワークプレフィクス（64ビット）とインターフェイスID（64ビット）で構成されます。インターフェイスIDはIPv4のホスト部に相当し、リンク上のインターフェイスの識別に使用されるため一意である必要があります。

　インターフェイスIDは手動で設定することができますが、ホスト数が多くなると手動設定は困難になるため、EUI-64と呼ばれるフォーマットを使用して自動生成する方法が用いられます。

　EUI-64（64bit Extended Universal Identifier）は、IEEEによって標準化された64ビット長の識別子です。EUI-64フォーマットのインターフェイスIDは、48ビットのMACアドレスの中央に16ビットの「FFFE」（16進数）を挿入して64ビットに拡張します。さらに、48ビットアドレスが一意であることを明示するために上位7ビット目を「1」に設定します。この上位7ビット目はU/L（Universal/Local）ビットと呼ばれ、グローバルに管理されるときは「1」に、ローカルに管理されるときは「0」に設定されます。

【EUI-64算出の手順】
① MACアドレスを2つに分割し、上位24ビットと下位24ビットの間に16進数「FFFE」を挿入
② 上位7ビット目を反転（1→0、0→1）

【EUI-64フォーマットの例】

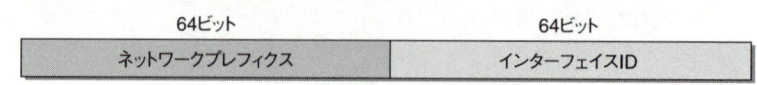

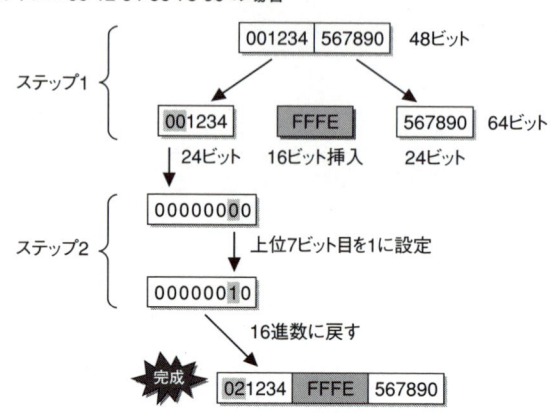

```
        64ビット                    64ビット
┌─────────────────────┬─────────────────────┐
│  ネットワークプレフィクス  │   インターフェイスID      │
└─────────────────────┴─────────────────────┘
```

例）MACアドレス 00-12-34-56-78-90 の場合

ステップ1:
001234 567890 48ビット
↓   ↓
001234 FFFE 567890 64ビット
24ビット 16ビット挿入 24ビット

ステップ2:
00000000
↓ 上位7ビット目を1に設定
00000010
↓ 16進数に戻す

完成: 021234 FFFE 567890

■ マルチキャストアドレス「FF00::/8」

　IPv6の**マルチキャストアドレス**は先頭8ビットが「1111 1111」で始まり、次の4ビットはフラグ（flag）、次の4ビットはスコープ（scope）、そして残り112ビットがグループIDで定義されています。

　フラグの上位3ビットは将来のため予約されている領域で、常に000になります。末尾1ビットはマルチキャストアドレスのタイプを示します。IANAによって永続的に割り当てられるものは「0」、一時的なものは「1」を指定します。

　スコープは、マルチキャストアドレスの有効範囲を示します。次にスコープの一覧を示します。

【スコープ】

2進数	16進数	スコープ
0000	0	予約
0001	1	インターフェイスローカル
0010	2	リンクローカル
0011	3	予約
0100	4	管理ローカル
0101	5	サイトローカル
0110、0111	6、7	未指定
1000	8	組織ローカル
1001〜1101	9〜D	未指定
1110	E	グローバル
1111	F	予約

【IPv6マルチキャストアドレス】

```
  8ビット 4ビット 4ビット           112ビット
┌─────────┬────┬─────┬─────────────────────┐
│1111 1111│flag│scope│      グループID      │
└─────────┴────┴─────┴─────────────────────┘
     ↑      ↑     ↑
  FF00::/8  │     │      0001(1):インターフェイスローカル
            │     └──── 0010(2):リンクローカル
            │            0101(5):サイトローカル
            │
         0000:永続的
         0001:一時的
```

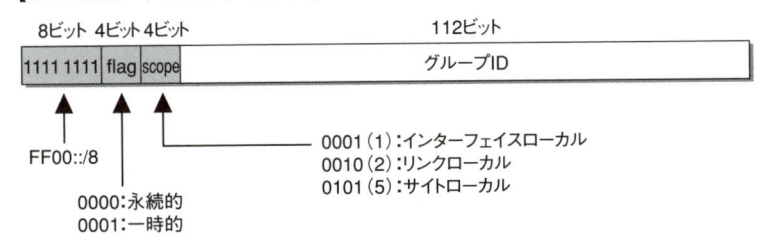

　たとえば、全RIPルータ宛のIPv6マルチキャストアドレスは「FF02::9」で予約されています。

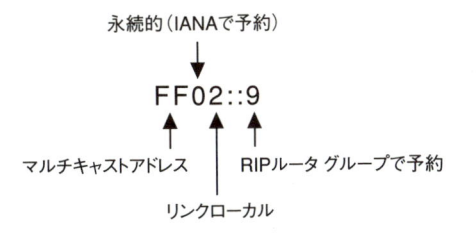

```
              永続的(IANAで予約)
                   ↓
              FF02::9
               ↑  ↑  ↑
   マルチキャストアドレス │  RIPルータ グループで予約
                  リンクローカル
```

■ エニーキャストアドレス

　エニーキャストアドレスは、同じアドレスを持つ複数のインターフェイスの中で、最も近い1つのインターフェイスだけに送信されるアドレスです。

　エニーキャストアドレスは、グローバルユニキャストアドレスのアドレス空間から割り当てられます。複数のデバイスに同じユニキャストアドレスを割り当てると、そのアドレスはエニーキャストアドレスになります。エニーキャストアドレス宛のパケットを受信したルータは、その宛先に到達するために最寄りのデバイスを選択します。エニーキャストを利用すると、送信元デバイスは最適なルータやサービスを発見することができるため、ロードバランシングおよびコンテンツ配信サービス[※6]に適応しています。

　エニーキャストアドレスは、グローバルユニキャストアドレスと同じアドレス空間を使用するため、フォーマットはグローバルユニキャストアドレスと同じです。

※6　【コンテンツ配信サービス】contents delivery service：Webコンテンツのコピーを格納するサーバを複数のプロバイダに配置し、ユーザが最寄りのサーバにアクセスすることでコンテンツ配信の効率化・高速化を実現するサービス

Point　IPv6アドレスの分類

IPv6アドレスの分類は重要です。確認しておきましょう。

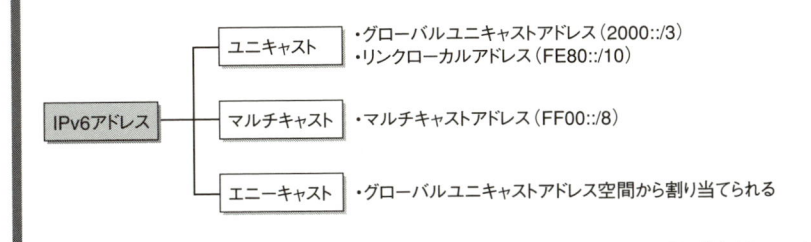

```
                    ┌─ ユニキャスト  ─・グローバルユニキャストアドレス（2000::/3）
                    │                ・リンクローカルアドレス（FE80::/10）
IPv6アドレス ───┼─ マルチキャスト ─・マルチキャストアドレス（FF00::/8）
                    │
                    └─ エニーキャスト ─・グローバルユニキャストアドレス空間から割り当てられる
```

※IPv6ではブロードキャストはマルチキャストに置き換えられている

Memo　特殊なIPv6アドレス

IPv6では、特別な用途に予約されているアドレスがいくつかあり、グローバルユニキャストアドレスには利用できない空間があります。代表的なものを次に示します。

● ループバックアドレス（::1）
　IPv4と同様に、テスト用の特別なアドレスです。IPv6のループバックアドレスは「0:0:0:0:0:0:0:1」と定義されており、通常はゼロを省略した「::1」で表記されます。このアドレス宛に送信されたパケットは、送信元デバイスにループバック（自分から自分自身へ送る）します。

● 未指定アドレス（::）
　すべてが0のアドレス「0:0:0:0:0:0:0:0」を未指定アドレスと呼び、名前のとおり「アドレスがない」ことを意味するアドレスです。IPアドレスを自動取得しようとするデバイスが送信するパケットの送信元アドレスなどに使われます。送信元が未指定アドレスであるパケットは、ルーティング対象外となります。未指定アドレスはすべて0であるため、通常「::」で表記されます。

● IPv4互換アドレス「::/96」
　先頭96ビットがゼロで、残りの32ビットにはIPv4アドレスを使用するアドレスをIPv4互換アドレスと呼びます。IPv4トンネルを自動的に作成し、IPv4ネットワーク経由でIPv6パケットを配信するために使用されます。

9-4 IPv6アドレスの割り当て

IPv6グローバルユニキャストアドレスはスタティックに、あるいはダイナミックにデバイスに割り当てることができ、それぞれいくつかの割り当て方法があります。

■ IPv6グローバルユニキャストアドレスの割り当て

IPv6アドレスのインターフェイスIDは、リンク上のインターフェイスの識別に使用されます。また、IPv4の「ホスト部」に相当する部分でもあります。インターフェイスIDは、リンク上で一意の64ビット長の識別子です。デバイスに対するIPv6アドレスの割り当てはスタティックとダイナミックに分類され、それぞれ次のような方法があります。

【スタティックな割り当て】
・手動によるインターフェイスIDの割り当て
・EUI-64インターフェイスIDを使用した割り当て

【ダイナミックな割り当て】
・ステートレス自動設定
・DHCPv6（ステートフル自動設定）

■ 手動によるインターフェイスIDの割り当て

IPv6アドレスのネットワークプレフィクスとインターフェイスIDの両方を手動で割り当てる方法です。次の例は、CiscoルータのインターフェイスでIPv6アドレスを割り当てるコマンドです。

例）　(config-if)#ipv6 address 2001:410:0:1::1/64

　　　　　　　　　　　　　⬇

非省略形　2001:0410:0000:0001:0000:0000:0000:0001
　　　　　　ネットワークプレフィクス　　インターフェイスID

ipv6 addressコマンドの詳細は、「9-4 IPv6の設定と検証」を参照してください。

■ EUI-64インターフェイスIDを使用した割り当て

IPv6アドレスのインターフェイスID部分はEUI-64フォーマットを使って自動生成し、ネットワークプレフィクスとインターフェイスIDを割り当てる方法です。次の例は、CiscoルータのインターフェイスでEUI-64インターフェイスIDを使用してIPv6アドレスを割り当てる場合のものです。

例）　(config-if)#ipv6 address 2001:410:1::/64 eui-64

■ ステートレスな自動設定

ステートレス自動設定は、IPv6ホストが自動的にグローバルユニキャストアドレスを生成する機能で、IPv6の主要機能の1つです。アドレスに関する状態（ステート）を管理しないことから、「ステートレス」と呼ばれています。

ステートレス自動設定では、DHCPのように特別なサーバを設置してアドレスの割り当て状況を管理する必要はありません。また、IPv6ホストを簡単にネットワークへ接続することができ、ネットワークプレフィクスを変更する際には、ルータの設定を変更すれば、すべてのIPv6ホストに自動的に送信されます。

ステートレス自動設定では、ホストを設定するために次の2つのメッセージを使用します。

● **ルータ要請**（RS：Router Solicitation）
　　ホストがルータに対して送信し、ネットワークアドレスやゲートウェイアドレスなどの情報を要求するメッセージです。宛先アドレスとして「FF02::2」が使用されます。

● **ルータアドバタイズメント**（RA：Router Advertisement）
　　ホストからのRSメッセージを受信したときに応答するメッセージで、ルータは定期的にRAメッセージを送信します。ルータ通知メッセージとも呼ばれます。宛先アドレスとして「FF02::1」が使用されます。

次に、ステートレス自動設定によってホストにIPv6アドレスが自動設定されるまでの動作を示します。

【ステートレス自動設定】

MACアドレス
0080:1234:5678

① ルータ要請（RS）送信
（プレフィクスを要求）

インターフェイスには
グローバルユニキャスト
アドレスが設定済み

② ルータ通知（RA）送信
（プレフィクス、デフォルトゲートウェイなどを通知）

③ ホストが自動設定した
IPv6アドレス
（受信したプレフィクス＋インターフェイスID）

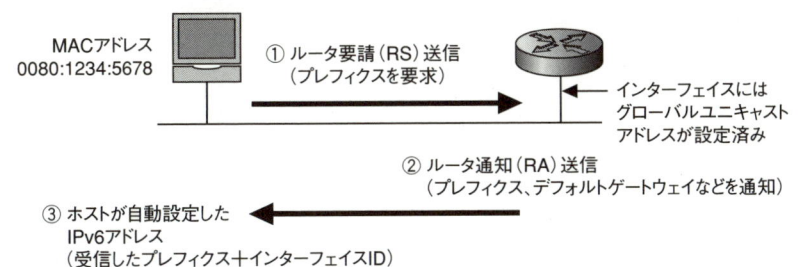

① システムが起動（あるいはネットワークに接続）されると、ホストは自身のリンクローカルアドレスを設定したあと、ルータ要請（RS）メッセージを送信してステートレス自動設定に使用するプレフィクスを要求します（メッセージの送信元アドレスはリンクローカルアドレス）。

② ルータはルータ通知（RA）メッセージを送信します。このメッセージにはプレフィクス、デフォルトゲートウェイ、プレフィクスの有効期限などの情報が含まれます。

③ ホストは受信したプレフィクスと、自身のMACアドレスを元にEUI-64で生成したインターフェイスIDからグローバルユニキャストアドレスを生成します。

■ DHCPv6（ステートフル自動設定）

　DHCPv6（DHCP for IPv6）は、DHCPサーバを設置してIPv6ネットワークアドレスなどの設定パラメータをホストに通知します。ステートレスとは逆に、ホストのアドレスに関する状態（ステート）を管理するため、**ステートフル自動設定**とも呼ばれます。

　DHCPv6による自動設定は、管理者がホストのアドレス割り当てを管理および制御したいときに使用します。

　DHCPv6は、DHCPv4の場合とほぼ同様に動作しますが、次の点で異なります。

・クライアントはまず、近隣探索[7]メッセージを使用してリンク上のルータの存在を検出します。ルータが検出された場合、ルータアドバタイズメントを調べてDHCPv6を使用すべきかどうかを判断します。一方、ルータが検出されない場合、またはDHCPv6を使用すべきとルータが通知した場合は、クライアントはDHCP要請メッセージを送信してDHCPサーバを検索します。
・クライアントはリンクローカルアドレスを送信元アドレスとして使用。

　なお、ステートレス自動設定とDHCPv6は同時に使用することも可能です。

---

[7] 【近隣探索】(キンリンタンサク) neighbor discovery protocol：同一リンク上のノードに対する動作を制御するプロトコル。ルータ探索、プレフィクス探索、パラメータ探索、アドレス自動設定、リンク層アドレス解決、ネクストホップ決定、近隣到達不能探知、アドレス衝突検出、リダイレクト機能を提供する

9-5 IPv6の設定と検証

CiscoルータでIPv6アドレスを利用するには、インターフェイスに対してIPv6アドレスを設定し、インターフェイスを有効化する必要があります。ここでは、IPv6アドレスの割り当て、およびその検証コマンドについて説明します。

■ IPv6の有効化

ルータにIPv6の基本設定をするには、2つの手順が必要です。まず、ルータ上でIPv6トラフィックの転送を有効にし、次に、必要なインターフェイスに対してIPv6アドレスを設定します。なお、Ciscoルータのデフォルトでは、IPv6トラフィックの転送は無効化されています。

> **構文** ルータ上でIPv6トラフィックの転送を有効化（グローバルコンフィグモード）
> (config)#`ipv6 unicast-routing`

■ IPv6アドレスの設定

インターフェイスにIPv6アドレスを割り当てるには、ipv6 addressコマンドを使用します。アドレスが割り当てられると、インターフェイス上でIPv6が有効化され、リンクローカルアドレスが自動的に設定されます。

> **構文** IPv6アドレスの設定（インターフェイスコンフィグモード）
> (config-if)#`ipv6 address` <ipv6address>/<prefix-length> [`eui-64`]

引数	説明
ipv6address	IPv6アドレスを指定。eui-64オプション使用時は、プレフィクスのみ指定
prefix-length	プレフィクスを指定
eui-64	IPv6アドレスの下位64ビットをEUI-64インターフェイスIDで設定（オプション）

■ インターフェイスの有効化

ルータのすべてのインターフェイスは、初期状態でshutdownコマンドが設定され、無効になっています。そのため、使用するインターフェイスは有効化しなければなりません。
管理的に無効化されているインターフェイスを有効にするには、インターフェイスコンフィギュレーションモードで**no shutdown**コマンドを使用します。

構文 インターフェイスの有効化（インターフェイスコンフィグモード）
(config-if)#no shutdown

【IPv6アドレスの設定例】

```
R1#configure terminal
Enter configuration commands, one per line.  End with CNTL/Z.
R1(config)#interface fastethernet0/0
R1(config-if)#ipv6 address 2001:410:0:1::1/64
R1(config-if)#no shutdown
R1(config-if)#end
R1#
```

【EUI-64を使用したIPv6アドレスの設定例】

```
R1#configure terminal
Enter configuration commands, one per line.  End with CNTL/Z.
R1(config)#interface fastethernet0/0
R1(config-if)#ipv6 address 2001:410:0:1::/64 ?
  anycast  Configure as an anycast
  eui-64   Use eui-64 interface identifier      ←eui-64キーワード
  <cr>
R1(config-if)#ipv6 address 2001:410:0:1::/64 eui-64
R1(config-if)#no shutdown
R1(config-if)#end
R1#
```

■ インターフェイスの情報を表示

　ルータのインターフェイスの状態や統計情報を確認するには、show ipv6 interfaceコマンドを使用します。

　show ipv6 interfaceコマンドでは、ルータが認識しているすべてのインターフェイス情報が順番に表示されるので、インターフェイスごとの詳細な情報の確認やトラブルシューティングに役立ちます。なお、特定のインターフェイスの情報だけを表示したい場合は、コマンドの後ろにインターフェイスのタイプと、スロット番号およびポート番号を入力します。

9-5 IPv6の設定と検証

構文 インターフェイスの情報表示（ユーザモード、特権モード）
#show ipv6 interface [<interface-type> <slot> / <port>]

引数	説明
interface-type	特定のインターフェイスの種類を指定（オプション）。省略した場合はすべてのインターフェイス情報を表示
slot	インターフェイスのスロット番号を指定。固定型ルータの場合は不要
port	インターフェイスのポート番号を指定

【show ipv6 interfaceコマンドの出力例】

```
R1#show ipv6 interface fa0/0
FastEthernet0/0 is up, line protocol is up   ←インターフェイスが有効になっている
  IPv6 is enabled, link-local address is FE80::21F:CAFF:FE7A:D970
  No Virtual link-local address(es):         ↑リンクローカルアドレス
  Global unicast address(es):
    2001:410:0:1::1, subnet is 2001:410:0:1::/64
  Joined group address(es):          ↑グローバルユニキャストアドレスとプレフィクス
    FF02::1
    FF02::2
    FF02::1:FF00:1
    FF02::1:FF7A:D970
  MTU is 1500 bytes
  ICMP error messages limited to one every 100 milliseconds
  ICMP redirects are enabled
  ICMP unreachables are sent
  ND DAD is enabled, number of DAD attempts: 1
  ND reachable time is 30000 milliseconds
  ND advertised reachable time is 0 milliseconds
  ND advertised retransmit interval is 0 milliseconds
  ND router advertisements are sent every 200 seconds
  ND router advertisements live for 1800 seconds
  ND advertised default router preference is Medium
  Hosts use stateless autoconfig for addresses.
```

【show ipv6 interfaceコマンドの出力例（EUI-64使用の場合）】

```
R1#show ipv6 interface fa0/0
FastEthernet0/0 is up, line protocol is up
  IPv6 is enabled, link-local address is FE80::21F:CAFF:FE7A:D970
  No Virtual link-local address(es):              ↑リンクローカルアドレス
  Global unicast address(es):
   2001:410:0:1:21F:CAFF:FE7A:D970, subnet is 2001:410:0:1::/64 [EUI]
  Joined group address(es):    ↑EUI-64インターフェイスIDを使用したグローバルユニキャスト
    FF02::1
    FF02::2
    FF02::1:FF7A:D970
  MTU is 1500 bytes
  ICMP error messages limited to one every 100 milliseconds
  ICMP redirects are enabled
  ICMP unreachables are sent
  ND DAD is enabled, number of DAD attempts: 1
  ND reachable time is 30000 milliseconds
  ND advertised reachable time is 0 milliseconds
  ND advertised retransmit interval is 0 milliseconds
  ND router advertisements are sent every 200 seconds
  ND router advertisements live for 1800 seconds
  ND advertised default router preference is Medium
  Hosts use stateless autoconfig for addresses.
```

■ Cisco IOSにおけるIPv6名前解決

　ping*やtelnet*コマンドを実行する際に、デバイスのホスト名を指定することができます。ただし、実際のIPv6ネットワークの通信にはIPv6アドレスが必要です。そのため、名前とIPv6アドレスのマッピング情報を事前に用意しておき、名前を元にIPv6アドレスを見つける名前解決[※8]が行われます。

※8　【名前解決】name resolution：ネットワーク上でデバイスやコンピュータに付けられた名前からIPアドレスを割り出すこと、またはその逆をすること。名前解決によって単なる数値の羅列ではなく、人間が理解しやすい名前で通信することが可能になる。

Cisco IOSソフトウェアで名前解決を実行するには、次の2つの方法があります。

・スタティックな名前をIPv6アドレスに定義
・DNS[※9]サーバを定義

● スタティックな名前をIPv6アドレスに定義

　ipv6 hostコマンドを使用してスタティックな名前をIPv6アドレスに定義します。1つのホスト名に対して、最大4つのIPv6アドレスを定義することができます。

構文 IPv6アドレスのスタティック名の定義（グローバルコンフィグモード）
(config)#`ipv6 host` <name> [<port>] <ipv6address> [<ipv6address> …]

引数	説明
name	デバイスの名前を指定。ホスト名をhostnameコマンドで設定した名前と一致させる必要はない
port	デフォルトのポート番号を変更したい場合は番号を指定（オプション）
ipv6address	IPv6アドレスを指定

● DNSサーバを定義

　ルータが名前解決に使用するDNSサーバを定義します。addressには最大6つのDNSサーバを指定することができます。なお、IPv4およびIPv6アドレスのいずれも指定可能です。

構文 DNSサーバの定義（グローバルコンフィグモード）
(config)#`ip name-server` <address> [<address> …]

引数	説明
address	DNSサーバのアドレスをIPv4またはIPv6アドレスで指定。最大6つまでDNSサーバを指定可能

※9　【DNS】(ディーエヌエス) Domain Name System：インターネット上のホスト名とIPアドレスを対応させるシステム。DNSはアプリケーション層のプロトコルとして定義されている

【ipv6 hostコマンドによる名前解決の例】

```
R1#configure terminal
Enter configuration commands, one per line.  End with CNTL/Z.
R1(config)#ipv6 host r2 2001:410:0:1::2
                ↑「r2」という名前でIPv6アドレスをマッピング
R1(config)#exit
R1#
*Aug 13 04:51:48.867: %SYS-5-CONFIG_I: Configured from console by console
R1#show hosts    ←マッピング情報を確認
Default domain is not set
Name/address lookup uses domain service
Name servers are 255.255.255.255


Codes: UN - unknown, EX - expired, OK - OK, ?? - revalidate
       temp - temporary, perm - permanent
       NA - Not Applicable None - Not defined


Host                      Port  Flags       Age Type  Address(es)
r2                        None  (perm, OK)  0   IPv6  2001:410:0:1::2
                                  ↑マッピング情報が登録されている
R1#ping ipv6 r2    ←名前 (r2) でping実行

Type escape sequence to abort.
Sending 5, 100-byte ICMP Echos to 2001:410:0:1::2, timeout is 2 seconds:
!!!!!
Success rate is 100 percent (5/5), round-trip min/avg/max = 28/28/32 ms
R1#
```

9-6 IPv6ルーティングプロトコル

IPv6とIPv4のルーティングの決定的な違いはアドレス空間が拡張されたことです。IPv4で動作するほとんどのルーティングプロトコルに、これまでよりも長いIPv6アドレスを処理できるようにヘッダ構造に変更を加えた、IPv6対応バージョンがあります。

■ IPv6対応ルーティングプロトコル

IPv6をサポートするルーティングプロトコルには、以下のものがあります。

- RIPng（RFC2080）
- OSPFv3（RFC2740）
- IS-IS for IPv6
- EIGRP for IPv6
- MP-BGP4（RFC2545/2858）

IPv6におけるスタティックルーティングの使用方法や設定はIPv4の場合と同様ですが、ここではCCNAの試験範囲であるRIPngを例に、ルーティングプロトコルの設定や検証方法について説明します。

■ RIPngの概要

RIP*（Routing Information Protocol）は、IPネットワークで最もよく使われるディスタンスベクター型ルーティングプロトコルです。IPv6で動作するRIPをRIPng（RIP Next Generation）と呼び、RFC2080で規定されています。RIPngは、Cisco IOSリリース12.2（T）およびそれ以降でサポートされています。

RIPngはIPv4のRIPv2（RIP version2）をベースにしており、最大ホップカウントを15（16ホップは無限大）とし、スプリットホライズン[※10]を使ったルーティングループを防止するなど、RIPv2の特徴をほとんどそのまま受け継いでいます。

IPv6 RIPngの主な特徴は、次のとおりです。

- 転送にIPv6を使用
- 経路情報にはIPv6プレフィクス、ネクストホップにはリンクローカルアドレスが使用される
- アップデートの宛先アドレスとして、全RIPルータマルチキャストグループを示す「FF02::9」が使用される
- UDPポート521上でアップデート送信する（IPv4の場合はポート520を使用）
- RIPngの設定には識別名（タグ）を定義し、特定インターフェイス上でRIPngを有効

※10 【スプリットホライズン】split horizon：「ルート情報を受信したインターフェイスからはアドバタイズしない」が原則のルーティングループ解決方法の1つ

化する
- RIPng自体には認証機能が実装されていないので、セキュリティ機能を適用する場合はIPsecなど別のセキュリティプロトコルを使用する必要がある

■ RIPngの基本設定

CiscoルータでルーティングプロトコルをRIPngにするためには、ルーティングプロセス（プロトコル）を起動後、動作させるインターフェイスを指定します。

● RIPngプロセスの起動

RIPngプロセスを起動するには、**ipv6 router rip \<tag\>** コマンドを実行します。タグ（tag）とは、1台のルータ上で複数のRIPngプロセスを起動したときに、ルーティングプロセスを識別するために選択する名前です（ルーティングプロセスを起動する前にipv6 unicast-routingコマンドを実行する必要があります）。

構文 RIPngを起動（グローバルコンフィグモード）
(config)#**ipv6 router rip** \<tag\>

引数	説明
tag	RIPngプロセスを識別するために内部で使用する名前を指定。隣接するルータと一致させる必要はない。名前ではなく数値を指定することも可能。タグは、OSPFのプロセスIDに相当 例）ipv6 router rip 1

このコマンドを実行すると、IPv4と同様にルータコンフィギュレーションモードに移行し、プロンプトが「(config-router)#」に変わります。このコマンドは、RIPngに対する追加設定をする際にも使います。

● RIPngが動作するインターフェイスを定義

IPv4のRIPでは、networkコマンドを使用してRIPを動作するインターフェイスを間接的に定義していましたが、IPv6ではインターフェイス上で直接的にRIPngを有効化します。このとき指定するタグは、RIPngを起動したときのものと一致させる必要があります。

構文 動作させるインターフェイスを指定（インターフェイスコンフィグモード）
(config-if)#**ipv6 rip** \<tag\> **enable**

引数	説明
tag	動作させるRIPngプロセスを指定するためのタグを指定

9-6 IPv6ルーティングプロトコル

【RIPngの設定例】

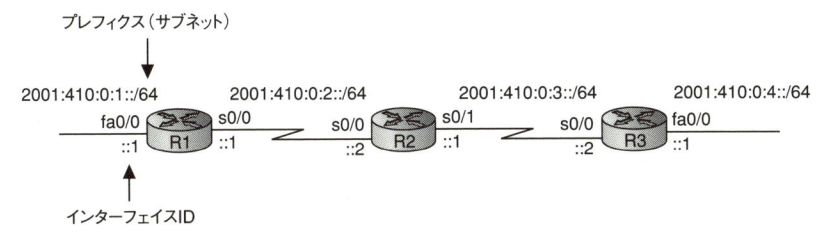

```
                プレフィクス(サブネット)
                      ↓
2001:410:0:1::/64      2001:410:0:2::/64      2001:410:0:3::/64      2001:410:0:4::/64
      fa0/0   s0/0         s0/0   s0/1         s0/0   fa0/0
────────[ R1 ]────────────[ R2 ]────────────[ R3 ]────────
      ::1    ::1          ::2    ::1          ::2    ::1
        ↑
   インターフェイスID
```

<R1の設定>
R1(config)#ipv6 unicast-routing
R1(config)#ipv6 router rip RT1
R1(config-router)#interface fa0/0
R1(config-if)#ipv6 address 2001:410:0:1::1/64
R1(config-if)#ipv6 rip RT1 enable
R1(config-if)#no shutdown
R1(config-if)#interface s0/0
R1(config-if)#ipv6 address 2001:410:0:2::1/64
R1(config-if)#ipv6 rip RT1 enable
R1(config-if)#no shutdown

<R3の設定>
R3(config)#ipv6 unicast-routing
R3(config)#ipv6 router rip RT3
R3(config-router)#interface s0/0
R3(config-if)#ipv6 address 2001:410:0:3::2/64
R3(config-if)#ipv6 rip RT3 enable
R3(config-if)#no shutdown
R3(config-if)#interface fa0/0
R3(config-if)#ipv6 address 2001:410:0:4::1/64
R3(config-if)#ipv6 rip RT3 enable
R3(config-if)#no shutdown

<R2の設定>
R2(config)#ipv6 unicast-routing
R2(config)#ipv6 router rip RT2
R2(config-router)#interface s0/0
R2(config-if)#ipv6 address 2001:410:0:2::2/64
R2(config-if)#ipv6 rip RT2 enable
R2(config-if)#no shutdown
R2(config-if)#interface s0/1
R2(config-if)#ipv6 address 2001:410:0:3::1/64
R2(config-if)#ipv6 rip RT2 enable
R2(config-if)#no shutdown

Memo　RIPv2の基本設定コマンド

RIPngの設定と比較するため、RIPv2の基本設定コマンドを次に示します。

- RIPプロセスを起動
  (config)#**router rip**
- インターフェイスを指定
  (config-router)#**network** <network>
- バージョン2に変更（デフォルトは1）
  (config-router)#**version 2**

■ RIPngの設定を確認

ルータに設定したRIPngを確認するには、show running-configコマンドを使用します。長い出力であるため、どのあたりにRIPng関連の設定が入るか確認しておきましょう。

【show running-configコマンドの出力例（R1の出力）】

```
R1#show running-config
Building configuration...

Current configuration : 2119 bytes
!
version 12.4
service timestamps debug datetime msec
service timestamps log datetime msec
no service password-encryption
!
hostname R1
!
boot-start-marker
boot-end-marker
!
enable secret 5 $1$XUnQ$E/g6QtAiYvP7OROpUcRWN0
!
no aaa new-model
!
!
ip cef
!
!
no ip domain lookup
ip multicast-routing
!
ipv6 unicast-routing    ←IPv6が有効化
!
voice-card 0
 no dspfarm
!
!
!
```

```
!
!
!
interface FastEthernet0/0
 no ip address
 ip pim sparse-dense-mode
 duplex auto
 speed auto
 ipv6 address 2001:410:0:1::1/64    ←f0/0のIPv6アドレス
 ipv6 rip RT1 enable   ←RIPng (RT1) が有効化
!
interface FastEthernet0/1
 no ip address
 shutdown
 duplex auto
 speed auto
!
interface Serial0/0
 bandwidth 64
 no ip address
 ip pim sparse-dense-mode
 ipv6 address 2001:410:0:2::1/64    ←s0/0のIPv6アドレス
 ipv6 rip RT1 enable   ←RIPng (RT1) が有効化
 no fair-queue
 clock rate 64000
!
interface Serial0/1
 no ip address
 encapsulation frame-relay
 shutdown
!
!
<途中省略>
!
ipv6 router rip RT1   ←RIPngプロセスの起動
!
!
!
<以下省略>
```

■ ルーティングプロトコルの情報表示

ルータに設定されたIPv6ルーティングプロトコルの要約情報を表示するには、show ipv6 protocolsコマンドを使用します。

構文 IPv6ルーティングプロトコルの要約情報を表示（ユーザモード、特権モード）
#show ipv6 protocols

【show ipv6 protocolsコマンドの出力例（R1）】

```
R1#show ipv6 protocols
IPv6 Routing Protocol is "connected"
IPv6 Routing Protocol is "static"
IPv6 Routing Protocol is "rip RT1"    ←起動しているRIPngプロセス
  Interfaces:
    Serial0/0         ┐
    FastEthernet0/0   ┘ RIPngが有効なインターフェイス
  Redistribution:
    None
R1#
```

起動中の、RIPngプロセスに関する情報を表示するには、show ipv6 ripコマンドを使用します。このコマンドでは、起動したRIPngのタグ、アップデートに使用するマルチキャストアドレス、各種タイマー情報、および起動したインターフェイスなどが表示されます。

構文 RIPngプロセスの情報を表示（ユーザモード、特権モード）
　　#show ipv6 rip

【show ipv6 ripコマンドの出力例（R1）】

```
R1#show ipv6 rip
RIP process "RT1", port 521, multicast-group FF02::9, pid 270  ←①
    Administrative distance is 120. Maximum paths is 16  ←②
    Updates every 30 seconds, expire after 180  ←③
    Holddown lasts 0 seconds, garbage collect after 120
    Split horizon is on; poison reverse is off  ←④
    Default routes are not generated
    Periodic updates 30, trigger updates 3
  Interfaces:
    Serial0/0       ⎫
    FastEthernet0/0 ⎬ ⑤
  Redistribution:
    None
R1#
```

① タグ名、マルチキャストグループアドレス（FF02::9）
② アドミニストレーティブディスタンス：120
③ 定期アップデート時間：30秒
④ スプリットホライズン：有効
⑤ 有効化されたインターフェイス名

■ ルーティングテーブルの表示

　IPv6ルーティングテーブルの内容を表示するには、show ipv6 routeコマンドを使用します。

【show ipv6 routeコマンドの出力例（R1の出力）】

```
R1#show ipv6 route
IPv6 Routing Table - 7 entries
Codes: C - Connected, L - Local, S - Static, R - RIP, B - BGP
       U - Per-user Static route, M - MIPv6
       I1 - ISIS L1, I2 - ISIS L2, IA - ISIS interarea, IS - ISIS summary
       O - OSPF intra, OI - OSPF inter, OE1 - OSPF ext 1, OE2 - OSPF ext 2
       ON1 - OSPF NSSA ext 1, ON2 - OSPF NSSA ext 2
       D - EIGRP, EX - EIGRP external
C   2001:410:0:2::/64 [0/0]
     via ::, Serial0/0
L   2001:410:0:2::1/128 [0/0]
     via ::, Serial0/0
R   2001:410:0:3::/64 [120/2]
     via FE80::2B0:64FF:FE2F:BF71, Serial0/0
R   2001:410:0:4::/64 [120/3]
     via FE80::2B0:64FF:FE2F:BF71, Serial0/0
C   2001:410:0:1::/64 [0/0]
     via ::, FastEthernet0/0
L   2001:410:0:1::1/128 [0/0]
     via ::, FastEthernet0/0
L   FF00::/8 [0/0]
     via ::, Null0
```

　　}RIPngで受信したルート

9-7 IPv4からIPv6への移行

現在使用されているIPv4の使用を中止し、いきなりIPv6ネットワーク環境に変更することは困難です。したがって、IPv4中心の環境からIPv6中心の環境へと徐々に移行していかなければなりません。

■ IPv6への移行

IPv4からIPv6への移行は、すべてのノードを同時にアップグレードするのではなく、段階的に行われることが想定されます。IPv6への移行期間においては、豊富な移行手段から状況に合わせて最適な手法を適用することができます。

IPv4からIPv6への移行に使用される代表的な手法は次の3つです。これらのメカニズムは異なる状況で適用されます。

- ・デュアルスタック
- ・トンネリング
- ・NAT-PT（プロトコル変換）

■ デュアルスタック

デュアルスタックは、1つのノードにおいてIPv4とIPv6の両方のネットワークに対して接続を行う統合方式です。

デュアルスタックは、1つのインターフェイス上で共存させることも、異なるインターフェイスにIPv4とIPv6をそれぞれ設定することもできます。デュアルスタックルータは、受信したパケットがIPv4とIPv6のどちらであるかをデータリンク層ヘッダのタイプフィールド（IPv4は0x0800、IPv6は0x86DD）で識別し、両方のパケットを適切にルーティングします。

デュアルスタックの実装は容易なため、移行メカニズムの中で最も普及する方法になるとみられています。

【デュアルスタックによるパケット転送】

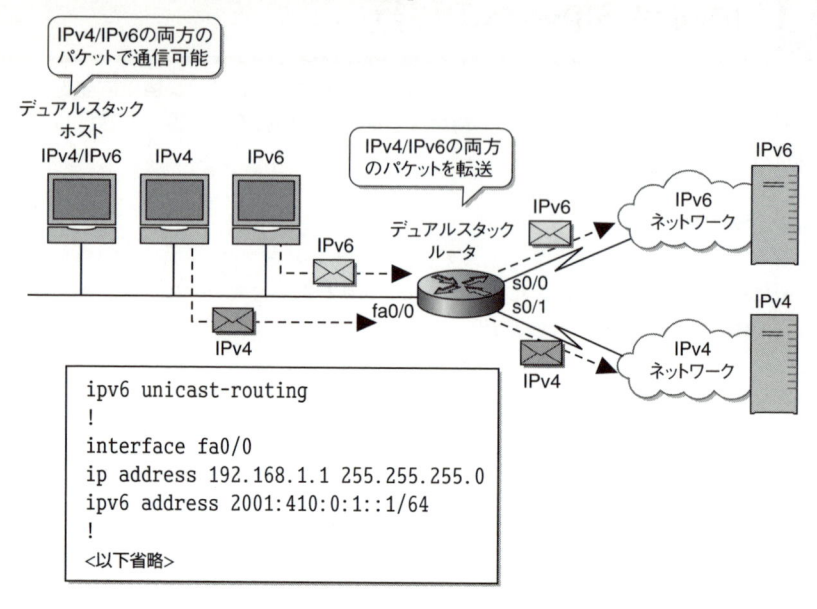

```
ipv6 unicast-routing
!
interface fa0/0
 ip address 192.168.1.1 255.255.255.0
 ipv6 address 2001:410:0:1::1/64
!
<以下省略>
```

IPv4とIPv6の両方が設定されたインターフェイスはデュアルスタックである

■ トンネリング

　トンネリングとは、IPv6パケットをIPv4にカプセル化して転送（トンネリング）する統合方式です。カプセル化はホストとホスト間、またはホストとルータ間で実行可能です。
　トンネリングは、異なるIPv6ネットワークに接続されたノード同士が、IPv4ネットワークを介して通信を行う場合に使用されます。2つのネットワークの境界にはデュアルスタックルータが必要になります。

【トンネリングによるパケット転送】

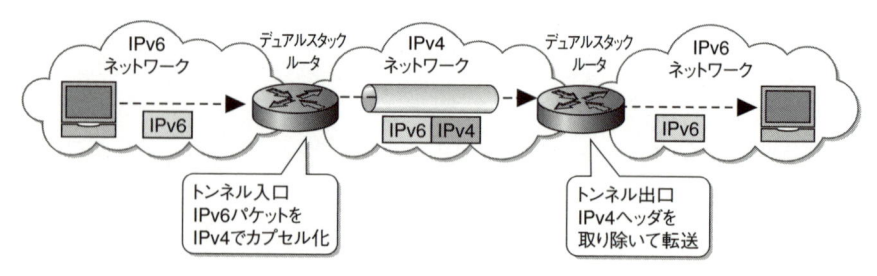

　デュアルスタックルータがIPv6パケットをIPv4でカプセル化するとき、IPv4ヘッダにはオプションなしの20バイトが使用されます。新たに付加されるIPv4ヘッダ内の送信元

アドレスは、トンネルインターフェイスのIPアドレスになります。宛先アドレスは、トンネリングの実装方法によって異なります。また、IPv4ヘッダ内のプロトコルフィールドには「41」が指定されます。

【IPv4でカプセル化されたIPv6パケット】

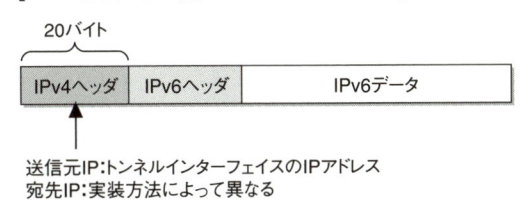

```
     20バイト
┌──────────┬──────────┬─────────────────┐
│ IPv4ヘッダ │ IPv6ヘッダ │    IPv6データ    │
└──────────┴──────────┴─────────────────┘
     ↑
送信元IP:トンネルインターフェイスのIPアドレス
宛先IP:実装方法によって異なる
プロトコル:41
```

トンネリング手法には、**手動トンネル**と**自動トンネル**があります。自動トンネルは手動トンネルの設定や管理の複雑さを回避してくれる方法で、さらに以下の方法があります。

・6to4トンネル
・ISATAPトンネル
・Teredoトンネル

● 手動トンネル

手動トンネルは、あらかじめIPv4ヘッダの送信元アドレスと宛先アドレスを設定する方式です。つまり、トンネルの入口と出口のアドレスを明示的に指定しておくわけです。手動トンネルは、既存のIPv4ネットワークをそのまま利用しながらIPv6パケットを転送でき、実装も容易です。

手動トンネルを設定するための手順と設定例を示します。

◎ トンネルの設定はCCNAの範囲を超えるため、概要の説明にとどめます。

構文 ①トンネルインターフェイスを作成
(config)#**interface tunnel** <number>

構文 ②トンネルインターフェイスにIPv6アドレス割り当て
(config-if)#**ipv6 address** <ipv6address>/<prefix-length>

構文 ③トンネル入口(送信元アドレス)を指定
(config-if)#**tunnel source** <ipv4address>

構文 ④トンネル出口(宛先アドレス)を指定
(config-if)#**tunnel destination** <ipv4address>

構文 ⑤トンネルタイプを指定し有効化

(config-if)#**tunnel mode ipv6ip**

【手動トンネルの設定例】

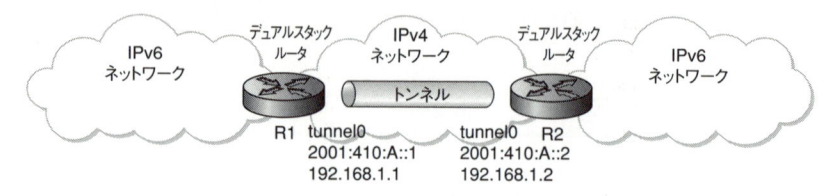

```
<R1の設定>
R1(config)#interface tunnel0
R1(config-if)#ipv6 address 2001:410:A::1/64
R1(config-if)#tunnel source 192.168.1.1
R1(config-if)#tunnel destination 192.168.1.2
R1(config-if)#tunnel mode ipv6ip
```

```
<R2の設定>
R2(config)#interface tunnel0
R2(config-if)#ipv6 address 2001:410:A::2/64
R2(config-if)#tunnel source 192.168.1.2
R2(config-if)#tunnel destination 192.168.1.1
R2(config-if)#tunnel mode ipv6ip
```

● 6to4トンネル

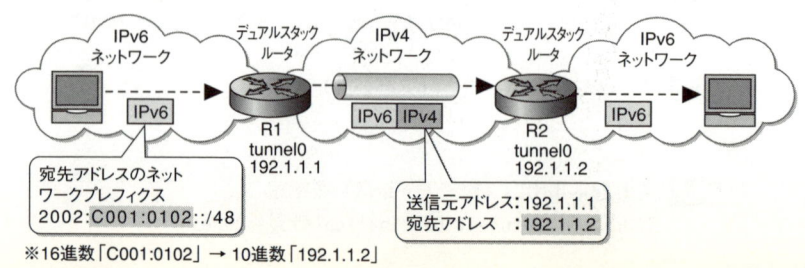

6to4トンネルは、手動トンネルと同様に、IPv6ネットワークの境界にあるデュアルスタックルータ間でトンネルを生成します。ただし、トンネルの出口となる宛先アドレスを明示的に設定せずに、専用プレフィクスを使って接続します。IANAは6to4トンネル用に「2002::/16」という16ビットプレフィクスを予約しています。「2002::/16」の後ろにトンネルの出口にあるデュアルスタックルータのIPv4アドレス（16進数）を連結したプレフィクスを使用します。

宛先アドレスの決定に使用されるIPv4アドレスは、一意であることを保証するため、グローバルIPv4アドレスである必要があります。つまり、6to4トンネルではプライベートIPv4アドレスは利用できません。

【6to4トンネル】

※16進数「C001:0102」→ 10進数「192.1.1.2」

9-7 IPv4からIPv6への移行

前ページの図において、デュアルスタックルータ（R1）は、「2002::/16」の範囲にある宛先アドレスを持ったIPv6パケットを受信すると、あとに続くIPv4アドレスを取り出し、IPv4ヘッダの宛先アドレスに挿入してカプセル化してR2へ転送します。

● ISATAPトンネル

ISATAP（Intra-Site Automatic Tunnel Addressing Protocol）は、IPv6ネットワークに接続されていないホストに対し、IPv6グローバルユニキャストアドレスを自動的に割り当てIPv6ネットワークへ接続します。ISATAPホストはルータにグローバルルーティングプレフィクスを要請し、取得したプレフィクスを基にしてIPv6アドレスを生成します。

【ISATAP】

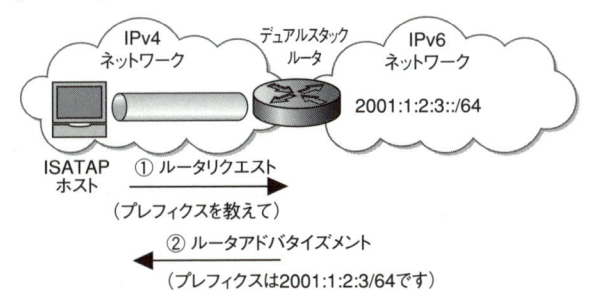

```
         IPv4          デュアル       IPv6
       ネットワーク    スタック      ネットワーク
                       ルータ
                                  2001:1:2:3::/64

  ISATAP    ① ルータリクエスト
   ホスト   （プレフィクスを教えて）

           ② ルータアドバタイズメント
           （プレフィクスは2001:1:2:3/64です）

  ③ IPv6アドレス生成
  （2001:1:2:3:0:5EFE:C001:0101）
```

① ISATAPホストはルータリクエストメッセージを使ってIPv6ネットワークのプレフィクスを要求します。
② ISATAPルータ（デュアルスタックルータ）はルータリクエストを受け取ると、グローバルルーティングプレフィクスを含んだルータアドバタイズメントメッセージで応答します。
③ ISATAPホストは取得したプレフィクスと自身のIPv4アドレスを基にしてIPv6グローバルユニキャストアドレスを生成します。このときのIPv6アドレスは次のように定義されています。

【ISATAPホストが自動生成するIPv6アドレス】

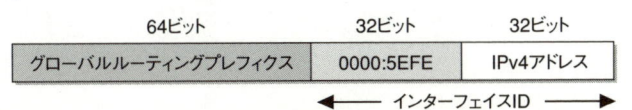

64ビット	32ビット	32ビット
グローバルルーティングプレフィクス	0000:5EFE	IPv4アドレス
	← インターフェイスID →	

※「0000:5EFE」はISATAPホストを識別するために定義されている

ISATAPは、IPv4ネットワークのプライベートアドレス空間にあるホストが、IPv6ネットワークに接続する場合などに利用されます。

● Teredoトンネル

Teredo（テレード）は、境界にあるデュアルスタックルータではなく、ホストとホストの間で自動的にトンネルを提供するマイクロソフトが開発したIPv6移行メカニズムです。現在はRFC4380で規定されています。

Teredoの特徴は、IPv6パケットをIPv4のUDPでカプセル化する点です。IPv4ネットワーク上のUDPパケットを利用してIPv6パケットを通過させるための仮想的なトンネルを確立し、通信を実現します。これによって、IPv4プライベートアドレスのアドレス空間を使用するホストはNATの問題を回避してIPv6インターネットと接続することができます。

NAT環境を利用するホストは、NATルータ（あるいはファイアウォール）によってパケットの送信元IPアドレスやポート番号が変換されるため、一部のアプリケーションや用途によっては通信できなくなるという問題が発生します。

■ NAT-PT

NAT-PT（NAT-Protocol Translation）は、IPv4ネットワークとIPv6ネットワークの中間に位置する変換メカニズムです。NAT-PTルータは、アドレス変換テーブルを管理しIPv4パケットとIPv6パケットを相互変換します。

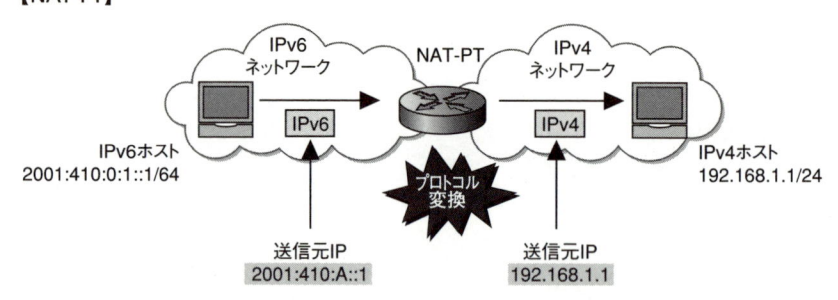

【NAT-PT】

NAT-PTが正しく動作するには、変換対象となるIPv6/IPv4パケットがNAT-PTルータに向けて転送されるように、あらかじめ定義しておく必要があります。

NAT-PTは、名前が示すとおりIPv4のNAT機能に似ています。そのため、IPv4 NATが抱えるいくつかの問題も引き継がれており、NAT-PTはIPv6移行メカニズムとして推奨されていません。

9-8 演習問題

1. IPv6アドレスの特徴として正しくないものを選びなさい。

    A. IPv6アドレスは126ビット値で、8つのフィールドをコロン（:）で区切った16進数で表記される
    B. アルファベットの大文字と小文字は区別されない
    C. フィールド内の先頭にあるゼロは省略が可能である
    D. ゼロが連続する複数のフィールドは、1つのアドレス内で1回だけ「::」で省略可能である
    E. すべてのビットがゼロのIPv6アドレスは「::」だけで表記することができる

2. IPv6を有効化するために必要なコマンドを選びなさい。

    A. (config)#ip unicast-routing
    B. (config)#ipv6 unicast-routing
    C. (config-router)#ipv6 enable
    D. (config)#ipv6 enable
    E. (config-router)#ipv6 routing

3. IPv6にないアドレスを選びなさい。（2つ選択）

    A. マルチキャスト
    B. ユニキャスト
    C. ブロードキャスト
    D. エニーキャスト
    E. グループキャスト

4. リンクローカルアドレスを選びなさい。

    A. 2001:410:0:1::1
    B. 2001:410:0:1:21F:CAFF:FE7A:D970
    C. FE80::21F:CAFF:FE7A:D970
    D. FF02::1:FF7A:D970
    E. FF02::9

5. あるルータのfa0/0インターフェイスにはIPアドレス10.1.1.1/24を割り当てています。このインターフェイス上でRIPngを動作させるためのコマンドを選びなさい。（2つ選択）

    A. (config)#ipv6 router rip r1
    B. (config-router)#network 10.0.0.0
    C. (config)#ipv6 router rip
    D. (config)#interface fa0/0
       (config-if)#ipv6 rip r1 enable
    E. (config)#router ipv6 rip
    F. (config)#interface fa0/0
       (config-if)#ipv6 rip enable

9-9 解答

1. **A**

    IPv6のアドレスは128ビット値で、16ビットずつ8個のフィールドに分けて16進数変換したものをコロン（:）で区切って表記します。126ビットではありません（**A**）。
    16進数で表現するときのアルファベット（A〜F）には大文字と小文字の区別はありません（B）。各フィールド内にある先頭（左側）のゼロは省略することができます（C）。また、ゼロのフィールドが連続する場合、「::」を使用することで、長いIPv6アドレスを短く表記することが可能です。ただし、ゼロのフィールドをいくつ省略したかを判断できるようにするために、「::」は1つのアドレスにつき1回しか使えません（D）。128ビットすべてがゼロの場合、ゼロのフィールドが8個連続するため「::」だけで表記することが可能です（E）。

2. **B**

    CiscoルータでIPv6トラフィックの転送をするには、次のコマンドを使用してIPv6を有効化する必要があります。

    (config)#`ipv6 unicast-routing` ……（**B**）

    選択肢A、C、D、Eは不正なコマンドです。

3. **C、E**

    IPv6では、ブロードキャストがマルチキャストおよびエニーキャストに置き換えられているため、ブロードキャストは行われません（**C**）。
    IPv6では次の3つのアドレスがあります。

    ・ユニキャスト（B）
    ・マルチキャスト（A）
    ・エニーキャスト（D）

    グループキャストは存在しないアドレスです（**E**）。

4. C

リンクローカルアドレスは、特定リンク（サブネット）内での使用に限定されたIPv6アドレスです。リンクローカルアドレスは先頭10ビットが「1111 1110 10」で始まると定義されているため、16進数では「FE80::/10」になります。したがって、アドレスの先頭が「FE80」で始まっている選択肢**C**が正解です。

使用可能な範囲が制限されていないグローバルユニキャストアドレスは先頭3ビットが「001」と定義されており、グローバルユニキャストアドレスの範囲は「2000::/3」です。「2001」で始まるアドレスはIPv6インターネット用のグローバルユニキャストアドレスです（A、B）。

IPv6マルチキャストアドレスは、先頭8ビットが「1111 1111」と定義されているため、アドレスの先頭が「FF」で始まっているものはマルチキャストアドレスです（D）。なお、「FF02::9」は、RIPng（IPv6用のRIP）で経路情報をアップデートするときの宛先アドレスとして使用するマルチキャストアドレスです（E）。

5. A、D

RIPngの基本設定は、次の2つです。

・RIPngプロセスを起動する
・RIPngを動作させるインターフェイス上でRIPngを有効化する

RIPngプロセスを起動するには、グローバルコンフィギュレートモードでアドレスipv6 router rip <tag> コマンドを実行します。タグは、ルータ自身で複数のRIPngプロセスを起動したときに使用する識別子で、省略することはできません（C）。

```
(config)#ipv6 router rip r1   …… (A)
                        ↑
                        タグ
```

RIPngを動作させるインターフェイスを指定するには、インターフェイス上でipv6 rip <tag> enableコマンドを使用します。必要なコマンドは次のとおりです。

```
(config)#interface fa0/0
(config-if)#ipv6 rip r1 enable   …… (D)
                    ↑
                    タグ
```

networkコマンドは、IPv4のRIPを動作するインターフェイスを指定するためのコマンドです（B）。選択肢Eは不正なコマンド、Fはタグが抜けています。

第10章

フレームリレー

10-1 フレームリレーの概要

10-2 フレームリレーの基本設定

10-3 NBMA問題とフレームリレーサブインターフェイスの設定

10-4 フレームリレーの検証

10-5 演習問題

10-6 解答

10-1 フレームリレーの概要

WANにはさまざまな種類の回線サービスがあります。パケット交換方式のWAN接続サービスとして広く使用されている、フレームリレーの概要と用語を理解しましょう。

■ フレームリレーの概要

フレームリレーは、パケット交換方式のWANサービスです（468ページのMemo「パケット交換」を参照）。初期のパケット交換ネットワークにはX.25[1]が使われていました。しかし、当時の回線品質はあまり良くなかったため、信頼性を高めるためにX.25に誤り制御やフロー制御などの機能を組み込む必要がありました。その結果、X.25はオーバーヘッドが大きく低速になってしまいました。その後、光ファイバの導入が進み、回線品質が向上したことによってエラー訂正の手順を省略できるようになりました。フレームリレーは、X.25のエラー訂正機能を簡素化した、効率的で高速データ通信を提供するデータリンク技術です。

フレームリレーは企業で複数の拠点を接続するのによく利用されます。物理的な回線は1本で、そこに論理的な複数の**仮想回線**（VC：バーチャルサーキット）を用意して複数拠点との通信を可能にしています。専用線[2]のように接続する拠点の数だけシリアルインターフェイスを用意する必要がなく、1つのシリアルインターフェイスだけで複数の拠点と仮想回線で接続できます。また、フレームリレー網に接続するアクセス回線[3]の先は仮想的な接続であるため、料金が伝送距離に依存することはありません。フレームリレーは、広域に分散している複数の拠点間で通信を行うのに特に適しています。

---

[1] **【X.25】**(エックスニジュウゴ)：ITU-T（国際電気通信連合電気通信標準化部門）で勧告されたコネクション型のデータ通信を行うパケット交換方式のプロトコルで、DCE、DTE間のインターフェイスを規定したもの。X.25で使われるフレームを大幅に簡略化することで、スループットを向上させたサービスをフレームリレーという

[2] **【専用線】**lease line：決められた2つの拠点間を結ぶデータ通信専用の回線。契約した顧客のために帯域幅を占有して提供される常時接続型の回線のため、ユーザは自由かつ安全に使用できるが、最もコストがかかるWANサービスでもある。専用線は企業の拠点間を接続したり、インターネットに接続するためのアクセス回線として使用されることが多い

[3] **【アクセス回線】**access line：電気通信事業者（キャリア）のネットワークと顧客を結ぶ回線。通常は地理的に近い最寄りのアクセスポイント（または電話局）を結ぶ回線を指す。加入者回線、足回りなどとも呼ばれる

【フレームリレー】

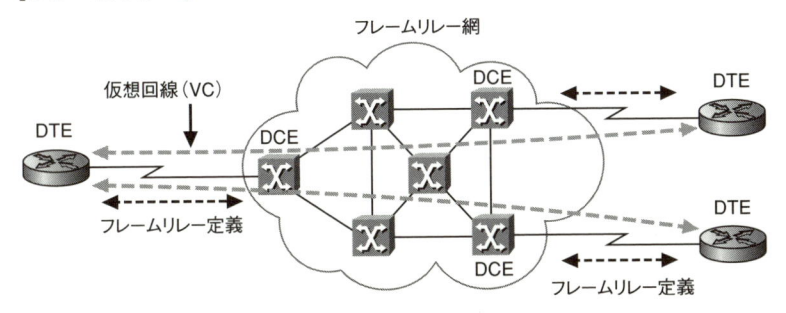

フレームリレーは、サービスプロバイダ[※4]の公衆データ網を経由してデータを伝送するため、顧客の宅内に設置されたDTE*と通信事業者のDCE*間の接続プロセスを定義しています。通信事業者の網内部でデータを伝送する方法については定義されておらず、フレームリレーデータを通信事業者のネットワークで伝送する場合、一般にATM[※5]の技術が使用されています。

フレームリレーWANに接続される主な機器は、次の2つです。

● DTE（Data Terminal Equipment：データ端末機器）
　　ネットワークを終端する装置で、通常は顧客の宅内に設置されます。具体的には、ルータやFRAD[※6]（Frame Relay Access Device）が相当します。

● DCE（Data Circuit-terminating Equipment：データ通信機器）
　　フレームリレーにおいてクロック信号[※7]の供給とスイッチングサービスを提供し、WANの中で実際にデータを転送する装置で、サービスプロバイダが所有します。具体的には、フレームリレースイッチ[※8]を指します。

※4 【サービスプロバイダ】service provider：WANサービスを提供する電気通信事業者（キャリア）のこと。特にインターネット接続を提供するプロバイダをISP（インターネットサービスプロバイダ）という

※5 【ATM】(エーティーエム) Asynchronous Transfer Mode：物理的に1本の通信回線を論理的に複数のチャネル（仮想回線）に分割して通信を行う方式で、非同期転送モードとも呼ばれる。データ交換を「セル」と呼ばれる固定長（53バイト）で転送することで負荷を軽減し高速化を実現している

※6 【FRAD】(フラッド) Frame Relay Access Device：LANとフレームリレーWANの間の接続を行うネットワークデバイス。ルータのシリアルインタフェイスのカプセル化タイプをフレームリレーにすることで、ルータをFRADとして動作させることができる

※7 【クロック信号】clock signal：同期通信回線でデータを正しく送受信するために使用する信号のこと。この信号を使って送信側と受信側で信号を読み取るタイミングを合わせて通信を行う。DCEデバイスは内部クロックを送信し、DTEデバイスはDCEから提供された外部クロックを使用する

※8 【フレームリレースイッチ】frame-relay switch：フレームリレー網内に設置される交換機のこと。フレームリレースイッチ（交換機）は、フレームリレーヘッダに含まれるDLCIを見てフレームを目的の拠点へ転送する

フレームリレーはWANサービスでもあり、プロトコルの一種でもあります。フレームリレーは、エラー訂正をTCPなどの上位層プロトコルに任せて高速性を実現する、データリンク層のプロトコルです。上位層のプロトコルに依存しないため、マルチプロトコル環境をサポートします。また、Ciscoルータでは、EIA/TIA-232[※9]やV.35[※10]など複数のシリアル接続をサポートしています。

【フレームリレープロトコル】

OSI参照モデル	フレームリレー
レイヤ7：アプリケーション層	
レイヤ6：プレゼンテーション層	
レイヤ5：セッション層	
レイヤ4：トランスポート層	
レイヤ3：ネットワーク層	IP、IPX、AppleTalk など
レイヤ2：データリンク層	フレームリレー
レイヤ1：物理層	EIA/TIA-232、EIA/TIA-449、V.35、X.21、EIA/TIA-530

フレームリレーのサービスは1990年代に開始され、拠点間を接続するWANサービスとして広く普及しました。しかし、ネットワーク回線の広帯域化と低価格化、および接続機器の高機能化などが要因となって、現在、企業が利用するWANサービスの主流はインターネットVPN[※11]やIP-VPN[※12]、あるいは広域イーサネット[※13]となっており、フレームリレーを新規導入するケースはなくなりつつあります。

※9 【EIA/TIA-232】(イーアイエー・ティーアイエー・ニーサンニー)：EIAおよびTIAによって開発された物理層のインターフェイス規格で、以前はRS-232と呼ばれていた。64kbpsまでの通信速度をサポートする

※10 【V.35】(ブイサンジュウゴ)：ネットワークアクセスデバイスとパケットネットワーク間の通信に使う同期物理層プロトコルの規格

※11 【インターネットVPN】(インターネットブイピーエヌ) Internet VPN：パブリックなインターネットを介して構築するVPNのこと。IP-VPNに比べるとセキュリティ性と品質は低くなるが、低コストでVPNを利用でき導入も容易である

※12 【IP-VPN】(アイピーブイピーエヌ) Internet Protocol VPN：電気通信事業者が所有する閉域ネットワークを利用して構築するVPNのこと。インターネットVPNに比べるとセキュリティ性と品質は高いが、プロバイダの網を利用するためコストがかかる

※13 【広域イーサネット】(コウイキイーサネット) wide area ethernet：本来はLAN用として開発されたイーサネットフレームを透過的に転送するWANサービス。広域イーサネットを利用することで、従来はDSLや光ファイバネットワークなどを使用する必要があった遠隔地のネットワーク接続において、あたかもイーサネットでLAN接続されているかのようにネットワークを接続できる

■ フレームリレーの構成要素

　フレームリレーの仕組みを理解し構築するためには、フレームリレーの構成要素と動作に関する知識が欠かせません。次の図を使って、フレームリレーWANに接続される構成要素について説明します。

【フレームリレーの構成要素】

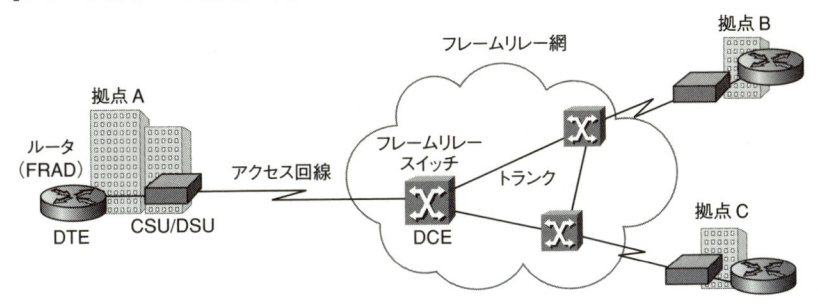

● フレームリレー網
　フレームリレーのサービスを提供するサービスプロバイダが構築している通信ネットワークです。フレームリレー網は、フレームリレースイッチで構成されています。

● フレームリレースイッチ
　フレームリレー網を構成する機器で、フレームリレー交換機とも呼ばれています。Ciscoルータ自身をフレームリレースイッチとして設定することも可能です。

● FRAD（Frame Relay Access Device）
　データをフレームリレーの形式に分解したり、組み立てを行うための機器です。通常はルータがFRADに含まれます。フレームリレー対応ルータは、シリアルインターフェイスのカプセル化タイプをフレームリレーにすることで、フレームリレー網を介したデータ伝送を可能にします。

● CSU/DSU（Channel Service Unit / Digital Service Unit）
　CSUは、DTEのシリアルインターフェイスをフレームリレーの通信回線に適合させ相互接続を行います。DSUは、DTEデバイスを通信回線に接続し、信号の同期や通信速度の制御などを行う回線終端装置です。現在では1つの機器に統合されているため、CSU/DSU（あるいはDSU）と呼ばれています。CSU/DSUは、信号を網内で読み取れる形式に変換するために必要になります。

● アクセス回線
　ルータ（FRAD）とフレームリレースイッチを相互接続する通信回線のことです。

ローカルアクセスループとも呼ばれています。

● ローカルアクセスレート
　　フレームリレー網へ接続するローカルアクセスループ（アクセス回線）の速度を指します。bandwidthコマンドで設定する値とは無関係に、サービスプロバイダ側で設定されるクロック速度になります。

● トランク
　　2台のフレームリレースイッチ同士を接続する通信回線のことです。

■ フレームリレーの動作
　　フレームリレーの動作を理解するためにも、用語の理解は欠かせません。以下は、フレームリレーの動作に関連する用語です。

【フレームリレー】

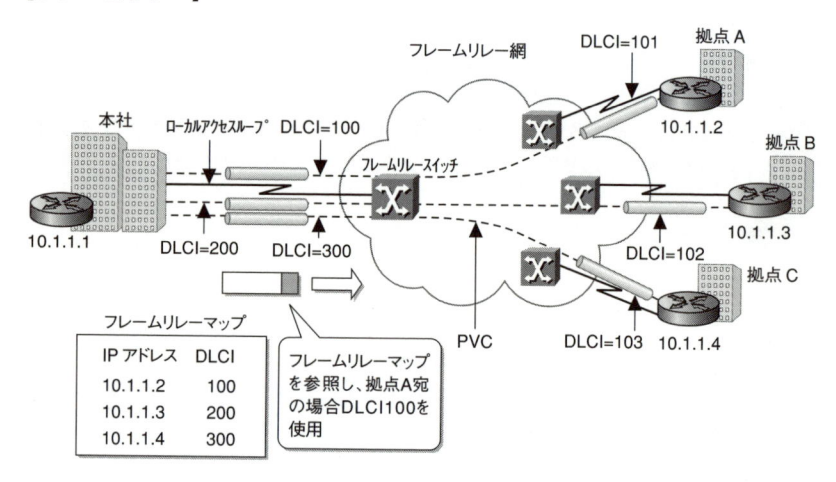

```
                                        DLCI=101    拠点 A
                       フレームリレー網              10.1.1.2
    本社    ローカルアクセスループ DLCI=100
                                                    拠点 B
10.1.1.1      フレームリレースイッチ                 10.1.1.3
         DLCI=200    DLCI=300            DLCI=102
                                                    拠点 C
        フレームリレーマップ         PVC   DLCI=103  10.1.1.4

        IPアドレス    DLCI    フレームリレーマップ
        10.1.1.2     100     を参照し、拠点A宛
        10.1.1.3     200     の場合DLCI100を
        10.1.1.4     300     使用
```

● VC（Virtual Circuit）
　　フレームリレー網を介して通信する、2つのDTEデバイス間の通信を確立するために作成される仮想的な回線です。複数のVCを1本の物理回線に多重化して伝送を行うことができます。PVCとSVCの2種類があります。

● PVC（Permanent Virtual Circuit：相手先固定接続）
　　契約時にどこと接続するかをあらかじめ決めておく固定された仮想回線です。PVCは常時接続であるため、データ転送の頻度が高い場合でも比較的安定した通信を提供します。現在、日本で提供されているフレームリレーサービスはPVCが主流です。

- **SVC（Switched Virtual Circuit：相手先選択接続）**
 サービスを利用するたびに接続を動的に確立し、伝送が終了すると切断する一時的な仮想回線です。データ転送が散発的な場合に適していますが、多くの通信事業者ではSVCをサポートしていません。

- **DLCI（Data Link Control Identifier：データリンク接続識別子）**
 VCを識別する10ビットの番号で、フレームリレーヘッダのアドレスフィールド内に格納されるレイヤ2（データリンク層）アドレスです。DLCI番号はサービスプロバイダからユーザに割り当てられ、ユーザのDTEとローカルのフレームリレースイッチ（DCE）間でのみ意味を持ちます。したがって、接続先の相手側のDLCI番号と一致する必要はありません。たとえば、上の図の本社と拠点Aを接続するPVCのDLCI番号は本社側では100番ですが、拠点A側では101番として確立しています。

- **フレームリレーマップ**
 対向ルータのネットワーク層アドレス（IPアドレス）とローカルのDLCI番号のマッピング情報です。
 ルータは着信したパケットの宛先IPアドレスを基にルーティングテーブルを参照することで、宛先へパケットを転送するためのネクストホップアドレスと出力インターフェイスを決定します。さらに、ネクストホップアドレスを基にフレームリレーマップを参照し、フレームリレー網へデータを転送する際に指定するDLCI番号を特定します。

【フレームリレーマップの動作】

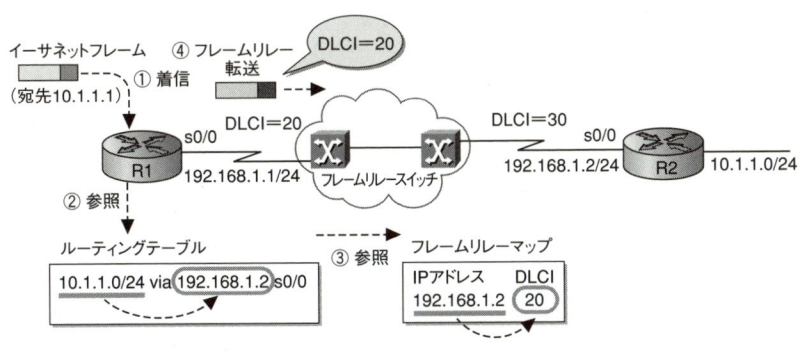

① R1はイーサネットフレーム（宛先IP：10.1.1.1）を着信します。
② ルーティングテーブルを参照し、ネクストホップ「192.168.1.2」と出力インターフェイス「s0/0」を決定します。
③ フレームリレーマップを参照し、DLCIを「20」に決定します。
④ IPパケットをフレームリレーヘッダ（DLCI＝20）でカプセル化してs0/0インターフェイスから転送します。

フレームリレースイッチはフレームリレーヘッダのDLCI番号によって宛先方向へフレームを転送します。

フレームリレーマップは、Inverse ARPによって動的に生成する方法と、管理者が静的に設定する方法があります。

● Inverse ARP（Inverse Address Resolution Protocol）

ローカルのDLCI番号と対向ルータのネットワーク層アドレスのマッピングを行い、フレームリレーマップを動的に生成するプロトコルです。RFC1293によって規定されています。

● LMI（Local Management Interface：ローカル管理インターフェイス）

顧客のルータ（DTE）と通信事業者のローカルフレームリレースイッチ（DCE）間のシグナリング標準です。LMIによって、DTEとDCE間の接続を管理し、ステータスを保持しています。LMIには次の3つのタイプがあります。

【LMIタイプ】

タイプ	定義した団体や企業／標準
cisco（デフォルト）	シスコシステムズ、ストラタコム、ノーザンテレコム、DECの4社共同で定義
ansi	Annex D、ANSI標準T1.617
q933a	ITU-T Q.933 Annex A

使用するLMIタイプは、契約したサービスプロバイダに合わせる必要があります。LMIは手動で設定することも可能ですが、Cisco IOSリリース11.2以降では、フレームリレースイッチが使用しているLMIタイプを自動的に検出します。

LMIによって保持されるステータスには、Active、Inactive、Deletedの3種類があります。

【LMIのステータス】

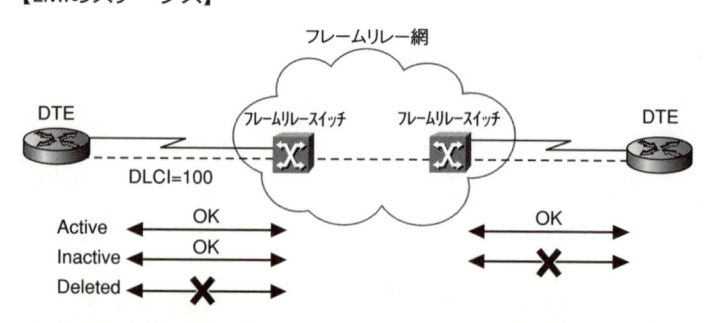

ステータス	説明
Active	PVCの接続が有効であり、通信が可能であることを示す
Inactive	ローカル接続は正常に動作しているが、リモートルータとフレームリレースイッチ間の接続に問題があることを示す
Deleted	フレームリレースイッチからLMIを受信できないなど、ローカル接続に問題があることを示す

● **CIR（Committed Information Rate：認定情報速度）**

　フレームリレー網は、ほかのユーザと共有されます。網内が混雑して輻輳が発生した場合でも最低限保証される速度をCIRといいます。ユーザはフレームリレーサービスに加入する際、ローカルアクセスレートとは別に、通常、DLCIごとのCIRを契約します（ただし、安価なフレームリレーサービスではCIR値を0にしている場合もあります）。

　回線が空いている場合は、CIRを超える通信が可能ですが、DLCI上でCIRを超える速度でデータ転送をした場合、フレームヘッダ内にあるDE（Discard Eligible）ビットに1がセットされます。このとき、フレームリレー網内で輻輳が発生すると、DEがセットされたフレームが優先的に破棄されます。

● **FECN（Forward Explicit Congestion Notification：順方向明示的輻輳通知）**

　フレームリレー網内で輻輳が発生した場合に、トラフィックの宛先ルータに知らせる輻輳通知です。輻輳を検知したフレームリレースイッチがフレームリレーヘッダ内のFECNビットに1をセットしたフレームを転送することで通知します。

● **BECN（Backward Explicit Congestion Notification：逆方向明示的輻輳通知）**

　フレームリレー網内で輻輳が発生した場合に、トラフィックを送信しているルータに知らせる輻輳通知です。輻輳を検知したフレームリレースイッチがフローの戻りのトラフィックに対してBECNビットに1をセットすることで通知します。

【輻輳通知】

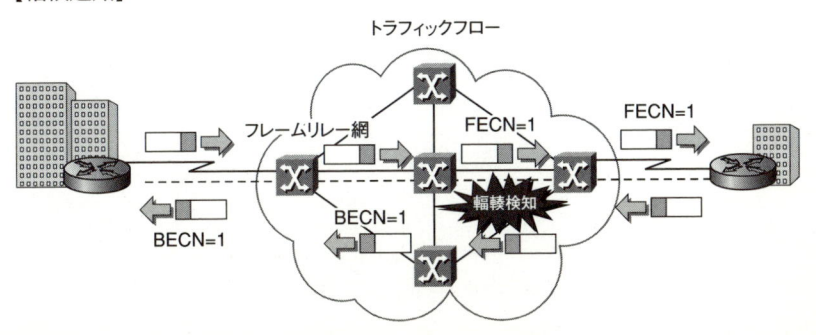

● LMIとInverse ARPの動作

　LMIはDTE（ルータ）とDCE（フレームリレースイッチ）との間でやりとりされるシグナリング標準です。LMIは、DTEとDCE間の接続を管理するキープアライブとしての役割と、各DLCIのステータスを通知する役割を持ちます。また、ルータはローカルのフレームリレースイッチからLMIを使用して自動的にDLCI番号を取得します。

　Inverse ARPは、LMIで取得したDLCI番号を使用して、対向ルータへIPアドレスをリクエストするメッセージを送信し、取得したIPアドレスとローカルDLCI番号をフレームリレーマップへ登録します。

　次に、LMIとInverse ARPの動作をまとめます。

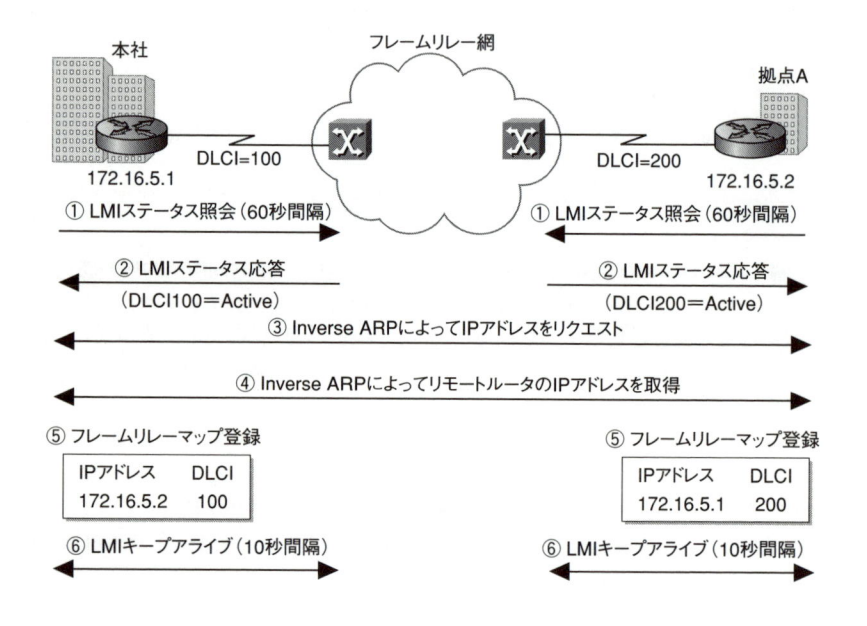

```
        本社                   フレームリレー網                  拠点A
      172.16.5.1      DLCI=100            DLCI=200            172.16.5.2

     ① LMIステータス照会（60秒間隔）      ① LMIステータス照会（60秒間隔）
     ② LMIステータス応答                 ② LMIステータス応答
        （DLCI100＝Active）                 （DLCI200＝Active）
     ③ Inverse ARPによってIPアドレスをリクエスト
     ④ Inverse ARPによってリモートルータのIPアドレスを取得
     ⑤ フレームリレーマップ登録           ⑤ フレームリレーマップ登録
        IPアドレス   DLCI                   IPアドレス   DLCI
        172.16.5.2   100                    172.16.5.1   200
     ⑥ LMIキープアライブ（10秒間隔）      ⑥ LMIキープアライブ（10秒間隔）
```

Memo　フレームリレーのフォーマット

フレームリレーは、ネットワーク層プロトコル（IP、IPXなど）から受け取ったパケットを以下のフォーマットでカプセル化します。

【フレームリレーのフォーマット】

| フラグ | フレームリレーヘッダ | データ（可変長） | FCS | フラグ |

上位DLCI			C/R	EA
下位DLCI	FECN	BECN	DE	EA

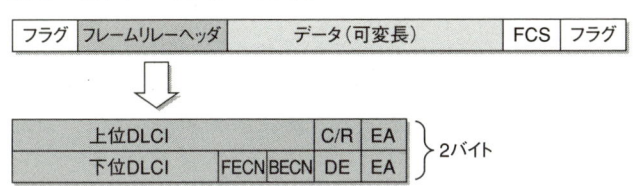

}2バイト

- **フラグ（8ビット）**
  フレームの開始と終了を示すためのフィールド。常に「01111110」に設定されます。

- **上位DLCI（6ビット）**
  DLCI番号（10ビット）の上位6ビットです。

- **C/R（1ビット）**
  フレームが命令（command）「0」か応答（Response）「1」かを指定します。

- **EA（1ビット）**
  拡張アドレスを示すフィールドです。

- **下位DLCI（4ビット）**
  DLCI番号（10ビット）の下位4ビットです。

- **FECN（1ビット）**
  順方向明示的輻輳通知です。

- **BECN（1ビット）**
  逆方向明示的輻輳通知です。

- **DE（1ビット）**
  CIRを超えて通信事業者に届いたフレームは、フレームリレーヘッダのDEビットが「1」に設定されます。フレームリレー網で輻輳が起きていなければ宛先まで届けられますが、輻輳時にはDEビットが「1」のフレームは廃棄される可能性があります。

- **FCS（16ビット）**
  フレームのエラー検出を行うフレームチェックシーケンスです。

■ フレームリレーのトポロジ

　フレームリレーは1本のアクセス回線を利用し、次のような3つのトポロジで複数の拠点と接続することができます。

● ハブアンドスポーク（スター）トポロジ

　　ハブアンドスポークトポロジでは、中央サイト（本社）が中心となってすべての拠点を接続します。スタートポロジとも呼ばれます。PVCの数が最小で済むため、シンプルで最もコストが安いトポロジです。本社との通信がほとんどで、拠点間の通信が少ない場合に使用されます。

【ハブアンドスポーク（スター）】

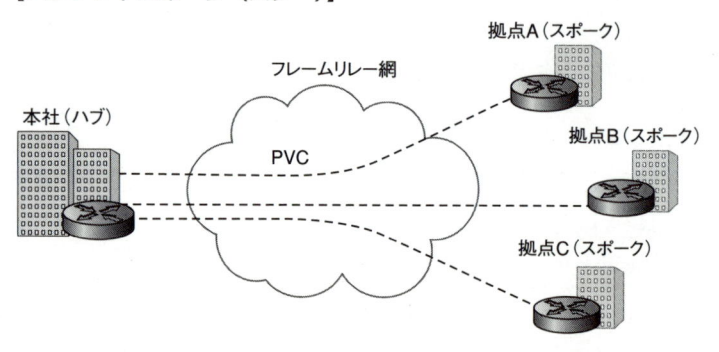

（図：本社（ハブ）とフレームリレー網（PVC）を介して拠点A（スポーク）、拠点B（スポーク）、拠点C（スポーク）が接続されている）

　　ハブアンドスポーク（スター）には冗長性がありません。そのため、PVCがダウンした場合には、すべての拠点と通信ができなくなってしまいます。中央サイト（ハブ）がダウンすると全拠点の通信が切れてしまいます。また、拠点（スポーク）間での通信では、いったん中央サイトを経由するため遅延が増加します。

● フルメッシュトポロジ

　　フルメッシュトポロジでは、すべての拠点を相互に接続します。1本のPVCがダウンしてもほかのPVCを利用して通信を継続できるため、冗長性が最も高いトポロジです。拠点間の通信頻度が高く、高い信頼性が要求される場合に使用されます。

【フルメッシュ】

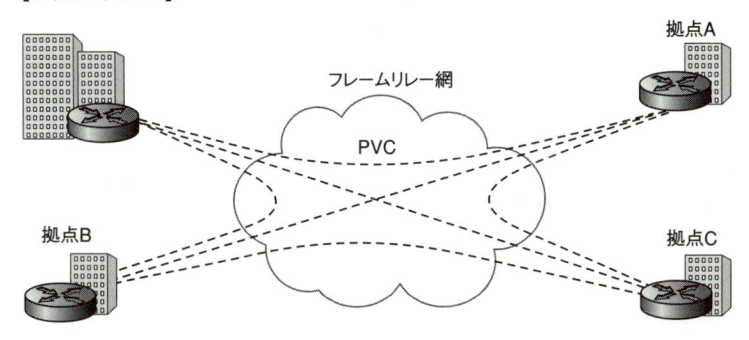

ただし、フルメッシュは拠点が増えるごとにPVCの本数が増加し、コストが高くなります。PVCの数はn(n-1)/2の公式で計算し、たとえば10拠点でフルメッシュ接続する場合に必要となるPVCは45本となります。

● パーシャルメッシュ（部分メッシュ）トポロジ

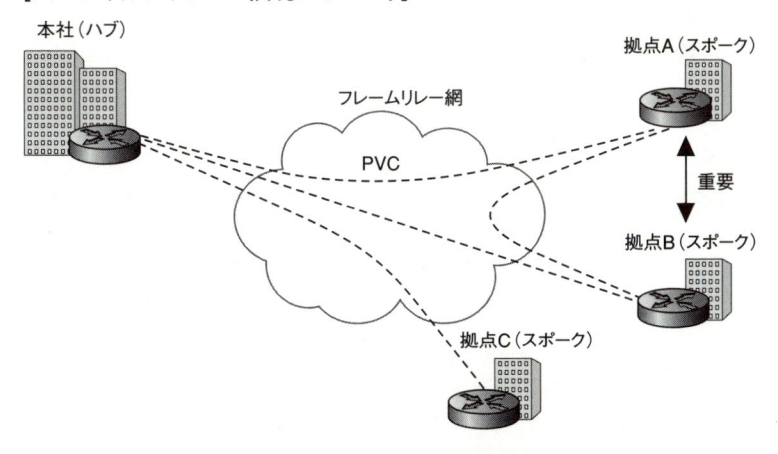

パーシャルメッシュトポロジは、重要な拠点間を相互接続し、残りをハブアンドスポークで接続するハブアンドスポークとフルメッシュを組み合わせたタイプです。PVCがダウンしても、中央拠点（ハブ）を経由して通信し続けることができます。重要な部分の冗長性を高め、フルメッシュ型に比べるとコストを抑えることができます。

【パーシャルメッシュ（部分メッシュ）】

Point　トポロジのまとめ

フレームリレーのトポロジの特徴は次のとおりです。

トポロジ	メリット	デメリット
ハブアンドスポーク	・コストが安い ・シンプルな構成	・冗長性がない ・スポーク間通信の遅延が高い
フルメッシュ	・冗長性がある ・最適パスを使用	・コストが高い
パーシャルメッシュ	・重要な拠点間は最適パスを使用 ・コストは中間	

Memo　パケット交換

パケット交換は、データをパケットと呼ばれる小さな単位に分割してサービスプロバイダのネットワークへ送信する方式です。分割した各パケットに宛先となる識別情報を付加することで、複数の回線を通じて効率よく伝送することができます。また、回線交換のようなコールセットアップの必要がありません。

パケット交換は、プロバイダ網内の交換機（スイッチ）がパケットの経路を決定して相互接続します。また、VCを確立することによって、ユーザはプロバイダ網に接続する1本のアクセス回線だけで同時に複数の拠点と通信することができます。

網内の回線をほかのユーザと共有して使用するため、専用線よりもコストが安価です。ただし、回線が混雑して輻輳が発生している場合には、通信速度は保証されません。パケット交換サービスには、X.25、フレームリレー、ATMがあり、最も広く利用されているテクノロジーはフレームリレーです。

10-2 フレームリレーの基本設定

フレームリレー接続に必要なルータの設定で最も重要なことは、適切なカプセル化タイプを指定することです。本節では、フレームリレーの基本的な設定方法について説明します。

■ カプセル化タイプの設定

encapsulation frame-relayコマンドを使用して、フレームリレー網へデータトラフィックを転送する際のカプセル化タイプを指定します。カプセル化タイプには2種類あり、フレームリレー網に接続しているリモート側のルータがCiscoルータの場合は「cisco」、他ベンダ[*]のルータの場合は「ietf」を使用します。なお、何も指定しない場合はデフォルトの「cisco」になります（472ページのPoint「フレームリレーのカプセル化タイプ」を参照）。

構文 カプセル化タイプをフレームリレーに設定（インターフェイスコンフィグモード）
(config-if)#encapsulation frame-relay [cisco | ietf]

引数	説明
cisco	シスコ独自のカプセル化タイプ（オプション）。リモートルータがCiscoルータの場合に使用する（省略すると、デフォルトでciscoが選択される）
ietf	IETF[※14]標準のカプセル化タイプ（オプション）。リモートルータが他ベンダの場合に使用する

■ LMIタイプの設定（オプション）

LMIのタイプは、サービスプロバイダのフレームリレースイッチが使用しているLMIと一致させる必要があります。Cisco IOSリリース11.2以降のルータでは、フレームリレースイッチからのLMIを受信するとLMIタイプを自動検出して合致させるため設定は不要ですが、Cisco IOSリリース11.2より前のルータでは、以下のようにLMIタイプを手動で設定する必要があります。

構文 LMIタイプを設定（インターフェイスコンフィグモード）
(config-if)#frame-relay lmi-type { cisco | ansi | q933a }

引数	説明
cisco	LMIタイプをciscoに指定（デフォルト）
ansi	LMIタイプをansiに指定
q933a	LMIタイプをq933aに指定

※14 【IETF】(アイイーティーエフ) Internet Engineering Task Force：インターネット上で使われている各種プロトコルなどを標準化したRFCを発行する組織

■ Inverse ARPの無効および有効化

インターフェイスのカプセル化タイプをフレームリレーに設定すると、Inverse ARPが自動的に有効になります。何らかの理由によりInverse ARPを無効にしたいときは、インターフェイスコンフィギュレーションモードから**no frame-relay inverse-arp**コマンドを使用します。なお、静的にフレームリレーマップを設定するコマンドを実行すると、特定DLCIのInverse ARPは無効になります。再び有効化したいときはframe-relay inverse-arpコマンドを使用します。

構文 Inverse ARPの無効および有効化（インターフェイスコンフィグモード）
(config-if)#[**no**] **frame-relay inverse-arp** <protocol> <dlci>

引数	説明
protocol	ip、ipxなどの特定プロトコル名を指定
dlci	Inverse ARPメッセージを交換するために使用するローカルインターフェイスのDLCI番号を指定

【Inverse ARPを使用したフレームリレーの基本設定例】

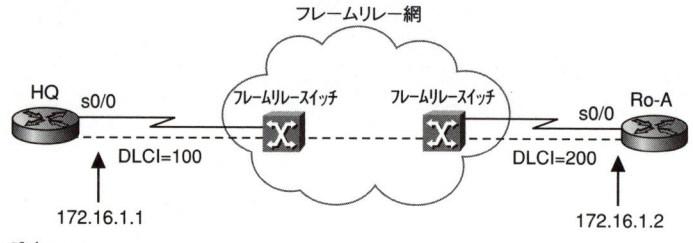

```
フレームリレー網
HQ   s0/0    フレームリレースイッチ    フレームリレースイッチ    s0/0   Ro-A
          DLCI=100                                          DLCI=200
        172.16.1.1                                         172.16.1.2
```

<HQの設定>
```
HQ(config)#interface serial0/0
HQ(config-if)#encapsulation frame-relay
HQ(config-if)#ip address 172.16.1.1 255.255.255.0
HQ(config-if)#bandwidth 128
HQ(config-if)#no shutdown
HQ(config-if)#end
HQ#
```

<Ro-Aの設定>
```
Ro-A(config)#interface serial0/0
Ro-A(config-if)#encapsulation frame-relay
Ro-A(config-if)#ip address 172.16.1.2 255.255.255.0
Ro-A(config-if)#bandwidth 128
Ro-A(config-if)#no shutdown
Ro-A(config-if)#end
Ro-A#
```

■ スタティックフレームリレーマップの設定

リモートルータがInverse ARPをサポートしていない場合は、ブロードキャストおよびマルチキャストトラフィックを制御するときに、静的にフレームリレーマップを設定します。フレームリレーマップにスタティックなエントリを設定するには、frame-relay mapコマンドを使用してリモートルータのネットワーク層アドレスとローカルDLCIをマッピングします。

オプションのbroadcastキーワードは、VC上にブロードキャストおよびマルチキャストのパケットを送信できるようにします。これによって、フレームリレー網を介してRIPなどのダイナミックルーティングが可能になります（後述）。

構文 スタティックフレームリレーマップの設定（インターフェイスコンフィグモード）
(config-if)#**frame-relay map** <protocol> <address> <dlci> [**broadcast**]

引数	説明
protocol	ip、ipxなどの特定プロトコル名を指定
address	リモートルータのインターフェイスのネットワーク層アドレスを指定
dlci	ローカルDLCI番号を指定
broadcast	VC上でブロードキャストおよびマルチキャストの送信を許可する場合に指定（オプション）

スタティックフレームリレーマップを消去するには、設定したframe-relay mapコマンドの先頭に「no」を付けて実行します。なお、Inverse ARPを使用してダイナミックに作成されたフレームリレーマップを消去する場合、特権モードでclear frame-relay-inarpコマンドを使用します。

【スタティックフレームリレーマップの設定例】

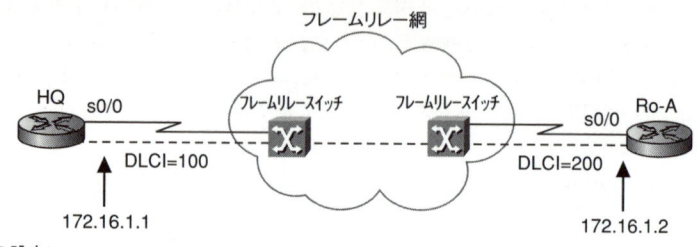

```
<HQの設定>
HQ(config)#interface serial 0/0
HQ(config-if)#encapsulation frame-relay
HQ(config-if)#ip address 172.16.1.1 255.255.255.0
HQ(config-if)#frame-relay map ip 172.16.1.2 100 broadcast
```

```
<Ro-Aの設定>
Ro-A(config)#interface serial 0/0
Ro-A(config-if)#encapsulation frame-relay
Ro-A(config-if)#ip address 172.16.1.2 255.255.255.0
Ro-A(config-if)#frame-relay map ip 172.16.1.1 200 broadcast
```

Point　フレームリレーのカプセル化タイプ

Ciscoルータでは、フレームリレーのカプセル化タイプとして「シスコ独自」と「IETF標準」の2種類があります。フレームリレー網に接続している相手側が他ベンダのルータの場合、encapsulation frame-relayコマンドの最後に「ietf」を付加する必要があります。

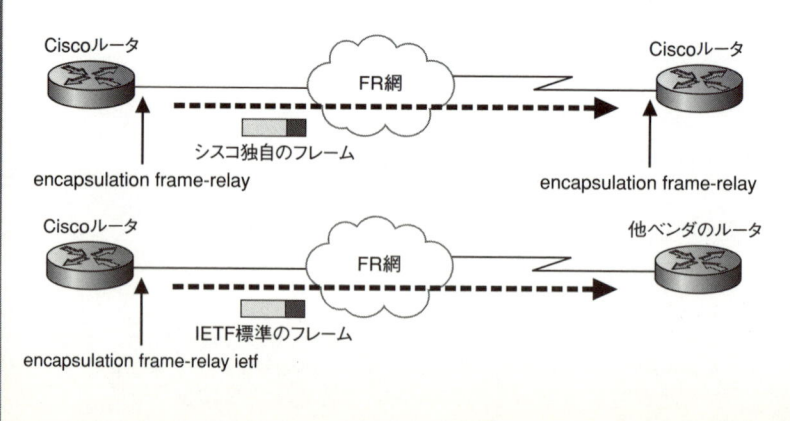

10-3 NBMA問題とフレームリレーサブインターフェイスの設定

NBMAネットワークであるフレームリレーでは、スプリットホライズンによって、拠点間でルーティングアップデートを適切に転送できないという問題が発生します。サブインターフェイスを設定することで、この問題を回避することができます。

■ NBMA

　フレームリレーは、デフォルトでNBMA（Non-Broadcast Multiple Access）と呼ばれるネットワークになります。NBMAとは、ブロードキャスト*（およびマルチキャスト[※15]）の機能をサポートしていないマルチアクセスネットワーク[※16]のことです。
　ブロードキャストは、あるノード[※17]がパケットを1つだけ送信すると、それをサブネット上のすべてのノードが受信する通信をいいます。
　NBMAは「ノンブロードキャスト」という名のとおり、送信された1つのブロードキャストパケットが複数のノードへ届くわけではありません。そのため、ブローキャスト（およびマルチキャスト）のパケットを送信する必要がある場合は、フレームリレーマップにbroadcastキーワードを付けてマッピング情報を設定します。これによって、フレームリレーネットワーク上に、ブロードキャスト（およびマルチキャスト）のパケットを必要な相手にそれぞれコピーして届けることができます。その結果、フレームリレー網に接続された複数のルータにブロードキャストが届くため、RIPなどを使用してルート情報を交換することが可能になります。

※15 【マルチキャスト】multicast：参加を希望した複数の受信者に同じ内容のデータを送信する通信方式のこと。送信元では宛先がマルチキャストアドレスのパケットを1つだけ送信し、そのパケットはネットワーク途中にあるルータなどによって必要に応じてコピーされて受信者へ配信されるため、動画など容量の大きなデータを効率よく配信することができる

※16 【マルチアクセスネットワーク】Multi Access Network：1つのインターフェイス上に複数の端末が接続可能なネットワークを指す。代表的なマルチアクセスネットワークにイーサネットLANがある。フレームリレーも1つのアクセス回線で複数の仮想回線（VC）を多重化しているためマルチアクセスネットワークである

※17 【ノード】node：ネットワークに接続されている端末やネットワークデバイスのこと。コンピュータもノードの1つ

【NBMA】

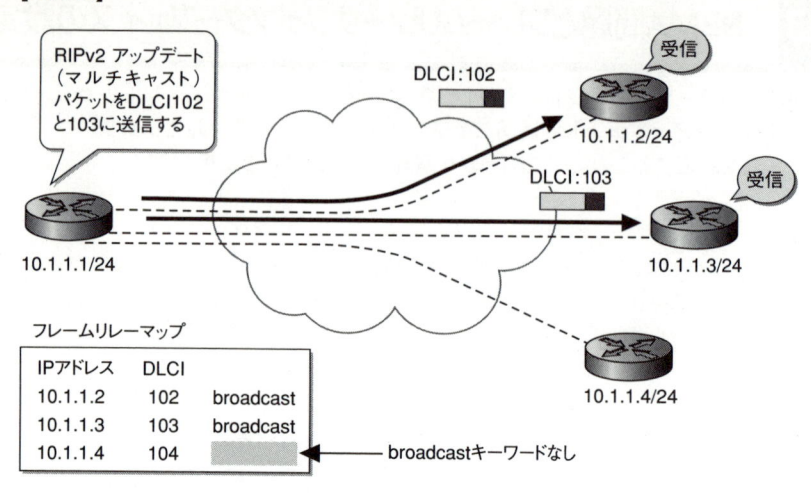

RIPv2 アップデート（マルチキャスト）パケットをDLCI102と103に送信する

10.1.1.1/24
DLCI:102 受信 10.1.1.2/24
DLCI:103 受信 10.1.1.3/24
10.1.1.4/24

フレームリレーマップ

IPアドレス	DLCI	
10.1.1.2	102	broadcast
10.1.1.3	103	broadcast
10.1.1.4	104	

← broadcastキーワードなし

■ NBMAにおけるスプリットホライズンの問題

　NBMAでは、ルータが1つのインターフェイス上で複数の拠点をマルチポイント接続している場合、スプリットホライズン*（477ページのMemo「スプリットホライズン」を参照）によってある拠点から受信したルート情報をほかの拠点へ送れないという問題が発生します。スプリットホライズンは、ディスタンスベクター型ルーティングプロトコルにおいてルーティングループを回避するために、特定のインターフェイスで受信したルート情報を同じインターフェイスからは送信しないという機能です。

【NBMAにおける問題】

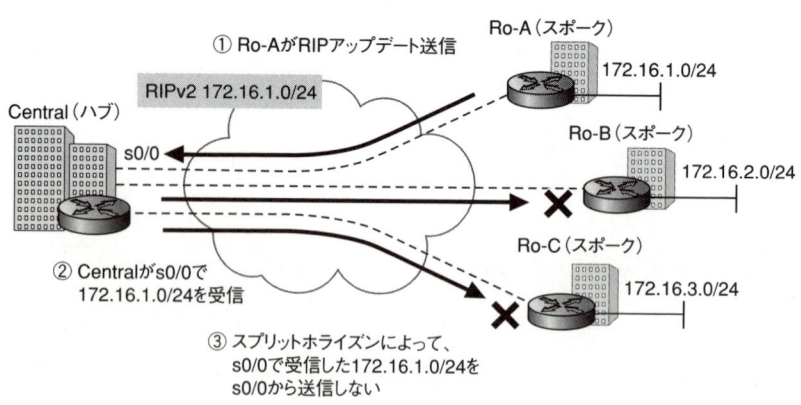

① Ro-AがRIPアップデート送信
RIPv2 172.16.1.0/24
Central（ハブ）
s0/0
Ro-A（スポーク） 172.16.1.0/24
Ro-B（スポーク） 172.16.2.0/24
Ro-C（スポーク） 172.16.3.0/24

② Centralがs0/0で172.16.1.0/24を受信

③ スプリットホライズンによって、s0/0で受信した172.16.1.0/24をs0/0から送信しない

たとえば、上の図のようなハブアンドスポークトポロジにおいて、ルーティングプロトコルにRIPv2を使用しているとします。このとき、Ro-Aは「172.16.1.0/24」のルート情報をフレームリレー網へ送信します。これをCentralがs0/0インターフェイスで受信すると、自身のルーティングテーブルに「172.16.1.0/24」を学習しますが、Centralルータはs0/0で受信したこのルート情報をs0/0からは送信しません。このため、Ro-BおよびRo-Cは、「172.16.1.0/24」のルート情報をルーティングテーブルに学習することができません。もちろん、ほかのスポークルータからのルート情報についても同じことがいえます。その結果、スポーク間のパケットを正しくルーティングすることができないというわけです。

■ スプリットホライズンの問題の解決方法

スプリットホライズンによるルーティングアップデートの到達可能性の問題を解決する方法として、次の3つがあります。

・スプリットホライズンの無効化
・フルメッシュ型トポロジにする
・サブインターフェイスを使用する

スプリットホライズンはインターフェイスコンフィギュレーションモードでno ip split-horizonコマンドを使用して無効化することが可能です。ハブ側のルータでスプリットホライズンの機能を無効にすると、スポーク間のルート情報を伝播することができます。ただし、ネットワークにルーティングループが発生する可能性があるので注意が必要です。

また、トポロジをフルメッシュにすることで、すべてのルータ間で直接ルート情報を交換することができます。しかし、この場合はPVC数が増加するためコストが余計に発生します。

スプリットホライズンの問題を解決する最善の方法は、サブインターフェイスを使用することです。サブインターフェイスとは、1つの物理インターフェイスを論理的に分割したものです。ハブ側のルータでサブインターフェイスを作成し、論理的にインターフェイスをスポークの数だけ分割すれば、スプリットホライズンの問題を解決することができます。

サブインターフェイスでは、各VCをポイントツーポイント接続として設定でき、サブインターフェイスをあたかも専用線のように使用できます。したがって、フレームリレーのポイントツーポイントサブインターフェイスを使用する場合、各サブインターフェイスにIPアドレスを割り当て、それぞれに専用のサブネットが必要となります。

たとえば、次の構成でCentral（ハブ）ルータのs0/0インターフェイスに、3つのポイントツーポイントサブインターフェイスを設定した結果、Ro-AからのルーティングアップデートをCentralはs0/0.1サブインターフェイスで受信し、s0/0.2およびs0/0.3サブインターフェイスから送信することができるようになります。

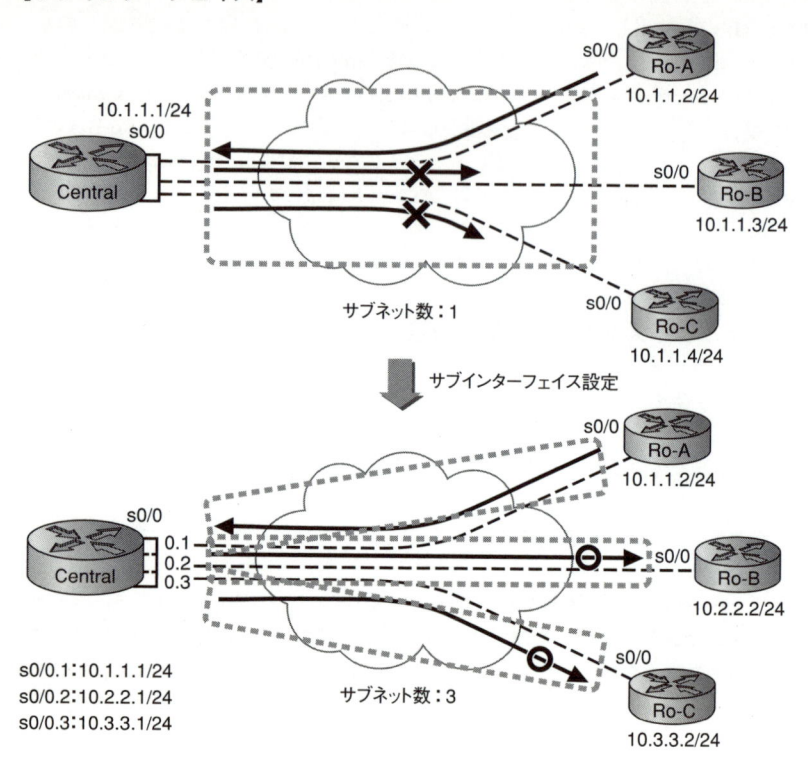

第10章　フレームリレー

【サブインターフェイス】

10.1.1.1/24
s0/0
Central

s0/0
Ro-A
10.1.1.2/24

s0/0
Ro-B
10.1.1.3/24

s0/0
Ro-C
10.1.1.4/24

サブネット数：1

↓ サブインターフェイス設定

s0/0
0.1
0.2
0.3
Central

s0/0.1：10.1.1.1/24
s0/0.2：10.2.2.1/24
s0/0.3：10.3.3.1/24

サブネット数：3

s0/0
Ro-A
10.1.1.2/24

s0/0
Ro-B
10.2.2.2/24

s0/0
Ro-C
10.3.3.2/24

Memo　スプリットホライズン

スプリットホライズンは、あるインターフェイスから受信したルート情報を、同じインターフェイスからは送り返さない手法です。これは、「ルート情報はそれを受け取った方向に返しても意味がない」という考え方によるものです。スプリットホライズンは、ディスタンスベクター型ルーティングプロトコルにおいてルーティングループの問題を解決する方法のひとつです。

【スプリットホライズン（RIPv2の場合）】

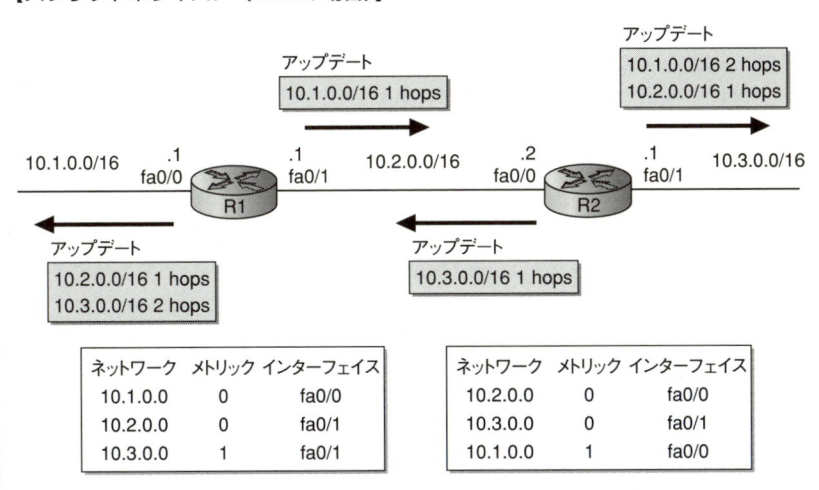

アップデート
10.1.0.0/16 1 hops

アップデート
10.1.0.0/16 2 hops
10.2.0.0/16 1 hops

10.1.0.0/16　.1　　　　.1　10.2.0.0/16　.2　　　　.1　10.3.0.0/16
　　　　　　fa0/0　　fa0/1　　　　　　　　fa0/0　　fa0/1
　　　　　　　　R1　　　　　　　　　　　　　　R2

アップデート
10.2.0.0/16 1 hops
10.3.0.0/16 2 hops

アップデート
10.3.0.0/16 1 hops

ネットワーク	メトリック	インターフェイス
10.1.0.0	0	fa0/0
10.2.0.0	0	fa0/1
10.3.0.0	1	fa0/1

ネットワーク	メトリック	インターフェイス
10.2.0.0	0	fa0/0
10.3.0.0	0	fa0/1
10.1.0.0	1	fa0/0

たとえば、R1ルータはfa0/1インターフェイスで「10.3.0.0/16」のルート情報を受信すると、自身のルーティングテーブルに学習しますが、fa0/1インターフェイスでアップデート送信する際のルート情報に「10.3.0.0/16」は含まれません。

◎ スプリットホライズンの詳細は、『徹底攻略Cisco CCNA/CCENT教科書 ICND1編』を参照してください。

■ フレームリレーサブインターフェイスのモード

　サブインターフェイスは、1つの物理インターフェイスを複数に分割し、ルータに論理インターフェイスを割り当てます。フレームリレーのサブインターフェイスには、ポイントツーポイントとマルチポイントの2種類のタイプがあります。

● ポイントツーポイントサブインターフェイス

　　ポイントツーポイントサブインターフェイスの構成では、1つのサブインターフェイスで1つのPVC接続を確立します。この場合、サブインターフェイスごとに専用のサブネットアドレスを割り当てる必要があります。ポイントツーポイントサブインターフェイスは各PVCを専用回線のように使用できるので、スプリットホライズンの問題が解決されます。
　　ポイントツーポイントサブインターフェイスは、ハブアンドスポーク（スター）トポロジに適用します。

● マルチポイントサブインターフェイス

　　マルチポイントサブインターフェイスの構成は、1つのサブインターフェイスで複数のPVC接続を確立します。この場合、接続先のリモートルータは同じサブネットアドレスが割り当てられます。マルチポイントサブインターフェイスはNBMAネットワークで動作するため、スプリットホライズンの問題は解決されません。
　　マルチポイントサブインターフェイスは、フルメッシュトポロジまたはパーシャル（部分）メッシュトポロジに適用します。

■ フレームリレーサブインターフェイスの設定

　フレームリレーサブインターフェイスを作成する前に、物理インターフェイスのカプセル化タイプを「フレームリレー」に設定します。つまり、インターフェイスコンフィギュレーションモードで**encapsulation frame-relay**コマンドを実行します。物理インターフェイスにすでにIPアドレスが割り当てられている場合には、**no ip address**コマンドで消去します。
　サブインターフェイスを作成するには、グローバルコンフィギュレーションモードで**interface**コマンドを使用し、ポート番号の後ろに小数点付きでサブインターフェイスの番号を入力します。そして最後に**point-to-point**または**multipoint**のいずれかを指定します（デフォルトはないので、必ずどちらかを指定する必要があります）。

構文 ポイントツーポイントサブインターフェイスの作成（グローバルコンフィグモード）
(config)#**interface serial** <slot>/<port>.<subif-number> **point-to-point**

構文 マルチポイントサブインターフェイスの作成（グローバルコンフィグモード）
(config)#**interface serial** <slot>/<port>.<subif-number> **multi-point**

引数	説明
slot	インターフェイスのスロット番号を指定。固定型ルータの場合は不要
port	インターフェイスのポート番号を指定
subif-number	サブインターフェイスを識別するための番号を1～429496729の範囲で指定

　サブインターフェイスの作成コマンドを実行すると、プロンプトが(config-subif)#に変わります。
　なお、サブインターフェイスのタイプをあとから変更するには、ルータの再起動が必要です。たとえば、s0/0.1ポイントツーポイントサブインターフェイスをマルチポイントに変更して使用する場合、サブインターフェイスの設定をいったん消去してからルータを再起動し、そのあとにs0/0.1マルチポイントサブインターフェイスを設定します。ルータを再起動したくない場合は、ほかのサブインターフェイス番号を使用します。

● ローカルDLCIの指定

　サブインターフェイスをポイントツーポイントで構成する場合、どのVCを使用するかを明確にするために、サブインターフェイスに1つのローカルDLCI番号を指定する必要があります。ポイントツーポイントサブインターフェイスの場合、frame-relay mapコマンドは使用できません。

構文 ローカルDLCIの指定（サブインターフェイスコンフィグモード）
(config-subif)#**frame-relay interface-dlci** <dlci-number>

　このコマンドを実行するとプロンプトが「(config-fr-dlci)#」に変わります。
　なお、サブインターフェイスマルチポイントの場合、frame-relay mapコマンドを使ってスタティックにIPアドレスとDLCIをマッピングすることができます。ただし、frame-relay mapコマンドを使用せずに、Inverse ARPを有効にしてフレームリレーマップを構成する場合は、どのVCを使用するかを明確にするためにframe-relay interface-dlciコマンドをPVCの数だけ設定する必要があります。
　以下に、フレームリレーのポイントツーポイントサブインターフェイスとマルチポイントサブインターフェイスの設定例を示します。

【ポイントツーポイントサブインターフェイスの設定例】

```
Central(config)#interface serial0/0           ←物理インターフェイスを指定
Central(config-if)#shutdown
Central(config-if)#encapsulation frame-relay  ←カプセル化タイプを設定
Central(config-if)#no ip address              ←物理インターフェイスのIPアドレスを消去
Central(config-if)#exit
Central(config)#interface serial0/0.1 point-to-point  ←1つ目のサブインターフェイス作成
Central(config-subif)#ip address 10.1.1.1 255.255.255.0
Central(config-subif)#frame-relay interface-dlci 100  ←ローカルDLCIを指定
Central(config-fr-dlci)#exit
Central(config-subif)#exit
Central(config)#interface serial0/0.2 point-to-point  ←2つ目のサブインターフェイス作成
Central(config-subif)#ip address 10.2.2.1 255.255.255.0
Central(config-subif)#frame-relay interface-dlci 200  ←ローカルDLCIを指定
Central(config-fr-dlci)#exit
Central(config-subif)#exit
Central(config)#interface serial0/0.3 point-to-point  ←3つ目のサブインターフェイス作成
Central(config-subif)#ip address 10.3.3.1 255.255.255.0
Central(config-subif)#frame-relay interface-dlci 300  ←ローカルDLCIを指定
Central(config-fr-dlci)#exit
Central(config-subif)#exit
Central(config)#interface serial0/0
Central(config-if)#no shutdown
Central(config-if)#end
```

10-3 NBMA問題とフレームリレーサブインターフェイスの設定

【マルチポイントサブインターフェイスの設定例】

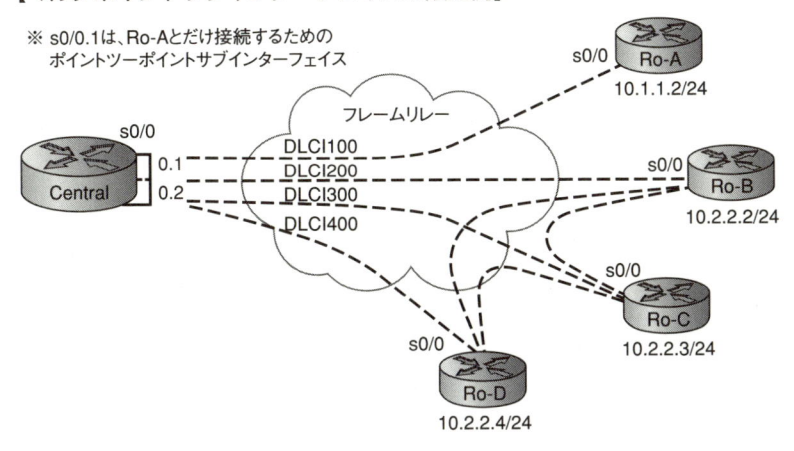

※ s0/0.1は、Ro-Aとだけ接続するためのポイントツーポイントサブインターフェイス

フレームリレー
- DLCI100
- DLCI200
- DLCI300
- DLCI400

Central s0/0
- 0.1
- 0.2

Ro-A s0/0　10.1.1.2/24
Ro-B s0/0　10.2.2.2/24
Ro-C s0/0　10.2.2.3/24
Ro-D s0/0　10.2.2.4/24

```
Central(config)#interface serial0/0         ←物理インターフェイスを指定
Central(config-if)#shutdown
Central(config-if)#encapsulation frame-relay   ←カプセル化タイプを設定
Central(config-if)#no ip address            ←物理インターフェイスのIPアドレスを消去
Central(config-if)#exit
Central(config)#interface serial0/0.1 point-to-point  ←1つ目(ポイントツーポイント)
Central(config-subif)#ip address 10.1.1.1 255.255.255.0
Central(config-subif)#frame-relay interface-dlci 100   ←ローカルDLCIを指定
Central(config-fr-dlci)#exit
Central(config-subif)#exit
Central(config)#interface serial0/0.2 multipoint   ←2つ目(マルチポイント)
Central(config-subif)#ip address 10.2.2.1 255.255.255.0
Central(config-subif)#frame-relay map ip 10.2.2.2 200 broadcast  ┐
Central(config-subif)#frame-relay map ip 10.2.2.3 300 broadcast  ├スタティックフレームリレーマップ
Central(config-subif)#frame-relay map ip 10.2.2.4 400 broadcast  ┘
Central(config-subif)#exit
Central(config)#interface serial0/0
Central(config-if)#no shutdown
Central(config-if)#end
```

Point　フレームリレーサブインターフェイスのまとめ

ポイントツーポイントおよびマルチポイントフレームリレーサブインターフェイスの特徴を整理しておきましょう。

タイプ	特徴	適用するトポロジ
ポイントツーポイント	・1つのPVC確立（1拠点とだけ接続） ・専用線のように動作 ・サブインターフェイスごとに専用のサブネットが必要 ・スプリットホライズンの問題を解決する	・ハブアンドスポーク
マルチポイント	・複数のPVC確立可能（複数の拠点と接続できる） ・1つのサブネットを使用（アドレス空間を節約） ・スプリットホライズンの問題が残る	・フルメッシュ ・パーシャルメッシュ

10-4 フレームリレーの検証

フレームリレーを設定したら、それが適切に動作しているか確認します。本節では、フレームリレーの動作を検証するための代表的なコマンドとして、一般的に使用されるshowコマンドとdebugコマンドを紹介します。

■ インターフェイスのカプセル化タイプやLMI情報を確認

フレームリレー網に接続するルータのシリアルインターフェイスのカプセル化タイプやLMI情報を表示するには、show interfaces serialコマンドを使用します。このコマンドを使用すると、LMIタイプやLMI用のDLCIに関する情報も表示されます。

構文 インターフェイスのカプセル化タイプ、LMI情報を表示する
（ユーザモード、特権モード）

```
#show interfaces [serial <slot>/<port>]
```

【show interfacesコマンドの出力例】

```
Router#show interfaces serial0/0
Serial0/0 is up, line protocol is up      ←インターフェイスの状態（物理層、データリンク層）
  Hardware is QUICC Serial
  MTU 1500 bytes, BW 1544 Kbit, DLY 20000 usec,
     reliability 255/255, txload 1/255, rxload 1/255
  Encapsulation FRAME-RELAY, loopback not set    ←カプセル化タイプ
  Keepalive set (10 sec)
  LMI enq sent  7, LMI stat recvd 8, LMI upd recvd 0, DTE LMI up  ┐
  LMI enq recvd 0, LMI stat sent  0, LMI upd sent  0              ├LMI統計情報
  LMI DLCI 1023  LMI type is CISCO  frame relay DTE    ←①        ┘
  Broadcast queue 0/64, broadcasts sent/dropped 0/0, interface broadcasts 0
  Last input 00:00:08, output 00:00:08, output hang never
  Last clearing of "show interface" counters 00:02:35
  Input queue: 0/75/0 (size/max/drops); Total output drops: 0
  Queueing strategy: weighted fair
  Output queue: 0/1000/64/0 (size/max total/threshold/drops)
     Conversations  0/1/256 (active/max active/max total)
     Reserved Conversations 0/0 (allocated/max allocated)
  5 minute input rate 0 bits/sec, 0 packets/sec
  5 minute output rate 0 bits/sec, 0 packets/sec
     8 packets input, 136 bytes, 0 no buffer
```

```
        Received 0 broadcasts, 0 runts, 0 giants, 0 throttles
        1 input errors, 0 CRC, 1 frame, 0 overrun, 0 ignored, 0 abort
        10 packets output, 131 bytes, 0 underruns
        0 output errors, 0 collisions, 1 interface resets
        0 output buffer failures, 0 output buffers swapped out
        0 carrier transitions
        DCD=up  DSR=up  DTR=up  RTS=up  CTS=up
```

① LMIの送受信で使用するDLCIは「1023」、LMIタイプはcisco、ルータはDTEとして動作

■ LMI情報を確認

　LMIタイプ、あるいはルータとローカルフレームリレースイッチとの間で送受信されたLMIトラフィックの統計情報を表示するには、**show frame-relay lmi**コマンドを使用します。

構文 LMI情報を表示する（ユーザモード、特権モード）
```
#show frame-relay lmi
```

【show frame-relay lmiコマンドの出力例】

```
Router#show frame-relay lmi

LMI Statistics for interface Serial0/0 (Frame Relay DTE) LMI TYPE = CISCO   ←①
  Invalid Unnumbered info 0        Invalid Prot Disc 0
  Invalid dummy Call Ref 0         Invalid Msg Type 0
  Invalid Status Message 0         Invalid Lock Shift 0
  Invalid Information ID 0         Invalid Report IE Len 0
  Invalid Report Request 0         Invalid Keep IE Len 0
  Num Status Enq. Sent 7           Num Status msgs Rcvd 8                  ←②
  Num Update Status Rcvd 0         Num Status Timeouts 0
```

① LMIタイプはciscoを使用
② 送受信されたLMIステータスメッセージの数（送信：7、受信：8）

■ PVCトラフィック情報を確認

設定した各PVCのステータス、DLCI、トラフィックの統計情報をそれぞれ表示するには、show frame-relay pvcコマンドを使用します。コマンドの最後にDLCI番号を指定すると、特定のPVC情報のみ表示します。

構文 PVCトラフィック情報を表示する（ユーザモード、特権モード）
　　　　#show frame-relay pvc <dlci-number>

【show frame-relay pvcコマンドの出力例】

```
Router#show frame-relay pvc

PVC Statistics for interface Serial0/0 (Frame Relay DTE)

              Active     Inactive    Deleted     Static
  Local         1           1           0           0
  Switched      0           0           0           0
  Unused        0           0           0           0

DLCI = 100, DLCI USAGE = LOCAL, PVC STATUS = ACTIVE, INTERFACE = Serial0/0.1   ←①

  input pkts 9              output pkts 12         in bytes 1425
  out bytes 1827            dropped pkts 1         in FECN pkts 0       ←②
  in BECN pkts 0            out FECN pkts 0        out BECN pkts 0      ←③
  in DE pkts 0              out DE pkts 0
  out bcast pkts 12         out bcast bytes 1827
  pvc create time 00:06:32, last time pvc status changed 00:02:03

DLCI = 200, DLCI USAGE = LOCAL, PVC STATUS = INACTIVE, INTERFACE = Serial0/0.2   ←④

  input pkts 0              output pkts 1          in bytes 0
  out bytes 76              dropped pkts 0         in FECN pkts 0
  in BECN pkts 0            out FECN pkts 0        out BECN pkts 0
  in DE pkts 0              out DE pkts 0
  out bcast pkts 1          out bcast bytes 76
  pvc create time 00:07:08, last time pvc status changed 00:06:02
```

① Serial0/0.1サブインターフェイスのローカルDLCI「100」とステータス「ACTIVE」を示している
② 受信した輻輳通知「FECN」の数

③ 受信した輻輳通知「BECN」の数
④ Serial0/0.2サブインターフェイスのローカルDLCI「200」とステータス「INACTIVE」を示している

■ **フレームリレーマップを確認**

現在のフレームリレーマップのマッピング情報と、**PVC**のステータスを表示するには、show frame-relay mapコマンドを使用します。

構文 フレームリレーマップを表示する（ユーザモード、特権モード）
　　　　#show frame-relay map

【show frame-relay mapコマンドの出力例】

```
Router#show frame-relay map
Serial0.1 (up): point-to-point dlci, dlci 100(0x64,0x1840), broadcast
         status defined, active
Serial0.2 (down): point-to-point dlci, dlci 200(0xC8,0x3080), broadcast
         status defined, inactive
```

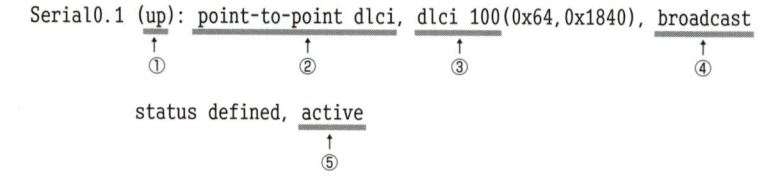

Serial0.1 (up): point-to-point dlci, dlci 100(0x64,0x1840), broadcast
　　　　①　　　　②　　　　　　　　　③　　　　　　　　　　　　④

　　　　　status defined, active
　　　　　　　　　　　　　⑤

① インターフェイスの状態
② ポイントツーポイントサブインターフェイスであることを示す。物理インターフェイスやマルチポイントサブインターフェイスの場合は、ここにリモートルータのIPアドレスが表示される
③ ローカルDLCI番号
④ ブロードキャストおよびマルチキャストのパケットを転送することを示している
⑤ PVCの状態を示している

なお、frame-relay mapコマンドを使用したスタティックフレームリレーマップの場合、次のような出力結果になります。

【スタティックにマッピングした場合の出力例】

```
Router(config)#interface serial0/0
Router(config-if)#frame-relay map ip 10.1.1.2 111 broadcast
Router(config-if)#end
Router#show frame-relay map
Serial0/0 (up): ip 10.1.1.2, dlci 111(0x6F,0x18F0), static,
broadcast
          CISCO, status defined, active
```

■ フレームリレーLMIの動作を確認（デバッグ）

ルータとローカルフレームリレースイッチ間でやり取りしているLMIをリアルタイムで確認するには、debug frame-relay lmiコマンドを使用します。

構文 フレームリレーLMIのデバッグを有効化（特権モード）
　　　#debug frame-relay lmi

【debug frame-relay lmiコマンドの出力例】

```
Router#debug frame-relay lmi
Frame Relay LMI debugging is on
Displaying all Frame Relay LMI data
Router#
03:13:43: Serial0/0(out): StEnq, myseq 121, yourseen 120, DTE up    ←①
03:13:43: datagramstart = 0x623A64, datagramsize = 13
03:13:43: FR encap = 0xFCF10309
03:13:43: 00 75 01 01 00 03 02 79 78
03:13:43:
03:13:43: Serial0/0(in): Status, myseq 121      ←②
03:13:43: RT IE 1, length 1, type 0    ←③
03:13:43: KA IE 3, length 2, yourseq 121, myseq 121
03:13:43: PVC IE 0x7 , length 0x6 , dlci 100, status 0x2 , bw 0     ┐
03:13:43: PVC IE 0x7 , length 0x6 , dlci 200, status 0x0, bw 0      ┘ ④
03:13:53: Serial0/0(out): StEnq, myseq 122, yourseen 121, DTE up
03:13:53: datagramstart = 0x623A64, datagramsize = 13
03:13:53: FR encap = 0xFCF10309
03:13:53: 00 75 01 01 01 03 02 7A 79
03:13:53:
```

```
03:13:53: Serial0/0(in): Status, myseq 122
03:13:53: RT IE 1, length 1, type 1      ← ⑤
03:13:53: KA IE 3, length 2, yourseq 122, myseq 122
03:14:03: Serial0/0(out): StEnq, myseq 123, yourseen 122, DTE up
03:14:03: datagramstart = 0x623A64, datagramsize = 13
03:14:03: FR encap = 0xFCF10309
03:14:03: 00 75 01 01 01 03 02 7B 7A
03:14:03:
03:14:03: Serial0/0(in): Status, myseq 123
03:14:03: KA IE 3, length 2, yourseq 123, myseq 123
03:14:13: Serial0/0(out): StEnq, myseq 124, yourseen 123, DTE up
03:14:13: datagramstart = 0x623A64, datagramsize = 13
03:14:13: FR encap = 0xFCF10309
03:14:13: 00 75 01 01 01 03 02 7C 7B
```

① 「out」はLMIを送信していることを示す（LMIはデフォルト10秒間隔で送信）
② 「in」はLMIを受信していることを示す
③ 「type 0」はステータスメッセージを示す
④ DLCIとステータスを16進数で示している
　0x0：Inactive（ローカル接続は正常で、リモートルータとフレームリレースイッチの間に問題）
　0x2：Active（PVC接続が有効で、通信が可能）
　0x4：Deleted（PVCが存在しない。フレームリレースイッチからLMIを受信していない）
⑤ 「type 1」はキープアライブメッセージを示す

10-5 演習問題

1. フレームリレーに関する説明として正しいものを選びなさい。(3つ選択)

    A. フレームリレーは、X.25を拡張したパケット交換方式のWANサービスである
    B. 物理的な1本の回線で、論理的な複数の仮想回線を使って複数拠点と通信を実現することができるため、専用線に比べてコストがかかる
    C. フレームリレーWANに接続される主な機器はDTEとDCEである
    D. フレームリレーはエラー訂正をTCPなどの上位層プロトコルに任せて高速性を実現するネットワーク層のプロトコルである
    E. 仮想回線を識別するためにDLCIを使用している
    F. Inverse ARPは、MACアドレスとネットワーク層アドレスのマッピングを行い、フレームリレーマップを動的に生成するプロトコルである

2. Ciscoルータ以外とフレームリレー接続するときのコマンドを選びなさい。

    A. (config)#encapsulation frame-relay ietf
    B. (config-if)#encapsulation frame-relay ietf
    C. (config-if)#encapsulation frame-relay
    D. (config)#encapsulation frame-relay ieee
    E. (config)#encapsulation frame-relay

3. フレームリレーネットワークの性質を表しているものを選びなさい。

    A. ブロードキャストマルチアクセス
    B. ノンブロードキャストマルチアクセス
    C. ポイントツーポイント
    D. パーシャルメッシュ
    E. ポイントツーマルチアクセス

4. 次のようなネットワークにおいて、R1ルータがスタティックでフレームリレーマップを設定するときのコマンドを選びなさい。

```
      R1           DLCI=20              DLCI=30            R2
            s0/0                                    s0/0
            ──────       フレームリレー       ──────
        192.168.1.1/24                       192.168.1.2/24
```

A. R1(config-if)#frame-relay map ip 192.168.1.2 20 broadcast
B. R1(config-if)#frame-relay map 192.168.1.2 20 broadcast
C. R1(config-if)#frame-relay map 192.168.1.2 dlci 20 broadcast
D. R1(config)#frame-relay map 192.168.1.2 dlci 30 broadcast
E. R1(config-if)#frame-relay map ip 192.168.1.2 30 broadcast

5. インターフェイスのカプセル化タイプとLMIの情報を確認するためのコマンドを選びなさい。

A. show frame-relay lmi
B. show frame-relay map
C. show frame-relay interface lmi
D. show frame-relay
E. show interfaces

10-6 解答

1. **A、C、E**

   フレームリレーは、パケット交換方式のWAN接続サービスです。光ファイバの導入によって回線品質が改良されたことにより、X.25のエラー訂正などの機能を取り除いて高速性を実現したのがフレームリレーです（**A**）。また、エラー訂正をTCPなどの上位層プロトコルに任せて高速通信を実現したデータリンク層のプロトコルでもあります（D）。

   専用線は接続する拠点の数だけシリアルインターフェイスを用意して物理的に接続するため、距離によってコストが高くなりますが、フレームリレーでは物理的な1本の回線を使って複数の仮想回線（VC：バーチャルサーキット）を用意することで、複数拠点と通信することを実現しています。フレームリレー網へ接続するアクセス回線の先は仮想接続のため料金が距離に依存しません（B）。

   フレームリレーWAN接続する主な機器はDTE（データ端末機器）とDCE（データ通信機器）です（**C**）。

   複数の仮想回線（VC）を識別するためにDLCIと呼ばれる番号を使用しています（**E**）。パケットを転送するためのフレームリレーヘッダにはDLCI番号が含まれます。ルータは、あらかじめフレームリレーマップにDLCIとネットワーク層アドレス（IPアドレス）のマッピング情報を保持しておく必要があります。このマッピング情報を動的に生成するプロトコルがInverse ARPです（F）。

2. **B**

   フレームリレーのカプセル化タイプには「cisco」（シスコ独自）と「ietf」（IETF標準）の2種類があり、正しく通信するにはカプセル化タイプを両側で一致させる必要があります。

   カプセル化タイプの設定はインターフェイスコンフィギュレーションモードで行います（A、D、E）。

   encapsulation frame-relayコマンドの後ろに「cisco」または「ietf」キーワードを付加してタイプを指定しますが、省略した場合にはシスコ独自のカプセル化タイプが選択されます（C）。

   設問では対向がCisco以外のルータとあるため、(config-if)#encapsulation frame-relay ietfが正解です（**B**）。

3. **B**

フレームリレーはデフォルトでノンブロードキャストマルチアクセス（NBMA）と呼ばれるネットワークで動作しています（**B**）。NBMAは、イーサネットLAN環境のようにマルチアクセスネットワークでありながら、1つのブロードキャストパケットをサブネット上にあるすべてのデバイスに転送できない性質を持っています。そのため、フレームリレーではブロードキャスト（マルチキャストパケット含む）を送信する必要がある場合、パケットをVCごとにコピーして擬似的にブロードキャストを実現しています。

4. **A**

フレームリレーマップは、対向ルータのネットワーク層アドレスとローカル（自身）のDLCI番号のマッピング情報です。
フレームリレーマップを手動で設定するときのコマンドは、次のとおりです。

```
                           ネクストホップアドレス  ブロードキャスト/マルチキャスト許可
                                    ↓                    ↓
(config-if)#frame-relay map <protocol> <address> <dlci> [broadcast]……(A)
                                ↑
                      IPパケットの場合「ip」    ローカルDLCI
```

5. **E**

カプセル化タイプをフレームリレーに設定しているとき、show interfacesコマンドではインターフェイスのカプセル化タイプとLMI情報を表示します（**E**）。
show frame-relay lmiコマンドは、LMIタイプおよびルータとフレームリレースイッチ間でやりとりされたLMIトラフィックの統計情報を表示しますが、カプセル化タイプは表示されません（A）。
show frame-relay mapコマンドは、フレームリレーマップのマッピング情報およびPVCのステータスを表示します（B）。選択肢CとDは不正なコマンドです。

第11章

VPN

11-1 VPNの概要

11-2 IPsecの概要

11-3 IPsecのセキュリティサービス

11-4 暗号化アルゴリズムと鍵交換

11-5 演習問題

11-6 解答

11-1 VPNの概要

VPNを利用すると、インターネットを介して支社のみならずホームオフィス、ビジネスパートナーのサイト、あるいはSOHO[※1]などから企業ネットワークへ安全に接続することができます。

■ VPNの概要

VPN（Virtual Private Network：仮想プライベートネットワーク）は、インターネットのような公衆ネットワーク[※2]を利用して、あたかも専用線のように安全に接続するための技術です。VPNの普及は1999年頃に本格化し、現在では企業におけるWAN構築ソリューションの主流となっています。

VPNでは、トラフィックをプライベートな状態に維持するためにデータが暗号化され、情報の機密性が保持されます。

【VPNは仮想の専用線】

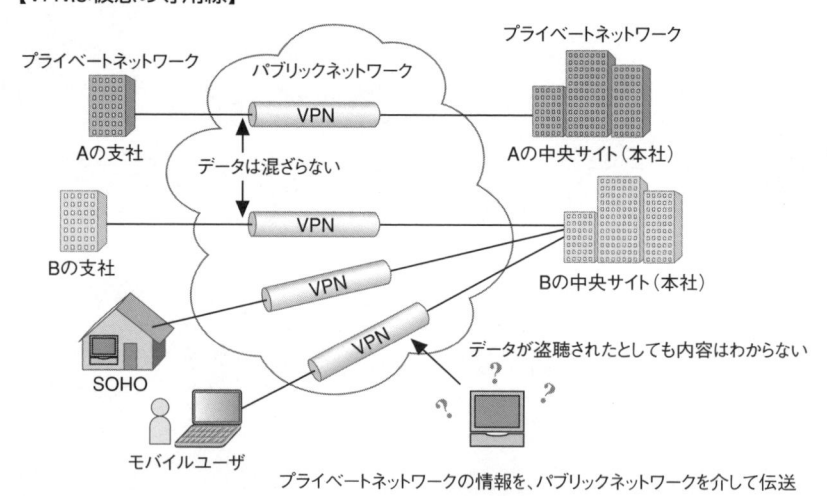

VPNは、インターネットのような公衆回線を利用するかどうかで「インターネットVPN」と「IP-VPN」の2つに分類できます（詳細は後述します）。

※1 **【SOHO】**(ソーホー) Small Office Home Office：在宅勤務者の自宅や離れた小さな事務所と会社をコンピュータネットワークで結んで業務を行うワークスタイルの総称のこと。あるいは、コンピュータネットワークを利用して自宅や小さな事務所で事業を起こすこと

※2 **【公衆ネットワーク】**public network：特定の企業が占有して利用するものではなく、不特定多数のユーザが利用できるネットワークのこと。インターネットや電気通信事業者が所有するネットワークがある

■ VPNの利点

VPNを利用することにより、次のような利点があります。

● コスト

VPNが普及した最大の理由として、まず運用コストの削減が挙げられます。従来、トラフィック量の多い企業の拠点間通信には専用線などが利用されていました。専用線は、決められた2つの拠点間の帯域を占有し自由かつ安全に使用できますがコストがかかるため、特定の拠点間でしか利用できないのが実情でした。

VPNはこうした問題を解決し、ADSL*やFTTH*など安価なブロードバンドのインターネットアクセスサービスを利用して、企業の高速な拠点間通信を低コストで実現します。

● セキュリティ

VPNでは、不正なアクセスからデータを保護するための高度な暗号化と認証プロトコルを使用して、高レベルのセキュリティを実現します。

● スケーラビリティ

VPNでは、インターネットのような公衆ネットワークを介して接続されるため、企業では大規模なインフラストラクチャ[※3]を追加することなく、業務の必要性に応じて新規ユーザの追加をすばやく、容易に行うことができます。

■ インターネットVPN

インターネットVPNは、インターネットを経由して遠隔地同士でVPNを構築する方法です。インターネットは誰でも利用できるオープンなネットワークなので、データの盗聴や改ざん[※4]などの危険性があります。この問題を解決するため、インターネットVPNでは、IPsec[※5]やSSL[※6]などのセキュリティプロトコルを使って仮想的なプライベートネットワークを構築し、データを安全に伝送します。

インターネットVPNには、次の2つのタイプがあります。

※3 【インフラストラクチャ】infrastructure：単語としては基盤、下部構造などの意味を持ち、さまざまな分野で用いられる用語でインフラとも略される。通信におけるインフラストラクチャとは、ネットワークを構築する際の通信機器や通信回線、および料金体系の整備などを指す

※4 【改ざん】falsification：データあるいは記録の全部または一部を無断で変更したり、消去したりする行為のこと。たとえば、インターネットを介して他人のサーバに不正侵入し、Webサイトや配信メール、アクセスログなどを当該管理者の許可なく無断で書き換えたりする行為を指す

※5 【IPsec】(アイピーセック) IP security protocol：IPネットワークにおいてセキュリティ機能を付加する仕組みのこと。IPsecを使用するとデータの機密性や整合性、あるいは送信元認証を実現可能。IPsec自体は特定の暗号化、認証、セキュリティアルゴリズムに依存しないオープン規格のフレームワークである

※6 【SSL】(エスエスエル) Secure Sockets Layer：TCPとアプリケーションプロトコルの中間に位置する暗号化プロトコル。インターネットを利用したオンラインショッピングなどでのクレジット決済や個人情報などを入力するWebサイトなどで広く利用されている

● サイト間VPN

　サイト間VPNは、企業の離れた拠点間を接続する一般的なタイプです。サイト間VPNの場合、ユーザはVPNソフトウェアを必要とせず、通常のIPパケットはVPNゲートウェイを介して送受信することが可能です。VPNゲートウェイは、ユーザからのパケットを受信するとカプセル化と暗号化を行い、インターネット上のVPNトンネルを経由して対向のサイトのピア（通信相手）VPNゲートウェイに送信します。

　ピアのVPNゲートウェイにパケットが到着すると、非カプセル化とデータの復号[7]が行われ、パケットが宛先ホストへと中継されます。

　VPNゲートウェイとしては、ルータ、ファイアウォール、Cisco VPNコンセントレータ[8]またはCisco ASA5500シリーズなどのセキュリティアプライアンス（機器）を使用できます。

【サイト間VPN】

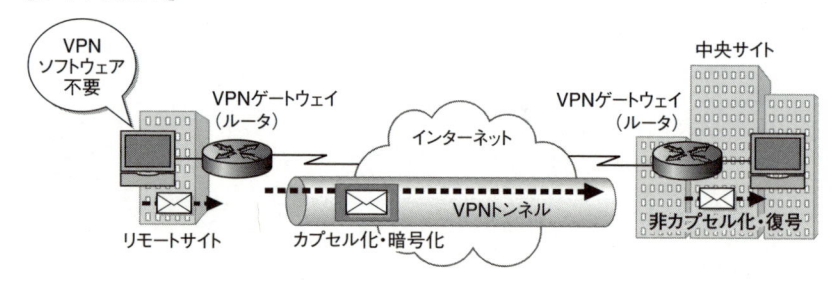

● リモートアクセスVPN

　リモートアクセスVPNは、在宅勤務者、モバイルユーザ、および企業間エクストラネット[9]などと企業ネットワークを安全に接続します。リモートアクセスVPNによって、リモートユーザはどこからでも最寄りのISPへ接続し、インターネットを経由して会社のネットワークにアクセスすることができます。

　リモートアクセスVPNは、一般電話サービス（POTS）やISDNなどの回線交換ネットワークを拡張したものです。リモートアクセスクライアントは、通常VPN Clientソフトウェアを使用します。ユーザがデータを送信しようとすると、VPN Clientソフトウェアがデータのカプセル化と暗号化を実行し、インターネットを経由して接続先のVPNゲートウェイに送信します。

※7　【**復号**】decode：暗号化されたデータを元に戻して読み取れる状態にすること
※8　【**VPNコンセントレータ**】VPN concentrator：VPN接続を終端する集線装置のこと。シスコのVPNコンセントレータとしては古い製品シリーズとなり、現在ではCisco ASAシリーズが使用されている
※9　【**エクストラネット**】extranet：イントラネットを拡張し、関連会社や取引先とインターネットを介して相互通信できるようにしたネットワークのこと。エクストラネットによって、低コストで効率的な商取引を実現する

【リモートアクセスVPN】

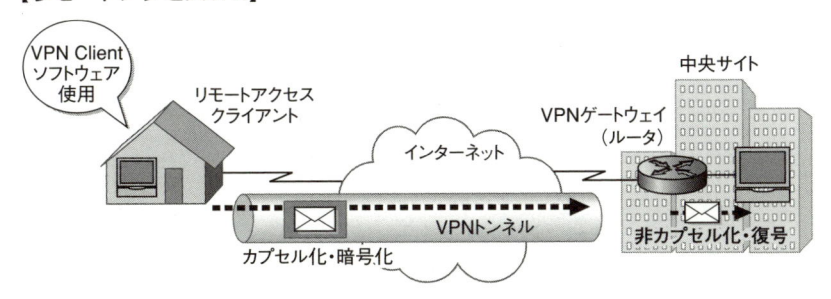

■ IP-VPN

　IP-VPNは、電気通信事業者[10]が所有する専用のネットワークを経由してVPNを構築する方法です。したがって、インターネットVPNに比べると運用コストは必要ですが、通信品質の高い閉域網を利用するため、安全性と安定性はインターネットVPNより高くなります。
　IP-VPNでは、一般的にMPLS[11]と呼ばれる技術が利用されます。

◎ IP-VPNはCCNAの範囲を超えるため、本書でのVPNの説明では主にインターネットVPNを取り上げます。

■ シスコのリモートアクセスVPNソリューション

　シスコ製品によるリモートアクセスVPNの導入には、Cisco Easy VPNとCisco IOS IPsec SSL VPNと呼ばれる2つのソリューションがあります。

● Cisco Easy VPN

　在宅勤務者やSOHO向けのVPNでは、導入の手軽さが重要になります。Cisco Easy VPNでは、VPN接続を行うクライアントには細かいパラメータ設定の必要がなく、容易にIPsec通信ができるようになります。また、セキュリティに関するポリシーを中央サイトで集中管理することができます。

※10 【電気通信事業者】(キャリア)：WANを構築するための通信サービスを提供している企業のこと。キャリアとも呼ばれる。国内では第1種通信事業者（自前の設備でサービスを提供する）と第2種通信事業者（第1種通信事業者から設備を借りてサービスを提供する）に分けられる。NTTやKDDIなどが第1種通信事業者にあたる

※11 【MPLS】(エムピーエルエス) Multi Protocol Label Switching：IETF標準のパケット転送技術のひとつ。パケットに宛先情報を含む「ラベル」と呼ばれる目印を付加し、ラベルを参照するだけで次のルータへ転送できるため高速ルーティングが可能になる

Cisco Easy VPNには、次の2つの構成要素があります。

- Cisco Easy VPN Server

　Cisco Easy VPN Serverは、リモートユーザとのVPNトンネルを終端し、IPsec接続を受け入れるVPNゲートウェイであり、Cisco Easy VPN Serverソフトウェアが稼働するCisco IOSルータ、Cisco VPNコンセントレータ、またはCisco ASAセキュリティアプライアンスを指します。

　Easy VPN Serverは、VPN接続に必要なパラメータをEasy VPN Remoteへ送信します。

- Cisco Easy VPN Remote

　Cisco Easy VPN Remoteは、Easy VPN ServerとのIPsec VPN接続を行うデバイスです。PCにCisco Easy VPN Remoteソフトウェアをインストールして必要最低限（ピアのIPアドレスや認証など）の設定だけ行い、あとはEasy VPN Serverからセキュリティポリシーを受信してIPsec通信を実現します。

【Cisco Easy VPN】

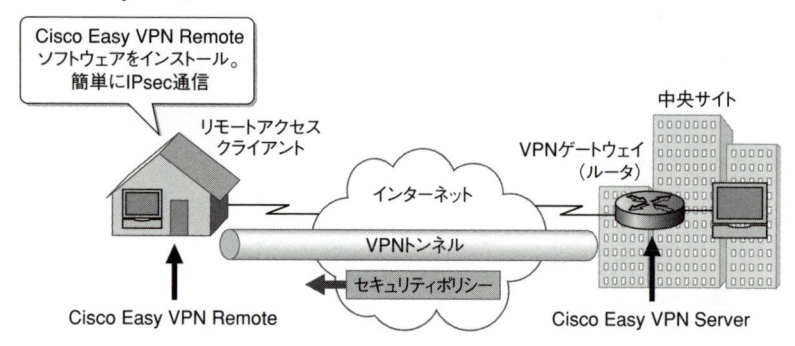

● Cisco IOS IPsec SSL VPN（Web VPN）

　Cisco IOS IPsec SSL VPNは、SSLの暗号化機能を使用することによりWebブラウザベースのアプリケーションの通信を暗号化する新しい形態のリモートアクセスVPN技術で、Web VPNとも呼びます。

　Cisco IOS IPsec SSL VPNでは、クライアントのコンピュータに事前にVPNクライアントソフトウェアをインストールする必要がないためすばやく利用できますが、暗号化できるのはWeb上の通信だけです。

　SSL VPN専用クライアントをインストールすることにより、Webブラウザベースではないアプリケーション（Telnetなど）の通信もすべて暗号化することができます。

【Cisco IOS IPsec SSL VPN（Web VPN）】

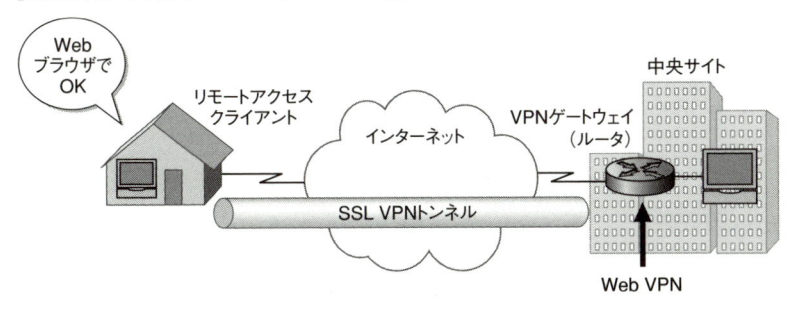

- Webブラウザで OK
- リモートアクセスクライアント
- インターネット
- SSL VPNトンネル
- VPNゲートウェイ（ルータ）
- Web VPN
- 中央サイト

Cisco ASA5500シリーズ適応型セキュリティアプライアンス

Cisco ASA5500シリーズ適応型セキュリティアプライアンスは、最新の技術を1台に集約した高度なセキュリティ製品です。ASA5500シリーズでは、管理の容易なIPsecリモートアクセスとサイト間VPN接続が利用できるため、企業はモバイルユーザやリモートサイト、あるいはビジネスパートナーとの間で、パブリックネットワークを介したセキュアな接続を実現することができます。
ASA5500シリーズは、VPNサービスのほか、IPS[12]と同等の機能（アプリケーション検査ファイアウォールや侵入防御サービス）なども提供します。

※12 【IPS】(アイピーエス)：侵入防御システム。IDS（侵入検知システム）に、自動的にブロックする制御機能を加えたシステム

11-2 IPsecの概要

インターネットVPNを構築するための重要なセキュリティ技術として、一般的にIPsecが利用されます。IPsecによって、インターネットを介したセキュアな通信を実現することができます。

■ IPsecの概要

IPsec（IP security protocol）は、IPパケットの保護や認証などを行うセキュリティ技術です。インターネットワーキングの標準団体であるIETFによって標準化されており、RFC2401、2402、2406などで規定されています。

IPsecを利用すると、パブリックなネットワークであるインターネット上でIPパケットを安全にやりとりすることができるため、インターネットVPNで広く使用されています。IPsec技術を利用したVPNは、IPsec VPNとも呼ばれます。

また、IPsecはIPv4とIPv6の両方で利用でき、IPv6では標準搭載され必須の機能となっています。

IPsecの特徴は、次のとおりです。

● ネットワーク層で動作

IPsecはOSI参照モデルのネットワーク層で動作します。そのため、トランスポート層やアプリケーション層などの上位層プロトコルを意識する必要はありません。IPsecは、ネットワーク層以上のプロトコルがそのまま使えるため、トランスポート層プロトコルに制限もなく、特定のアプリケーションにも依存しません。

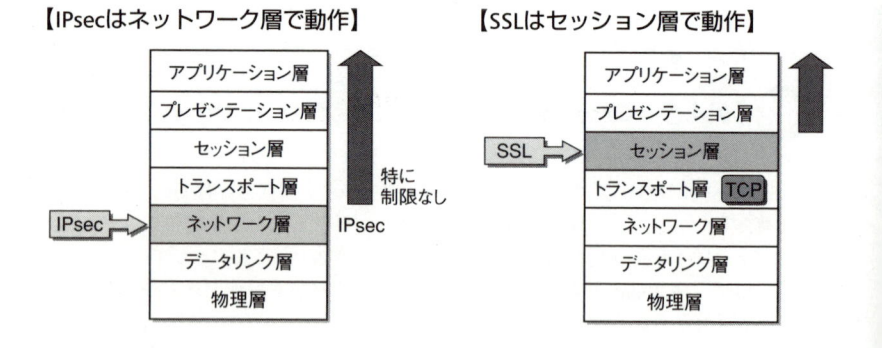

【IPsecはネットワーク層で動作】

アプリケーション層	
プレゼンテーション層	
セッション層	
トランスポート層	特に制限なし
ネットワーク層	← IPsec
データリンク層	
物理層	

【SSLはセッション層で動作】

アプリケーション層	
プレゼンテーション層	
セッション層	← SSL
トランスポート層	TCP
ネットワーク層	
データリンク層	
物理層	

● 4つのセキュリティ機能

IPsecは通信する2つのデバイス間でトンネルを作り、次の4つのセキュリティ機能を提供します。

- データ機密性………データを暗号化することで盗聴から情報を守る
- データ整合性………データが改ざんされていないことを保証する
- 送信元認証…………データが信頼する正規ユーザからのものであることを保証する
- リプレイ攻撃防止…リプレイ攻撃[※13]から自身(受信側)を保護する

● オープン規格のフレームワーク

IPsec自体は通信を保護するためのフレームワーク[※14](枠組み)を規定しているだけで、具体的に使用されるアルゴリズムについてはさまざまなものが使用できます。そのため、ネットワーク管理者は接続先ごとにセキュリティ設計をし、柔軟にIPsec通信を実現することができます。

【IPsecフレームワーク】

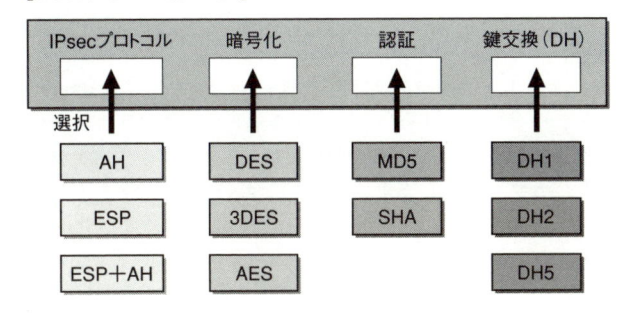

IPsecプロトコル	暗号化	認証	鍵交換(DH)
↑	↑	↑	↑
選択			
AH	DES	MD5	DH1
ESP	3DES	SHA	DH2
ESP+AH	AES		DH5

■ IPsecのセキュリティプロトコル

IPsecフレームワークのセキュリティプロトコルには、AHとESPがあります。IPsec通信では、必要に応じてAHとESPのどちらか一方、あるいは両方を同時に選択することができます。

● AH

AH(Authentication Header:認証ヘッダ)は、IPパケットの認証を行うためのプロトコルです。AHでは2つのシステム間で転送されるIPパケットに対して、データ認証とデータ整合性を提供します。ただし、データ機密性(暗号化)の機能は備

※13 【リプレイ攻撃】replay attack:ネットワークの不正者がパケットを盗聴し、あとからパケットのコピーを大量に送りつけることで、受信者の機能を麻痺させようとする攻撃のこと
※14 【フレームワーク】framework:ある機能(またはサービス)を実現するために定義された枠組み、または構造のこと

えていないため、テキストはすべてクリアテキストでやりとりされます。AHのみで使用した場合、データの暗号化は行われません。

AHは、データの暗号化が必要なく、データ整合性と送信元の認証だけを行いたい場合や、暗号化の使用が禁止されている場合のIPsec通信に使用されます。

● ESP

ESP（Encapsulating Security Payload：暗号ペイロード）は、IPパケットの認証とデータの暗号化を行うためのプロトコルです。ESPではIPパケットを暗号化することによって機密保持を提供します。IPパケットが暗号化されるとデータの機密保持と、トンネルモードを使用することで実際の送信元と宛先アドレスも隠蔽することができます。ESPは内部IPパケットとESPヘッダに対して認証を提供し、これによって送信元認証とデータ整合性の機能を実現します。

ESPでは認証と暗号化の両方を選択することも、どちらか一方を選択することも可能です。

ESPによる具体的なセキュリティサービスについては、「11-3 IPsecのセキュリティサービス」および「11-4 暗号化アルゴリズムと鍵交換」を参照してください。

■ IPsecの仕組みと手順

IPsecでは、インターネット上でIPパケットを保護するために、2つのIPsecゲートウェイ間でトンネルを作り、IPパケットはそのトンネルを通って安全に運ばれます。このトンネルはあくまでも仮想的なもので、実際にはIPsecゲートウェイがIPパケットにトンネル用のヘッダを付加してカプセル化します。ヘッダには、IPパケットをトンネルの出口に運ぶための情報が含まれています。つまり、トンネルの実態は「カプセル化」です。

Point　AHとESPの比較

IPsecを構成するセキュリティプロトコル「AH」と「ESP」の主な特徴は、次のとおりです。

	AH（認証ヘッダ）	ESP（暗号ペイロード）
認証	○	○
暗号化（機密性）	×	○
データ整合性	○	○
リプレイ攻撃防止	○	○

IPsecトンネルを使って実際にデータ通信が行われる際の、主な手順は次のとおりです。

① **制御用トンネル作成**
　　IPsec通信を開始する2つのIPsecゲートウェイ間で必要な情報を交換し、使用するセキュリティ条件（アルゴリズムの種類や鍵の寿命など）の決定とピアの認証を行い、制御用トンネルを作成します。このとき、共通鍵[15]を生成するために必要なパラメータも交換します。

② **通信用トンネル作成**
　　制御用トンネルで暗号通信に必要な情報を交換し、通信用トンネルを作成します。実際にIPパケットを運ぶときの暗号情報が第三者に知られては機密性が失われてしまうため、暗号化される制御用トンネルを使って通信用トンネルを作成します。

③ **IPsec通信開始**
　　通信用トンネルを使ってIPパケットを安全に運びます。

【IPsecの流れ】

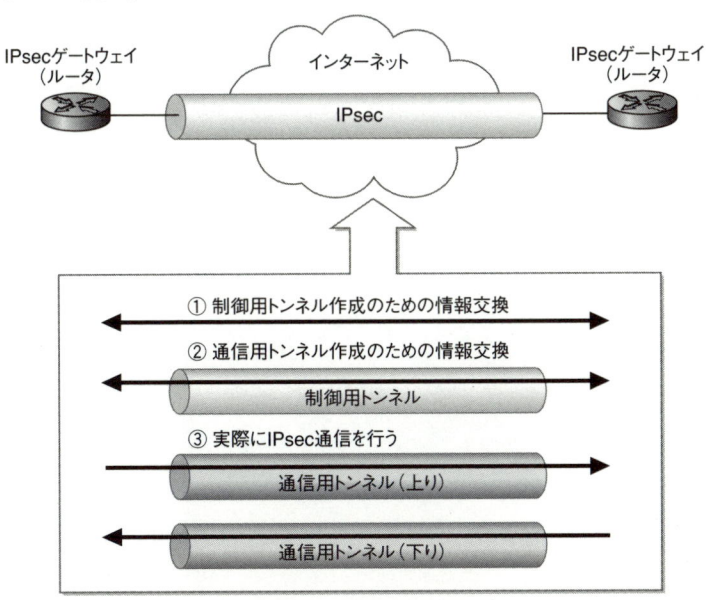

※15 【共通鍵】common key：同じ鍵を使って暗号化および復号を行う共通鍵暗号方式で用いる鍵のこと。同じ鍵を共有し、外部に秘密にしておく必要があるため「共有鍵」「秘密鍵」とも呼ばれる

IPsecでは通信を行うIPsecゲートウェイとの間に、1本の制御用トンネルと、2本の通信用トンネル（上りと下り）の合計3本のトンネルが確立されます（通信用トンネルは、2本以上作成される場合もあります）。

　なお、IPsec通信の安全性を高めるため、制御用トンネルと通信用トンネルにはそれぞれ寿命があります。各トンネルの寿命が切れる前に新しいトンネルが自動的に作り直されるため、通信が途切れることなく定期的に更新されます。

◎ トンネルを作成するための具体的な方法についてはCCNAの範囲を超えるため、本書では言及しません。

11-3 IPsecのセキュリティサービス

IPsecは、通信を保護するため、データの機密保持や整合性、ピアの認証、リプレイ攻撃防止といった4つのセキュリティ機能を提供しています。

■ 機密保持（暗号化）

インターネットのようなパブリックなネットワークを介した通信では、データが傍受されて内容を盗み見られる危険性があります。データの機密性を保持するには、データを暗号化する必要があります。データを暗号化することによって、たとえそれが傍受されたとしても内容を判読することはできなくなります。

送信側で暗号化されたデータは、受信側で元のメッセージに復号する必要があります。したがって、暗号化を行うには、元のメッセージの暗号化に使用するルールを送信側と受信側の両方で把握しておく必要があります。このルールは、アルゴリズムと鍵（キー）で構成されます。

暗号化アルゴリズムとは、メッセージや数字などを鍵と結合させるための計算手順を定めた数学関数です。その結果は、判読不能な暗号化文字列となり、正しい鍵を使わないで解読するのは極めて困難です。

【機密保持（暗号化）】

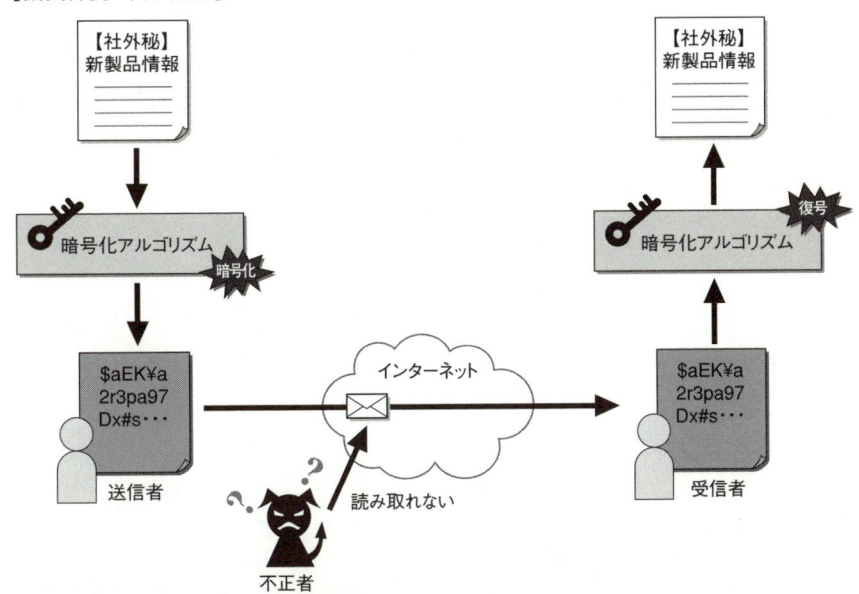

■ データ整合性

インターネットを介した通信では、データが傍受されて改ざんされる危険性もあります。元のデータの整合性[※16]を保証するには、ハッシュと呼ばれる関数を使用して改ざんを検出する必要があります。

ハッシュ関数とは、任意のデータから固定長のビット列を生成する演算手法です。生成されたビット列は**ハッシュ（値）** や**ダイジェスト**と呼ばれます。

ハッシュ関数の特徴は次のとおりです。

● ハッシュ値から元のデータを算出できない

ハッシュ関数は「一方向関数」とも呼ばれ、生成されたハッシュから元のデータを算出することはできません。

● ハッシュ値はユニークである

ハッシュ値はユニーク（一意）で、同じデータであればハッシュも同じ値になります。元のデータが少しでも異なると生成されるハッシュは異なります。

以上の特徴から、ハッシュ関数はデータの改ざん検知やピアの認証などに利用されています。

送信者は送りたいデータからハッシュを生成し、データにハッシュを付けて送信します。受信者は自身で計算したハッシュ値と、送られてきたハッシュ値を比較し、それが同じ値であれば、データは改ざんされていないと判断できます。

IPsecでは、ハッシュ関数に共通鍵を組み合わせた**HMAC**と呼ばれる方式を使用しています。HMACは、送りたいデータと共通鍵からハッシュを生成します（このハッシュは特別にMAC[※17]とも呼ばれています）。同じハッシュを生成するには共通鍵が必要になり、不正者によってデータやハッシュ値が少しでも変更されると、受信者はハッシュ値の不一致によってデータの改ざんを検知することができます。

※16 【整合性】：受け取ったデータが完全なものであることを保証すること
※17 【MAC】(マック) Message Authentication Code：メッセージ認証符号。メッセージを認証するためにデータと秘密鍵を連結したものをハッシュ関数で演算して生成されたダイジェスト（ハッシュ値）のこと

【ハッシュ関数】

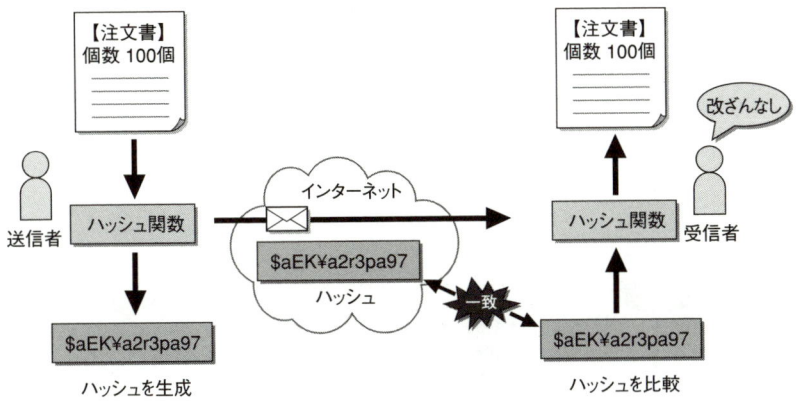

【注文書】個数 100個 → ハッシュ関数 → $aEK¥a2r3pa97 → インターネット → $aEK¥a2r3pa97（ハッシュ）→ 一致 → $aEK¥a2r3pa97 → ハッシュ関数 → 【注文書】個数 100個（改ざんなし）

送信者　ハッシュを生成　　　　　　　　　　　　　　　　ハッシュを比較　受信者

鍵付きハッシュ関数であるHMACにはいくつか種類があります。一般的なものは次の2つです。

● HMAC-MD5

128ビットの共通鍵を使用します。可変長のメッセージ（データ）と128ビットの共通鍵を組み合わせてHMAC-MD5ハッシュ計算し、128ビットの値を生成します。

● HMAC-SHA-1

160ビットの共通鍵を使用します。可変長のメッセージ（データ）と160ビットの共通鍵を組み合わせてHMAC-SHA-1ハッシュ計算し、160ビットの値を生成します。

■ ピアの認証

通信パスが安全であると判断する前には、接続するVPNトンネルの対向側にあるデバイスを認証する必要があります。認証とは、相手の身元を確認することを指し、具体的には、本人だけが持つ情報などを提示させ、それを確認することで実現します。

VPNトンネルの確立時には、双方で認証情報を交換し合い、ピアの認証を行います。これによって、受信したデータが正しい相手からのものであると確認することができます。ピアの認証方式には、事前共有鍵（PSK）を使う方法とRSAデジタル署名を使う方法の2つがあります。

● 事前共有鍵（PSK）

事前共有鍵（PSK：Pre-Shared Key）は、あらかじめピアと同じパスフレーズ[※18]

※18 【パスフレーズ】passphrase：認証に使用されるパスワードの文字数を長くしたもの。数十文字以上の文字数を設定することが可能。従来のパスワードがワード（単語）程度の長さであるのに対し、フレーズ（複数語）の長い文字列を設定できるためパスフレーズと呼ばれる

を設定し、それを共有鍵として認証する方式です。通信パスを確立する際に、双方で事前に設定しておいた事前共有鍵（パスフレーズ）を確認し、一致すればピアを認証します。もちろん、事前共有鍵は第三者に秘匿する必要があるため、共有鍵はハッシュ関数によって擬似乱数のビット列に変換して交換します。

【事前共有鍵によるピア認証】

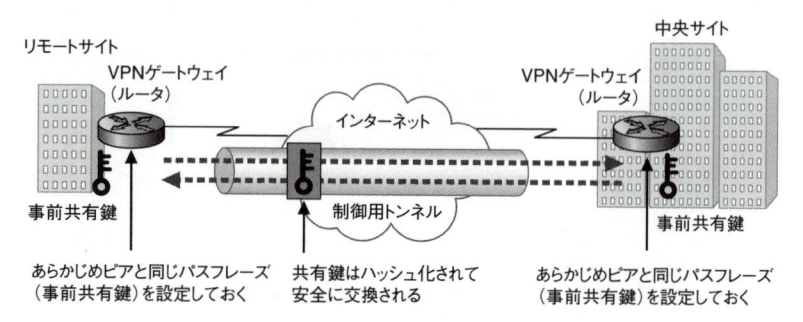

リモートサイト
VPNゲートウェイ（ルータ）
事前共有鍵
あらかじめピアと同じパスフレーズ（事前共有鍵）を設定しておく

インターネット
制御用トンネル
共有鍵はハッシュ化されて安全に交換される

中央サイト
VPNゲートウェイ（ルータ）
事前共有鍵
あらかじめピアと同じパスフレーズ（事前共有鍵）を設定しておく

受信したハッシュ値と自身のパスフレーズから出力したハッシュ値を比較し、一致した場合は認証が成功する

● RSAデジタル署名

デジタル署名とは、データを作成したのが間違いなく本人であることを証明する認証技術で、電子署名とも呼ばれています。送信するデータにデジタル署名を付与することで、受信者はデータを作成したのが間違いなく送信者本人であると確認することができるため、ピアの認証とメッセージ認証の両方を実現することができます。

デジタル署名にRSAを利用したものを**RSAデジタル署名**といいます。RSAは、公開鍵暗号方式を使用する最も代表的な暗号化アルゴリズムのひとつです。

公開鍵暗号では、ペアとなる2つの鍵（秘密鍵と公開鍵）を生成し、公開鍵の方を何らかの方法で通信相手に渡します。送信側はデータからハッシュを生成し、自身の秘密鍵を使ってこれを暗号化します。RSAデジタル署名は、この暗号化されたハッシュ（デジタル署名）をデータに追加してリモートへ転送します。

一方、受信側では受信したデータからハッシュを生成するとともに、入手した相手の公開鍵を使って暗号化されたハッシュを復号します。2つのハッシュ値が一致する場合、デジタル署名は本物であり認証が成功します。

◎ 公開鍵暗号方式についての詳細は、『徹底攻略Cisco CCNA/CCENT教科書 ICND1編』を参照してください。

【RSAデジタル署名】

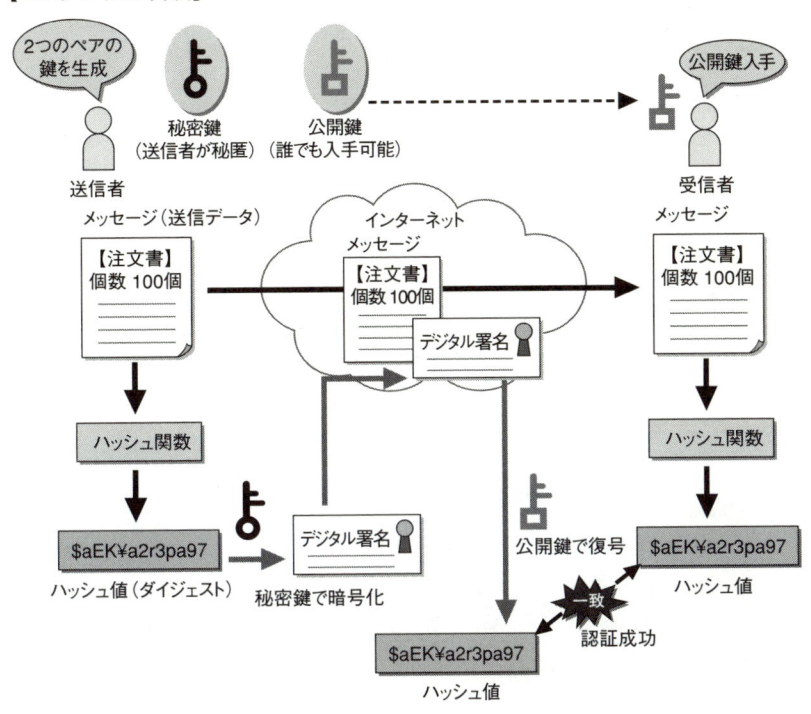

事前共有鍵によるピア認証は手軽に導入することが可能ですが、セキュリティのために定期的に鍵となるパスフレーズを変更する必要があります。また、接続する拠点数が増加するとパスフレーズの管理に負荷がかかります。このような問題を解決するのがデジタル署名による認証です。

Memo 「共通鍵暗号方式」と「公開鍵暗号方式」の比較

共通鍵暗号方式と公開鍵暗号方式の特徴を対比しながら確認しましょう。

	共通鍵暗号方式	公開鍵暗号方式
鍵管理	通信相手の数だけ秘密鍵が必要なため困難	通信相手の数に関係なく1つの秘密鍵のため容易
鍵交換	盗聴されないように安全な交換が必要	一般に公開される公開鍵を交換すればよい
処理時間	短い	長い

Memo 認証局（CA）

デジタル署名で重要なことは、入手した公開鍵が確実に正しい通信相手のものであるか、ということです。もし、悪意のある第三者がデジタル署名を途中で書き換え、さらに第三者によって生成された公開鍵を渡された場合、なりすましやデータの改ざんに気づかず認証してしまう危険性があります。こうした問題を解決するのが、**認証局（CA：Certificate Authority）** によるデジタル証明書の利用です。

認証局とは、公開鍵が本物であることを第三者の立場で証明するデジタル証明書（公開鍵証明書）の発行と管理を行う機関です。認証局に電子的な身分証明書となるデジタル証明書を発行してもらうことで、本人性を確認します。

次の図で認証局を利用したデジタル署名によるピア認証の流れを示します。

【認証局を利用したデジタル署名認証】

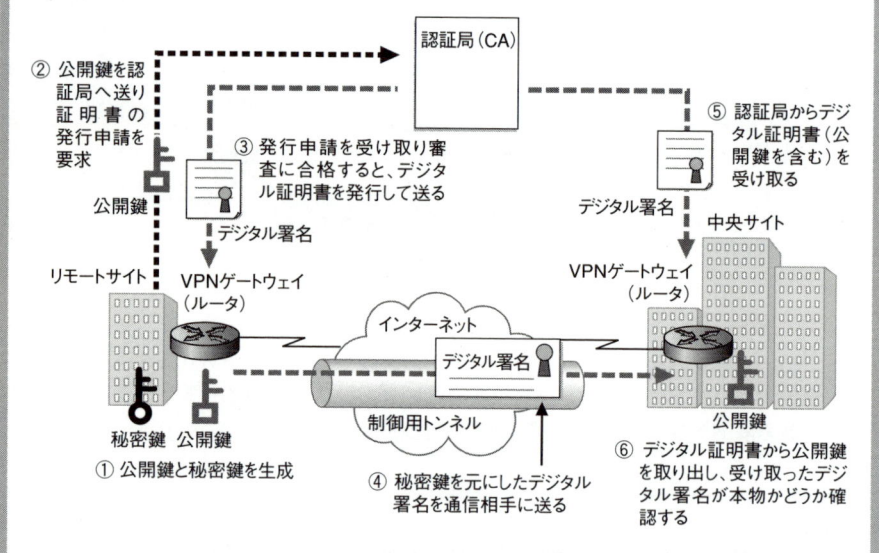

① リモートサイトのVPNゲートウェイは秘密鍵と公開鍵を生成します（秘密鍵は秘匿）。
② 生成した公開鍵を認証局へ送り、デジタル証明書の発行を申請します。
③ 認証局（CA）は申請者が確かに実在するか厳正に審査をし、審査に合格するとデジタル証明書を発行します。デジタル証明書にはそのユーザ（組織）を特定する情報と公開鍵が含まれます。このデジタル証明書に認証局自身の秘密鍵を使って電子署名を施します。この署名によって、認証局が信頼した確かなデジタル証明書であることが保証されます。
④ リモートサイトのVPNゲートウェイは、自身を認証してもらうために秘密鍵を使ってデジタル署名を通信相手（中央サイト）に送信します。
⑤ リモートサイトからデジタル署名を受け取った中央サイトは、デジタル署名が本物かどうか確認するために、認証局から通信相手のデジタル証明書を受け取って検証します。

デジタル証明書にはいくつかの方式がありますが、最も一般的なものはITU-T[※19]が規定したX.509というフォーマットによるものです。このデジタル証明書に含まれる主な内容は、次のとおりです。

・バージョン
・シリアル番号
・有効期限
・証明書の所有者名
・証明書の所有者の公開鍵
・証明書発行機関（認証局）名
・認証局のデジタル署名

なお、最も有名な認証局に**ベリサイン**があります。商用の認証局の利用には費用がかかるため、厳密な認証をする必要がなければ、組織内に認証サーバを設置して証明書を発行することも可能です。

■ リプレイ攻撃防止

リプレイ攻撃（リプレイアタック）とは、第三者が不正にコピーしたパケットを大量に送りつけることで、受信者の機能を停止させてサービスの妨害をする攻撃です。リプレイ攻撃を防御するには、**アンチリプレイ機能**を使用します。アンチリプレイ機能では、パケットごとにシーケンス番号を割り当て、すでに受信したパケットと同じシーケンス番号を持つパケットが届いてもすべて破棄することで、攻撃を未然に防ぐことができます。

※19 【ITU-T】(アイティーユーティー) International Telecommunication Union-Telecommunication sector：ITU（国際電気通信連合）の電気通信標準化部門。スイスのジュネーブに本部を置き、電気通信に関する国際標準の策定などを行っている

11-4 暗号化アルゴリズムと鍵交換

セキュリティの強度は使用する暗号化アルゴリズムのキー（鍵）の長さによって左右されます。つまり、短い鍵ほど解読されやすく、長い鍵ほど解読が困難になります。また、長時間にわたって同じ鍵を使用し続けるのは危険なため、定期的に鍵を交換する必要があります。

■ 暗号化アルゴリズム

インターネットのようなパブリックネットワークを介した通信では、データが傍受されて内容を盗み見られる危険性があります。データの機密性を保持するには、データを**暗号化***する必要があります。

送信側で暗号化されたデータは、受信側で元のメッセージに**復号***する必要があります。暗号化は、アルゴリズムと鍵（キー）によって行います。

【暗号化と復号】

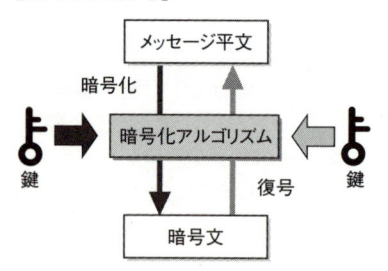

```
        メッセージ平文
            ↑
     暗号化  │
  鍵 ⇒ [暗号化アルゴリズム] ⇐ 鍵
            │  復号
            ↓
         暗号文
```

暗号化アルゴリズムとは、メッセージや数字などを**鍵**と結合させるための計算手順を定めた関数です。セキュリティの強度は暗号化アルゴリズムの鍵の長さによって大きく左右されます。つまり、鍵が短いほど解読されやすく、鍵が長いほど解読が困難になります。ただし、むやみに暗号強度を高くすると暗号化や復号に要する計算量が増加し、システムのパフォーマンス低下につながるため、用途に応じて最適な暗号技術を適用する必要があります。

次に、代表的な暗号化アルゴリズムを示します。

● DES

DES（Data Encryption Standard：デス）では、平文のデータを64ビットのブロックに分割して56ビットの鍵長で暗号化を行います。1970年に米IBMによって開発され、後に米国の標準暗号規格にもなりました。

DESは共通鍵暗号方式の代表として広く利用されましたが、1994年に効率的な解読方法が発見されたため、今後は利用が減少すると考えられています。

● 3DES

　3DES（Triple DES：トリプルデス）は、DESの脆弱性を補うために開発された暗号規格です。3DES（トリプルDES）の名が示すとおり、DES（64ビットのブロックを56ビットの鍵で暗号化）を3回行うことによって暗号強度を飛躍的に高くしています。

● AES

　AES（Advanced Encryption Standard：エーイーエス）では、ブロック長と鍵長を128/192/256ビットのいずれかから選択し、その組み合わせによって定められた暗号化処理を繰り返します。DESよりも高い暗号強度を実現し、3DESよりも計算処理の効率に優れているため、DESや3DESの後継として広く利用されている米国の標準暗号規格です。

● RC4

　RC4（Ron's Code 4またはRivest's Cipher 4：アールシーフォー）は、平文を1ビットずつ暗号化するストリーム暗号と呼ばれるタイプの暗号規格です。使用される共通鍵の長さは可変長で、最大2,048ビットです。無線LANの暗号化方式WEP[20]やSSLで広く利用されています。

● RSA

　RSA（Rivest, Shamir, and Adleman：アールエスエー）は、鍵長として512/1,024/2,048ビットのいずれかを使用する公開鍵暗号方式に基づいた暗号規格です。解読するには巨大な整数を素因数分解する必要があり、現実的な時間で解読する方法はまだ見つかっていません。ただし、512ビット長の鍵を使用したRSA暗号が約半年で解読されているため、現在は1,024ビット長がよく使用されます。RSAの計算処理には時間がかかるため、鍵の交換などに利用されています。

※20　【WEP】(ウェップ) Wired Equivalent Privacy：IEEE 802.11で標準化された無線LAN用の暗号プロトコル。WEPは脆弱性が指摘されている

■ DH鍵交換

DH鍵交換(Diffie-Hellman key exchange)とは、公開鍵暗号の仕組みを利用して秘密鍵を安全かつ簡単に交換するためのアルゴリズムです。DHアルゴリズムでは、通信を行う2つのピア間で、互いに乱数(公開鍵)を送り合って最終的に同じ暗号鍵を共有することができます。万が一、乱数を盗聴されても同じ秘密鍵を生成することはまず不可能です。

DHアルゴリズムを使った鍵交換の手順は、5つのグループで定義されています。このうち、主に使用されているのは次の3つです。

・グループ1(DH1)……768ビット
・グループ2(DH2)……1,024ビット
・グループ5(DH5)……1,536ビット

◎ Diffie-Hellmanの具体的な計算方法は、CCNAの範囲を超えるため、本書では言及しません。

なお、IPsecでは一般的にIKE[21](Internet Key Exchange:インターネット鍵交換)と呼ばれる鍵交換プロトコルによって自動的に鍵交換が行われます。IKEでは、IPsec通信で暗号化および復号に使用する鍵を長い時間にわたって使い続けるのは危険なため、定期的に秘密鍵を取り替えるとともに、トンネルを新しく作り直すための方法が規定されています。

---

[21] 【IKE】(アイク) Internet Key Exchange:秘密鍵およびトンネルの生成と管理を自動的に行うためのプロトコルで、RFC2409によって公開されている。通常、IPsec通信で使用される

11-5 演習問題

1. VPNのメリットとして正しいものを選びなさい。(2つ選択)

    A. データリンクの高速な確立
    B. パブリックネットワークを介したセキュアな通信
    C. 物理的な配置に関係なく、ノードを仮想的にグループ化する
    D. 2つの拠点間を占有して安全に接続する
    E. コストの削減

2. 離れた2つのLAN同士を接続するVPNを選びなさい。

    A. サイト間VPN
    B. リモートアクセスVPN
    C. エクストラネットVPN
    D. イントラネットVPN
    E. リモートサイトVPN

3. ハッシュ関数として正しいものを選びなさい。(2つ選択)

    A. HMAC-SHA-1
    B. HMAC-MD5
    C. RSA
    D. AES
    E. AH

4. IPsecの説明として正しいものを選びなさい。(2つ選択)

    A. データリンク層で動作し、IPパケットの保護と認証を行う
    B. オープン規格のフレームワークで、使用するアプリケーションに依存しない
    C. AHには暗号化の機能がない
    D. AHは認証と暗号化の機能がある
    E. AHにはデータ整合性の機能があるが、ESPにはない

5. Cisco Easy VPNのコンポーネントとして正しいものを選びなさい。(2つ選択)

    A. Easy VPN Tunnel
    B. Easy VPN Software
    C. Easy VPN Client
    D. Easy VPN Server
    E. Easy VPN Remote

11-6 解答

1. B、E

VPN（Virtual Private Network）は、インターネットなどのパブリック（公衆）ネットワークを介して離れた2つの拠点間を仮想的に接続する技術です。IPsecなど高度なセキュリティプロトコルを使用して仮想のプライベートネットワークを構築し、データを安全に伝送します（**B**）。
VPNではパブリックネットワークを利用しながら高価な専用線のように利用できるため、コストを大幅に削減することができます（**E**）。

2. A

企業の離れた2つの拠点間を接続するインターネットVPNを「サイト間VPN」といいます（**A**）。在宅勤務者やモバイルユーザなどが企業ネットワークへ安全に接続するのは「リモートアクセスVPN」です（B）。その他の選択肢はVPN用語ではありません。

3. A、B

ハッシュ関数とは、任意のデータから固定長のビット列を生成する演算手法です。ハッシュを使用すると、インターネットを介して通信する際にメッセージの整合性を保証することができます。一般的なハッシュ関数には、HMAC-MD5（**B**）とHMAC-SHA-1（**A**）があります。
RSAは公開鍵暗号方式を使用する暗号化アルゴリズムです（C）。AESは共通鍵暗号化方式を使用する暗号化アルゴリズムです（D）。AHはIPsecセキュリティプロトコルのひとつで、IPパケットの認証を行うためのプロトコルです（E）。

4. B、C

IPsec（IP security protocol）は、IPパケットの保護と認証を行うネットワーク層のセキュリティ技術です（A）。IPsecはオープン規格のフレームワーク（枠組み）を規定し、使用するアプリケーションに依存しません（**B**）。
IPsecフレームワークのセキュリティプロトコルにはAHとESPの2つがあります。AHは、パケットが改ざんされるのを防ぐ「データ整合性」や、なりすましを防ぐための「認証」機能が備わっています。AHには暗号化の機能がありません（**C**）が、ESPはAHの機能に加えて「暗号化」の機能も備えています（D、E）。

5. D、E

シスコのリモートアクセスVPNの製品には、次の2つがあります。

- Easy VPN Server（**D**）……ユーザとVPNトンネルを終端するVPNゲートウェイ。具体的にはCisco Easy VPN Serverソフトウェアが稼働するルータやセキュリティ装置を指す
- Easy VPN Remote（**E**）……Easy VPN ServerとIPsec VPN接続を行うデバイス

用語集

数字

【16進数】
hexadecimal number
基数（数値を表現する際に、各桁の重み付けの基本となる数）を16とした数値の表現方法。数値を表現するために「0」から「9」までの10種類の数字に加え、「A」から「F」までの6種類の文字を使用する。2進数の4桁を1桁で表現できるため、コンピュータでの数値表現によく使われる。

【2進数】
binary number
基数を2とした（2で位が上る）数値の表現方法。「0」と「1」の2種類の数字だけで数を表現する。バイナリともいう。

【3DES】（トリプルデス）
Triple DES
DESの脆弱性をカバーするために開発された暗号化アルゴリズム。DESの処理を3回繰り返すことでセキュリティ強度を高めている。

【64B/66B】（ロクヨンビーロクロクビー）
64ビットのデータを66ビットで表現する符号化方式のひとつ。

【6bone】（シックスボーン）
IPv6関連技術の研究・開発のために運用されているネットワーク。1996年に各国の研究機関や企業によって運用が開始された。

【802.1Q】（ハチマルニーテンイチキュー、ドットイチキュー）
IEEEで標準化されたトランキングプロトコル。1本の物理リンクを複数のVLANトラフィックが使用できるようにするため、フレームに4バイトのタグと呼ばれるVLAN情報を埋め込んで伝送する。

【8B/10B】（ハチビージュウビー）
8ビットのデータを10ビットで表現する符号化方式のひとつ。

A

【AAA】（トリプルエー）
Authentication（認証）、Authorization（認可）、Accounting（アカウンティング）のセキュリティ機能を指す。AAAを実装すると、アクセスしてきたユーザを認証し、権限に応じたアクセスを許可し、課金のためのデータを取得（ログを取る）することができる。

【ABR】（エービーアール）
Area Border Router
エリア境界ルータ。複数のエリアを接続し、エリア間の境界に配置されたOSPFルータのこと。ほかのエリアの情報はABRによって通知される。

【ACK】（アック）
Acknowledgement
TCPヘッダ内のコードビットにあるフラグのひとつ。TCPでは通信の信頼性を確保するため、データを正しく受信できたことを送信側に示す信号に使われる。

【ACL】（エーシーエル）
Access Control List
アクセスコントロールリスト（アクセスリストともいう）。アクセス制御情報を記述したリストで、主にルータのセキュリティ機能として利用される。ACLを使用するとルータを通過するパケットを条件に基づいてフィルタリングし、許可するパケットのみ通過することができる。ACLはトラフィックを分類することができるため、パケットフィルタリング機能のほかにさまざまな用途で利用される。

【AD】（エーディー）
Advertised Distance
EIGRPのDUALアルゴリズムがバックアップルートを選択するためのパラメータ。ネイバールータから宛先ネットワークまでのメトリック。

【ADSL】（エーディーエスエル）
Asymmetric Digital Subscriber Line
既存の電話線（メタルケーブル）を利用して、数Mbps～数10Mbps単位の高速回線を提供する

ための技術。DSL規格には、ADSLのほかにSDSL
やVDSLなどがある。ADSLのAはAsymmetric（非
対称）の略であり、ユーザ宅から収容局までの
「上り（アップロード）」と、収容局からユーザ
宅までの「下り（ダウンロード）」の通信速度
が異なっているのが特徴である。電話線のメタ
ルケーブルは、音声通信にPOTS（4kHz以下）
と呼ばれる低い周波数帯域しか使用していない
ため、ADSLではPOTSを超える高い周波数帯域
を利用し、高速なデータ通信を実現している。
ADSLは、一般家庭で使用されている電話回線
をそのまま利用できるため導入が容易で、モデ
ムを使ったダイヤルアップ接続やISDNなどに比
べて高速な通信を実現できる。

【AES】（エーイーエス）
Advanced Encryption Standard
DES、3DESの後継として2001年に米国政府の標
準規格として採用された共通鍵暗号方式を使用
する暗号化アルゴリズム。鍵長には128／
192／256ビットが選択できる。

【AH】（エーエイチ）
Authentication Header
認証ヘッダ。IPsecのセキュリティプロトコルの
ひとつ。データ認証とデータ整合性を提供する
が暗号化の機能はないため、データを暗号化す
る必要がなく整合性と認証のみ行う場合や、暗
号通信の使用が禁止されている国でのIPsec通信
で用いられる。

【AppleTalk】（アップルトーク）
アップルのMac OSに標準搭載されているネッ
トワーク層プロトコル。または、AppleTalkの
ネットワーク機能を提供するプロトコル群の
総称。

【ARP】（アープ）
Address Resolution Protocol
IPアドレスを基にしてMACアドレスを得るため
のTCP/IPのネットワーク層プロトコル。

【AS】（エーエス）
Autonomous System
「自律システム」を参照。

【ASBR】（エーエスビーアール）
AS Boundary Router
AS境界ルータ。外部ASと接続しているOSPFルー
タのこと。外部ASの情報はASBRによって通知
される。

【ASIC】（エイシック）
Application-Specific Integrated Circuit
特定用途向け集積回路のこと。用途別に設計さ
れており、1台のCatalystスイッチにさまざまな
ASICが搭載されている。

【ATM】（エーティーエム）
Asynchronous Transfer Mode
物理的に1本の通信回線を使って、論理的に複
数のチャネル（仮想回線）に分割して通信を行
う方式。非同期転送モードとも呼ばれる。デー
タを48バイトの固定長サイズに区切り、それに
5バイトのヘッダを付加して合計53バイトの
「セル」という単位で送出することで、負荷を
軽減し高速化を実現している。

B

【BackboneFast】（バックボーンファスト）
シスコが独自に開発したIEEE 802.1D標準STPの
コンバージェンスを高速化する機能のひとつ。
間接リンクに障害が発生したときのコンバー
ジェンス時間を20秒（MaxAgeタイマー）だけ高速
にする。BackboneFastを使用する場合、RLQと呼
ばれる特別なBPDUを送受信するため、スイッ
チドネットワークのすべてのスイッチで設定す
る必要がある。

【BDR】（ビーディーアール）
Backup Designated Router
バックアップ代表ルータ。マルチアクセスネッ
トワーク上においてDRがダウンすると即時に
役割を引き継ぐOSPFルータのこと。

【BGP】（ビージーピー）
Border Gateway Protocol
インターネットにおいてISPとの相互接続時に
経路情報をやり取りするために使われるEGP
ルーティングプロトコル。BGPは一般的に2つ

以上の自律システム（AS）と接続する場合に使用する。

【BPDU】（ビーピーディーユー）
Bridge Protocol Data Unit
STPで制御情報を交換するためのメッセージのこと。BPDUにはブリッジID、パスコスト、タイマー情報などが含まれている。BPDUによってルートブリッジを選出し、STPツリーが作成および維持される。

【BSS】（ビーエスエス）
Basic Service Set
基本サービスセット。単一の無線LANアクセスポイントを使用する無線LAN機器のグループのこと。

C

【CAM】（キャム）
Content Addressable Memory
テーブルに記録された各行の値を検索キーとして使い、該当する検索キーがどの行にあるか判断し、特定の値をすばやく出力する特殊なメモリ。高速な検索処理自体を指すこともある。

【Catalystスイッチ】（カタリストスイッチ）
Catalyst Switch
シスコ製スイッチ製品のシリーズ名。Catalystとは「触媒（ほかの物質の反応速度に影響するもの）」という意味。

【CDP】（シーディーピー）
Cisco Discovery Protocol
隣接するシスコデバイスの情報を知ることができるシスコ独自のレイヤ2プロトコル。

【CHAP】（チャップ）
Challenge Handshake Authentication Protocol
チャレンジハンドシェイク認証プロトコル。PPPなどで利用される認証方式のひとつ。認証側から送られるチャレンジ（乱数）を元にパスワードを暗号化して送るため、PAPなどに比べ安全性が高い。

【CIDR】（サイダー）
Classless Inter-Domain Routing
クラスA、B、Cの概念にとらわれずにアドレスの割り当てを可能にする仕組みのこと。CIDRを使用すると、IPアドレス空間を効率的に利用できるためIPv4のアドレス枯渇を防ぐことができる。また、複数のネットワークアドレスを集約することによってルーティング処理を軽減することを実現する。

【Cisco Easy VPN】（シスコイージーブイピーエヌ）
すべてのCisco VPNデバイスを中央で集中管理することによって、VPN接続に伴う管理の複雑性を軽減するソリューション。「Cisco Easy VPN Server」と「Cisco Easy VPN Remote」という2つのコンポーネントで構成される。

【Cisco IOS】（シスコアイオーエス）
Cisco Internet Operating System
シスコが提供するほとんどのルータおよびスイッチ製品で使用される基本ソフトウェアのこと。

【Cisco SDM】（エスディーエム）
Cisco Security Device Manager
Cisco IOSソフトウェアを搭載したCiscoルータのためのWebベースのデバイス管理ツール。日本語のGUIが装備されているため、Cisco IOSソフトウェアの知識が少ないユーザでも短時間で簡単に設定および管理することができる。

【CLI】（シーエルアイ）
Command-Line Interface
コマンドラインインターフェイス。ルータおよびスイッチを管理するためのユーザインターフェイスのこと。CLIのコマンド（命令）操作はテキストベースである。

【CMTS】（シーエムティーエス）
Cable Modem Termination System
ケーブルテレビサービス事業者側に設置される集線装置。加入者宅内のケーブルモデムとやり取りする信号をイーサネットやATMの形式にパケットを変換することでインターネットサービスを提供する。

【CRC】(シーアールシー)
Cyclic Redundancy Check
巡回冗長符号。送信側で、データのビット列を生成多項式と呼ばれる計算式に当てはめてチェック用のビット列を算出し、それをデータの末尾に付けて送る。受信側でも同じ計算式を使い、その結果が同じであればエラーがないと判断する誤り検出方式のひとつ。

【CSMA/CA】(シーエスエムエーシーエー)
Carrier Sense Multiple Access with Collision Avoidance
搬送波感知多重アクセス／衝突回避の略。無線LANで使用されるアクセス制御方式。送信前に、ほかの無線機器が電波を使用していないアイドル状態であることを確認して通信を開始する伝送技術。

【CSMA/CD】(シーエスエムエーシーディー)
Carrier Sense Multiple Access with Collision Detection
搬送波感知多重アクセス／衝突検出の略。初期のイーサネット規格である10Base5や10BaseT（半二重通信）で使用されるアクセス制御方式。1つの伝送路を複数のノードで共有するネットワークで、1つのノードがケーブルの空き状況を確認してから送信を開始したときに、ほかのノードもほぼ同時に送信を開始したことによって電気信号が衝突して壊れると、衝突を検出し、ランダムな時間待ってから再送信する伝送技術。

【CSU/DSU】(シーエスユーディーエスユー)
Channel Service Unit/Digital Service Unit
CSUは、ISDNやフレームリレーなどの通信回線とDTEのシリアルインターフェイスを相互接続する装置。DSUは、DTEデバイスを回線に接続し、信号の同期や通信速度の制御などを行う回線終端装置。現在ではDTEにCSUの機能が内蔵され、1台の機器に統合されているためCSU/DSUと呼ばれている。

D

【DAS】(ダス)
Direct Attached Storage
サーバとなるコンピュータ本体にストレージ（記憶装置）を、ネットワークを介さず1対1で直接接続する形態、あるいはその装置そのものを指す。

【Data MIC Key】(データミックキー)
data MIC key
WPAアソシエーション（接続）処理の際に動的に生成される鍵情報。

【DB-9コネクタ】(ディービーキュウコネクタ)
一般的なコンピュータのシリアルポートに接続するコネクタ。9ピンなのでDB-9、D-sub9などと呼ばれる。

【DCE】(ディーシーイー)
Data Circuit-termination Equipment
データ回線終端装置。DTEから送られてきた信号を通信回線に適した信号に相互変換する機器。モデムやCSU/DSUがこれに該当する。

【deny】(ディナイ)
ACLにおいて拒否のステートメント（条件文）を設定するときにdenyパラメータを指定する。

【DES】(デス)
Data Encryption Standard
1970年にIBMによって開発された56ビットの鍵を使用する対称鍵暗号方式の暗号化アルゴリズム。1977年に米国政府によって標準暗号規格に採用された。DES暗号は効率的な解読に成功しているため脆弱性がある。

【DHCP】(ディーエイチシーピー)
Dynamic Host Configuration Protocol
クライアントにIPアドレスなどのインターネット接続に必要なさまざまな情報を自動的に割り当てるためのプロトコル。

【DH鍵交換】(ディフィーヘルマンカギコウカン)

Diffie-Hellman key exchange
1976年にWhitfield Diffie氏とMartin E.Hellman氏によって考案された鍵交換方式。秘密鍵そのものではなく乱数と秘密鍵から生成した公開情報を送受信することで、安全に鍵情報を交換することができる。

【DMZ】(ディーエムゼット)

Demilitarized Zone
非武装地帯の略。外部および内部ネットワークの両方から隔離されたネットワークセグメントのこと。公開サーバ（Webやメールサーバ）などを、隔離したネットワークセグメントに設置することで不正なアクセスを阻止し、万が一サーバに侵入されても被害が内部ネットワークにまで及ぶのを防止できる。

【DNS】(ディーエヌエス)

Domain Name System
インターネット上のホスト名とIPアドレスを対応させるシステム。DNSはアプリケーション層のプロトコルとして定義されている。

【DOCSIS】(ドクシス)

Data Over Cable Service Interface Specification
ケーブルテレビのネットワークを利用してデータ通信を行うために、米国のCATV会社が中心となって策定したケーブルモデムの標準仕様。DOCSISではデータ通信プロトコルや機器設定の制御手順などが定義されている。現在、変調方式などが異なる4つのバージョンがある。

【DoS攻撃】(ドスコウゲキ、ディーオーエスコウゲキ)

Denial of Service Attack
サービス妨害攻撃またはサービス不能攻撃などと呼ばれるインターネット経由での不正アクセスのひとつ。大量のデータや不正パケットを送りつけるなどの不正な攻撃を指す。

【DQPSK】(ディーキュービーエスケー)

Differential Quadrature Phase Shift Keying
差動四相位相偏移変調。QPSKを拡張した方式で、変調した4つの位相にそれぞれ2ビットのデータを割り当てる。

【DR】(ディーアール)

Designated Router
代表ルータ。マルチアクセスネットワーク上でLSDB同期の取りまとめを行う代表のOSPFルータのこと。DRはインターフェイスのプライオリティが最大のルータ（同じ場合はルータID）に選出。

【DRAM】(ディーラム)

Dynamic Random-Access Memory
読み書き可能なRAMの一種で、電源を切ると内容が消えるメモリ。

【DSLAM】(ディースラム)

Digital Subscriber Line Access Multiplexer
電話局内に設置され、複数の加入者からのxDSL回線を集約してルータと接続してISPなどに信号を橋渡しする集線装置。xDSLモデムの集合体といえる。

【DTE】(ディーティーイー)

Data Terminal Equipment
データ端末装置。実際にデータを送受信する機器。コンピュータやルータなどが該当する。

【DTP】(ディーティーピー)

Dynamic Trunking Protocol
シスコが独自で開発したトランキングネゴシエーションプロトコル。DTPによってスイッチポートをアクセスにするかトランクにするかを動的に決定することができる。

【DUAL】(デュアル)

Diffusing Update ALgorithm
EIGRPで使用されるルーティングアルゴリズム。コンバージェンスが非常に高速であり、CPUやメモリなどの消費が少ないのが特徴。

E

【EAP】(イープ)

Extensible Authentication Protocol
さまざまな認証方式をサポートするために認証

の手続きの枠組みを提供するプロトコル。

【EAPOL】（イーエーピーオーエル）
EAP Over LAN
EAPのデータをMACフレームでカプセル化して、サプリカントとスイッチ間でやり取りするための仕組み。認証が成功するまではEAPOLフレームのみ転送が許可される。

【EBCDIC】（エビシディック）
Extended Binary Coded Decimal Interchange Code
IBMが策定した8ビットの文字コード規格。汎用コンピュータなどで利用されることが多い。

【EGP】（イージーピー）
Exterior Gateway Protocol
自律システム（AS）間で経路制御を行うルーティングプロトコル。

【EIA】（イーアイエー）
Electronic Industries Alliance
米国電子工業会。電子産業に関する調査や標準化を行う団体。

【EIA/TIA-232】（イーアイエー・ティーアイエー・ニーサンニー）
EIAおよびTIAによって開発された物理層のインターフェイス規格で、以前はRS-232と呼ばれていた。64kbpsまでの通信速度をサポートする。

【EIGRP】（イーアイジーアールピー）
Enhanced Interior Gateway Routing Protocol
ディスタンスベクター型のIGRPを拡張したシスコ独自のルーティングプロトコル。EIGRPにはリンクステートのいくつかの機能が備わっている。

【ESP】（イーエスピー）
Encryption Security Payload
暗号化ペイロード。IPsecのセキュリティプロトコルのひとつ。IPパケットの認証とデータ部の暗号化を行うことで機密性と整合性の両方を提供する。IPsecのもう1つのプロトコルであるAH（認証ヘッダ）との違いは、暗号化機能のサポートと、認証範囲に宛先IPアドレスが含まれないこと。

【ESS】（イーエスエス）
Extended Service Set
拡張サービスセット。1つの無線LANに複数の無線LANアクセスポイントを設置してローミングできるようにした構成のこと。

【EtherChannel】（イーサチャネル）
複数の物理ポートを1つの論理ポートにバンドル（束ねる）する技術のこと。EtherChannelを使用することによって、スイッチ間で利用可能な帯域幅を増加させたり、冗長性を提供したり、ロードバランシング機能を実現する。スイッチとルータ間で利用することも可能。

【EUI-64】（イーユーアイ・ロクジュウヨン）
IPv6のデバイスを一意に識別する64ビットのIDで、アドレス体系はIEEEで標準化されている。EUI-64ではデバイスのMACアドレス（48ビット）を利用して次の手順でインターフェイスIDを自動生成する。①MACアドレスの真ん中にFFFE（16ビット）を挿入し、64ビットに拡張する ② U/Lビット（先頭7ビット目）を反転する。

【EXEC接続】（エグゼクセツゾク）
EXEC connection
ルータやスイッチの設定や管理を行う目的でコンピュータを接続すること。コンソールポートを利用した接続や、Telnetを利用した接続方法などがある。

【EXECモード】（エグゼクモード）
EXEC mode
ユーザが入力したコマンドを解析して実行し、ユーザに応答を返すIOSの対話型コマンドプロセッサの操作モード。

【e-コマース】（イーコマース）
e-commerce
インターネットなどのネットワーク上で行われる物品の売買や決済を行う電子商取引のこと。企業間取引（B to B：Business to Business）、企業個人間取引（B to C：Business to Consumer）、個人間取引（C to C：Consumer to Consumer）の3種類に分類される。売り手側は、店舗などのコストを節約し地理や時間帯に関係なく商売

ができる。一方、買い手側はわざわざ店舗に出向く必要がないため時間とコストの節約をしながら商品を購入できるメリットがある。

【e-ビジネス】（イービジネス）
e-business
インターネットを利用したビジネス全般を指す。

F

【FCS】（エフシーエス）
Frame Check Sequence
データリンク層でカプセル化する際に、データの後ろに付加するエラー検出のための制御情報。FCS内にはCRCと呼ばれる整合性を確認するための値が入る。

【FD】（エフディー）
Feasible Distance
EIGRPのDUALアルゴリズムが最適ルートを選択するためのパラメータ。ローカルルータ（自身）から宛先ネットワークまでのメトリック。

【FDDI】（エフディーディーアイ）
Fiber Distributed Data Interface
ANSI（米国規格協会）が標準化したリング型LANの規格。伝送速度は100Mbpsで光ファイバケーブルを使用する。

【FRAD】（フラッド）
Frame Relay Access Device
LANとフレームリレーWANの間の接続を行うネットワークデバイス。ルータのシリアルインターフェイスのカプセル化タイプをフレームリレーにすることで、ルータをFRADとして動作することができる。

【FTTH】（エフティーティーエイチ）
Fiber To The Home
光ファイバを各家庭まで敷設して大容量のデジタルデータ通信を可能にするサービスのこと。ADSLとは異なり、基地局からの距離が遠くなっても速度が低下することがなく、一般的に上下ともに最大100Mbpsの通信速度を実現する。

G

【GBIC】（ジービック）
Gigabit Interface Converter
スイッチやルータにギガビットイーサネットポートを追加するためのモジュール機器。

【GUI】（グイ、ジーユーアイ）
Graphical User Interface
文字だけでなくグラフィカルな表示を多用したユーザインターフェイスのこと。ほとんどの操作をマウスで行うことができ、ユーザはわかりやすく、より感覚的に操作することができる。

H

【HDLC】（エイチディーエルシー）
High-level Data Link Control
ISOが策定したデータ伝送制御手順のひとつ。OSI参照モデルのデータリンク層の通信制御を行うプロトコル。

【Helloパケット】（ハローパケット）
Hello packet
OSPFやEIGRPなどのルーティングプロトコルにおいて隣接ルータを発見したり、障害からの復旧を検知したりするのに用いるマルチキャストパケット。ルータは定期的にHelloパケットを送出し、隣接関係の確立や維持を行う。

【HMAC】（エイチマック）
Hashed based Message Authentication Code
改ざんを検出するためのメッセージ認証コード（MAC）を生成するアルゴリズム。具体的にはMD5やSHA-1をIPsecへ実装する方法を規定している。

【HTML】（エイチティーエムエル）
Hyper Text Markup Language
Webページを記述するための言語。HTMLでは、文書の一部を「タグ」と呼ばれる特別な文字列で囲うことで、文章の構造（見出しやハイパーリンクなど）や、修飾情報（文字の大きさや状態など）を文章中に記述していく。

【HTTP】(エイチティーティーピー)
HyperText Transfer Protocol
Webサーバとクライアント（Webブラウザ）がデータを送受信するのに使われるプロトコル。

【HTTPS】(エイチティーティーピーエス)
HyperText Transfer Protocol Security
HTTPにSSLを使った暗号化機能を付加したプロトコル。WebブラウザとWebサーバの間でやり取りするデータを暗号化することで、クレジットカードの暗証番号などを安全に転送することができる。

I

【IANA】(アイアナ)
Internet Assigned Numbers Authority
インターネットで使用するアドレス資源（IPアドレス、プロトコル番号、ドメイン名など）の割り当てや管理を行う団体。

【IBSS】(アイビーエスエス)
Independent Basic Service Set
無線LANの動作モードのことで「アドホックモード」とも呼ばれる。

【ICANN】(アイキャン)
Internet Corporation for Assigned Names and Numbers
2000年2月よりIANAの機能を引き継いで、インターネット上で重要な情報（IPアドレス、プロトコル番号、AS番号など）を管理している組織。

【ICMP】(アイシーエムピー)
Internet Control Message Protocol
IPパケットのプロセスに関連したエラー情報などをメッセージとして通知するネットワーク層のプロトコル。

【ICMPメッセージ】(アイシーエムピーメッセージ)
ICMP message
IPパケットのプロセスに関連する情報を伝えるメッセージで、エラー通知と問い合わせに大別される。代表的なエラー通知にはICMP宛先到達不能メッセージが、問い合わせにはpingやtracerouteがある。

【ICMP宛先到達不能メッセージ】
(アイシーエムピーアテサキトウタツフノウメッセージ)
ICMP destination unreachable message
ICMP宛先到達不能エラーを通知するメッセージ。UDPヘッダ内の宛先ポート番号に、通常サーバ側で使用していない巨大なポート番号をセットすることによって送信される。

【IDS】(アイディーエス)
Intrusion Detection Systems
侵入検知システム。ネットワーク上を流れるパケットを監視し、不正な侵入を検知して管理者に通知するシステム。

【IEEE】(アイトリプルイー)
Institute of Electrical and Electronics Engineers
米国電気電子学会。1963年に米国電気学会と無線学会が合併して発足し、世界約150カ国に会員が在籍している。IT分野では主にデータ伝送技術やネットワーク技術の標準を定めている。

【IEEE 802.11】
(アイトリプルイーハチマルニーテンイチイチ)
IEEEの802委員会が1998年7月に定めた無線LANの標準規格。当初、802.11の通信速度は最大2Mbpsだったが、のちに802.11b（最大11Mbps）や、802.11g（最大54Mbps）と仕様を拡張している。IEEE 802.11の「11」は、11番目に設立したワーキンググループを表す。

【IEEE 802.1x】
(アイトリプルイーハチマルニーテンイチエックス)
IEEE 802委員会が規定したスイッチや無線LANのアクセスポイントが接続するユーザを認証する技術。

【IEEE 802.1D】
(アイトリプルイーハチマルニーテンイチディー)
IEEE 802委員会が規定したSTPの標準規格。

【IEEE 802.1s】（アイトリプルイーハチマルニーテンイチエス）

IEEE 802委員会が規定したMSTPの標準規格。

【IETF】（アイイーティーエフ）

Internet Engineering Task Force

インターネット上で使われている各種プロトコルなどを標準化したRFCを発行する組織。

【IGP】（アイジーピー）

Interior Gateway Protocol

自律システム（AS）の内部で使われるルーティングプロトコル。

【IGRP】（アイジーアールピー）

Interior Gateway Routing Protocol

シスコ独自のディスタンスベクター型ルーティングプロトコル。メトリックに帯域幅と遅延を使用し、定期的にルーティングテーブルの情報をブロードキャストでアップデート送信する。現在はIGRPを拡張したEIGRP（Enhanced IGRP）が使用されている。

【IIS】（アイアイエス）

Internet Information Services

マイクロソフトが提供するインターネットサーバソフトウェアのこと。WebサーバやFTPサーバ、SMTPサーバなどさまざまなサーバ機能を統合している。

【IKE】（アイク）

Internet Key Exchange

秘密鍵およびトンネルの生成と管理を自動的に行うためのプロトコルで、RFC2409によって公開されている。通常、IPsec通信で使用されている。

【IP】（アイピー）

Internet Protocol

OSI参照モデルのネットワーク層の中心となるプロトコル。IPによってネットワーク層で使用されるアドレスを定義したり、データの形式を定義したりしている。

【IPS】（アイピーエス）

Intrusion Prevention Systems

侵入防御システム。IDS（侵入検知システム）に、自動的にブロックする防御機能を加えたシステム。

【IPsec】（アイピーセック）

IP security protocol

IPネットワークにおいてセキュリティ機能を付加する仕組みのこと。IPsecを使用するとデータの機密性や整合性、あるいは送信元認証を実現可能。IPsec自体は特定の暗号化、認証、セキュリティアルゴリズムに依存しないオープン規格のフレームワークである。

【IPv4】（アイピーブイフォー、アイピーブイヨン）

Internet Protocol version 4

1981年に公開され、現在インターネットで最もよく利用されているインターネットプロトコル。IPv4のアドレスは32ビットに固定されているため、識別できる最大ホスト数は約43億台となる。しかし、インターネットの急速な普及により、アドレス資源の枯渇が問題となった。そこで次世代のIPv6（128ビット）アドレスが開発された。

【IPv4互換アドレス】（アイピーブイヨンゴカンアドレス）

IPv4 compatible address

IPv4ネットワーク上にトンネルを作成し、IPv6パケットを転送する場合に用いるアドレス。具体的なアドレスは、IPv6アドレスの上位96ビットを0にし、下位32ビットにIPv4アドレスをそのまま使用（例：Pv4アドレスが192.0.2.1の場合、0:0:0:0:0:0:192.0.2.1「::192.0.2.1」となる。

【IPv6】（アイピーブイシックス、アイピーブイロク）

Internet Protocol version 6

IPv4をベースにさまざまな改良を施した次世代インターネットプロトコル。128ビットのIPアドレスを使用するため、事実上、無制限のアドレス範囲を確保する。

【IP-VPN】（アイピーブイピーエヌ）
Internet Protocol Virtual Private Network
電気通信事業者が所有する閉域ネットワークを利用して構築するVPNのこと。インターネットVPNに比べるとセキュリティ性と品質は高いが、プロバイダの網を利用するためコストがかかる。

【IPX】（アイピーエックス）
Internetwork Packet eXchange
ノベルのネットワークOSであるNetWareで使用されるネットワーク層プロトコル。かつて、IPXは企業LANのプロトコルとして標準的な地位を確立していたが、1990年代になってTCP/IPを使用するインターネットの普及とWindows NTの登場によって、現在はあまり使用されていない。

【IPスプーフィング】（アイピースプーフィング）
IP spoofing
パケットに含まれる送信元IPアドレスを、実際とは異なるアドレスに見せかける（スプーフ）こと。攻撃者自身の身元を隠すためのIPアドレスの偽装や、DoS攻撃などにも利用される。

【IPテレフォニー】（アイピーテレフォニー）
IP telephony
電話の音声をIPネットワーク経由で送り、既存の電話システムをLAN（またはWAN）に統合する技術。IPテレフォニーの導入によって一般の電話回線の利用が減るため、通信費のコストを削減することが可能。

【IPフォン】（アイピーフォン）
IP phone
IP電話。IPパケットを直接送受信することによって通話する電話機、または電話サービスを指す。

【ISDN】（アイエスディーエヌ）
Integrated Service Digital Network
サービス統合デジタルネットワーク。電話回線をデジタル化することで、電話やFAX、データ通信などを統合して扱うことができるデジタル通信網のこと。日本ではNTTが「INSネット」の名称でサービスを提供している。制御用のDチャネル（16kbps）が1本と、通信用のBチャネル（64kbps）が2本の合計3本の論理チャネルで構成され、電話をかけながらインターネットに接続したり、2本のBチャネルを束ねて128kbpsの高速通信を行ったりすることが可能である。

【IS-IS】（アイエス・アイエス）
Intermediate System-Intermediate System
OSI（開放型システム間相互接続）向けに開発された標準（RFC1142）のリンクステート型ルーティングプロトコル。IPをサポートするように拡張したIS-ISを「Integrated IS-IS」という。IS-ISは、非常に大規模なネットワークに向いている。

【ISL】（アイエスエル）
Inter-Switch Link
シスコが独自で開発したトランキングプロトコル。フレームに26バイトのISLヘッダと4バイトのISL FCSを付加してカプセル化することで、1つの物理リンクを論理的に複数のVLANで使用する。現在、トランキングプロトコルはIEEE 802.1Qが主流のためISLはほとんど使用されていない。

【ISO】（アイエスオー）
International Organization for Standardization
国際標準化機構。1947年に設立された工業製品の国際標準の策定を目的とする機関。

【ISP】（アイエスピー）
Internet Service Provider
インターネット接続事業者。ADSL回線、光ファイバ回線、専用回線などを通じて、企業や家庭のコンピュータをインターネットに接続する。

【ITU-T】（アイティーユーティー）
International Telecommunication Union-Telecommunication sector
ITU（国際通信連合）の電気通信標準化部門。スイスのジュネーブに本部を置き、電気通信に関する国際標準の策定などを行っている。

J

【Javaアプレット】（ジャバアプレット）
Java applet
ネットワーク経由でWebブラウザにダウンロードされ、ブラウザ上で実行されるJavaプログラムのこと。

K

【kbps】（キロビーピーエス）
kilobit per second
通信速度を表す単位のひとつ。1kbpsでは1秒間に1,000ビットのデータを送れることを表している。

【K値】（ケイチ）
k-value
EIGRPルーティングプロトコルが、メトリック計算に使用する重み付け係数。K1は帯域幅、K2は負荷、K3は遅延、K4は信頼性、K5はMTUを示し、デフォルト値はK1＝1、K2＝0、K3＝1、K4＝0、K5＝0である。K値は変更可能であるが、EIGRPルータ同士で一致しなければネイバー関係は確立できない。

L

【LAN】（ラン）
Local Area Network
1つの部屋、建物、構内など、限定された比較的狭い範囲をカバーするネットワークのこと。ファイルやプリンタなどの共有、分散されたデータの処理などに使われる。

【LED】（エルイーディー）
Light Emitting Diode
発光ダイオード。電流を流すと発光する半導体素子の一種。電球や蛍光灯などに比べて消費電力と発熱が少なくサイズが小さい。また、振動に強く寿命が長いといったさまざまな利点があり、幅広い分野で使用されている。

【LLC】（エルエルシー）
Logical Link Control
IEEE 802.2で規定された論理リンク制御プロトコル。OSI参照モデルのデータリンク層が持つ2つの副層（MAC層とLLC層）のひとつ。LLCはIEEE 802.3（イーサネット）、IEEE 802.5（トークンリング）およびIEEE 802.11（無線LAN）などMAC（媒体アクセス制御）に依存しない共通のサービスを上位層に提供する。

【LMI】（エルエムアイ）
Local Management Interface
DTEとフレームリレースイッチ（DCE）間でバーチャルサーキットの状態を確認するための機能を提供するシグナリングプロトコル。

【LSA】（エルエスエー）
Link State Advertisement
リンクステートルーティングプロトコルのOSPFにおいて、各ルータが交換するリンクの状態を示す情報のこと。

M

【MAC】（マック）
Message Authentication Code
メッセージ認証符号。メッセージを認証するためにデータと秘密鍵を連結したものをハッシュ関数で演算して生成されたダイジェスト（ハッシュ値）のこと。

【MACアドレス】（マックアドレス）
Media Access Control address
ネットワーク機器を識別するために、全世界で重複しないように割り当てられた48ビットのアドレス。16進数で「xx-xx-xx-xx-xx-xx」のように12桁で表記される。NICやルータなどのネットワーク機器にはMACアドレスが割り当てられている。

【MAN】（マン）
Metropolitan Area Network
1つの都市圏に限定した比較的広いエリアのネットワークのこと。1つの組織だけでなく、都市や地域に展開している複数の事業所や組織

間を接続して、より大規模なネットワーク（一般に半径5〜50kmの範囲）を構築するために使われる。

【MD5】 (エムディーファイブ)
Message Digest 5
一方向ハッシュ関数のひとつで、ある文字列から128ビットの固定長の乱数である「ハッシュ値」を生成する。ハッシュ値から元の文字列を復元することはできない。また、同じハッシュ値を持つ異なるデータを作成することは極めて困難である。

【MDF】 (エムディーエフ)
Main Distributing Frame
電話局で複数のケーブルを収容するために使用する配線分配装置。

【MDI】 (エムディーアイ)
Medium Dependent Interface
より対線ケーブルを利用するポートの一種。端子の1・2番に送信、3・6番に受信が割り当てられているポート。

【MDIX】 (エムディーアイエックス)
MDI Crossover
MDIポートからの電気信号を受信するために、MDIと送受信を入れ替えたタイプ。

【MIC】 (ミック)
Message Integrity Code
受信時にデータが改ざんされていないかどうかを確認する機能。IEEE 802.11のデータ部分にハッシュ値を挿入して改ざんを検知する。この機能により改ざんされたパケットによるアクセスポイントへの不正接続やDoS攻撃を防ぐことが可能になる。

【MMF】 (マルチモードファイバ、エムエムエフ)
Multi Mode Fiber
複数のモード（いろいろな角度の光）がコアの中を同時に伝播する光ファイバ。マルチモードファイバにはコアの屈折率分布の違いにより、ステップ型光ファイバやグレーデッド型光ファイバなどがある。どちらも比較的コア径が大きく（50〜100μm）、シングルモードファイバに比べて接続が容易である。

【MPLS】 (エムピーエルエス)
Multi Protocol Label Switching
IETF標準のパケット転送技術のひとつ。パケットに宛先情報を含む「ラベル」と呼ばれる目印を付加し、ラベルを参照するだけで次のルータへ転送できるため高速ルーティングを実現する。

【MSS】 (エムエスエス)
Maximum Segment Size
TCPで通信する際に指定するデータのセグメント（送信単位）の最大値のこと。

【MSTP】 (エムエスティービー)
Multiple Spanning Tree Protocol
IEEE 802.1sで標準化されたSTPツリーの負荷分散技術のこと。MSTPはSTPツリーをインスタンスとして定義し、複数のVLANグループを1つのインスタンスにマッピングすることにより、スイッチのCPU負荷をかけずにSTPロードバランシングを行う。別名、MSTとも呼ばれている。シスコではRSTP（IEEE 802.1w）を使用し、ロードバランシングにIEEE 802.1sを使用するSTPモードの意味としても活用される。

【MTU】 (エムティーユー)
Maximum Transmission Unit
最大伝送ユニット。1回の転送で送信できるデータの最大値を示す値のこと。MTUサイズはネットワーク形式によって定められており、たとえばイーサネットでは1,500バイトである。

N

【NAS】 (ナス)
Network Attached Storage
ネットワークにストレージ（記憶装置）を直接接続して使用する形態、あるいは装置そのものを指す。

【NAT】(ナット)
Network Address Translation
内部ネットワークで使用しているプライベートアドレスを、インターネット上で使用可能なグローバルIPアドレスに相互変換する仕組み。

【NATテーブル】(ナットテーブル)
NAT table
NATルータのRAM内に作成され、アドレス変換エントリが登録されるデータベースのこと。

【NBMA】(エヌビーエムエー)
Non-Broadcast MultiAccess
1つのネットワーク上に複数のノードを接続可能であるが、ブロードキャスト機能がないネットワークのこと。

【NIC】(ニック)
Network Information Center
IPアドレスやドメイン名などインターネットで使用する各種アドレスを管理する組織。レジストリとも呼ばれる。世界中の地域あるいは国のNICが協力しながら運営している。日本を担当しているNICはJPNIC（日本ネットワークインフォメーションセンター）。

【NIC】(ニック)
Network Interface Card
パソコンやプリンタなどをネットワークに接続するためのカード。ネットワークアダプタあるいはLANカードとも呼ばれる。コンピュータに装着したNICに対してもIPアドレスが割り当てられる。

【NTP】(エヌティーピー)
Network Time Protocol
コンピュータの内部時計を正確に維持するため、ネットワークを介して時刻の同期を取るためのプロトコル。NTPによって複数の機器の内部時計を常に同じ状態にすることができるため、プログラムやサービスの誤動作などを防ぐことができる。

【NVRAM】(エヌブイラム)
Non-Volatile Random-Access Memory
不揮発性ランダムアクセスメモリ。本体の電源がオフになっていてもデータが維持されるメモリ。起動時設定の保管用に使われることが多い。CiscoルータおよびCatalystスイッチでもコンフィギュレーションファイルの格納用に利用されている。

O

【OE変換器】(オーイーヘンカンキ)
Optical Electricity converter
光信号と電気信号を相互変換する装置のこと。OE変換器から同軸ケーブルが複数に枝分かれして接続される。

【OSI参照モデル】(オーエスアイサンショウモデル)
Open System Interconnection
開放型システム間相互接続。異なる機器間でデータ通信を実現するためにISOにより制定された標準モデル。

【OSPF】(オーエスピーエフ)
Open Shortest Path First
IETFがRIPの後継としたリンクステート型のルーティングプロトコル。

P

【PAP】(パップ)
Password Authentication Protocol
PPPなどで利用される認証方式のひとつ。パスワードを暗号化せずにクリアテキスト（平文）で送るため、CHAPに比べてセキュリティ性が低い。

【PAT】(パット)
Port Address Translation
NATの拡張機能。ポート番号を利用して複数の内部ローカルアドレスを1つの内部グローバルアドレスに変換する技術。PATで「N対1」変換を行うことにより複数の内部ユーザが同時にインターネットへアクセスできる。PATはシスコ独自の呼び方で、一般的にはIPマスカレードや

NAPTと呼ばれている。

【PCMCIAカード】
（ピーシーエムシーアイエーカード）
Personal Computer Memory Card Industry Association
主にノートパソコンで採用されている小型のカード型インターフェイス、およびその規格による拡張カード。ルータのモデルによっては、着脱可能なPCMCIAカードスロットを備えているものもある。

【permit】（パーミット）
ACLにおいて許可のステートメント（条件文）を設定するときにpermitパラメータを指定する。

【ping】（ピング、ピン）
Packet INternet Groper
2つのICMPメッセージ（エコー要求およびエコー応答）を使用して、リモートデバイスと通信ができるか（アクティブであるか）を判断するトラブルシューティングのツール。エコー応答を受信するまでにかかる時間も測定する。

【PortFast】（ポートファスト）
シスコが独自で開発したIEEE 802.1D標準STPのコンバージェンスを高速化する機能。PortFastでは、ブロッキング状態からリスニングとラーニング状態をバイパスしてすばやくフォワーディング状態に状態遷移するため、エンドステーション（PC）を接続するアクセスポートに設定する。

【POTS】（ポッツ）
Plain Old Telephone Service
0～4kHz程度のアナログ音声信号を使った音声通話サービス部分の周波数帯のこと。ISDNやDSLのようなデジタル通信サービスで用いられる用語。

【PPP】（ピーピーピー）
Point to Point Protocol
電話回線やISDNなどのWANで接続されるデバイス間において、データを正確かつ効率的に運ぶためのプロトコル。認証などのオプション機能が豊富である。

【PPPoE】（ピーピーピーオーイー）
Point to Point Protocol over Ethernet
PPPの機能をイーサネット上で実現するためのプロトコルで、ADSLによるインターネット接続サービスなどで利用されている。

【PSK】（ピーエスケー）
Pre-Shared Key
事前共有鍵の略。

【PSTN】（ピーエスティーエヌ）
Public Switched Telephone Network
公衆電話交換網（あるいは公衆交換電話網）。一般の加入者電話回線ネットワークのこと。PSTNでデータ通信を行うには、コンピュータにモデムを接続して回線接続する必要がある。

【PVRST+】（ピーブイアールエスティープラス）
Per VLAN Rapid Spanning Tree Protocol Plus
RSTP（IEEE 802.1w）を使用し、ロードバランシングにシスコ独自のPVST+を使用するSTPモードのこと。単に、RSTPとも呼ばれている。

【PVST+】（ピーブイエスティープラス）
Per-VLAN Spanning Tree Plus
シスコが独自で開発したSTPの拡張機能。VLANごとに個別にSTPを実行し、ロードバランシング機能を提供する。前バージョンのPVSTはスイッチ間のトランクリンクをISLにする必要があったが、PVST+ではIEEE 802.1Qのトランクリンクでも対応可能になった。現在では、PVST+もPVSTと呼ぶことが多い。

Q

【QoS】（キューオーエス）
Quality of Service
パケットの優先度に応じて扱いを区別し、重要なアプリケーションの通信を輻輳や遅延から守るための仕組み。特に音声や動画などのリアルタイム性が要求される通信で必要となる技術。

R

【RA】（アールエー）
Router Advertisement
IPv6クライアントからのRS（ルータ要請）を受信したルータが、要求に対して自身のインターフェイスに設定しているプレフィクスを返信するためのメッセージ。ルータアドバタイズメントまたはルータ広告ともいう。RAには宛先アドレス「FF02::1」のマルチキャストが使用される。

【RADIUS】（ラディウス、ラディアス）
Remote Authentication Dial-In User Service
アナログの電話回線などでアクセスしてきたユーザを認証するためのプロトコル。認証装置とRADIUSサーバ間の通信で使われる。

【RC4】（アールシーフォー）
Rivest's Cipher 4、Ron's Code 4
RSAセキュリティのRon Rivest氏によって開発された暗号化技術。暗号化方式に共通鍵暗号を使用し、暗号化処理が速いためSSLや無線LANのWEPなどで広く利用されている。WEPでは一般的に鍵長は64または128ビットを使用。

【RCP】（アールシーピー）
Remote Copy Protocol
ネットワーク上のサーバに置かれたファイルシステムからファイルをコピーしたり、逆にファイルシステムへファイルをコピーしたりできるプロトコル。RCPはTCPを使用する。

【RFC】（アールエフシー）
Request for Comments
インターネットに関連する技術の標準を定める団体であるIETFが正式に発行する文書。RFCにより、インターネットで利用されるプロトコルやさまざまな技術の仕様および要件を公開している。各文書には識別するための通し番号が付けられている。

【RIP】（リップ）
Routing Information Protocol
UDP/IP上で動作するディスタンスベクター型のルーティングプロトコル。ホップ数を基に宛先ネットワークの最適経路を判断し、比較的小規模なネットワークで使用される。

【RJ-45】（アールジェイヨンジュウゴ）
Registered Jack 45
8ピン式のコネクタで電話線のRJ-11よりも少し幅が広い。LANケーブル以外にもISDN回線など幅広く使用されている。

【RPS】（アールピーエス）
Redundant Power Supply
リダンダント（冗長）電源。

【RS】（アールエス）
Router Solicitation
IPv6クライアントがローカルリンク上のルータにグローバルユニキャストアドレスのプレフィクスを要求するために送信するメッセージ。ルータ要請ともいう。RSには宛先アドレス「FF02::2」のマルチキャストが使用される。

【RSA】（アールエスエー）
Rivest, Shamir, and Adleman
1978年にマサチューセッツ工科大学のRivest、Shamir、Adlemanの3氏によって発明された公開鍵暗号方式を使用する暗号化アルゴリズム。RSA暗号を効率よく解読する方法はまだ発見されていない。計算量が多く処理時間がかかるという欠点もある。

【RSAデジタル署名】
（アールエスエー・デジタルショメイ）
RSA Digital Certificate
公開鍵暗号で最も広く使用されているRSAと呼ばれる暗号化アルゴリズムによるデジタル署名のこと。

【RST】（アールエスティー）
ReSeT
TCPヘッダ内のコードビットにあるフラグのひとつ。サーバ側から接続を切断したい場合などにRSTビットに1を立てて送信することで、TCP接続を強制的に切断することができる。

【running-config】(ランニングコンフィグ)
ルータが稼働中に使用するコンフィギュレーションファイル。RAMに格納されているので、電源を切ると内容は消えてしまう。

S

【SAN】(サン)
Storage Area Network
複数のサーバやストレージ（記憶装置）をファイバチャネルなどの高速回線で結んだストレージ専用ネットワーク。

【SFP】(エスエフピー)
Small Form-factor Pluggable
GBICを小型化したもので「ミニGBIC」とも呼ばれている。小さいので通常のGBICよりも多くのポートを収容することができる。

【SHA-1】(シャーワン、エスエイチエーワン)
Secure Hash Algorithm-1
メッセージの改ざん検知などを行うハッシュ関数のひとつ。SHA-1によって出力されるハッシュ値は160ビットでMD5よりも安全性が高いが、すでに欠点が指摘されているため 次世代のSHA-2へ移行される予定。

【SMF】(シングルモードファイバ、エスエムエフ)
Single Mode Fiber
1つの光路を光ファイバケーブルのコア部分にまっすぐ差し込んで信号を伝送するモード。

【SMTP】(エスエムティーピー)
Simple Mail Transfer Protocol
インターネットやイントラネットで電子メールを送信するためのプロトコル。ユーザからMailサーバへのメール送信や、サーバ間でのメールのやり取りをする際に用いる。

【SNAP】(スナップ)
SubNetwork Access Protocol
TCP/IPなどの上位プロトコルを識別するためにIEEE 802.2のLLCヘッダに付加するフィールド。IEEE 802.3フレームヘッダ中に上位のネットワーク層プロトコルを識別するためのフィールドがないため、データ部の一部にLLCヘッダを用意した。この構造を指してSNAPという。SNAPヘッダは3バイトのOUI（管理組織識別子）と2バイトのPID（プロトコル識別子）で構成される。イーサネットフレームのタイプフィールドに相当する機能を実現する。

【SNMP】(エスエヌエムピー)
Simple Network Management Protocol
ネットワーク上のさまざまな機器を監視および制御することができる管理プロトコル。

【SOHO】(ソーホー)
Small Office Home Office
在宅勤務者の自宅や離れた小さな事務所と会社をコンピュータネットワークで結んで業務を行うワークスタイルの総称。あるいは、コンピュータネットワークを利用して自宅や小さな事務所で事業を起こすこと。

【SONET/SDH】(ソネットエスディエイチ)
Synchronous Optical Network/Synchronous Digital Hierarchy
伝送メディアに光ファイバを使用した高速デジタル通信方式の国際規格。SONETは米ベルコアが提案したものをANSIが標準化し、SDHはITU（国際電気通信連合）がSONETを基に標準化した光通信技術。SONETは52MbpsのOC-1を基本にしており、SDHは156MbpsのSTM-1を基本として多重化構造が定義されている。2つは互換性があり、SONET/SDHと表記されることが多い。

【SPF】(エスピーエフ)
Shortest Path First
リンクステート型ルーティングプロトコルにおいて、各ルータがLSDB（リンクステートデータベース）を基に最短パスを算出するためのアルゴリズム。「ダイクストラアルゴリズム」とも呼ばれる。

【SSH】(エスエスエイチ)
Secure SHell
ネットワークを介して遠隔操作をする際にやり取りするデータを暗号化することにより、イン

ターネット経由でも一連のコマンド操作を安全に行うことができるプログラム。

【SSID】(エスエスアイディー)
Service Set Identifier
無線LANにおけるアクセスポイントの識別子で最大32文字の英数字で設定。アクセスポイントと無線クライアントはSSIDが一致する必要がある。ESSIDとも呼ばれる。

【SSL】(エスエスエル)
Secure Sockets Layer
TCPとアプリケーションプロトコルの中間に位置する暗号化プロトコル。インターネットを利用したオンラインショッピングなどでのクレジット決済や個人情報などを入力するWebサイトなどで広く利用されている。

【SSL VPN】(エスエスエルブイピーエヌ)
Secure Sockets Layer Virtual Private Network
SSL（Secure Sockets Layer）は、TCPとアプリケーションプロトコル間に位置し、インターネット上でデータを暗号化して個人情報（クレジットカード番号など）や機密情報などを安全に送信するためのプロトコル。VPN（Virtual Private Network）は、インターネットなどの公衆回線をあたかも専用回線であるかのように利用できるサービス。仮想専用線とも呼ばれる。VPNを利用すると、専用回線で接続するよりもコストを大幅に抑えることができる。SSL VPNはSSL技術を使用したVPNのこと。

【startup-config】(スタートアップコンフィグ)
ルータおよびスイッチのNVRAMに保存しておくバックアップ用のファイル。電源投入時にRAMに読み込まれてrunning-configとして使用される設定ファイル。

【STP】(エスティーピー)
Spanning Tree Protocol
スパニングツリープロトコル。フレームのループを回避して冗長ネットワークを維持するレイヤ2プロトコル。

【STPケーブル】(エスティーピーケーブル)
Shielded Twisted-Pair cable
通信ケーブルの一種。網目状の金属でケーブルを覆い、信号の歪みや干渉の原因となる外部からの電気干渉を防ぐためデータの信頼性が高い。ただし、UTPケーブルよりも高価なうえ、ケーブルが太くて扱いにくい。

【SVI】(エスブイアイ)
Switched Virtual Interface
スイッチ内部で仮想的に用意されるインターフェイス。レイヤ2のCatalystスイッチでは、SVIにIPアドレス（レイヤ3アドレス）を割り当ててスイッチ自体を管理できる。

【SYN】(シン)
SYNchronize
TCPヘッダのコードビットに含まれるビットのひとつ。TCPの通信では、まずクライアントがサーバ（通信相手）に対してコネクション確立を要求するが、その際にコードビットSYNに「1」をセットしてパケットを送信する。SYNビット「1」のパケットを受信した場合、コネクション確立の開始要求であると認識される。

T

【T1】(ティーワン)
最大通信速度が1.5Mbps（正確には1.544Mbps）の高速デジタル回線の規格。DS1とも呼ばれる。

【TACACS+】(タカクスプラス)
Terminal Access Controller Access Control System Plus
ユーザ認証やアクセスの許可／拒否を行う認証プロトコルのひとつ。TACACS+は、TACACSをシスコが独自に拡張したもので、認証（Authentication）、認可（Authorization）、課金情報（Accounting）の3つの機能を持つ。

【TCP】(ティーシーピー)
Transmission Control Protocol
トランスポート層の信頼性のある通信を実現するプロトコル。

【TCPセグメント】(ティーシーピーセグメント)
TCP segment
トランスポート層のTCPで扱う分割されたTCPパケットのこと。

【Telnet】(テルネット)
Telecommunication network
ネットワークを介して遠隔地にある端末にログインし、その端末の目の前にいるのと同じように操作することができるTCP/IPアプリケーション層のプロトコル。

【Telnetクライアント】(テルネットクライアント)
Telnet Client
Telnetを実行する側のデバイス。

【Telnetサーバ】(テルネットサーバ)
Telnet Server
Telnet接続をされる側のデバイス。

【Tera Term】(テラターム)
Windows環境で広く利用されている、ターミナル（通信）ソフト（フリーウェア）。

【TFTP】(ティーエフティーピー)
Trivial File Transfer Protocol
UDPで通信するファイル転送プロトコル。FTPのようにファイル転送の際に認証する必要がない。

【TIA】(ティーアイエー)
Telecommunications Industry Association
米国電気通信工業会。通信の標準化を行う団体。

【ToS】(ティーオーエス)
Type of Service
パケットの優先制御方式のひとつ。IPヘッダのToSフィールドの3ビット（0〜7の値）を使用し、パケットの優先制御を行う。

【traceroute】(トレースルート)
送信元から宛先までの間にパケットがどのルータを経由するかを調べるコマンド。Windowsのコマンドプロンプトでは、「tracert」と入力する。

U

【U/Lビット】(ユーエルビット)
Universal/Local bit
MACアドレスの先頭7ビット目のこと。このビットが「0」の場合は世界で一意のグローバルアドレスを示し、「1」の場合はローカルアドレスであることを示す。

【UDP】(ユーディーピー)
User Datagram Protocol
TCP/IPプロトコルスタックのトランスポート層プロトコル。信頼性を保証するための制御を行わないので処理が軽く、高速転送が可能。

【UDPデータグラム】(ユーディーピーデータグラム)
UDP datagram
UDPにおけるデータ転送の単位。

【UplinkFast】(アップリンクファスト)
シスコが独自に開発したIEEE 802.1D標準STPのコンバージェンスを高速化する機能のひとつ。ルートポートに障害が発生すると、ブロッキング状態のポートをすばやくフォワーディング状態にしてルートポートの役割を引き継ぐ。UplinkFastは非指定ポートを持つ非ルートブリッジに設定しておく。コンバージェンスは5秒以内である。

【URI】(ユーアールアイ)
Uniform Resource Identifier
インターネット上にあるリソース（情報資源）の場所を示す記述方式のこと。URLからスキームやドメイン名を取り除いた残りのパス名の部分がURIとなる。

【URL】(ユーアールエル)
Uniform Resource Locator
インターネット上のWebページなどのリソース（情報資源）にアクセスする手段と場所を指定するための記述方式。インターネット上で割り当てられた住所のようなもの。

【UTPケーブル】(ユーティーピーケーブル)
Unshielded Twisted Pair cable
非シールドより対線のケーブル。より対線あるいはケーブル全体を金属箔や網目状の金属などで覆っていないケーブル。

V

【V.35】(ブイサンジュウゴ)
ネットワークアクセスデバイスとパケットネットワーク間の通信に使う同期物理層プロトコルの規格。

【VC】(バーチャルサーキット)
Virtual Circuit
物理的な1本の回線を論理的に複数の回線に分割しチャネル化したもの。

【VLAN】(ブイラン)
Virtual LAN
スイッチ内部で仮想的に用意されるインターフェイス。レイヤ2のCatalystスイッチでは、SVIにIPアドレス（レイヤ3アドレス）を割り当ててスイッチ自体を管理できる。

【VLAN ID】(ブイランアイディー)
Virtual LAN IDentifier
VLANを識別するための番号。VLAN番号は12ビットであるため0～4095の範囲であるが、0と4095はシステムで予約されている。1、1002～1005の5つは最初から作られているデフォルトVLANのため削除できない。

【VLANメンバーシップ】(ブイランメンバーシップ)
VLAN membership
スイッチのポートにVLANを割り当てること、あるいはVLANが割り当てられていることを指す。VLANメンバーシップの方法にはスタティックVLANとダイナミックVLANの2つがある。

【VLSM】(ブイエルエスエム)
Variable Length Subnet Mask
可変長サブネットマスク。同じネットワークから派生するサブネットのマスク長を可変でアドレッシングする技術。

【VMPS】(ブイエムピーエス)
VLAN Management Policy Server
ダイナミックVLANで使用するサーバ。VMPSは、ホストのMACアドレスと所属するVLANのマッピング情報をデータベースとして持ち、ダイナミックVLANが設定されているスイッチからリクエストがあると、データベースを検索して所属するVLANを通知する。Catalyst6500シリーズなど一部のスイッチは、VMPSの機能を自身で持つことが可能。

【VPN】(ブイピーエヌ)
Virtual Private Network
インターネットなどの公衆回線をあたかも専用回線であるかのように利用できるサービスで、仮想専用線とも呼ばれる。VPNを利用すると、専用線で接続するよりもコストをはるかに抑えることができる。

【VPNゲートウェイ】(ブイピーエヌゲートウェイ)
VPN gateway
VPNを構築するための終端装置。内部ネットワークとインターネットなどの外部ネットワークの境界に設置し、内部ネットワークからのパケットをVPNゲートウェイによって暗号化し、外部ネットワークへ転送する。そして、受信側のVPNゲートウェイでパケットを復号化し、内部ネットワークの宛先ホストへ転送される。

【VPNコンセントレータ】
(ブイピーエヌコンセントレータ)
VPN concentrator
VPN接続を終端する集線装置のこと。現在はCisco ASAシリーズが使用されている。

【VTP】(ブイティーピー)
VLAN Trunking Protocol
シスコ独自のVLAN管理プロトコル。複数のスイッチでVLAN情報の整合性を保つことができる。

【VTPアドバタイズメント】（ブイティーピーアドバタイズメント）
VTP advertisement
VTPで通知されるメッセージのこと。VTPアドバタイズメントには、ドメイン名、パスワード、リビジョン番号、VLAN情報などが含まれる。

【VTPドメイン名】（ブイティーピードメインメイ）
VTP Domain Name
VTPによってVLAN情報を同期するスイッチのグループ名。VTPドメイン名が一致した場合、VLAN情報の同期が取れる。

【VTPプルーニング】（ブイピーエヌプルーニング）
VTP pruning
トランクリンクから不要なVLANのトラフィックを防いで使用可能な帯域幅を増加させる機能。

【VTY】（ブイティーワイ）
Virtual TYpe terminal
仮想端末回線。コンソールのように物理的なポートではなく、IOSによって仮想的に用意されるポート。TelnetまたはSSHを使ってvtyポートにアクセスすることで、管理者はネットワークを介して離れた場所にあるデバイスにアクセスして遠隔操作することができる。

W

【WAN】（ワン）
Wide Area Network
離れた場所にあるLANを相互に接続するためのネットワークのこと。通常は電気通信事業者が提供するサービスを利用して接続する。

【Webサーバソフト】（ウェブサーバソフト）
Web server software
Webサーバとなるコンピュータ上で稼働しているソフトウェアで、WebブラウザからHTTPリクエストを受け取ると、その内容を解析する（メソッドを調べ、Webブラウザの要求内容を確認する）。さらに、リクエスト中のURIを分析し、要求しているデータの所在を調べる。

【WEP】（ウェップ）
Wired Equivalent Privacy
無線LANにおける暗号化技術のひとつ。暗号化アルゴリズムにRC4を使用した共通鍵暗号方式でIEEE 802.11によって標準化されている。秘密鍵に40ビットと128ビットを使う方式があるが、脆弱性が発見されているためセキュリティレベルは低い。

【WIC】（ウィック）
WAN Interface Card
WANインターフェイスカード。モジュール型のルータに追加のポートを提供するために装着するカード型のモジュール。

【WPA】（ダブリュービーエー）
Wi-Fi Protected Access
無線LANの業界団体のWi-Fi Allianceが2002年10月に発表した無線LANの暗号化方式の規格。無線LANの暗号化規格であるWEPの問題点を補強し、セキュリティ強度を向上させたもの。

X

【X.25】（エックスニジュウゴ）
ITU-T（国際電気通信連合電気通信標準化部門）で勧告化されたコネクション型のデータ通信を行うパケット交換方式の通信規約（プロトコル）で、DCE（回線終端装置）とDTE（データ端末装置）間のインターフェイスを規定したもの。パケット交換ネットワークでデータを確実に伝送するため、再送処理や確認応答などの機能を持つコネクション型プロトコルである。X.25で使われるフレームを大幅に簡略化することで、スループットを向上させたサービスをフレームリレーという。

【XOR】（エックスオア）
eXclusive OR
コンピュータで使われる基本的な論理演算の1つで排他的論理輪とも呼ばれる。「1」の数が奇数個なら「1」、偶数個なら「0」を出力する。

ア

【アウトバウンド】
outbound
「中から外へ流れ出ていくこと」を意味し、アウトバウンドにACLが適用された場合、そのインターフェイスからパケットが送出される際にACLのフィルタリングテストが行われる。

【アクセス回線】
access line
電気通信事業者（キャリア）のネットワークと顧客を結ぶ回線。通常は地理的に近い最寄りのアクセスポイント（または電話局）を結ぶ回線を指す。加入者回線、足回りなどとも呼ばれる。

【アクセスサーバ】
access server
リモートアクセスを実現するためのサーバのこと。リモートアクセスサーバまたはラス（RAS：Remote Access Server）とも呼ばれている。

【アクセススイッチ】
access switch
エンドユーザの端末やIPフォンなどを接続し、ネットワークへのアクセスを提供するスイッチ。

【アクセス制御方式】
access control method
複数のクライアントが効率よく通信を行えるようにするためのデータリンク層における信号の伝送を制御する仕組み。アクセス制御方式にはいくつかあり、有線イーサネットLANでは通信中に生じる信号の衝突を回避するためCSMA/CD、無線LANではCSMA/CAを採用している。

【アクセス層】
access layer
キャンパス（企業）ネットワークの階層設計における階層のひとつ。アクセス層はクライアントPCやIPフォンなどを収容し、ディストリビューションスイッチに接続してサーバへのアクセスなどを提供する役割を持つ。通常、アクセス層には多数のイーサネットポートを持つレイヤ2スイッチが設置される。

【アクセスポート】
access port
1つのVLANのみ所属するスイッチポート。通常、ホストやサーバを接続するポートはアクセスポートである。

【アクセスコントロールリスト】
Access Control List（ACL）
ルータが保持する制御リスト。サービスの要求時や提供時に発生するルータへのアクセスを制御するための記述。特定のIPアドレスやサービスを指定して、送られてきたパケットの受信を拒否したり、ルータからパケットを送出しないように制御できる。

【アグリーメント（合意）】
agreement
RSTP（IEEE 802.1w）で高速コンバージェンスを実現するために使われるBPDUメッセージのひとつ。プロポーザルとアグリーメントメッセージを交換し合ってローカルポートの役割を隣接スイッチとネゴシエートする。アグリーメントでは、BPDUに含まれるフラグフィールドのアグリーメントビットに1がセットされる。

【アソシエーション】
association
無線LANのアクセスポイントが無線クライアントを接続する際に行うセキュリティ方式（認証方式）。

【アドホックモード】
ad hoc mode
無線LANの動作モードのひとつ。無線LANアクセスポイントを介さずにクライアント同士が直接通信をする方式で、IBSSとも呼ばれる。手軽に無線LANを利用できるが、有線LANへアクセスすることはできない。

【アドミニストレーティブディスタンス】
Administrative Distance（AD）
ルートの情報源の信頼性を判断するための管理値。0〜255の範囲で小さい方を優先する。同

じ宛先ネットワークに対して複数の情報源がある場合、ルータはAD値の小さい方を信頼してルーティングテーブルに登録する。

【アプリケーション層】
application layer
OSI参照モデルの最上位（第7層）に位置し、アプリケーション固有の通信サービス（電子メールやWebページの閲覧など）を実現するための機能を定義している。アプリケーション層のプロトコルにはSMTP、HTTP、FTP、DNS、DHCPなどが含まれる。

【アベイラビリティ】
availability
可用性。システム障害が発生しない、万が一障害が発生した場合でもすばやく復旧できる、といったシステムを指す。

【アラート通知】
alert notice
管理者に対して不正アクセスや異常が発生したことを通知するメッセージ。具体的な通知には、SNMPのtrapを用いたSNMPマネージャへの通知や、電子メール送信機能などがある。

【アルゴリズム】
algorithm
一定の計算の基準を決めるための規則や計算方法。

【暗号化】
encryption
通信途中でデータを第三者に盗み見られたり改ざんされたりしないように変換すること。

【暗黙のdeny any】（アンモクノディナイエニィ）
ACLの最終行に自動的に挿入される、全パケットを拒否するという意味の条件文。

【イーサネット】
Ethernet
現在最もよく使用されているLANの規格。米国の企業、ゼロックスとDECが考案し、のちにIEEE 802.3委員会によって標準化された。トポロジにはバス型とスター型の2種類があるが、現在はスター型が多く使用されている。

【イーサネットフレーム】
ethernet frame
イーサネットにおいて、パケットの代わりに用いる用語。

【一方向暗号化】
one-way encryption
ハッシュ値から元のメッセージを算出（復号）することができない暗号化方式。MD5やSHA-1がこれに該当する。

【インスタンス】
instance
STPツリーまたはSTPトポロジを指す。

【インターネット】
Internet
TCP/IPを用いて世界中のネットワークを相互接続する巨大なコンピュータネットワークのこと。米国国防総省の「ARPAnet（アーパネット）」が起源であるといわれている。1986年にARPAnetの技術を元に学術機関を結ぶネットワーク「NSFnet」が構築された。そして1990年代中頃から商用利用され始め、現在のインターネットになった。インターネットは分散型ネットワークであり、世界中に散らばった無数のサーバコンピュータを相互接続し、さまざまなサービス（WWW、FTPおよび電子メールなど）を提供することで成り立っている。

【インターネットVPN】
（インターネットブイピーエヌ）
Internet VPN
パブリックなインターネットを介して構築するVPNのこと。IP-VPNに比べるとセキュリティ性と品質は低くなるが、低コストでVPNを利用でき導入も容易である。

【インターフェイス】
interface
トラフィックを転送するためのネットワーク接続を提供するポート。インターフェイスは、デバイ

スとネットワークケーブルとが接する部分となる。Ethernet、FastEthernet、GigabitEthernet、Serial、ISDN BRIなど接続するネットワークによってさまざまな種類がある。

【インバウンド】
inbound

「外から中へ入ってくること」を意味し、インバウンドにACLが適用された場合、そのインターフェイスでパケットが着信されるときにACLのフィルタリングテストが行われ、許可されたトラフィックは通常のルーティング処理が行われる。

【インフラストラクチャ】
infrastructure

単語としては基盤、下部構造などの意味を持ち、さまざまな分野で用いられる用語でインフラと略されることが多い。通信におけるインフラとは、ネットワークを構築する際の通信機器や通信回線、および料金体系の整備などを指す。

【インフラストラクチャモード】
infrastructure mode

無線LANの動作モードのひとつ。無線LANアクセスポイントを介して有線LANやほかのクライアントと通信をする方式。

【ウィザード】
wizard

画面上に表示される問いに答えていくだけで目的の処理を実行できるようにするガイド機能のこと。

【ウェルノウンポート】
well-known ports

IANAによって特定のアプリケーションのために使用することが予約された0～1023番までのポート番号。たとえばTelnetは23、HTTPは80が予約されている。

【エクストラネット】
extranet

イントラネットを拡張し、関連会社や取引先とインターネットを介して相互通信できるようにしたネットワークのこと。エクストラネットによって、低コストで効率的な商取引を実現する。

【エッジポート】
edge port

RSTP（IEEE 802.1w）におけるPCやサーバなどのエンドステーションと接続し、スイッチと接続していないポートのこと。エッジポートではブロッキング状態から即時にフォワーディング状態に遷移されるため、STPコンバージェンスが高速になる。シスコ独自のPortFastと類似機能のため、CatalystスイッチではPortFastと同じコマンドで設定する。

【エニーキャスト】
anycast

特定グループ内の最適（最寄り）なデバイスとの通信。エニーキャストは、IPv6で新しく追加されたアドレスタイプで、具体的なアドレスはグローバルユニキャストアドレス空間から割り当てられる。

【エリア】
area

OSPFルーティングでLSAを交換するルータの論理的なグループ。エリア内のすべてのOSPFルータは同じLSDBを保持し、リンク障害の発生時にはその情報を含むLSAをエリア内のすべてのルータに通知しSPF再計算を行う。エリアを分割することで負荷を減少させることが可能。

【エリアID】（エリアアイディー）
area ID

OSPFエリアを識別するための番号。バックボーンエリアは0で予約されている。

【エンタープライズネットワーク】
enterprise network

組織（または企業）で構築されたLAN（ローカルエリアネットワーク）のこと。

【オーバーヘッド】
overhead
ある処理を実行するためにかかる負荷の大きさを指す。システムの負荷によって処理に時間がかかる状態を「オーバーヘッドが大きい」などという。

【オーバーローディング】
overloading
ダイナミックNATのひとつで、ポート番号を利用して複数のノードで1つのグローバルIPアドレスを共有する技術。シスコではPATとも呼ばれる。

【オーバーロード変換】
overload translation
ポート番号を使用して同時に複数のホストが1つのグローバルIPアドレスを共有する技術。シスコではPATと呼ぶ。

【オクテット】
octet
情報量の単位。1オクテット＝8ビット（固定）。1バイト＝8ビットと確実にいえないことがあるため、「バイト」よりもビットの数が8つであることを強調したいときに使用する。

【音声VLAN】（オンセイブイラン）
Voice VLAN
音声VLAN機能において、IP Phoneのトラフィックで使用するVLANのこと。

カ

【改ざん】
falsification
データあるいは記録の全部または一部を無断で書き換え、変更、および消去する行為のこと。たとえば、インターネットを介して他人のサーバに不正侵入し、Webサイトや配信メール、アクセスログなどを当該管理者の許可なく無断で書き換えたりする行為を指す。

【回線交換】
circuit switching
電話サービスと同様、通信が必要になると相手を選択して回線を接続し、終了後に回線を切断する回線交換方式を採用したデータ伝送用のWANサービス。

【回線交換ネットワーク】
circuit switching network
一般的な電話回線のように通信が必要になったときに相手を選択して通信回線を確保し、通信が終了した時点で回線を切断する手段の通信ネットワーク。一般の固定電話などを利用したダイヤルアップ接続やISDNが回線交換に相当する。回線交換は、接続中は通信するデータがない場合でも回線を占用するため利用効率が悪い方式である。

【外部グローバルアドレス】
outside global address
外部のホストに割り当てられている一意のIPアドレス。

【外部ローカルアドレス】
outside local address
内部から見た、外部ホストに割り当てられているIPアドレス。

【拡張システムID】（カクチョウシステムアイディー）
extended system identifier
VLANごとにSTPインスタンスを実行するためにブリッジID内にVLAN IDを含める手法。拡張システムIDを使用するとブリッジプライオリティは4ビットで表現するため、プライオリティ値は4096単位で設定しなければならない。また、ブリッジプライオリティはプライオリティにVLAN IDを加算した値となる。

【確認応答】
acknowledgment
トラフィックが正しく受信できたことを受信側から送信側に返す応答信号のこと。ACK（アック）とも呼ばれる。

【カテゴリ】
category
EIA/TIAが定めるUTPケーブルやコネクタの電気特性を分類したもの。1から7まであり、数値が大きいものほど高い品質で高速伝送ができる。

【カバレッジ】
coverage
サービスエリア。無線電波の届く範囲のこと。

【カプセル化】
encapsulation
制御および処理用の情報（ヘッダ）をデータに付加して一体化すること。逆にヘッダを取り除いてデータを取り出すことを非カプセル化という。

【可用性】
availability
常にネットワークを利用できる状態にすること。「アベイラビリティ」を参照。

【管理VLAN】（カンリブイラン）
management VLAN
レイヤ2スイッチ自体を管理する目的で管理用IPアドレスを割り当てたVLAN。スイッチ自身が所属するVLANでもある。

【管理インターフェイス】
management interface
スイッチにIPアドレスを割り当てるときに使用する仮想インターフェイス。スイッチにIPアドレスを割り当てると、スイッチ自身がTCP/IP通信を行える。管理インターフェイスは、レイヤ2スイッチ内部で動作するレイヤ3ホストのように動作する。

【キーチェーン】
key chain
EIGRPの認証機能において、複数の鍵をグループ化して管理するための機能。

【キープアライブ】
keep alive
ネットワーク上で接続が有効であることを確認するために定期的に送信されるパケット。

【キャッシュメモリ】
cache memory
CPUの処理速度を低下させないように、メインメモリ（主記憶装置）にある情報を移動させて超高速な処理を可能にする高速小容量メモリのこと。

【キャプチャ】
capture
ネットワーク上に流れているパケットを読み込んでデータの中身を解析すること。

【キャリッジリターン】
carriage return
カーソルを文頭へ戻すことを意味する制御コードのこと。CRと略して表示されることが多い。

【共通鍵】
common key
同じ鍵を使って暗号化および復号を行う「共通鍵暗号方式」で用いる鍵のこと。同じ鍵を共有し、外部に秘密にしておく必要があるため「共有鍵」「秘密鍵」とも呼ばれる。

【共通鍵暗号】
shared key cryptosystem
データの暗号化と復号の双方で同じ鍵を使用する暗号化方式。鍵が盗まれるとデータが読み取られてしまうため、鍵を秘密にしておかなければならないことから「秘密鍵暗号」とも呼ばれている。

【共通鍵暗号方式】
common key cryptography
暗号化と復号で同じ鍵を使う暗号方式。暗号化されたデータは同じ鍵がなければ復号できない。鍵長が比較的短く処理が速いのがメリットだが、通信の両端で同じ鍵を持つ必要があり、鍵をあらかじめ安全な方法で相手に渡さなければならないため、通信相手が多くなると鍵管理が難しくなる。共通鍵暗号方式で有名なものに「DES」や「AES」がある。

【近隣探索プロトコル】
Neighbor Discovery Protocol（NDP）
同一リンク上のノードに対する動作を制御するプロトコル。ルータ探索、プレフィクス探索、パラメータ探索、アドレス自動設定、リンク層アドレス解決、ネクストホップ決定、近隣到達不能探知、アドレス衝突検出、リダイレクト機能を提供する。

【クライアントモード】
client mode
VTPの動作モードのひとつ。自身ではVLANを作成・削除・変更することはできず、VTPアドバタイズメントを受信して同期することでVLAN情報を保持する。

【クラスフルネットワーク】
classfull network
クラスによって定義されているネットワークの単位。

【クラスフルルーティングプロトコル】
classfull routing protocol
ルーティングアップデートにサブネットマスクを含まないルーティングプロトコル。RIPv1、IGRPが該当する。

【クラスレスルーティングプロトコル】
classless routing protocol
ルーティングアップデートにサブネットマスクを含むルーティングプロトコル。RIPv2、EIGRP、OSPFが該当する。クラスレスルーティングプロトコルではVLSMをサポートする。

【クラッカー】
cracker
悪意を持って不正にコンピュータネットワークに侵入し、データの破壊や改ざん、システムのトラブル、情報の閲覧などの犯罪行為を行う攻撃者のこと。

【グローバルIPアドレス】
（グローバルアイピーアドレス）
global IP address
インターネットで接続された機器に割り当てられるIPアドレス。IANAが一元管理し、NICによって各ISPなどに割り当てられている。パブリックアドレスともいう。

【グローバルユニキャストアドレス】
global unicast address
アドレスの有効範囲が制限されていないユニキャストアドレスのこと。スコープ範囲が制限されていないため、IPv6インターネット上で使用可能。

【クロック信号】
clock signal
同期通信回線でデータを正しく送受信するために使用する信号のこと。この信号を使って送信側と受信側で信号を読み取るタイミングを合わせて通信を行う。DCEデバイスは内部クロックを送信し、DTEデバイスはDCEから提供された外部クロックを使用する。

【経路集約】
route summarization
ルーティングテーブルにある複数のエントリを1つにまとめること。1つに集約された経路をアドバタイズすることで、ルーティングテーブルのサイズを小さくできる。

【コア層】
core layer
キャンパス（企業）ネットワークの階層設計における階層のひとつ。ディストリビューションスイッチを収容し、バックボーンとなる階層。通常、コア層には高機能なレイヤ3スイッチが設置される。

【広域イーサネット】
wide area Ethernet
本来はLAN用として開発されたイーサネットフレームを透過的に転送するVPNサービス。広域イーサネットを利用することで、従来はDSLや光ファイバーネットワークなどを使用する必要があった遠隔地のネットワーク接続において、あたかもイーサネットでLAN接続されているかのようにネットワークを接続できる。

【公開鍵暗号】
public key cryptosystem
ペアになる2つの鍵を使ってデータの暗号化と復号を行う暗号化方式。一方の鍵で暗号化されたデータは、受信者が持つペアの鍵でしか復号できないため、通信の途中で第三者にデータを盗まれたとしても中身を解読されることはない。

【公開鍵暗号方式】
public key cryptography
公開鍵と秘密鍵と呼ばれる異なる2つの鍵を使って暗号化と復号を行う暗号方式。一方の鍵で暗号化した情報は、ペアの鍵でしか復号できない。暗号化と復号を同じ鍵で行う共通鍵暗号方式に比べ、公開鍵の共有が容易なことや接続相手の数に関係なく公開鍵は1つで構わないなど、鍵の管理が容易で安全性が高い。代表的なものにRSAがある。

【公衆ネットワーク】
public network
特定の企業が占有して利用するものではなく、不特定多数のユーザが利用できるネットワークのこと。インターネットや電気通信事業者が所有するネットワークがある。

【高信頼性パケット】
reliable packet
受信時に必ず確認応答（ACK）を返信する必要があるEIGRPパケット。アップデート、クエリ、応答パケットは高信頼性パケットである。

【コスト】
cost
ある要素を基に計算した値のこと。OSPFでは、各リンクの帯域幅に基づいてコストが割り当てられ、それをメトリックに使用している。

【コネクタ】
connector
装置間を接続するケーブルの接続部分のこと。コネクタの形状が機器のポート（差込口）に合わなければ接続することができないため、さまざまな規格で定義されている。代表的なケーブルのコネクタにRJ-45がある。

【コマンド】
command
ユーザがキーボードなどで特定の文字列を入力してコンピュータに与える「命令」のこと。

【コマンドプロンプト】
command prompt
Windowsに付属しているコマンド（命令）を実行するための環境（シェル）。

【コリジョン】
collision
イーサネット上で2台以上の端末からほぼ同時にデータが送信されることによって発生する電気信号の衝突のこと。

【コリジョンドメイン】
collision domain
コリジョンによって影響を及ぼす範囲のこと。スイッチおよびルータはポートごとにコリジョンドメインを分割できるが、リピータやハブでは分割できない。

【コンテンツ配信サービス】
contents delivery service
Webコンテンツのコピーを格納するサーバを複数のプロバイダに配置し、ユーザが最寄りのサーバにアクセスすることでコンテンツ配信の効率化・高速化を実現するサービス。

【コンバージェンス】
convergence
収束。ルーティングアップデートが送信され、ネットワーク上のすべてのルータが最新の経路情報を学習し終えた状態。ルータがルート情報を学習し終えるまでの時間のことをコンバージェンス時間という。

【コンフィギュレーションレジスタ】
configuration register
ルータの起動方法を制御することができる16ビットの値。コンフィギュレーションレジスタ値は4桁の16進数で表現され、一般的なCiscoルータのデフォルトは「0x2102」である。

サ

【サーバファーム】
server farm
複数のサーバが設置されている場所、あるいはサーバ群そのものを指す。

【サーバモード】
server mode
VTPの動作モードのひとつ。VLANを作成・削除・変更することができ、そのVLAN情報をほかのスイッチに通知する。VTPアドバタイズメントを受信した場合には、自身でも同期をする。

【サービスプロバイダ】
service provider
WANサービスを提供する電気通信事業者（キャリア）のこと。特にインターネット接続を提供するプロバイダをISP（インターネットサービスプロバイダ）という。

【再帰】（さいき）
reflexive
再び帰ってくること。

【最大値の定義】
definition of the maximum value
ディスタンスベクタにおける、無限カウントの問題を回避するために定義された手法。RIPの場合、許可されるメトリックの最大値を15に決めて、16を無限大として無効なネットワークと認識する。

【サクセサ】
successor
EIGRPルータにおける宛先までの最適ルートのこと。EIGRPルータはネイバーから受信したルート情報をトポロジテーブルに格納し、最小メトリック（FD）のルートを最適ルートとしてルーティングテーブルに格納する。

【サブインターフェイス】
sub-interface
1つの物理インターフェイスを複数の論理インターフェイスに分割する技術、あるいは論理インターフェイスのこと。サブインターフェイスは、VLAN間ルーティングやフレームリレー接続などで利用される。

【サブネットアドレス】
subnet address
単一のクラスフルネットワークを複数に分割したサブネットのネットワークアドレスのこと。

【サブネットマスク】
subnet mask
ネットワーク部（ビット：1）とホスト部（ビット：0）の境界を示すための32ビットの値。4つのオクテットに区切って10進数で表記する。たとえば、「255.255.255.0」。IPアドレスと組み合わせるとサブネットアドレスを求めることができる。

【シグネチャ】
signature
IDSで攻撃を検出するために使用される攻撃パターンの登録情報。IDSでは、通信パケットをこの情報と比較して一致した場合、不正パケットと判断する。

【辞書攻撃】（ジショコウゲキ）
dictionary attack
パスワードや暗号キーの解読に使われる攻撃手法のひとつ。辞書に載っているような単語を次々と試していくことによりパスワードを解析する。

【システムクロック】
system clock
コンピュータ内部で標準装備している時刻と年月日を刻む時計回路のこと。OSやアプリケーションが時刻や月日計算、ファイルを作成した日時などを記録するために利用される。

【事前共有鍵】
Pre-Shared Key（PSK）
通信相手と事前に共有された鍵（パスフレーズ）のこと。TKIPと呼ばれる暗号プロトコルで暗号鍵を生成する際に用いる共有鍵（秘密鍵）を指す。実際にデータを暗号化するための暗号鍵を

生成するのに用いる鍵であることから「事前共有鍵（PSK）」と呼ばれている。

【指定ポート】
designated port

STPおよびRSTPのポート役割のひとつ。最小ルートパスコストを持つスイッチのポートで、各セグメントに1つ選出される。指定ポートはフォワーディング状態である。

【周波数】
frequency

ある一定時間内の振動回数のこと。電波や音波などの波が伝わっていく現象が1秒間に何回繰り返されるかを表し、単位にはHz（ヘルツ）を使用する。

【冗長性】
redundancy

設備的に余裕を持った構成のこと。故障が発生してもほかの設備でカバーできるような構成のこと。

【冗長トポロジ】
redundant topology

万一の障害に備えてネットワークデバイス（またはコンピュータシステム）やリンク（回線）などを二重にした接続形態のこと。

【シリアルケーブル】
serial cable

信号の送受信に1本ずつケーブルを使用してシリアル（直列）に伝送するケーブルのこと。

【シリアルポート】
serial port

1本の回線を通して1ビット単位でデータを送る転送方式、あるいは物理的な接続コネクタを指す。RS232C、V.35、X.21などのインターフェイスがあり、専用回線やフレームリレーなどのWAN接続にも使用される。

【自律システム】
Autonomous System（AS）

共通の運用ポリシー（管理）でルーティングが行われている1つのネットワークのこと。AS（エーエス）ともいう。インターネットの実態はこのASを連結したものである。インターネット上ではAS番号が重複しないようIANAが管理し、日本ではJPNIC（日本ネットワークインフォメーションセンター）が割り当てを担当している。

【シングルエリア】
single area

1つのエリアだけで構成されるOSPFルーティングドメインのこと。シングルエリアのエリアIDは「0」で定義する必要がある。

【シングルポイント障害】
single point of failure

1カ所に障害が発生すると、ネットワークに致命的な影響が及ぶような場所のこと。

【スイッチ】
switch

複数のネットワークセグメントを相互に接続する集線装置。ブリッジと同様にデータリンク層のデバイスであるが、ハードウェアでフレームの処理ができるためブリッジよりも高速である。スイッチングハブともいわれる。

【スーパバイザエンジン】
Supervisor Engine（SVE）

モジュール型のCatalystスイッチの心臓部に相当するモジュール。スイッチ全体を制御するためのCPUやメモリが搭載されている。SVEを2枚挿入することにより、SVE自体に障害が発生してもスイッチをそのまま稼働し続けることができる。

【スケーラビリティ】
scalability

既存のハードウェアやソフトウェア構成などを大幅に変更することなく、処理に対する負荷の変化に適応し柔軟に性能や機能などを向上させることができる「コンピュータシステムにおける拡張性」を指す。

【スタティックNAT】（スタティックナット）
static NAT
変換前の内部ローカルアドレスと変換後の内部グローバルアドレスを1対1に固定して登録しておく変換方式。

【スタティックVLAN】（スタティックブイラン）
static VLAN
管理者がポートにVLANを静的に割り当て、所属するVLANを予め決めておく方式。

【スタティックルート】
static route
特定の宛先ネットワークへパケットを中継するために、管理者が手動でルーティングテーブルに登録する経路情報のこと。

【スタブエリア】
stub area
特定のLSA（タイプ5）が流れないように制限された特殊なOSPFエリアのこと。スタブエリアに構成すると、エリア内で保持するLSAの数が減少するためルーティングテーブルのサイズを小さくする効果がある。

【スタブネットワーク】
stub network
外部ネットワークへの接続が1つしかない末端のネットワークのこと。スタブとは「（木の）切り株」という意味を持ち、これ以上は枝分かれしない端っこのネットワークを指す。

【ステートメント】
statement
プログラムのひとつの命令のこと。基本的にはプログラム1行が1ステートメントになる。ACLで設定される1行の条件文もステートメントと呼ばれる。

【ステートレス自動設定】
stateless address autoconfiguration
DHCPサーバを使わず、クライアントに対してIPv6アドレスを自動に設定する方法。ステートレス自動設定では、RS（ルータ要請）およびRA（ルータ広告）という2つのパケットがやり取りされる。

【ストリーミング】
streaming
ビデオ映像や音声などのマルチメディアデータを視聴する際、データをダウンロードしながら同時に再生を行う方式。これによって、ユーザの待ち時間を短縮し動画のリアルタイムな再生が可能となる。

【スプリットホライズン】
split horizon
「ルート情報を受信したインターフェイスからはアドバタイズしない」が原則のルーティングループ解決方法のひとつ。

【整合性】
consistency
受け取ったデータが完全なものであることを保証することを意味する。

【脆弱】
vulnerability
悪意のある第三者が不正行為を行う際に利用できる可能性のあるシステム上の欠陥や仕様上の問題点のこと。

【セカンダリルートブリッジ】
secondary root bridge
ルートブリッジがダウンしたときにルートブリッジの役割を引き継ぐバックアップルートブリッジのこと。セカンダリルートブリッジは、ルートブリッジの次に低い（上位）ブリッジIDを持つ必要がある。

【セキュリティホール】
security hole
ソフトウェアの設計ミスなどによって生じたシステムの安全上の抜け穴となる弱点のこと。

【セグメント】
segment
ネットワークの構成単位。スイッチやルータが境界になる。ネットワークセグメントともいう。

【セッション層】
session layer
OSI参照モデルの第5層(レイヤ5)に位置し、アプリケーションプロセスを識別し、セッションの開始・維持・終了するための機能を定義している。

【セットアップモード】
setup mode
ルータおよびスイッチの基本設定を対話形式で入力し、running-configおよびstartup-configを新規に作成するCisco IOSの動作オプション。起動時にNVRAMにstartup-configが存在しない場合はセットアップモードが実行される。

【セットトップボックス】
Set-Top Box(STB)
テレビに接続して、ケーブルTV番組の受信やテレビをインターネットに接続できるようにする機器のこと。STBと表記されることもある。

【セル】
cell
無線LANにおいて、1つの無線LANアクセスポイントから放出される電波が届く範囲のこと。

【全二重】
full duplex
データの送信と受信を同時に行うことが可能な通信方式。理論上は半二重通信の2倍のスループットになる。

【専用線】
lease line
電気通信事業者から専用に借りて特定の2地点間を接続する通信回線。一般の公衆回線とは異なり他者がその回線を利用することがないため、回線品質が高く、常に一定速度で通信が可能である。基本的に月額の利用料金は、接続される2点間の距離と通信速度に応じて決まる。ほかのWAN接続に比べて料金が高くなるため、専用線は企業の拠点間を接続したり、インターネットに接続したりするのに利用されている。

【ソリューション】
solution
業務上の問題点を解決し、要求を実現するための情報システムのこと。

タ

【ターミネータ】
terminator
10Base5のイーサネット実装において、同軸ケーブルの端に取り付ける抵抗装置。電気信号が反射して正常な電気信号が壊れることを防ぐ。

【帯域幅】
bandwidth
周波数の範囲のこと。最近では通信速度とほぼ同義に使用されている。

【代替ポート】
alternate port
RSTP(IEEE 802.1w)のポート役割のひとつ。ルートポートがダウンしたときに役割を引き継ぐルートポートのバックアップとなるポート。ポートの状態はディスカーディング(廃棄)である。

【ダイナミックNAT】(ダイナミックナット)
Dynamic NAT(DNAT)
あらかじめプール内に登録しておいたグローバルIPアドレスの範囲から、必要なときに動的にアドレスを割り当てて変換する方式。

【ダイナミックVLAN】(ダイナミックブイラン)
Dynamic VLAN(DVLAN)
接続されたホストのMACアドレスに基づいて動的に所属するVLANを決定する方式。ダイナミックVLANにはVMPSと呼ばれるサーバが必要になる。

【ダイナミックルート】
dynamic route
ルーティングプロトコルによって自動的にルーティングテーブルに学習される経路情報のこと。なお、管理者によって手動で作成される経路情報をスタティックルートという。

【ダイヤラインターフェイス】
dialer interface
ポイントツーポイント接続のための仮想的なインターフェイス。

【多重化】
multiplex
複数のデータを1つの通信回線または伝送チャネルで同時に運ぶこと。多重化の方法には、周波数分割多重、時分割多重、符号分割多重、波長分割多重などがある。

【チェックサム】
check sum
データを送受信する際の誤りを検出する方法のひとつ。送信側でデータと一緒にチェックサムを送信し、受信側では送られてきたデータから同じ計算をしてチェックサムを比較し、一致するかどうか検査する。チェックサムが異なる場合は、伝送途中で誤りが発生したと判断し再送などの処理を行う。

【遅延】
delay
パケットを受信してから送出するまでにかかる時間。

【ディスカーディング状態】
discarding state
RSTP（IEEE 802.1w）のポートステート（状態）のひとつ。レイヤ2ループの発生を防止するため、ユーザトラフィックとMACアドレスの学習を行わないポート。BPDUの受信は行う。STP（IEEE 802.1D）におけるブロッキング状態、リスニング状態、ディセーブル状態を統合した状態で、廃棄状態ともいう。

【ディスタンスベクター】
distance vector
最適経路を決定するために使用するルーティングアルゴリズムのひとつ。隣接ルータから受け取った簡単な情報（距離と方向）を基にルーティングテーブルを構成。ベルマンフォードとも呼ばれる。

【ディストリビューションスイッチ】
distribution switch
階層型設計においてディストリビューション層に設置されるスイッチのこと。

【ディストリビューション層】
distribution layer
キャンパス（企業）ネットワークの階層設計における階層のひとつ。ディストリビューション層はアクセススイッチを収容し、コア（バックボーン）へ接続する。また、パケットのルーティングやフィルタリングなどの各種サービスを提供する役割を持つ。通常、ディストリビューション層には高機能なレイヤ3スイッチが設置される。

【データVLAN】（データブイラン）
data VLAN
音声VLAN機能において、PCのトラフィックで使用するVLANのこと。アクセスVLANとも呼ばれる。

【データグラム】
datagram
UDP（コネクションレス型通信）のデータ転送の単位。

【データセンター】
data center
顧客からサーバやネットワーク機器などのシステムを預かり、高速かつ安定した通信環境のもと、システムの運用・保守、インターネットへの接続などのサービスを行う業者のこと。顧客は、データセンターにシステムの運用をアウトソース（第三者に下請けに出す）できる。

【データリンク】
data link
論理的に1つの通信媒体（ケーブルなど）で直接接続されている範囲。

【データリンク層】
data link layer
OSI参照モデルの第2層に位置し、同一ネットワーク上の機器同士が通信をするための通信方

式を規定している。データをフレーム化して送受信を行い、そのフロー制御と伝送エラー制御を行う。

【デジタル証明書】
digital certificate

ユーザ認証や暗号化通信で行う公開鍵暗号方式の公開鍵が正規のものであるかどうかを証明することによって、ユーザあるいはデータが本物であることを保証する電子的な証明書。電子証明書とも呼ばれる。デジタル証明書はだれでも発行できるが、認証局（CA）に発行してもらうことによって信頼性をより高めることができる。

【デジタル署名】
digital signature

データが正当発信者から送られ、受信されるまでに改ざんされていないことを確認するための技術で、電子的な印鑑のように使用できる。デジタル署名を実現するための一連の手順を指すこともある。別名「電子署名」とも呼ばれる。

【デバッグ】
debug

Cisco IOSソフトウェアにおけるデバッグとは、あるプロトコル（あるいはプロセス）の動作をリアルタイムに確認することができるトラブルシューティング用のツールのこと。ただし、一般的にはソフトウェアプログラムのバグ（誤りや欠陥）を探して正常に動作するよう修正する作業を指していることが多い。

【デフォルトVLAN】（デフォルトブイラン）
default VLAN

工場出荷時にデフォルトで生成されているVLANのこと。VLAN1、1002〜1005の5つがデフォルトVLANであり削除することはできない。

【デフォルトゲートウェイ】
default gateway

外部ネットワークと通信を行う際に、パケットの中継を依頼する代表（デフォルト）の「出入り口」となるノード。一般的にデフォルトゲートウェイにはルータを指定し、ルータによってパケットが中継される。

【デフォルトルート】
default route

ルーティングテーブルに明示的に登録されていないネットワーク宛のパケットを受信したときに使用される経路のこと。

【電気通信事業者】
carrier

WANを構築するための通信サービスを提供している企業のこと。キャリアとも呼ばれる。国内では第1種通信事業者（自前の設備でサービスを提供する）と第2種通信事業者（第1種通信事業者から設備を借りてサービスを提供する）に分けられる。NTTやKDDIなどが第1種通信事業者にあたる。

【電子署名】
electronic signature

デジタル文書の正当性を保証するために付けられる署名情報。電子署名の法的効力は国によって異なる。

【伝送媒体】
transmission media

ネットワーク上で通信を行うために信号を伝送する物理的な媒体のこと。伝送メディアとも呼ぶ。伝送媒体には有線と無線がある。

【等コスト】
equal-cost

コスト（メトリック）値が等しい経路のこと。

【同軸ケーブル】
coaxial cable

中心に1本の導線があり、その周りに絶縁体、編組線（細い導線を網目状に編んだもの）、絶縁体の順に巻き付けられたケーブル。外部からの電波障害に強い。テレビ用アンテナケーブルやCATV用ケーブルなどの高周波信号の伝送や、初期のイーサネット10Base2、10Base5で使用されていた。

【トークン】
token
トークンパッシングと呼ばれるリング型LANのアクセス制御方式で使用される送信権のこと。

【トークンリング】
Token Ring
IBMが提唱し、IEEE 802.5で標準化されたリング型トポロジのLAN。トークンといわれる送信権を巡回させて送信する順番を決める。通信速度は4Mbps、16Mbpsである。

【トポロジ】
topology
コンピュータネットワークの接続形態のこと。代表的なトポロジに、スター型、バス型、リング型などがある。

【トポロジテーブル】
topology table
OSPFやEIGRPなどのルーティングプロトコルにおいて、宛先ネットワークへの経路情報が格納されているテーブル。OSPFではトポロジテーブルをLSDB（リンクステートデータベース）という。

【ドメイン名】
domain name
インターネット上でIPアドレスの代わりに使用する、コンピュータを識別するための名前。Webサイトのアドレスや、電子メールのアドレスによく使用される。たとえば、「http://www.example.co.jp」の場合、「www.example.co.jp」部分がドメイン名である。

【トランキングプロトコル】
Trunking Protocol
トランクリンク上でVLAN識別情報を付加するプロトコル。最も一般的なものはIEEE 802.1Qである。

【トランクポート】
trunk port
複数のVLANに所属するスイッチポート。同じVLANが複数のスイッチにまたがって構成される場合にスイッチ間をトランクポートで接続する。

【トランシーバ】
transceiver
端末とケーブルの間で電気信号を中継する装置。MAU（マウ）ともいう。

【トランスペアレントモード】
transparent mode
VTPの動作モードのひとつ。VTPアドバタイズメントを受信すると、自身は同期しないでほかのスイッチに転送する。トランスペアレントモードのスイッチ自身はVLANを作成・削除・変更することが可能だが、そのVLAN情報をほかのスイッチに通知しない。

【トランスポート層】
transport layer
OSI参照モデルの第4層（レイヤ4）に位置し、通信の信頼性を保証するための機能や、アプリケーション間でセッションを開始するために必要となるポート番号の割り当てを定義している。

【トリガードアップデート】
triggered update
ネットワークの状態が変化すると、定期アップデート時間を待たずにただちに通知することでコンバージェンス時間を高速化するための対策のこと。

【トレーラ】
trailer
データを送信する際にデータ部分の最後に付加される制御情報のこと。

【トロイの木馬】
Trojan Horse
ユーザに有益なソフトウェアであるかのように見せかけてコンピュータに侵入し、データ消去やファイルの外部流出などの破壊活動を行うプログラム。

【トンネル】
tunnel

インターネット上にトンネルのような仮想的なポイントツーポイント接続を作るための概念。トンネルの実体は「カプセル化」である。具体的にはLAN側のパケットをVPNゲートウェイが、別のIPパケットに包んで（カプセル化して）インターネットへ転送し、トンネルの出口となるピアVPNゲートウェイが非カプセル化をして元のパケット状態に戻して宛先へ転送する。

ナ

【内部グローバルアドレス】
inside global address

内部のホストが外部で使用する一意のIPアドレス。具体的にはISPから受け取ったグローバルIPアドレスが使用される。

【内部ルータ】
inside router

すべてのインターフェイスが同じエリアに接続しているOSPFルータのこと。

【内部ローカルアドレス】
inside local address

内部のホストに割り当てるIPアドレス。具体的にはプライベートIPアドレスの範囲が使用される。

【名前解決】（ナマエカイケツ）
name resolution

ネットワーク上でデバイスやコンピュータに付けられた名前からIPアドレスを割り出すこと、またはその逆をすること。名前解決によって単なる数値の羅列ではなく、人間が理解しやすい名前で通信することが可能になる。

【認可】
authorization

認証されたユーザに対してシステム資源へのアクセスをそのユーザ権限に応じて判断すること（あるいはそのプロセス）。

【認証】
authentication

コンピュータシステムやネットワークなどへアクセスするユーザの正当性を検証する作業（あるいはプロセス）のこと。認証方法として、ID（ユーザ名）とパスワードがよく使用される。

【認証局（CA）】（ニンショウキョク、シーエー）
Certificate Authority

電子商取引事業者などに暗号通信などで必要となるデジタル証明書（電子証明書）を発行する機関で、CA（シーエー）とも呼ばれている。認証局は運用に柔軟性を持たせるため、一般的に階層化されており最上位の認証局をルート認証局（ルートCA）と呼んでいる。認証局には、民間の有料で認証サービスを提供しているところや、無料でサービスを提供しているところ、企業内で設置するプライベートなものなどがある。最も代表的な民間の認証局はベリサイン（VeriSign）である。

【ネイティブVLAN】（ネイティブブイラン）
Native VLAN

IEEE 802.1Qトランクリンク上で、フレームにタグを挿入しないで標準イーサネットフレームのまま伝送する特別なVLAN。タグなしVLANとも呼ばれる。ネイティブVLANは1つのトランクに1つのVLANだけ用意される。デフォルトでVLAN1がネイティブVLANである。

【ネイバーテーブル】
neighbor table

OSPFやEIGRPなどのルーティングプロトコルにおいて、隣接するルータがリスト（記載）されているテーブル。

【ネゴシエーション】
negotiation

2台の機器同士が情報を相互に交換しながら設定を決定すること。

【ネットワーク層】
network layer

OSI参照モデルの第3層（レイヤ3）に位置し、異なるネットワーク上にあるノード間の通信を

実現し、パケットの伝送経路選択などの機能を定義している。ネットワーク層の役割を提供する機器にルータがある。

【ネットワークデバイス】
network device
ネットワークに直接接続して通信できるようにするための機器。

【ノード】
node
ネットワークに接続されている端末やネットワークデバイスのこと。コンピュータもノードのひとつ。

ハ

【バイト】
byte
情報の単位のひとつ。1バイト=8ビット。ただし、一部の汎用機では1バイト=9ビットとして扱うなどの例外もある。

【ハイパーテキスト】
hypertext
いくつかのテキスト同士を関連付けて結び付けたテキストのこと。

【パケット交換】
packet exchange
送信するデータをいったんパケットと呼ばれる小さな単位に分割して伝送するWANサービス。各パケットには宛先となる識別情報が付加されるため、複数の回線を通じて効率よく伝送することが可能。仮想回線（バーチャルサーキット）を確立し、1本のアクセス回線を使用して複数の離れた拠点と安価に通信できる。パケット交換方式のWANサービスには、フレームリレー、X.25、ATMがある。

【パスフレーズ】
passphrase
認証のために使用されるパスワードの文字数を長くしたもの。数十文字以上の文字数を設定することが可能。従来のパスワードがワード（単語）程度の長さであるのに対し、フレーズ（複数語）の長い文字列を設定できるためパスフレーズと呼ばれる。

【バックアップポート】
backup port
RSTP（IEEE 802.1w）のポート役割のひとつ。指定ポートがダウンしたときに役割を引き継ぐポート。ポートの状態はディスカーディング（廃棄）である。

【バックツーバック接続】
back-to-back connection
ルータのシリアルインターフェイス同士を直接接続し合う接続形態のこと。

【バックドア】
backdoor
クラッカーによって設定された、システムへの不正侵入を行うための裏口のこと。

【バックボーン】
backbone
複数のネットワークを接続する中核となる高速大容量の基幹通信回線（または基幹ネットワーク）。企業の複数のLANやWANを相互接続するための回線や、インターネット上でのサービスプロバイダ同士や、ほかのプロバイダとIX（インターネットエクスチェンジ）間を結ぶ回線をそれぞれ指す。

【バックボーンエリア】
backbone area
OSPFルーティングドメインで、複数のエリアを相互接続するエリア。バックボーンエリアはエリアID「0」で定義され、エリア間の通信はバックボーンエリアを通過するため「通過エリア」とも呼ばれている。

【バックボーンルータ】
backbone router
少なくとも1つのインターフェイスがバックボーンエリア（エリア0）と接続しているOSPFルータのこと。

【ハッシュ】
hash
元の文字列をある関数（計算式）によって出力した固定長のビット列の値。ハッシュ値から元の文字列を推定することは不可能である。

【パッチ】
patch
いったん完成したソフトウェアのバグ（不具合）の修正や、追加された新機能などのために使用するファイルのこと。

【ハブ】
hub
10BaseTなど、スター型トポロジのイーサネットLANで使用される集線装置。リピータハブともいう。フレームヘッダを認識しないため、物理層デバイスである。

【パフォーマンス】
performance
性能や処理能力のこと。

【パラメータ】
parameter
コマンドを実行する際に指定する数値や文字のこと。

【半二重】
half duplex
1つの通信チャネルで送信と受信を切り替えながら通信を行う方式。

【ピア】
peer
ピアにはいろいろな意味がある。1.「OSI参照モデルにおけるピア」同じ階層のプロトコルを使用してデータをやり取りすること。2.「ピアツーピア」対等の立場でネットワーク接続をするノードのこと。3.「VPNピア」VPN接続をする通信相手のこと。

【非エッジポート】
non-edge port
RSTP（IEEE 802.1w）におけるエッジポートではないポートのこと。非エッジポートにはスイッチが接続される。

【光ファイバ】
optical fiber
コアという中心部にレーザー光やLEDに変調したデータを通すことでデータ通信を行う伝送メディア。信号が減衰しにくく、長距離の高速伝送を実現する。

【引数】（ヒキスウ）
argument
コマンドを実行する際にユーザが指定する値や情報（パラメータ）。

【非指定ポート】
non-designated port
STP（IEEE 802.1D）のポート役割のひとつ。ルートポートおよび指定ポートに選出されなかったポートで、データフレームの送受信はできないが、BPDUの受信のみ行う。

【ビット】
bit
コンピュータが扱う情報の最小単位。2進数の0と1で表現され、nビットで2のn乗の情報量を持つ。

【非同期シリアル】
asynchronous serial
複数のデータを直列に伝送する通信方式。この方式では送信側と受信側であらかじめ転送速度を合わせておく必要がある。

【平文】（ヒラブン、ヘイブン）
clear text
暗号化されていないそのままのデータのこと。クリアテキストとも呼ばれる。平文のデータは第三者に盗聴されると簡単に読み取られてしまう。

【ファイアウォール】
firewall
組織内のコンピュータネットワークへ外部から侵入されるのを防ぐシステム、あるいはそのよ

うな機能が組み込まれた装置。

【ファイバチャネル】
fibre channel
コンピュータと外部記憶装置を結び高速なデータ転送を可能にする方式、または高速に相互通信するためのチャネル（通信路）技術のこと。伝送媒体には光ファイバのほか、銅線を使用することも可能。

【フィージブルサクセサ】
Feasible Successor
EIGRPルータにおける宛先までのバックアップルートのこと。EIGRPルータは最適ルートであるサクセサがダウンした場合、即時にサクセサに切り替えてルーティングテーブルを更新するためのバックアップルートを用意しておくことで超高速コンバージェンスを実現する。

【フォールトトレランス】
fault tolerance
システムに障害が発生したときに、正常な動作を保ち続ける能力。「耐障害性」とも訳される。

【フォワーディング状態】
forwarding state
スパニングツリーのポートステート（状態）のひとつ。フレームの送受信とMACアドレスの学習を行う状態。ルートポートおよび指定ポートに選出されたポートはフォワーディング状態となる。

【負荷分散】
「ロードバランシング」を参照。

【復号】
decode
暗号化されたデータを元に戻して読み取れる状態にすること。

【輻輳】（フクソウ）
congestion
処理能力を超えるほどのトラフィックが一カ所に集中し、ネットワークが混雑している状態のこと。

【符号化】
encoding
データを一定の規則に基づいてビット化すること。たとえば、音声や映像などのアナログデータをデジタルのネットワークで伝送するには、アナログ信号をデジタル信号に変換する必要があるが、この処理も符号化（エンコード）という。逆にデジタル信号をアナログ信号に変換する処理を復号（デコード）という。

【物理層】
physical layer
OSI参照モデルの第1層（レイヤ1）に位置し、ネットワークの電気的および機械的な通信媒体について定義している。具体的には、ケーブルの種類やコネクタ形状、およびデータと電気信号の電圧などの使用が含まれる。

【不等コストロードバランシング】
unequal-cost load balancing
同じ宛先への経路に対し、メトリック値が異なる複数の経路をルーティングテーブルに登録してパケットを分散して転送すること。

【プライベートIPアドレス】
（プライベートアイピーアドレス）
private IP address
内部ネットワークに接続された機器に一意に割り当てられるIPアドレスで、インターネットで使用することが禁止されている。ローカルアドレスともいう。

【フラグメンテーション】
fragmentation
本来は連続しているデータが、小さな不連続のブロックに分断された状態を指す。物理層の制限（たとえば、イーサネットの場合は1,500バイトまで）によってデータを一度に送信することができない場合に、データを分割して送り受信側で再構成する。

【フラッシュメモリ】
flash memory
データの読み書き、消去が自由にでき、機器の電源を切っても内容が消えないメモリ。

【フラッディング】
flooding
受信したポートを除くすべてのポートにフレームを転送するトラフィックの送出方法のこと。ネットワーク上のすべての端末に対してデータを洪水（flooding）のように流すことからこう呼ばれている。

【プリアンブル】
preamble
データリンク上でデータの始まりを示す制御情報。プリアンブルによって受信側で正しく信号を読み取ることができる。

【ブリッジ】
bridge
複数のネットワークセグメントを相互に接続するデータリンク層の装置。現在はブリッジの代わりにスイッチが使用されている。

【ブリッジID】（ブリッジアイディー）
bridge identifier
ブリッジプライオリティとMACアドレスで構成され、STPにおいてルートブリッジ選出やルートポート、指定ポートの決定に使用される情報のこと。ブリッジIDはBPDU内に含まれ、スイッチ同士で交換される。

【ブリッジプライオリティ】
bridge priority
ブリッジIDの構成要素のひとつで、ルートブリッジの選出などで使用される。ブリッジプライオリティ値を低くすることで特定のスイッチをルートブリッジに設定することが可能。

【ブルートフォース攻撃】
brute force attack
考えられる文字の組み合わせを片っ端から試みてパスワードを割り出すための暗号を解読する手法。総当り攻撃とも呼ばれる。

【ブレーク】
brake
キー操作などで即時に停止する機能。

【フレームリレー】
frame-relay
データをパケットと呼ばれる小さな単位に分割して送受信するパケット交換方式のひとつ。光ファイバ化されたことで信頼性が向上したため、従来のX.25から誤り訂正手順を除いて簡略化することで高速伝送を実現している。

【フレームリレースイッチ】
frame relay switch
フレームリレー網内に設置されているサービスプロバイダの交換機。

【フレームワーク】
framework
ある機能（またはサービス）を実現するために定義された枠組み、または構造のこと。

【プレゼンテーション層】
presentation layer
OSI参照モデルの第6層（レイヤ6）に位置し、やり取りするデータの表現形式や圧縮方式などを定義している。

【プレフィクス長】
prefix length
ネットワーク部（サブネット部を含む）の長さをビットで表したもの。プレフィクス（prefix）とは「前に付けるもの」という意味があり、IPアドレスの先頭部分を指している。たとえばサブネットマスク「255.255.0.0」の場合、プレフィクス長は「/16」となる。

【フロー制御】
flow control
受信側の受信状況によって、送信するデータの速度を落としたり停止したりすることでデータの送信量やタイミングを調整する機能。

【フローティングスタティックルート】
floating static route
リモートネットワークへの経路は通常、アドミニストレーティブディスタンス値が最も小さいスタティックルートが優先される。意図的にOSPFなどで学習した経路を優先してルーティ

ングテーブルに格納するよう設定した環境で、学習した経路がダウンした場合に、スタティックルートを自動的にルーティングテーブルに格納することによりルーティングを続けられるようにする手法。

【ブロードキャスト】
broadcast
同一ネットワークの全ノードに向けて送信される通信。

【ブロードキャストアドレス】
broadcast address
ネットワーク上のすべてのノードを対象にして、データを送るために予約されている特別なアドレス。イーサネットアドレスの場合「FF-FF-FF-FF-FF-FF」、IPアドレスの場合は「255.255.255.255」が使用される。

【ブロードキャストストーム】
broadcast storm
ループ状に構成されたネットワーク上に、ブロードキャストパケットが転送されて止まらなくなっている状態のこと。ブロードキャストストームが発生すると、帯域がブロードキャストで埋め尽くされてしまい正常な通信ができなくなってしまう。この問題を回避するのがスパニングツリープロトコルである。

【ブロードキャストドメイン】
broadcast domain
宛先がすべてのノードであるブロードキャストトラフィックが流れていく範囲のこと。ルータのインターフェイスで分割されるため、ホストがルータを介さない(ルーティングしない)で直接通信することができるネットワークを指す。

【ブロードバンドルータ】
broadband router
ルータの一種で、ADSLなどのブロードバンドによるインターネット接続を前提として販売されている製品のこと。

【プロセスID】(プロセスアイディー)
process ID
1台のルータで複数のOSPFプロセスを動作させることができるため、ルータ内部でプロセスを識別するために使用する番号。ただし、ルータに余計な負荷がかかるため通常は1つのOSPFプロセスしか起動しない。プロセスIDはネイバールータと一致させる必要はない。

【ブロッキング状態】
blocking state
スパニングツリーのポートステート(状態)のひとつ。レイヤ2ループの発生を防止するため、ユーザトラフィックとMACアドレスの学習を行わないポート。BPDUの受信は行う。STPアルゴリズムにより、ルートポートまたは指定ポートに選出されなかったポートはブロッキング状態となる。また、アクティブになったポートはブロッキング状態から開始される。

【プロトコル】
protocol
コンピュータ同士が通信を行うために決められた約束ごと。多くの通信は複数のプロトコルを組み合わせて実現している。

【プロトコル番号】
protocol number
受信側で上位のプロトコルを識別するための番号。送信側はIPヘッダのプロトコルフィールドに上位のプロトコル番号を入れて送信し、受信側のIPはこの番号を確認して上位プロトコルにデータを渡す。

【プロポーザル(提案)】
proposal
RSTP(IEEE 802.1w)で高速コンバージェンスを実現するために使われるBPDUメッセージのひとつ。プロポーザルとアグリーメントメッセージを交換し合ってローカルポートの役割を隣接スイッチとネゴシエートする。プロポーザルでは、BPDUに含まれるフラグフィールドのプロポーザルビットに1がセットされる。

【プロンプト】
prompt
コンソール画面からコマンドを入力するときに、画面の左端に表示される文字のこと。

【ベースバンド】
base band
コンピュータが出力するデジタルデータを符号化し、その信号をパルスとして伝える伝送方式のこと。

【ヘッダ】
header
データを送信する際にデータ部の先頭に付加される制御情報のこと。一方、データの最後に付加する情報をトレーラという。

【ベビージャイアントフレーム】
baby giant frame
最大1,600バイトまでのイーサネットフレームのことで、パケットサイズ（MTUサイズ）は1,552バイト（ヘッダ/トレーラを含まない）である。通常、スイッチの非トランクポートでは1,500バイトを超えるフレームをサポートしていないが、トランクポートとして設定することで大きなサイズのフレームをサポートすることができる。

【ベリサイン】
VeriSign
デジタル証明書（X.509）を発行し認証サービスを提供する認証局（CA）のひとつ。1995年に設立、カリフォルニア州に本社があり米シスコシステムズや米マイクロソフトなどが出資している。日本ベリサインは96年2月設立、97年3月に国内初の認証局となる。

【ベルマンフォードアルゴリズム】
Bellman-Ford Algorithm
最適経路を決定するために、経路中のホップカウントを繰り返し計算するルーティングアルゴリズム。ルート情報を更新するとき、各ルータは自身のルーティングテーブルを隣接ルータへ送信する。ディスタンスベクターとも呼ばれる。

【ベンダ】
vendor
製品を販売する会社のこと。メーカーと呼ぶ場合もある。複数のベンダの製品を組み合わせて構築することをマルチベンダという。

【ポイズンリバース】
poison reverse
ルート情報を受信したとき、同じインターフェイスからその情報のメトリックを最大値にして送り返すルーティングループの問題を解決する手法。ただし、スプリットホライズンによる影響でメトリックが最大値のルート情報を受信したときだけ送り返す。

【ポイントツーポイント】
point to point
2つのデバイス同士を直接つなぐ接続形態のこと。

【ポートセキュリティ】
Port Security
Catalystスイッチが持つセキュリティ機能のひとつ。スイッチポートに対してポートセキュリティ機能を有効にすると、そのポートで登録されたMACアドレス以外が送信元となるフレームはすべて破棄し、管理者へ通知したりすることができる。ポートセキュリティを使用すると、悪意のあるユーザがスイッチポートにケーブルを接続して不正にネットワークへ侵入することを防ぐことが可能になる。

【ポート番号】
port number
TCPやUDPを使用したアプリケーション（サービス）を識別するための番号で、セグメントのレイヤ4（トランスポート層）ヘッダ内に格納されている。たとえば、80番はHTTP、21番はFTPと識別される。

【ホールドダウンタイマ】
hold down timer
これまでアクセス可能だったネットワークがダウンしたことを示すアップデート（ルートポイズニング）を受信すると、そのルートをルー

ティングテーブルからすぐに消去せず、しばらく「possibly down」として保留することで、ほかのルータにもダウンした情報が伝播される時間を作る。ディスタンスベクタにおけるルーティングループの回避機能。

【ホップカウント】
hop count
宛先ネットワークに到達するまでに経由するルータの数。

【ボトルネック】
bottle neck
コンピュータの処理速度やネットワークの通信速度の向上を阻む要素。「瓶の首のように細くて詰まりやすい」という意味。コンピュータやネットワークのシステムは多数の要素が複雑に絡み合っているため、ネットワーク全体の性能の向上を図ろうとしても、どこか1カ所が妨げとなって性能が上がらないことがある。こうした要因をボトルネックという。

マ

【マイクロ秒】
micro second、μ sec
コンピュータで使用される時間単位のひとつ。1マイクロ秒は、100万分の1秒のこと。

【マルチアクセスネットワーク】
multi access network
1つのインターフェイス上に複数の端末が接続可能なネットワークを指す。代表的なマルチアクセスネットワークはイーサネットLANである。フレームリレーも1つのアクセス回線で複数の仮想回線（VC）を多重化しているためマルチアクセスネットワークである。

【マルチエリア】
multi area
複数のエリアで構成されるOSPFルーティングドメインのこと。バックボーンエリアを中心にほかのエリアを接続する2層の階層型で設計される。

【マルチキャスト】
multicast
参加を希望した複数の受信者に同じ内容のデータを送信する通信方式のこと。送信元では宛先がマルチキャストアドレスのパケットを1つだけ送信し、そのパケットはネットワーク途中にあるルータなどによって必要に応じてコピーされて受信者へ配信されるため、動画など容量の大きなデータを効率よく配信することができる。

【マルチキャストアドレス】
multicast address
特定のグループを対象にして、データを送るときに使用するアドレス。

【マルチベンダ】
multi-vendor
製品やサービスの供給元のことをベンダといい、ある特定ベンダの製品だけでシステムを構築するのではなく、さまざまなベンダ製品からそれぞれ優れたものを選んで組み合わせて構築したシステムをマルチベンダという。なお、特定ベンダの製品だけで構築されたコンピュータシステムをシングルベンダという。

【マルチホーミング】
multihoming
同時に2つ以上のISP（プロバイダ）と接続する形態を指す。片方のISPが障害などで利用できなくなった場合でも、別のプロバイダを経由してインターネットにアクセスできるのがメリット。

【未指定アドレス】
unspecified address
アドレスがないことを示す特別なIPv6アドレスで、128ビットすべてゼロ「0:0:0:0:0:0:0:0」のアドレス。アドレスが重複されていないかどうか検出する際などで利用される。

【ミッションクリティカル】
mission critical
企業の基幹業務などの重要なシステム、あるいはこのような性質のこと。ミッションクリティ

カルなシステムでは、極めて高い信頼性や耐障害性が要求される。

【無信頼性パケット】
no reliability packet
受信時に確認応答を返信する必要があるEIGRPパケット。Hello、ACKは無信頼性パケットである。

【無線LANアクセスポイント】
wireless-LAN access point
無線LANで無線デバイスを接続する中継装置。有線LANでいうリピータハブに相当。通常、無線LANクライアントはアクセスポイントを介して有線LANと接続する。

【メッセージダイジェスト】
message digest
与えられた値から固定長の擬似乱数を生成する演算手法のこと。生成した値はメッセージダイジェストやハッシュ値と呼ばれる。通信回線を通じてデータを送受信する際、お互いにデータのハッシュ値を求めて比較することで、データが通信途中で改ざんされていないことを確認できる。生成した値は不可逆な一方向関数を含むためハッシュ値から原文を再現することはできず、また同じハッシュ値を持つ異なるデータを作成することは極めて困難である。ユーザ認証やデジタル署名などに使用されている。

【メディア】
media
情報の伝達を行う媒介物（物質）のこと。有線LANの場合、ケーブルを指す。

【メトリック】
metric
ルーティングアルゴリズムが最適経路を決定するときに使う値。たとえば、RIPはホップカウント、OSPFはコスト、EIGRPは帯域幅と遅延をメトリックにしている。

【モジュール】
module
機器単位で交換可能な部品のこと。

【モデム】
modem
コンピュータから送られてくるデジタル信号をアナログ信号（音声）に変換して電話回線に流したり、電話回線を通じて聞こえてくる音声信号をデジタル信号に変換したりする変復調装置。

【モバイルIP】
mobile IP
IPネットワーク上で端末が移動しても、移動前と同じIPアドレスを使って通信を続けるられるようにするための技術。エージェントと呼ばれる機能を持つ機器は、端末が移動する前のアドレス「ホームアドレス」と移動先を示す「気付けアドレス（Care of Address）」の2つを管理し、必要に応じてIPパケットを移動先ネットワークへ転送することで、端末は常に同一IPアドレスを利用し続けることが可能となる。

ヤ

【ユニキャスト】
unicast
送信側と受信側が1対1で通信を行う方式のこと。パケットの宛先アドレスには特定の相手を指定して送信する。

【ユニキャストアドレス】
unicast address
特定のノードを表すアドレス。

ラ

【ラーニング状態】
learning state
スパニングツリーのポートステートのひとつ。リスニング状態の動作に加え、MACアドレスの学習を行うことができる状態。

【ラウンドトリップ時間】
Round Trip Time（RTT）
ある端末から発信したパケットが相手に届き、さらにその返答が返ってくるまでの時間。

【ラウンドロビン】
round robin
トラフィックを順番に振り分ける方法。ラウンドロビン方式では、すべてのプロセスが平等に扱われる。

【リスニング状態】
listening state
スパニングツリーのポートステートのひとつ。BPDU送受信を行い、ルートブリッジの選出およびポートの役割の決定を行う状態。リスニング状態では、ユーザトラフィックの送受信、MACアドレスの学習は行わない。

【リプレイ攻撃】
replay attack
ネットワークの不正者がパケットを盗聴し、あとからパケットのコピーを大量に送りつけることで、受信者の機能を麻痺させようとする攻撃のこと。

【リモートアクセス】
remote access
通信回線を利用して遠隔地にあるデバイスやコンピュータに接続すること。

【リモートアクセスVPN】
（リモートアクセスブイピーエヌ）
remote access VPN
VPN技術を利用して、在宅勤務者やモバイルユーザがインターネットを経由し、企業ネットワークのコンピュータに外部から安全にアクセスすること。

【リンクステート】
Link State
最適経路を決定するルーティングアルゴリズムのひとつ。隣接ルータとリンクの詳細な情報を交換し合ってネットワークのトポロジを把握し、SPFアルゴリズムで最適経路を決定する。

【リンクステートデータベース】
Link State Database
OSPFルータが送受信したLSAを保持するデータベース。このデータベースを基に、SPFアルゴリズムは階層構造のツリーを作成して最短パスを計算する。LSDBまたはトポロジテーブルとも呼ばれる。

【ルータ】
router
複数のネットワークを相互に接続するネットワークデバイス。ネットワーク層のデバイスで、離れたネットワークへデータを転送するためにルーティング処理を行うほか、メディア変換やパケットフィルタリングなどの機能を持つ。

【ルーティングテーブル】
routing table
主にルータが持つ経路情報のこと。ルータがパケットをルーティングする際に、この情報を参照する。

【ルーティングプロトコル】
routing protocol
ダイナミックルーティングを実現するためのプロトコル。ルータ間で経路情報を交換し、ルーティングテーブルに自動的に最適経路を登録、保守する。代表的なルーティングプロトコルにRIP、OSPF、EIGRPがある。

【ルーティングループ】
routing loop
誤った経路学習が原因で、同じパケットがルータ間で繰り返し転送される状態のこと。

【ルートサーバ】
root server
最上位のDNSサーバで、世界中で13台（13カ所）に配置されておりA～Mまでの名前が付けられている。そのうち10台が米国に配置されている。日本には「M」が配置されており、東京のWide Projectという組織で管理・運用している。

【ルート再配送】
redistribute route
あるルーティングプロトコルで学習した経路情報を、異なるルーティングプロトコルの経路として再配送する技術のこと。たとえば、RIPv2

で学習した経路情報をOSPFの経路として隣接ルータへアドバタイズすること。

【ルートブリッジ】
root bridge

STPにおいて中心的な役割を果たすスイッチのこと。ルートスイッチとも呼ばれている。STPではルートブリッジを基点にツリー構造の論理トポロジを作り、ループのない冗長ネットワークを維持する。ルートブリッジは通常、スイッチドネットワークの中央付近に配置する。

【ルートポイズニング】
route poisoning

ダウンしたネットワークのメトリックを最大値にして通知するルーティングループの問題を解決する手法。

【ルートポート】
root port

STPおよびRSTPのポート役割のひとつ。ルートブリッジへの最小ルートパスコストを持つポートで、非ルートブリッジに1つ選出される。ルートポートはフォワーディング状態である。

【ループバックアドレス】
loopback address

自分自身を示す特別なIPアドレスのこと。IPv4では「127.x.x.x」、IPv6では「::1」が定義されている。機器が正常に動作しているかテストするために自分から自分自身へ送ってみるときなどに使われる。

【レイヤ3スイッチ】
layer 3 switch

レイヤ2スイッチに、レイヤ3のルーティング機能を追加した機器。

【ロードバランシング】
load balancing

負荷分散。本来はコンピュータシステムにかかる負荷を、利用可能な複数の資源に分散することにより安定してシステム全体が稼働できるようにする技術を指す語だが、ロードバランシングは、ネットワークトラフィックの負荷分散、デバイス間でのデータ転送時の負荷分散など、さまざまな意味で使われている。

【ローミング】
roaming

無線LANにおいて、クライアントが移動しても複数のアクセスポイントと接続しながら引き続き通信を継続する機能。

【ロールオーバーケーブル】
rollover cable

CiscoルータおよびCatalystスイッチのConsoleポートとコンピュータを直接接続して設定や管理をする際に使用するケーブル。

【ロンゲストマッチ】
longest match

最長一致。ルーティングテーブルからパケットの宛先に該当するルートを選択する際、該当するルートが複数ある場合にプレフィクス長が長い方のネットワークアドレスを選択する規則のこと。

ワ

【ワイルドカードマスク】
wildcard-mask

アドレスを指定するときに、どの部分と一致しなければならないかを決める32ビットの数値で表記は10進数。アクセスコントロールリストやOSPF、EIGRPなどを設定するときに用いられる。ワイルドカードビット0の部分はチェック（一致）し、1の部分は無視を意味する。たとえば、サブネットアドレス10.1.1.0/24を指定するときのワイルドカードマスクは「0.0.0.255」になる。反転マスクとも呼ばれている。

【ワンタイムパスワード】
One Time Password（OTP）

パスワードを毎回変更してユーザ認証を行う技術。パスワードは1回限りで無効となるため「使い捨てパスワード」とも呼ばれる。万が一パスワードが盗聴されても、そのパスワードで次回以降、不正にアクセスされる危険性がない。

付録
シミュレーション問題

付録 シミュレーション問題

シミュレーション問題で問われるのは、ルータやスイッチの設定能力だけではありません。設問から状況を判断し、どのような設定が最適なのかを判断する、総合的な技能が問われます。実機操作の経験の少ない受験者には、非常に難易度の高い問題です。例題を解きながら、出題形式に慣れ、解答方法のポイントをつかんでください。

短時間で効率的に解答できるように、本節ではコマンドは省略形を用いています。

1 Catalyst 2960スイッチに新しく2台のコンピュータを接続しました。ホストAをVLAN10、ホストBをVLAN20に所属させ、相互通信ができるように設定する必要があります。スイッチ、ルータの基本設定とPCのアドレス設定は完了しています。次の要件に従って、スイッチとルータにVLAN間ルーティングに必要となる設定を追加しなさい。なお、スイッチとルータのパスワードは一時的に「cisco」になっています。

要件
- VLAN10を「Sales」の名前で作成する
- VLAN20を「Technical」の名前で作成する
- すべてのユーザとスイッチ間でpingが成功する必要がある

トポロジ

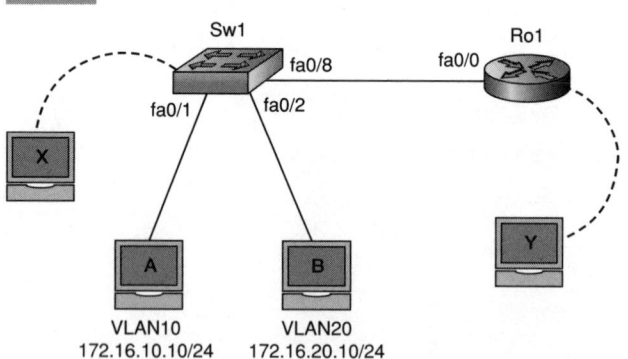

```
             Sw1
              ┌──────┐         Ro1
              │      │ fa0/8  fa0/0
      fa0/1   │      │─────────┐
              │ fa0/2│         │
   ┌──┐       └──┬───┘         │
   │X │          │             │
   └──┘      ┌───┴───┐      ┌──┴─┐
             │   A   │      │ Y  │
             └───────┘      └────┘
              VLAN10         VLAN20
           172.16.10.10/24  172.16.20.10/24
```

例題1の解答方法

解答のポイント

●スイッチの設定
　・VLAN10（Sales）とVLAN20（Technical）を作成
　・fa0/1にVLAN10、fa0/2にVLAN20をメンバーシップ（割り当て）
　・fa0/8をトランクポートとして設定し、トランクネゴシエーションプロトコル（DTP）を止める（Catalyst 2960は、トランキングプロトコル802.1Q（dot1q）のみサポート）
　・デフォルトゲートウェイをルータのfa0/0のIPアドレスで設定

●ルータの設定
　・サブインターフェイスを2つ作成
　・カプセル化タイプを802.1Q（dot1q）にする
　・サブインターフェイスのIPアドレスを求める

解答の手順

(1) ホストXからSw1にコンソール接続

　　ホストXをクリックするとターミナル画面が開きます。このとき Enter キーを押すと、ユーザモードのプロンプトが表示されます（スイッチとホストX間を結ぶ点線はロールオーバーケーブルを表す）。

(2) 作業：Sw1側の情報収集

　　特権モードからshow running-configコマンドでSw1スイッチの設定を確認します。

```
Sw1>en        ←「enable」の省略形
 Password:    ←イネーブルパスワード「cisco」を入力
Sw1#sh run    ←「show running-config」の省略形
```

```
Sw1#sh run
Building configuration...

Current configuration : 714 bytes
!
<途中省略>
!
interface FastEthernet0/1
!
```

```
interface FastEthernet0/2
!
interface FastEthernet0/3
!
interface FastEthernet0/4
!
interface FastEthernet0/5
!
interface FastEthernet0/6
!
interface FastEthernet0/7
!
interface FastEthernet0/8
!
interface GigabitEthernet0/1
!
interface Vlan1
 ip address 172.16.1.10 255.255.255.0     ←①
 no ip route-cache
!                      ←②
ip http server
!
<以下省略>
```

① スイッチはVLAN1に所属し、IPアドレスが「172.16.1.10 255.255.255.0 (/24)」
② 現在、スイッチにデフォルトゲートウェイが設定されていない（デフォルトゲートウェイの設定があれば、IPアドレスの下あたりに表示される）

(3) 作業：Sw1を設定

```
Sw1#conf t            ←「configure terminal」の省略形
Sw1(config)#vlan 10           ←VLAN作成
Sw1(config-vlan)#name Sales       ←VLAN名を設定
Sw1(config-vlan)#exit       ←いったんグローバルコンフィグモードに戻る（exitしなくてもvlan 20コ
Sw1(config)#vlan 20            マンドは実行可能だが、プロンプトが同じで確認しづらいため）
Sw1(config-vlan)#name Technical
Sw1(config-vlan)#int fa0/1    ←「interface fastethernet0/1」の省略形
Sw1(config-if)#switchport access vlan 10    ←fa0/1ポートにVLAN10をメンバーシップ
Sw1(config-if)#exit
Sw1(config)#int fa0/2
```

```
Sw1(config-if)#switchport access vlan 20    ←fa0/2ポートにVLAN20をメンバーシップ
Sw1(config-if)#exit
Sw1(config)#int fa0/8
Sw1(config-if)#switchport mode trunk    ←固定でトランクポートに設定
Sw1(config-if)#end
Sw1#
```

(4) 検証：Ro1側の情報収集

特権モードからshow running-configコマンドでRo1ルータの設定を確認します。

```
Ro1>en
 Password:    ←イネーブルパスワード「cisco」を入力
Ro1#sh run
```

```
Ro1#sh run
Building configuration...

Current configuration : 1194 bytes
!
version 12.4
service timestamps debug datetime msec
service timestamps log datetime msec
no service password-encryption
!
hostname Ro1
!
＜途中省略＞
!
interface FastEthernet0/0
 ip address 172.16.1.1 255.255.255.0    ←①
 duplex auto
 speed auto
!
interface FastEthernet0/1
 no ip address
 shutdown
 duplex auto
 speed auto
!
＜以下省略＞
```

① ルータのfa0/0インターフェイスのIPアドレスは「172.16.1.1 255.255.255.0 (/24)」。このアドレスがVLAN1のデフォルトゲートウェイになる

ホストA（VLAN10）とホストB（VLAN20）のIPアドレスから、Ro1ルータのサブインターフェイスのIPアドレスを求めます。
ホストAのIPアドレスは「172.16.10.10/24」です。プレフィクス長が「/24」であることからサブネット「172.16.10.0」で、ホストアドレスの範囲は「172.16.10.1」～「172.16.10.254」であることがわかります。特に指示がないため、未使用の先頭のアドレス「172.16.10.1/24」をルータのサブインターフェイスに割り当てます。
ホストBのIPアドレスは「172.16.20.10/24」です。サブネット「172.16.20.0」で、ホストアドレス範囲は「172.16.20.1」～「172.16.20.254」となるため、「172.16.20.1/24」をサブインターフェイスに割り当てます。

(5) 作業：Ro1を設定

```
Ro1#conf t
Ro1(config)#int fa0/0.1
Ro1(config-subif)#encap dot1q 10    ←「encapsulation」の省略形
Ro1(config-subif)#ip add 172.16.10.1 255.255.255.0
Ro1(config-subif)#exit
Ro1(config)#int fa0/0.2
Ro1(config-subif)#encap dot1q 20
Ro1(config-subif)#ip add 172.16.20.1 255.255.255.0
Ro1(config-subif)#end
Ro1#
```

(6) 検証：Ro1の設定を確認

特権モードからshow running-config（sh run）コマンドで各種設定を確認します。また、念のためにshow ip routeコマンドでルーティングテーブルも確認し、サブインターフェイスに割り当てたアドレスが学習されていることを確認するとよいでしょう。

Ro1#**sh run**

```
Ro1#sh run
Building configuration...

Current configuration : 1194 bytes
!
version 12.4
service timestamps debug datetime msec
service timestamps log datetime msec
```

```
no service password-encryption
!
hostname Ro1
!
＜途中省略＞
!
interface FastEthernet0/0
 ip address 172.16.1.1 255.255.255.0    ←①
 duplex auto
 speed auto
!
interface FastEthernet0/0.1   ←②
 encapsulation dot1Q 10    ←③
 ip address 172.16.10.1 255.255.255.0   ←④
!
interface FastEthernet0/0.2   ←⑤
 encapsulation dot1Q 20    ←⑥
 ip address 172.16.20.1 255.255.255.0   ←⑦
!
interface FastEthernet0/1
 no ip address
 shutdown
 duplex auto
 speed auto
!
＜以下省略＞
```

① 物理インターフェイスをVLAN1（ネイティブVLAN）用にそのまま使用
② 1つ目のサブインターフェイスをVLAN10用に使用
③ カプセル化タイプを802.1Qとし、VLAN10を指定
④ VLAN10のサブネット「172.16.10.0/24」から、有効なIPアドレスを割り当て
⑤ 2つ目のサブインターフェイスをVLAN20用に使用
⑥ カプセル化タイプを802.1Qとし、VLAN20を指定
⑦ VLAN20のサブネット「172.16.20.0/24」から、有効なIPアドレスを割り当て

```
Ro1#sh ip route
```

```
Ro1#sh ip route
Codes: C - connected, S - static, R - RIP, M - mobile, B - BGP
       D - EIGRP, EX - EIGRP external, O - OSPF, IA - OSPF inter area
       N1 - OSPF NSSA external type 1, N2 - OSPF NSSA external type 2
       E1 - OSPF external type 1, E2 - OSPF external type 2
       i - IS-IS, su - IS-IS summary, L1 - IS-IS level-1, L2 - IS-IS level-2
       ia - IS-IS inter area, * - candidate default, U - per-user static route
       o - ODR, P - periodic downloaded static route

Gateway of last resort is not set

     172.16.0.0/24 is subnetted, 3 subnets
C       172.16.20.0 is directly connected, FastEthernet0/0.2   ←VLAN20のサブネット
C       172.16.10.0 is directly connected, FastEthernet0/0.1   ←VLAN10のサブネット
C       172.16.1.0 is directly connected, FastEthernet0/0      ←VLAN1のサブネット
```

(7) 作業：Sw1にデフォルトゲートウェイを設定
　　Sw1(config-if)#**exit**
　　Sw1(config)#**ip default-gateway 172.16.1.1**
　　Sw1(config)#**exit**
　　Sw1#

(8) 検証：Sw1の設定を確認
　　特権モードから次のコマンドを使用してSw1の各種設定を確認します。
　　・show running-config
　　・show vlan
　　・show interfaces fa0/8 trunk（sh int fa0/8 trunk）
　　　またはshow interfaces fa0/8 switchport（sh int fa0/8 sw）

Sw1#**sh run**

```
Sw1#sh run
Building configuration...

Current configuration : 714 bytes
!
```

```
＜途中省略＞
!
interface FastEthernet0/1
 switchport access vlan 10    ←①
!
interface FastEthernet0/2
 switchport access vlan 20    ←②
!
interface FastEthernet0/3
!
interface FastEthernet0/4
!
interface FastEthernet0/5
!
interface FastEthernet0/6
!
interface FastEthernet0/7
!
interface FastEthernet0/8
 switchport mode trunk    ←③
!
interface GigabitEthernet0/1
!
interface Vlan1
 ip address 172.16.1.10 255.255.255.0
 no ip route-cache
!
ip default-gateway 172.16.1.1    ←④
ip http server
!
＜以下省略＞
```

① fa0/1ポートをアクセスポートとしてVLAN10をメンバーシップ（割り当て）
② fa0/2ポートにアクセスポートとしてVLAN20をメンバーシップ
③ fa0/8ポートをトランクポートに設定。Catalyst 2960スイッチは、トランキングプロトコルとして802.1Qのみサポートしている（ISLは使用できない）ため、encapsulationコマンドは不要
④ デフォルトゲートウェイは、ルータのfa0/0のIPアドレスを指定

Sw1#**sh vlan**

```
Sw1#show vlan

VLAN Name                             Status     Ports
---- -------------------------------- ---------  -------------------------------
1    default                          active     Fa0/3, Fa0/4, Fa0/5, Fa0/6
Fa0/7,Gi0/1
10   Sales                            active     Fa0/1    ←⑤
20   Technical                        active     Fa0/2    ←⑥
1002 fddi-default                     act/unsup
1003 token-ring-default               act/unsup
1004 fddinet-default                  act/unsup
1005 trnet-default                    act/unsup
<以下省略>
```

⑤ VLAN10（Sales）が作成され、fa0/1ポートをVLAN10のアクセスポートに設定
⑥ VLAN20（Technical）が作成され、fa0/2ポートをVLAN20のアクセスポートに設定

Sw1#**sh int fa0/8 trunk**

```
Sw1#sh int fa0/8 trunk

Port      Mode         Encapsulation  Status        Native vlan
Fa0/8     on           802.1q         trunking      1        ←⑦

Port      Vlans allowed on trunk
Fa0/8     1-4094

Port      Vlans allowed and active in management domain
Fa0/8     1,10,20

Port      Vlans in spanning tree forwarding state and not pruned
Fa0/8     1,10,20
```

⑦ Modeの「on」は固定でトランクを設定し、Statusの「trunking」はトランクポートとして動作していることを示す

Sw1#sh int fa0/8 switchport

```
Sw1#sh int fa0/8 switchport
Name: Fa0/8
Switchport: Enabled
Administrative Mode: trunk      ←⑧
Operational Mode: trunk      ←⑨
Administrative Trunking Encapsulation: dot1q
Operational Trunking Encapsulation: dot1q
Negotiation of Trunking: On
Access Mode VLAN: 1 (default)
Trunking Native Mode VLAN: 1 (default)
Administrative Native VLAN tagging: enabled
Voice VLAN: none
Administrative private-vlan host-association: none
Administrative private-vlan mapping: none
Administrative private-vlan trunk native VLAN: none
Administrative private-vlan trunk Native VLAN tagging: enabled
Administrative private-vlan trunk encapsulation: dot1q
Administrative private-vlan trunk normal VLANs: none
Administrative private-vlan trunk private VLANs: none
Operational private-vlan: none
Trunking VLANs Enabled: ALL
Pruning VLANs Enabled: 2-1001
Capture Mode Disabled
Capture VLANs Allowed: ALL
```

⑧ 動作モードを固定でトランクポートに設定
⑨ 実際の動作モードがトランクとして動作

2 Indonesia、Singapore、Thailandの3つのルータがあります。このネットワークでOSPFをシングルエリアで構成します。IndonesiaとThailandはすでに設定されており、あなたはSingaporeルータの設定を任されました。ネットワークが追加されたときに、ほかのルーティングプロトコルを使用する可能性があるため、OSPFはループバックを含めたSingaporeルータのインターフェイスに設定しているネットワークだけで動作させてください。プロセス番号は1とします。

現在の設定

- secret password：cisco
- FastEthernet0/0：172.31.90.32/22
- Serial0/0：172.31.120.22/30
- Serial0/1：172.31.120.25/30
- Loopback0：172.31.120.29/32

トポロジ

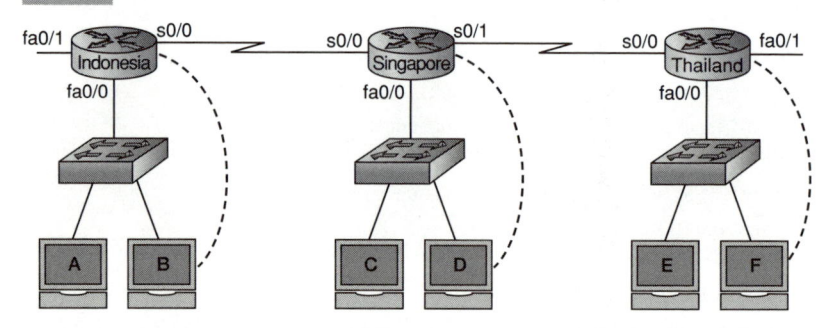

例題2の解答方法

解答のポイント

- OSPFのプロセス番号は1
- シングルエリアなので、エリア番号は0
- 各インターフェイスのIPアドレスからサブネットアドレスを求める
- 特定ネットワークだけを指定するためのワイルドカードマスクを考える

解答の手順

(1) 各インターフェイスのIPアドレスからサブネットアドレスとワイルドカードマスクを算出
- ● fa0/0のIPアドレス「172.31.90.32/22」
  - ・クラスBで6ビットサブネット化（/22…255.255.252.0）
  - ・境界である第3オクテットを2進数にしてサブネットアドレスを計算

    IPアドレス　　　　90 → 010110|10
    サブネットマスク　252 → 111111|00

  - ・サブネットアドレス「01011000」（10進数「88」）→「172.31.88.0」
  - ・ワイルドカードマスク「255.255.252.0」を反転 →「0.0.3.255」

    11111111.11111111.11111100.00000000 ⇒ 00000000.00000000.00000011.11111111
    　(255)　　(255)　　(252)　　(0)　　反転　(0)　　(0)　　(3)　　(255)

- ● Serial0/0のIPアドレス「172.31.120.22/30」
  - ・クラスBで14ビットサブネット化（/30…255.255.255.252）
  - ・境界である第4オクテットを2進数にしてサブネットアドレスを計算

    IPアドレス　　　　22 → 000101|10
    サブネットマスク　252 → 111111|00

  - ・サブネットアドレス「00010100」（10進数「20」）→「172.31.120.20」
  - ・ワイルドカードマスク「255.255.255.252」を反転 →「0.0.0.3」

- ● Serial0/1のIPアドレス「172.31.120.25/30」
  - ・Serial0/0の場合と同様に計算

    IPアドレス　　　　25 → 000110|01
    サブネットマスク　252 → 111111|00

  - ・サブネットアドレス「00011000」（10進数「24」）→「172.31.120.24」
  - ・ワイルドカードマスク「255.255.255.252」を反転 →「0.0.0.3」

- ● Loopback0のIPアドレス「172.31.120.29/32」
  - ・プレフィクス長は「/32」なので、IPアドレス「172.31.120.29」をそのまま指定
  - ・ワイルドカードマスク「255.255.255.255」を反転 →「0.0.0.0」

(2) ホストDからSingaporeルータにコンソール接続

(3) 作業：Singaporeルータを設定

```
Singapore>en
  Password:    ←イネーブルパスワード「cisco」を入力
Singapore#conf t
Singapore(config)#router ospf 1      ←OSPFプロセスID「1」で起動
Singapore(config-router)#net 172.31.88.0 0.0.3.255 area 0    ←fa0/0のサブネットを指定
Singapore(config-router)#net 172.31.120.20 0.0.0.3 area 0    ←S0/0のサブネットを指定
Singapore(config-router)#net 172.31.120.24 0.0.0.3 area 0    ←S0/1のサブネットを指定
Singapore(config-router)#net 172.31.120.29 0.0.0.0 area 0    ←Loopback0を指定
Singapore(config-router)#end
Singapore#
```

(4) 検証：設定を確認

特権モードからshow running-config、またはshow ip protocolsコマンドでOSPF設定を確認します。また、show ip routeコマンドでルーティングテーブルを表示し、OSPFで経路情報が学習されていることを確認するとよいでしょう。

Singapore#**sh run**

```
Singapore#sh run
Building configuration...

Current configuration : 1415 bytes
!
version 12.4
service timestamps debug datetime msec
service timestamps log datetime msec
service password-encryption
!
hostname Singapore
!
<途中省略>
!
interface Serial0/0
 ip address 172.31.120.22 255.255.252.0
 no fair-queue
!
interface Serial0/1
 no ip address
```

```
 shutdown
 clock rate 2000000
!
router ospf 1    ←①
 log-adjacency-changes
 network 172.31.88.0 0.0.3.255 area 0  ⎫
 network 172.31.120.20 0.0.0.3 area 0  ⎬ ②
 network 172.31.120.24 0.0.0.3 area 0  ⎨
 network 172.31.120.29 0.0.0.0 area 0  ⎭
!
＜以下省略＞
```

① OSPFがプロセスID「1」で起動
② networkコマンドが正しく設定されていることを確認。OSPFを1つのエリアで動作させるため、エリア番号は「0」を指定

```
Singapore#sh ip protocols
```

```
Singapore#sh ip protocols
Routing Protocol is "ospf 1"    ←プロセスID「1」
  Outgoing update filter list for all interfaces is not set
  Incoming update filter list for all interfaces is not set
  Router ID 172.31.120.29
  Number of areas in this router is 1. 1 normal 0 stub 0 nssa
  Maximum path: 4
  Routing for Networks:
    172.31.88.0 0.0.3.255 area 0    ⎫
    172.31.120.20 0.0.0.3 area 0    ⎬ networkコマンドで設定した部分
    172.31.120.24 0.0.0.3 area 0    ⎨
    172.31.120.29 0.0.0.0 area 0    ⎭
  Reference bandwidth unit is 100 mbps
  Routing Information Sources:
    Gateway         Distance      Last Update
    172.31.120.4    110           00:01:02
    172.31.120.45   110           00:01:02
  Distance: (default is 110)
```

Singapore#sh ip route

```
Singapore#sh ip route
Codes: C - connected, S - static, R - RIP, M - mobile, B - BGP
       D - EIGRP, EX - EIGRP external, O - OSPF, IA - OSPF inter area
       N1 - OSPF NSSA external type 1, N2 - OSPF NSSA external type 2
       E1 - OSPF external type 1, E2 - OSPF external type 2
       i - IS-IS, su - IS-IS summary, L1 - IS-IS level-1, L2 - IS-IS level-2
       ia - IS-IS inter area, * - candidate default, U - per-user static route
       o - ODR, P - periodic downloaded static route

Gateway of last resort is not set

     172.31.0.0 /16 is variably subnetted, 10 subnets, 3 masks
C       172.31.88.0/22 is directly connected, FastEthernet0/0
C       172.31.120.29/32 is directly connected, Loopback0
C       172.31.120.20/30 is directly connected, Serial0/0
C       172.31.120.24/30 is directly connected, Serial0/1
O       172.31.4.0/22 [110/65] via 172.31.101.1, 00:02:48, Serial0/0
O       172.31.8.0/22 [110/65] via 172.31.101.1, 00:02:48, Serial0/0
O       172.31.120.4/32 [110/65] via 172.31.101.1, 00:02:48, Serial0/0
O       172.31.12.0/22 [110/65] via 172.31.101.1, 00:02:48, Serial0/1
O       172.31.16.0/22 [110/65] via 172.31.101.1, 00:02:48, Serial0/1
O       172.31.120.45/32 [110/65] via 172.31.101.1, 00:02:48, Serial0/1
```

③ 先頭のコードが「O」の場合、OSPFで学習された経路情報

3 下図のようなネットワーク構成において、2台のルータに対する基本設定とルーティングが適切に設定されています。あなたは以下の要件に従って、最適な方法でパケットフィルタリングを行う必要があります。なお、パスワードは一時的に「cisco」になっています。

要件
- 営業部からWebサーバに対する通信はWebアクセスのみに制限する
- その他の通信はすべて許可する

トポロジ

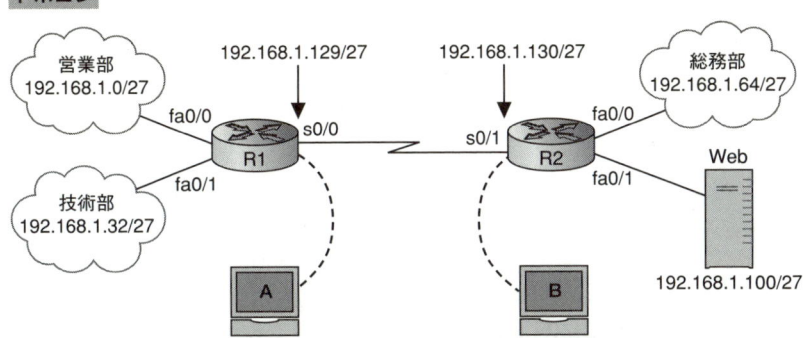

```
営業部                  192.168.1.129/27      192.168.1.130/27        総務部
192.168.1.0/27                                                      192.168.1.64/27
              fa0/0                                          fa0/0
                    ┌─────┐  s0/0        s0/1  ┌─────┐
                    │ R1  │─────~~~~~~~─────│ R2  │
                    └─────┘                    └─────┘      Web
              fa0/1                                          fa0/1
技術部
192.168.1.32/27              A                       B      192.168.1.100/27
```

例題3の解答方法

解答のポイント

- 要件「営業部からWebサーバに対する通信はWebアクセスのみに制限する」
  拡張ACLは「トラフィックの送信元に近い場所に配置する」のが理想といわれているので、R1のfa0/0インターフェイスにACLをインバウンドで適用し、無駄なオーバーヘッドを防ぐ
  1行目：192.168.1.0/27から192.168.1.100へのwww（ポート80/TCP）を許可
  2行目：192.168.1.0/27から192.168.1.100への全IPパケットを拒否
  3行目：送信元指定なし（any）から宛先指定なし（any）の全IPパケットを許可
  最終行：暗黙のdeny any（自動作成）
- 番号付き拡張ACLのコマンド書式

  (config)#access-list ACL番号 {permit | deny} プロトコル 送信元 宛先 eq ポート番号
  　　　　　　　　　（100～199の範囲）　　　　　　　　　　　　　　　　　（省略可）

- 「/27」は「255.255.255.224」なので、ワイルドカードマスクは「0.0.0.31」

解答の手順

(1) ホストAからR1にコンソール接続

(2) 作業：R1を設定

```
R1> en
 Password:      ←イネーブルパスワード「cisco」を入力
R1#conf t
R1(config)#access-list 100 permit tcp 192.168.1.0 0.0.0.31 host 192.168.1.100 eq 80
R1(config)#access-list 100 deny ip 192.168.1.0 0.0.0.31 host 192.168.1.100
R1(config)#access-list 100 permit ip any any
R1(config)#int fa0/0
R1(config-if)#ip access-group 100 in
R1(config-if)#end
R1#
```

また、ワイルドカードマスクを非省略形にし、プロトコル名で指定した場合は次のようになります。

```
R1(config)#access-list 101 permit tcp 192.168.1.0 0.0.0.31 192.168.1.100 0.0.0.0 eq www
R1(config)#access-list 101 deny ip 192.168.1.0 0.0.0.31 192.168.1.100 0.0.0.0
R1(config)#access-list 101 permit ip 0.0.0.0 255.255.255.255 0.0.0.0 255.255.255.255
R1(config)#int fa0/0
R1(config-if)#ip access-group 101 in
R1(config-if)#end
R1#
```

(3) 検証：R1の設定を確認

特権モードから次のコマンドを使用してR1の各種設定を確認します。
- show running-config
- show access-lists
- show ip interface fastethernet0/0

```
R1#sh run
```

```
R1#sh run
Building configuration...

Current configuration : 1512 bytes
!
<途中省略>
!
interface FastEthernet0/0
 ip address 192.168.1.1 255.255.255.224
 ip access-group 100 in    ←①
 duplex auto
 speed auto
!
interface FastEthernet0/1
 ip address 192.168.1.33 255.255.255.224
 duplex auto
 speed auto
!
interface Serial0/0
 ip address 192.168.1.129 255.255.255.224
 no fair-queue
!
interface Serial0/1
 no ip address
 shutdown
 clock rate 2000000
!
router eigrp 100
network 192.168.1.0
!
!
ip http server
no ip http secure-server
!
access-list 100 permit tcp 192.168.1.0 0.0.0.31 host 192.168.1.100 eq www  ⎫
access-list 100 deny ip 192.168.1.0 0.0.0.31 host 192.168.1.100           ⎬ ②
access-list 100 permit ip any any                                         ⎭
!
!
```

① fa0/0インターフェイスにACL100をインバウンドで適用
② ACL100を適切に設定

R1#sh access-list

```
R1#sh access-list
Extended IP access list 100
    10 permit tcp host 192.168.1.0 0.0.0.31 host 192.168.1.100 eq www
    20 deny ip 192.168.1.0 0.0.0.31 host 192.168.1.100
    30 permit ip any any
```

R1#sh ip int fa0/0

```
R1#sh ip int fa0/0
FastEthernet0/0 is up, line protocol is up
  Internet address is 192.168.1.1/27
  Broadcast address is 255.255.255.255
  Address determined by setup command
  MTU is 1500 bytes
  Helper address is not set
  Directed broadcast forwarding is disabled
  Outgoing access list is not set
  Inbound  access list is 100    ←③
  Proxy ARP is enabled
＜以下省略＞
```

③ fa0/0インターフェイスにACL100をインバウンドで適用

4 Ro-Aルータは社内のすべてのユーザに対してインターネットアクセスを提供しています。ユーザのコンピュータに対してプライベートアドレスを割り当てているため、あなたはユーザがインターネットへアクセスする際、送信元IPアドレスをRo-AルータのSerial0/0インターフェイスのIPアドレスに変換する必要があります。ただし、公開サーバからのトラフィックは送信元IPアドレスを「1.1.1.2」のパブリックアドレスに変換されるようにNATを設定してください。なお、Ro-Aには基本設定およびスタティックルートが作成され、適切にルーティングできているものとします。パスワードは一時的に「cisco」になっています。

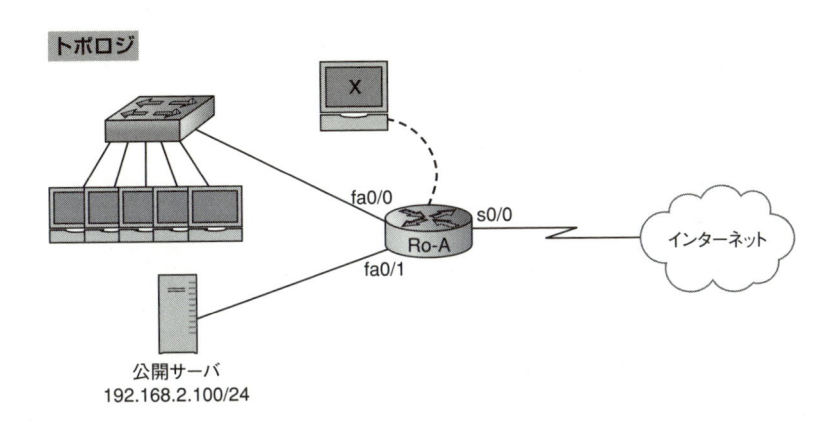

トポロジ

公開サーバ
192.168.2.100/24

例題4の解答方法

解答のポイント

- 内部ネットワークと外部ネットワークのインターフェイスを特定する
  内部ネットワーク……fa0/0、fa0/1
  外部ネットワーク……s0/0
- LAN側ユーザのトラフィックを変換対象にするための標準ACLを作成
- 作成したACLとRo-Aのs0/0インターフェイスを指定し、overloadでPATを有効化
- 公開サーバのIPアドレス「192.168.2.100」を「1.1.1.2」に変換するスタティックNATを設定

解答の手順

(1) ホストXからRo-Aにコンソール接続

(2) 作業：Ro-Aの情報収集
　　特権モードからshow running-configコマンドでRo-Aルータの設定を確認します。

```
Ro-A>en
　Password:　　←イネーブルパスワード「cisco」を入力
Ro-A#sh run
```

```
Ro-A#sh run
Building configuration...

Current configuration : 1111 bytes
!
version 12.4
service timestamps debug datetime msec
service timestamps log datetime msec
no service password-encryption
!
hostname Ro-A
!
boot-start-marker
boot-end-marker
!
enable secret 5 $1$bcvS$dgeCX/30Bg/PfKNH.fa3u1
!
no aaa new-model
ip cef
!
!
!
!
no ip domain lookup
!
!
!
!
```

```
!
!
interface FastEthernet0/0
 ip address 192.168.1.1 255.255.255.0     ←①
 duplex auto
 speed auto
!
interface FastEthernet0/1
 ip address 192.168.2.1 255.255.255.0
 duplex auto speed auto
!
interface Serial0/0
 ip address 1.1.1.1 255.255.255.248
 no fair-queue
!
interface Serial0/1
 no ip address
 shutdown
 clock rate 2000000
!
ip route 0.0.0.0 0.0.0.0 Serial0/0
!
<以下省略>
```

① fa0/0インターフェイスのIPアドレスとサブネットマスクから、サブネットアドレスを確認

(3) 作業：Ro-Aを設定

```
Ro-A#conf t
Ro-A(config)#access-list 1 permit 192.168.1.0 0.0.0.255     ←番号付き標準ACLを作成
Ro-A(config)#ip nat inside source list 1 interface s0/0 overload
                             ↑ACL1とs0/0指定しPATを有効化
Ro-A(config)#ip nat inside source static 192.168.2.100 1.1.1.2     ←スタティックNAT
Ro-A(config)#int fa0/0
Ro-A(config-if)#ip nat inside     ←fa0/0に内部ネットワークを指定
Ro-A(config-if)#exit
Ro-A(config)#int fa0/1
Ro-A(config-if)#ip nat inside     ←fa0/1に内部ネットワークを指定
Ro-A(config-if)#exit
```

```
Ro-A(config)#int s0/0
Ro-A(config-if)#ip nat outside    ←s0/0に外部ネットワークを指定
Ro-A(config-if)#end
Ro-A#
```

(4) 検証：Ro-Aの設定を確認

特権モードからshow running-configやshow ip nat translationsコマンドを使用してNATの設定を確認します。

```
Ro-A#sh run
```

```
Ro-A#sh run
Building configuration...

!
<途中省略>
!
interface FastEthernet0/0
 ip address 192.168.1.1 255.255.255.0
 ip nat inside    ←①
 duplex auto
 speed auto
!
interface FastEthernet0/1
 ip address 192.168.2.1 255.255.255.0
 ip nat inside    ←②
 duplex auto
 speed auto
!
interface Serial0/0
 ip address 1.1.1.1 255.255.255.248
 ip nat outside    ←③
 no fair-queue
!
interface Serial0/1
 no ip address
 shutdown
 clock rate 2000000
```

```
!
!
ip forward-protocol nd
ip route 0.0.0.0 0.0.0.0 Serial0/0
!
!
ip http server
no ip http secure-server
ip nat inside source list 1 interface Serial0/0 overload    ←④
ip nat inside source static 192.168.2.100 1.1.1.2    ←⑤
!
access-list 1 permit 192.168.1.0 0.0.0.255    ←⑥
!
!
<以下省略>
```

① fa0/0インターフェイスを内部ネットワークとして指定
② fa0/1インターフェイスを内部ネットワークとして指定
③ Serial0/0インターフェイスを外部ネットワークとして指定
④ ACL1とs0/0を指定し、overloadによってPATを有効化。これにより、サブネット「192.168.1.0」からのパケットがインターネットへ転送されるとき、送信元IPアドレスはs0/0インターフェイスに割り当てられている「1.1.1.1」に変換される
⑤ スタティックNAT変換が設定されています。これによって、「192.168.2.100」からのパケットの送信元IPアドレスは「1.1.1.2」に変換される
⑥ ACL1でアドレス変換の対象となるパケットを指定

```
Ro-A#sh ip nat trans
```

Ro-A#sh ip nat trans			
Pro Inside global	Inside local	Outside local	Outside global
--- 1.1.1.2	192.168.2.100	---	---
↑	↑		
内部グローバルアドレス	内部ローカルアドレス		

※ PATのエントリは、実際にアドレス変換が実行されるまでNATテーブルには表示されない

5 2台のルータ（R1、R2）を使用して拠点間をフレームリレーで接続します。R2はすでに設定が完了しています。R1はシスコ製ですが、R2はほかのベンダのルータでInverse ARPをサポートしていません。ルーティングプロトコルにRIPv2を使用しています。あなたはR1に以下の設定をする必要があります。なお、パスワードは一時的に「cisco」になっています。

R1ルータに必要な設定

- 2つのインターフェイスにIPアドレスを設定し使用可能にする
- フレームリレーでR2と接続する
- ルーティングプロトコルRIPv2を設定する

トポロジ

- FastEthernet0/0：172.16.1.1/24
- Serial0/0：10.1.1.1/24

- FastEthernet0/0：172.16.2.1/24
- Serial0/0：10.1.1.2/24

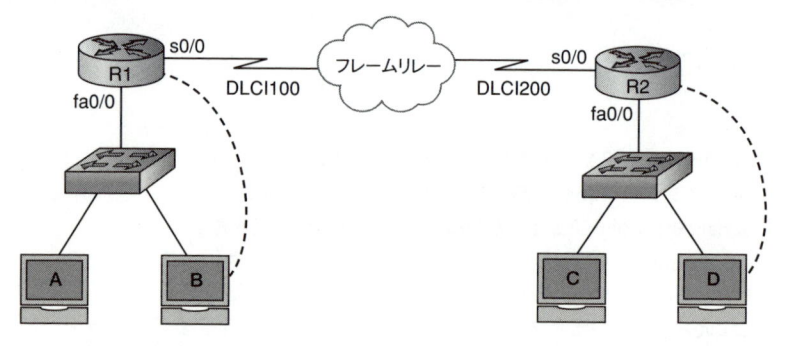

例題5の解答方法

解答のポイント

- fa0/0（172.16.1.1/24）、s0/0（10.1.1.1/24）にIPアドレスを割り当て、有効化
- カプセル化タイプを設定
  Ciscoルータ以外と接続する場合、encapsulationコマンドの最後にietfを付加する
- Inverse ARPが使えないので、フレームリレーマップをスタティックで設定
  (config-if)#frame-relay map ip ネクストホップアドレス ローカルDLCI番号 broadcast
- RIPをバージョン2で設定
  不連続サブネット環境であるため、自動経路集約を無効化

解答の手順

(1) ホストBからR1にコンソール接続

(2) 作業：R1の設定
```
R1>en
  Password:       ←イネーブルパスワード「cisco」を入力
R1#conf t
R1(config)#int fa0/0
R1(config-if)#ip add 172.16.1.1 255.255.255.0    ←fa0/0にIPアドレス割り当て
R1(config-if)#no shut    ←インターフェイスを有効化。「no shutdown」の省略形
R1(config-if)#exit
R1(config)#int s0/0
R1(config-if)#ip add 10.1.1.1 255.255.255.0    ←s0/0にIPアドレス割り当て
R1(config-if)#encapsulation frame-relay ietf    ←カプセル化タイプを指定
R1(config-if)#frame-relay map ip 10.1.1.2 100 broadcast    ←フレームリレーマップ作成
R1(config-if)#no shut    ←インターフェイスを有効化
R1(config-if)#router rip    ←RIPを起動
R1(config-router)#net 10.0.0.0    ←クラスフルネットワーク「10.0.0.0」を指定。「network」の省略形
R1(config-router)#net 172.16.0.0    ←クラスフルネットワーク「172.16.0.0」を指定
R1(config-router)#no auto-summary    ←自動経路集約を無効化
R1(config-router)#end
R1#
```

(3) 検証：R1の設定を確認する
特権モードから次のコマンドを使用してR1の各種設定を確認します。
- show running-config
- show interface serial0/0
- show frame-relay map
- show ip route

```
R1#sh run

R1#sh run
Building configuration...

Current configuration : 845 bytes
!
version 12.4
service timestamps debug datetime msec
service timestamps log datetime msec
no service password-encryption
!
hostname R1
!
<途中省略>
!
interface FastEthernet0/0
 ip address 172.16.1.1 255.255.255.0    ←①
 duplex auto
 speed auto
!
interface FastEthernet0/1
 no ip address
 shutdown
 duplex auto
 speed auto
!
interface Serial0/0
 ip address 10.1.1.1 255.255.255.0    ←②
 encapsulation frame-relay ietf    ←③
 no fair-queue
 frame-relay map ip 10.1.1.2 100 broadcast    ←④
!
interface Serial0/1
 no ip address
 shutdown
 clock rate 2000000
!
```

```
router rip 10          ←⑤
 network 10.0.0.0     ⎫
                      ⎬ ⑥
 network 172.16.0.0   ⎭
 no auto-summary       ←⑦
!
<以下省略>
```

① fa0/0インターフェイスのIPアドレスとサブネットマスクが正しく設定されている。また、「shutdown」の記述がないため、インターフェイスを有効化していることがわかる
② s0/0インターフェイスのIPアドレスとサブネットマスクが正しく設定され、インターフェイスが有効化されている
③ s0/0インターフェイスのカプセル化タイプがフレームリレーに設定され、「ietf」が付加されている。対向ルータがシスコ以外の場合はIETF標準のフレームリレータイプにする必要がある
④ フレームリレーマップが正しく設定され、「broadcast」が付加されている。これによって、RIPのアップデートの送信が可能になる
⑤ RIPを起動
⑥ networkコマンドで2つのクラスフルネットワークを指定している
⑦ 自動経路集約が無効化され、不連続サブネット環境においてクラスフルネットワークの境界で自動的に経路集約されるのを防いでいる

```
R1#sh int s0/0
```

```
R1#sh int s0/0
Serial0/0 is up, line protocol is up    ←⑧
  Hardware is GT96K Serial
  Internet address is 10.1.1.1/24    ←⑨
  MTU 1500 bytes, BW 1544 Kbit, DLY 20000 usec,
     reliability 255/255, txload 1/255, rxload 1/255
  Encapsulation FRAME-RELAY IETF, loopback not set    ←⑩
  Keepalive set (10 sec)
  LMI enq sent  467, LMI stat recvd 468, LMI upd recvd 0, DTE LMI up
  LMI enq recvd 0, LMI stat sent  0, LMI upd sent  0
  LMI DLCI 1023  LMI type is CISCO  frame relay DTE
  FR SVC disabled, LAPF state down
```

```
   Broadcast queue 0/64, broadcasts sent/dropped 181/0, interface
broadcasts 177
  Last input 00:00:04, output 00:00:04, output hang never
  Last clearing of "show interface" counters 01:19:47
  Input queue: 0/75/0/0 (size/max/drops/flushes); Total output drops: 0
  Queueing strategy: fifo
  Output queue: 0/40 (size/max)
  5 minute input rate 0 bits/sec, 0 packets/sec
  5 minute output rate 0 bits/sec, 0 packets/sec
     724 packets input, 72288 bytes, 0 no buffer
     Received 0 broadcasts, 0 runts, 0 giants, 0 throttles
     0 input errors, 0 CRC, 0 frame, 0 overrun, 0 ignored, 0 abort
     653 packets output, 53730 bytes, 0 underruns
     0 output errors, 0 collisions, 4 interface resets
     64 unknown protocol drops
     0 output buffer failures, 0 output buffers swapped out
     8 carrier transitions
     DCD=up  DSR=up  DTR=up  RTS=up  CTS=up
```

⑧ s0/0インターフェイスが有効化されている
⑨ IPアドレスとサブネットマスクが正しく設定されている
⑩ カプセル化タイプがIETF標準のフレームリレーに設定されている

```
R1#sh frame-relay map
```

```
R1#sh frame-relay map
Serial0/0 (up): ip 10.1.1.2 dlci 200(0xC8,0x3080), static,   ←⑪
         broadcast,   ←⑫
         IETF, status defined, active
```

⑪ ネクストホップアドレスとローカルDLCIが正しく指定されている
⑫ 「broadcast」キーワードが付加されている

R1#sh ip route

```
R1#sh ip route
Codes: C - connected, S - static, R - RIP, M - mobile, B - BGP
       D - EIGRP, EX - EIGRP external, O - OSPF, IA - OSPF inter area
       N1 - OSPF NSSA external type 1, N2 - OSPF NSSA external type 2
       E1 - OSPF external type 1, E2 - OSPF external type 2
       i - IS-IS, su - IS-IS summary, L1 - IS-IS level-1, L2 - IS-IS
level-2
       ia - IS-IS inter area, * - candidate default, U - per-user static
route
       o - ODR, P - periodic downloaded static route

Gateway of last resort is not set

     10.0.0.0/24 is subnetted, 1 subnets
C       10.1.1.0 is directly connected, Serial0/0
     172.16.0.0/24 is subnetted, 2 subnets
C       172.16.1.0 is directly connected, FastEthernet0/0
R       172.16.2.0 [120/1] via 10.1.1.2, 00:00:11, Serial0/0    ←⑬
```

⑬ 先頭のコード「R」はRIPで学習された経路情報であることを示す

索引

記号・数字

- 10GEC 141
- 16進数 417
- 2Way State 188
- 2Way状態 187
- 2進数 417
- 3DES 513
- 6to4トンネル 448
- 802.1Qタグ 25

A

- ABR 176, 179, 182
- accept-lifetimeコマンド 283
- access-classコマンド 352
- access-listコマンド 328, 333, 386, 389, 390
- ACK 254, 367
- ACKパケット 256
- ACL 314, 324
- Active 463
- AD 163
- AES 513
- AH 501
- allowed VLAN 34
- ansi 462
- anyキーワード 326
- areaコマンド 233
- ASBR 176, 180
- AS番号 260
- auto-cost reference-bandwidthコマンド 225

B

- BackboneFast 128
- bandwidthコマンド 261
- BDR 188
- BECN 463, 465
- BGP 160
- BPDU 93, 100

C

- C/R 465
- CA 510
- Catalyst 2950 28
- Catalyst 2960 28
- Catalyst 6500 22
- CDP 18
- CIR 463
- cisco 462
- Cisco ASA5500シリーズ 499
- Cisco Easy VPN 497
- Cisco Easy VPN Remote 498
- Cisco Easy VPN Server 498
- Cisco IOS IPsec SSL VPN 498
- clear ip nat translation insideコマンド 396
- clear ip nat translation protocol insideコマンド 396
- clear ip nat translationコマンド 396
- clear ip ospf processコマンド 221
- CST 109
- CSU/DSU 459

D

- DBDパケット 186
- DCE 457
- DE 463, 465
- Dead間隔 185
- debug frame-relay lmiコマンド 487
- debug ip eigrpコマンド 272
- debug ip natコマンド 399
- debug ip ospf adjコマンド 219, 235
- debug ip ospf eventsコマンド 216
- debug ip ospf packetコマンド 217
- delete flash:vlan.datコマンド 55
- Deleted 463
- deny文 350
- DES 512
- DHCPv6 430
- DH鍵交換 514
- DLCI 461, 485

DNSサーバ	435
Down State	187
DR	188
DROTHER	188
DTE	457
DTP	29
DUAL	244

E

EA	465
EGP	159
EIA/TIA-232	458
EIGRP	160, 164, 244
EIGRP for IPv6	437
encapsulation frame-relayコマンド	469, 478
encapsulationコマンド	77
erase startup-configコマンド	55
ESP	502
EtherChannel	141
EUI-64	423
Exchange State	192
exitコマンド	29
Exstart State	192

F

FCS	26, 465
FECN	463, 465
FIN	367
FLSM	162, 298
FRAD	459
frame-relay interface-dlciコマンド	479
frame-relay lmi-typeコマンド	469
frame-relay mapコマンド	471
Full State	193

H

Hello間隔	185
Helloタイマー	95
Helloパケット	185, 254
HMAC	506
HMAC-MD5	507
HMAC-SHA-1	507
hostキーワード	325

I

IEEE 802.1d	92
IEEE 802.1Q	24, 28
IGP	158
IGRP	164
IKE	514
Inactive	463
Init State	188
interface loopbackコマンド	184
interface rangeコマンド	35
interface serialコマンド	479
interface tunnelコマンド	447
interface vlanコマンド	20
interfaceコマンド	76
Inverse ARP	462
ip access-groupコマンド	331, 336, 339, 341
ip access-list extendedコマンド	340, 347, 348
ip access-list standardコマンド	339, 347, 348
ip addressコマンド	20, 77, 184
ip authentication key-chain eigrpコマンド	284
ip authentication mode eigrpコマンド	284
ip name-serverコマンド	435
ip nat inside source listコマンド	386, 389, 390
ip nat inside source staticコマンド	384
ip nat insideコマンド	384, 386, 389, 391
ip nat outsideコマンド	384, 386, 389, 391
ip nat poolコマンド	386, 389
ip nat translation dns-timeoutコマンド	397
ip nat translation icmp-timeoutコマンド	396
ip nat translation tcp-timeoutコマンド	397
ip nat translation udp-timeoutコマンド	396
ip ospf authentication-keyコマンド	231, 233
ip ospf authenticationコマンド	231
ip ospf costコマンド	226
ip ospf message-digest-keyコマンド	231, 233

ip ospf priorityコマンド ……………………222
ip route 0.0.0.0 0.0.0.0コマンド ……………158
ip routeコマンド……………………………157
ip summary-address eigrpコマンド …………278
IPsec…………………………………413, 500
IPsec VPN……………………………………500
IPv4……………………………………………412
IPv4互換アドレス …………………………427
IPv4ヘッダフォーマット …………………414
IPv6……………………………………………412
ipv6 addressコマンド ………………431, 447
ipv6 hostコマンド …………………………435
ipv6 ripコマンド ……………………………438
ipv6 router ripコマンド ……………………438
ipv6 unicast-routingコマンド ………………431
IPv6アドレス表記 …………………………416
IPv6拡張ヘッダ ……………………………415
IPv6ヘッダフォーマット …………………414
IPv6ルーティングテーブル ………………444
IP-VPN………………………………………497
IPアドレス …………………………………297
IPフォン ……………………………………64
IPマスカレード ……………………………381
ISATAP………………………………………449
IS-IS …………………………………………160
IS-IS for IPv6…………………………………437
ISL …………………………………26, 28, 82

K

key chainコマンド …………………………282
key-stringコマンド …………………………282
keyコマンド…………………………………282
K値 ……………………………………………257

L

line vty 0 4コマンド ………………………352
LMI ……………………………462, 464, 469, 484
Loading State ………………………………193
LSA ……………………………………161, 169, 171
LSAckパケット ……………………………187
LSAパケット ………………………………193
LSDB……………………………………172, 178

LSRパケット ………………………………187
LSUパケット ………………………………187

M

MAC…………………………………………506
MACアドレス ………………………95, 97, 423
maximum-pathsコマンド ………………226, 274
MD5認証………………………………230, 281
MP-BGP4……………………………………437
MSTP…………………………………………113

N

nameコマンド ………………………………29
NAPT…………………………………………381
NAT ……………………………324, 374, 382, 383
NAT-PT………………………………………450
NATテーブル ……………………………376, 394
NBMA ………………………………………473
NDP …………………………………………100
no access-listコマンド ………………………332
no auto-summaryコマンド …………………276 307
no frame-relay inverse-arpコマンド …………470
no ip access-groupコマンド …………………332
no router eigrpコマンド……………………263
no router ospfコマンド ……………………199
no shutdownコマンド……………………20, 432
no spanning-tree vlanコマンド ……………114
no switchport access vlan ……………………32
no switchport access vlanコマンド …………32
no vlan <vlan-id>コマンド…………………29
no vtp pruningコマンド ……………………54
NTP …………………………………………365

O

OSPF ……………………………160, 164, 171, 197
OSPFv2………………………………………171
OSPFv3………………………………………437
OSPFエリア …………………………………178
OSPFの認証機能 ……………………………230
OSPFパケット …………………………185, 186
OSPFマルチエリア …………………………201

P

passive-interfaceコマンド ……………………263
PAT …………………………………379, 381, 388
permit文 ……………………………………350
ping …………………………………………434
PortFast ……………………………………123
PSH …………………………………………367
PSK …………………………………………507
PVC …………………………………460, 485
PVCのステータス ……………………………486
PVST+ …………………………………110, 113
q933a ………………………………………462

R

RC4 …………………………………………513
RIP ……………………………………160, 437
RIPng ………………………………………437
RIPv1 …………………………………164, 167
RIPv2 …………………………………164, 167
RLQ …………………………………………128
router eigrpコマンド ………………………260
router ospfコマンド …………………………197
router ripコマンド …………………………168
router-idコマンド ……………………………221
RSA …………………………………………513
RSAデジタル署名 ……………………………508
RST …………………………………………367

S

SAID …………………………………………36
send-lifetimeコマンド ………………………283
show access-listsコマンド …………………343
show frame-relay lmiコマンド ……………484
show frame-relay mapコマンド ……………486
show frame-relay pvcコマンド ……………485
show interfaces <interface> switchportコマンド
 …………………………………………………42
show interfaces <interface> trunkコマンド
 …………………………………………………44
show interfaces serialコマンド ……………483
show interfaces switchportコマンド ………66
show interfacesコマンド ……………………42

show ip eigrp interfacesコマンド ……………268
show ip eigrp neighborsコマンド ……………267
show ip eigrp topologyコマンド ……………268
show ip eigrp trafficコマンド ………………271
show ip interfaceコマンド …………………344
show ip nat translationsコマンド ……394, 397
show ip ospf databaseコマンド ……………213
show ip ospf interfaceコマンド ………208, 232
show ip ospf neighborコマンド ……………211
show ip ospfコマンド …………………207, 235
show ip protocolsコマンド ……………205, 266
show ip route ………………………………155
show ip route eigrpコマンド ………………271
show ip routeコマンド …………………155, 271
show ipv6 interfaceコマンド ………………432
show ipv6 protocolsコマンド ………………442
show ipv6 ripコマンド ………………………442
show ipv6 routeコマンド ……………………444
show running-config interfaceコマンド ……124
show running-configコマンド ……202, 264, 440
show spanning-tree summaryコマンド ……126
show spanning-tree vlanコマンド …………138
show spanning-treeコマンド …………118, 138
show vlan briefコマンド ……………………36
show vlan id <vlan-id>コマンド ……………38
show vlan name <vlan-name>コマンド ……38
show vlanコマンド …………………………36
show vtp passwordコマンド ………………57
show vtp statusコマンド ……………………56
showコマンド ………………………………343
spanning-tree backbonefastコマンド ………129
spanning-tree mode pvstコマンド …………138
spanning-tree mode rapid-pvstコマンド ……138
spanning-tree portfast defaultコマンド ……124
spanning-tree portfastコマンド ……………124
spanning-tree uplinkfastコマンド …………128
spanning-tree vlanコマンド ………114, 115, 116
SPF ……………………………………172, 178
SSH ……………………………………351, 354
SSL …………………………………………513
STA …………………………………………92
STP ……………………………………92, 103
SVC …………………………………………461
switchport access vlanコマンド …………32, 65

switchport mode accessコマンド	32
switchport modeコマンド	30
switchport nonegotiateコマンド	31
switchport trunk allowed vlanコマンド	34, 35
switchport trunk encapsulationコマンド	32
switchport trunk native vlanコマンド	34
switchport voice vlanコマンド	65
SYN	367

T

TCPロードディストリビューション	382
Telnet	351, 354, 434
Teredo	450
tunnel destinationコマンド	447
tunnel mode ipv6ipコマンド	448
tunnel sourceコマンド	447

U

UplinkFast	126
URG	367

V

V.35	458
varianceコマンド	275
VC	456, 460
versionコマンド	168
VLAN	14, 74
vlan <vlan-id>コマンド	29
VLAN ID	16, 18, 31
vlan.dat	55
vlanコマンド	29
VLAN識別情報	23
VLANメンバーシップ	18, 41
VLSM	162, 176, 245, 298
VMPS	21
VPN	324, 494, 500
VPNゲートウェイ	496
VPNコンセントレータ	496
VTP	45
vtp domainコマンド	53
vtp modeコマンド	53
vtp passwordコマンド	53
vtp pruningコマンド	54
vtp versionコマンド	54
VTPアドバタイズメント	18, 45, 52
VTPドメイン	45
VTPバージョン	52, 54
VTPプルーニング	50, 54
VTYアクセス制御	351
VTYポート	351

W

WAN	458
WEP	513

X

X.25	456
X.509	511
XOR	142

ア 行

相手先固定接続	460
相手先選択接続	461
アウトバウンドACL	319
アクセス回線	459
アクセスコントロールリスト	314
アクセススイッチ	106
アクセスポート	29
アクティブ状態	246
アグリーメントBPDU	132
アップデートパケット	256
アドバタイズドディスタンス	248
アドミニストレーティブディスタンス	155, 163
アドミニストレーティブディスタンス値	163
アドレススコープ	420
暗号化	505, 512
暗号化アルゴリズム	505, 512
暗号ペイロード	502

アンチリプレイ機能 …………………511
暗黙のdeny any …………………314, 320
インターネットVPN …………………495
インターネット鍵交換 …………………514
インターフェイスID……………422, 423, 428
インバウンドACL …………………318
ウェルノウンポート番号 …………………337
エッジポート …………………135
エニーキャストアドレス …………420, 426
エリアID …………………178, 185
エリア境界ルータ …………………179
応答パケット …………………255
オーバーローディング …………………381, 388
オーバーロード …………………381
音声VLAN …………………65

カ行

下位DLCI …………………465
外部グローバルアドレス …………………375
外部ローカルアドレス …………………375
鍵 …………………512
拡張ACL …………………316
拡張システムID …………………112
拡張ヘッダ …………………415
確認応答 …………………186
仮想LAN …………………14
仮想回線 …………………456
仮想端末ポート …………………351
カプセル化 …………………469, 502
可変長サブネットマスク ………162, 176, 298
完全状態 …………………193
管理VLAN …………………19
管理インターフェイス…………………19
キーチェーン …………………281
起動後状態 …………………192
逆方向明示的輻輳通知 …………………463
共通鍵 …………………503
共通鍵暗号方式 …………………509
共有リンク …………………137
クエリパケット …………………255
クライアントモード…………………46
クラスAネットワーク …………………296
クラスBネットワーク …………………295

クラスCネットワーク …………………294
クラスフルルーティングプロトコル
　　　　　　　　　　　　…………161, 280
クラスレスルーティングプロトコル
　　　　　　　　　　　…………162, 245, 280
グローバル …………………421
グローバルIPアドレス …………………374
グローバルユニキャストアドレス …………421
グローバルルーティングプレフィクス ……422
経路集約 ………176, 178, 245, 280, 302, 418
公開鍵暗号方式 …………………509
交換状態 …………………192
公衆ネットワーク …………………494
高信頼性パケット …………………254
コスト …………………224
固定長サブネットマスク ……………162, 298
コメント …………………350
コンバージェンス …………………104, 160
コンバージェンス時間 …………………104
コンフィギュレーションリビジョン番号……48

サ行

サーバモード…………………46
再帰ACL …………………363
最大エージタイマー…………………95
最大経過時間 …………………104, 128
サイト間VPN …………………496
サイトローカル …………………421
サイトローカルアドレス …………………422
サクセサ …………………248
サブインターフェイス …………………75, 478
サブネットID …………………422
サブネットアドレス …………………301
サブネット化 …………………294, 298
シーケンス番号 …………………346
シェアードリンク …………………137
時間ベースACL …………………365
事前共有鍵 …………………507
指定ポート …………………96, 97, 99, 130
自動経路集約 …………………276
自動トンネル …………………447
自動フェールオーバー …………………142
次ヘッダ …………………415

手動トンネル ··················· 447
順方向明示的輻輳通知 ········· 463
上位DLCI ······················ 465
初期状態 ······················· 188
自律システム ············ 158, 178
自律システム番号 ············· 260
シングルポイント障害 ·········· 90
信頼性 ·························· 257
スイッチポートタイプ ··········· 30
スイッチングループ ············· 91
スコープ ······················· 420
スタートポロジ ················ 466
スタティックNAT ········ 377, 384
スタティックVLAN ·············· 21
スタティックルート ··· 154, 156, 159
スタブネットワーク ············ 156
ステートフル自動設定 ·········· 430
ステートメント ················ 320
ステートレス自動設定 ·········· 429
スパニングツリー ··············· 96
スパニングツリーアルゴリズム ·· 92
スパニングツリートポロジ ····· 106
スパニングツリープロトコル ···· 92
スプリットホライズン ···· 165, 474
セッション層 ·················· 500
専用線 ·························· 456
送信元認証 ···················· 501
双方向状態 ·············· 187, 188

タ 行

帯域幅 ·························· 257
ダイジェスト ·················· 506
代替ポート ···················· 131
ダイナミックACL ··············· 361
ダイナミックNAT ········ 378, 385
ダイナミックVLAN ·············· 21
ダイナミックルート ··· 154, 158, 159
タイムアウト ·················· 396
遅延 ···························· 257
直接接続ルート ················ 154
直結ルート ···················· 154
通過エリア ···················· 178
停止状態 ······················· 187

ディスカーディング状態 ········ 132
ディスタンスベクター ·········· 160
ディストリビューションスイッチ ·· 106
ディセーブル ·················· 103
データ端末機器 ················ 457
データ通信機器 ················ 457
データリンク接続識別子 ········ 461
デフォルトVLAN ················ 18
デフォルトルート ·············· 157
デュアルスタック ·············· 445
転送状態 ························ 92
転送遅延 ······················· 104
転送遅延タイマー ··············· 95
透過モード ····················· 46
トポロジテーブル ········ 169, 246
トポロジマップ ·········· 169, 172
トランキングプロトコル ········· 28
トランク ················ 23, 460
トランクポート ··········· 22, 29
トランクリンク ················· 23
トランスペアレントモード ······ 46
トリガードアップデート ·· 166, 174
トンネリング ·················· 446

ナ 行

内部グローバルアドレス ········ 375
内部ルータ ···················· 179
内部ローカルアドレス ·········· 375
名前解決 ······················· 434
名前付きACL ············ 317, 338
認証局 ·························· 510
認証ヘッダ ···················· 502
認定情報速度 ·················· 463
ヌル認証 ······················· 230
ネイティブVLAN ·········· 26, 77
ネイバー関係 ·················· 194
ネイバーテーブル ·············· 246
ネクストヘッダ ················ 415
ネクストホップアドレス ········ 156
ネゴシエーション ··············· 29
ネットワークアドレス変換 ······ 324
ネットワーク層 ················ 500
ネットワークプレフィクス ······ 423

ハ行

パーシャルメッシュトポロジ …………… 467
バーチャルプライベートネットワーク …… 324
ハイブリッド ………………………………… 161
パケット交換 ………………………………… 468
パケットフィルタリング …………………… 323
パスコスト …………………………………… 94
バックアップ代表ルータ …………………… 188
バックアップポート ………………………… 131
バックボーンエリア ………………………… 178
バックボーンルータ ………………………… 179
パッシブインターフェイス ………………… 263
パッシブ状態 ………………………………… 246
ハッシュ値 …………………………………… 506
ハブアンドスポークトポロジ ……………… 466
ハロータイム ………………………………… 104
番号付きACL ………………………………… 317
番号付き拡張ACL …………………………… 333
番号付き標準ACL …………………………… 328
反転マスク …………………………………… 326
非エッジポート ……………………………… 135
非指定ポート …………………………… 96, 100
標準ACL ……………………………………… 316
フィージブルサクセサ ………………… 249, 252
フィージブルディスタンス ………………… 248
フォワーディング …………………………… 103
フォワーディング状態 ………………… 92, 132
負荷 …………………………………………… 257
負荷分散 ………………………………… 226, 274
復号 ……………………………………… 505, 512
輻輳通知 ……………………………………… 463
不等コストロードバランシング ……… 228, 274
プライオリティ値 …………………………… 189
プライベートIPアドレス …………………… 374
フラグ …………………………………… 94, 465
フラッディング ……………………………… 16
ブリッジID ……………………………… 95, 96, 97
ブリッジプライオリティ ………………… 95, 97
フルメッシュトポロジ ……………………… 466
フレームリレー ……………………………… 456
フレームリレーサブインターフェイス …… 478
フレームリレースイッチ …………………… 459
フレームリレーのフォーマット …………… 465
フレームリレーマップ ……………………… 461
フレームリレー網 …………………………… 459
プレーンテキスト認証 ……………………… 230
プレフィクス ………………………………… 418
ブロードキャストストーム ………………… 92
ブロードキャストドメイン ………………… 14
ブロードキャストマルチアクセス ………… 188
ブロードキャストマルチアクセスネットワーク
………………………………………………… 195
フローラベル ………………………………… 415
ブロッキング状態 …………………………… 92
プロポーザルBPDU ………………………… 132
ベビージャイアントフレーム ……………… 23
ベリサイン …………………………………… 511
ポイズンリバース …………………………… 165
ポイントツーポイントサブインターフェイス
………………………………………………… 478
ポイントツーポイントネットワーク ……… 195
ポイントツーポイントリンク ……………… 137
ポートID ……………………………………… 95
ポート番号 ……………………………… 337, 379
ポートベースVLAN ………………………… 21
ホールドダウンタイマー …………………… 166
ホップカウント ……………………………… 167

マ行

マルチキャストアドレス ……………… 420, 424
マルチポイントサブインターフェイス …… 478
マルチホーミング …………………………… 413
未指定アドレス ……………………………… 427
無限カウント ………………………………… 164
無信頼性パケット …………………………… 254
メトリック ………………… 155, 163, 245, 257
モバイルIP …………………………………… 413

ヤ行

ユニキャストアドレス ………………… 420, 421

ラ行

ラーニング …………………………………… 103
ラーニング状態 ………………………… 95, 132
ラウンドロビン ……………………………… 383

ラピッドスパニングツリープロトコル …… 130
リスニング …………………………………… 103
リスニング状態………………………………… 95
リプレイ攻撃 ……………………………501, 511
リフレキシブACL ……………………………363
リモートアクセスVPN ………………………496
リンク …………………………………………137
リンクステート ………………………………160
リンクステートルーティングプロトコル
　………………………………………………169
リンクローカル ………………………………420
リンクローカルアドレス ……………………423
隣接関係 ………………………………………194
ルータID …………………………………183, 185
ルータアドバタイズメント …………………429
ルータ要請 ……………………………………429
ルーティング …………………………………154
ルーティングアルゴリズム …………………161
ルーティングテーブル ………154, 246, 250, 444
ルーティングプロトコル ……………………158
ルーティングループ …………………………165
ルートID ………………………………………… 94
ルート再配送 ……………………………180, 324
ルートパスコスト ……………………………… 98
ルートフィルタリング ………………………324
ルートブリッジ ……………………… 93, 96, 106
ルートポイズニング …………………………165
ルートポート …………………………… 96, 97, 130
ループバックアドレス ………………………427
ループバックインターフェイス ……………183
ローカルDLCI …………………………………479
ローカルアクセスレート ……………………460
ローカル管理インターフェイス ……………462
ロード状態 ……………………………………193
ロードバランシング ……………226, 245, 274
ロックアンドキー ……………………………361
ロンゲストマッチ ……………………………307

ワ行

ワイルドカードマスク …………200, 261, 325

Cisco IOSコマンド構文索引

A
- accept-lifetime ··································283
- access-class ····································352
- access-list ················328, 333, 386, 389, 390
- area ··233
- auto-cost reference-bandwidth ··················225

B
- bandwidth ······································261

C
- clear ip nat translation * ·······················396
- clear ip nat translation inside ··················396
- clear ip nat translation protocol inside ········396

D
- debug frame-relay lmi ··························487
- debug ip eigrp ··································272
- debug ip nat ····································399
- debug ip ospf adj ·······························219
- debug ip ospf events ····························216
- debug ip ospf packet ···························217
- delete flash:vlan.dat ····························55

E
- encapsulation ····································77
- encapsulation frame-relay ······················469
- erase startup-config ·····························55
- exit ···29

F
- frame-relay interface-dlci ······················479
- frame-relay lmi-type ···························469
- frame-relay map ·······························471

I
- interface ··76
- interface loopback ····························184
- interface serial ································479
- interface tunnel ································447
- interface vlan ···································20
- ip access-group ··············331, 336, 339, 341
- ip access-list extended ············340, 347, 348
- ip access-list standard ············339, 347, 348
- ip address ····························20, 77, 184
- ip authentication key-chain eigrp ··············284
- ip authentication mode eigrp ···················284
- ip name-server ·································435
- ip nat inside ····················384, 386, 389, 391
- ip nat inside source list ·············386, 389, 390
- ip nat inside source static ·····················384
- ip nat outside ··················384, 386, 389, 391
- ip nat pool ······························386, 389
- ip nat translation dns-timeout ·················397
- ip nat translation icmp-timeout ················396
- ip nat translation tcp-timeout ··················397
- ip nat translation udp-timeout ·················396
- ip ospf authentication ··························231
- ip ospf authentication-key ················231, 233
- ip ospf cost ····································226
- ip ospf message-digest-key ··············231, 233
- ip ospf priority ·································222
- ip route ··157
- ip route 0.0.0.0 0.0.0.0 ·······················158
- ip summary-address eigrp ······················278
- ipv6 address ·····························431, 447
- ipv6 host ······································435
- ipv6 rip ·······································438
- ipv6 router rip ································438
- ipv6 unicast-routing ····························431

K
- key ··282
- key chain ······································282
- key-string ·····································282

L
- line vty 0 4 ···································352

M
- maximum-paths ···························226, 274

N

name	29
network	168, 198, 261
no access-list	332
no auto-summary	276 307
no frame-relay inverse-arp	470
no ip access-group	332
no router eigrp	263
no router ospf	199
no shutdown	20, 432
no spanning-tree vlan	114
no vtp pruning	54

P

passive-interface	263

R

router eigrp	260
router ospf	197
router rip	168
router-id	221

S

send-lifetime	283
show	343
show access-lists	343
show frame-relay lmi	484
show frame-relay map	486
show frame-relay pvc	485
show interfaces	42
show interfaces serial	483
show ip eigrp neighbors	267
show ip eigrp topology	269
show ip eigrp traffic	271
show ip interface	344
show ip nat translations	394, 397
show ip ospf	207
show ip ospf database	213
show ip ospf interface	208
show ip ospf neighbor	211
show ip protocols	205, 266
show ip route	155
show ip route eigrp	271
show ipv6 interface	433
show ipv6 protocols	442
show ipv6 rip	443
show running-config interface	124
show spanning-tree	118
show spanning-tree summary	126
show spanning-tree vlan	138
show vlan	36
show vlan brief	36
show vlan id	38
show vlan name	38
show vtp password	57
show vtp status	56
spanning-tree backbonefast	129
spanning-tree mode pvst	138
spanning-tree mode rapid-pvst	138
spanning-tree portfast	124
spanning-tree portfast default	124
spanning-tree uplinkfast	128
spanning-tree vlan	114, 115, 116
switchport access vlan	32, 65
switchport mode	30
switchport mode access	32
switchport nonegotiate	31
switchport trunk allowed vlan	34
switchport trunk encapsulation	32
switchport trunk native vlan	34
switchport voice vlan	65

T

tunnel destination	447
tunnel mode ipv6ip	448
tunnel source	447

V

variance	275
version	168
vlan	29
vtp domain	53
vtp mode	53
vtp password	53
vtp pruning	54
vtp version	54

STAFF
編集　　　森島昭人
　　　　　五十嵐健一
　　　　　松井智子（株式会社ソキウス・ジャパン）
　　　　　千葉加奈子
制作　　　森川直子
表紙デザイン　馬見塚意匠室

編集長　　玉巻秀雄

● 本書の内容に関するご質問は、株式会社インプレスジャパンラーニング編集部「徹底攻略Cisco CCNA教科書 [640-802J] [640-816J] 対応ICND2編」質問係まで、返信用切手を同封の上、封書にてお願いいたします。電話やFAX等でのご質問には対応しておりません。なお、本書の範囲を超える質問に関しましては応じられませんので、ご了承ください。

● 造本には万全を期しておりますが、万一、落丁・乱丁等がございましたら、送料弊社負担にてお取り替え致します。お手数ですが、インプレスカスタマーセンターまでご返送ください。

● 商品の購入に関するお問い合わせは、インプレスカスタマーセンターまでご連絡ください。

● 商品のご購入についてのお問い合わせ先
　インプレスカスタマーセンター
　〒102-0075　東京都千代田区三番町20番地
　電話　03-5213-9295／FAX　03-5275-2443
　info@impress.co.jp

● 書店・取次様のお問い合わせ先
　出版営業部
　〒102-0075　東京都千代田区三番町20番地
　電話　03-5275-2442／FAX　03-5275-2444

読者アンケートにご協力ください

http://www.impressjapan.jp/books/2691

よろしければ上記URLより[読者アンケートに答える]をクリックして読者アンケートにご協力ください。はじめてアンケートにお答えいただく際は「CLUB Impress（クラブインプレス）」にご登録いただく必要があります。
読者アンケート回答者より毎月抽選で1名にVISAギフトカード（1万円分）を、10名に図書カード（1,000円分）をプレゼント！ なお、当選者の発表は賞品の発送をもって代えさせていただきます。

読者登録制度と出版関連サービスのご案内

CLUB impress
登録カンタン！費用も無料！

徹底攻略Cisco CCNA教科書
[640-802J] [640-816J] 対応 ICND2編

2009年 3月21日　初版発行
2009年10月31日　第1版第3刷発行

編　著　株式会社ソキウス・ジャパン
発行人　土田米一
発　行　株式会社インプレスジャパン　An Impress Group Company
　　　　〒102-0075　東京都千代田区三番町20番地
発　売　株式会社インプレスコミュニケーションズ　An Impress Group Company
　　　　〒102-0075　東京都千代田区三番町20番地

本書は著作権法上の保護を受けています。本書の一部あるいは全部について（ソフトウェア及びプログラムを含む）、株式会社インプレスジャパンから文書による許諾を得ずに、いかなる方法においても無断で複写、複製することは禁じられています。

Copyright © 2009 Socius Japan, Inc. All rights reserved.
印刷所　株式会社技秀堂
ISBN978-4-8443-2691-5
Printed in Japan